"十二五"普通高等教育本科国家级规划教材
高等学校电子信息类精品教材

模拟电子技术基础

（第4版）

王卫东　李旭琼　孙堂友　晋良念　徐卫林　等编著

電子工業出版社·

Publishing House of Electronics Industry

北京·BEIJING

内 容 简 介

本书为"十二五"普通高等教育本科国家级规划教材。

本教材是为了适应当前模拟电子技术基础课程的教学改革而编写的。教材内容包括:半导体基础及二极管应用电路、双极型晶体管和场效应管原理、晶体管放大器基础、模拟集成基本单元电路、放大器频率响应、负反馈技术、集成运算放大器及应用、直流稳压电源、电流模式电路基础及应用、电流传输器、跨导运算放大器(OTA)原理及应用等。

本书以"讲透基本原理,打好电路基础,面向集成电路"为宗旨,避免复杂的数学推导,强调物理概念和晶体管器件模型的描述,加强场效应管(尤其是 MOS 场效应管)的电路分析,充分重视集成电路的教学。在若干知识点的阐述上,本教材特色鲜明,并在内容取舍、编排以及文字表述等方面都力求解决初学者入门难的问题。另外为了帮助初学者更好地学习本书,对所述的基本电路利用 EWB 的电路设计软件进行了电路仿真,同时还配有 CAI 教学软件。

本书可作为高等院校工科学生电子技术基础课程教材,也适用于广大电路工作者参考。

图书在版编目(CIP)数据

模拟电子技术基础 / 王卫东等编著. —4 版. —北京:电子工业出版社,2021.7
ISBN 978-7-121-41092-5

Ⅰ. ①模… Ⅱ. ①王… Ⅲ. ①模拟电路-电子技术-高等学校-教材 Ⅳ. ①TN710

中国版本图书馆 CIP 数据核字(2021)第 080053 号

责任编辑:韩同平

印　　刷:北京虎彩文化传播有限公司
装　　订:北京虎彩文化传播有限公司
出版发行:电子工业出版社
　　　　　北京市海淀区万寿路 173 信箱　邮编:100036
开　　本:787×1092　1/16　印张:26.25　字数:840 千字
版　　次:2003 年 8 月第 1 版
　　　　　2021 年 7 月第 4 版
印　　次:2024 年 1 月第 5 次印刷
定　　价:79.90 元

凡所购买电子工业出版社图书有缺损问题,请向购买书店调换。若书店售缺,请与本社发行部联系,联系及邮购电话:(010)88254888,88258888。

质量投诉请发邮件至 zlts@ phei. com. cn,盗版侵权举报请发邮件至 dbqq@ phei. com. cn。

本书咨询联系方式:010-88254525,hantp@ phei. com. cn。

前　言

　　本书是高等学校电子信息与通信类及其相关专业"模拟电子技术"课程的入门教材,并于2013 年评为"十二五"普通高等教育本科国家级规划教材,也是广西高等学校"十一五"优秀教材立项项目。本书依据原国家教委定的电子、通信等专业"电子电路(Ⅰ)、(Ⅱ)课程教学基本要求",总结多年教学实践积累,吸取国内外同类教材的精华。随着半导体技术的发展,模拟电子技术课程所涵盖的内容越来越多,但受限于新的教学大纲和学生知识结构的变化,本课程的授课学时却越来越少。本教材就是为了适应这种形势的需要而编写的。本教材力求体现以下思路和特色。

　　1. 由于场效应管在模拟电子电路、逻辑电路,特别是在近代超大规模集成电路(VLSI)中占据主流地位,因此教材加强了场效应管(尤其是 MOS 场效应管)的教学内容。为了便于学生理解和掌握各类半导体器件及其构成的基本电路的工作原理,本教材采用归类对比的教学方法,把双极型晶体管(BJT)和场效应晶体管(FET)作为一个整体,贯穿到全书各章节。例如:第 2 章根据各器件的工作原理、载流子的传输过程、伏安特性、主要参数和低频微变等效电路模型等,把双极型晶体管、结型场效应管(JFET)和绝缘栅型金属—氧化物—半导体(MOS)场效应管归类后整体介绍给读者。第 3 章以晶体三极管放大电路的工作原理、晶体管的偏置方式、图解法和微变等效电路法入手,根据晶体管放大电路的基本指标(电压放大倍数、电流放大倍数、输入阻抗和输出阻抗等),把 BJT 和 FET 的各种组态电路归类成:共射极和共源极电路作为反相电压放大器,共集电极和共漏极电路相当于电压跟随器,共基极和共栅极放大器相当于电流跟随器。

　　2. 随着科技的发展,与分立元件电路相比,集成电路的优点十分突出。用集成电路组成系统,省时、省力、省钱,性能好,可靠性高,所以必须充分重视集成电路的教学。但重点应放在与集成电路引出端有关的内部单元电路上,应该摒弃以分立元件电路为主干的旧教学模式,代之以集成电路芯片中常用的"基本单元电路"。第 4 章重点介绍模拟集成电路 IC(Integrated Circuits)中广泛使用的几种基本单元电路:恒流源电路、有源负载放大器、差动放大电路和互补推挽功放输出级等。第 7 章对双极型通用集成运算放大器和 CMOS 集成运算放大器的内部电路做了典型分析。编者认为,学习模拟电路首先要打好基础,这样才能有效地提高学生"读电路"的能力,做到灵活应用集成电路,发挥好集成电路的作用。学习分立元件电路的目的正在于此。

　　3. 模拟电子技术课程的新概念多,知识点多,服务的对象是初学者。所涉及的基本理论、基础知识和基本方法对本科生的培养起着重要的作用,而且课程的内容体系与其他相关的专业课程之间保持着紧密的衔接和交融,因此在基本概念的讲述上不能压缩篇幅,这是使教材易读的重要措施。另外,过多的数学分析推导既占用了大量的教学学时,还可能分散学生的注意力甚至掩盖物理概念。在这方面,本教材借鉴国外教材的写法:文字阐述详尽,公式简明易记,鲜有数学推导,不仅易教更要易读、易学。总之,本教材力求增加可读性,减少学生阅读和学习的困难。

4. 教材在加强基本概念的基础上最大限度地删除了对半导体器件(晶体二极管、双极型晶体管和场效应晶体管)内部物理过程的数学分析,把注意力放在器件的模型、参数和伏安特性上。尽管新品种、新电路不断涌现,但基本概念、基本原理不会变化。本教材始终以"讲透概念原理,打好电路基础"为宗旨,在章节次序的安排上尽量符合由浅入深,由个别到一般的认识规律。以"边器件边电路"的方法,讲完一种器件,接着就讲它的基本应用电路。放大电路的分析也按照先基础电路后实用变形电路来编排。

5. 模拟电路是学生接触到的第一门工程型、技术型、实用型而非理论型的课程,它与先修课程"电路分析基础"和"信号与系统"有很大的差别。后者是讲述模型化电路和信号的分析方法,而电路结构、元件取值和信号性质的不同并不影响分析方法的学习。但模拟电子电路却是具有一定功能的实用电路,学生在学习电子电路课程时,由于受习惯思维的影响,碰到的第一个疑点和难点是不理解电子电路课程的工程性特点。因此,教材中注意强调电路结构和元件取值的合理性。电路的计算则用工程近似方法:抓住主要矛盾来进行工程估算,使之既不失设计计算的正确性和可靠性,又能使分析和设计计算简单化。

6. 教材注意加强与两门前修课程的联系。实际上,从分析电子电路的观点而言,电路中的电子器件或单元电路模型化以后,剩下的工作就是依靠这两门先修课程的知识来完成的。因此,本教材有意识地加强了电路模型的概念,如放大器通用模型等。第5章放大器频率特性分析也从系统极点与开路和短路时间常数关系出发来研究。总之,先修课程应作为模拟电路课的有力工具,使学生掌握研究电路的统一方法,使所学的知识得到从具体到抽象的升华。

7. 随着半导体技术的发展,模拟集成电路领域的新器件、新技术不断涌现。面对21世纪新的人才培养要求,基础课程的教学应该与科技发展同步。本教材除了在第7章对通用模拟集成电路最重要的品种——集成运算放大器重点分析外,在第9章对模拟集成电路的新技术——电流模技术也做适当介绍,以增加学习兴趣,开拓视野和思路,适应现代科技对人才的要求。

本书第1、2、3、4、5、6、7、9章由桂林电子科技大学王卫东编写,第8章由桂林电子科技大学李旭琼编写。第4版由以下人员完成:李旭琼第6、7、8章,孙堂友第1、2章,晋良念第3章,韦保林第4章,徐卫林第5章。参加本书编写工作的还有王臻、郑凌霄、苏维娜、袁鸣,全书由王卫东统编定稿。在本书编写过程中,作者从所列参考文献中吸取了宝贵的成果和资料。本书作者谨向各参考文献的著译者表示感谢。作者深知,模拟电子技术内容广,新知识多,且对这一领域的学习和研究水平十分有限,书中一定有不少错误和不妥之处,希望读者给予批评指正。联系方式:1091540651@qq.com。

编著者

常用符号表

1. 几点约定

（1）电压、电流（以集电极电流和电压为例）

I_C, U_C 大写字母、大写下标，表示集电极直流电流和电压

I_c, U_c 大写字母、小写下标，表示集电极电流和电压交流分量有效值

i_C, u_C 小写字母、大写下标，表示集电极含直流的电流和电压总瞬时值

i_c, u_c 小写字母、小写下标，表示集电极电流和电压的交流分量

I_{cm}, U_{cm} 大写字母、小写下标，表示集电极电流和电压交流分量最大值

$\Delta I_C, \Delta U_C$ 表示直流电流和电压的变化量

$\Delta i_C, \Delta u_C$ 表示总瞬时值电流和电压的变化量

（2）电阻

R 表示电阻器的电阻或电路的等效电阻

r 表示器件内部的等效动态电阻

2. 电路参数符号

（1）电压、电流

i_i, u_i 交流输入电流，交流输入电压

i_o, u_o 交流输出电流，交流输出电压

I_Q, U_Q 静态电流，静态电压

u_{ic} 共模输入电压

u_{id} 差模输入电压

U_R 基准电压、参考电压

U_T 温度电压当量

U_{TH} 阈值电压

E_C, E_E 电源电压

（2）频率、时间

$\mathrm{BW}(\Delta f_{0.7}$ 或 $\Delta \omega_{0.7})$ 通频带（$-3\,\mathrm{dB}$ 带宽）

f_H, ω_H 上限截止频率、角频率

f_L, ω_L 下限截止频率、角频率

t_τ 上升时间

T 周期或温度

τ 时间常数

（3）电阻

R_i 输入电阻

R_{if}	闭环输入电阻
R_L	负载电阻
R_o	输出电阻
R_{of}	闭环输出电阻
R_s	信号源内阻或场效应管电路的源极电阻

(4) 功率

P_T	集电极功耗
P_O	输出功率
P_E	电源消耗功率

(5) 放大倍数(增益)

$A_i(A_{if})$	开环(闭环)电流放大倍数
$A_r(A_{rf})$	开环(闭环)跨阻放大倍数
$A_g(A_{gf})$	开环(闭环)跨导放大倍数
$A_u(A_{uf})$	开环(闭环)电压放大倍数
A_{uc}	共模电压放大倍数
A_{ud}	差模电压放大倍数
A_{um}	中频电压放大倍数
A_{ul}	低频电压放大倍数
A_{uh}	高频电压放大倍数
A_{us}	考虑信号源内阻时的源电压放大倍数
F	反馈系数
F_i	电流反馈系数
F_r	跨阻反馈系数
F_g	跨导反馈系数
F_u	电压反馈系数

(6) 其他

K_{CMR}	共模抑制比
D	非线性失真系数
η	效率
φ	相位角

3. 器件参数符号

(1) 半导体二极管

r_d	二极管动态电阻
r_z	稳压管动态电阻
C_T	势垒电容
C_D	扩散电容
C_J	结电容
I_F	额定整流电流

I_R	反向电流
I_S	反向饱和电流
I_{Zmax}	稳压管最大稳定电流
$U_{(BR)}$	反向击穿电压
U_Φ	内建电位差
U_{ON}	正向开启(死区或门限)电压
U_Z	稳压管的稳定电压

（2）半导体三极管

f_α	共基极截止频率
f_β	共射极截止频率
f_T	特征频率
g_m	跨导(互导)
$r_{bb'}$	基区体电阻
$r_{b'e}$	发射结微变等效电阻
r_{be}	共射结输入电阻
I_{CBO}	发射极开路时集电极、基极间反向饱和电流
I_{CEO}	基极开路时集电极、发射极间穿透电流
I_{CM}	集电极最大电流
P_{CM}	集电极最大允许功耗
BU_{CBO}	发射极开路时集电极、基极间反向击穿电压
BU_{CEO}	基极开路时集电极、发射极间反向击穿电压
BU_{EBO}	集电极开路时发射极、基极间反向击穿电压
U_{CES}	集电极饱和电压降
$\alpha(\bar{\alpha})$	共基极交流(直流)电流放大系数
$\beta(\bar{\beta})$	共射极交流(直流)电流放大系数

（3）场效应晶体管

r_{ds}	漏源间等效电阻
C_{ds}, C_{gd}, C_{gs}	漏源、栅漏、栅源间极间电容
I_{DSS}	饱和漏极电流
P_{DM}	漏极最大耗散功率
BU_{DS}	漏源击穿电压
$U_{GS(off)}$	夹断电压
$U_{GS(th)}$	开启电压

目　　录

第1章 半导体基础及二极管应用电路

本章首先介绍半导体的基础知识,介绍 PN 结的单向导电原理、PN 结的击穿和电容效应,给出二极管的伏安特性、主要参数和等效电路,然后讨论以 PN 结为基本结构的二极管的工作原理、特性、主要参数、等效电路和应用电路。

1.1　半导体基础知识

如果从物体的导电性考虑,固体材料可分为三类。第一类具有良好的导电性,称为导体,如铜、铝、铁、银等。因为这类材料在室温条件下,有大量电子处于"自由"运动的状态,这些电子可以在外电场的作用下,定向运动,形成电流。导体的电阻率很小,只有 $10^{-6} \sim 10^{-3}$ $\Omega \cdot$ cm。第二类是不能够导电的材料,称为绝缘体,如橡胶、塑料等。在这类材料中,几乎没有"自由"电子,因此,即使有了外电场的作用,也不会形成电流。绝缘体的电阻率很大,一般在 10^{9} $\Omega \cdot$ cm 以上。第三类是所谓的半导体,它们的电阻率介于导体与绝缘体之间,通常在 $10^{-3} \sim 10^{9}$ $\Omega \cdot$ cm 范围内,如硅、锗、砷化镓、锌化铟等。

半导体之所以受到人们的高度重视,并获得广泛的应用,不是因为它的电阻率介于导体和绝缘体之间,而是因为它具有不同于导体和绝缘体的独特性质。这些独特的性质集中体现在它的电阻率可以因某些外界因素的改变而明显地变化,具体表现在以下 3 个方面。

(1)掺杂性:半导体的电阻率受掺入"杂质"的影响极大,在半导体中即使掺入的杂质十分微量,也能使其电阻率大大地下降,利用这种独特的性质可以制成各种各样的晶体管器件。

(2)热敏性:一些半导体对温度的反应很灵敏,其电阻率随着温度的上升而明显地下降,利用这种特性很容易制成各种热敏元件,如热敏电阻、温度传感器等。

(3)光敏性:有些半导体的电阻率随着光照的增强而明显下降,利用这种特性可以做成各种光敏元件,如光敏电阻和光电管等。

半导体为什么会具有上述特性呢?为了对半导体器件有较深的认识,正确地使用各种半导体器件,迅速掌握不断出现的各种新型器件,有必要熟悉一些半导体物理的基本知识,掌握半导体内部结构的电压电流关系及等效的物理模型,这些就是我们学习本章的目的和要求。

1.1.1　本征半导体

本征半导体(intrinsic semiconductor) 是指纯净的、不含杂质的半导体。在近代电子学中,最常用的半导体是硅(Si)和锗(Ge),它们的原子结构示意图如图 1-1(a)和(b)所示。由图可知硅 Si(14)和锗 Ge(32)的外层电子数都是 4 个,由于外层电子受原子核的束缚力最小,称为价电子,有几个价电子就称为几价元素,因此硅和锗都是四价元素。

物质的许多物理现象(如导电性)与外层价电子数有很大的关系。为了更方便地研究价电子的作用,常把原子核和内层电子看做一个整体,称为惯性核。由于整个原子呈中性,惯性核带+4 单位正电荷,这样惯性核与外层价电子就构成一个简化的原子结构模型,如图 1-1(c)

所示。显然 Si 和 Ge 元素的简化原子模型是相同的,今后我们将以这样的简化原子结构模型来研究 Si 或 Ge 半导体内部的物理结构。

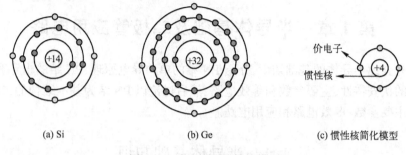

(a) Si   (b) Ge   (c) 惯性核简化模型

图 1-1   硅和锗原子结构模型

1. 共价键结构

根据原子的理论:**原子外层电子数达到 8 个才能处于稳定状态**。因此当 Si(或 Ge)原子组成单晶体后,每个原子都必须从四周相邻原子得到 4 个价电子才能组成稳定状态。实际上单晶体的最终结构是一个四面体,每一个 Si(或 Ge)原子周围都有四个邻近的同类原子,如图 1-2 所示。单晶体中的各原子之间有序、整齐地排列在一起,原子之间靠得很近,价电子不仅受本原子的作用,还要受相邻原子的作用。即每一个价电子都被相邻原子核所共有,每相邻两个原子都公用一对价电子,形成共价键结构。图 1-3 所示为单晶体的二维共价键结构示意图。

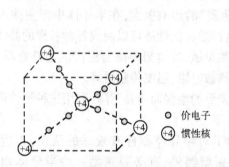

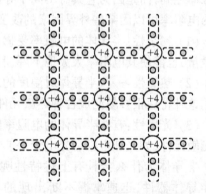

图 1-2   Si(或 Ge)单晶体(四面体)结构示意图   图 1-3   二维共价键结构示意图

量子力学证明:**原子中电子具有的能量状态是离散的、量子化的,每一个能量状态对应于一个能级,一系列能级形成能带**。

在 Si 或 Ge 单晶体中,价电子被束缚在共价键的状态,其能量状态较低,每一个能量状态占有一个能级,能级是量子化的,价电子可能占有的能级位于较低的有限能带内,该能带称为价带。而自由电子处于自由状态,其能量状态较高,自由电子可能占有的能级也是量子化的,位于较高的能带内,该能带称为导带。图 1-4 示出了电子的能级分布图,图中一系列的水平线表示不同的能级,其高度代表能量的高低。由图可以看出,价电子至少要获得 E_g 的能量才能挣脱共价键的束缚而成为自由电子,因此自由电子所占有

图 1-4   价电子能带图

的最低能级要比价电子可能占有的最高能级高出 E_g。于是 Si（或 Ge）晶体的能量分布中有一段间隙不可能被电子所占有,其宽度为 E_g,称为禁带宽度。**一般 E_g 与半导体材料的类别和温度 T 有关**。例如:当 $T=0$ K（-273.16℃）时,可用 E_{go} 表示禁带宽度,此时 Si 的 $E_{go}=1.21$ eV,Ge 的 $E_{go}=0.785$ eV。在室温 $T=300$ K 时,Si 的 $E_g=1.12$ eV,Ge 的 $E_g=0.72$ eV。可以看出,**E_g 随温度的增加而减小;在相同的温度下 Ge 的 E_g 比 Si 的 E_g 更小**。

2. 本征激发和两种载流子

在热力学温度 $T=0$ K,且无外界其他能量激发时,由于 E_{go} 较大,价电子全部被束缚在共价键中,能量状态位于价带,导带中无自由电子,因而在晶体中没有能自由运动的带电粒子——载流子,此时的本征半导体相当于绝缘体。但是当本征半导体受热或光照等其他能量激发时,某些共价键中的价电子可能会从外界获得足够的能量(获得的动能大于等于 E_g),**价电子受激发挣脱共价键的束缚,离开原子,跃迁到导带成为能参与导电的自由电子;同时在共价键中留下相同数量的空位,上述现象称为本征激发**,如图 1-5 所示。图 1-6 用能带图示意了本征激发过程。

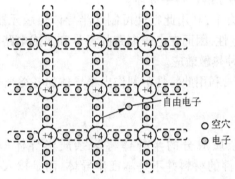
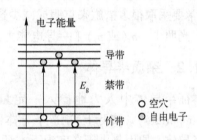

图 1-5　本征激发中的自由电子和空穴对　　　图 1-6　用能带图示意本征激发

当共价键中留下空位时,在外加电场或其他能源作用下,邻近共价键中的价电子就可能来补充这个空位,这个空位会消失(称作复合),同时在邻近的共价键中产生新的空位,而新空位周围的其他价电子都有可能填充到这个空位上。这样继续下去就相当于空位在硅或锗单晶体中随机运动。**由于带负电荷的价电子依次填补空位的运动效果与带正电荷的粒子做反向运动的效果是相同的,因此把这种空位看做带正电荷的粒子,并称做空穴**。

一般把物体内运载电荷的粒子称做载流子,载流子决定着物体的导电能力。在常温下本征半导体内具有两种载流子:自由电子载流子和空穴载流子。自由电子带单位负电荷;空穴是半导体中所特有的带单位正电荷的粒子,与自由电子电量相等,符号相反,带单位正电荷。在外电场作用下电子、空穴运动方向相反,但对电流的贡献是叠加的。

本征激发的重要特征是,自由电子和空穴两种载流子总是成对产生。可见,常温下本征半导体中存在电子和空穴两种载流子,不再是绝缘体。但是,一般由于本征激发所产生的电子-空穴对数量(浓度)很少,因此本征半导体的导电能力很差。

3. 本征载流子(intrinsic carrier) 浓度

由于本征激发在本征半导体中产生自由电子-空穴对的同时,还会出现另一种现象:自由电子和空穴在运动过程中的随机相遇,使自由电子释放原来获取的激发能量,从导带跌入价带,填充共价键中的空穴,电子-空穴对消失,这种现象称为复合。**在一定的温度下,本征半导体中的自由电子和空穴成对产生和复合的运动都在不停地进行,最终要达到一种热平衡状态,使本征半导体中的载流子浓度处于某一热平衡的统计值。**

本征激发和复合是本征半导体中电子-空穴对的两种矛盾运动形式,在本征半导体中电子和空穴的浓度总是相等的。若设 n_i 为本征半导体热平衡状态时的电子浓度,p_i 为空穴浓度,本征载流子的浓度可用下式表示:

$$n_i = p_i = A_o T^{3/2} \exp(-E_{go}/2kT) \tag{1-1}$$

式中,A_o 为常数,与半导体材料有关,Si 的 $A_o = 3.88 \times 10^{16}$($\mathrm{cm^{-3} K^{-2/3}}$),Ge 的 $A_o = 1.76 \times 10^{16}$ ($\mathrm{cm^{-3} K^{-2/3}}$);$k$ 为玻耳兹曼常数,$k = 1.38 \times 10^{-23}$($\mathrm{JK^{-1}}$)。

在室温 $T = 300$ K 时,由式(1-1)可推算出

Si: $n_i = p_i \approx 1.5 \times 10^{10}/\mathrm{cm^3}$　　　Ge: $n_i = p_i \approx 2.4 \times 10^{13}/\mathrm{cm^3}$

上述分析表明:

(1) 锗(Ge)半导体材料的本征载流子浓度大于硅(Si)半导体材料的本征载流子浓度。因此锗(Ge)半导体对本征激发的敏感性要强于硅(Si)半导体。

(2) $T \uparrow \rightarrow n_i$(或 p_i)$\uparrow \rightarrow$ 半导体导电能力 $\uparrow$,利用此特性可制作半导体热敏元器件;但 n_i(或 p_i)随 T 的变化会影响半导体器件的稳定性,因而在电子电路的设计和集成电路的制造工艺中,经常要采取很多措施来克服或减少这种热敏效应。

(3) 光照 $\uparrow \rightarrow n_i$(或 p_i)$\uparrow \rightarrow$ 导电能力 $\uparrow$,利用此特性可制作出半导体的各类光电器件。

1.1.2 杂质半导体

在本征半导体中人为地掺入一定量杂质成分的半导体称为杂质半导体(donor and acceptor impurities)。实际上,制造半导体器件的材料并不是本征半导体,而是掺入一定杂质成分的半导体。原因是由于在室温下本征半导体(Si)的载流子浓度 $n_i = p_i = 1.5 \times 10^{10}/\mathrm{cm^3}$,与其原子密度 $4.96 \times 10^{22}/\mathrm{cm^3}$ 相比,仅为原子密度的 $1/(3.3 \times 10^{12})$。故本征半导体的导电能力很弱。为了提高半导体材料的导电能力,可在本征半导体中掺入少量其他元素(称为杂质),这样会使半导体材料的导电能力显著改善。

在本征半导体中掺入不同种类的杂质可以改变半导体中两种载流子的浓度。根据掺入杂质的种类的不同,半导体可分为 N 型半导体(掺入五价元素杂质)和 P 型半导体(掺入三价元素杂质)。

1. N 型半导体(N Type semiconductor)

在本征半导体中掺入微量的五价元素的杂质(如砷、磷、锑等),能使杂质半导体中的自由电子浓度大大增加,因此称这种杂质半导体为电子型半导体或 N 型半导体。由于掺入的五价元素有 5 个价电子,当杂质原子替代晶格中某些硅的位置时,它的 5 个价电子中有 4 个与周围的硅原子构成共价键,多余的 1 个电子将不受共价键的束缚,而杂质原子核对此多余电子的束缚力也较弱。那么,在适当的温度(例如-60℃)条件下,这个多余电子就可能被激发成为自由电子,与此同时杂质原子将被电离成带正电荷的不能运动的离子,如图 1-7 所示。因杂质原子可提供电子,故称施主原子,五价元素的杂质称为施主杂质。根据理论计算和实验结果,掺入五价元素产生的多余电子所占有的能级较高,很靠近导带底部,称为施主能级。**一般施主能**

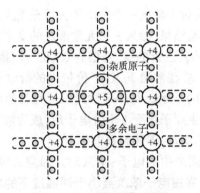

图 1-7　N 型半导体示意图

图 1-8　N 型半导体能带图

级与导带底部的差值要比禁带宽度 E_g 小得多（例如，在硅中掺入五价砷，差值为 0.049 eV，掺入锑，差值为 0.039 eV；在锗中掺入磷，差值为 0.012 eV），故在一定温度（室温）时，每个掺入的五价杂质原子的多余电子都有足够的能量进入导带而成为自由电子。所以导带中自由电子的数量要比本征半导体显著增多。

如图 1-8 所示，与本征激发不同之处是：施主原子释放出的自由电子不是共价键内的价电子，所以不会在价带中产生空穴。另外，施主原子释放多余电子成为正离子，并被束缚在晶格中，不能像空穴那样起导电作用。还需说明，在杂质半导体中同时也存在着本征激发。

掺入的五价杂质元素越多，增加的自由电子数越多，自由电子浓度越大；而由本征激发产生的空穴与它们相遇的机会就增多，复合掉的空穴数量也就增多，因而该杂质半导体中的空穴浓度反倒比同温度下的本征空穴浓度小得多，自由电子浓度比同温度下的本征电子浓度大很多。因此，掺入五价元素后的杂质半导体是以自由电子作为主要载流子的半导体，故称为电子型或 N 型半导体。在 N 型半导体中的自由电子称为多数载流子，简称多子；空穴称为少数载流子，简称少子。

2. P 型半导体（P type semiconductor）

在本征半导体中掺入少量三价元素（如硼、铟、铝等），能使杂质半导体中的空穴浓度大大增加，因而称为空穴型半导体或 P 型半导体。如图 1-9(a) 所示，三价杂质原子的 3 个价电子与周围的硅或锗原子构成 4 个共价键时，由于缺少 1 个价电子，产生 1 个空位，在一定温度下，此空位极易接受来自相邻硅或锗原子共价键中的价电子，从而产生 1 个空穴。三价杂质原子

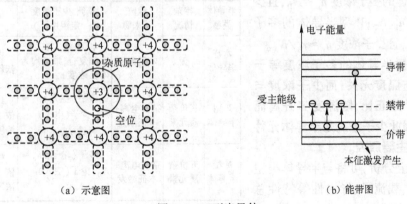

（a）示意图　　　　　　　　　　　　（b）能带图

图 1-9　P 型半导体

因接受了价电子通常被称为受主原子。一般从价带中移出一个价电子去填充受主原子共价键中的空位只需要很小的能量,根据理论计算和实验结果,掺入三价元素形成的受主能级一般很靠近价带顶部,它与价带顶的差值很小(在硅中掺入三价的镓,差值为 0.065 eV;掺入铟,差值为 0.016 eV;锗中掺入硼和铝,差值为 0.01 eV),故在常温下,处于价带中的价电子都具有大于上述差值的能量,而到达受主能级,如图 1-9(b)所示。每一个掺入三价元素的原子都能接受 1 个价电子,而在价带中留下 1 个空穴。但受主原子接受 1 个价电子后,成为带 1 个电子电荷量的负离子,负离子被束缚在晶格结构中,不能运动,不能起导电作用。

另外,P 型半导体中同时也存在着本征激发而产生的电子-空穴对。因空穴很多,自由电子与空穴复合的机会就增多,故 **P 型半导体中的自由电子浓度要小于同温度下的本征载流子浓度。P 型半导体中空穴是多子,自由电子是少子。**

3. 杂质半导体中的载流子浓度

不论 N 型还是 P 型半导体,掺杂越多,多子就越多,本征激发的少子与多子复合的机会就越多,少子数目就越少。 例如室温 $T = 300$ K 时,硅的本征浓度 $n_i = 1.5 \times 10^{10}/\text{cm}^3$,若掺杂五价元素的浓度 N_D 是硅原子密度($4.96 \times 10^{22}/\text{cm}^3$)的百万分之一,即 $N_D = 4.96 \times 10^{16}/\text{cm}^3$,则施主杂质浓度 N_D 要比本征浓度 n_i 大百万倍,即 $N_D \gg n_i$。同理,也可实现受主杂质浓度 $N_A \gg n_i$。可见,在杂质半导体中多子浓度远大于本征浓度。由半导体理论可以证明,两种载流子的浓度满足以下关系:

(1)热平衡条件:**温度一定时,两种载流子浓度之积,等于本征浓度的平方。** 对 N 型半导体,若以 n_n 表示电子(多子)浓度,p_n 表示空穴(少子)浓度,则有

$$n_n p_n = n_i^2 \tag{1-2}$$

对 P 型半导体,若以 p_p 表示空穴(多子)浓度,n_p 表示电子(少子)浓度,则有

$$p_p n_p = n_i^2 \tag{1-3}$$

(2)电中性条件:**不论 N 型还是 P 型半导体,整块半导体的正电荷量与负电荷量恒等。** 对 N 型半导体,若以 N_D 表示施主杂质浓度,则

$$n_n = N_D + p_n \tag{1-4}$$

对 P 型半导体,若以 N_A 表示受主杂质浓度,则

$$p_p = N_A + n_p \tag{1-5}$$

由于一般总有 $N_D \gg p_n$,$N_A \gg n_p$,因而 N 型半导体的多子浓度 $n_n \approx N_D$,且少子浓度 $p_n \approx n_i^2/N_D$;P 型半导体的多子浓度 $p_p \approx N_A$,且少子浓度 $n_p \approx n_i^2/N_A$。

可见**杂质半导体的多子浓度等于掺杂浓度,与温度无关;而少子浓度与本征浓度 n_i^2 成正比,随温度 T 升高而迅速增加,因此少子浓度是半导体元件温度漂移的主要原因。**

根据以上分析,可将与半导体类型相关的掺杂、载流子、导电性等特性总结于表 1-1 中。

表 1-1　不同类型半导体特性

半导体类型	掺杂情况	载流子来源	多子、少子浓度（一定温度下）	导电性
本征半导体	无	本征激发	电子、空穴成对产生和复合,浓度均为本征浓度 n_i	极差,且主要依赖于温度
P 型半导体	三价杂质元素	杂质电离+本征激发	多子(空穴)$p_p \approx N_A$,少子(电子)$n_p \approx n_i^2/N_A$	较好,且主要依赖于杂质浓度
N 型半导体	五价杂质元素	杂质电离+本征激发	多子(电子)$n_n \approx N_D$,少子(空穴)$p_n \approx n_i^2/N_D$	较好,且主要依赖于杂质浓度

1.1.3 漂移电流与扩散电流

半导体中有两种载流子:电子和空穴,这两种载流子的定向运动会引起导电电流。一般引起载流子定向运动的原因有两种:一种是由于电场而引起载流子的定向运动,称为漂移运动,由此引起的导电电流称为漂移电流;另一种是由于载流子的浓度梯度而引起的定向运动,称为扩散运动,由此引起的导电电流称为扩散电流。

1. 漂移电流(drift current)

在电子浓度为 n,空穴浓度为 p 的半导体两端外加电压 U,在外电场 E 的作用下,空穴将沿电场方向运动,电子将沿与电场相反方向运动。载流子在电场作用下的定向运动称为漂移运动。由漂移运动所产生的电流叫漂移电流。如图 1-10 所示,与两种载流子的漂移运动相对应的漂移电流都与电场的方向一致。

如果设空穴和电子的迁移率(单位电场强度下载流子的平均漂移速度)为 u_p 和 u_n,那么在外电场 E 的作用下,空穴的平均漂移速度为

$$V_p = u_p E \qquad (1-6)$$

电子的平均漂移速度为

$$V_n = -u_n E \qquad (1-7)$$

若以 J_{pt} 和 J_{nt} 分别表示空穴和电子的漂移电流密度,则空穴的电流密度为

$$J_{pt} = ep V_p = u_p ep E \qquad (1-8)$$

电子的电流密度为

$$J_{nt} = -en V_n = u_n en E \qquad (1-9)$$

式中,e 为电子电荷量。

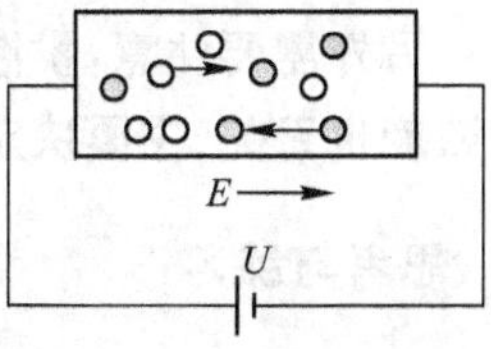

图 1-10 两种载流子的漂移运动

半导体内总的漂移电流密度为

$$J_t = J_{pt} + J_{nt} = (u_p p + u_n n) e E \qquad (1-10)$$

半导体内的漂移电流和我们所熟悉的金属导体内的电流的概念相当,两者都是电场力作用的结果,只是金属中只有自由电子电流,没有空穴电流。**在半导体中,带正电荷的空穴沿电场力方向漂移,带负电荷的自由电子逆电场力方向漂移,虽然两者漂移方向相反,但产生的漂移电流方向却相同,故两者电流相加。**

电场力使载流子定向运动,但载流子在运动过程中又不断与晶格"碰撞"而改变方向。因此,载流子的微观运动并不是定向的,只是在宏观上有一个平均漂移速度。电场越强,载流子的平均漂移速度越快。由漂移电流产生的原因很容易得出:**漂移电流与电场强度和载流子浓度成正比。杂质半导体中的多子浓度远大于少子浓度,因此,多子漂移电流远大于少子漂移电流。**

2. 扩散电流(diffusion current)

导体中只有电子一种载流子,建立不了电子的浓度差,故导体中载流子只有在电场作用下的漂移运动。而半导体中有电子和空穴两种载流子,在实际工作中,当有载流子注入或光照作用时,就会出现非平衡载流子。**在半导体处处满足电中性的条件下,只要有非平衡电子,就会有等量的非平衡空穴,因而也就会存在浓度差。这样,在浓度差的作用下就产生了非平衡载流子的扩散运动。**

如图 1-11 所示,对一块完全封闭的 N 型硅半导体一

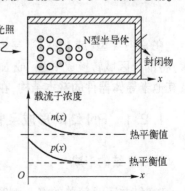

图 1-11 N 型半导体载流子的扩散

侧顶端施光照,N 型硅内部的热平衡状态被打破,便在光照一侧端面处产生非平衡电子和空穴。靠近左端面处,非平衡载流子浓度梯度最大;离端面越远,浓度梯度越小,且载流子浓度逐渐趋于热平衡值。

扩散电流是半导体中载流子的一种特殊运动形式,是由于载流子的浓度差而引起的,扩散运动总是从浓度高的区域向浓度低的区域进行。若用 $\dfrac{\mathrm{d}p(x)}{\mathrm{d}x}$,$\dfrac{\mathrm{d}n(x)}{\mathrm{d}x}$ 表示非平衡空穴和电子的浓度梯度,则沿 x 方向的扩散电流密度分别为

$$J_{\text{po}} = -eD_{\text{p}}\frac{\mathrm{d}p(x)}{\mathrm{d}x} \tag{1-11}$$

$$J_{\text{no}} = -(-e)D_{\text{n}}\frac{\mathrm{d}n(x)}{\mathrm{d}x} = eD_{\text{n}}\frac{\mathrm{d}n(x)}{\mathrm{d}x} \tag{1-12}$$

式中,D_{p} 和 D_{n} 为空穴和电子扩散系数(单位 cm^2/s)。式(11-12)表示:空穴扩散电流与 x 方向相同,电子扩散电流与 x 方向相反(因为 $\dfrac{\mathrm{d}p(x)}{\mathrm{d}x}<0$,$\dfrac{\mathrm{d}n(x)}{\mathrm{d}x}<0$)。

另外需要注意:扩散电流不是由电场力产生的,所以它与电场强度无关。扩散电流与载流子浓度也无关,主要决定于载流子的浓度梯度(或浓度差)。

思考与练习

1.1-1 选择及填空

(1) 在本征半导体中,空穴浓度____电子浓度;在 N 型半导体中,空穴浓度____电子浓度。　　答案:C,B

A. 大于　　　　　　B. 小于　　　　　　C. 等于

(2) 在杂质半导体中,多数载流子的浓度主要取决于____,而少数载流子的浓度与____关系十分密切。

A. 温度　　　　　　B. 掺杂工艺　　　　C. 杂质浓度　　　　　　　　　　答案:C,A

(3) 随着温度的升高,在杂质半导体中,少数载流子的浓度____,而多数载流子的浓度____。　　答案:A,C

A. 明显增大　　　　B. 明显减小　　　　C. 变化较小

(4) N 型半导体是在纯净半导体中掺入____;P 型半导体是在纯净半导体中掺入____。　　答案:D,C

A. 带负电的电子　B. 带正电的离子　C. 三价元素,如硼等　D. 五价元素,如磷等

(5) 在纯净半导体中掺入五价磷元素后,形成____半导体;其导电率____(增大,减小,不变)。

答案:N 型,增大

(6) 半导体的____电流与载流子的浓度梯度成正比,____电流与电场强度成正比。　　答案:扩散,漂移

1.2　PN 结

在一块 N 型(或 P 型)半导体上,用杂质补偿的方法掺入一定数量的三价元素(或五价元素)将部分区域转换成 P 型(或 N 型),则在它们的界面处便生成 PN 结。PN 结是晶体二极管及其他半导体器件的基本结构,在集成电路及半导体元器件中具有极其重要的作用。

1.2.1　PN 结的形成及特点

1. PN 结的形成

PN 结并不是简单的将 P 型和 N 型材料压合在一起,它是根据"杂质补偿"的原理,采用合

金法或平面扩散法等半导体工艺制成的。虽然 PN 结的物理界面把半导体材料分为 P 区和 N 区,但整个材料仍然保持完整的晶体结构。

假设 P 区和 N 区结合初期,在 N 型和 P 型半导体的界面两侧明显地存在着电子和空穴的浓度差,将导致载流子的扩散运动:N 型半导体中电子(多子)向 P 区扩散,这些载流子一旦越过界面,就会与 P 区空穴复合,在 N 区靠近界面处留下正离子,P 区生成负离子;同理,P 型半导体中的空穴(多子)由于浓度差向 N 区扩散,与 N 区中电子复合,在 P 区靠近界面处留下负离子,N 区生成正离子。伴随着这种扩散和复合运动的进行,在界面两侧附近将形成一个由正离子和负离子构成的空间电荷区,如图 1-12 所示。

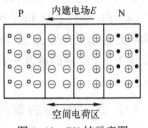

图 1-12 PN 结示意图

显然,空间电荷区内存在着由 N 区指向 P 区的电场,N 区一侧为正,P 区一侧为负,这个电场称为内建电场 E。另外,内建电场 E 的形成又将阻止两区多子的扩散,同时有利于形成两区内少子的漂移运动。或者说,内建电场将产生两区内少子的越结漂移电流,在一定程度上将抵消两区多子越结的扩散电流。

显然,半导体中多子的扩散运动和少子的漂移运动是一对矛盾运动的两个方面。随着多子扩散的进行,空间电荷区内的离子数增多,内建电场增强;与此同时,随着内建电场的增强,有利于少子的漂移,漂移电流将增大。最终,当漂移电流和扩散电流相等时,将达到一种动态的平衡,PN 结即形成。这时,再没有净的电流流过 PN 结,也不会有净的电荷迁移。

2. PN 结的特点

PN 结的特点如下。

(1) **空间电荷区的宽度决定于杂质浓度**。若 P 区和 N 区的掺杂浓度不同,这种 PN 结称为不对称 PN 结。例如,P⁺N 结表示 P 区的掺杂浓度远高于 N 区;PN⁺结表示 N 区的掺杂浓度远高于 P 区。由于 PN 结内 P 区一侧的负离子数几乎等于 N 区一侧的正离子数,因此,掺杂低的一侧因离子的密度较低,使 PN 结在该侧的宽度更宽。换言之,**杂质浓度越高,空间电荷区越薄**,空间电荷区向杂质浓度低的一侧延伸。半导体器件中的 PN 结一般都是不对称的 PN 结。需要指出:实际上 PN 结的宽度是很小的,只有 μm 量级。

(2) 空间电荷区是非中性区。如图 1-13 所示,在空间电荷区内形成一定的电荷分布 $\rho(x)$,P 区为负,N 区为正,界面处为零。故在电荷区内形成一定的电场分布:$E = \int \dfrac{\rho(x)}{\varepsilon} \mathrm{d}x$,$\varepsilon$ 为介质常数。从而在空间电荷区内形成一定的电位差(接触电位差或内建电位差)。其中空间电荷区内电位分布为

$$\Phi = -\int E \mathrm{d}x$$

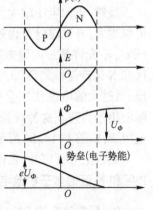

图 1-13 PN 结内建电位

根据半导体物理的理论可以推出 PN 结的内建电位差(内建电压)为

$$U_\Phi = U_\mathrm{T} \ln \frac{p_\mathrm{p}}{p_\mathrm{n}} = U_\mathrm{T} \ln \frac{n_\mathrm{n}}{n_\mathrm{p}} \approx U_\mathrm{T} \ln \frac{N_\mathrm{D} N_\mathrm{A}}{n_\mathrm{i}^2} \qquad (1-13)$$

式中,$U_\mathrm{T} = kT/q$(热力学电压)。常温下($T = 300$ K),$U_\mathrm{T} = 26$ mV。

PN 结内建电场和内建电位差 U_Φ 主要由半导体材料的种类决定。一般硅(Si)PN 结的

$U_\Phi = 0.6 \sim 0.8$ V；锗（Ge）PN 结的 $U_\Phi = 0.2 \sim 0.3$ V。

（3）如图 1-13 所示，由于电子带负电荷，处于高电势处的电子具有较低位能，而处于低电势处的电子具有较高位能，所以 N 区电子比 P 区能量低 eU_Φ，N 区电子要到达 P 区或 P 区空穴要到达 N 区必须克服势垒 eU_Φ，即势垒阻碍了扩散运动。故空间电荷区也称为势垒区或阻挡层。

（4）PN 结外 P 区和 N 区的载流子数和杂质离子数几乎相等。但空间电荷区内由于有大量的不能移动的离子，是载流子不能停留的区域，因而结内载流子数远小于结外的载流子数。可以认为 PN 结内的载流子在 PN 结形成过程中已被近似"耗尽"完毕，故 PN 结又称为耗尽层（depletion layer）。

1.2.2　PN 结的单向导电特性

前面讨论的 PN 结是没有外接电压时的情况，称为开路 PN 结或平衡状态 PN 结。当 P 区和 N 区外接电压时，外电路会产生电流。**一般在 PN 结两端外接直流电压称为偏置，"偏置"一词源于英文 Bias，泛指在半导体器件上所加的直流电压和电流。PN 结的偏置方式有两种：正向偏置和反向偏置。**本节将讨论 PN 结在不同偏置下电流随电压变化的规律。

1. 正向偏置的 PN 结

若在 PN 结外加正偏直流电压 U_D 使 P 区接高电位，N 区接低电位，称这种偏置方式为 PN 结正向偏置，简称正偏。

由于 PN 结内的载流子数远小于结外 P 区和 N 区的载流子数（耗尽层），PN 结相对于结外的 P 区和 N 区而言是高阻区，因此，外加电压 U_D 几乎完全作用在结层上。由于 U_D 的方向与内建电压 U_Φ 的方向相反，使得结层内的电位差减小为 $(U_\Phi - U_D)$，势垒高度降低，结内电场减弱，离子数也相应减少，PN 结变薄。原来扩散与漂移的平衡状态被破坏，扩散运动占优势，漂移减弱，扩散运动大于漂移运动，两区多子将产生净的越结扩散电流。根据电流的连续性原理，外电路通过电源的正负极也产生相应的电流。PN 结正偏时空间电荷层和势垒的变化及正向电流方向如图 1-14(a) 所示。

显然，正偏电压越大，PN 结内的电场越弱，越结的扩散电流越大，外电路电流也越大。但是在实际应用中，外加电压 U_D 不允许超过内建电压 U_Φ。否则，过大的电流会在 P 区和 N 区产生欧姆压降，迫使加在结上的电压小于内建电压，且过大的电流往往会导致 PN 结因发热而烧坏。在实际应用中为防止这种现象，常在电路中串接一个小的限流电阻 R，如图 1-14(b) 所示。

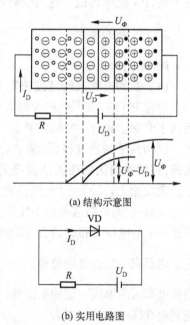

(a) 结构示意图

(b) 实用电路图

图 1-14　正向偏置 PN 结的等效电路

由以上分析可知，**正偏 PN 结会产生随正向电压增大而增大的正向电流**，正向电流实质是 **P 区和 N 区的多子扩散电流，电流较大，所以通常称正偏 PN 结是导通的。**

2. 反向偏置的 PN 结

当在 PN 结外加的直流电压 U_R 使 P 区接低电位，N 区接高电位时，称这种偏置方式为 PN

结的反向偏置,简称反偏。

PN 结反偏时,作用在 PN 结上的反偏外电压 U_R 与内建电压 U_Φ 方向相同,使结内的电位差增大为($U_\Phi + U_R$),即势垒增高,内建电场增强;结内离子数也相应会增多,PN 结变宽。原来扩散与漂移的平衡状态被破坏,漂移占优势,扩散减弱,漂移运动大于扩散运动,于是产生净的越结漂移电流。但是,这个漂移电流是空间电荷区边界处外侧两区的少子被电场力拉向对方区域形成的,即紧邻边界的 P 区一侧的由由电子被拉向 N 区,N 区一侧的空穴被拉向 P 区。由于少子的浓度随温度变化,当环境温度一定时随着反偏电压的增加,漂移电流将达到一个"饱和"值,即漂移电流不再随反偏电压的增加而增加,故该电流通常称为反向饱和电流,用 I_S 表示。图 1-15 画出了反偏 PN 结空间电荷区和势垒的变化以及 I_S 的方向。

反向饱和电流 I_S 其实质是少子的漂移电流。由于两区少子数量极少,故 I_S 是很小的。硅 PN 结的 I_S 可以小到 pA 量级。另外,由于少子的数量随温度的增加而增加,故 I_S 也随温度的增加而增加。

由以上分析可知:反偏 PN 结只能在外电路产生数值极小的反向饱和电流 I_S,反向电流远小于正向电流,即 $I_D \gg |I_S|$。当 I_S 忽略不计时,通常可以认为,反偏 PN 结是截止(不导通)的。另外,该电流是温度的敏感函数,是影响 PN 结正常工作(即单向导电性)的主要原因。

根据以上分析,可将 PN 结的单向导电特性总结于表 1-2 中。

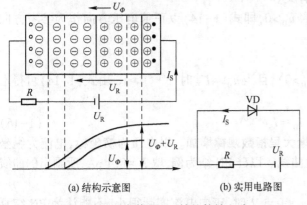

(a) 结构示意图　　(b) 实用电路图

图 1-15　反向偏置 PN 结的等效电路

表 1-2　PN 结单向导电特性

PN 结偏置方式	外加偏置	耗尽层宽度	扩散电流与漂移电流	导电特性
正向偏置	$U_P > U_N$	变窄	$J_{扩散} > J_{漂移}$	$J_{扩散}$ 由 P、N 区的多子提供,电流较大,PN 结呈导通状态
反向偏置	$U_P < U_N$	变宽	$J_{扩散} < J_{漂移}$	$J_{漂移}$ 由 P、N 区的少子提供,电流极小,PN 结呈截止状态

思考与练习

1.2-1　选择及填空

(1) 当 PN 结外加正向电压时,扩散电流____漂移电流,耗尽层____。　　　　答案:A,E

A. 大于　　B. 小于　　C. 等于　　D. 变宽　　E. 变窄　　F 不变

(2) 当 PN 结外加反向电压时,扩散电流____漂移电流,耗尽层____。　　　　答案:B, D

A. 大于　　B. 小于　　C. 等于　　D. 变宽　　E. 变窄　　F 不变

1.3　晶体二极管及其应用

将 PN 结半导体芯片在 P 区和 N 区各引出一条分别称做正极和负极的金属引线,将芯片适当封装后就制成了一只普通晶体二极管。显然,普通二极管的核心是一个 PN 结,二极管的特性决定于 PN 结的基本特性。二极管的结构示意图和电路符号如图 1-16 所示。在图 1-16(b)中,二极管符号中的箭头方向就是二极管正向电流的方向。

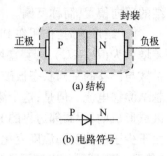

图 1-16　二极管

按生产工艺的不同,二极管可以分为点接触型和面接触型,后者又可以分为面结型(用合金法生产)和平面型(用扩散法生产)两种类型。不同类型二极管的应用领域有所不同,这些知识在很多教材上都有介绍。

1.3.1　晶体二极管的伏安特性

1. 二极管的伏安特性方程

晶体二极管简称二极管,它的伏安特性反映了其电流与端电压之间的运算关系。二极管的伏安特性可用 PN 结的电流方程来表示。理论分析指出,在一定的近似条件下,PN 结的电流与电压的关系满足方程

$$i_D = I_S(e^{u_D/U_T} - 1) \tag{1-14}$$

此式为著名的 PN 结伏安特性方程。式中,u_D 是加在二极管上的端电压;U_T 是一个量纲为电压且与温度有关的物理量(称为**热电压当量**),$U_T = kT/q$,当 $T = 300$ K 时,$U_T = 26$ mV;I_S 即为 PN 结反向饱和电流,与少数载流子浓度有关。

在式(1-14)的具体应用中,正偏时取 $u_D > 0$,即式(1-14)以正偏电压方向作为参考方向(即正方向),故反偏时 u_D 应代入负值。

（1）正偏 PN 结伏安特性方程

当二极管两端加正向偏置电压(即 $u_D > 0$),且当 $u_D > 4U_T$ 时,$e^{u_D/U_T} \gg 1$,由式(1-14)可得出二极管的**正偏伏安特性方程**为

$$i_D \approx I_S e^{u_D/U_T} \tag{1-15}$$

显然,**PN 结正向电流随正偏电压的增大呈指数规律增加**。以电压为横坐标,电流为纵坐标,由式(1-15)可画出 PN 结的伏安特性曲线。以硅 PN 结为例,取 $I_S = 0.1$ pA,所画出的曲线如图 1-17 所示。

观察图 1-17 可发现,当硅管(Si)的 $u_D < 0.5$ V 时,正向电流实际很小,不能认为 PN 结真正导通。而当 $u_D > 0.6$ V 以后,正向电流急剧增大,PN 结呈现较陡的伏安特性。即正偏 PN 结存在着一个导通电压 U_{ON},称为二极管的正向开启(死区或门限)电压。硅 PN 结导通电压的典型值为 0.6 V,锗 PN 结导通电压的典型值为 0.2 V。

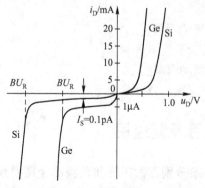

图 1-17　二极管伏安特性曲线

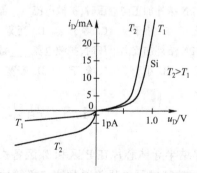

图 1-18　温度对二极管伏安特性的影响

（2）反偏 PN 结伏安特性方程

当二极管两端加反向偏置电压（即 $u_D<0$），且 $u_D \ll -4U_T$ 时，$e^{u_D/U_T} \ll 1$，由式（1-14）可得出二极管的反偏伏安特性方程：

$$i_D \approx -I_S \qquad\qquad\qquad (1-16)$$

可见，**反向电流不随反向偏压而变化，反偏时 PN 结仅有很小的反向饱和电流，相当于截止，可看成一个高阻抗的元件。**

一般硅（Si）PN 结的反向饱和电流 I_S 在 $10^{-9} \sim 10^{-15}$ A 量级，锗（Ge）PN 结的 I_S 在 μA 量级。即 PN 结具有单向导电特性，PN 结方程所揭示的规律与前面的分析是一致的。图 1-17 表明了 Si 管和 Ge 管伏安特性的差别。

另外还需注意：①二极管反偏时，Ge 管的反向饱和电流至少比 Si 管大三个数量级以上。由于 PN 结经过封装后存在着漏电阻，这使得实际二极管的反向饱和电流随反偏电压的增大略有增大。②温度增加时，二极管的反向饱和电流明显增大，其规律是：每温升 10℃，反向饱和电流增大约 1 倍。二极管的正向特性也与温度有关。温度升高时，正向伏安特性曲线左移，大致的规律是：每温升 1℃，曲线左移 2~2.5 mV。二极管的这种正向温度特性表明：如果外加正向偏压不变，当温度增加时，正向电流也会增大。图 1-18 示意了温度对二极管伏安特性的影响。

（3）反向击穿现象及原因

当 PN 结反偏电压增大到一定值时，反向电流会急剧增大，这种现象称为 PN 结反向击穿。反向击穿发生时的电压值 BU_R 如图 1-17 所示，称为反向击穿电压。导致出现反向击穿的原因有下面两种：

① 雪崩击穿（价电子被碰撞电离）。对低掺杂的 PN 结，由于其耗尽层较宽，当反偏电压较大时，结内载流子有足够的空间被电场力不断加速而获得很大的动能，它们会与共价键中的价电子碰撞使其脱离共价键，产生新的电子-空穴对，这一现象称为价电子被碰撞电离。碰撞电离一旦发生，新产生的载流子又会被电场加速后与价电子碰撞，发生更新的碰撞电离，从而使载流子数像雪崩似的迅速增多，导致反向漂移电流急剧增大。

② 齐纳击穿（价电子被场致激发）。对于高掺杂的 PN 结，击穿的原因有所不同。由于高掺杂 PN 结的耗尽层很窄，载流子没有足够的空间加速而获得很大的动能，雪崩击穿不会发生。但很窄的耗尽层使得在不大的反偏电压作用下结内会产生很强的电场，强大的电场力能将结内共价键中的价电子拉出共价键，产生电子-空穴对，这种现象称为场致激发。场致激发发生后，结内载流子数大大增加，从而导致反向电流很快增大。

两种击穿的特征如下。

雪崩击穿电压较高，一般高于 6 V。温度升高时，击穿电压增大。这是因为在温度升高时载流子无规则热运动加剧，难于被定向加速，载流子要在更大的反偏电压作用下才会获得发生碰撞电离所需的速度。

齐纳击穿电压较低，一般低于 4 V。温度升高时，击穿电压减小。在温度升高时，价电子更"活跃"，更容易被电场力拉出共价键，故产生场致激发所需的反偏电压在温度高时减小。

以单向导电特性应用于电路的普通二极管应避免发生反向击穿。使用时最大反向电压必须小于手册中规定的值。但是**反向击穿是一种可逆的电击穿，击穿发生时只要限制电流的大小，使二极管消耗的平均功率（平均管耗）不超过允许值，则减小反偏电压后，二极管又会回复到反向截止状态。**但如果击穿后没有合理的限流措施，使二极管耗散功率过大，结温过高，便会造成二极管因过热而损坏。这种"烧管"的现象称为热击穿。

1.3.2 二极管的直流电阻和交流电阻

线性电阻的伏安特性是一条直线。即线性电阻 R 的值是常数。与线性电阻的伏安特性比较,二极管的伏安特性为曲线,因此,二极管是一种非线性器件。**一般对非线性器件电阻的定义有直流电阻和交流电阻两种形式。**

1. 直流电阻 R_D

一般把加在二极管上的直流偏置电压 U_D 和直流偏置电流 I_D 称为二极管的静态工作点(Q),那么**二极管的直流电阻 R_D 定义为:静态工作点处的直流电压和直流电流的比值。**即

$$R_D = \frac{U_D}{I_D}\bigg|_Q \qquad (1-17)$$

图 1-19 中给出了在 Q_1 和 Q_2 两个工作点处的直流电阻 R_{D1} 和 R_{D2} ,即 $R_{D1} = U_{D1}/I_{D1}$, $R_{D2} = U_{D2}/I_{D2}$ 。显然, $R_{D2} < R_{D1}$ 。即工作点处电流越大,二极管的直流电阻越小。二极管反偏时因电流极小,故反偏时直流电阻很大。二极管正、反向直流电阻相差很大正是二极管单向导电特性的反映。

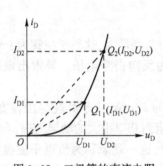

图 1-19 二极管的直流电阻

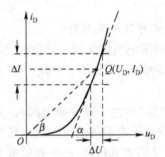

图 1-20 二极管的交流电阻

2. 交流电阻 r_d

在二极管静态工作点处电压的微变增量与相应的电流微变增量的比值称为二极管在该工作点处的交流电阻 r_d。根据该定义,二极管在工作点(Q)处的交流(动态)电阻 r_d 被表示为

$$r_d = \frac{di_D}{du_D}\bigg|_Q^{-1} \qquad (1-18)$$

由式(1-18)的几何意义可知, r_d 就是伏安特性曲线在工作点处切线斜率的倒数。当在工作点附近的电压增量 ΔU 和电流增量 ΔI 很小时,可用增量比来估算,如图 1-20 所示,即

$$r_d \approx \Delta U/\Delta I \qquad (1-19)$$

将二极管的伏安特性方程 $i_D = I_S(e^{u_D/U_T} - 1)$ 代入式(1-18),可求得 r_d 的估算公式为

$$r_d \approx U_T/I_D \qquad (1-20)$$

式(1-20)表明:二极管的交流电阻与工作点(Q)处的静态电流 I_D 近似成反比。例如,当 $T = 300$ K、 $I_D = 1$ mA 时, $r_d \approx 26$ mV/1 mA = 26 Ω 。若 I_D 增大 1 倍,则 $r_d \approx 13$ Ω 。但要指出:上述结论只是比较粗略的工程估算。不同类型的二极管在电流相同时 r_d 仍有差别。当二极管电流

很大时,使用式(1-20)估算r_d,误差会较大。

交流电阻又称微变电阻、增量电阻或动态电阻,它是非线性器件的一个重要概念,应注意在学习中逐步加深理解其含义和用处。对线性电阻而言,直流电阻与交流电阻其值相同。二极管的交流电阻r_d与直流电阻R_D是两个不相同的概念。

3. 二极管的其他参数

在二极管手册里,生产厂家会给出一些二极管参数,现简单介绍如下。

最大平均整流电流I_F:指二极管允许流过的最大平均电流。若超过该电流,二极管可能因过热而损坏。I_F与环境温度等散热条件有关,故手册上给出I_F值时往往注明温度条件。

最大反向工作电压U_R:二极管反偏电压过大可能发生反向击穿,U_R指使用时加在二极管上的最大反向电压,即U_R在数值上应小于反向击穿电压BU_R。

反向电流I_R:I_R就是反向饱和电流I_S。手册上一般要注明I_R是在什么反向电压和什么温度下测得的。

最高工作频率f_M:若加在二极管上的交流电压频率超过该值,二极管的单向导电性能将明显变差。有时候手册上会给出二极管结电容和反向恢复时间,这些都是与f_M相关的参数。

1.3.3 二极管模型

在分析含二极管的电路时,如果直接用二极管方程来计算,则涉及非线性方程的求解问题。虽然借助于计算机用诸如牛顿-拉夫森法等迭代法可以求解,但需要编程且分析会十分复杂。工程上的做法是将二极管用理想元件构成的等效电路来近似后再对电路分析计算,这样既简化了分析,结果也合理。**这种能近似反映电子器件特性的由理想元件构成的等效电路称为器件的模型**。线性电阻、电容和电感以及独立源、受控源,都是构成器件模型的基本理想元件。

1. 二极管大信号伏安特性的分段线性近似模型

(1)理想开关模型

该模型把二极管视为一个理想开关(理想二极管),即正偏时正向电压为零,反偏时反向电流为零。被看做理想开关的二极管,其伏安特性曲线如图1-21所示。理想二极管开关与普通机械开关的不同之处是:二极管开关合上时的电流和断开时的电压都只允许是单向的。**工程上二极管理想开关模型常用于大电压时电路的近似分析。**

(2)恒压源模型

该模型认为,二极管反偏,或正偏电压小于导通电压U_{ON}时,二极管截止,电流为零;当二极管导通后,其端电压维持U_{ON}不变。二极管的恒压源模型及伏安特性曲线如图1-22所示。该模型成立的根据是:当二极管导通,特别是电流较大时,交流电阻很小,故可以认为这时二极管端电压不随电流变化,即具有恒压特性。显然,**恒压源模型更适合大电流时电路的近似分析**。必须指出:模型中的恒压源U_{ON}(典型值:硅二极管为0.7 V;锗二极管为0.3 V)只能吸收功率,因为它并非真实元件,只是使二极管对其外部电路等效的一个模型。

(3)折线近似模型

该模型认为,二极管电压$u_D \leqslant U_{ON}$时,$i_D = 0$;当$u_D \geqslant U_{ON}$时,二极管导通,且交流电阻r_d不变。其模型和伏安特性曲线如图1-23所示。与理想开关和恒压源模型比较,折线近似模型更准确,特别是在电流较大时。

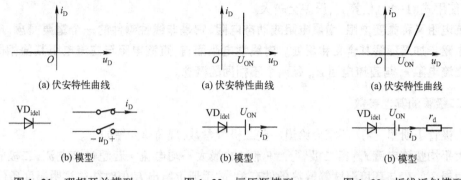

(a) 伏安特性曲线	(a) 伏安特性曲线	(a) 伏安特性曲线
(b) 模型	(b) 模型	(b) 模型
图 1-21　理想开关模型	图 1-22　恒压源模型	图 1-23　折线近似模型

以上三种模型都是将二极管整个伏安特性曲线用分段的直线来近似,它通常适用于分析含二极管的大信号电路。

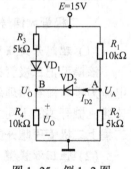

图 1-24　二极管直流电路

【例 1-1】　Si 二极管与恒压源 E 和限流电阻 R 构成的直流电路如图 1-24 所示。求二极管工作点 U_D 和 I_D 的值。

解:将二极管用恒压源模型近似后求解电路。对于导通的 Si 管,其工作点电压 U_D 变化不大,可取 $U_D \approx U_{ON} \approx 0.7$ V,由此可算出

$$I_D \approx \frac{E - U_{ON}}{R} \approx \frac{3 - 0.7}{300} = 7.67(\text{mA})$$

估算法求工作点是工程上最常用的"手算"方法,该方法计算简单且结果合理。估算法其实就是将二极管用恒压源模型近似后求解电路。

【例 1-2】　求解图 1-25 所示的多二极管电路中的电流 I_{D2} 和电压 U_0,假设每个二极管的 $U_{ON} = 0.7$ V。

解题技巧:分析多二极管电路时需要确定每个二极管是导通还是截止。很多情况下,不是简单判断就可以的,这需要首先猜测每个二极管的状态,然后分析电路检验得出的解和最初的猜想是否一致。为了做到这些,可以采用以下步骤:

① 假设一个二极管的状态。如果假设一个二极管导通,则二极管两端的电压就为 U_{ON};如果假设一个二极管截止,则二极管的电流就为零。

② 用假设的状态分析"线性"电路,估算每个二极管的结果状态。如果开始假设二极管为截止,并且分析显示 $I_D = 0$ 和二极管端电压 $U_D \leqslant U_{ON}$,那么假设就是正确的。如果分析的结果显示 $I_D > 0$ 和 $U_D \geqslant U_{ON}$,那么最初的假设就不成立。同样,如果开始假设二极管为导通,并且分析显示 $I_D \geqslant 0$ 和 $U_D \geqslant U_{ON}$,那么假设就是正确的。如果分析的结果显示 $I_D < 0$ 或 $U_D \leqslant U_{ON}$,那么最初的假设就不成立。

③ 如果任何一个最初的假设被证明是不成立的,那么必须再做一次新的假设,然后重新分析新的"线性"电路。必须重复第②步。

图 1-25　例 1-2 图

解:首先假设二极管 VD_1 和 VD_2 都处于导通状态,根据电路列写节点 A、B 的电流方程,可得

$$\frac{E - U_A}{R_1} = I_{D2} + \frac{U_A}{R_2}$$

$$\frac{E - (U_0 + 0.7)}{R_3} + I_{D2} = \frac{U_0}{R_4}$$

注意到 $U_O = U_A - 0.7$，联立这两个方程并消去 I_{D2}，可得 $U_A = 7.62$ V 和 $U_O = 6.92$ V，代入上式可得 $I_{D2} = -0.786$ mA。

以上曾假设 VD_2 导通，所以负的二极管电流和最初的假设不一致，需要重新做一次假设。

现在重新假设二极管 VD_2 截止和 VD_1 导通。为了求得节点电压 U_A 和 U_O，可以应用分压公式计算，结果为

$$U_A = \frac{R_2}{R_1 + R_2} E = 5 \text{ V}$$

$$U_O = \frac{R_4}{R_3 + R_4} (E - 0.7) = 9.53 \text{ V}$$

这些电压显示二极管 VD_2 确实反向偏置截止，所以 $I_{D2} = 0$。

2. 二极管的交流小信号模型

当在二极管的工作点 $Q(U_D, I_D)$ 电压和电流上叠加有低频的交流小信号电压 u_d 和电流 i_d 时，只要工作点 Q 选择合适，u_d 和 i_d 足够小，那么 Q 点附近的一定范围内伏安特性曲线可近似看成直线，则交流电压 u_d 和电流 i_d 之间的关系可用一个线性电阻来近似，这就是二极管的**小信号模型**。显然，二极管小信号模型就是工作点处的交流电阻 r_d，如图 1-26(b) 所示。需要强调的是：**小信号模型不反映总的电压与电流的关系，只反映叠加在工作点上的交变电压与交变电流之间的关系。**

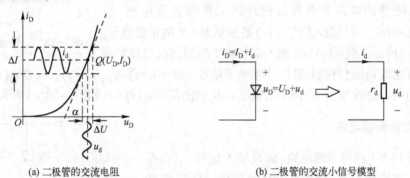

(a) 二极管的交流电阻   (b) 二极管的交流小信号模型

图 1-26　二极管的交流小信号模型

【例 1-3】 若在例 1-1 的电路中串联一个正弦电压源 $u(t) = 100\sin 2\pi \times 10^4 t \text{(mV)}$，图 1-27(a) 为其电路图，估算此时二极管上交流电压与电流成分的振幅值 U_{dm} 和 I_{dm} ($T = 300$ K)。

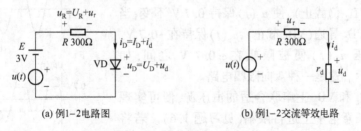

(a) 例 1-2 电路图   (b) 例 1-2 交流等效电路

图 1-27　二极管交流电路分析

解： 当正弦电压源未加上，即 $u(t) = 0$ V 时，利用例 1-1 的计算结果，二极管的工作点 $U_D = 0.70$ V，$I_D = 7.67$ mA，利用式 (1-20)，可估算出该工作点处的交流电阻为

$$r_{\mathrm{d}} \approx U_{\mathrm{T}}/I_{\mathrm{D}} = 26 \text{ mV}/7.6 \text{ mA} = 3.39 \ \Omega$$

当加上正弦电压 $u(t)$ 后,电阻 R 和二极管将分别在其直流电压 U_{R} 和 U_{D} 的基础上叠加一个交流电压成分 u_{r} 和 u_{d}。如果工作点选择的较合适,输入交流信号又比较小,那么二极管在电路中可近似等效为一个线性元件,利用线性电路的叠加原理,可以画出**只反映交变电压和交变电流之间关系的电路,称为交流等效电路(又称为交流通路)**,如图 1-27(b) 所示。由此等效电路可求出

$$I_{\mathrm{dm}} = U_{\mathrm{m}}/(R+r_{\mathrm{d}}) = 100/(300+3.39) = 0.33(\text{mA}) \ , \quad U_{\mathrm{dm}} = r_{\mathrm{d}}I_{\mathrm{dm}} = 1.12(\text{mV})$$

1.3.4 二极管应用电路举例

二极管作为一种非线性器件应用非常广泛。在低频电路和脉冲电路领域里,二极管常用做整流、限幅、钳位、稳压等波形处理和变换;二极管与集成运算放大器配合,还可完成对信号的对数、指数、乘法和除法等运算。在高频电路中,二极管是检波、调幅、混频等各种频率变换电路的重要器件。这里只介绍一些二极管电路的简单例子,其目的是初步培养学生分析电子电路的能力。

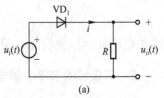

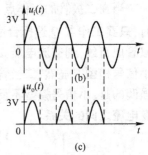

图 1-28　二极管整流电路

1. 二极管整流电路

利用二极管的单向导电性可设计出二极管整流电路,如图 1-28(a) 所示。假设输入信号 $u_{\mathrm{i}}(t)$ 是振幅为 3 V 的正弦电压,如图 1-28(b) 所示。当 $u_{\mathrm{i}}(t)>0$(输入信号的正半周)时,二极管导通,电路中有电流 i 流过负载电阻 R,产生输出信号 $u_{\mathrm{o}}(t)=u_{\mathrm{i}}(t)-U_{\mathrm{ON}} \approx u_{\mathrm{i}}(t)$。而当 $u_{\mathrm{i}}(t)<0$(输入信号的负半周)时,二极管截止,电路中的电流 $i=0$,输出信号 $u_{\mathrm{o}}(t)=0$,如图 1-28(c) 所示。

2. 二极管限幅电路

分析图 1-29(a) 所示的电路,假设输入信号 $u_{\mathrm{i}}(t)$ 是振幅为 3 V 的正弦电压,如图 1-29(b) 所示。Si 二极管 VD_1 和 VD_2 可以用恒压源模型近似($U_{\mathrm{ON}} \approx 0.7$ V)。当 $|u_{\mathrm{i}}(t)|<U_{\mathrm{ON}}$ 时,VD_1 和 VD_2 均未导通,视为开路,故限流电阻 R 上电流为零,此时 $u_{\mathrm{o}}(t)=u_{\mathrm{i}}(t)$。当 $u_{\mathrm{i}}(t)>U_{\mathrm{ON}}$ 时,VD_1 导通(VD_2 仍截止),使 $u_{\mathrm{o}}(t)$ 保持 0.7 V 不变;当 $u_{\mathrm{i}}(t)<-U_{\mathrm{ON}}$ 时,VD_2 导通(VD_1 截止),$u_{\mathrm{o}}(t)$ 保持在 -0.7 V。这样,输出电压 $u_{\mathrm{o}}(t)$ 便被限幅在 ±0.7 V 之间,如图 1-29(c) 所示。这是一种双向限幅电路。

如果在 VD_1 和 VD_2 上串联合适的恒压源,便可实现对输入信号在任意电平上进行限幅(见习题 1.6)。若将二极管限幅支路改为一个二极管,则为单向限幅电路。由于二极管在限幅时并非理想恒压源,这使得限幅期间电压仍会有点变化,故二极管限幅属于"软限幅"。

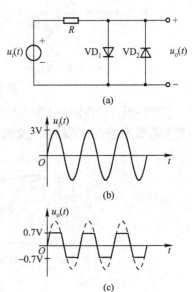

图 1-29　二极管双向限幅电路

限幅电路在脉冲电路中常用做波形变换,如将正弦电压变为方波。在模拟电子设备中,限

幅电路可用做保护电路。例如接收机输入端在遇到强电压干扰时,可能造成电路不能正常工作甚至损坏设备。若在输入端加入限幅器,则可避免这种情况。对正常接收的信号,由于输入信号幅度很小,限幅器并不起作用。

3. 二极管钳位电路

钳位电路是一种能改变信号直流电压成分的电路。图1-30(a)是一个简单的二极管钳位电路的例子。假设输入信号 $u_i(t)$ 是幅度为±2.5 V 的方波,如图1-30(b)所示。当 $u_i(t)$ 为负半周时,二极管导通。由于二极管导通电阻 r_D 很小,使电容 C 被迅速充电到 $u_i(t)$ 的峰值电压 2.5 V(应满足条件:$T/2$ 比 $r_D C$ 大数倍,T 为输入方波的周期)。当 $u_i(t)$ 为正半周时,二极管截止,电容无法放电,$u_o(t) = u_i(t) + 2.5\,\mathrm{V} = 5\,\mathrm{V}$。当 $u_i(t)$ 下一个负半周到来时,因电容上电压已是 2.5 V,使二极管上电压为 $u_o(t) = u_i(t) + 2.5\,\mathrm{V} = 0\,\mathrm{V}$,二极管仍然不会导通。总之,电容上电压被充至峰值后便无法放电,使得输出电压 $u_o(t) = u_i(t) + 2.5\,\mathrm{V}$,其波形如图1-30(c)所示。$u_o(t)$ 的底部被钳位于 0 V。

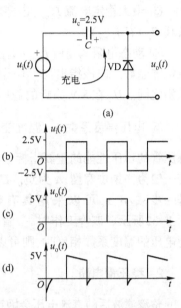

(a)

(b)

(c)

(d)

图1-30 简单的二极管钳位电路

若二极管正负极对调,则可实现顶部钳位。若在二极管上串联合适的直流电压源,可将输入波形钳位在所需的电平上(见习题1.7)。

实际电路在二极管反偏截止时会有一个等效的反偏电阻 r_R,这使得在 $u_i(t)$ 的正半周二极管截止时电容会经 r_R 放电,当 $u_i(t)$ 负半周到来时电容又被充电到峰值,即电容上的电压是脉动的。这将导致 $u_o(t)$ 的波形如图1-30(d)所示,即出现波形失真。但只要 r_R 远大于二极管的导通电阻 r_D,这种失真并不大。

由于**含有直流成分的交变电压在通过含隔直电容的线性电路处理后,会失去直流成分,使用钳位电路就能实现直流恢复,故钳位电路有时也叫直流恢复电路。**全电视信号中的行同步脉冲如果顶部不齐,则提取困难。采用钳位电路就能将行同步脉冲的顶部"钳"在同一电平上。这些都是钳位电路应用的例子。

1.3.5 稳压管及其应用

1. 稳压管

稳压管是一种专门工作在反向击穿状态的二极管。如前所述,当 PN 结反偏电压增大到一定值时,反向电流会急剧增大,这种现象称为 PN 结反向击穿。包含反向击穿特性在内的 Si 二极管伏安特性曲线如图1-31(a)所示,U_Z 为击穿电压。由图可知,二极管

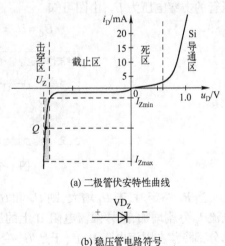

(a) 二极管伏安特性曲线

(b) 稳压管电路符号

图1-31 稳压管伏安特性曲线及电路符号

的反向击穿特性曲线非常陡直,反向击穿电流在很大的范围内变化时,击穿电压几乎不变,即击穿电压十分稳定,或者说在击穿区的工作点上交流电阻很小。它的电路符号如图1-31(b)所示,符号中正负极含义与普通二极管相同,但稳压管工作时负极要接高电位,并使其击穿。

稳压管常用参数如下。

① 稳定电压 U_Z:在规定测试电流(如50 mA)下的反向击穿电压 BU_R。即使是同一型号的稳压管,U_Z 的离散性也较大。

② 最小稳定电流 I_{Zmin}:击穿电流大于该值后稳压性能才好。

③ 最大稳定电流 I_{Zmax}:击穿电流不允许超过该值,否则稳压管会因管耗过大而烧坏(此时管耗 $P_Z = U_Z I_{Zmax}$)。

④ 动态电阻 r_Z:在($I_{Zmin} \sim I_{Zmax}$)范围内,稳压管交流电阻的典型值。显然 r_Z 越小的管子稳压性能越好。应该指出:U_Z 不同的稳压管其动态电阻相差较大,r_Z 的值一般在几欧姆到几十欧姆之间。U_Z 在8 V附近的稳压管的 r_Z 较小。

⑤ 电压温度系数 α:温度变化1℃时,稳压值的相对变化量,即 $\alpha = \dfrac{\Delta U_Z}{\Delta T} / U_Z$。$\alpha$ 也是衡量稳压管的稳压性能的重要指标。**$U_Z > 7$ V的稳压管一般为雪崩击穿型,α 为正;$U_Z < 4$ V的稳压管一般为齐纳击穿型,α 为负。U_Z 在4~7 V之间的稳压管一般为混合击穿型,α 较小。** 为了进一步减小 α,可以采用具有温度补偿作用的双管结构,如图1-32所示。该管工作时,一管击穿,一管导通。击穿电压和导通电压的温度系数相反时,则可以互相抵消,使 α 减小。

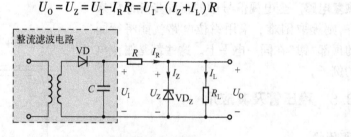

图1-32 双向稳压管
电路符号

2. 稳压管电路

整流滤波后的直流电压会因市电电压的波动或用电负载的变化而不稳定。图1-33是一种简单易行的稳压管稳压电路。图中 R_L 是用电负载,**R 称为限流电阻**。只有合理地选取限流电阻才能保证稳压管正常工作。在输入电压 U_I 必须大于稳压管的击穿电压 U_Z 的条件下,只要选择击穿电压 U_Z 为不同值的稳压管,电路就可获得用电负载所需要的各种稳定直流电压。

稳压原理:在图1-33示出的稳压管稳压电路中,稳压管 VD_Z 并接在负载 R_L 两端,若设稳压管的击穿电压为 U_Z,由图可知

$$U_O = U_Z = U_I - I_R R = U_I - (I_Z + I_L) R \qquad (1-21)$$

图1-33 稳压管稳压电路

当 R_L 一定时,若 U_I 增大,则 U_Z 和 U_o 都要增大。但由于稳压管的 U_Z 稍许增大,就会造成电流 I_Z 急剧增加,这样限流电阻 R 上的压降($I_Z + I_L$)R 就会显著增加,使输入电压增量的绝大部分都降落在限流电阻 R 上,于是 U_O 变化就很小,从而稳定了输出电压;同理,若 U_I 减小,可以看出 U_O 变化也很小,所以输出电压是稳定的。

另外,当 U_I 一定时,若 R_L 减小,流过负载的电流 I_L 将会增大,同样会导致 R 上的压降将

增大,使 U_0 下降,但 U_0(或 U_Z)稍许下降,I_Z 就要减小很多,I_L 增大而 I_Z 减小使流过 R 的电流近似保持不变(略有增大),因此 U_0 只略有下降。上述分析说明,无论是输入电压 U_I 或负载 R_L 发生变化,通过稳压管的调节作用,使输出电压 U_0 均几乎不变。因此,该电路可以做成稳压电源。

选择稳压管时应注意:流过稳压管的电流 I_Z 不能过大,应使 $I_Z \leq I_{Zmax}$,否则会超过稳压管的允许功耗;I_Z 也不能太小,应使 $I_Z \geq I_{Zmin}$,否则不能输出稳定电压。可见电路的输入电压和负载电流的变化范围是受限制的。在实际工程中,当输入电压 U_I 在 $U_{Imin} \sim U_{Imax}$ 之间变化,负载 R_L 的变化范围为 $R_{Lmin} \sim R_{Lmax}$ 时,要使稳压管正常工作,限流电阻值 R 必须满足下列要求:

(1)当 $U_I = U_{Imax}$ 和 $I_L = I_{Lmin}$(即 $R_L = R_{Lmax}$)时,要求流过稳压管的电流 I_Z 不超过稳压管的最大稳定电流 I_{Zmax},即

$$I_{Rmax} - I_{Lmin} < I_{Zmax}$$

$$\frac{U_{Imax} - U_Z}{R} - \frac{U_Z}{R_{Lmax}} < I_{Zmax}$$

整理上式可得
$$R > \frac{U_{Imax} - U_Z}{R_{Lmax} I_{Zmax} + U_Z} R_{Lmax} \tag{1-22}$$

(2)当 $U_I = U_{Imin}$ 和 $I_L = I_{Lmax}$(即 $R_L = R_{Lmin}$)时,要求流过稳压管的电流 I_Z 不低于稳压管的最小稳定电流 I_{Zmin},即

$$I_{Rmin} - I_{Lmax} > I_{Zmin}$$

$$\frac{U_{Imin} - U_Z}{R} - \frac{U_Z}{R_{Lmin}} > I_{Zmin}$$

整理上式可得
$$R < \frac{U_{Imin} - U_Z}{R_{Lmin} I_{Zmin} + U_Z} R_{Lmin} \tag{1-23}$$

根据式(1-22)和式(1-23)可得限流电阻 R 的取值范围为

$$\frac{U_{Imax} - U_Z}{R_{Lmax} I_{Zmax} + U_Z} R_{Lmax} < R < \frac{U_{Imin} - U_Z}{R_{Lmin} I_{Zmin} + U_Z} R_{Lmin} \tag{1-24}$$

【例1-4】 在图1-33的稳压电路中,稳压管选为2CW14($U_Z = 6\,V$, $I_{Zmin} = 5\,mA$, $I_{Zmax} = 33\,mA$),$R = 510\,\Omega$,假定输入电压 U_I 的变化范围为18~24 V。试确定负载电流的允许变化范围。

解:(1)计算流过限流电阻 R 的电流 I_{Rmin} 和 I_{Rmax}。

$$I_{Rmax} = \frac{U_{Imax} - U_Z}{R} = \frac{24-6}{0.51} \approx 35.3\,mA \qquad I_{Rmin} = \frac{U_{Imin} - U_Z}{R} = \frac{18-6}{0.51} \approx 23.5\,mA$$

(2)计算 I_{Lmax} 和 I_{Lmin}。

由于 $I_R = I_Z + I_L$,当 $U_I = U_{Imax}$ 和 $I_L = I_{Lmin}$ 时,流过稳压管的电流 I_Z 最大,为了使稳压管能安全工作,应使

$$I_{Zmax} \geq I_{Rmax} - I_{Lmin}$$

当 $U_I = U_{Imin}$ 和 $I_L = I_{Lmax}$ 时,流过稳压管的电流 I_Z 最小,为了稳定输出电压,应使

$$I_{Zmin} \leq I_{Rmin} - I_{Lmax}$$

因此
$$I_{Lmax} \leq I_{Rmin} - I_{Zmin} = 23.5 - 5 = 18.5\,mA$$
$$I_{Lmin} \geq I_{Rmax} - I_{Zmax} = 35.3 - 33 = 2.3\,mA$$

即 I_L 的允许变化范围为 2.3~18.5 mA 。

1.3.6 PN 结电容效应及应用

二极管不但具有非线性电阻特性,还具有电容特性。在频率很低时,电容的容抗($1/\omega C$)很大,这时,二极管只表现出非线性电阻特性的一面。但在频率很高时,电容的容抗减小,二极管的电容特性不可忽略,使二极管的电流成为双向电流。总之,**高频时二极管失去单向导电特性的原因是 PN 结存在电容效应。**所有 PN 结都有电容效应。点接触型 PN 结面积小,结电容很小,能在甚高频乃至微波波段完成混频或检波。面接触型 PN 结面积大,极间电容大,可流过的直流或低频电流大,适用于频率比较低的场合。

PN 结电容 C_J 包括势垒电容 C_T 和扩散电容 C_D,即 $C_J = C_T + C_D$。下面分析产生电容效应的两个原因。

1. 势垒电容(Barrier Capacitance)C_T

电容是一种能储存电荷(充电)和释放电荷(放电)的元件。伴随充放电,电容储能发生变化,端口电压也随之改变。如图 1-34 所示,在 PN 结反偏时,当反偏电压 U_R 增大 ΔU_R 时,空间电荷区变厚,区内正和负电荷量增加 ΔQ,相当于对 PN 结充电;同理,当 U_R 减小 ΔU_R 时,空间电荷区变薄,正和负电荷量减小 ΔQ,相当于 PN 结放电。反偏电压的变化 $\mathrm{d}U_R$ 会引起空间电荷区内电荷量的变化 $\mathrm{d}Q$,因此反偏 PN 结的势垒电容 C_T 被定义为

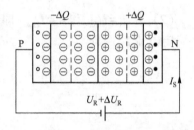

$$C_T = \frac{\mathrm{d}Q}{\mathrm{d}U_R} \approx \frac{\Delta Q}{\Delta U_R} \qquad (1-25)$$

可见,势垒电容可近似等效为一个极板距离随外加电压变化的平板电容,极板距离就相当于空间电荷区的宽度。

图 1-34　PN 势垒电容示意图

2. 扩散电容(diffusion Capacitance)C_D

扩散电容 C_D 主要是指 PN 结加正向偏压时由载流子在扩散过程中的电荷积累引起的电容效应。当 PN 结正偏时,PN 结两侧区域内的多子存在穿越 PN 结的扩散,扩散到对方区域后成为非平衡少子并在空间电荷区两外侧边缘区内累积,形成非平衡少子的浓度分布 $n_p(x)$ 和 $p_n(x)$,如图1-35所示。通常把存在非平衡少子浓度分布的这两个区域称为扩散区。故在每个扩散区内都累积有非平衡载流子的电荷,其数量为 Q_N 和 Q_P。显然,其值与浓度分布曲线下面的面积成正比。当正偏电压 U_D 增大到 $U_D + \Delta U_D$ 时,浓度分布线 $n_p(x)$ 和 $p_n(x)$ 上移,扩散区内的累积电荷会增加 ΔQ_N 和 ΔQ_P,这一过程相当于电容的充电过程,只有当这一暂态过程结束后 PN 结才会形成新的偏置电流。这种**当外加正偏电压变化时,PN 结外扩散区内累积的非平衡载流子数变化引起的电容效应,称为扩散电容。**扩散电容用符号 C_D 表示,有

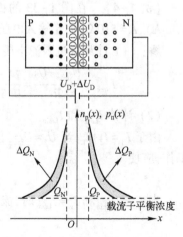

图 1-35　正偏 PN 结非平衡
少子浓度分布

$$C_D = \frac{\tau}{U_T}(I_D + I_S) \tag{1-26}$$

式中,τ 是非平衡载流子的平均寿命,I_D 是正向电流。式(1-26)说明 C_D 与 I_D 成比例。C_D 比 C_T 大,一般 C_D 在数十 pF~0.01 μF 范围内。当反偏时,$I_D = -I_S$,故 $C_D = 0$。

3. 变容二极管

势垒电容和扩散电容都不是常数,它们分别与偏压和偏流有关,因此,势垒电容和扩散电容都是非线性电容。如果考虑 C_D 和 C_T 而不计 P 区和 N 区的体电阻以及漏电阻,则在工作点处二极管的小信号模型如图 1-36 所示。C_D 和 C_T 对外电路并联等效,总电容 $C_J = C_T + C_D$,称 C_J 为 PN 结的结电容。正偏二极管的扩散电容 C_D 比势垒电容 C_T 大,C_J 以 C_D 为主;加反向偏压时,$C_D = 0$,C_J 以 C_T 为主。

一般当信号角频率 ω 较低时,$r_d \ll 1/(\omega C_J)$,C_D 和 C_T 的容抗很大,相当于开路,二极管的小信号模型中只有 r_d;当频率很高时,$1/(\omega C_J)$ 可以与 r_d 相比较,结电容 C_J 的影响就必须考虑。所以图 1-36 称为二极管高频小信号模型。

图 1-36 二极管高频小信号模型　　　图 1-37 电路符号　　图 1-38 变容二极管的伏容特性曲线

如果二极管以其单向导电特性应用于电路,则结电容 C_J 是不希望有的参数,因此信号频率应受到限制,应满足 $r_d \ll 1/(\omega C_J)$,即 $\omega \ll 1/(r_d C_J)$。但如果使二极管反偏,这时 $C_D = 0$,而且反向电阻 $r_d = r_R$ 很大,在高频时完全可能满足 $1/(\omega C_J)$ 远小于反向电阻 r_d,这样,r_d 相当于开路,二极管高频模型便只有势垒电容 C_T。因此,**反偏二极管在高频时可以当做电容器来使用,而且电容量可以通过调整反偏电压来改变。这种利用反偏时的势垒电容工作的二极管称为变容二极管,简称变容管。**变容管的电路符号如图 1-37 所示。变容二极管具有电压控制(简称压控)电容量的特性。

专门制造的变容管往往通过改变 P 区和 N 区界面两侧杂质密度的变化方式来获得不同的压控电容特性。C_T 与外加反向偏压的一般关系为

$$C_T = \frac{C_T(0)}{\left(1 - \dfrac{U_R}{U_\Phi}\right)^\gamma} \tag{1-27}$$

式中,U_Φ 为 PN 结内建电压,$C_T(0)$ 是反向偏压 $U_R = 0$ V 时的势垒电容;γ 称为变容指数,它与 PN 结物理界面两侧的杂质密度的变化方式有关。物理界面两侧均匀掺杂的 PN 结称为突变结。对于突变结,$\gamma = 1/2$。另外,还有越靠近界面杂质密度越高的超突变结,以及越靠近界面杂质密度越低的缓变结。对于各种不同工艺制作的变容管而言,一般 $\gamma = 1/3 \sim 3$。图 1-38 是变容管的伏容特性曲线的示意图。

变容管广泛应用于高频电路,例如在压控振荡器(英文缩写 VCO)中用做频率控制元件。在微波电路中,变容管可以用做参量放大器和倍频器。

1.3.7* 特殊二极管

1. 光敏二极管

光敏二极管又称光电二极管,其特点是 PN 结的面积大,管壳上有透光的窗口便于接收光照。光敏二极管的电路符号如图 1-39(a)所示。

光敏二极管工作在反向偏置下。当无光照时,它的伏安特性和普通二极管一样,其反向电流很小,称为暗电流。当有光照时,半导体共价键中的电子获得了能量,产生的电子-空穴对增多,反向电流增加,且在一定的反向电压范围内,反向电流与光照度 E 成正比关系,光电二极管的 PN 结特性曲线如图 1-39(b)所示。

利用光敏管做成的光电传感器,可以用做光的测量。当 PN 结的面积较大时,可以做成光电池。

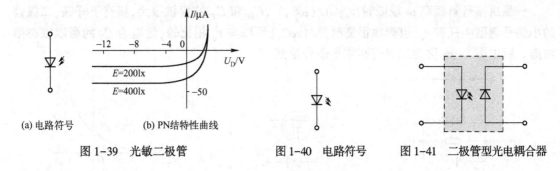

(a) 电路符号　　　(b) PN结特性曲线

图 1-39　光敏二极管　　　图 1-40　电路符号　　　图 1-41　二极管型光电耦合器

2. 发光二极管

发光二极管简称 LED,通常用化学元素周期表中Ⅲ、V族元素的化合物如砷化镓(GaAs)、磷化镓(GaP)等制成,内部的基本单元仍是一个 PN 结。当外加正向电压时,P 区的空穴扩散到 N 区与 N 区中的电子复合,N 区中的电子扩散到 P 区与 P 区中的空穴复合。**在电子与空穴复合的过程中,有一部分能量以光子的形式释放出来,使二极管发光,其光谱的范围比较窄,其波长由所使用的基本材料而定。**发光二极管的电路符号见图 1-40。

发光二极管主要用来作为显示器件,除单独使用外,还可用多个 PN 结按分段式制成数码管或阵列显示器。**将发光二极管和光敏二极管组合起来可构成二极管型光电耦合器,它以光为媒介可以实现电信号的传递,**如图 1-41 所示。光电耦合器既可用来传递模拟信号,也可作为开关器件使用,它具有抗干扰、隔噪声、速度快、耗能少、寿命长等优点。由于发光器件和光敏器件分别接在输入、输出回路中,相互绝缘,所以常用在信号的单方向传输,并需要电路间电气隔离的场合,例如在数字电路或计算机控制系统中经常把它用做接口电路。

3. 激光二极管

单色相干性光是一种电磁辐射,其中所有的光子具有相同的频率且同相位。相干单色光信号可以用激光二极管来产生。如图 1-42(a)所示,激光二极管的物理结构是在发光二极管的 PN 结间安置一层具有光活性的半导体,其端面经过抛光后具有部分反射功能,因而形成光谐振腔。在正向偏置的情况下,LED 发射出光,并与光谐振腔相互作用,从而进一步激励从 PN 结发射出单波长的光,这种光的物理性质与材料有关。

半导体激光二极管的工作原理,理论上与气体激光器相同。但气体激光器所发射的是可见光,而激光二极管发射的则主要是红外线。这与所用的半导体材料(如砷化镓等)的物理性质有关。图1-42(b)是激光二极管的电路符号。激光二极管在小功率光电设备中得到广泛的应用,如计算机上的光盘驱动器,激光打印机中的打印头等。

4. 太阳能电池

太阳能电池是一个 PN 结器件,在这个器件中没有电压直接加在 PN 结上。图1-43 所示的 PN 结将太阳能转换成电能并与负载相连接。当太阳光照在空间电荷区上时,就会产生电子和空穴,它们快速地分离并被电场推出空间电荷区,于是就产生了光电流。产生的光电流在负载两端产生电压,这意味着太阳能电池提供了能量。太阳能电池通常由硅材料制作,但是也可用砷化镓(GaAs)或其他的Ⅲ~Ⅴ族化合物半导体进行制造。

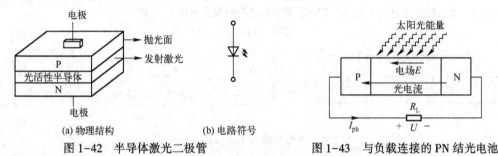

(a) 物理结构 (b) 电路符号

图 1-42 半导体激光二极管

图 1-43 与负载连接的 PN 结光电池

太阳能电池长期以来用于为人造卫星及空间运输工具提供电能,也常用做某些计算机的电源,太阳能电池阵列产生的能量还可以用来驱动电机或者给电池组充电。

思考与练习

1.3-1 选择及填空

(1) 设二极管的端电压为 u_D,则二极管的电流方程是____。 答案:C

A. $i_D = I_S e^{u_D}$　　B. $i_D = I_S e^{u_D/U_T}$　　C. $i_D = I_S(e^{u_D/U_T} - 1)$

(2) 普通小功率硅二极管的正向导通压约为____,反向电流一般____;普通小功率锗二极管的正向导通压降约为____,反向电流一般____。 答案:B

A. 0.1~0.3 V,小于 1 μA;0.6~0.8 V,大于 1 μA

B. 0.6~0.8 V,小于 1 μA;0.1~0.3 V,大于 1 μA

C. 0.6~0.8 V,大于 1 μA;0.1~0.3 V,小于 1 μA

D. 0.1~0.3 V,大于 1 μA;0.6~0.8 V,小于 1 μA

(3) PN 结电容包括____电容和____电容。

答案:扩散,势垒

(4) 二极管的最主要特性是____,稳压管是利用 PN 结的____特性工作的二极管,变容二极管是利用 PN 结的____特性工作的二极管。 答案:单向导电性,反向击穿,电容效应

(5) PN 结的反向击穿分为____击穿和____击穿两种机理。 答案:雪崩,齐纳

(6) 已知某二极管在温度为 25℃ 时的伏安特性如图中实线所示,在温度为 T_1 时的伏安特性如图中虚线所示。则温度 T_1____ 25℃。(大于,小于)

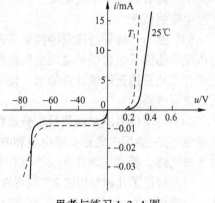

思考与练习 1.3-1 图

答案:大于

1.3-2 图中二极管可视为理想二极管,A、B、C 三个灯具有完全相同的特性。试判断哪个灯最亮。

答案:B 最亮

1.3-3 图中二极管可视为理想二极管,试判断哪个电阻上的电压有效值最大。 答案:R_2

1.3-4 设图示电路中的二极管为理想二极管,$R=10\ \Omega$。当用 $R\times1$ 挡指针式万用表测量 A、B 间的电阻时,若黑表笔(带正电压)接 A 端,红表笔(带负电压)接 B 端,则万用表的读数是多少? 答案:30Ω

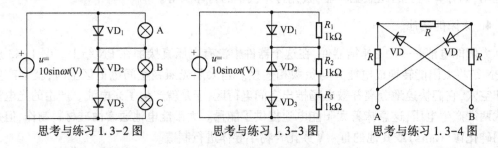

思考与练习 1.3-2 图　　　　　思考与练习 1.3-3 图　　　　　思考与练习 1.3-4 图

1.3-5 设二极管导通电压 $U_D=0.7\ \mathrm{V}$,求图示各电路的输出电压 U_O 的值。

答案:(a) 1.3 V　(b) 0 V　(c) −1.3 V　(d) 2 V　(e) −2 V

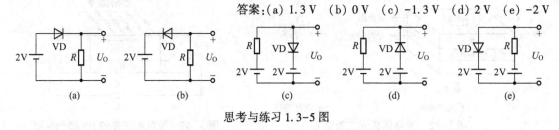

(a)　　　　　(b)　　　　　(c)　　　　　(d)　　　　　(e)

思考与练习 1.3-5 图

本 章 小 结

(1) 本章介绍了半导体材料的一些基本性质和特性,讨论了半导体中两种载流子:电子(带负电荷)和空穴(带正电荷)的概念。纯净半导体晶体经过特殊的杂质原子掺杂,可以产生电子占优势的 N 型材料和空穴占优势的 P 型材料。N 型材料和 P 型材料的概念应用于整个课程。

(2) PN 结二极管是由一个 N 型掺杂区域和一个 P 型掺杂区域直接连接在一起构成的。二极管的电流-电压特性是非线性的:正向偏置时电流是电压的指数函数,反向偏置时电流基本为零。读者应理解本征载流子浓度概念,N 型材料和 P 型材料之间的区别,以及漂移电流和扩散电流的概念。

(3) 因为二极管的伏安特性关系是非线性的:$i_D=I_S(\mathrm{e}^{u_D/U_T}-1)$,所以对含有二极管电路的分析就不能像只包含线性电阻的线性电路分析那样直接。研究二极管的折线化模型,可以用它很容易地获得近似的计算结果。读者应该能运用理想二极管伏安特性和折线化近似模型分析二极管电路。

(4) 时变信号或交流信号可叠加在二极管直流电流和电压上。研究二极管交流小信号线性等效电路,能用来确定交流电流和电压之间的关系。在后续的章节中将会很广泛地用到这种等效电路。读者应该能利用小信号等效电路确定二极管的小信号特性。

(5) 讨论了几种专用的 PN 结器件。稳压二极管工作在反向击穿区,常用在稳压电路中;变容二极管利用了 PN 结具有的结电容效应。此外,还简单介绍了光电二极管、发光二极管和 PN 结太阳能电池。读者应了解稳压二极管、变容二极管、发光二极管、太阳能电池的常规特性。

思考题与习题 1

1.1 电路如图题 1.1 所示。(1) 利用硅二极管恒压源模型求电路的 I_D 和 U_O;(2) 在室温($T=300\ \mathrm{K}$)的情况下,利用二极管的小信号模型求 U_O 的变化范围。

1.2　电路如图题 1.2 所示,在题 1.1 的基础上,增加一只二极管 VD$_3$,以提高输出电压。(1) 重复题 1.1 的(1)、(2)两问;(2)在输出端外接一负载 $R_L = 1$ kΩ 时,问输出电压的变化范围如何?

1.3　二极管电路如图题 1.3 所示,试判断图中的二极管是导通还是截止,并求出 A、O 两端电压 U_{AO}。设二极管是理想的。

1.4　试判断图题 1.4 中二极管导通还是截止,为什么?

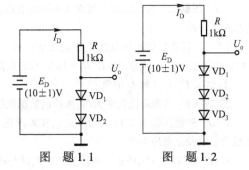

图　题 1.1　　　　图　题 1.2

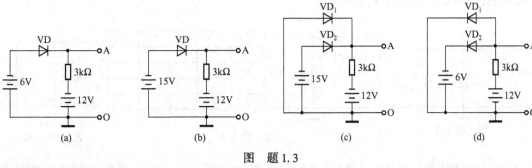

(a)　　　　　(b)　　　　　(c)　　　　　(d)

图　题 1.3

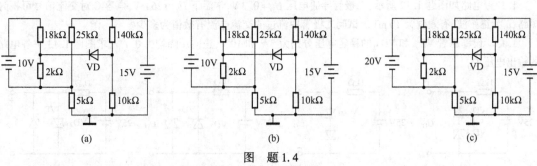

(a)　　　　　　(b)　　　　　　(c)

图　题 1.4

1.5　在 $T = 300$ K 时,利用 PN 结伏安特性方程进行以下的估算:

(1) 若反向饱和电流 $I_S = 10$ μA,求正向电压为 0.1 V、0.2 V 和 0.3 V 时的电流。

(2) 当反向电流达到反向饱和电流的 90% 时,反向电压为多少?

(3) 若正反向电压均为 0.05 V,求正向电流与反向电流比值的绝对值。

1.6　(1) 假设二极管 VD$_1$ 和 VD$_2$ 是理想开关,试画出图题 1.6 所示并联型双向限幅器的输出电压 u_o 的波形。图中 u_i 是振幅为 12 V 的正弦电压。

(2) 试总结:要使上限幅电压值为 U_{max} 和下限幅电压值为 U_{min} 的电路构成原则,以及对输入电压的要求。

1.7　(1) 分析图题 1.7 所示的二极管钳位电路,画出输出电压 u_o 的近似波形。图中 u_i 是振幅为 ±5 V 的方波电压。

(2) 试总结:要使底部电压钳位于 U_{min} 和顶部电压钳位于 U_{max} 的原则,以及对输入电压的要求。

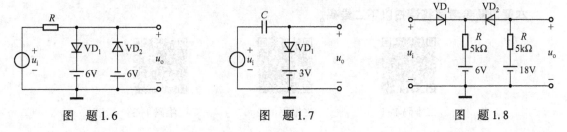

图　题 1.6　　　　　图　题 1.7　　　　　图　题 1.8

1.8 图题 1.8 为串联型二极管双向限幅电路。假设 VD_1 和 VD_2 为理想开关，试分析并画出 u_o 对 u_i 的电压关系曲线。

1.9 一硅稳压管稳压电路如图题 1.9 所示。其中未经稳压的直流输入电压 $U_i = 18\,V$，$R = 1\,k\Omega$，$R_L = 2\,k\Omega$，硅稳压管 VD_Z 的稳定电压 $U_Z = 10\,V$，动态电阻及未被击穿时的反向电流均可忽略。

① 试求 U_o，I_o，I 和 I_Z 的值；
② 试求 R_L 的值降低到多大时，电路的输出电压将不再稳定。

1.10 Si 稳压管 2CW15 的 $U_Z = 8\,V$，2CW17 的 $U_Z = 10\,V$。若将其串联接入稳压电路，问能够产生几种稳压输出。试画出稳压电路。

1.11 设 VD_1、VD_2 的正向压降为 0.3 V，试分析在不同的 U_1、U_2 组态下，VD_1、VD_2 是导通还是截止，并求 U_0 的值，把正确答案填入图题 1.11 的表内。

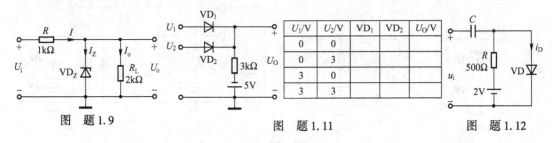

U_1/V	U_2/V	VD_1	VD_2	U_O/V
0	0			
0	3			
3	0			
3	3			

图 题 1.9　　　　　　　　　　图 题 1.11　　　　　　　　　　图 题 1.12

1.12 电路如图题 1.12 所示，二极管导通电压 $U_D = 0.7\,V$，常温下 $U_T \approx 26\,mV$，电容 C 对交流信号可视为短路；u_i 为正弦波，有效值为 10 mV。试问二极管中流过的交流电流有效值为多少？

1.13 设稳压管 VD_{Z1} 和 VD_{Z2} 的稳定电压分别为 5 V 和 10 V，正向压降均为 0.7 V，求图题 1.13 中各电路的输出电压 U_0。

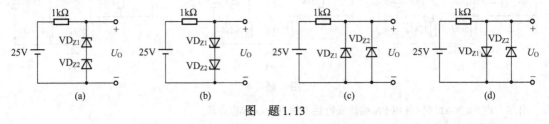

(a)　　　　　　　(b)　　　　　　　(c)　　　　　　　(d)

图 题 1.13

1.14 计算图题 1.14 电路中二极管上流过的电流 I_D。设二极管的正向导通压降为 0.7 V，反向电流等于零。

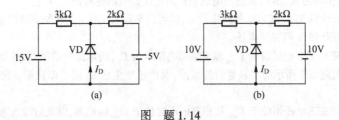

(a)　　　　　　　　　　　(b)

图 题 1.14

本章习题参考解答请扫以下二维码。

二维码 1-1　　　　　　二维码 1-2　　　　　　二维码 1-3

第2章　晶体三极管基础

本章主要介绍晶体三极管的基础知识,包括双极型晶体管(Bipolar Junction Transistor, BJT)和场效应晶体管(Field Effect Transistor, FET)两种类型。其中,场效应晶体管主要介绍结型场效应管(Junction Field Effect Transistor, JFET)和绝缘栅型金属-氧化物-半导体(Metal Oxide Semiconductor, MOS)场效应管。本章将按晶体三极管出现的先后顺序,依次介绍各类晶体三极管的工作原理、载流子的传输过程、伏安特性、主要参数和低频微变等效电路模型。

应当注意到,如今 MOSFET 已成为应用最为广泛的电子器件。然而,BJT 仍然是一种重要的器件,并在某些应用领域(如汽车电子仪器、无线系统的射频电路中)具有一定的优势。在现代集成技术中,常把 BJT 和 MOSFET 相结合,利用 BJT 的超高频性能和大电流驱动能力、MOS 管的高输入阻抗和低功耗等优点,构成 BiMOS 电路,并且获得了越来越广泛的应用。此外,JFET 放大电路相对应用较少,因此本章将它放到较次要的位置。

2.1　双极型晶体三极管

晶体二极管问世后不久,出现了具有放大作用的晶体三极管,这是半导体器件发展过程中的重大飞跃。晶体三极管主要包括双极型晶体管(Bipolar Junction Transistor, BJT)和场效应晶体管(Field Effect Transistor, FET)两种类型。但由于 BJT 较 FET 较早问世的历史原因,人们提到晶体三极管时往往指 BJT。双极型晶体三极管一词主要源于:在这种类型的晶体管工作时,两种极性的载流子(电子和空穴)均在导电方面起着重要的作用。

2.1.1　BJT 的工作原理

1. BJT 结构

双极型晶体管分为 NPN 管和 PNP 管两种类型。顾名思义,BJT 是由两个 N 区夹一个 P 区或由两个 P 区夹一个 N 区形成的具有两个 PN 结的结构。中间所夹的异型杂质半导体区称为基区(base)。另外两个杂质半导体区分别称为发射区(emitter)和集电区(collector)。发射区与基区之间的 PN 结称为发射结(BE 结),集电区与基区之间的 PN 结称为集电结(CB 结)。每个区引出一个电极分别称为发射极(e)、基极(b)和集电极(c)。NPN 管和 PNP 管的结构示意图如图 2-1(a)和(b)所示。

图 2-1(c)和(d)是 NPN 管和 PNP 管的电路符号。在电路符号中画出的电流方向是 BJT 在放大偏置状态下发射极电流 i_E、集电极电流 i_C 和基极电流 i_B 的实际方向。放大偏置状态下的 NPN 管的 i_E 流出晶体管,i_C 和 i_B 流入晶体管;放大偏置的 PNP 管的 i_E 流入晶体管,i_C 和 i_B 流出晶体管。显然,三个电流之间的关系一定满足下式:

$$i_E = i_B + i_C \tag{2-1}$$

BJT 的发射极与集电极不能交换使用,这是因为 BJT 并非对称结构。除了集电结面积比发射结面积大以外,BJT 的内部结构还具有以下两个重要特点:①发射区杂质密度远大于基区杂质密度。②基区非常薄(0.1 μm 到几微米)。这两个特点是 BJT 能够放大信号的内部条件。

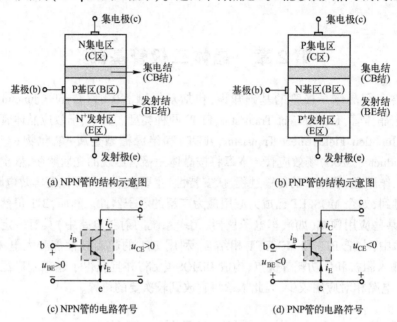

图 2-1　双极型晶体管的结构示意图和电路符号

2. BJT 的三种基本组态

BJT 是三端器件,在接入工程电路的具体应用中,往往将其中的某一个电极作为输入端,另一个电极作为输出端,第三个电极作为输入、输出端口的公共端,即将其作为双口器件来使用(二极管是单口器件)。显然 BJT 作为双口器件接入电路的实用方式有三种:①以基极作为输入端,集电极作为输出端的共射极(CE)接法;② 以发射极作为输入端,集电极作为输出端的共基极(CB)接法;③以基极作为输入端,发射极作为输出端的共集电极(CC)接法。这三种接法如图 2-2 所示。**BJT 的接法又称为组态。**由于共射极组态在实际电路中使用最广泛,故下面主要讨论共射极组态 BJT 的特性。

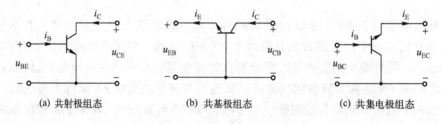

图 2-2　BJT 三种基本组态

3. BJT 偏置方式及电流分配关系

与二极管类似,**晶体三极管各电极上所加的直流电压或直流电流称为偏置,偏置方式不同,晶体三极管的工作状态将不相同。**根据双极型晶体管各电极上所加直流电压的不同,偏置方式具有以下几种形式:

① 发射结正向偏置,集电结反向偏置,双极型晶体管将工作在放大状态,称这种偏置形式为放大偏置方式;

② 发射结正向偏置,集电结正向偏置,双极型晶体管将工作在饱和状态,称这种偏置形式为饱和偏置方式;

③ 发射结反向偏置,集电结反向偏置,双极型晶体管将工作在截止状态,称这种偏置形式为截止偏置方式;

④ 发射结反向偏置,集电结正向偏置,双极型晶体管将工作在反向运行状态。由于双极型晶体管的发射结和集电结是不对称的,即集电极与发射极的作用不能互换,所以在放大器的工程应用中应避免反向运行的工作状态。

需要强调的是:**晶体三极管的偏置方式决定着晶体三极管的工作状态,偏置方式与接入组态无关。**

（1）BJT 的放大偏置方式

双极型晶体管用于放大器时,要求晶体管三个电极之间的偏置电压(或称静态工作点)应处于发射结正向偏置、集电结反向偏置的状态,我们称这种偏置状态为晶体管的放大偏置。图 2-1(c) 和(d)中标出了 NPN 管和 PNP 管放大偏置时发射结和集电结的外加电压的极性。对于 NPN 管,要求 $U_{CB}>0$,$U_{BE}>0$。对于 PNP 管,要求 $U_{CB}<0$,$U_{BE}<0$。放大偏置时,两种晶体管三个电极的电位关系如下:

NPN 管: $\qquad\qquad\qquad\qquad U_C>U_B>U_E$ $\qquad\qquad\qquad$ (2-2)

PNP 管: $\qquad\qquad\qquad\qquad U_C<U_B<U_E$ $\qquad\qquad\qquad$ (2-3)

利用 BJT 在放大偏置时电流的方向(见图 2-1(c) 和(d)),可以很容易记住上述关系。可以看出,BJT 电流应由高电位流向低电位。由于 NPN 管的电流是集电极流入,发射极流出,故集电极电位最高,发射极电位最低。PNP 管的电流是发射极流入,集电极流出,故发射极电位最高,集电极电位最低。基极由夹在中间的基区引出,故基极电位 U_B 总是在 U_E 与 U_C 之间。

双极型晶体管也有硅管和锗管之分。对于硅 BJT 和锗 BJT,其正偏发射结导通电压的典型值分别可取 0.7 V 和 0.3 V。另外还需指出,由于 NPN 管较 PNP 管应用更广泛,特别是在一般的半导体集成电路中,NPN 管性能优于 PNP 管,在 IC 设计中 PNP 管更是少用,所以,本教材对 NPN 管讨论较多。另外,锗 PNP 管现已很少使用。

【例 2-1】 在电子设备中测得某只放大管三个管脚对机壳的电压如图 2-3 所示。试判断该管引脚对应的电极,该管的类型以及制造该管的材料。

解： 将三个电压从小到大排列:-11.5 V(第③脚)<0.1 V(第①脚)<0.78 V(第②脚),电位居中的第①脚即为基极。第②脚与基极电位差是 0.68 V,这是 Si 管正偏发射结电压,故第②脚是发射极,剩下的第③脚便是集电极。又因为放大偏置的 PNP 管发射极电位最高,集电极电位最低,所以该管是 PNP 硅管。

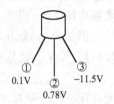

图 2-3 例 2-1 图

（2）放大偏置时 BJT 内部载流子的传输过程

图 2-4 为 BJT 处于放大偏置状态下的共射极组态的电路,下面分析 BJT 内部载流子的传输过程。

① 发射区多子向基区扩散(又称注入)

如图 2-4(a)所示,由于发射结正偏将使发射区的自由电子(多子)向基区扩散(注入),形成电流 i_{En};同时基区空穴(多子)向发射区扩散,形成电流 i_{Ep}。两电流之和构成发射极电流 $i_E=i_{En}+i_{Ep}$,i_E 就是正偏发射结的正向电流。另外,由于发射区杂质密度远大于基区杂质密度,发射区自由电子浓度就会远大于基区空穴浓度,使得**发射区向基区扩散的自由电子电流 i_{En} 远大于基区向发射区扩散**

的空穴电流 i_{Ep}。所以由 **E** 区向 **B** 区扩散的自由电子构成了 i_E 的主要成分，即 $i_E \approx i_{En}$。

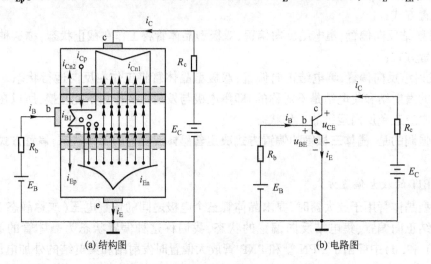

(a) 结构图　　　　　　　　　(b) 电路图

图 2-4　放大偏置时 BJT 内部载流子传输的示意图

② **基区非平衡少子向集电结方向边扩散边复合**

发射区自由电子越过发射结注入到基区后即成为基区的非平衡少子，这些非平衡自由电子会在基区靠近发射结的边界处累积，从而在基区形成非平衡自由电子的浓度差，使得非平衡自由电子继续向集电结方向扩散。非平衡自由电子在基区的扩散过程中，由于基区的杂质浓度很低，且基区做得很薄，只有很少部分的自由电子被基区空穴（多子）复合，形成**基区复合电流 i_{B1}**，绝大多数扩散中的自由电子将会到达集电结边界，如图 2-4（a）所示。**基区复合电流 i_{B1} 是基极电流的主要成分，表示了从基极引线进入基区的空穴电流。**

③ **集电区收集基区非平衡少子**

因集电结反偏，结内电场很强，有利于结外边界处少子的漂移。因此，凡是扩散到达集电结边界的基区非平衡少子（自由电子），在电场力的作用下均被抽取（漂移）越过集电结到达集电区，形成**集电极电流的主要成分 i_{Cn1}**（如图 2-4（a）中所示）。

除此之外，在反偏集电结电压所产生电场的作用下，**基区的少子（电子）也会越过集电结漂移到达集电区形成漂移电流 i_{Cn2}**；同理，集电区中的少子（空穴）越过集电结漂移到基区形成**漂移电流 i_{Cp}**。根据 PN 结原理，反偏的 PN 结存在反向饱和电流，那么反偏的集电结也不例外。图 2-4（a）标出的电流 $i_{Cn2}+i_{Cp}=I_{CBO}$ 就是集电结的反向饱和电流。如果断开图 2-4 中的发射极，则 I_{CBO} 就是图中的唯一在集电结回路里流通的电流。

由于 I_{CBO} 是少子形成的漂移电流，因此是温度的敏感函数，它的存在对晶体管放大信号毫无作用，是 i_C 和 i_B 中不可控的分量，是晶体管工作不稳定的原因之一，故 I_{CBO} 应该尽量小。

综上所述，在晶体管发射区高掺杂和基区极薄的内部条件以及晶体管放大偏置的外部条件下，形成发射区多子向基区注入，基区非平衡少子向集电区扩散和集电区收集基区非平衡少子的过程，使得发射结的正向电流 i_{En} 几乎大部分能转化成集电极电流 i_{Cn1}，而基极电流主要由很小的基区复合电流 i_{B1} 构成。总结上述分析可得晶体管各电极的电流有如下关系：

$$i_E = i_{En} + i_{Ep} \approx i_{En} \tag{2-4}$$

$$i_C = i_{Cn1} + I_{CBO} \approx i_{Cn1} \tag{2-5}$$

$$i_B = i_{B1} + i_{EP} - I_{CBO} \tag{2-6}$$

$$I_{CBO} = i_{Cn2} + i_{Cp} \tag{2-7}$$

$$i_E = i_C + i_B \tag{2-8}$$

（3）放大偏置时的电流关系

① i_E 与 i_C 的关系

对于给定的晶体管，由发射极电流转化而来的集电极电流成分 i_{Cn1} 与发射极电流 i_E 的比值在一定的电流范围内基本上是一个常数，故可以定义其比值为 $\bar{\alpha}$，称为共基极直流电流放大倍数，即

$$\bar{\alpha} = i_{Cn1}/i_E \tag{2-9}$$

由式（2-5）可知，集电极电流 i_C 由 i_{Cn1} 和 I_{CBO} 两部分组成。再由式（2-9）便可写出用 i_E 表示 i_C 的关系式

$$i_C = \bar{\alpha} i_E + I_{CBO} \tag{2-10}$$

$\bar{\alpha}$ 的值一般在 0.95 以上。但是 $\bar{\alpha} < 1$，否则意味着基区没有复合（这显然是不可能的）。由于 I_{CBO} 往往很小（对 Si 管尤其如此），因而工程上一般也用下式来近似

$$i_C \approx \bar{\alpha} i_E \quad (I_{CBO} \approx 0) \tag{2-11}$$

式（2-11）也表明，在工程上 $\bar{\alpha}$ 可以用 i_C 与 i_E 的比值来近似计算，即 $\bar{\alpha} \approx i_C/i_E$。

② i_C 与 i_B 的关系

将关系式（2-10）代入式（2-8），可写出用 i_B 表示 i_C 的关系式如下

$$i_C = \frac{\bar{\alpha}}{1-\bar{\alpha}} i_B + \frac{1}{1-\bar{\alpha}} I_{CBO} \tag{2-12}$$

定义共发射极直流电流放大系数为

$$\bar{\beta} = \frac{\bar{\alpha}}{1-\bar{\alpha}} \tag{2-13}$$

代入式（2-12）可得 $\qquad i_C = \bar{\beta} i_B + (1+\bar{\beta}) I_{CBO} \tag{2-14}$

由式（2-14）可解析出 $\bar{\beta}$ 的物理含义

$$\bar{\beta} = \frac{i_C - I_{CBO}}{i_B + I_{CBO}} \tag{2-15}$$

可以看出，式（2-15）的分子是不计 I_{CBO} 的集电极电流，分母也是不计 I_{CBO} 的基极电流（试观察图 2-4（a）中的基极电流成分，I_{CBO} 与总的 I_B 的方向相反）。所以，**$\bar{\beta}$ 是不包含 I_{CBO} 在内的 i_C 与 i_B 的比值**。一般 I_{CBO} 往往比 i_C 和 i_B 小得多（对 Si 管尤其如此），故工程上往往可将式（2-15）中的 I_{CBO} 近似为零（忽略），即

$$\bar{\beta} \approx i_C/i_B \quad \text{或} \quad i_C = \bar{\beta} i_B \tag{2-16}$$

式（2-16）反映了放大偏置时双极型晶体管基极电流 i_B 对集电极电流 i_C 的控制作用，在工程上也可用该式来估算 $\bar{\beta}$ 的值。当然也可以直接用 $\bar{\alpha}$ 来求解。另外，$\bar{\beta}$ 的值一般在数十到数百倍之间。如果采用特殊集成工艺也可以制成一种超 $\bar{\beta}$ 管，其 $\bar{\beta}$ 值可达数千倍。

在温度不变和一定的电流范围内，$\bar{\alpha}$ 和 $\bar{\beta}$ 基本上为常数，所以，**放大偏置的晶体管的 i_E、i_C 和 i_B 近似成正比例变化。**

利用式（2-14）还可以看出，如果把放大偏置 BJT 电路的基极开路（即令 $i_B = 0$），如图 2-5 所

示,此时在集电极与发射极之间流过的电流被称为穿透电流,记为 I_{CEO}。由式(2-14)可以推出

$$I_{\text{CEO}} = (1+\bar{\beta})I_{\text{CBO}} \tag{2-17}$$

显然,穿透电流 I_{CEO} 比集电结反向饱和电流 I_{CBO} 大得多。

【例2-2】 电路如图2-6所示。当开关S分别接在"1"和"2"时,问哪一个位置的集电极电流 i_{C} 较大?哪一个位置的集电极与发射极之间的耐压较高?为什么?

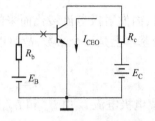 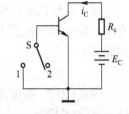

图2-5 穿透电流 I_{CEO} 示意图　　图2-6 例2-2

解: 当S置于"1"时,发射结被短路,这时集电结反向偏置,集电极电流 i_{C} 为集电结反向饱和电流 I_{CBO},C、E 极间的耐压为 BU_{CBO},BU_{CBO} 为集电结的反向击穿电压。

当S置于"2"时,基极开路,E_{C} 被集电结和发射结分压,使发射结正向偏置,集电结反向偏置,如图2-4(a)所示。根据晶体管内部载流子的分配关系,从发射区扩散到基区的多子中,有一部分在基区复合形成电流 i'_{B},大部分漂移到集电区,形成电流 $i'_{\text{C}} = \bar{\beta} i'_{\text{B}}$。

另外,反偏集电结还有少子的漂移电流 I_{CBO},由于此时基极开路,$i_{\text{B}} = 0$,故 $i'_{\text{B}} = I_{\text{CBO}}$,所以集电极电流 $i_{\text{C}} = \bar{\beta} i'_{\text{B}} + I_{\text{CBO}} = (1+\bar{\beta})I_{\text{CBO}}$;由于集电结反向偏置,$E_{\text{C}}$ 几乎全部分压在集电结上,而此状态下流过反偏集电结的电流 I_{CEO} 是反偏饱和电流 I_{CBO} 的 $(1+\bar{\beta})$ 倍,由于电流较大,集电结更容易被击穿,所以 C、E 极间耐压 $BU_{\text{CEO}} < BU_{\text{CBO}}$。

综合上述分析,S置于位置"2"时 i_{C} 较大;但在位置"1"时,晶体管集电极与发射极间的耐压较高。

(4) BJT 的截止与饱和工作状态

① 截止状态

当 BJT 的发射结与集电结均加反向偏置电压时,称 BJT 偏置于截止状态(或工作于截止区)。截止偏置时,两种晶体管三个电极的电位关系如下。

NPN 管:$U_{\text{C}} > U_{\text{B}} < U_{\text{E}}$　　　PNP 管:$U_{\text{C}} < U_{\text{B}} > U_{\text{E}}$

显然,**NPN 管截止时基极电位比发射极和集电极电位都低。PNP 管,则基极电位最高。**此时流过晶体管两个 PN 结的电流只有反向饱和电流成分。如果忽略反向饱和电流不计,可以认为:**偏置于截止状态的晶体管三个电极的电流均近似为零,即三个电极是开路的**,其模型如图2-7所示。

图2-7 BJT 的截止模型

② 饱和状态

当 BJT 的发射结与集电结均加正向偏置电压时,称 BJT 偏置于饱和状态(或工作于饱和区)。饱和偏置时,两种晶体管三个电极的电位关系如下。

NPN 管:$U_{\text{C}} < U_{\text{B}} > U_{\text{E}}$　　　PNP 管:$U_{\text{C}} > U_{\text{B}} < U_{\text{E}}$

显然,**偏置于饱和区的 NPN 管基极电位最高。对于 PNP 管,则饱和时基极电位最低。**由于一般正偏 PN 结的外电压都只有零点几伏,故在大信号电路中常将三个电极短路作为 BJT 饱和区的模型,如图2-8所示。

图2-8 BJT 饱和模型

从上述分析以及截止区和饱和区的近似模型可知,BJT 的截止与饱和状态其实就是晶体管的开关工作状态,而图2-7 和图2-8 就是 BJT 的理

想开关模型。在脉冲电路和数字电路里,晶体管往往用做开关。例如 TTL 系列数字集成电路采用的都是 BJT 开关。但是在模拟电子电路中,BJT 的开关状态应用较少。

4. BJT 偏置电压与电流的关系

式(2-10)和式(2-14)是放大偏置的 BJT 外部电流的基本关系式。式(2-10)表明,i_E 的变化将引起 i_C 的变化;式(2-14)表明,i_B 的变化将引起 i_C 的变化。这就是传统的双极型晶体管是电流控制器件的观点。但是,控制各极电流变化的真正原因是发射结正偏电压 u_{BE} 的变化。此外,集电结反偏电压 u_{CB} 的变化对各极电流也有影响。

(1) 发射结正偏电压 u_{BE} 对各极电流的控制作用——BJT 的正向控制作用

由上述分析可知,发射极电流 i_E,实际上就是正偏发射结的正向电流。根据正偏 PN 结的伏安特性关系可知

$$i_E = I_S(e^{u_{BE}/U_T} - 1) \approx I_S e^{u_{BE}/U_T} \tag{2-18}$$

式中,I_S 可视为发射结反向饱和电流。当发射结正偏电压 u_{BE} 增加时,正向电流 i_E 增加。此时,注入基区的非平衡少子增多,会使基区复合增多,到达集电结边界被集电区收集的非平衡少子也会增多,从而使 i_B 和 i_C 都会增大。也就是说,**发射结正偏电压 u_{BE} 的变化将控制 i_E、i_B 和 i_C 的变化**。所以,双极型晶体管也是一种电压控制器件。

综上所述,在晶体管放大偏置状态下,i_E 与 u_{BE} 成指数关系,而 i_E、i_B、i_C 之间近似成线性关系,所以,i_E、i_B、i_C 均与 u_{BE} 近似成指数关系。即**晶体管 BJT 放大偏置时,各极电流与发射结电压 u_{BE} 是按指数规律变化的非线性伏安特性关系**。

(2) 集电结反偏电压 u_{CB} 对各极电流的影响——基区宽度调制效应

利用图 2-9 所示的基区非平衡少子的浓度分布曲线来简单分析集电结反偏电压 u_{CB} 对各极电流的影响。

一般当发射结正偏电压 u_{BE} 一定时,发射区向基区注入的自由电子数一定,即基区非平衡少子的浓度分布曲线 $n_b(x)$ 主要由 u_{BE} 决定。但基极电流 i_B 主要是由基区的复合电流构成的,而基区复合电流又与基区非平衡少子的数量成正比,基区非平衡少子数量是与基区非平衡少子浓度分布曲线 $n_b(x)$ 下的面积 S 成正比的,所以 i_B 的大小与 S 近似成正比。

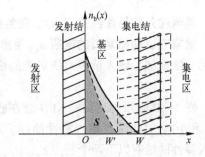

图 2-9　基区非平衡少子的浓度分布曲线

当 u_{CE} 增加时,集电结反偏电压 u_{CB} 增加,由 PN 结的知识可知,集电结会变宽,这势必使得基区的宽度减小(见图 2-9,W 减小为 W')。基区非平衡少子浓度分布曲线便由图中的实线变为虚线所示的形状。显然,虚线下的面积比实线下的面积小,表明 i_B 会减小。再由 $i_C = i_E - i_B$,所以 i_C 会增加。

由上述分析可知:放大偏置的 BJT 当集电结反偏电压 u_{CB} 增加(相当于 u_{CE} 增加)时,i_C 增加而 i_B 减小。**这种反偏集电结电压 u_{CB} 的变化引起基区宽度的变化,从而影响各极电流的现象,称为基区宽度调制效应,简称基区宽调效应**。

虽然反偏集电结电压 u_{CB} 通过基区宽调效应对 BJT 电流的影响远不如正偏发射结电压 u_{BE} 对电流的控制作用大,但它的存在使 BJT 电流的受控关系复杂化,使 BJT 成为所谓双向受

控器件,由此建立的晶体管模型也会复杂化。而且还可能导致放大器因 BJT 的"内反馈"而使性能变坏。对以上概念的理解读者可通过后续章节的学习体会到。总之,**对理想的 BJT,应该使基区宽度调制效应尽量的小**。

(3) 共射 BJT 的大信号特性方程

考虑 BJT 的基区宽度调制效应,经过修正后工作在放大区的 BJT 大信号特性方程——Ebers Moll 方程可表示为

$$i_C \approx i_E = I_S(e^{u_{BE}/U_T} - 1)\left(1 + \frac{u_{CE}}{U_A}\right) \approx I_S e^{u_{BE}/U_T}\left(1 + \frac{u_{CE}}{U_A}\right) \tag{2-19}$$

式中,U_A 称为厄尔利(Early)电压,它是反映共射 BJT 基区宽度调制效应的参数。一般对 NPN 平面管,U_A 的的参考值为 70~130 V,典型值为 100 V。由式(2-19)可以看出,当 $U_A \gg u_{CE}$ 时,集电极电流 i_C 与 u_{CE} 基本无关,式(2-19)即可表示成式(2-18),即

$$i_C \approx I_S e^{u_{BE}/U_T}$$

2.1.2 BJT 的静态特性曲线

BJT 三极管静态特性曲线是在伏安平面上作出的反映晶体管各极直流电流与电压关系的曲线。之所以要用"直流"一词是因为如果电流和电压信号以高频率变化,则必须考虑三极管内 PN 结的电容效应,这时电流与电压的关系将变得很复杂,随频率变化,没有规律性,不能在伏安平面上画出。所以,晶体管特性曲线是一种"静态"曲线,它反映了直流和低频场合下晶体管输入和输出端口的伏安特性。另外,晶体管静态特性曲线是晶体管外特性的直观反映,它可以用专门的仪器(如晶体管图示仪)来测量。利用晶体管特性曲线可以判断其质量的好坏,估算一些晶体管参数,还可用来分析晶体管放大电路(如第 3 章将要介绍的负载线法)。

1. 共射输入特性曲线

共射输入特性曲线是指 BJT 在共射组态下,输入端口的直流电流与电压的伏安特性曲线族。通常它以输出端口的电压 u_{CE} 为参变量,反映了输入端口基极电流 i_B 随发射结电压 u_{BE} 变化的特性曲线。输入特性曲线对应的函数关系为

$$i_B = f(u_{BE})\Big|_{u_{CE}=常量} \tag{2-20}$$

图 2-10 画出的是某一 NPN 管在放大偏置下 U_{CE} 分别为 1 V 和 10 V 时的两条输入特性曲线。从图中容易看出共射输入特性曲线有以下两个特点:

① 曲线的形状很像 PN 结正偏时的伏安特性曲线。这是因为 i_E 与正偏发射结电压 u_{BE} 具有 PN 结正向伏安关系,如式(2-18)所示,按指数规律变化;而 i_B 与 i_E 又近似成比例,所以 $i_B = f(u_{BE})$ 的曲线形状与正偏 PN 结的伏安特性曲线形状相似。而且也存在导通电压 U_{ON}。

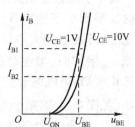

图 2-10 NPN 管共射输入特性曲线

② 当参变量 U_{CE} 增大时,输入特性曲线略为右移。这种右移意味着当 U_{BE} 不变时,U_{CE} 增大会使 i_B 减小(见图中虚线所示)。这显然是基区宽调效应引起的。因为 U_{CE} 增大而 U_{BE} 不变意味着集电结反偏电压 $U_{CB} = (U_{CE} - U_{BE})$ 增大,由上述分析可知,集电结反偏电压增大时,基极电流会因基区宽调效应而减小。

由于在放大区,且 $U_A \gg u_{CE}$ 时,U_{CE} 对 i_B 的影响甚小,输入特性曲线族会密集在一起,工程

上往往将输入特性曲线族近似为一条曲线。

2. 共射输出特性曲线

共射输出特性曲线是以输入端口电流 i_B 为参变量,反映了输出端集电极电流 i_C 随输出端口集-射电压 u_{CE} 变化的特性曲线。一条输出特性曲线对应的函数关系为

$$i_C = f(u_{CE})\big|_{i_B = 常量} \qquad (2-21)$$

按式(2-21)画出的 NPN 管共射输出特性曲线族如图 2-11 所示。观察某一条曲线会发现,曲线的形状随 u_{CE} 的变化比较复杂,为找出输出特性曲线的一般性规律,工程上将 i_C-u_{CE} 伏安平面分为四个区域来讨论。

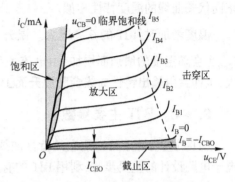

图 2-11　NPN 管共射输出特性曲线

(1) 放大区

在该区域发射结正偏,集电结反偏,参变量 $i_B > 0$。所以,在该区域 BJT 为放大偏置。放大偏置的晶体管 i_C 与 i_B 近似成正比例变化(即 $i_C \approx \bar{\beta} i_B$),这使得输出特性曲线族近似为等间隔曲线。另外,每条曲线向右方略有斜升,意味着 i_C 随着 u_{CE} 的增加略有增加。这是因为 u_{CE} 增加使得集电结反偏电压 u_{CB} 增大,i_C 会因所产生的基区宽调效应而略有增大,造成在放大区每条曲线向右方都有不同程度的斜升。分析和测量都表明,当参变量 I_B 增大时,斜升的斜率也会有所增大。

(2) 饱和区

在该区域,BJT 的发射结与集电结均处于正偏导通状态,也即 $u_{CB} < 0$ 或 $u_{CE} < u_{BE}$。此时,如果逐渐减小 u_{CE} 的值,集电结正偏加大,集电结自身的正向电流(集电区向基区注入自由电子)将抵消由 i_{En} 转化而来的 i_{Cn1} 成分(如图 2-4 所示),使得总的 i_C 急剧下降。

另外从图 2-11 中可以看出,**在饱和区各条曲线几乎重合在一起,表明 i_C 与 i_B 的比例关系不再成立(即 $i_C \neq \bar{\beta} i_B$)。在饱和区 u_{CE} 的值称为饱和压降,记为 U_{CES}。U_{CES}** 会随集电极电流 i_C 的增大而略有增大(变化很小,几乎不变),但 i_C 却随 u_{CE} 变化明显。工程上 Si 管 U_{CES} 的典型值可取 0.3 V。图中画出的 $u_{CE} = u_{BE}$,即 $u_{CB} = 0$ 时的那条曲线称为临界饱和线,它是放大区和饱和区的分界线。

需要指出:当集电结刚正偏时,i_C 并未立刻明显下降,而是当集电结正偏电压达到一定值(对于小功率管,该值约为 0.3 V)时,i_C 才明显下降。此时,各条输出特性曲线近似重合在一起。工程上的饱和区是指临界饱和线左侧的区域。

(3) 截止区

在该区域,集电结与发射结均处于反偏状态,集电极电流为反向饱和电流($i_C = I_{CBO}$)。但**工程上往往认为参变量 I_B 小到等于零时,BJT 就截止了,此时 i_C 等于穿透电流 I_{CEO}。**另外图 2-11 中 $I_B = 0$ 那条曲线以下的区域做了人为夸大。对 Si 管而言,当 i_C 轴以 mA 为单位时,$I_B = 0$ 那条特性曲线几乎与横轴重合,无法画出来。

(4) 击穿区

当 u_{CE} 增大到一定值时,集电结会发生反向击穿,i_C 急剧增大。BJT 不允许工作在击穿区。观察该区域的曲线形状会发现:击穿电压会随参变量 I_B 的增加而减小,其中基极开路($I_B = 0$)

时使集电结击穿的 u_{CE} 的值记为 BU_{CEO}，它是晶体管的一个极限参数。

3. 温度对 BJT 特性曲线的影响

当温度增加时，共射输入特性曲线会左移，左移量约为 $2 \sim 2.5 \, mV/℃$。这一特性与 PN 结正向伏安曲线的温度特性相似。

温度增加时，BJT 的 $\bar{\beta}$ 会增大。温升 $1℃$，$\bar{\beta}$ 增加大约 $(0.5 \sim 1)\%$。集电结反向饱和电流 I_{CBO} 也会随温度的增加而增加，由电流关系 $i_C = \bar{\beta} i_B + (1 + \bar{\beta}) I_{CBO}$ 可知，以上两个原因都使 i_C 增大，也即**共射输出特性曲线会随温升而上移**。

2.1.3 BJT 主要参数

BJT 的特性除了可以用它的特性曲线表示以外，还可以用它的相关参数来反映。选管是电子电路设计的重要步骤，利用 BJT 的有关参数可以合理地选出符合电路技术要求的管子来。

1. 电流放大系数

(1) 直流 $\bar{\alpha}$ 和直流 $\bar{\beta}$

本章前面已经定义了共基直流电流放大系数 $\bar{\alpha}$ 和共射直流电流放大系数 $\bar{\beta}$，它们简称为直流 $\bar{\alpha}$ 和直流 $\bar{\beta}$。现将其含义重写如下：

$$\bar{\alpha} = \frac{i_C - I_{CBO}}{i_E} \quad \text{或} \quad \bar{\beta} = \frac{i_C - I_{CBO}}{i_B + I_{CBO}}$$

两者满足关系

$$\bar{\alpha} = \frac{\bar{\beta}}{1 + \bar{\beta}} \quad \text{或} \quad \bar{\beta} = \frac{\bar{\alpha}}{1 - \bar{\alpha}}$$

(2) 交流 α 和交流 β

在 BJT 小信号放大电路中，人们更关心晶体管各极电流在工作点处的微变增量之间的关系，故可定义共基交流电流放大系数 α。

$$\alpha = \frac{di_C}{di_E} \bigg|_{u_{CB} = 常量} \approx \frac{\Delta i_C}{\Delta i_E} \bigg|_{\Delta u_{CB} = 0} \tag{2-22}$$

α 有明确的物理意义：在 BJT 工作点处保持集电结反偏电压不变时，集电极电流的微变增量与发射极电流的微变增量的比。当然这两个电流增量是通过改变正偏发射结电压产生的。尽管交流 α 与直流 $\bar{\alpha}$ 的概念不同，但由于在工作频率不是很高的条件下，同一工作点处，$\alpha \approx \bar{\alpha}$ 成立，所以在**今后的电路分析中统一使用 α 来表示共基电流放大系数，不再区分直流或交流**。

另一个更常用的反映工作点处电流微变增量之间关系的参数是共射交流电流放大系数 β（简称交流 β），它是在工作点处保持集-射电压不变，集电极电流的微变增量与基极电流的微变增量的比。即

$$\beta = \frac{di_C}{di_B} \bigg|_{u_{CE} = 常量} \approx \frac{\Delta i_C}{\Delta i_B} \bigg|_{\Delta u_{CE} = 0} \tag{2-23}$$

在同一工作点处，$\beta \approx \bar{\beta}$ 也成立。所以在**今后的电路分析中我们也统一使用 β 来表示共射电流放大系数，不再区分直流或交流**。

(3) 交流 α 与交流 β 的关系

由式（2-22）和式（2-23）可知，定义交流 α 时，要求 u_{CB} 为常数；定义交流 β 时，要求 u_{CE} 为常数。由于这两个电压的变化引起的电流增量是由基区宽度调制效应造成的，故影响较小。在分析交流 α 与交流 β 的关系时可以不考虑这一差别，认为三个电流增量仅由正偏发射结电压改变所致，电流增量间的关系总是成立：$\Delta i_E = \Delta i_C + \Delta i_B$，将该式代入式（2-22）和式（2-23）的第二等式，可得到交流 α 与交流 β 的关系和直流 $\bar{\alpha}$ 与直流 $\bar{\beta}$ 的关系是相同的，即

$$\alpha = \frac{\beta}{1+\beta} \quad \text{或} \quad \beta = \frac{\alpha}{1-\alpha} \tag{2-24}$$

观察图 2-2（b）、(a) 可知，交流 α 和交流 β 分别是 BJT 共基和共射接法时，在输出端口电压不变的条件下，输出端电流相对输入端电流的放大系数，这就是交流 α 称为共基交流电流放大系数而交流 β 称为共射交流电流放大系数的原因。

2. 极间反向电流

（1）集电结反向饱和电流 I_{CBO}

BJT 在共基极应用时，在发射极开路（$i_E = 0$）条件下所测得的集电极电流 i_C 就是集电结反向饱和电流 I_{CBO}。**集电结反向饱和电流是少数载流子在集电结反向偏置电压作用下产生的漂移电流**。由于少数载流子是靠本征激发成对地产生的，其浓度与结温有密切关系，随着温度的升高，少数载流子浓度将增加，因此 I_{CBO} 也相应增加。

在室温条件下，锗三极管 I_{CBO} 的大小约为 $1 \sim 2\ \mu A$（高频管）或几十 μA（低频管），甚至几百 μA（大功率低频管）。**硅三极管的 I_{CBO} 要小得多**，仅千分之几到十分之几微安，大功率管一般也不超过微安数量级。

（2）集电极穿透电流 I_{CEO}

BJT 在共发射极应用时，在基极开路（$i_B = 0$）条件下，所测得的"集电极至发射极"之间的电流 i_C 就是集电极穿透电流 I_{CEO}。如前所述，I_{CEO} 与 I_{CBO} 的关系为：

$$I_{CEO} = (1+\beta)I_{CBO}$$

事实上，**I_{CEO} 与 I_{CBO} 都是温度的敏感函数，是使晶体管性能变坏的参数，工程上希望其值越小越好**。值得注意的是，对大功率晶体管，尤其是锗管，极间反向电流较大，当工作温度增加时，会引起电路工作点的不稳定，使用时应特别注意。

3. 极限参数

（1）集电极最大允许电流 I_{CM}

β 在一定的电流范围内变化很小，但当 i_C 过大时，β 将会下降较大。**一般将 i_C 增加到使得 β 下降到它的最大值的 2/3 时所对应的集电极电流，称为最大允许电流 I_{CM}。** 一般说来，I_{CM} 并不是一个超过其值就将使 BJT 损坏的极限参数。大信号状态下的 BJT，集电极电流变化很大。如果超过 I_{CM} 则会因 β 变化太大而使放大器的非线性失真严重。所以，I_{CM} 是一个限制 BJT 性能变坏的极限参数。

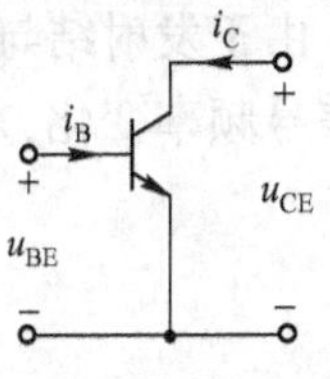

（2）集电极最大允许功率损耗 P_{CM}

由图 2-12 所示的晶体管 BJT 共射组态，可以写出管子的功率损

图 2-12　共射极组态

耗为 $P_{BJT} = i_C u_{CE} + i_B u_{BE}$。由于 $i_C \gg i_B$，一般情况下也满足 $u_{CE} \gg u_{BE}$，故 $P_{BJT} \approx i_C u_{CE}$。我们称 $i_C u_{CE}$ 为集电极瞬时功率损耗，记为 p_C，即

$$p_C = i_C u_{CE} \qquad (2\text{-}25)$$

显然，**集电极功耗 p_C 几乎就是晶体管总的管耗。晶体管在使用过程中，p_C 不允许超过的极限值称为集电极最大允许功耗 P_{CM}**，否则，晶体管会因为过热而损坏。另外，对 P_{CM} 的理解应注意以下两点：

第一，P_{CM} 是限制晶体管耗能的参数，因此晶体管的平均功率不能超过该值。如果 i_C，u_{CE} 是随时间变化的周期函数，则 P_{CM} 对晶体管的限制为

$$\overline{p_C} = \frac{1}{T} \int_0^T i_C u_{CE} \mathrm{d}t = \frac{1}{T} \int_0^T p_C \mathrm{d}t \leqslant P_{CM} \qquad (2\text{-}26)$$

也就是说，**集电极瞬时功率是允许超过 P_{CM} 的**。例如，工作在乙类功率放大电路中的晶体管就会出现这种情况。

第二，P_{CM} 是一个与晶体管散热条件有关的参数，所以生产厂家在给出 P_{CM} 的同时要指明环境温度和散热条件。如果将晶体管安装在散热片上使用，集电极最大允许功耗 P_{CM} 会大大增加。

按 P_{CM} 的大小，晶体管可分为小功率管和大功率管。当然，大功率管的 P_{CM} 也会更大。

（3）反向击穿电压

晶体管反向击穿电压随发射结的偏置情况而异，作为晶体管参数，比较常用的反向击穿电压参数有：

BU_{CEO}：基极开路条件下，加在集电极与发射极之间使得集电结反向击穿的电压。

BU_{CBO}：发射极开路条件下，加在集电极与基极之间使得集电结反向击穿的电压。

BU_{EBO}：集电极开路条件下，加在发射极与基极之间使得发射结反向击穿的电压。

以上定义的三种反向击穿电压有以下关系

$$BU_{EBO} < BU_{CEO} < BU_{CBO}$$

在晶体管电路中，由于电源电压往往加在 C 极和 E 极之间，而且 $BU_{CEO} < BU_{CBO}$，当电源电压小于 BU_{CEO} 时，集电结不会击穿。所以 **BU_{CEO} 常常用来作为选取晶体管电源电压的限制条件**。

由于 BJT 的发射结面积较小，而发射区的掺杂浓度又较高，所以 BJT 的发射结反向击穿电压 BU_{EBO} 一般都很小。在晶体管放大电路中，BJT 的发射结一般都处于正偏状态，似乎这一参数并不重要，但在大信号或强干扰输入时，发射结可能会处于反偏，此时发射结有被击穿的可能性。因此，在大信号输入的放大电路中 BJT 的发射结常加有保护电路。

4. BJT 的频率参数

（1）截止频率 f_β

由于发射结与集电结的结电容等因素的影响，当工作频率较高时，BJT 电流放大系数 β 将随信号频率变化，是频率的函数。β 与工作频率 f 之间的关系可近似表示为

$$\beta(f) = \frac{\beta_0}{1 + \mathrm{j} \dfrac{f}{f_\beta}} \qquad (2\text{-}27)$$

式中，β_0 为直流（或低频）电流放大系数；f_β 为共射电流放大系数的截止频率，表示共射电流放

大系数由 β_o 下降 **3 dB** ($1/\sqrt{2}$ 倍) 时所对应的频率。图 2-13 示出了 β 的频率特性。

（2）特征频率 f_T

当高频 β 的模等于 1（或 0 dB）时所对应的频率称为双极型晶体管的特征频率 f_T。 也就是说，当 $|\beta(f_T)| = 1$ 时，集电极电流与基极电流相等，共射接法的 BJT 失去电流放大能力。f_T 是双极型晶体管最重要的频率参数。利用式（2-27）可以近似地估算出 f_T。根据 f_T 的定义可知

$$|\beta(f_T)| = \frac{\beta_o}{\left|1+\mathrm{j}\dfrac{f_T}{f_B}\right|} = 1$$

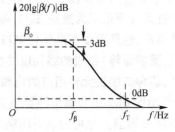

图 2-13　β 的频率特性

由此可得

$$\left(\frac{f_T}{f_\beta}\right)^2 = \beta_o^2 - 1 \tag{2-28}$$

由于大部分 BJT 的 β_o 均大于 10，因此式（2-28）可近似表示为

$$f_T = \beta_o f_\beta \tag{2-29}$$

应该指出：类似高频 β 的概念，也可定义高频 α 的截止频率 f_α。由于工程上应用不多，这里不再分析。

在应用双极型晶体管时，工作频率应该远小于特征频率。例如在 BJT 放大电路中，可以选 f_T 比输入信号频率高 10 倍的管子作为放大管。根据 f_T 的不同，晶体管可以分为低频管、高频管和微波管。目前，先进的硅半导体工艺已经可以将双极型晶体管的 f_T 做到高达 10 GHz。另外，特征频率与工作点电流也有关。f_T 的值可以测量，也可以用 BJT 高频小信号模型来估算。

2.1.4　BJT 小信号模型

图 2-14 所示为 NPN 管共射组态的放大电路，图中 u_s 是待放大的信号电压，称为输入信号源电压。R_c 称为集电极电阻，该电阻不可缺少，因为 R_c 能将集电极回路中的信号电流转化成放大以后的信号电压。

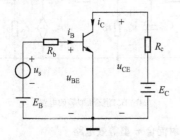
　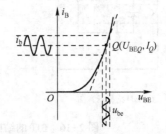

图 2-14　BJT 共射极放大器　　　图 2-15　BJT 的输入特性曲线

当输入交流信号为零时，放大电路中晶体管的直流电流和电压称为放大器的静态工作点或简称工作点。 对图 2-14 所示的电路，如果令输入信号源电压 $u_s = 0$ 时，晶体管各极的静态工作点电压和电流分别为：I_{BQ}，U_{BEQ}，I_{CQ}，U_{CEQ}，那么当输入交流信号源电压 u_s 加入后，晶体管各极的瞬时电压和电流相当于在静态工作点上叠加了一个交流信号，即

$$i_B = I_{BQ} + i_b, \quad u_{BE} = U_{BEQ} + u_{be}; \quad i_C = I_{CQ} + i_c, \quad u_{CEQ} = U_{CEQ} + u_{ce}$$

由图 2-15 所示的 BJT 输入特性曲线中可以看出，尽管通常情况下 BJT 是一个非线性元

件,必须考虑其非线性特性。但是,在 BJT 的放大电路中,如果选择合适的静态工作点 Q (U_{BEQ}, I_{BQ}),且在输入交流小信号或者信号动态范围不超出晶体管特性曲线线性区的情况下,特性曲线可近似为直线,**BJT 输入和输出端口的交流小信号电压与电流之间的关系近似为线性关系,也即可以将晶体管 BJT 视为线性元件,并可用线性元件(如由 R、C、L、电压源、电流源、受控源等)组成的线性电路模型来模拟 BJT 输入和输出端口小信号电压与电流之间的关系,这种由线性元件组成的电路模型就是 BJT 的小信号模型。**

BJT 的小信号模型种类很多。可以由 BJT 内部的物理过程导出相应的物理模型,如共射混合 π 模型。也可由双口网络理论导出相应的网络模型,如低频 H 参数模型,高频 Y 参数模型。在计算机辅助电路分析,如通用的电路模拟软件 Spice 和 PSpice 中,采用的是能反映 BJT 的总电流−电压关系的埃伯斯−莫尔(Ebers-Moll)模型。本教材以有利于初学者理解的模型为出发点,并考虑到节省学时和导出的模型对初学者实用,将物理模型和网络模型的分析方法相结合,主要介绍共射小信号模型。但需要解释的是:**共射小信号模型并不是只能用于共射组态放大电路的模型,而是在共射接法下推导出的 BJT 小信号模型,同样可适用于其他组态的电路。**

1. BJT 的共射混合 π 型等效电路及参数

BJT 由两个 PN 结组成,且具有放大作用,其物理结构如图 2-16(a)所示,如忽略集电区和发射区的体电阻 r_{cc} 和 r_{ee},等效电路如图 2-16(b)所示,称为共射混合 π 型等效电路。这个等效电路考虑了结电容效应,因此它使用的频率范围可以到高频段。如果频率再高,引线电感和载流子的渡越时间不能忽略,这个等效电路也就不适用了。一般来说它适用的最高频率约为 $f_{T}/3$。

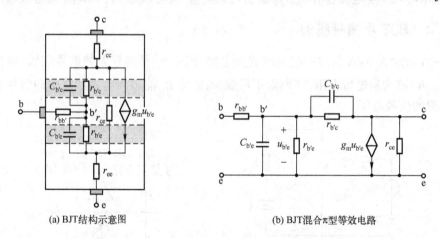

(a) BJT结构示意图　　　　　　　　　(b) BJT混合π型等效电路

图 2-16　BJT 的结构及共射混合 π 型等效电路

下面讨论共射混合 π 型等效电路中各元件参数的物理意义。

(1) 基区体电阻 $r_{bb'}$

由于 BJT 的基区是一层极薄的半导体材料,该薄层的横截面积很小,会对基极电流呈现一定的电阻,称为基区体电阻 $r_{bb'}$。$r_{bb'}$ 的存在使得外加在发射结和集电结上的电压不能完全作用在结层上,为此,可以在 BJT 内假想一个节点 b'。如图 2-16 所示,$u_{b'e}$ 和 $u_{b'c}$ 才是作用在发射结和集电结上的电压。不同型号晶体管的 $r_{bb'}$ 差别可能很大,高频管的 $r_{bb'}$(几十欧姆以下)比低频管的 $r_{bb'}$(上百欧姆)小得多,而微波晶体管的基区体电阻可能小到几欧姆。

另外,虽然发射区和集电区也都存在体电阻 r_{ee} 和 r_{cc},如图 2-16(a) 所示,但由于这两个区的渗杂浓度高横截面积又较大,其体电阻较基区体电阻要小得多,可以忽略不计。

(2) 基区复合电阻 $r_{b'e}$

定义基区复合电阻 $r_{b'e}$ 为

$$r_{b'e} = \left(\frac{di_B}{du_{B'E}}\right)^{-1}\bigg|_Q \approx \frac{u_{b'e}}{i_b}\bigg|_Q = \frac{u_{b'e}}{i_e/(1+\beta)}\bigg|_Q = (1+\beta)\frac{u_{b'e}}{i_e}\bigg|_Q \qquad (2-30)$$

考虑到 $u_{b'e}/i_e$ 就是小信号条件下发射结的正向偏置电阻 r_e,由 PN 结正向偏置交流电阻的估算公式,即式(1-20)可得

$$r_e \approx u_{b'e}/i_e\big|_Q \approx U_T/I_{EQ} \qquad (2-31)$$

所以,
$$r_{b'e} \approx (1+\beta)r_e\big|_Q \approx (1+\beta)U_T/I_{EQ} \qquad (2-32)$$

由以上分析可以看出,$r_{b'e}$ 是发射结的正向偏置电阻 r_e 折合到基极回路的等效电阻,反映了基极电流受控于发射结电压的物理过程,$r_{b'e}$ **越大**,$u_{b'e}$ **产生的** i_b **越小**。从数值上来看,$r_{b'e}$ 与发射极工作点电流 I_{EQ} 近似成反比。其物理概念是:工作点电流较大时,发射结电压增量产生的 i_c 和 i_B 的电流增量都会增大,也即发射结的信号电压产生的 i_c 和 i_b 的信号电流会增大,即 $r_{b'e}$ 减小。

(3) 集–射极间电阻 r_{ce}

定义集–射极间电阻 r_{ce} 为

$$r_{ce} = \frac{du_{CE}}{di_C}\bigg|_Q \approx \frac{u_{ce}}{i_c}\bigg|_Q \approx \frac{\Delta u_{CE}}{\Delta i_C}\bigg|_Q \qquad (2-33)$$

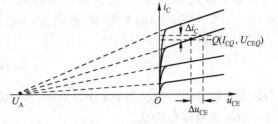

图 2-17 BJT 的厄尔利电压

如图 2-17 所示,如果将 BJT 的每一条输出特性曲线反向延长,这些曲线会近似相交于一点,该点的电压值 U_A 即为厄尔利 (Early) 电压。根据这一特性,在工作点 Q (I_{CQ}, U_{CEQ}) 上使 u_{CE} 有一个增量 Δu_{CE},相应地在输出特性曲线上有一个电流的增量 Δi_C,那么利用图 2-17 所示的几何关系可近似估算出

$$r_{ce} = \frac{du_{CEQ}}{di_C}\bigg|_Q \approx \frac{u_{ce}}{i_c}\bigg|_Q \approx \frac{\Delta u_{CE}}{\Delta i_C}\bigg|_Q \approx \frac{U_A + U_{CEQ}}{I_{CQ}} \qquad (2-34)$$

由于厄尔利电压 U_A 的典型值为 100 V,在 BJT 的工作点 $Q(I_{CQ}, U_{CEQ})$ 上通常满足 $U_A \gg U_{CEQ}$,所以 r_{ce} 可近似估算为

$$r_{ce} \approx U_A/I_{CQ} \qquad (2-35)$$

r_{ce} 的大小反映了 u_{CE} 在反偏集电结上的电压增量通过基区宽调效应(也称厄尔利效应)产生 i_C 增量的大小。r_{ce} **越大**,i_C **受基区宽调效应影响越小,输出特性曲线越平坦**,理想条件下输出特性曲线为水平线,$r_{ce} \to \infty$。一般当 u_{BE} 一定时,i_C 受 u_{CE} 的影响较小,r_{ce} 的值较大,通常在几十千欧以上。

(4) 集电结电阻 $r_{b'c}$

定义集电结电阻 $r_{b'c}$ 为

$$r_{b'c} = \left| \left(\frac{di_B}{du_{CE}} \right)^{-1} \right|_Q \approx \left| \frac{u_{ce}}{i_b} \right|_Q = \frac{i_c}{i_b} \frac{u_{ce}}{i_c} \Big|_Q \approx \beta r_{ce} \qquad (2\text{-}36)$$

$r_{b'c}$ 反映了反偏集电结电压的变化对基极电流的影响。$r_{b'c}$ 越大，u_{ce} 产生的 i_b 越小。由于集电结反偏电压增加时，根据前述的基区宽调效应，基极电流会减小，使得式(2-36)中的导数为负值，故 $r_{b'c}$ 取其绝对值。BJT 在线性运用时由于集电结反偏，因此 $r_{b'c}$ 很大，约为 100 kΩ ~ 10 MΩ。

（5）BJT 的跨导 g_m

定义 BJT 的跨导 g_m 为

$$g_m = \frac{di_C}{du_{B'E}} \Big|_Q \approx \frac{i_c}{u_{b'e}} \Big|_Q \qquad (2\text{-}37)$$

跨导 g_m 反映了发射结电压 u_{BE} 对集电极电流 i_C 的控制能力。g_m 越大，则发射结电压增量产生的集电极电流的增量就越大。在小信号条件下，g_m 近似等于集电极电流的交流分量 i_c 与发射结上电压的交流分量 $u_{b'e}$ 之比。将 $i_c \approx i_e$ 代入式(2-37) 中，参考式(2-31)可得 g_m 的近似估算值

$$g_m = \frac{I_{CQ}}{U_T} \approx \frac{1}{r_e} \qquad (2\text{-}38)$$

式(2-38)表明 g_m 的大小与工作点电流 I_{CQ} 的大小成正比。**g_m 反映了 BJT 的放大能力，模拟了放大作用。当发射结上加一个微变电压 $u_{b'e}$ 时，集电极回路就相当于有一个电压控制电流源 $g_m u_{b'e}$ 存在。** g_m 具有电导的量纲，其单位是西门子（S），即（S）= A/V，（mS）= 10^{-3} A/V。将 $T = 300$ K 时 U_T 的值 26 mV 代入式(2-38)，可以求得常温（$t = 27℃$）下 g_m 的计算式

$$g_m \approx 38.5 I_{CQ} \qquad (2\text{-}39)$$

要注意：式(2-39)中 I_{CQ} 用 mA 作为单位，求得的 g_m 的单位是 mS。

（6）发射结电容 $C_{b'e}$

它包括发射结的势垒电容 C_T 和扩散电容 C_D，由于发射结正偏，所以 $C_{b'e}$ 主要是指扩散电容 C_D，一般在 100 ~ 500 pF 之间。

（7）集电结电容 $C_{b'c}$

$C_{b'c}$ 由集电结的势垒电容 C_T 和扩散电容 C_D 两部分组成。因集电结反偏，所以 $C_{b'c}$ 主要是指势垒电容 C_T，其值一般为 2 ~ 10 pF。

综上所述，BJT 的混合 π 模型是一种物理模型，构成模型的 7 个参数都有明确的物理含义，并且在很宽的频率范围内，这些参数都与频率无关。因此，混合 π 模型应用广泛，在分析宽频带放大器时特别有用。**实际上只要信号频率小于 $f_T/3$，混合 π 模型就能够基本正确地反映双极型晶体管的内部物理过程。**

综合考虑共射 BJT 混合 π 模型具有以下四个物理效应：正向控制和传输效应（$r_{b'e}, g_m$）、基区宽度调制效应（$r_{ce}, r_{b'c}$）、结电容效应（$C_{b'e}, C_{b'c}$）和体电阻效应（$r_{bb'}, r_{ee}, r_{cc}$）。

在低频段工作时，通常满足 $\frac{1}{\omega C_{b'e}} \gg r_{b'c}$，$\frac{1}{\omega C_{b'c}} \gg r_{b'c}$，可以将 $C_{b'e}$、$C_{b'c}$ 忽略不计；另外，$r_{b'c}$ 反映了反偏集电结电阻，$r_{b'c} \approx \beta r_{ce}$，其值很大，在一般的电路分析中 $r_{b'c}$ 可以忽略不计，由此可得 BJT

的低频简化混合 π 模型如图 2-18 所示,这是低频模拟电路分析中常用的 BJT 物理模型。**希望读者能牢记这个模型。**

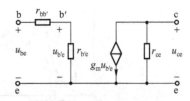

图 2-18 低频简化的 BJT 混合 π 模型

2. BJT 的 H 参数等效电路

若以 BJT 的某一电极为公共端子,则可将它看做双口网络。不论其内部物理结构和数学模型如何,三极管的特性可由其输入端口和输出端口的电压、电流关系来描述,也即**可用双口网络参数来等效和模拟 BJT 的基本电路特性。**

在共发射极组态时,"基极—发射极"是输入端口,对应的电压 $u_i = u_{be}$,电流 $i_i = i_b$;"集电极—发射极"是输出端口,对应的电压 $u_o = u_{ce}$,电流 $i_o = i_c$,如图 2-19 所示。利用电路分析课程中双口网络的理论,若在上述四个端口变量中选择两个作为自变量,其余两个作为因变量,就可得到不同的网络参数与网络方程:如 Z 参数(开路阻抗参数),Y 参数(短路导纳参数)和 H 参数(混合参数)等。

BJT 作为一个有源双口网络,它可以采用 H 参数,也可以用 Z 参数或 Y 参数来进行分析。Z 参数在 BJT 电路中使用最早,在早期的文献手册中应用较广,缺点是测量不易准确,因为 BJT 的输出阻抗高,不易实现输出端开路的条件。Y 参数在高频运用时物理意义比较明显,缺点同样是测量不易准确,因为 BJT 的输入阻抗低,不易实现输入端短路的条件。H 参数是一种混合参数,它的物理意义明确,测量的条件容易实现,加上它在低频范围内为实数,所以在电路分析和设计中,H 参数在低频时应用较广泛。

若在图 2-19 所示 BJT 共发射极组态有源双口网络的四个变量中选择 i_b 和 u_{ce} 作为自变量,u_{be} 和 i_c 作为因变量,那么利用双口网络的理论可得一组 H 参数的方程(请读者自行参考"电路分析基础"课程中有关双口网络的知识):

$$u_{be} = h_{ie}i_b + h_{re}u_{ce}$$
$$i_c = h_{fe}i_b + h_{oe}u_{ce}$$

$$(2-40)$$

式中,h_{ie}、h_{re}、h_{fe}、h_{oe} 称为 BJT 共发射极组态的 H 参数。利用式(2-40)可以直接模拟出 BJT 共发射极组态的 H 参数等效电路(模型),如图 2-20 所示。

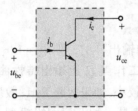

图 2-19 BJT 共发射极组态的双口网络

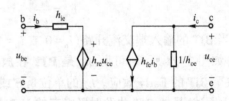

图 2-20 BJT 共发射极组态的 H 参数等效电路

下面我们来分析 H 参数的物理意义,利用式(2-40)和双口网络的理论知识可以推出:

① $$h_{ie} = \frac{u_{be}}{i_b}\bigg|_{u_{ce}=0} = \frac{\partial u_{BE}}{\partial i_B}\bigg|_{u_{CE}=常量} \approx \frac{\Delta u_{BE}}{\Delta i_B}\bigg|_Q \qquad (2-41)$$

h_{ie} 是当 BJT 输出端交流短路($u_{ce} = 0$ 或 $u_{CE} =$ 常量)时的输入阻抗,单位为 Ω 或 kΩ。如果从 BJT 的输入特性曲线来测定,h_{ie} 表示为:**BJT 的输入特性曲线在工作点上切线斜率的倒数。**如图 2-21 所示。

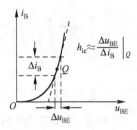

图 2-21 h_{ie} 的物理意义

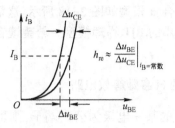

图 2-22 h_{re} 的物理意义

②
$$h_{re} = \frac{u_{be}}{u_{ce}}\bigg|_{i_b=0} = \frac{\partial u_{BE}}{\partial u_{CE}}\bigg|_{i_B=常数} \approx \frac{\Delta u_{BE}}{\Delta u_{CE}}\bigg|_{i_B=常数} \tag{2-42}$$

h_{re} 是指当 BJT 的输入端交流开路($i_b = 0$ 或 $i_B =$ 常量)时,输入电压 u_{be} 随输出电压 u_{ce} 的变化之比,$\boldsymbol{h_{re}}$ **反映了输出回路电压对输入回路电压的影响,称为 BJT 的内部电压反馈系数**。如前所述,这是由于集电结反向电压的变化调制了基区有效宽度而引起的。由输入特性曲线可见(见图 2-22),输出电压对输入特性曲线具有基区宽调效应(Early 效应),即当 u_{ce} 在大范围内增加时,输入特性曲线略有右移。h_{re} 是一个无量纲的比例系数,其值很小,如果忽略 Early 效应,$h_{re} = 0$。

③
$$h_{fe} = \frac{i_c}{i_b}\bigg|_{u_{ce}=0} = \frac{\partial i_C}{\partial i_B}\bigg|_{u_{CE}=常数} \approx \frac{\Delta i_C}{\Delta i_B}\bigg|_{u_{CE}=常数} \tag{2-43}$$

h_{fe} 是指当 BJT 的输出端交流短路时($u_{ce} = 0$ 或 $u_{CE} =$ 常量)时,正向电流放大系数。由输出特性曲线(如图 2-23 所示)可见,$\boldsymbol{h_{fe}}$ **反映了输出特性曲线族之间的间距**。h_{fe} 是一个无量纲的比例系数,其值 $h_{fe} \approx \beta$。

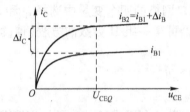

图 2-23 h_{fe} 的物理意义

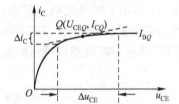

图 2-24 h_{oe} 的物理意义

④
$$h_{oe} = \frac{i_c}{u_{ce}}\bigg|_{i_b=0} \approx \frac{\Delta I_c}{\Delta u_{CE}}\bigg|_{i_B=常数} \tag{2-44}$$

h_{oe} 是指当 BJT 的输入端交流开路($i_b = 0$ 或 $i_B =$ 常量)时的输出导纳,即 $h_{oe} = 1/r_{ce}$。由输出特性曲线(如图 2-24 所示)可见,$\boldsymbol{h_{oe}}$ **是 BJT 在放大区静态工作点 Q 上输出特性曲线切线的斜率**,反映了 BJT 的 Early 效应。h_{oe} 的单位是 S 或 mS,其值较小,如果忽略 Early 效应,$h_{oe} = 0$。

综上所述,虽然 BJT 共发射极组态的 H 参数等效电路是一种双口网络模型,然而构成模型的 4 个参数都具有明确的物理含义,而且比较容易测定。比较 4 个参数,其中 h_{re} 和 h_{oe} 相对而言其值很小,一般在低频电路中,输入回路的 $h_{re} u_{ce}$ 比 u_{be} 要小得多(h_{re} 的数量级为 10^{-4}),所以在模型中常常可以把 $h_{re} u_{ce}$ 忽略掉,这在工程计算上不会带来显著的误差。同时由于 $h_{fe} \approx \beta$,常采用习惯符号 β 代替 h_{fe},其简化的 H 参数等效电路如图 2-25 所示。

另外,通常输出回路中的负载电阻 R_C(或 R_L)要比 BJT 的输出电阻 $1/h_{oe}$ 小得多,当负载电阻 R_C(或 R_L)较小,满足 $R_C // R_L < 0.1/h_{oe}$ 的条件时,可以把 h_{oe} 忽略掉,图 2-25 所示的常用 H 参数等效电路可进一步简化成如图 2-26 所示。利用这个简化模型来表示 BJT 时,将使 BJT

放大电路的分析计算进一步简单化,在工程估算放大电路的各主要指标时,如电压增益 A_u、电流增益 A_i、放大电路的输入电阻 R_i 及输出电阻 R_o 等,其误差不会超过 10%,这已能满足工程上的要求。

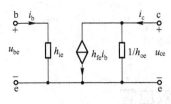

图 2-25　常用的 H 参数等效电路

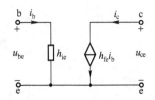

图 2-26　简化的 H 参数等效电路

3. 混合 π 型等效电路和 H 参数等效电路的关系

无论是混合 π 型等效电路还是 H 参数等效电路,都是用来等效 BJT 的电压与电流关系的,因此它们之间也是互相等效的。将图 2-27 所示的混合 π 型等效电路与图 2-28 所示的 H 参数等效电路进行比较,不难找出两者之间的关系:

$$h_{ie} = r_{be} = r_{bb'} + r_{b'e} = r_{bb'} + (1+\beta) U_T / I_{EQ}$$

$$r_{ce} = 1/h_{oe}, \qquad h_{fe} = \beta$$

由 $h_{fe} i_b = g_m u_{b'e} = g_m i_b r_{b'e}$,可得

$$h_{fe} = \beta = g_m r_{b'e}$$

其中 H 参数的典型值为

$$h_{ie} = r_{be} = r_{bb'} + r_{b'e} \approx 1.4\ \text{k}\Omega, h_{re} \approx 5 \times 10^{-4}, h_{fe} = \beta \approx 50 \sim 100, h_{oe} \approx 5 \times 10^{-5}\ \text{S}, 1/h_{oe} = r_{ce} \approx 20\ \text{k}\Omega$$

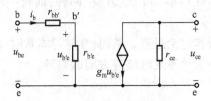

图 2-27　混合 π 模型等效电路

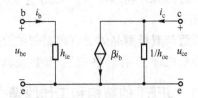

图 2-28　H 参数等效电路

思考与练习

2.1-1　选择及填空

(1) 双极型晶体管从结构上可以分成____和____两种类型。双极型晶体管工作时有____和____两种载流子参与导电。　　　　　　　　　　　　　答案:NPN,PNP,多子(自由电子),少子(空穴)

(2) 当温度升高时,三极管 $\overline{\beta}$____,I_{CEO}____。当温度升高时,三极管共射输入特性曲线____移,输出特性曲线____移。　　　　　　　　　　　　　　　　　　　　　　　答案:增大,增大,左,上

(3) 当发射结正偏,集电结反偏时,BJT 工作在____区;当发射结和集电结都正偏时,BJT 工作在____区。当发射结和集电结都反偏时,BJT 工作在____区。放大偏置的 BJT 在集电结电压变化时,会通过改变基区宽度而改变各极电流,此现象称为____。　　　　答案:放大,饱和,截止,基区宽度调制效应

(4) 一晶体管的极限参数:$P_{CM} = 150$ mW,$I_{CM} = 100$ mA,$U_{(BR)CEO} = 30$ V。若它的工作电压 $U_{CE} = 10$ V,则工作电流 I_C 不得超过(　　)mA;若 $U_{CE} = 1$ V,则 I_C 不得超过(　　)mA。　　　　　答案:15;100

2.1-2　用直流电压表测得电路中晶体管各电极的对地静态电位如图所示,试判断这些晶体管分别处于什么状态。　　　　　　　　　　　　　　　　　　答案:(a)放大,(b)放大,(c)截止,(d)损坏,(e)饱和

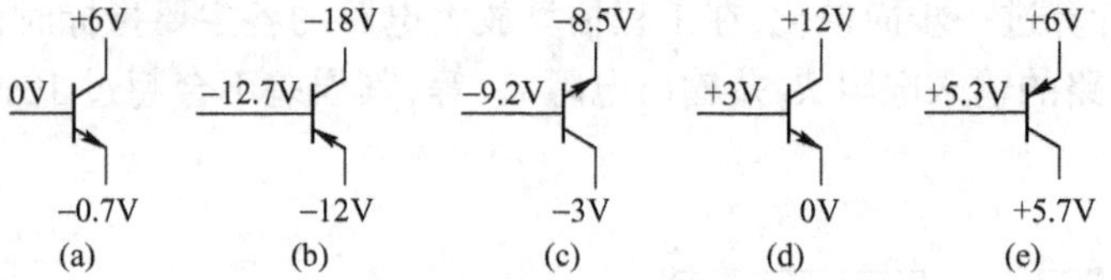

+6V	−18V	−8.5V	+12V	+6V
0V	−12.7V	−9.2V	+3V	+5.3V
−0.7V	−12V	−3V	0V	+5.7V
(a)	(b)	(c)	(d)	(e)

思考与练习 2.1-2 图

2.2 结型场效应管

我们已经学习了二极管和双极型晶体管 BJT 两种半导体器件,BJT 工作在放大区时,输入回路 PN 结正偏,输入阻抗小,是一个电流控制的有源器件。**场效应管(Field Effect Transistor,FET)**也是一种具有 PN 结的有源半导体器件,它利用电场效应来控制输出电流的大小,其输入端 PN 结一般工作于反偏状态或绝缘状态,输入电阻很高(输入阻抗 $10^7 \sim 10^{12}\ \Omega$)。与双极型晶体管相比较,场效应管大致有下列优点:输入电阻高、内部噪声小、耗电小、热稳定性好、抗辐射能力强、制造工艺简单、易于实现集成化、工作频率高等。因此,场效应管在模拟电子电路、数字逻辑电路,特别是在近代超大规模集成电路(VLSI)以及微波毫米波电路中得到极其广泛的应用。

场效应管的种类很多,按结构可分成两大类:结型场效应管(Junction Field Effect Transistor,JFET)和绝缘栅型场效应管(Insulated Gate FET,IGFET)。结型场效应管又分 N 沟道和 P 沟道两种。绝缘栅型场效应管主要指金属－氧化物－半导体(Metal Oxide Semiconductor,MOS)场效应管。MOS 管又分"耗尽型"和"增强型"两种,而每一种也分 N 沟道和 P 沟道。

场效应管与双极型晶体管有很类似的分析和讨论过程。然而,在学习本章时,应该充分注意两者在导电机理、工作特性曲线、参数及其小信号等效电路等方面的差异。

2.2.1 JFET 的结构和工作原理

1. JFET 的结构

JFET 是利用半导体内的电场效应进行工作的,也称为体内场效应器件。JFET 的结构示意图如图 2-29(a)和图 2-30(a)所示。图 2-29(a)是在一块 N 型半导体材料两边扩散高浓度的 P 型区(用 P⁺表示),形成两个 PN 结。两边 P⁺型区引出两个欧姆接触电极并连在一起称为栅极 G(Gate),在 N 型材料的两端各引出一个欧姆接触电极,分别称为源极 S(Source)和漏极 D(Drain)。它们分别相当于 BJT 的基极 B、射极 E 和集电极 C。两个 PN 结中间的 N 型区域称为导电沟道。这种结构称为 N 型沟道 JFET。图 2-29(b)是它的电路符号,其中箭头的方向表示栅极所对应的 PN 结正向偏置时,栅极电流的方向是由 P 指向 N,故从符号上就可识别 D、S 之间是 N 沟道。还有一种与 N 型沟道完全对称的结构形式,称为 P 型沟道 JFET,如图 2-30 所示。对于 P 沟道结型场效应管,除了直流电源电压的极性和漏极电流的方向与 N 沟道结型场效应管相反外,两者的工作原理完全相同。所以下面仅以 N 沟道为例说明结型场效应管的工作原理。

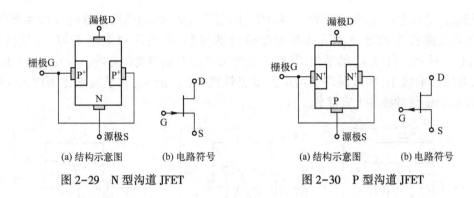

(a) 结构示意图　　(b) 电路符号

图 2-29　N 型沟道 JFET

(a) 结构示意图　　(b) 电路符号

图 2-30　P 型沟道 JFET

2. JFET 的工作原理

N 型沟道 JFET 工作时,在栅极和源极间需加一负电压($u_{GS}<0$),使栅极、沟道间的 PN 结反偏, 栅极电流 $i_G \approx 0$,场效应管呈现高达 $10^7\ \Omega$ 以上的输入电阻。在漏极与源极间加一正电压($u_{DS}>0$), 使 N 沟道中的多数载流子(电子)在电场作用下由源极向漏极运动,形成电流 i_D。i_D 的大小受 u_{GS} 控 制。因此,讨论 JFET 的工作原理就是讨论 u_{GS} 对 i_D 的控制作用和 u_{DS} 对 i_D 的影响。

(1) u_{GS} 对 i_D 的控制作用

为了讨论方便,先假设 $u_{DS}=0$。当 u_{GS} 由零向负值方向增大时,在反偏电压 u_{GS} 作用下,两 个 PN 结的耗尽层(或势垒区)将加宽,使导电沟道变窄,沟道电阻增大,如图 2-31(a)和(b) 所示(由于 N 区掺杂浓度远小于 P$^+$区,所以耗尽层主要在 N 区内延伸,图中只画出了 N 区的 耗尽层)。当 $|u_{GS}|$ 进一步增大到某一定值 $u_{GS}=U_{GS(off)}$ 时(注意:N 型沟道 JFET 的 $U_{GS(off)}$ 为负 值),两侧耗尽层在中间合拢,沟道全部被夹断,如图 2-31(c)所示。此时漏源极间的电阻将 趋于无穷大,相应的栅源电压称为夹断电压 $U_{GS(off)}$。

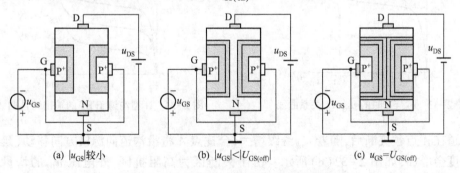

(a) $|u_{GS}|$ 较小　　　　(b) $|u_{GS}|<|U_{GS(off)}|$　　　　(c) $u_{GS}=U_{GS(off)}$

图 2-31　u_{GS} 的变化对 JFET 导电沟道的影响

上述分析表明,改变 u_{GS} 的大小,可以有效地控制沟道电阻的大小。**若在漏、源极间加上固 定的正向电压 u_{DS},由漏极流向源极的电流 i_D 将受 u_{GS} 的控制。** 显然,$|u_{GS}|$ 增大时,导电沟道 变窄,沟道电阻增大,i_D 减小。当 $u_{GS}=U_{GS(off)}$ 时,沟道全夹断,$i_D=0$。

(2) u_{DS} 对 i_D 的影响

为简明起见,首先从 $u_{GS}=0$ 开始讨论。

当 $u_{DS}=0$ 时,$i_D=0$ 这是容易理解的。但随着 u_{DS} 逐渐增加,一方面沟道电场强度加大,有 利于漏极电流 i_D 增加;另一方面,u_{DS} 在漏极到源极的 N 型半导体区域中,产生一个沿沟道的 电位梯度。所以在漏端到源端的不同位置上,栅极与沟道不同位置之间的电位差是不相等的,离源极越远,电位差越大,加到该处 PN 结的反向电压也越大,耗尽层也越向 N 型半导体中心扩展,即靠近漏极处的导电沟道比靠近源极处的要窄,导电沟道宽度不均匀,呈楔形,如图 2-32(a) 所示。所以 u_{DS} 的增加,将对 i_D 的增加产生一定程度的影响。但在 u_{DS} 较小时,对导电沟道的影响较小,靠近漏端的沟道区域仍较宽,故 i_D 随 u_{DS} 几乎成正比例增大,构成如图 2-33 所示曲线的线性上升部分。

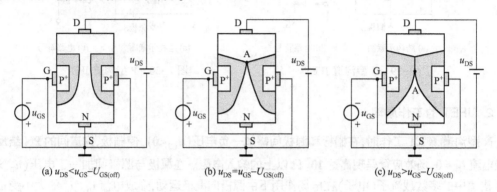

$$(a)\ u_{DS}<u_{GS}-U_{GS(off)} \qquad (b)\ u_{DS}=u_{GS}-U_{GS(off)} \qquad (c)\ u_{DS}>u_{GS}-U_{GS(off)}$$

图 2-32　u_{DS} 的变化对 JFET 导电沟道的影响

随着 u_{DS} 继续增加,越靠近漏端反偏电位差越大,耗尽层也越宽,导电沟道宽度也越不均匀,i_D 随 u_{DS} 的变化会呈现出非线性特性。当 $u_{DS}=|U_{GS(off)}|$ 时,靠近漏极出现沟道合拢,两耗尽层在 A 点相遇,如图 2-32(b) 所示,称为预夹断状态。此时,A 点耗尽层两边的电位差可用夹断电压 $U_{GS(off)}$ 来描述。由于 $u_{GS}=0$,故有 $u_{GD}=-u_{DS}=U_{GS(off)}$,相当于在图 2-33 中 $u_{DS}=|U_{GS(off)}|$ 时,i_D 达到了饱和漏极电流 I_{DSS}。I_{DSS} 下标中的第二个 S 表示栅、源极间短路的意思。

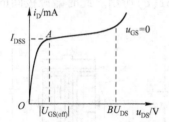

图 2-33　$u_{GS}=0$ 时的 $u_{DS}\text{-}i_D$ 关系曲线

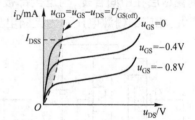

图 2-34　N 型沟道 JFET 的输出特性曲线

沟道在 A 点预夹断后,随着 u_{DS} 继续增大,合拢点 A 将沿沟道向源极方向移动(延伸),夹断区长度会增加,如图 2-32(c) 所示。由于夹断区为高阻抗区,外电压 u_{DS} 的增量 $\Delta u_{DS}=u_{DS}-|U_{GS(off)}|$ 主要降落在夹断区上,夹断区上场强随之增大,仍能将电子拉过夹断区(即耗尽层),形成漏极电流 i_D(这和 NPN 型 BJT 在集电结反偏时仍然能把电子拉过耗尽区的情况基本上是相似的)。而未被夹断的沟道上,沟道内电场基本上不随 u_{DS} 增大而变化,所以,i_D 基本上不随 u_{DS} 增加而上升,漏极电流趋于饱和。当 u_{DS} 增加到 $u_{DS}>BU_{DS}$ 时,在强电场的作用下 PN 结雪崩击穿,i_D 会迅速增大,$u_{DS}\text{-}i_D$ 的关系曲线如图 2-33 所示。

一般情况下,$u_{GS}\neq 0$,即在 JFET 栅极与源极之间总是接有电压 u_{GS},由于在相同 u_{DS} 电压时,u_{GS} 值不同,相应的预夹断电压也将不同。通常在预夹断点处 $U_{GS(off)}$ 与 u_{GS}、u_{DS} 之间有如下关系

$$u_{DS}=u_{GS}-U_{GS(off)} \tag{2-45}$$

该式称为 JFET 的预夹断方程。

由于栅源电压 u_{GS} 越负,耗尽层越宽,导电沟道越窄,沟道电阻就越大,相应的 i_D 就越小,图 2-33 所示的输出特性曲线将下移,因此,改变 u_{GS} 可得一族输出特性曲线,如图 2-34 所示。由于每个管子的 $U_{GS(off)}$ 为一定值,因此,从式(2-45)可知,预夹断点将随 u_{GS} 的改变而变化,它在输出特性上的轨迹如图 2-34 中左边虚线所示。

综上分析,可得下述结论。

① JFET 栅极、沟道之间的 PN 结应反向偏置,因此,其 $i_G \approx 0$,输入电阻很高。

② JFET 是电压控制电流器件,i_D 受 u_{GS} 控制。

③ 预夹断前,i_D 与 u_{DS} 呈近似线性关系;预夹断后,i_D 趋于饱和,几乎与 u_{DS} 电压的变化无关。

④ 场效应管主要有一种极性的载流子导电,通常称为单极型晶体管。

P 沟道 JFET 工作时,其电源极性和电流方向都与 N 沟道 JFET 的相反,但工作原理相同。

2.2.2 JFET 的特性曲线及参数

1. 输出特性

JFET 的输出特性是指在栅源电压 u_{GS} 一定的情况下,漏极电流 i_D 与漏源电压 u_{DS} 之间的运算关系,其函数关系如下

$$i_D = f(u_{DS})\big|_{u_{GS}=常数}$$

图 2-35 所示为 N 沟道 JFET 的输出特性曲线。图中 JFET 的工作状态可分为以下四个区域。

(1) 可变电阻区

图 2-35 中的 I 区即为可变电阻区。在该区内,输出特性曲线的斜率随栅源电压而变化,栅源电压越负,输出特性曲线相对纵坐标轴越倾斜(斜率不同,图中虚线所示),漏源间的等效电阻越大。因此,在 I 区中,FET 可看做一个受栅源电压 u_{GS} 控制的可变电阻。故得名为可变电阻区。

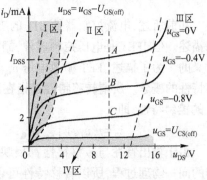

图 2-35 N 沟道 JFET 的输出特性曲线

(2) 恒流区

图 2-35 中的 II 区称为恒流区或饱和区,其物理过程如前所述。FET 用做放大电路时,一般就工作在这个区域。所以 II 也称为线性放大区。

当 $u_{DS} > u_{GS} - U_{GS(off)}$ 后,i_D 即进入恒流区。但事实上由于随着 u_{DS} 的增加,有效导电沟道长度减短,i_D 随 u_{DS} 的增加稍有增加,与此对应的输出特性曲线略有斜升(见图 2-35)。当考虑到沟道长度的调制效应后,JFET 管在恒流区的大信号特性方程通常可表示为

$$i_D = I_{DSS}\left(1 - \frac{u_{GS}}{U_{GS(off)}}\right)^2 (1 + \lambda u_{DS}) \tag{2-46}$$

式中,λ 是沟道调制系数,$1/\lambda$ 相当于 BJT 的 Early 电压 U_A,λ 的典型值约为 $(100\text{ V})^{-1}$。由式(2-46) 可以看出,当不考虑沟道长度的调制效应,即 $\lambda = 0$ 时,可得

$$i_D = I_{DSS}\left(1 - \frac{u_{GS}}{U_{GS(off)}}\right)^2 \tag{2-47}$$

式(2-47)说明,当不考虑沟道长度的调制效应时,在恒流区 i_D 与 u_{DS} 无关,输出特性曲线为一族水平线,且 i_D 与 u_{GS} 成平方律关系。

（3）击穿区

图 2-35 中的Ⅲ区为击穿区。当 u_{DS} 增至一定的数值,即 $u_{DS} > BU_{DS}$ 后,由于加到沟道中耗尽层的电压太高,电场很强,致使栅、漏间的 PN 结发生雪崩击穿,i_D 迅速上升,因此Ⅲ区称为击穿区,进入雪崩击穿后,管子不能正常工作,甚至很快烧毁。所以,FET 不允许工作在这个区域。

（4）全夹断区

Ⅳ区为全夹断区,当 $u_{GS} \leqslant U_{GS(off)}$ 时,沟道完全被夹断,$i_D = 0$,也称为截止工作区。

根据以上分析,可将 N 沟道 JFET 各工作区的条件总结于表 2-1 中。

表2-1　N 沟道 JFET 各工作区的条件

可变电阻区（未夹断）	预夹断状态	放大区（饱和区）	截止区（全夹断区）
$0 > u_{GS} > U_{GS(off)}$	$0 > u_{GS} > U_{GS(off)}$	$0 > u_{GS} > U_{GS(off)}$	$u_{GS} \leqslant U_{GS(off)} < 0$
$u_{DS} < u_{GS} - U_{GS(off)}$	$u_{DS} = u_{GS} - U_{GS(off)}$	$u_{DS} > u_{GS} - U_{GS(off)}$	$u_{DS} > 0$
$u_{GD} > U_{GS(off)}$	$u_{GD} = U_{GS(off)}$	$u_{GD} < U_{GS(off)}$	$u_{GD} < U_{GS(off)}$

2. 转移特性

如前所述,电流控制器件 BJT 的工作性能,可以通过它的输入特性和输出特性及一些参数来描述。但 JFET 是电压控制器件,栅极输入端基本上没有电流,故讨论它的输入特性是没有意义的。为了描述 JFET 栅源电压 u_{GS} 对漏极电流 i_D 的控制作用,在输出特性的基础上引入转移特性的概念。所谓**转移特性**是指在漏源电压 u_{DS} 为常数的情况下,栅源电压 u_{GS} 对漏极电流 i_D 的控制特性,即

$$i_D = f(u_{GS})\ \big|_{u_{DS} = 常数}$$

由于输出特性与转移特性都反映的是 JFET 工作的同一物理过程,所以转移特性可以直接从输出特性曲线上用作图法求出。例如,在图 2-35 的输出特性曲线中,作一条 $u_{DS} = 10\ V$ 的垂直线,此垂直线与各条输出特性曲线的交点分别为 A、B 和 C,将 A、B 和 C 各点相应的 i_D 及 u_{GS} 值画在 i_D-u_{GS} 的直角（笛卡儿）坐标系中,就可得到一条转移特性曲线 $i_D = f(u_{GS})\ \big|_{u_{DS} = 10\ V}$,如图 2-36 所示。

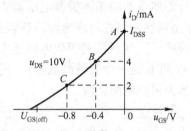

图 2-36　N 沟道 JFET 的转移特性曲线

如果 u_{DS} 取不同的值,可得一族转移特性曲线。但当 u_{DS} 大于一定的数值后（如 $u_{DS} > u_{GS} - U_{GS(off)}$）,不同 u_{DS} 的转移特性曲线应该是很接近的,这是因为在饱和区 i_D 几乎不随 u_{DS} 而变。在放大电路中,FET 一般工作在饱和区（放大区）,这时可近似认为转移特性曲线族重合为一条曲线,这样可使问题的分析得到简化。

实验表明,在饱和区内,i_D 随 u_{GS} 的增加（负数值减小）近似按平方律上升,即有

$$i_D = I_{DSS}\left(1 - \frac{u_{GS}}{U_{GS(off)}}\right)^2 \qquad （当 u_{DS} > u_{GS} - U_{GS(off)} 时） \tag{2-48}$$

这样,只要给出 I_{DSS} 和 $U_{GS(off)}$ 的数值就可以把转移特性中的其他点近似计算出来。

3. 主要参数

（1）夹断电压 $U_{GS(off)}$

由式(2-45)和图2-32(b)可知,当 $u_{GS}=0$，$u_{DS}=-U_{GS(off)}$ 时对应着预夹断状态,此时 u_{DS} 即为夹断电压 $|U_{GS(off)}|$。但实际测试时,通常令 u_{DS} 为某一固定值,使 i_D 等于一个微弱的小电流（例如几十 μA）时,栅、源之间所加的电压为夹断电压。从物理意义上来说,这时相当于达到全夹断状态,此时有 $u_{GS}=U_{GS(off)}$。

（2）饱和漏电流 I_{DSS}

在 $u_{GS}=0$ 的情况下,当 $u_{DS}>|U_{GS(off)}|$ 时的漏极电流称为饱和漏电流 I_{DSS}。通常令 $u_{DS}=10$ V, $u_{GS}=0$ V 时测出的 i_D 就是 I_{DSS}。在转移特性曲线上,就是 $u_{GS}=0$ 时的漏极电流（见图2-36）。对于 JFET 来说,I_{DSS} 也是管子所能输出的最大电流。

（3）最大漏源电压 BU_{DS}

BU_{DS} 是指发生雪崩击穿、i_D 开始急剧上升时的 u_{DS} 值。由于加到 PN 结上的反向偏压与 u_{GS} 有关,因此 u_{GS} 越负,BU_{DS} 随之越小。

（4）最大栅源电压 BU_{GS}

BU_{GS} 是栅、源间 PN 结的反向击穿电压,指输入栅、源间 PN 结反向电流开始急剧增加时的 u_{GS} 值。

（5）直流输入电阻 R_{GS}

在漏、源之间短路的条件下,栅、源之间加一定反偏电压时的栅源直流电阻就是直流输入电阻 R_{GS}，R_{GS} 一般很大在 10^6 Ω 以上。

（6）低频跨导 g_m

在 u_{DS} 等于常数时,漏极电流的微变量和引起这个变化的栅源电压的微变量之比,称为跨导,即

$$g_m = \frac{\partial i_D}{\partial u_{GS}}\bigg|_{u_{DS}=常量} \tag{2-49}$$

跨导反映了栅源电压对漏极电流的控制能力,它相当于转移特性曲线工作点上的斜率。跨导 g_m 是表征 FET 放大能力的一个重要参数,单位为 mS 或 μS。g_m 一般在十分之几至几 mS 的范围内,特殊的可达 100 mS,甚至更高。值得注意的是,**跨导随管子的工作点不同而不同,它是 JFET 小信号模型的重要参数之一。**

如果手头没有 FET 的特性曲线,可利用式(2-48)和式(2-49)近似估算 g_m 的值,即

$$g_m = \frac{d\left[I_{DSS}\left(1-\frac{u_{GS}}{U_{GS(off)}}\right)^2\right]}{du_{GS}}\bigg|_Q = -\frac{2I_{DSS}\left(1-\frac{u_{GS}}{U_{GS(off)}}\right)}{U_{GS(off)}}\bigg|_Q \tag{2-50}$$

$$= -\frac{2I_{DSS}}{U_{GS(off)}}\sqrt{\frac{i_D}{I_{DSS}}}\bigg|_Q = -g_{mo}\sqrt{\frac{I_{DQ}}{I_{DSS}}}$$

式中,$g_{mo}=2I_{DSS}/U_{GS(off)}$ 是 $u_{GS}=0$ 情况下的跨导。实际应用时,**式(2-50) 中的 i_D 应采用静态**

工作点电流 I_{DQ}，g_m 相应表示静态工作点附近的跨导。

（7）输出电阻 r_{ds}

定义

$$r_{ds} = \frac{\partial u_{DS}}{\partial i_D}\bigg|_Q$$

由式（2-46）可得

$$r_{ds} = \left(\frac{\partial i_D}{\partial u_{DS}}\bigg|_Q\right)^{-1} = \left(\frac{\lambda I_{DQ}}{1+\lambda U_{DSQ}}\right)^{-1} \approx \frac{1}{\lambda I_{DQ}} \tag{2-51}$$

式中，$\lambda U_{DSQ} \ll 1$。

输出电阻 r_{ds} 说明了 u_{DS} 对 i_D 的影响，反映沟道长度的调制效应，是输出特性曲线工作点上切线斜率的倒数。在饱和区（即线性放大区），i_D 随 u_{DS} 改变很小，因此 r_{ds} 的数值很大，一般在几十千欧到几百千欧之间。

（8）最大耗散功率 P_{DM}

JFET 的瞬时耗散功率等于 u_{DS} 和 i_D 的乘积，即 $p_D = u_{DS}i_D$，这些耗散功率将变为热能，使管子的温度升高。为了限制它的温度不要升得太高，就要限制它的平均耗散功率不能超过最大耗散功率值 P_{DM}。显然，P_{DM} 受管子最高工作温度的限制。

上述以 N 沟道为例对 JFET 的工作原理做了详细分析。对于 P 沟道 JFET，其工作原理与 N 沟道 JFET 完全相同，只是外加电压极性和沟道电流方向与 N 沟道 JFET 相反。读者根据图 2-30 所示的 P 沟道 JFET 的结构，不难自己做出分析。现将 P 沟道 JFET 的有关结论总结如下：P 沟道 JFET 的 u_{DS} 为负极性，故沟道内漏极电流 i_D 从 S 极流向 D 极。u_{GS} 为正极性，故夹断电压 $U_{GS(off)} > 0$。当 $u_{GS} \geq U_{GS(off)}$ 时，沟道全夹断。当 $u_{DS} = u_{GS} - U_{GS(off)}$ 时，沟道预夹断。当 $u_{DS} < u_{GS} - U_{GS(off)}$ 时，沟道部分夹断（恒流区）。$u_{DS} > u_{GS} - U_{GS(off)}$ 时，沟道未夹断（可变电阻区）。两种沟道 JFET 的预夹断方程相同。比较两种类型的 JFET 可以发现：当 u_{DS} 的值使沟道预夹断后，u_{DS} 的绝对值继续增大，沟道进入部分夹断状态（恒流区）。这一规律对任何场效应管都成立。图 2-37 和图 2-38 给出了 P 沟道 JFET 的转移特性曲线和输出特性曲线。

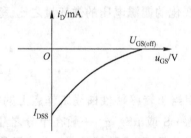

图 2-37　P 沟道 JFET 的转移特性曲线

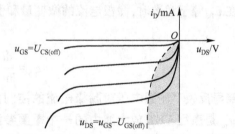

图 2-38　P 沟道 JFET 的输出特性曲线

【例 2-3】　设 N 沟道 JFET 的 $U_{GS(off)} = -4$ V，试分析图 2-39 中的 JFET 各工作在哪个区？

解：

对图（a）：因为 $u_{DS} = 10$ V 为正极性，且 $U_{GS(off)} = -4$ V，$u_{GS} = -5$ V，使 $u_{GS} < U_{GS(off)}$，所以沟道处于全夹断状态。即图（a）的 JFET 工作在截止区。

对图（b）：$U_{GS(off)} = -4$ V，$u_{GS} = -3$ V，满足 $u_{GS} > U_{GS(off)}$，所以导电沟道存在。又知 $u_{DS} = 7$ V，

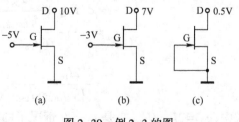

图 2-39　例 2-3 的图

$u_{GS}-U_{GS(off)}=1\text{ V}$,满足 $u_{DS}>u_{GS}-U_{GS(off)}$,或 $u_{GD}=u_{GS}-u_{DS}=-3\text{ V}-7\text{ V}=-10\text{ V}<U_{GS(off)}$,所以漏端的沟道已被部分夹断,即图(b)的 JFET 工作在恒流区(放大区)。

对图(c):$U_{GS(off)}=-4\text{ V}$,$u_{GS}=0\text{ V}$,满足 $u_{GS}>U_{GS(off)}$,所以导电沟道存在。又因为 $u_{DS}=0.5\text{ V}$,$u_{GS}-U_{GS(off)}=4\text{ V}$,满足 $u_{DS}<u_{GS}-U_{GS(off)}$,或 $u_{GD}=u_{GS}-u_{DS}=-0.5\text{ V}>U_{GS(off)}$,所以漏、源之间存在连续沟道,图(c)的 JFET 工作在可变电阻区。

2.2.3 JFET 的小信号模型

由 FET 的输出特性曲线可知,漏极电流 i_D 与栅源电压 u_{GS} 和漏源电压 u_{DS} 的函数关系为

$$i_D=f(u_{GS},u_{DS}) \tag{2-52}$$

如果在工作点 Q 处对 i_D 进行全微分,得

$$\mathrm{d}i_D=\frac{\partial i_D}{\partial u_{GS}}\bigg|_Q\mathrm{d}u_{GS}+\frac{\partial i_D}{\partial u_{DS}}\bigg|_Q\mathrm{d}u_{DS} \tag{2-53}$$

由式(2-49)和式(2-51)可知,式(2-53)中 $\dfrac{\partial i_D}{\partial u_{GS}}\bigg|_Q$ 正是 FET 的交流参数跨导 g_m,$\dfrac{\partial i_D}{\partial u_{DS}}\bigg|_Q$ 则是 FET 的漏源内阻 r_{ds} 的倒数。在小信号条件下,微分 $\mathrm{d}i_D$、$\mathrm{d}u_{GS}$ 和 $\mathrm{d}u_{DS}$ 可以分别用交流小信号 i_d、u_{gs} 和 u_{ds} 来代替。根据式(2-53)和 $i_g=0$,便得到 JFET 的低频小信号电流、电压之间的关系式

$$\begin{cases} i_g=0 \\ i_d=g_mu_{gs}+\dfrac{1}{r_{ds}}u_{ds} \end{cases} \tag{2-54}$$

由式(2-54)可画出 JFET 的低频小信号线性电路模型如图 2-40 所示。从该电路模型的推导过程可知,它适用于工作在中、低频段的 JFET,而且该模型与 JFET 的类型和放大组态无关。**特别要指出,模型中的受控电流源 g_mu_{gs} 的方向是由 D 指向 S 的。**

当 JFET 工作在高频段时,必须考虑极间电容的影响,这时 JFET 高频电路的模型如图 2-41 所示。由图可以看出,JFET 的三个电极之间都存在着极间电容,它们是栅源电容 C_{gs}、栅漏电容 C_{gd} 和漏源电容 C_{ds}。其中,电容 C_{gs} 和 C_{gd} 主要由反偏 PN 结的势垒电容组成,数值一般为 $1\sim5\text{ pF}$。漏源电容 C_{ds} 主要由封装电容和引线电容所组成,数值很小,一般为 $0.1\sim1\text{ pF}$。

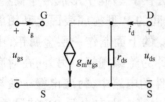

图 2-40 JFET 低频小信号线性模型

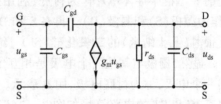

图 2-41 JFET 高频小信号线性模型

2.3 金属-氧化物-半导体场效应管

自 20 世纪 80 年代以来,大规模 MOS 集成电路发展十分迅速,使 MOS 集成电路在当代大规模集成电路中占据主流地位。

结型场效应管(JFET)的输入电阻一般可达 $10^6\sim10^9\ \Omega$,这个电阻从本质上来说是 PN 结的反向电阻,由于 PN 结在反向偏置时总会有一定量的反向电流存在,这就限制了输入电阻的进一

步提高。与 JFET 不同，**MOS 场效应管的栅极处于不导电（绝缘）状态**，它是利用半导体表面的电场效应进行工作的，也称为表面场效应器件，所以输入电阻可大为提高，**最高可达 10^{15} Ω**。

MOS 场效应管是以二氧化硅为绝缘层的金属 – 氧化物 – 半导体（Metal-Oxide-Semiconductor）场效应管，简称为 MOSFET。MOSFET 的栅极与沟道之间由绝缘层隔离，输入电阻比 JFET 高得多。此外，MOSFET 因集成工艺简单，集成密度很大，已成为现代超大规模集成电路的主角。

MOSFET 有增强型（E 型）和耗尽型（D 型）两类，其中每一类又有 N 沟道和 P 沟道之分，其分类及电路符号如图 2-42 所示。

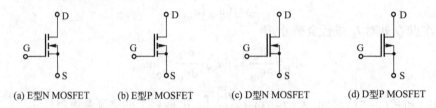

(a) E型N MOSFET   (b) E型P MOSFET   (c) D型N MOSFET   (d) D型P MOSFET

图 2-42   MOSFET 的电路符号

增强型是指栅源电压 $u_{GS} = 0$ 时，MOSFET 内部不存在导电沟道，即使漏源间加上电源电压 u_{DS}，也没有漏源电流产生，即 $i_D = 0$。例如，N 沟道增强型，只有当 $u_{GS} > 0$ 时才有可能产生漏源电流 i_D。耗尽型是指当栅源电压 $u_{GS} = 0$ 时，MOSFET 内部已有导电沟道存在，若在漏、源间加上适当的电源电压 u_{DS} 时，就有漏极电流产生，即 $i_D \neq 0$。

本节以 N 沟道增强型和 N 沟道耗尽型 MOSFET 为例，介绍 MOSFET 的工作原理与特性。可用对比的方法去理解 P 沟道 MOSFET。

2.3.1   N 沟道增强型 MOSFET 工作原理

1. 结构

如图 2-43（a）所示为 N 沟道增强型 MOSFET 的结构示意图。它以一块掺杂浓度较低，电阻率较高的 P 型硅半导体薄片作为衬底，利用扩散的方法在 P 型硅中形成两个高掺杂的 N⁺ 区，分别作为源极（S）和漏极（D）。再在 S 和 D 两电极之间的 P 型衬底表面上利用氧化工艺生成一层很薄（几十纳米）的二氧化硅（SiO_2）绝缘层，SiO_2 的上面制作一层金属铝，由此引出栅极（G）。显然，栅极与其他两个电极是相互绝缘的，故称为绝缘栅极。另外，在衬底的另一侧也引出一个电极，称为衬底电极，用 B 表示。**在分立元件的电路中，衬底电极一般与源极相连**。N 沟道 MOSFET 的电路符号如图 2-43（b）所示。图中箭头方向表示 PN 结导通的方向，由 P（衬底）指向 N（沟道）；间断线表示栅源电压 $u_{GS} = 0$ 时，FET 内部不存在导电沟道。对于 P 沟道 MOSFET，其箭头方向与上述相反。这种绝缘栅 FET 从上到下具有金属（铝）-氧化物（SiO_2）-半导体（衬底）（Metal-Oxide-Semiconductor）三层结构形成，所以称为 MOSFET。

2. 工作原理

MOSFET 利用栅源电压 u_{GS} 的大小，来改变半导体表面感生电荷的多少，从而控制漏极电流的大小。实现这种控制作用可以有多种方式，现在从 N 沟道增强型开始讨论。当 $u_{GS} = 0$ 时，晶体管漏极与源极之间为 N—P—N 所形成的两个串接的背靠背的 PN 结，此时不论漏、源两极间外加何种极性电压 u_{DS}，都会因其中有一个 PN 结反偏而使漏极电流为零，即在 $u_{GS}=0$ 时漏源间没有导电的沟道，$i_D=0$，如图 2-43(a) 所示。

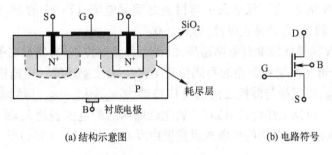

(a) 结构示意图　　　　　　　　(b) 电路符号

图 2-43　E 型 N MOSFET

(1) 导电沟道的形成

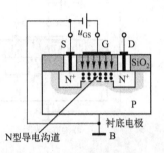

图 2-44　导电沟道的形成

如图 2-44 所示，如果在栅源之间加一正电压 $u_{GS}>0$，由于 S 极与 B 极(衬底电极)相连，在 u_{GS} 的作用下，就会在二氧化硅绝缘层内产生一个垂直于 P 型硅衬底上表面的电场。在此电场的作用下，二氧化硅绝缘层下面的 P 型硅衬底中的多子(空穴)被向下排斥；随着 u_{GS} 逐渐增加，电场也随之加强。根据半导体能带理论：**当 u_{GS} 增大到某一个值时，电场会将 P 型硅中的少子(自由电子)大量吸引到衬底上表面，使衬底上表面形成一层以自由电子为载流子的导电层(因导电层与 P 型衬底的导电类型相反)，通常称为反型层**，如图 2-44 所示。由于反型层属于电子导电(N)型半导体层，而漏区和源区也是 N 型半导体，因此，反型层与漏区和源区之间不再有 PN 结势垒，而形成导电沟道。换言之，u_{GS} 产生的反型层把源区和漏区连接起来，形成宽度均匀的导电 N 沟道，自由电子是沟道内的载流子。从外电路来看，源、漏两极间就是一个沟道电阻。如果此时在漏、源两极间外加电压 u_{DS}，就会有电流流过 N 沟道，在外电路形成漏极电流 i_D。

反型层刚形成时，所对应的栅源电压 u_{GS} 称为开启电压，用 $U_{GS(th)}$ 表示。由以上分析可知，欲使增强型 N 沟道 MOS 管导电，必须使 u_{GS} 的值大于开启电压 $U_{GS(th)}$，形成导电沟道。基于这种原因，我们把这种场效应管称为增强型 MOSFET。如果 $u_{GS}<U_{GS(th)}$，反型层消失，无导电沟道，增强型 N 沟道 MOSFET 处于全夹断状态。

显然，随着 u_{GS} 继续增大，反型层内的自由电子数增多，相当于 N 沟道加厚，沟道电阻变小，在同样的 u_{DS} 作用下所形成的漏极电流就会增大。由此可见，就 u_{GS} 控制 i_D 的内部机理而言，增强型 N 沟道 MOSFET 依靠 u_{GS} 改变反型层内感应电荷的多少来改变沟道的宽窄，从而实现对漏极电流的控制。

既然 $u_{GS}>U_{GS(th)}$ 是 N 型反型层(即 N 沟道)形成的条件，该条件也可以说成是：二氧化硅氧化层两边的电位差大于开启电压 $U_{GS(th)}$ 是 N 沟道形成的条件。认识到这一点对下面分析 u_{DS} 对沟道的影响十分重要。

(2) i_D 和导电沟道随 u_{GS} 和 u_{DS} 的变化

当 $u_{GS}>U_{GS(th)}$，即导电沟道形成以后，u_{GS} 的变化会引起整个导电沟道宽度的变化，也即导致漏-源间沟道电阻大小的变化。而 u_{DS} 的变化也会使靠近漏端的沟道发生变化，使沟道成为非均匀沟道。

设 u_{GS} 固定在大于 $U_{GS(th)}$ 的某一常数值上,如图 2-44 所示。这时导电沟道已经形成,如果在漏-源间加上电压 u_{DS} 后,就有漏极电流 i_D 产生。由于 S 极与衬底电极 B 相连,u_{DS} 也会同时加在 D-B 之间的 PN 结上,为了保证漏极与衬底之间无电流,所对应的 PN 结应该反偏,即要求 N 沟道 MOSFET 的 u_{DS} 必须是正极性,即 $u_{DS}>0$。

由于 u_{DS} 沿着 N 沟道从漏端到源端递降,沿沟道各点电位不同,使得二氧化硅绝缘层两边的电位差沿着 N 沟道从漏端到源端的不同位置上产生电位差递降。但栅极与源极之间的电位差始终保持为 u_{GS},而栅极与漏极之间的电位差却为 $u_{GD}=u_{GS}-u_{DS}$,即漏端二氧化硅层两边的电位差小于源端。根据上述讨论可知,二氧化硅层两边的电位差越大,反型层越宽,导电沟道也越宽。因此,从源端到漏端的导电沟道宽度由厚变窄,如图 2-45(a)所示。

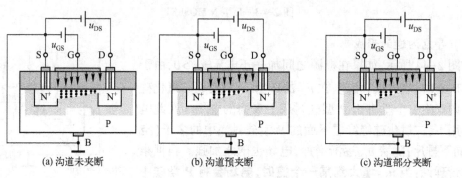

(a) 沟道未夹断   (b) 沟道预夹断   (c) 沟道部分夹断

图 2-45 u_{DS} 对导电沟道的影响

当 u_{DS} 的值较小,且满足条件 $u_{GD}=u_{GS}-u_{DS}>U_{GS(th)}$ 时,漏-源两端二氧化硅层两边的电位差都大于开启电压 $U_{GS(th)}$,尽管整个沟道宽窄不同,但仍是连续的,可近似认为沟道电阻变化不大,即 i_D 随 u_{DS} 近似呈线性增加。但随着 u_{DS} 增大,漏端沟道明显变窄,沟道电阻显著增大,i_D 随 u_{DS} 增加变缓,即 i_D 随 u_{DS} 呈非线性关系。可用图 2-46 所示的 OA 段来表示上述 i_D 随 u_{DS} 的变化过程。OA 段反映了沟道未夹断区间。

随着 u_{DS} 的继续增大,由于源端二氧化硅层两边的电位差不变,而漏端二氧化硅层两边的电位差则随 u_{DS} 的增加进一步减小,当 u_{DS} 增加到使 $u_{GD}=u_{GS}-u_{DS}=U_{GS(th)}$(即漏端二氧化硅层两边的电位差恰好等于开启电压 $U_{GS(th)}$,如 $U_{GS(th)}=4\,\text{V},u_{GS}=6\,\text{V},u_{DS}=2\,\text{V}$)时,则沟道漏端处的反型层消失,换句话说,靠近漏端的沟道厚度变成零,如图 2-45(b)所示。这就是增强型 MOSFET 沟道的预夹断状态,对应于图 2-46 曲线中的 A 点。

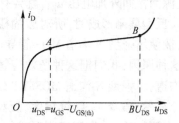

图 2-46 i_D 随 u_{DS} 的变化过程

预夹断后,若 u_{DS} 再继续增加,将使 $u_{GD}=u_{GS}-u_{DS}<U_{GS(th)}$,夹断点会沿沟道向源端延伸,有效沟道长度减小,如图 2-45(c)所示。由于夹断区为高阻区,所以,预夹断后 u_{DS} 增加的那部分电压几乎都降落在夹断区上,而未夹断沟道中的电压基本维持不变。从外电路看,漏极电流 i_D 基本不随 u_{DS} 的增加而上升,近似趋于饱和,对应于图 2-46 中的 AB 段。AB 段曲线随 u_{DS} 增加略微斜升,这是因为 u_{DS} 的增加使沟道有效长度减小时,沟道电阻略有减小,使沟道电流略有增大。这就是所谓沟道调制效应。

经过 B 点后,若 u_{DS} 继续增加,使漏端与衬底之间 PN 结的反向电压增加到击穿电压值后,会造成 PN 结反向击穿而使 i_D 剧增,这就是管子的击穿区域。实际工作时应避免管子工作在此区域。

3. 特性曲线与特性方程

从 N 沟道增强型 MOSFET 的工作原理不难看出，在不同的 u_{GS} 值下，i_D 随 u_{DS} 的变化均有图 2-46 所示的变化规律。差异仅在于：**u_{GS} 越大，漏、源之间的导电沟道越宽，沟道电阻越小，在相同的 u_{DS} 下，漏极电流 i_D 越大。** 另外，由于发生预夹断时，$u_{GD} = U_{GS(th)}$，即 $u_{GD} = u_{GS} - u_{DS} = U_{GS(th)}$。由此可知，$u_{GS}$ 越大，预夹断所需的 u_{DS} 也会有所增大。综上所述，当 $u_{GS} > U_{GS(th)}$ 并保持不同值时，可得如图 2-47 所示的一族输出特性曲线。预夹断轨迹如图中虚线所示，对应的预夹断方程为

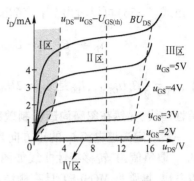

图 2-47　E 型 N MOSFET 的输出特性曲线

$$u_{DS} = u_{GS} - U_{GS(th)} \tag{2-55}$$

当考虑到沟道长度的调制效应后，MOSFET 管在恒流区的大信号特性方程通常可表示为

$$i_D = \frac{1}{2}\beta_n(u_{GS} - U_{GS(th)})^2(1 + \lambda u_{DS}) \tag{2-56}$$

式中，λ 是沟道调制系数，$1/\lambda$ 相当于 BJT 的厄尔利（Early）电压 U_A；β_n 是管子的增益系数，单位为 mA/V^2，有

$$\beta_n = \mu_n C_{ox}\frac{W}{L} \tag{2-57}$$

式中，μ_n 是 MOS 管沟道中电子的迁移率（$\mu_n = 600 \sim 800\ \text{cm}^2/(\text{V}\cdot\text{s})$）；$C_{ox}$ 是 SiO$_2$ 氧化层单位面积电容量［$C_{ox} = (3\sim4)\times10^{-8}\ \text{F/cm}^2$］；$W/L$ 是沟道宽度与长度之比，简称宽长比。在 W/L 一定时，β_n 是常数。

N 沟道增强型 MOSFET 的输出特性曲线也可分成四个区：可变电阻区（Ⅰ区）、恒流区（Ⅱ区，也称为放大区）、击穿区（Ⅲ区）和截止区（Ⅳ区）。将预夹断方程中的等号改为大于号，管子进入放大区（恒流区）；将等号改为小于号，管子进入可变电阻区。N 沟道增强型 MOSFET 各工作区的条件列于表 2-2 中。

表 2-2　N 沟道增强型 MOSFET 各工作区的条件

类　型	可变电阻区（未夹断）	预夹断状态	恒流区（饱和区）	截止区（全夹断区）
N 沟道增强型 MOSFET	$u_{GS} > U_{GS(th)} > 0$ $0 < u_{DS} < u_{GS} - U_{GS(th)}$ $u_{GD} > U_{GS(th)}$	$u_{GS} > U_{GS(th)} > 0$ $u_{DS} = u_{GS} - U_{GS(th)}$ $u_{GD} = U_{GS(th)}$	$u_{GS} > U_{GS(th)} > 0$ $u_{DS} > u_{GS} - U_{GS(th)}$ $u_{GD} < U_{GS(th)}$	$0 \leq u_{GS} < U_{GS(th)}$ $u_{DS} > 0$

增强型 N MOSFET 的转移特性曲线如图 2-48 所示，该曲线也可以在输出特性曲线的恒流区作垂线，得到 i_D 与 u_{GS} 的一组对应值，在 $i_D\text{-}u_{GS}$ 坐标系中描绘出曲线。

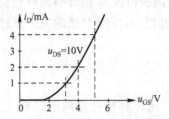

图 2-48　E 型 N MOSFET 的转移特性曲线

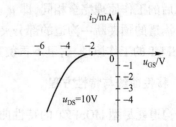

图 2-49　E 型 P MOSFET 的转移特性曲线

由式(2-56)可以看出，当不考虑沟道长度的调制效应，即 $\lambda = 0$ 时，可得

$$i_{\mathrm{D}} = \frac{1}{2}\beta_{\mathrm{n}}(u_{\mathrm{GS}} - U_{\mathrm{GS(th)}})^2 = I_{\mathrm{DO}}\left(\frac{u_{\mathrm{GS}}}{U_{\mathrm{GS(th)}}} - 1\right)^2, \qquad u_{\mathrm{GS}} > U_{\mathrm{GS(th)}} \qquad (2\text{-}58)$$

式中，$I_{\mathrm{DO}} = \frac{1}{2}\beta_{\mathrm{n}}U_{\mathrm{GS(th)}}^2$，$I_{\mathrm{DO}}$ 是 $u_{\mathrm{GS}} = 2U_{\mathrm{GS(th)}}$ 时的 i_{D} 值。式(2-58)对应了增强型 N MOSFET 的转移特性曲线，显然在忽略沟道调制效应后，**增强型 MOSFET 的转移特性满足平方律关系**。

一般规定沟道电流 i_{D} 的正方向是从漏极流向源极，按此规定，P 沟道管的 $i_{\mathrm{D}} < 0$，所以 P 沟道的 i_{D} 取负值，其转移特性曲线如图 2-49 所示。从图 2-48 和图 2-49 所示转移特性曲线上可以看出，增强型 MOSFET 具有栅源电压 u_{GS} 对漏极电流 i_{D} 的控制能力。

2.3.2 N 沟道耗尽型 MOSFET 工作原理

1. 结构和工作原理

N 沟道耗尽型 MOSFET 的结构与增强型相同，但制造 N 沟道耗尽型 MOSFET 时，在栅极下面的二氧化硅氧化层中掺入了大量正离子，如图 2-50(a)所示。这样，即使在 $u_{\mathrm{GS}} = 0$ 时，正离子所产生的电场也会吸引足够多的自由电子到衬底上表面，或者说衬底上表面会因正离子的作用而感应出较多的自由电子形成反型层(即原始的导电沟道)。这种原始导电沟道与增强型管子在 $u_{\mathrm{GS}} > U_{\mathrm{GS(th)}}$ 时产生的沟道没有什么不同。若此时外加 u_{DS}，就能产生漏极电流 i_{D}。N 沟道耗尽型 MOSFET 的电路符号如图 2-50 (b)所示。

如果外加正的栅源电压($u_{\mathrm{GS}} > 0$)，则随着 u_{GS} 的增大，作用到二氧化硅层的电场强度增大，沟道变厚，沟道电阻则减小。因此，在相同的 u_{DS} 下，其漏极电流 i_{D} 将增大。另外 u_{GS} 为正值时，由于有二氧化硅绝缘层的隔离，并不会产生栅极电流。

如果外加负的栅源电压($u_{\mathrm{GS}} < 0$)，因外加负偏压 u_{GS} 削弱了正离子感应的电场强度，使反型层减弱，沟道变薄，沟道电阻增大，因而在相同的 u_{DS} 作用下产生

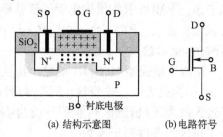

(a) 结构示意图　　(b) 电路符号

图 2-50　N 沟道耗尽型 MOSFET

的漏极电流将减小。但是，当 u_{GS} 负值达到一定数值时，它产生的电场完全抵消了正离子感应的电场，使反型层消失，沟道全夹断，漏极电流 i_{D} 为零。我们把反型层(原始沟道)刚消失时所对应的 u_{GS} 称为耗尽型 MOSFET 的夹断电压，用 $U_{\mathrm{GS(off)}}$ 表示。

可见，**耗尽型 MOSFET 在 u_{GS} 为正或为负时均能实现对漏极电流的控制作用，从而使它的应用更为灵活**。

除了 u_{GS} 的取值范围不同外，耗尽型 MOSFET 的工作原理与增强型 MOSFET 在导电沟道形成之后的工作原理完全相同，即 u_{GS} 和 u_{DS} 对导电沟道及漏极电流 i_{D} 的影响同样经历从沟道连续—沟道的预夹断—沟道的部分夹断—反向击穿这些过程，可采用对照的方法来理解耗尽型 MOSFET 的工作原理，这里不再赘述。

2. 特性曲线与特性方程

N 沟道耗尽型 MOSFET 的特性曲线如图 2-51 所示。由转移特性曲线可以看出，这种管子的栅源电压可取正值也可取负值。输出特性曲线也分为四个区：可变电阻区、恒流区、击穿

区和截止区,各个工作区的偏置条件见表2-3。其预夹断方程为

$$u_{DS} = u_{GS} - U_{GS(off)} \tag{2-59}$$

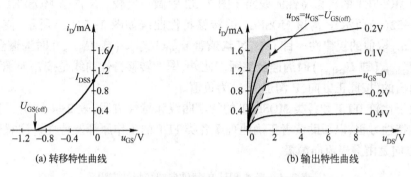

(a) 转移特性曲线　　　　　　　　　　(b) 输出特性曲线

图 2-51　N 沟道耗尽型 MOSFET 的特性曲线

表 2-3　N 沟道耗尽型 MOSFET 各工作区的条件

类　　型	可变电阻区	预夹断状态	恒流区(饱和区)	截止区
N 沟道 耗尽型 MOSFET	$u_{GS} > U_{GS(off)}$ $u_{DS} < u_{GS} - U_{GS(off)}$ $u_{GD} > U_{GS(off)}$	$u_{GS} > U_{GS(off)}$ $u_{DS} = u_{GS} - U_{GS(off)}$ $u_{GD} = U_{GS(off)}$	$u_{GS} > U_{GS(off)}$ $u_{DS} > u_{GS} - U_{GS(off)}$ $u_{GD} < U_{GS(off)}$	$u_{GS} \leqslant U_{GS(off)} < 0$ $u_{DS} > 0$ $u_{GD} < U_{GS(off)}$

当考虑到沟道长度的调制效应后,耗尽型 MOSFET 管在恒流区的大信号特性方程与增强型 MOSFET 有类似的表达式,通常可表示为

$$i_D = \frac{1}{2}\beta_n (u_{GS} - U_{GS(off)})^2 (1 + \lambda u_{DS}) \tag{2-60}$$

当忽略沟道调制效应时,式(2-60)变为

$$i_D \approx \frac{1}{2}\beta_n (u_{GS} - U_{GS(off)})^2 = I_{DSS}\left(1 - \frac{u_{GS}}{U_{GS(off)}}\right)^2 \tag{2-61}$$

式中,$I_{DSS} = \frac{1}{2}\beta_n U_{GS(off)}^2$。其中,$U_{GS(off)}$ 为耗尽型 MOSFET 的夹断电压,I_{DSS} 为 $u_{GS} = 0$ 时的饱和漏极电流。

对于 P 沟道耗尽型 MOSFET,除了外加电压极性和漏极电流方向与 N 沟道 MOSFET 相反外,工作原理完全相同。归纳起来:**P 沟道耗尽型 MOSFET 的 u_{DS} 应为负极性,故沟道内漏极电流 i_D 从 S 极流向 D 极。P 沟道增强型管的开启电压 $U_{GS(th)} < 0$。$u_{GS} < U_{GS(th)}$ 时导电沟道形成。P 沟道耗尽型管的 u_{GS} 可正可负,夹断电压 $U_{GS(off)} > 0$。$u_{GS} > U_{GS(off)}$ 时,沟道全夹断。**

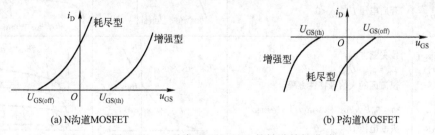

(a) N沟道MOSFET　　　　　　　　　　(b) P沟道MOSFET

图 2-52　4 种类型 MOSFET 的转移特性曲线

以上较详细地讨论了 N 沟道增强型 MOSFET 的结构和工作原理,简要介绍了 N 沟道耗尽型 MOSFET。对于 P 沟道增强型 MOSFET 和 P 沟道耗尽型 MOSFET 也做了简单对比。现将 4 种类型 MOSFET 的转移特性曲线绘于图 2-52 中做一比较。N 沟道 MOSFET 的转移特性曲线如图 2-52(a)所示,P 沟道 MOSFET 的转移特性曲线如图 2-52(b)所示,使得两种沟道 MOSFET 的 u_{GS} 取值的规律性一目了然:**N 沟道管 $u_{GS} < U_{GS(off)}$(或 $U_{GS(th)}$)时沟道全夹断;P 沟道管 $u_{GS} > U_{GS(off)}$(或 $U_{GS(th)}$)时沟道全夹断**。此外,图中转移特性曲线是按 i_D 从管外流入漏极为正方向画出的,按此正方向,P 沟道管 i_D 为负值。

为了便于比较 JFET 和各类 MOSFET 的特性曲线和特性方程,表 2-4 列出了各类 FET 的特性曲线和特性方程,以帮助读者正确地理解各类 FET 的工作原理及特性。注意表 2-4 中所示 i_D 的正方向是由漏极流向源极。

表 2-4 各类 FET 的特性曲线和特性方程

FET 类型	特性方程	转移特性曲线	输出特性曲线
N 沟道 JFET 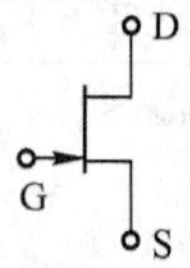	预夹断方程: $u_{DS} = u_{GS} - U_{GS(off)}$ 恒流区的大信号特性方程: $i_D = I_{DSS}\left(1 - \dfrac{u_{GS}}{U_{GS(off)}}\right)^2 (1 + \lambda u_{DS})$ 夹断电压 $U_{GS(off)} < 0$	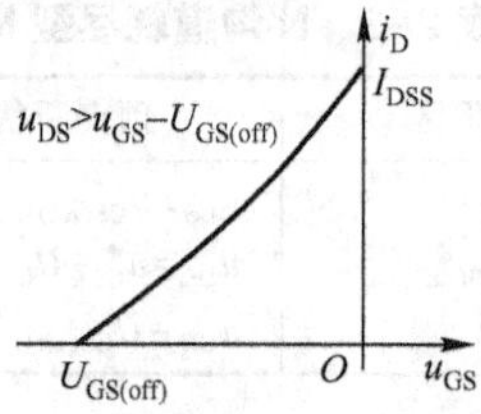	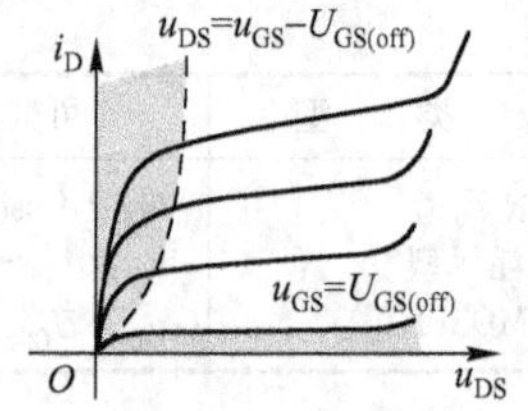
P 沟道 JFET 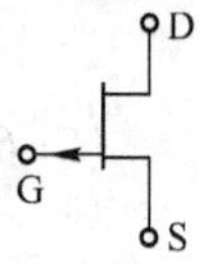	预夹断方程: $u_{DS} = u_{GS} - U_{GS(off)}$ 恒流区的大信号特性方程: $i_D = -I_{DSS}\left(1 - \dfrac{u_{GS}}{U_{GS(off)}}\right)^2 (1 - \lambda u_{DS})$ 夹断电压 $U_{GS(off)} > 0$	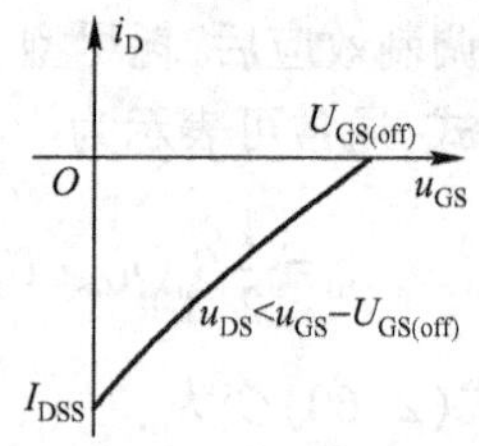	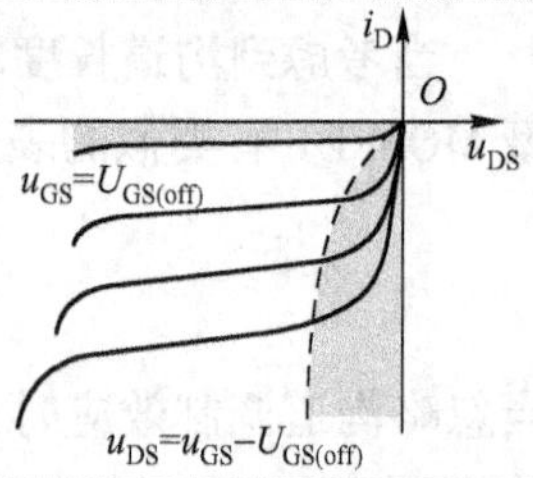
E 型 N MOSFET 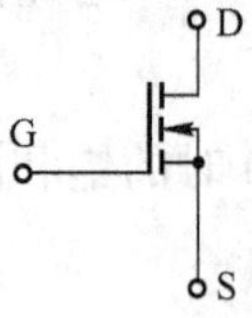	预夹断方程: $u_{DS} = u_{GS} - U_{GS(th)}$ 恒流区的大信号特性方程: $i_D = \dfrac{1}{2}\beta_n (u_{GS} - U_{GS(th)})^2 (1 + \lambda u_{DS})$ 开启电压 $U_{GS(th)} > 0$	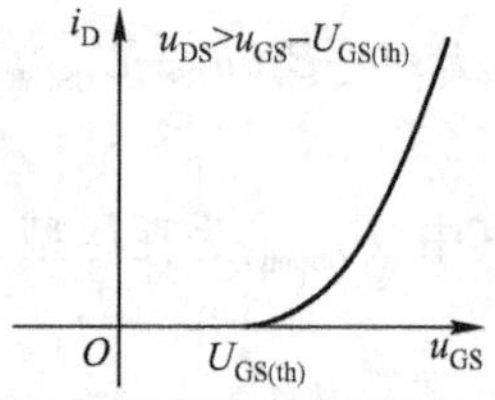	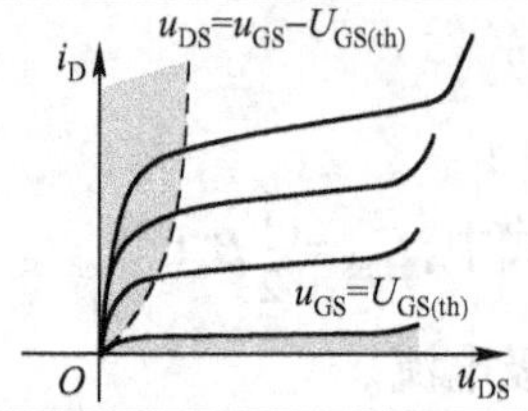
E 型 P MOSFET 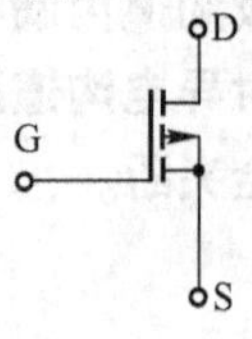	预夹断方程: $u_{DS} = u_{GS} - U_{GS(th)}$ 恒流区的大信号特性方程: $i_D = -\dfrac{1}{2}\beta_n (u_{GS} - U_{GS(th)})^2 (1 - \lambda u_{DS})$ 开启电压 $U_{GS(th)} < 0$	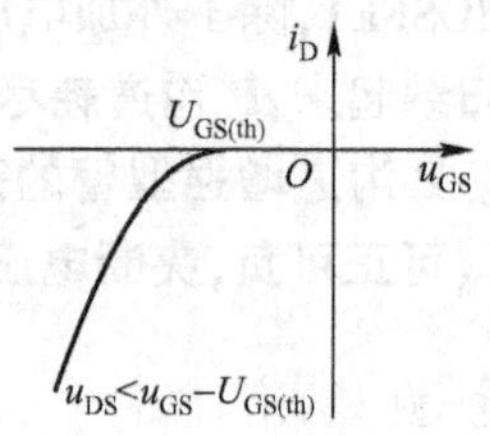	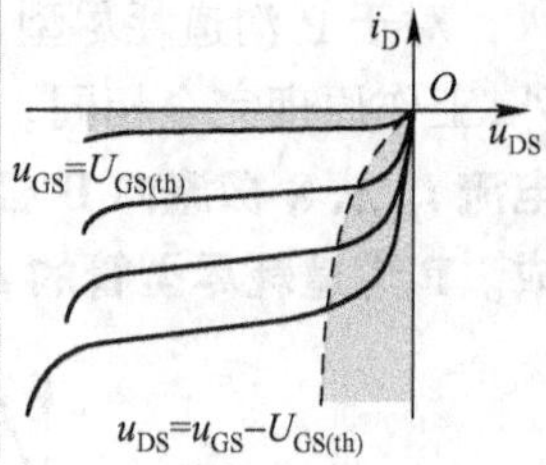
D 型 N MOSFET 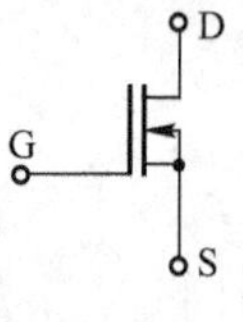	预夹断方程: $u_{DS} = u_{GS} - U_{GS(off)}$ 恒流区的大信号特性方程: $i_D = \dfrac{1}{2}\beta_n (u_{GS} - U_{GS(off)})^2 (1 + \lambda u_{DS})$ 夹断电压 $U_{GS(off)} < 0$	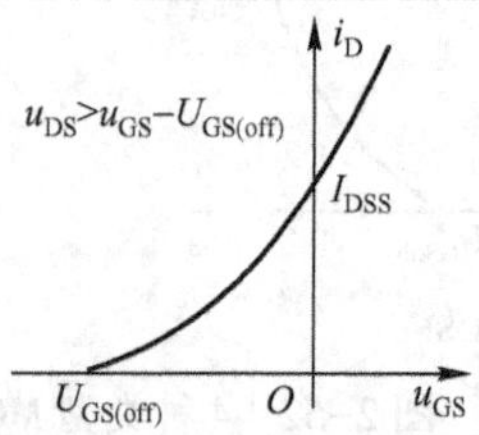	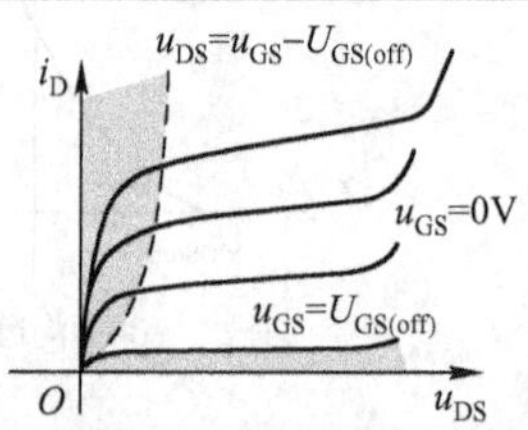

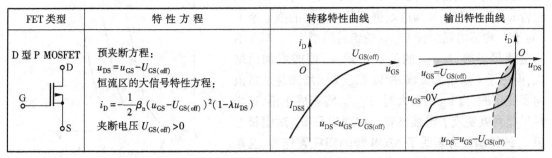

FET 类型	特 性 方 程	转移特性曲线	输出特性曲线
D 型 P MOSFET	预夹断方程： $u_{DS}=u_{GS}-U_{GS(off)}$ 恒流区的大信号特性方程： $i_D=-\dfrac{1}{2}\beta_n(u_{GS}-U_{GS(off)})^2(1-\lambda u_{DS})$ 夹断电压 $U_{GS(off)}>0$		

2.3.3 MOSFET 小信号模型

1. MOSFET 的三种基本组态

MOSFET 在接入工程电路的具体应用中与 BJT 类似,也有三种基本组态:①以栅极做输入端,漏极做输出端的共源(CS)组态;②以栅极做输入端,源极做输出端的共漏(CD)组态;③以源极做输入端,漏极做输出端的共栅(CG)组态。图 2-53 给出了 N MOSFET 三种组态的输入和输出端口。由于共源组态在实际电路中使用最广泛,下面主要讨论共源组态增强型 N MOSFET 的小信号模型。

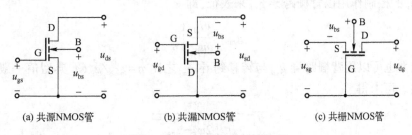

(a) 共源NMOS管 (b) 共漏NMOS管 (c) 共栅NMOS管

图 2-53 N MOSFET 三种组态

2. 背栅控制特性

在分立元件电路中,MOSFET 的衬底和源极一般是短接的,衬、源之间的电压 $u_{BS}=0$,此时的 MOSFET 管相当于三个电极的半导体器件(即晶体三极管)。但在 MOS 集成电路中却不一样,许多 MOSFET 都做在同一衬底上,即 MOSFET 的衬底是公共的,所以不能把所有 MOSFET 的源极都接衬底,否则它们的源极将通过衬底相互短接在一起,电路将无法正常工作。**在集成电路中,为使各 MOSFET 管之间相互隔离, N MOSFET 的衬底要接电路的最低电位,P MOSFET 的衬底要接电路的最高电位,因此衬底和源极之间的电压 u_{BS} 往往不等于零**。通常把 u_{BS} 对 MOSFET 特性的影响叫体效应或衬底调制效应,这是在 MOS 集成电路中必须考虑的问题。

衬底调制效应是指衬底极 B 与源极 S 间的电压 u_{BS} 对 i_D 的控制作用。**在增强型 N MOSFET 中,通常衬底 B 极与源极 S 同电位,或比源极 S 的电位负(低)**。当 $u_{BS}<0$(或 $u_{SB}>0$)时,P 型衬底与 N^+ 区源极之间的 PN 结耗尽层由于反偏变厚,要想维持沟道中的载流子数量与 $u_{BS}=0$ 时的相同,就需要增加 u_{GS}。即,如果在 $u_{BS}=0$ 时,$u_{GS}=U_{GS(tho)}$ 便出现 N 沟道,那么,在 $u_{BS}<0$ 时,就需 $u_{GS}>U_{GS(tho)}$ 才可能出现 N 沟道。即开启电压值 $U_{GS(th)}$ 随衬底与源极间的负偏压数值的增加而增加,这种现象称为背栅控制特性。背栅控制特性反映了 **u_{BS}(衬源电压或背栅电**

压)对 i_D 的控制能力,图 2-54 反映了这种控制作用。随着 u_{SB} 值的增加,N 沟道增强型管 $U_{GS(th)}$ 的值也增大(对于 P 沟道增强型管 $U_{GS(th)}$ 的绝对值增大)。对于 N 沟道耗尽型管,$U_{GS(off)}$ 的值也会随 u_{SB} 值的增加而增大,但由于 $U_{GS(off)}$ 为负值,所以 $U_{GS(off)}$ 的增加是从负值向零变化的,当 u_{SB} 足够大时,$U_{GS(off)}$ 将变成正值,这样耗尽型管就变成了增强型管。**衬源电压 u_{BS} 对漏极电流 i_D 的控制能力表明了 MOS 管的四极管作用,这是 BJT 所没有的,这一优点对 MOS 模拟集成电路的设计十分有用。**可以证明,在考虑体效应后,N MOSFET 的开启电压为

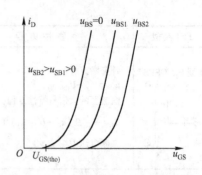

图 2-54　u_{BS}(衬源电压)对 i_D 的控制

$$U_{GS(th)} = U_{GS(tho)} + \Delta U_{GS(th)} = U_{GS(tho)} + \gamma(\sqrt{|2\varphi_F - u_{BS}|} - \sqrt{|2\varphi_F|}) \tag{2-62}$$

式中,$U_{GS(tho)}$ 为 $u_{BS}=0$ 时的开启电压,$2\varphi_F$ 为形成强反型层时的表面电势,典型值为 0.7 V,γ 为体效应系数(或体阈值参数),γ 的大小由衬底和栅极氧化层厚度决定,典型值在 $0.3 \sim 0.4$ $V^{1/2}$ 之间。而对于 PMOS 管,考虑到体效应后的开启电压为

$$U_{GS(th)} = U_{GS(tho)} - \gamma(\sqrt{|2\varphi_F - u_{BS}|} - \sqrt{|2\varphi_F|}) \tag{2-63}$$

u_{BS} 对 i_D 的控制作用以背栅跨导 g_{mb} 来表征,即

$$g_{mb} = \frac{\partial i_D}{\partial u_{BS}}\bigg|_Q \tag{2-64}$$

背栅控制能力也可以用背栅跨导 g_{mb} 与转移跨导 g_m 之比 $\eta = g_{mb}/g_m$(η 典型值一般约为 $0.1 \sim 0.3$)来描述。可求得

$$\eta = \frac{\gamma}{2\sqrt{|2\varphi_F - u_{BS}|}} \tag{2-65}$$

$$g_{mb} = \eta g_m \tag{2-66}$$

根据式(2-56)可求出

$$g_m = \frac{\partial i_D}{\partial u_{GS}}\bigg|_Q = 2\sqrt{\frac{1}{2}\beta_n(1+\lambda u_{DS})I_{DQ}} \tag{2-67}$$

当 $\lambda u_{DS} \ll 1$ 时

$$g_m = \sqrt{2\mu_n C_{ox}\frac{W}{L}I_{DQ}} = \sqrt{2\beta_n I_{DQ}} \tag{2-68}$$

还可以求出

$$g_m = \beta_n(u_{GS} - U_{GS(th)}) = \frac{2I_{DQ}}{u_{GS} - U_{GS(th)}} \tag{2-69}$$

可见,在 β_n 为常数(W/L 为常数)时,g_m 与过驱动电压($u_{GS} - U_{GS(th)}$)成正比,或与漏极电流 I_D 的平方根成正比。若漏极电流 I_D 恒定时,g_m 与过驱动电压($u_{GS} - U_{GS(th)}$)成反比,而与 β_n 的平方根成正比。所以要增大 g_m,可以通过增大 β_n(W/L)值,也可以通过增大 I_D 来实现,但以增大 W/L 值最有效。另外与双极型三极管(BJT)的跨导 $g_m = I_C/U_T$ 相比较可以看出:对于 BJT 管,当 I_C 确定后,g_m 与几何形状无关,而 MOS 管的跨导 g_m 除了可通过 I_D 调节外,还和几何尺寸 W/L 的值有关;BJT 的跨导 g_m 与 I_C 成正比,而 MOS 管的跨导 g_m 与漏极电流 I_D 的平方根成正比,**因此在同样的工作电流情况下,MOS 管的跨导要比双极型三极管的跨导小得多。**

另外,在恒流区 MOSFET 漏、源极间的动态电导为

$$g_{ds} = \frac{\partial i_D}{\partial u_{DS}}\bigg|_Q = \frac{1}{2}\beta_n(U_{GS}-U_{GS(th)})^2\lambda\bigg|_Q = \frac{\lambda I_{DQ}}{1+\lambda U_{DSQ}} \tag{2-70}$$

所以,漏、源极间的动态电阻为

$$r_{ds} = \frac{1+\lambda U_{DSQ}}{\lambda I_{DQ}} \tag{2-71}$$

当 $\lambda U_{DS} \ll 1$ 时,且令 Early 电压为 $U_A = 1/\lambda$,则

$$r_{ds} \approx \frac{1}{\lambda I_{DQ}} = \frac{U_A}{I_{DQ}} \tag{2-72}$$

3. 亚阈区导电特性

亚阈区导电特性是指 $u_{GS} < U_{GS(th)}$ 时 MOSFET 的导电特性。在上述 MOSFET 特性的讨论中,假定仅当 $u_{GS} \geqslant U_{GS(th)}$ 时增强型 N MOSFET 才有漏极电流 i_D,而 $u_{GS} < U_{GS(th)}$ 时,$i_D = 0$。但实际上一个确定的阈值电压 $U_{GS(th)}$ 是不存在的,而在 $u_{GS} < U_{GS(th)}$ 时,即 **u_{GS} 达到 $U_{GS(th)}$ 之前,MOS 管已经开始导通**,产生了一个弱反型层,出现了弱的漏极电流 i_D,这种电流称为亚阈值电流,这种现象称为亚阈区(或弱反型层区)导电效应。在亚阈区,i_D 与 u_{GS} 呈指数规律变化,i_D 可表示为

$$i_D = I_{DO}\frac{W}{L}\exp\frac{u_G}{nU_T}\left(\exp\frac{-u_S}{U_T} - \exp\frac{-u_D}{U_T}\right) \tag{2-73}$$

式中,I_{DO} 为特征电流,表示当宽长比 $W/L = 1$,且各极相对衬底极的电位 u_G、u_S、u_D 均为零时的漏极电流,n 为与衬底调制效应有关的指数因子,典型的 $n \approx 1 \sim 3$,$U_T = kT/q$(常温下 $U_T \approx 25 \sim 26$ mV)。

据式(2-73)可求得亚阈区(用下标 sub 表示)的栅极跨导为

$$g_{msubG} = \frac{\partial i_D}{\partial u_G}\bigg|_Q = \frac{I_{DQ}}{nU_T} \tag{2-74}$$

源极跨导为

$$g_{msubS} = \frac{\partial i_D}{\partial u_S}\bigg|_Q = \frac{I_{DQ}}{U_T} \tag{2-75}$$

从上述分析可知,在亚阈区,MOSFET 的漏极电流与栅源电压呈指数关系,传输特性与 BJT 类似,栅极跨导 $g_{msubG} = I_{DQ}/nU_T$,与漏极电流 I_{DQ} 成正比,与 BJT 的放大能力相近。以上 MOSFET 的各种特性在 MOS 模拟集成电路设计中很有用。表 2-5 给出了 MOSFET 各种模型参数的典型值。

表 2-5　MOSFET 各种模型参数的典型值(工艺:0.8 μm 硅栅体 CMOS n 阱)

参 数 符 号	参 数 描 述	典型参数值		单 位
		N 沟道	P 沟道	
$U_{GS(tho)}$	$u_{BS} = 0$ 时的开启电压	0.7 ± 0.15	-0.7 ± 0.15	V
$K' = \mu_n C_{OX}$	跨导参数(饱和区)	$110.0 \pm 10\%$	$50.0 \pm 10\%$	$\mu A/V^2$
γ	体效应系数	0.4	0.57	$V^{1/2}$
λ	沟道调制系数	0.04 ($L = 1$ μm)	0.05 ($L = 1$ μm)	V^{-1}
		0.01 ($L = 2$ μm)	0.01($L = 2$ μm)	
$2\|\varphi_F\|$	强反型层时的表面电势	0.7	0.8	V

4. MOSFET 的等效电容

MOSFET 有 5 个极间分布电容,可分别等效为:栅极与漏区电容 C_{gd};栅极与源区电容 C_{gs};衬底与漏区电容 C_{bs};衬底与源区电容 C_{bs};衬底与栅极电容 C_{bg}。图 2-55(a)表示了这 5 个极间分布电容。

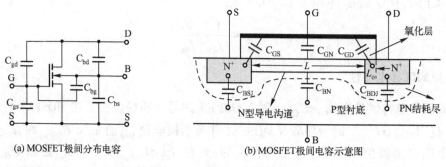

(a) MOSFET极间分布电容　　　　　(b) MOSFET极间电容示意图

图 2-55　MOSFET 的等效电容

图 2-55(b)是 N 沟道增强型 MOSFET 极间电容示意图,图中画出了各寄生电容的等效位置。如果设栅极的几何宽度为 W,实际导电沟道的长度为 L,栅极与源区和漏区覆盖部分的长度均为 L_o;栅氧化层的电容密度为 C_{OX}。可以把各寄生电容分成以下几类:

① 栅极与 N 型导电沟道之间的氧化层电容 $C_{GN} = WLC_{OX}$;

② 衬底与 N 型导电沟道之间的 PN 结耗尽层势垒电容 $C_{BN} = WL\sqrt{e\varepsilon N_{sub}/4\varphi_F}$,其中,$e$ 为电子电荷,ε 为硅的介电常数,N_{sub} 为衬底的掺杂浓度,$2\varphi_F$ 为形成强反型层时的表面电势。

③ 由于栅极与源区和漏的覆盖部分边缘电力线的原因,栅极与源区和漏区覆盖部分的交叠电容 C_{GS} 和 C_{GD} 不能简单地记为 $C_{GS} = C_{GDO} = WLC_{OX}$,通常需要通过复杂的计算得到,其值与衬底偏置有关。如果设每单位宽度的交叠电容为 C_{GSO} 和 C_{GDO},则有 $C_{GS} = WC_{GSO}$,$C_{GD} = WC_{GDO}$。

④ 衬底与源区和漏区间的 PN 结耗尽层势垒电容 C_{BSJ} 和 C_{BDJ} 一般可分为两部分:一部分是与结的底部相关的下极板电容 C_J,另一部分是由于 PN 结周边引起的侧壁电容 C_{JSW}。一般 C_J 和 C_{JSW} 表示单位面积和单位长度的电容,都可以表示成

$$C_J = C_{JO}/[1 + U_R/\varphi_B]^{m_J}$$

$$C_{JSW} = C_{JO}/[1 + U_R/\varphi_B]^{m_{JSW}}$$

式中,U_R 为 PN 结的反向电压,是源电压和漏电压相对于衬底电压的电位差。φ_B 为 PN 结的内建电势($\varphi_B = 0.7$ V),幂指数 m_J 或 m_{JSW} 的值一般为 0.2~0.5。以上介绍的各寄生电容是形成 C_{gd},C_{gs},C_{bd},C_{bs},C_{bg} 的基础,读者可参考有关文献,这里不再赘述。

5. MOSFET 交流小信号等效模型

当 MOSFET 在直流偏置作用下工作于饱和区时,其交流小信号等效模型如图 2-56 所示。图中,受控电流源 $g_m u_{gs}$ 和 $g_{mb} u_{bs}$ 分别表示由栅源电压 u_{gs} 和背栅电压 u_{bs} 控制产生的漏极电流 i_D 的分量。正向转移跨导 g_m、背栅跨导 g_{mb} 及漏源极间的动态电阻 r_{ds} 可按前述有关表达式,即式(2-68)、式(2-66)、式(2-72)计算。C_{gs}、C_{gd} 为栅极与源极、栅极与漏极间的电容,C_{bg}、C_{bs}、C_{bd} 分别为衬底与栅极、源极、漏极间的电容。

在工作频率不是很高的条件下,图 2-56(b)所示 MOSFET 交流小信号等效模型中的各电容可视为开路,等效模型可简化为图 2-56(c)所示的低频交流小信号模型。在分立元件电路中,MOSFET 的衬底和源极一般是短接的,即 $u_{BS}=0$,此时图 2-56(c)所示的低频交流小信号模型可进一步简化为图 2-56(d)。**不难发现,图 2-56(d)与 BJT 低频小信号模型(图 2-40)在形式上是一致的**。另外,图 2-56(b)所示的 MOSFET 交流小信号等效模型对所有的 MOSFET 都适用。

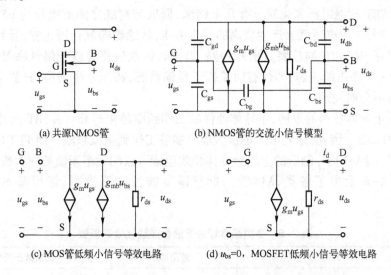

(a) 共源NMOS管 (b) NMOS管的交流小信号模型

(c) MOS管低频小信号等效电路 (d) $u_{bs}=0$,MOSFET低频小信号等效电路

图 2-56 集成电路中 MOS 管的交流小信号模型

2.3.4 场效应晶体管与双极型晶体管的比较

在结束本章之前,我们将 FET 和 BJT 这两类最基本的半导体器件做一个较全面的比较。

(1) FET 的三个电极 S、G、D 与 BJT 的三个电极 E、B、C 相对应,两类器件在放大区的输出特性曲线非常相似。但它们的导电机理却不同。FET 内部仅有的沟道电流是漂移电流,而 BJT 的内部电流却比较复杂。BJT 的内部电流既有漂移电流又有扩散电流,其电流与多子和少子都有关。由于少子浓度对温度和辐射等比较敏感,所以 BJT 的特性易受外界影响。在这方面,FET 要比 BJT 优越。

(2) FET 是一种电压控制器件,其栅极电流极小,故栅-源间输入电阻很大(JFET 可达 $1×10^6$ Ω以上,MOSFET 可达 $1×10^{14}$ Ω以上)。FET 特别适合作为高输入阻抗放大器的输入级。BJT 工作时基极需要一定的激励电流,故基极与射极端口的输入电阻只有数千至数十千欧姆。BJT 是一种电流控制器件。

(3) 在放大区,FET 的漏极电流与 u_{GS} 是平方律关系,而 BJT 的发射极电流与 u_{BE} 是指数关系,所以 FET 放大器的线性要优于 BJT 放大器。在较大的范围内,BJT 的三个电极电流近似成正比。BJT 的跨导与集电极电流成正比,FET 的跨导与漏极电流的平方根成正比。在同样的电流下,FET(特别是 MOSFET)的跨导 g_m 比 BJT 的低。

(4) FET 在沟道未夹断时可用做压控可变电阻,这一特性使 FET 在一些控制电路(如自动增益控制电路)中得到广泛应用。而 BJT 不存在可变电阻区,相应的区是饱和区,饱和压降取决于外电路,且变化很小。

（5）MOSFET 的制造工艺比 BJT 简单（制造 MOSFET 只需一次杂质扩散且无须隔离技术），集成度最高，所以在超大规模数字集成电路中应用得最广。而且采用 CMOS 技术（由 N 沟道和 P 沟道组成的互补 MOSFET）的集成电路，在功耗、开关特性、增益特性等方面的性能大大优于单沟道 MOSFET，因此，数字 IC 和模拟 IC 中的 MOS 集成电路几乎都是 CMOS 集成电路。BJT 主要用在模拟集成电路和中、小规模数字集成电路中，而 JFET 在集成电路中用得较少，主要用做恒流源偏置和差动输入级的放大管。

（6）MOSFET 的绝缘栅氧化层只有几十纳米，栅极与衬底之间的电容为 pF 量级，由 $U = Q/C$ 可知，很少的感应电荷就会产生很高的感应电压，将绝缘栅氧化层击穿，导致管子永久性损坏。所以保存 MOSFET 时应将其引脚短路，焊接时烙铁应接地或把烙铁临时拔下来。BJT 的 BE 结一般工作在正偏状态，即使有时工作于反偏状态，甚至发生击穿，只要电流限制在一定的范围内就不会被烧毁。

（7）随着半导体技术的发展，半导体器件的工作频率越来越高。Si-BJT 的特征频率 f_T 已经能够做到 10 GHz。因此，采用 BJT 的放大器已能够工作到微波频段。而 FET 的工作频率更高。由砷化镓（GaAs）基片制造的金属半导体场效应管可以用做毫米波的放大器。

最后，表 2-6 给出了各类晶体管的低频微变线性电路模型、常用基本参数和特性方程。

表 2-6   各类晶体管的低频微变线性电路模型

晶体管类型	特 性 方 程	常用基本参数	低频微变线性电路模型
BJT	放大区的大信号特性方程： $i_C = I_S(e^{u_{BE}/U_T} - 1)\left(1 + \dfrac{u_{CE}}{U_A}\right)$ $\approx I_S e^{u_{BE}/U_T}\left(1 + \dfrac{u_{CE}}{U_A}\right)$ 忽略基区宽度调制效应 $i_C \approx I_S e^{u_{BE}/U_T}$	$h_{ie} = r_{be} = r_{bb'} + r_{b'e}$ $= r_{bb'} + (1+\beta)U_T/I_{EQ}$ $r_{b'e} \approx (1+\beta)r_e \approx (1+\beta)\dfrac{U_T}{I_{EQ}}$ $r_{ce} = \dfrac{U_A + U_{CE}}{I_C} \approx \dfrac{U_A}{I_{CQ}}$ $r_{ce} = 1/h_{oe}$ $g_m = I_{CQ}/U_T$ $r_{b'c} \approx \beta r_{ce}$	 H参数等效电路 混合π模型等效电路
JFET	预夹断方程： $u_{DS} = u_{GS} - U_{GS(off)}$ 恒流区的大信号特性方程： $i_D = I_{DSS}\left(1 - \dfrac{u_{GS}}{U_{GS(off)}}\right)^2(1+\lambda u_{DS})$ 忽略沟道长度调制效应 $i_D = I_{DSS}\left(1 - \dfrac{u_{GS}}{U_{GS(off)}}\right)^2$ N 沟道夹断电压 $U_{GS(off)} < 0$ P 沟道夹断电压 $U_{GS(off)} > 0$	$g_m = -g_{mo}\sqrt{\dfrac{I_{DQ}}{I_{DSS}}}$ $g_{mo} = \dfrac{2I_{DSS}}{U_{GS(off)}}$ $r_{ds} = \left(\dfrac{\lambda I_{DQ}}{1+\lambda U_{DSQ}}\right)^{-1} \approx \dfrac{1}{\lambda I_{DQ}}$	 JFET低频小信号等效电路

· 68 ·

晶体管类型	特 性 方 程	常用基本参数	低频微变线性电路模型
MOSFET	预夹断方程: $u_{DS}=u_{GS}-U_{GS(th)}$ 恒流区的大信号特性方程: $i_D=\dfrac{1}{2}\beta_n(u_{GS}-U_{GS(th)})^2(1+\lambda u_{DS})$ 忽略沟道长度调制效应 $i_D=\dfrac{1}{2}\beta_n(u_{GS}-U_{GS(th)})^2$ (注意:D 型用 $U_{GS(off)}$ 取代上式 E 型中的 $U_{GS(th)}$) E 型: N 沟道开启电压 $U_{GS(th)}>0$ P 沟道开启电压 $U_{GS(th)}<0$ D 型: N 沟道夹断电压 $U_{GS(off)}<0$ P 沟道夹断电压 $U_{GS(off)}>0$	$g_m=2\sqrt{\dfrac{1}{2}\beta_n(1+\lambda u_{DS})I_{DQ}}$ $=\sqrt{2\beta_n I_{DQ}}$ $g_m=\beta_n(u_{GS}-U_{GS(th)})$ $=\dfrac{2I_{DQ}}{u_{GS}-U_{GS(th)}}$ $g_{mb}=\eta g_m$ $\eta=\dfrac{\gamma}{2\sqrt{\lvert 2\varphi_F-u_{BS}\rvert}}$ $r_{ds}=\left(\dfrac{\lambda I_{DQ}}{1+\lambda U_{DSQ}}\right)^{-1}\approx\dfrac{1}{\lambda I_{DQ}}$ $\beta_n=\mu_n C_{ox}\dfrac{W}{L}$	 $u_{bs}\neq0$,MOSFET 等效电路 $u_{bs}=0$,MOSFET 等效电路

思考与练习

2.3-1 选择及填空

(1) 场效应管依靠____控制漏极电流 i_D,故称为____控制器件,其栅极的____几乎等于零。

答案:栅源电压 u_{GS},电压,电流

(2) FET 工作于放大区时 i_D 主要受____电压的控制,而几乎不随____电压的改变而变化。 答案:u_{GS},u_{DS}

(3) 在放大偏置时,N 沟道 FET 的沟道电流 i_D 的方向是由____极到____极。P 沟道 FET 的沟道电流 i_D 的方向是由____极到____极。 答案:漏,源,源,漏

(4) 在放大区,耗尽型管转移特性曲线近似满足的平方律关系式为____,增强型为____。

答案:$i_D=I_{DSS}\left(1-\dfrac{u_{GS}}{U_{GS(off)}}\right)^2$,$i_D=I_{D0}\left(\dfrac{u_{GS}}{U_{GS(th)}}-1\right)^2$

(5) 根据 FET 在放大区的外特性,它的栅极和漏极分别与 BJT 的____极和____极相似。 答案:基,集电

(6) 结型场效应管的栅源之间通常加反向偏置电压,因此栅极电流很____;绝缘栅型场效应管的栅源之间有一层 S_iO_2 绝缘层,因此栅极电流几乎等于____。 答案:小,0

(7) 场效应管栅极的电流几乎等于____,所以共源放大电路的输入电阻通常比共射放大电路的输入电阻____(大/小)。 答案:零,大

(8) 场效应管属于____控制型器件,晶体三极管则属于____控制器件。 答案:电压,电流

(9) 沟道预夹断是指沟道在____位置刚好消失的状态。此时,u_{DS} 和 u_{GS} 满足的关系式称为____。

答案:靠近漏极,预夹断方程

(10) 当场效应管的漏极直流电流 I_D 从 2 mA 变为 4 mA 时,它的低频跨导 g_m 将____。 答案:增大

(11) 场效应管从结构上可以分成_____和_____两大类型。因导电沟道的不同每一大类又可分为_____和_____两类。

答案:结型,绝缘栅型,N 沟道,P 沟道

2.3-2 测得某放大电路中三个 MOS 管的三个电极的电位如表所示,它们的开启电压也在表中。则它们的工作状态为_____、_____、_____。

答案:T_1 恒流区、T_2 截止区、T_3 可变电阻区

管号	$U_{GS(th)}$/V	U_S/V	U_G/V	U_D/V
T_1	4	-5	1	3
T_2	-4	3	3	10
T_3	-4	6	0	5

思考与练习 2.3-2 图

本 章 小 结

（1）双极型晶体管为三电极器件，具有三个独立掺杂的半导体区域和两个 PN 结。三个电极分别称为基极（b）、发射极（e）和集电极（c）。可以形成 NPN 和 PNP 互补的双极型晶体管。

（2）通过在两个结上施加不同的偏置可以确定双极型晶体管的各个不同的工作状态。它的四种工作状态分别为：放大状态、截止状态、饱和状态及反向运行状态。晶体管工作在放大状态时，BE 结正向偏置，而 CB 结反向偏置，这时的集电极电流和基极电流通过共射极电流增益 β 联系起来（$i_c = \beta i_b$）。只要保持规定的电流方向，这种关系对于 NPN 和 PNP 晶体管就都是相同的。当晶体管工作在截止状态时，所有的电流都为零。而在饱和状态时，集电极电流不再与基极电流成正比例关系（$i_c \neq \beta i_b$）。

（3）放大偏置时 BJT 内部载流子的传输过程是：在发射区高掺杂和基区极薄的内部条件，以及晶体管放大偏置的外部条件下，形成发射区多子向基区注入，基区非平衡少子向集电区扩散和集电区收集基区非平衡少子的过程，使得发射结的正向电流 i_{En} 几乎大部分能转化成集电极电流 i_{Cn1}，而基极电流主要是由很小的基区复合电流 i_{B1} 构成的。

（4）BJT 三极管输入、输出特性曲线是在伏安平面上作出的反映晶体管各极直流电流与电压关系的曲线。它反映了直流和低频场合下晶体管输入和输出端口的伏安特性；它直观地反映了晶体管的外特性，可以用来估算晶体管参数，还可用来分析晶体管放大电路，是本章的重要内容。

（5）双极型晶体管 BJT 的小信号模型（混合 π 型等效电路和 H 参数等效电路）是模拟电路中分析线性放大电路的常用基础模型，必须要牢固掌握。

（6）场效应管也是一种具有 PN 结的有源半导体器件，它利用电场效应来控制输出电流的大小，其输入端栅-源间的 PN 结一般工作于反偏状态或绝缘状态。场效应管的种类很多，按结构可分成两大类：结型场效应管（Junction Field Effect Transistor，JFET）和绝缘栅型场效应管（Insulated Gate FET，IGFET）。结型场效应管又分 N 沟道和 P 沟道两种。绝缘栅型场效应管主要指金属-氧化物-半导体（Metal Oxide Semiconductor，MOS）场效应管。MOS 管又分"耗尽型"和"增强型"两种，而每一种也分 N 沟道和 P 沟道。

（7）与双极型晶体管相比较，场效应管大致有下列优点：输入电阻高、内部噪声小、耗电少、热稳定性好、抗辐射能力强、制造工艺简单、易于实现集成化、工作频率高等。因此，场效应管在近代超大规模集成电路（VLSI）以及微波毫米波电路中得到极其广泛的应用。

在学习本章时，应该充分掌握场效应管（JFET 和 MOSFET）各参数的含义，注意场效应管与双极型晶体管两者在导电机理、工作特性曲线、参数及其小信号等效电路等方面的差异。

思考题与习题 2

2.1 填空题

（1）当发射结正偏，集电结反偏时，BJT 工作在（　　　）区，当发射结和集电结都（　　　）时，BJT 饱和；当发射结和集电结都（　　　）时，BJT 截止。

(2) 放大偏置的 NPN 管,三电极的电位关系是(　　　)。而放大偏置的 PNP 管,三电极的电位关系是(　　　)。

(3) 为了提高 β 值,BJT 在结构上具有发射区杂质密度(　　　)基区杂质密度和基区厚度(　　　)的特点。

(4) I_{CBO} 表示(　　　),下标 O 表示(　　　)。I_{CEO} 表示(　　　),下标 O 表示(　　　)。这两个电流之间的关系是(　　　)。

(5) 在放大区 i_C 与 i_B 的关系为(　　　)。对 Si 管而言,$i_C \approx$(　　　)。

(6) 共射直流放大系数 $\bar{\beta}$ 与共基直流电流放大系数 $\bar{\alpha}$ 的关系是(　　　)。

(7) 在放大区,i_E、i_C 和 i_B 近似成(　　　)关系,而这些电流与 u_{BE} 则是(　　　)关系。

(8) 放大偏置的 BJT 在集电结电压变化时,会通过改变基区宽度而影响各极电流,此现象称为(　　　)。

(9) 一条共射输入特性曲线对应的函数关系是(　　　)。一条共射输出特性曲线对应的函数关系是(　　　)。

(10) 当温度增加时,$\bar{\beta}$(　　　),I_{CBO}(　　　),而共射输入特性曲线(　　　),在 I_B 不变的条件下使得 U_{BE} 减小。

(11) BJT 的三个主要极限参数是(　　　)、(　　　)和(　　　)。

(12) 交流 α 的定义式为(　　　);交流 β 的定义式为(　　　)。

(13) 当 $|\beta(f)| = 1$ 时的频率称为 BJT 的(　　　)。

(14) r_{be} 和交流 β 其实是两个共射 H 参数,它们与混合 π 参数的关系是 $r_{be} =$(　　　),$\beta =$(　　　)。

(15) 引入厄尔利电压 U_A 是为了便于估算反映基区宽调效应的混合 π 参数(　　　)和(　　　)。

(16) 场效应管(FET)依靠(　　　)控制漏极电流 i_D,故称为(　　　)控制器件。

(17) FET 工作于放大区,又称为(　　　)区或(　　　)区。此时 i_D 主要受(　　　)电压控制,而 i_D 几乎不随(　　　)电压的改变而变化。

(18) N 沟道 FET 放大偏置时,沟道电流 i_D 的方向是从(　　　)极到(　　　)极;P 沟道 FET 放大偏置时,i_D 的方向是从(　　　)极到(　　　)极。

(19) 沟道预夹断是指沟道在(　　　)位置刚好消失的状态。此时,u_{DS} 与 u_{GS} 满足的关系式称为(　　　)方程。

(20) FET 的小信号跨导定义为 $g_m =$(　　　);对于耗尽型管,$g_m \approx$(　　　)或(　　　);对于增强型管,$g_m \approx$(　　　)。

(21) 在放大区,耗尽型管转移特性曲线近似满足的平方律关系式为(　　　),而增强型管的平方律关系式为(　　　)。

(22) 根据 FET 在放大区的外特性,它的栅极、源极和漏极分别与 BJT 的(　　　)极、(　　　)极和(　　　)极相似。

(23) FET 的三种基本放大组态:CS 组态、CD 组态和 CG 组态,其放大特性分别与 BJT 的(　　　)组态、(　　　)组态和(　　　)组态相似。

(24) FET 的(　　　)效应与 BJT 的基区宽调效应相似。基区宽调效应使集电结反偏电压变化对各极电流有影响,而 FET 的该效应使(　　　)电压的变化对 i_D 产生影响。

(25) FET 的小信号参数(　　　)是沟道调制效应的反映。

2.2　两个晶体管的共射电流增益分别为 $\beta_1 = 75$ 和 $\beta_2 = 125$,试求共基电流增益 α。

2.3　偏置在正向放大状态的 NPN 晶体管,其基极电流 $I_B = 9.60$ μA,发射极电流 $I_E = 0.780$ mA。试求 β、α 和 I_C。

2.4　偏置在正向放大状态的 PNP 晶体管,其发射极电流 $I_E = 2.15$ mA,晶体管的共基电流增益 $\alpha = 0.990$。试求 β、I_B 和 I_C。

2.5　NPN 晶体管的反向饱和电流 $I_S = 10^{-13}$ A,且电流增益 $\beta = 90$。晶体管偏置在 $U_{BE} = 0.685$ V,试求 I_E、I_C 和 I_B。

2.6 某 BJT 的厄尔利电压为 250 V。对于 (a) $I_{C1} = 1$ mA 和 (b) $I_{C2} = 0.10$ mA，试求输出电阻 r_{ce}。

2.7 已知放大电路中的 BJT 的参数 $\beta = 100$，$U_{BE} = 0.7$ V，厄尔利电压 $U_A = 80$ V，集电极静态电流 $I_C = 0.793$ mA。试求晶体管混合 π 参数 $r_{b'e}$，r_{ce} 和 g_m。

2.8 测得各晶体管在无信号输入时，三个电极相对于"地"的电压如图题 2.8 所示。问哪些管工作于放大状态，哪些处于截止、饱和、倒置状态？哪些管子已经损坏？

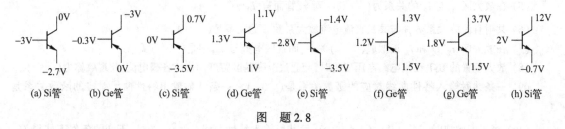

(a) Si管   (b) Ge管   (c) Si管   (d) Ge管   (e) Si管   (f) Ge管   (g) Ge管   (h) Si管

图 题 2.8

2.9 如果在电路中测得放大偏置的 BJT 的三个电极的电位为下面四组数据：

(1) 7.1 V，2.16 V，1.4 V   (2) 6.1 V，5.8 V，1 V

(3) 8.87 V，8.15 V，2 V   (4) −9.6 V，−9.27 V，0 V

试判断各电位对应的电极，以及三极管的类型（NPN 管或 PNP 管）和材料（Si 管或 Ge 管）。

2.10 电路如图题 2.10 所示。当开关 S 放在"1"、"2"、"3"的哪个位置时，I_B 的值最大？哪个位置时，I_B 的值最小？

2.11 图题 2.11 所示电路可以用来测试晶体管的直流参数。改变电阻 R 的值，由两只电流表测得两组参数为：$I_{B1} = 6$ μA，$I_{C1} = 0.4$ mA；$I_{B2} = 18$ μA，$I_{C2} = 1.12$ mA。

(1) 计算 $\bar{\beta}$、$\bar{\alpha}$、I_{CBO}、I_{CEO}；   (2) 图中晶体管是 Si 管还是 Ge 管？

2.12 在图题 2.12 所示的 BJT 电路中，改变集电极电阻 R_C 的值时，可由毫安表和伏特表读出 I_C 和 U_{CE} 的两组数据为：$I_{C1} = 1$ mA，$U_{CE1} = 1$ V；$I_{C2} = 1.1$ mA，$U_{CE2} = 12$ V。据此估算该管的厄尔利电压 U_A。

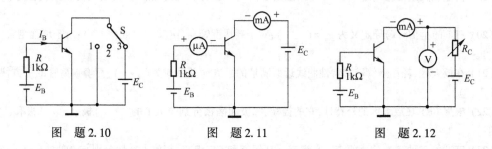

图 题 2.10   图 题 2.11   图 题 2.12

2.13 假设 N 沟道 JFET 中的饱和漏极电流 $I_{DSS} = 2$ mA。夹断电压 $U_{GS(off)} = -3.5$ V。试分别计算 $u_{GS1} = 0$，$u_{GS2} = U_{GS(off)}/4$ 和 $u_{GS3} = U_{GS(off)}/2$ 时的 i_D 和预夹断电压 $U_{DS}(sat)$。

2.14 N 沟道 MOSFET 的参数为 $U_{GS(th)} = 1$ V，$\mu_n C_{ox}/2 = 18$ μA/V^2，且 $\lambda = 0.015$ V^{-1}。晶体管偏置在饱和区，静态电流 $I_D = 2$ mA。试设计晶体管宽、长之比，使跨导为 $g_m = 3.4$ mA/V。并计算在此条件下的 r_{ds}。

2.15 N 沟道 MOSFET 晶体管参数为 $U_{GS(th)} = 2$ V，$K_n = \beta_n/2 = 0.5$ mA/V^2，$\lambda = 0$。试求：(1) 使静态电流 $I_D = 0.4$ mA 的 U_{GS}；(2) 计算 g_m 和 r_{ds}。

2.16 图题 2.16 中的 FET 各工作在什么区？

2.17 电路如图题 2.17 所示。已知：$|E_D| = 10$ V，$R_D = 3.3$ kΩ，$R_G = 100$ kΩ，$|E_G| = 2$ V，VT$_1$ 的 $I_{DSS} = 3$ mA，

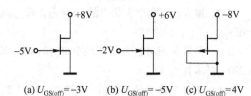

(a) $U_{GS(off)} = -3$ V   (b) $U_{GS(off)} = -5$ V   (c) $U_{GS(off)} = 4$ V

图 题 2.16

$U_{GS(off)} = -5\,V, VT_2$ 的 $U_{GS(th)} = 3\,V, VT_3$ 的 $I_{DSS} = -6\,mA, U_{GS(off)} = 4\,V, VT_4$ 的 $I_{DSS} = -1.5\,mA, U_{GS(off)} = 2\,V$。试分析各图中的场效应管工作于可变电阻区、恒流区和截止区中的哪一个区。

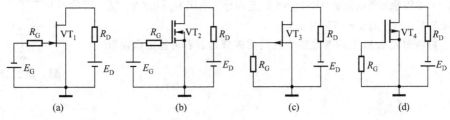

图 题 2.17

2.18 已知场效应管 VT 的 $U_{GS(th)} = 2\,V$,且在 $U_{GS} = 4\,V, U_{DS} = 5\,V$ 时,$I_D = 9\,mA$,该场效应管的 $BU_{DS} = 16\,V$,$BU_{GS} = 30\,V, R_G = 100\,k\Omega, R_{D1} = 5.1\,k\Omega, R_{D2} = 3.3\,k\Omega, R_{D3} = 2.2\,k\Omega, R_S = 1\,k\Omega$。将此管接成图题 2.18 所示的四种电路,问在这四种电路中,它将分别处于下列四种状态中的哪一种状态:(1) 截止;(2) 放大;(3) 可变电阻;(4) 击穿。

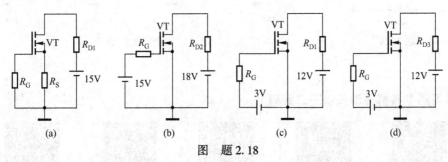

图 题 2.18

2.19 设图题 2.19 所示各 MOSFET 的 $|U_{GS(th)}|$,$|U_{GS(off)}|$ 均为 1 V,问它们各工作于什么区?

2.20 已知图题 2.20 电路中的晶体管 $\beta = 100, U_{BE} = 0.7\,V$,求 I_C 和 U_{CE}。该三极管处于什么工作状态?

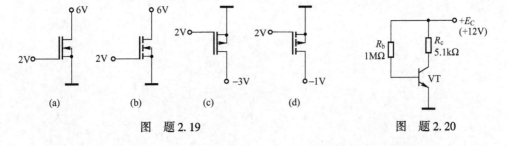

图 题 2.19   图 题 2.20

2.21 设图题 2.21 电路中的二极管、三极管均为硅管,三极管的 β 均为 100,判断各三极管的工作状态。

2.22 图题 2.22 所示电路的 I_{DSS} 的绝对值为 4 mA,则各电路漏极电流 i_D 和输出电压 U_o 各为多少?

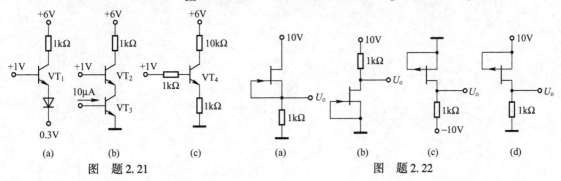

图 题 2.21   图 题 2.22

2.23 电路如图题2.23所示,试问β大于多少时晶体管饱和?

2.24 电路如图题2.24所示,晶体管的$\beta=50$,$|U_{BE}|=0.2\text{ V}$,饱和管压降$|U_{CES}|=0.1\text{ V}$;稳压管的稳定电压$U_Z=5\text{ V}$,正向导通电压$U_D=0.5\text{ V}$。试问:当$u_1=0\text{ V}$时$u_0=?$ 当$u_1=-5\text{ V}$时$u_0=?$

2.25 判断图题2.25所示各电路中的场效应管是否有可能工作在恒流区。

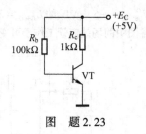

图 题2.23

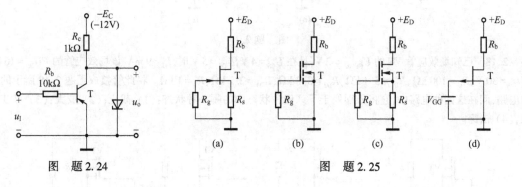

图 题2.24   图 题2.25

本章习题参考解答请扫以下二维码。

二维码2-1   二维码2-2   二维码2-3   二维码2-4   二维码2-5

第3章 晶体管放大电路基础

在模拟电子技术中,放大电路是关键的部件。晶体管(BJT 和 FET)是具有放大功能的电子器件,晶体管放大电路(分立元件的和集成化的)是目前应用最广泛的放大电路。掌握晶体管放大电路的基本工作原理、基本分析方法、基本实验技术是学习模拟电子电路的重要内容之一。

本章将讨论晶体管(BJT 和 FET)放大电路的一些最基本的问题:放大电路的工作原理;晶体管的偏置方式;图解法和微变等效电路法;各种组态晶体管放大电路的基本指标,包括电压放大倍数、电流放大倍数、输入阻抗和输出阻抗等。

3.1 放大电路的模型、基本组成和工作原理

3.1.1 基本放大器及其模型

放大是模拟电路最重要的一种功能。放大电路(也称为放大器)是指将微弱的电信号(电压、电流、功率)放大到所需的量级,且功率增益大于 1 的电子电路。工程上的各类放大器都是由若干基本放大电路级联构成的;基本放大电路又几乎是所有模拟集成电路与系统的基本单元。

按照输出信号与输入信号不同的组合方式划分,可有四种基本类型的放大器,即电压放大器(电压输出/电压输入)、电流放大器(电流输出/电流输入)、跨阻放大器(电压输出/电流输入)、跨导放大器(电流输出/电压输入)。

本节首先介绍四种基本放大器的简单模型(即直流或低频模型),了解四种放大器之间的本质区别和联系。

1. 电压放大器

电压放大器将电压输入信号放大,提供电压输出信号,相当于一种电压控制电压源。 电压放大器的增益是指输出电压与输入电压的比值,是一个没有量纲的纯数。电压放大器在直流(或低频)信号下的电路模型如图 3-1 所示。

图 3-1 所示虚线框内的电压放大器模型电路中包含一个电压控制电压源 $A_{uo}u_i$,一个衡量从信号源汲取电流大小的输入电阻 R_i,一个衡量向负载提供输出电流时输出电压稳定程度的输出电阻 R_o。

在具体应用中,电压放大器的输入端与具有内阻 R_s 的信号源 u_s 相连,输出端接负载电阻 R_L。这时,输出电压只是受控电压源 $A_{uo}u_i$ 的一部分,其表达式为

$$u_o = A_{uo}u_i \frac{R_L}{R_o + R_L} \qquad (3-1)$$

电压增益的表达式为

$$A_u = \frac{u_o}{u_i} = A_{uo} \frac{R_L}{R_o + R_L} \qquad (3-2)$$

式中,A_{uo} 称为开路电压增益,A_u 称为(有载)电压增

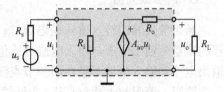

图 3-1 电压放大器的模型

益。当 $R_L = \infty$ 时，$A_u = A_{uo}$。为了使 A_u 尽可能接近 A_{uo} 的数值，R_o 必须远远小于 R_L。换句话说，对于给定的负载电阻 R_L，在设计电压放大器时，为使负载电阻 R_L 获得尽可能大的电压，要求电压放大器的输出电阻 R_o 应远远小于 R_L。

另外，放大器有限的输入电阻 R_i 会使 R_s 在输入端引起分压作用，使得源电压信号 u_s 的一部分到达放大器的输入端口，即

$$u_i = \frac{R_i}{R_s + R_i} u_s \tag{3-3}$$

可见，为了使耦合到放大器输入端的电压信号 u_i 尽可能接近源电压信号 u_s，必须使放大器的输入电阻 R_i 远远大于信号源内阻 R_s。

由上述分析可以看出，为了减小由于 R_o 和 R_s 引起的电压增益损失，**设计电压放大器时应满足 $R_o \ll R_L$，$R_i \gg R_s$。理想电压放大器的条件是 $R_o = 0$ 和 $R_i = \infty$，在这种条件下，A_u 恒等于 A_{uo}，而其电流增益和功率增益恒等于无穷大。**

2. 电流放大器

电流放大器的输入信号是电流，输出信号也是电流，相当于一种电流控制电流源。电流放大器的增益是输出电流与输入电流的比值，也是一个没有量纲的纯数。图 3-2 是电流放大器对直流（或低频）信号的模型。在图 3-2 中，$A_{is} i_i$ 是短路电流增益为 A_{is} 的电流控制电流源，R_o 是输出电阻，R_i 是输入电阻。

当放大器由具有内阻 R_s 的电流源 i_s 提供输入电流信号，而且在输出端连接负载电阻 R_L 时，其输出电流及电流增益表达式分别为

$$i_o = A_{is} i_i \frac{R_o}{R_o + R_L} \tag{3-4}$$

$$A_i = \frac{i_o}{i_i} = A_{is} \frac{R_o}{R_o + R_L} \tag{3-5}$$

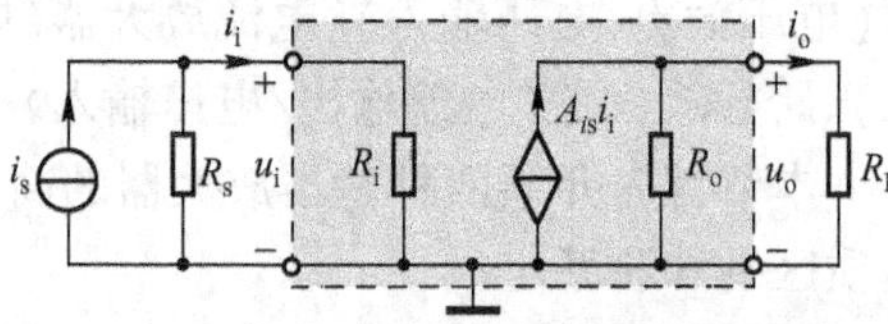

图 3-2　电流放大器的模型

式中，A_{is} 称为短路电流增益，A_i 称为（有载）电流增益。显然，当 $R_L = 0$ 时，$A_i = A_{is}$。

由于信号源内阻 R_s 对输入电阻 R_i 具有分流作用，实际输入电流 i_i 与源信号电流 i_s 的关系为

$$i_i = i_s \frac{R_s}{R_i + R_s} \tag{3-6}$$

为了减小由于 R_o 和 R_s 引起的电流增益损失，**设计电流放大器时应满足 $R_o \gg R_L$，$R_i \ll R_s$。理想电流放大器应满足条件 $R_o = \infty$，$R_i = 0$。在理想条件下，A_i 恒等于 A_{is}，电压增益和功率增益恒等于无穷大。**

3. 跨阻放大器

跨阻放大器的输入信号是电流，输出信号是电压，相当于一种电流控制电压源。跨阻放大器的增益是输出电压与输入电流的比值，具有电阻的量纲，单位为欧姆（Ω）。由于决定增益的输出电压和输入电流不是在同一节点测量的，而是分别在输出端和输入端测量的，因此称其增益为跨阻。跨阻放大器对直流（或低频）信号的模型如图 3-3 所示。在图 3-3 中，$A_{ro} i_i$ 是开路跨阻增益为 A_{ro} 的电流控制电压源，R_o 是输出电阻，R_i 是输入电阻。

当放大器的输入端连接具有内阻 R_s 的电流源 i_s，输出端连接 R_L 时，输出电压和跨阻增益的表达式分别为

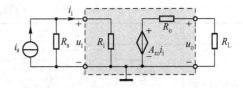

图 3-3 跨阻放大器的模型

$$u_o = A_{ro} i_i \frac{R_L}{R_o + R_L} \qquad (3-7)$$

$$A_r = \frac{u_o}{i_i} = A_{ro} \frac{R_L}{R_o + R_L} \qquad (3-8)$$

式中，A_{ro} 称为开路跨阻增益，A_r 称为（有载）跨阻增益。当 $R_L = \infty$ 时，$A_r = A_{ro}$。类似电流放大器，实际输入电流 i_i 与信号源电流 i_s 的关系也为

$$i_i = i_s \frac{R_s}{R_i + R_s} \qquad (3-9)$$

设计跨阻放大器时，应设法满足 $R_o \ll R_L$，$R_i \ll R_s$。理想跨阻放大器应满足条件 $R_o = 0$，$R_i = 0$。在理想条件下，A_r 恒等于 A_{ro}，电压增益和功率增益均为无穷大，电流增益则与 R_L 成反比例变化。

4. 跨导放大器

跨导放大器的输入信号是电压，提供电流输出信号，相当于一种电压控制电流源。跨导放大器的增益是输出电流与输入电压的比值，具有电导的量纲，单位为西门子（S）。类似跨阻，这里称之为跨导。跨导放大器对直流（或低频）信号的模型如图 3-4 所示。在图 3-4 中，$A_{gs} u_i$ 是短路跨导增益为 A_{gs} 的电压控制电流源，R_o 是输出电阻，R_i 是输入电阻。

当在输入端连接具有内阻 R_s 的电压源 u_s，而在输出端连接负载电阻 R_L 时，跨导放大器输出电流和跨导增益的表达式分别为

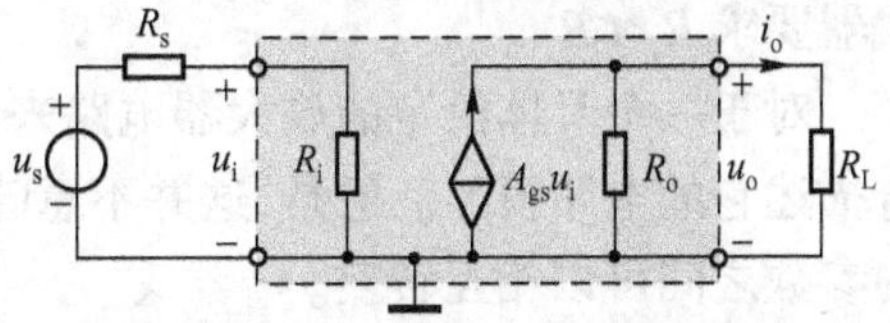

$$i_o = A_{gs} u_i \frac{R_o}{R_o + R_L} \qquad (3-10)$$

$$A_g = \frac{i_o}{u_i} = A_{gs} \frac{R_o}{R_o + R_L} \qquad (3-11)$$

图 3-4 跨导放大器的模型

式中，A_{gs} 称为短路跨导增益，A_g 称为（有载）跨导增益。当 $R_L = 0$ 时，$A_g = A_{gs}$。考虑到信号源内阻 R_s 对输入电压源信号 u_s 的分压作用，实际输入电压为

$$u_i = \frac{R_i}{R_s + R_i} u_s \qquad (3-12)$$

为了减小由于输入电阻 R_i 和输出电阻 R_o 对增益造成的损失，在设计跨导放大器时，应该满足条件 $R_o \gg R_L$，$R_i \gg R_s$。理想跨导放大器的条件是 $R_o = \infty$，$R_i = \infty$。在理想条件下，A_g 恒等于 A_{gs}，电流增益和功率增益均为无穷大，电压增益与 R_L 成正比例变化。

5. 四种基本放大器的区别与联系

在前述四种基本放大器的模型电路中，各有三个直流（或低频）的模型参数，即增益、输出电阻和输入电阻。它们的区别与联系如表 3-1 所示。

表 3-1　四种基本放大器的区别与联系

	模　　型	增　　益	条件	参数之间的转换
电压放大器		电压增益：$A_u = A_{uo}\dfrac{R_L}{R_o+R_L}$	$R_i \gg R_s$ $R_o \ll R_L$	
电流放大器		电流增益：$A_i = A_{is}\dfrac{R_L}{R_o+R_L}$	$R_i \ll R_s$ $R_o \gg R_L$	$A_{uo} = A_{is}\dfrac{R_o}{R_i}$ $A_{uo} = A_{gs}R_o$ $A_{uo} = \dfrac{A_{ro}}{R_i}$
跨阻放大器		跨阻增益(Ω)：$A_r = A_{ro}\dfrac{R_L}{R_o+R_L}$	$R_i \ll R_s$ $R_o \ll R_L$	
跨导放大器		跨导增益(S)：$A_g = A_{gs}\dfrac{R_L}{R_o+R_L}$	$R_i \gg R_s$ $R_o \gg R_L$	

　　由上面的分析可以看出,四种基本放大器的区别是:①增益的量纲不同;②对输出电阻的要求不同,以电压作为输出量的放大器要求 $R_o \ll R_L$,以电流作为输出量的放大器要求 $R_o \gg R_L$;③对输入电阻的要求不同,以电压作为输入量的放大器要求 $R_i \gg R_s$,以电流作为输入量的放大器要求 $R_i \ll R_s$。

　　对于一个具体给定的放大器电路来说,必然属于上述四种基本放大器之一,且有一种最适合描述它的电路模型。但是,这并不意味着不能用其他模型去描述它,因为上述四种模型电路的参数之间可以相互转换。

　　例如,人们习惯上愿意用电压增益来表示上述四种基本放大器的增益,那么除电压放大器之外的其他三类放大器的电压增益该如何表示呢? 一般开路电压增益 A_{uo} 和短路电流增益 A_{is} 之间的关系可以按下面的方法分析得到。图 3-1 所示电压放大器模型的开路输出电压为 $A_{uo}u_i$,而图 3-2 所示电流放大器模型的开路输出电压为 $A_{is}i_iR_o$,令这两个开路输出电压值相等,并且对图 3-2 中的电路有 $i_i = u_i/R_i$ 成立,则得到下列关系式

$$A_{uo}u_i = A_{is}\frac{u_i}{R_i}R_o \qquad (3-13)$$

$$A_{uo} = A_{is}\frac{R_o}{R_i} \qquad (3-14)$$

式中,R_o 和 R_i 分别是电流放大器模型中的输出电阻和输入电阻。式(3-14)表示了电流放大器的开路电压增益 A_{uo} 与短路电流增益 A_{is} 之间的关系。

　　用类似的方法进行分析,可以得到另外两种电路的开路电压增益与短路跨导增益及开路跨阻增益之间的关系式

$$A_{uo} = A_{gs}R_o, \qquad A_{uo} = A_{ro}/R_i \qquad (3-15)$$

应该指出，由于四种基本放大器的增益参数可以互相变换，当设计一个具体的电子系统（或子系统）时，可以利用四种基本放大器中的任何一种作为标准部件来完成设计，实现所要求的输出-输入函数关系。但是，由于四种基本放大器的输入电阻及输出电阻水平有很大差别，当用不同的放大器实现相同的系统函数关系时，将在其他性能上表现出很大的不同。下面将通过具体分析晶体管（BJT 和 FET）放大电路来讨论这些问题。

3.1.2　放大电路的组成及其直流、交流通路

共射或共源放大电路是最常用、最基本的单元放大电路，下面我们首先以共射或共源放大器的电路结构入手，逐步展开对晶体管基本放大电路的学习与分析。

1. 放大器组成的基本原则

图 3-5 是常见的阻容耦合放大器电路，以它为例进行讨论。可将它分成 7 个部分，每部分作用如下。

（1）交流信号源：u_s 为其开路电压，R_s 为其内阻。交流信号源代表着待放大的信号，工程上应广义理解，它可以是一个实际的物理信号源，也可能是前级放大器的输出回路。

（2）输入耦合电容 C_1：由于电容 C_1 的容抗为 $\dfrac{1}{\omega C_1}$，对直流其容抗 $\dfrac{1}{\omega C_1} \to \infty$，相当于开路，其作用是隔断信号源与晶体管放大电路之间的直流联系；而对频率较高的交流信号其容抗 $\dfrac{1}{\omega C_1} \to 0$，容抗足够小，可视为短路，因而交流信号可顺利地通过，起到耦合传送交流信号的作用。

（3）偏置电路：为晶体管提供直流偏置电压的电路，目的是使晶体管（BJT 或 FET）工作在放大状态。

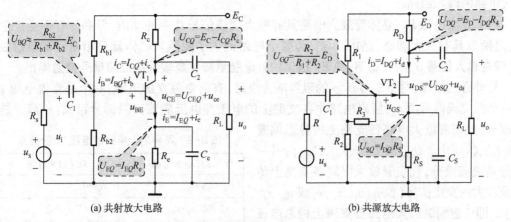

(a) 共射放大电路　　　　　　　(b) 共源放大电路

图 3-5　阻容耦合放大器电路

在图 3-5(a) 所示的 BJT 放大电路中，电源 E_C 经偏置电阻 R_{b1}、R_{b2} 组成的分压电路为晶体管 VT_1 的基极提供直流偏置电压 $U_{BQ} \approx \dfrac{R_{b2}}{R_{b1}+R_{b2}} E_C$，发射极静态电流 I_{EQ} 流过电阻 R_e 为发射极提供直流偏置电压 $U_{EQ}=I_{EQ}R_e$，集电极静态电流 I_{CQ} 流过电阻 R_c 为集电极提供直流偏置电压 $U_{CQ}=E_C-I_{CQ}R_c$，偏置电路必须保证晶体管 VT_1 的发射结正偏，集电结反偏，使晶体管 VT_1 工作在放大状态。即保证直流偏置电压 $U_{BEQ}=U_{BQ}-U_{EQ}>0$，$U_{CEQ}>U_{BEQ}$。

同理，在图 3-5(b) 所示的 JFET 放大电路中，电源 E_D 经由偏置电阻 R_1、R_2 组成的分压电

路为场效应管 VT_2 的栅极提供直流偏置电压 $U_{GQ}=\dfrac{R_2}{R_1+R_2}E_D$，源极静态电流 $I_{SQ}=I_{DQ}$ 流过电阻 R_S 为源极提供直流偏置电压 $U_{SQ}=I_{DQ}R_S$，漏极静态电流 $I_{DQ}=I_{SQ}$ 流过电阻 R_D 为漏极提供直流偏置电压 $U_{DQ}=E_D-I_{DQ}R_D$，**偏置电路应保证晶体管 VT_2 工作在放大状态(饱和区)。即保证栅-源极间的 PN 结必须反偏，即 $U_{GSQ}=U_{GQ}-U_{SQ}<0$，且 $|U_{GSQ}|<|U_{GS(off)}|$，$U_{DSQ}>U_{GSQ}-U_{GS(off)}$。**

另外，集电极电阻 R_c(或漏极电阻 R_D)除了为晶体管集电极(漏极)提供合适的偏置电压之外，还具有把晶体管的集电极电流 i_C(漏极电流 i_D)的变化分量转化成输出电压的作用，并传给负载 R_L。

发射极电阻 R_e(或源极电阻 R_S)除了为晶体管发射极(源极)提供合适的偏置电压之外，还具有对直流电流负反馈的作用，可以稳定静态工作点。

例如在图 3-5(a)所示的 BJT 放大电路中，如果环境温度升高使集电极静态电流 I_{CQ} 增加，发射极静态偏置电压 $U_{EQ}=I_{EQ}R_e$ 将增加，由于基极静态偏置电压 $U_{BQ}\approx\dfrac{R_{b2}}{R_{b1}+R_{b2}}E_C$ 与晶体管参数无关，几乎不受温度的影响(不变)，所以发射结正偏静态电压 $U_{BEQ}=U_{BQ}-U_{EQ}$ 将减小，从而导致集电极静态电流 I_{CQ} 有下降的趋势，即稳定了集电极静态电流 I_{CQ}。

(4) 晶体管 VT_1(或 VT_2)：晶体管是放大器的核心，起电流(或电压)控制和放大的作用。

(5) 输出端耦合电容 C_2：其作用与 C_1 相同，对直流开路，用于隔断晶体管与负载 R_L 的直流联系；对交流短路，起到耦合传送交流信号到负载的作用。另外 C_e(或 C_S)为发射极(或源极)旁路电容，主要作用是使射极电阻 R_e(或源极电阻 R_S)对交流短路，消除 R_e(或 R_S)对交流信号产生负反馈作用的影响。

(6) 放大器负载 R_L：可以是一个实际的负载(如电阻、喇叭、显像管等)，也可以是下一级放大电路的输入回路。

(7) 直流电源 E_C：晶体管放大电路具有放大交流信号功率的功能，但晶体管不会产生能量，之所以具有放大功能，是由于 **E_C 为整个电路提供了能量。晶体管只相当于能量的控制器，即在输入信号 u_i 的控制下，把 E_C 提供的直流能量转化成较大的交流信号能量输出。**

另外必须注意，对图 3-5 所示的阻容耦合电路，有两个独立的电源，一个是直流电源 E_C，另一个是交流信号源 u_s，所以电路中各支路上的电压和电流应该由两部分组成：一部分是直流成分，代表着放大电路各支路上的静态偏置(I_{BQ}、U_{BEQ}、I_{CQ}、U_{CEQ} 或 U_{GSQ}、I_{DQ}、U_{DSQ})；另一部分是交流成分，代表着放大电路各支路上传输及放大的交流信号(如 i_b、u_{be}、i_c、u_{ce} 或 u_{gs}、i_d、u_{ds})。即**任意瞬时放大电路各支路上的总电压和总电流应该是在静态偏置上叠加着传输及放大的交流信号**，如表 3-2 所示。

如果放大电路中晶体管的静态偏置设计的合适，在放大区，且工作在交流小信号的范围内，晶体管可近似为线性元件，放大电路即为线性电路，那么**根据线性电路的叠加原理，可以把放大电路分解成直流通路和交流通路两个部分，进行独立的分析**。这将使放大电路的设计与分析得以简单化。

所谓放大电路的直流通路是指直流电源 E_C 单独作用(交流小信号源 $u_s=0$)时，放大电路的等效电路。它反映了放大电路各处的直流偏置电压和电流，是设计和分析放大电路静态偏

表 3-2　两种放大电路的电压/电流关系

BJT 放大电路	FET 放大电路
$i_B=I_{BQ}+i_b$	$i_G=0$
$u_{BE}=U_{BEQ}+u_{be}$	$u_{GS}=U_{GSQ}+u_{gs}$
$i_C=I_{CQ}+i_c$	$i_D=I_{DQ}+i_d$
$u_{CE}=U_{CEQ}+u_{ce}$	$u_{DS}=U_{DSQ}+u_{ds}$

置(工作点)的基本电路。

所谓放大电路的交流通路是指交流小信号源 u_s 单独作用(直流电源 $E_C=0$)时,放大电路在静态工作点上交流信号传输的等效电路。它反映了放大电路各处交流信号的传输与放大,是设计和分析放大电路交流信号传输问题的基本电路。

概括地说,在组成晶体管放大电路时应遵循以下原则:

第一,要有直流通路,即保证晶体管偏置在放大区内工作,以实现电流的控制作用。

第二,要有交流通路,使输入端的待放大信号能有效地加到晶体管的输入端口上,以控制晶体管的电流,而且放大了的信号能从晶体管的输出端口电路中输出。

【例3-1】 用上述原则判断图3-6所示电路的结构是否具有电压放大作用。

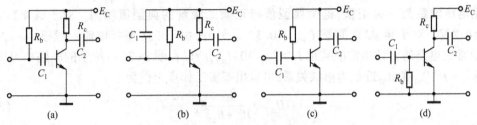

图3-6 例3-1的电路

解:图(a)中,由于 C_1 隔直流的作用,无输入直流通路。图(b)中,由于 C_1 的旁路作用使得输入电压信号无法加入。图(c)中,由于没有 R_c,只有信号电流,无信号电压输出,或者说输出电压信号无法取出。图(d)中,发射结没有正向偏置电压,晶体管没有偏置在放大区。所以上述电路均无电压放大作用。

2. 直流通路与静态工作点的估算

在晶体管放大电路的设计和分析中有两类基本问题:

第一,直流偏置(静态)问题:是指在放大电路的直流通路上设计和分析静态工作点,即确定 I_{BQ}、U_{BEQ}、I_{CQ}、U_{CEQ} 等值,以解决放大电路中晶体管的偏置方式,保证晶体管工作在放大状态。工程上常用的分析方法有:估算法、等效电源法、图解法。

第二,交流传输(动态)问题:是指在放大电路的交流通路上分析和设计交流信号的放大与传输关系,求解放大电路的电压、电流、功率增益(A_u、A_i、A_p),以及输入、输出电阻(R_i、R_o)等,以解决放大电路中信号的有效传输及放大等问题。工程上常用的动态分析方法有:图解法和微变等效电路法。

下面首先从放大电路直流通路的画法入手,学习放大电路静态工作点的设计和分析。

(1) 直流通路的画法

如前所述,放大电路的直流通路是指直流电源 E_C 单独作用(交流小信号源 $u_s=0$),电路处于静态时,放大电路的等效电路。其实直流通路的基本功能就是建立放大器工作点的偏置,所以也可将其称为放大器的直流偏置电路。

由于电容 C 的容抗为 $1/\omega C$,具有隔直流的作用,所以画直流通路时应该将它们开路。电感 L 的感抗为 ωL,直流电流流过理想电感时其电感两端电压为零,所以在画直流通路时就应将其短路。总之,**画放大电路直流通路的基本原则是:将放大电路中所有的电容开路,电感短路,变压器初级线圈与次级线圈之间开路,输入端信号源取零值,所剩电路即为放大电路的直流通路。**

图 3-5 所示放大器的直流通路如图 3-7 所示。

（2）BJT 放大电路静态工作点的估算法

放大器的直流通路其实就是建立放大器工作点的直流偏置电路，因此，**直流通路的一个重要用处就是可以用来估算放大器的静态工作点**。首先由图 3-7（a）分析 BJT 放大电路的静态工作点。

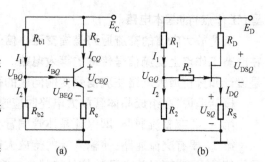

图 3-7　图 3-5 所示放大器的直流通路

根据正偏 PN 结的"恒压"特性，当 BJT 的基极偏置电流变化时，发射结的正向偏置电压 U_{BE} 变化很小。因此，**在估算静态工作点时，可以将发射结电压设定为一典型值，这个典型值与正偏二极管的典型值相同。对于硅 BJT，可取 $U_{BEQ} = 0.7\ V$。对于锗 BJT，则取 $U_{BEQ} = 0.3\ V$**。另外，由于 BJT 基极电流一般很小（μA 数量级），通常在电路的设计中常能满足 $I_1 \geqslant (5 \sim 10)I_{BQ}$，所以在图 3-7（a）所示的电路中可以忽略 I_{BQ}，即 $I_1 \approx I_2$，R_{b1} 和 R_{b2} 近似为串联关系，可求出基极工作点电位为

$$U_{BQ} \approx \frac{R_{b2}}{R_{b1}+R_{b2}} E_C \tag{3-16}$$

利用发射结回路可求出发射极工作点电流

$$I_{EQ} \approx \frac{U_{BQ}-U_{BEQ}}{R_e} \tag{3-17}$$

式中，U_{BEQ} 对于硅 BJT 可取 0.7 V，对于锗 BJT 则取 0.3 V。再利用集电极电流与发射极电流的关系可求出集电极工作点电流

$$I_{CQ} = \alpha I_{EQ} \approx I_{EQ} \qquad (\alpha \approx 1) \tag{3-18}$$

利用集电极回路可求出集电极工作点电压

$$U_{CEQ} \approx E_C - I_{CQ}(R_c+R_e) \tag{3-19}$$

式（3-16）~式（3-19）对 NPN 管和 PNP 管都成立，但用于 PNP 管时，电流（包括 I_{CBO}）和电压（包括 E_C）均为负值。也就是说，对 PNP 管的偏置电路，仍然可采用与 NPN 管偏置电路相同的电流、电压参考方向，这不失为一种方便的计算方法。

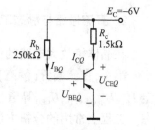

【例 3-2】 估算图 3-8 所示硅 PNP 管偏置电路的静态工作点。

解： 取 $U_{BEQ} = -0.7\ V$，则

图 3-8　例 3-2 电路

$$I_{BQ} = \frac{E_C-U_{BEQ}}{R_b} \approx \frac{-6-(-0.7)}{250 \times 10^{-3}} = -21.2(\mu A)$$

$$I_{CQ} = \beta I_{BQ} = 100 \times (-21.2) = -2.12(mA)$$

$$U_{CEQ} = E_C - I_{CQ}R_c = -6-(-2.12) \times 1.5 = -2.82(V)$$

因为 $U_{CEQ} < U_{BEQ}$，对于 PNP 管而言，集电结反偏，上述计算有效。

（3）BJT 放大电路静态工作点的电源等效法

利用戴维南定律把图 3-7（a）所示直流通路的基极偏置电路等效成如图 3-9 所示的电路，其中：

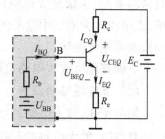

图 3-9　戴维南定律简化的直流通路

$$R_b = R_{b1} /\!/ R_{b2} \tag{3-20}$$

$$U_{BB} = \frac{E_C}{R_{b1}+R_{b2}} \cdot R_{b2} \tag{3-21}$$

列出输入回路的电压偏置方程：

$$U_{BB} = I_{BQ}R_b + U_{BEQ} + (I_{BQ} + I_{CQ})R_e \tag{3-22}$$

由式(3-22)可求解出基极电流

$$I_{BQ} = \frac{U_{BB} - U_{BEQ}}{R_b + (1+\beta)R_e} \tag{3-23}$$

而 $I_{CQ} = \beta I_{BQ}$，列出输出回路的偏置电压方程可求解出

$$U_{CEQ} = E_C - I_C R_c - I_{EQ}R_e \approx E_C - I_{CQ}(R_c + R_e) \tag{3-24}$$

在放大电路的分析与设计过程中，静态工作点的估算与分析是十分重要的，因为**静态工作点是保证放大电路中的晶体管 BJT 发射结正向偏置、集电结反向偏置的基础。不仅如此，静态工作点的选择是否合适，将会对放大电路的性能、输出信号的动态范围、晶体管 BJT 的交流参数及非线性失真等产生重要的影响。**静态工作点的计算除以上介绍的估算法之外，还可以利用图解法来计算，这将在 3.1.3 节中予以介绍。

（4）FET 的直流偏置电路及静态分析

在放大电路应用中，FET 和 BJT 一样，必须用合适的偏置电路将其工作点(U_{DSQ}，I_{DQ})偏置在静态输出特性曲线的放大区，并使其工作点稳定。从第 2 章对 FET 工作原理的分析中知，无论哪种类型的 FET，其栅极电流 $i_G = 0$，即 FET 只要求偏压 U_{GS}，不需要偏流 I_G。我们知道，偏置在放大区的 BJT，各极电流只受正偏发射结电压 u_{BE} 的控制，而集电结电压 u_{CE} 几乎对电流没有影响。同样，偏置在放大区的 FET，漏极电流 i_D 只受栅源电压 u_{GS} 的控制，而漏源电压 u_{DS} 几乎对 i_D 没有影响。这正是放大管所需要的工作特性。

在工程实用电路中，两种典型偏置的共源放大电路如图 3-10 所示，下面以此电路为例，介绍 FET 放大电路静态工作点的分析方法。

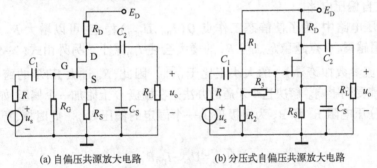

(a) 自偏压共源放大电路　　　　(b) 分压式自偏压共源放大电路

图 3-10　两种偏置的共源放大电路

利用有关放大电路直流通路的画法，可画出图 3-10 所示共源放大电路的直流通路，如图 3-11 所示。根据直流通路可求解出两种偏置电路的静态工作点。

① 自偏压电路

如图 3-10(a)所示。和 BJT 的射极偏置电路相似，通常在源极接入源极电阻 R_S，就可组成自偏压电路。栅极接有电阻 R_G，其作用是为 FET 提供栅极

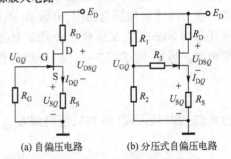

(a) 自偏压电路　　(b) 分压式自偏压电路

图 3-11　共源放大电路的直流通路

和源极间的直流通路，以泄放栅极感生电荷，避免管子被电击穿。由于 R_G 上没有直流电流，

似乎可以随意取值,但 R_G 的大小与放大器的输入电阻有关,所以一般取值较大。

当漏极电流 I_{DQ} 流过 R_S 时,在 R_S 的两端将产生电压降 $U_{SQ}=I_{DQ}R_S$。因栅极电流 $I_G=0$,故 R_G 上的直流压降为零,即 $U_G=0$。所以电阻 R_S 上产生的偏压就是栅源电压,即

$$U_{GSQ}=U_{GQ}-U_{SQ}=-U_{SQ}=-I_{DQ}R_S \tag{3-25}$$

由于这种偏置电路所产生的栅源偏置电压 U_{GSQ} 是由 FET 自身电流 I_{DQ} 产生的,故称为自给栅偏压。

由于 JFET 在放大区的转移特性满足平方律关系,即

$$I_{DQ}=I_{DSS}\left(1-\frac{U_{GSQ}}{U_{GS(off)}}\right)^2 \tag{3-26}$$

只要将式(3-25)与式(3-26)组成联立方程式,就可以求得漏极电流 I_{DQ} 和栅源电压 U_{GSQ} 的数值。在联立求解式(3-25)与式(3-26)的过程中,会遇到求解关于 U_{GSQ}(或 I_{DQ})的一元二次方程的问题,因此方程的解有两个值,但只有一个值是合理的。必须根据夹断电压 $U_{GS(off)}$(耗尽型 FET)或开启电压 $U_{GS(th)}$ 的大小对 U_{GSQ} 的两个值进行取舍,一般使沟道全夹断的 U_{GSQ} 值是不合理的,应当舍去,详见例3-3。

漏极电流 I_D 求出后,在图3-11(a)所示电路的输出回路(漏源回路)中运用 KVL,可求得漏源电压为

$$U_{DSQ}=E_D-I_{DQ}(R_D+R_S) \tag{3-27}$$

观察图3-11(a)所示电路可知,自给偏压电路产生的 U_{GS} 的极性与 U_{DS} 的极性相反,(即 U_{GS} 为负偏压),所以,**自给偏压电路只适用于 JFET 和耗尽型 MOSFET,由于增强型 MOSFET 要求 U_{GS} 与 U_{DS} 同极性,故自给偏压电路不适用于增强型 MOS 管**。值得注意的是:由于自给偏压电路是一种直流负反馈电路,因此具有稳定静态工作点的性能。

② 分压式自偏压电路

在自给偏压电路中,为了使静态工作点 $Q(I_{DQ},U_{DSQ})$ 稳定,可以增大 R_S,原因是:R_S 越大,负反馈作用越强,Q 点越稳定。但 R_S 的增大会使 I_{DQ} 减小。另外由式(2-50)可知,场效应管的某些交流参数如跨导 g_m 的大小正比于 $\sqrt{I_{DQ}}$,因此,R_S 过大,FET 的跨导 g_m 过小,使 FET 的放大性能受到影响。解决这个矛盾的办法是在栅极 G 上附加一个偏压,如图3-11(b)所示。它是利用分压电阻 R_1 和 R_2 为栅极提供一个固定的偏压 U_{GQ}。此时栅、源之间的偏置电压为

$$U_{GSQ}=U_{GQ}-I_{DQ}R_S \tag{3-28}$$

U_{GSQ} 由 R_S 上的自偏电压 $U_{SQ}=I_{DQ}R_S$ 和外加的栅极电压 U_{GQ} 共同决定,故称为分压式自偏压电路。在分压式自偏压电路中,电阻 R_S 的取值有较大的灵活性。而且,这种电路既适合于 JFET 和耗尽型 MOSFET,又适合于增强型 MOSFET。**分压式自偏压电路是最常采用的场效应管偏置电路**。另外,对于图3-11(b)所示的直流电路,由于 $I_G=0$,电阻 R_1 和 R_2 实为串联,所以

$$U_{GQ}=\frac{R_2}{R_1+R_2}E_D \tag{3-29}$$

将式(3-29)代入式(3-28),便得到 U_{GSQ} 与 I_{DQ} 所满足的外电路特性方程如下

$$U_{GSQ}=\frac{R_2}{R_1+R_2}E_D-I_{DQ}R_S \tag{3-30}$$

将式(3-30)与平方律关系式(3-26)联立求解,便可求得漏极电流 I_{DQ} 和栅源电压 U_{GSQ} 的数值。此外,如图3-11(b)所示电路中,在分压点上接入了一个大电阻 R_3,从而可以减小分压

电阻 R_1 和 R_2 对输入电阻的影响,使输入电阻提高。这种偏压方式更适用于 MOSFET。

分压式自偏压电路允许 R_S 取值较大,从而使工作点的稳定性优于自给偏压电路,同时合理选择 U_{GQ} 使得 I_{DQ} 也较大,从而跨导 g_m 也较大。也就是说:**分压式自偏压电路对工作点的稳定性和对跨导的要求两者能够兼顾,这是分压式自偏压电路的优点。此外,分压式自偏压电路在 U_{GQ} 选择不当时,有可能造成 JFET 的 PN 结正偏。**

【例3-3】 电路如图3-10(b)所示,$R_1 = 2$ MΩ,$R_2 = 47$ kΩ,$R_3 = 10$ MΩ,$R_D = 30$ kΩ,$R_S = 2$ kΩ,$E_D = 18$ V,FET 的 $U_{GS(off)} = -1$ V,$I_{DSS} = 0.5$ mA,试确定静态工作点 Q。

解: 根据式(3-26)和式(3-30)有

$$I_{DQ} = 0.5 \text{ mA} \left(1 + \frac{U_{GSQ}}{1} \right)^2, \qquad U_{GSQ} = \frac{47 \times 18}{2000 + 47} - 2I_{DQ}$$

整理后可得 $\qquad I_{DQ} = 0.5 \text{ mA}(1 + U_{GSQ})^2, \qquad U_{GSQ} = (0.4 - 2I_{DQ}) \text{ V}$

将上式中 U_{GSQ} 的表达式代入 I_{DQ} 的表达式,得

$$I_{DQ} = 0.5 \text{ mA}(1 + 0.4 - 2I_{DQ})^2$$

解关于 I_{DQ} 的一元二次方程,解出 $I_{DQ} = (0.95 \pm 0.64) \text{ mA}$。由于 $I_{DSS} = 0.5$ mA,而 I_{DQ} 不应大于 I_{DSS},所以取 $I_{DQ} = 0.31$ mA,因此 $U_{GSQ} = 0.4 - 2I_D = -0.22$ V,而

$$U_{DSQ} = E_D - I_D(R_D + R_S) = 8.1 \text{ V}$$

如果管子的输出特性曲线和电路参数已知,也可用图解法进行分析。

以上对晶体管(BJT 或 FET)放大电路的直流偏置电路及静态工作点的分析做了较全面的介绍,应注意以下几点:

(1) 正确画出放大电路的直流通路是分析和计算静态工作点的关键。

(2) 直流偏置电路确定了晶体管的工作状态,与晶体管接入电路的组态无关。因此,以上由共射或共源组态放大器所确定的直流偏置电路同样可用于任何其他组态的放大电路中。

(3) 在 BJT 放大电路静态工作点的估算中,发射结正偏电压 U_{BEQ} 可以取经典值(硅管: 0.6~0.8 V;锗管 0.2~0.3 V)估算;但在 FET 放大电路静态工作点的计算中,栅-源之间的偏置电压 U_{GSQ} 必须通过求解一元二次方程的方法获得。

3. 交流通路

交流通路或交流等效电路是在交流信号源 u_s 单独作用下,反映放大电路中交流电流和交流电压之间关系的电路。所以,如果电路中某个元件上的电压恒定不变,即该元件上的交变电压为零,那么在画电路的交流通路时,应该将该元件短路;如果电路中某个元件上的电流恒定不变,即该元件上的交变电流为零,那么在画该电路的交流通路时,应该将该元件开路。按照上述原则,**画交流通路时,独立恒压源、耦合电容及旁路电容等大电容应该短路,而独立恒流源及高频扼流圈(其作用将在高频电路中学习)应该开路。**将图3-5共射或共源放大器中的耦合电容 C_1、C_2,旁路电容 C_e 或 C_s,以及电源电压 E_C 或 E_D 短路,就可得到它的交流通路,如图3-12所示。

图中,$R_b = R_{b1} // R_{b2}$,$R_g = R_3 + R_1 // R_2$。交流通路能够更清楚地反映出信号电流与电压之间的关系。在交流通路中标出的电流和电压的方向都是参考方向。如果输入电压是正弦电压,则交流通路中的电流、电压实际方向是随时变化的,只有将交流通路上的电流、电压与直流通路对应位置上的电流、电压相加,才是放大器实际的电流和电压。

画出交流通路后,借助于晶体管(BJT 或 FET)的小信号模型就可以分析计算放大器的小信号放大特性,这将在3.2节中给予介绍。

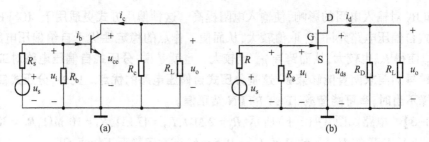

图 3-12 图 3-5 所示放大器的交流通路

3.1.3 放大电路的图解法

图解分析法是利用晶体管(BJT 或 FET)的静态特性曲线和电路的外特性,经作图的方法来分析电路的静态工作点、工作状态、工作过程及性能的传统方法。由于晶体管(BJT 或 FET)属于非线性器件,所以采用图解分析法更有实用性和广泛性。放大电路的图解分析法也可以分解为静态和动态两种工作情况,如前所述,静态分析解决的是静态工作点的问题,动态分析解决的是信号放大和传输的问题。下面以图 3-5 所示的 BJT 共射放大器电路为例进行讨论。

1. 作直流负载线——图解静态工作点 Q

(1)输入回路直流负载线——图解静态工作点 $Q(U_{\mathrm{BEQ}}, I_{\mathrm{BQ}})$

根据放大电路的直流通路和 BJT 的输入特性曲线,可以确定输入回路的静态工作点 $Q(U_{\mathrm{BEQ}}, I_{\mathrm{BQ}})$。图解步骤如下。

① 首先,应测试出放大电路中所选择 BJT 的输入特性曲线,如图 3-13 所示,并根据放大电路画出其直流通路,如图 3-14 所示。

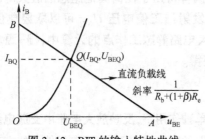

图 3-13 BJT 的输入特性曲线

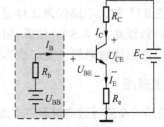

图 3-14 图 3-5 简化的直流通路

② 根据图 3-14 所示放大电路简化直流通路的输入回路,列写回路的电压方程

$$U_{\mathrm{BB}} \approx U_{\mathrm{BE}} + I_{\mathrm{B}} \left[(1+\beta) R_{\mathrm{e}} + R_{\mathrm{b}} \right]$$

可得

$$I_{\mathrm{B}} = \frac{U_{\mathrm{BB}} - U_{\mathrm{BE}}}{R_{\mathrm{b}} + (1+\beta) R_{\mathrm{e}}} \tag{3-31}$$

显然,由式(3-31)可以看出,当电路参数(U_{BB}、R_{e}、R_{b}、β)确定后,I_{B} 与 U_{BE} 之间成线性关系,故称式(3-31)为输入回路的直流负载线方程。

③ 在 BJT 的 i_{B}-u_{BE} 输入特性曲线中,利用直线的截距式方程在 i_{B} 轴和 u_{BE} 轴上确定两个截距点:

$$B \text{ 点坐标:} \left(0, \frac{U_{\mathrm{BB}}}{R_{\mathrm{b}} + (1+\beta) R_{\mathrm{e}}} \right), \quad \text{斜率:} \frac{1}{R_{\mathrm{b}} + (1+\beta) R_{\mathrm{e}}} \tag{3-32}$$

$$A \text{ 点坐标:} (U_{\mathrm{BB}}, 0) \tag{3-33}$$

连接 A、B 两点的直线,即为输入回路的直流负载线。显然,直流负载线反映了输入回路管外(除 BJT 外)I_B-U_{BE} 的电路特性,而输入特性曲线反映了输入回路管内(BJT 内)i_B-u_{BE} 的特性,那么两条线的交点 $Q(U_{BEQ}, I_{BQ})$ 将同时满足输入回路管内、外的 i_B-u_{BE} 电路特性,交点 Q 称为输入回路的静态工作点。**Q 点对应的坐标值 U_{BEQ} 和 I_{BQ} 为输入回路的静态偏置电压和电流。**由于输入回路的静态偏置电压和电流在 i_B-u_{BE} 特性曲线上表示为一个点,这也正是过去我们常把静态偏置称为静态工作点的原因。

(2)输出回路直流负载线——图解静态工作点 $Q(U_{CEQ}, I_{CQ})$

根据放大电路的直流通路和 BJT 的输出特性曲线,可以确定输出回路的静态工作点 $Q(U_{CEQ}, I_{CQ})$。图解步骤如下。

① 测试出放大电路中所选择的 BJT 在输入回路静态偏置电流 I_{BQ} 条件下所对应的一条输出特性曲线,如图 3-15 所示。

② 根据图 3-14 所示放大电路直流通路的输出回路,列写回路的电压方程

$$E_C = U_{CE} + I_C R_c + I_E R_e \approx U_{CE} + I_C(R_c + R_e) \quad (3-34)$$

可得输出回路直流负载线

$$I_C = (E_C - U_{CE})/(R_c + R_e) \quad (3-35)$$

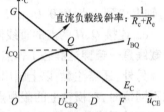

图 3-15 BJT 的输出特性曲线

同理,由式(3-35)可以看出,当电路参数确定后,I_C 与 U_{CE} 成线性关系,故称式(3-35)为输出回路的直流负载线方程。

③ 在 BJT 的 i_C-u_{CE} 输出特性曲线所对应的坐标系中,利用直线的截距式方程在 i_C 轴和 u_{CE} 轴上确定两个截距点:

$$G \text{点}: (0, E_C/(R_c + R_e)) \quad (3-36)$$

$$F \text{点}: (E_C, 0) \quad (3-37)$$

连接 G、F 两点的直线,即为输出回路的直流负载线。同理,该直流负载线与 I_{BQ} 条件下的输出特性曲线的交点 $Q(U_{CEQ}, I_{CQ})$,将同时满足输出回路晶体管内、外的 i_C-u_{CE} 电路特性,交点 $Q(U_{CEQ}, I_{CQ})$ 称为输出回路的静态工作点。Q 点对应的坐标值 U_{CEQ} 和 I_{CQ} 为输出回路的静态偏置电压和电流。

2. 作交流负载线——图解动态工作状态

(1)输入回路交流负载线

利用戴维南定理,图 3-12(a)所示放大器交流通路的输入回路可以简化成图 3-16 所示的电路,其中

$$R_b' = R_s /\!/ R_b \quad (3-38)$$

$$u_s' = \frac{R_b}{R_s + R_b} u_s \quad (3-39)$$

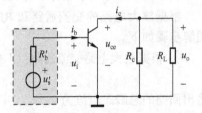

图 3-16 戴维南定律简化的交流通路

根据放大电路的交流通路和 BJT 的输入特性曲线,可以确定输入回路的交流负载线。图解步骤如下。

① 根据交流通路的输入回路列写管外电路的动态方程为

$$u_{be} = u_i = u_s' - i_b R_b' \quad (3-40)$$

如前所述,由于放大电路各支路上的任意瞬时电压和电流应该是静态偏置上叠加着交流传输及放大的信号,所以输入回路的总瞬态电流为

$$i_B = I_{BQ} + i_b = I_{BQ} + (u'_s - u_{be})/R'_b \tag{3-41}$$

而总瞬态电压为
$$u_{BE} = U_{BEQ} + u_{be} \tag{3-42}$$

把 $u_{be} = u_{BE} - U_{BEQ}$ 代入式(3-41),可得交流负载线的方程(也称为输入回路动态方程):

$$i_B = I_{BQ} + \frac{1}{R'_b}[u'_s - (u_{BE} - U_{BEQ})] \tag{3-43}$$

② 利用式(3-43),可在 i_B-u_{BE} 特性曲线中画出输入回路的交流负载线。交流负载线的具体画法如下。

a. 由图 3-16 可以看出,当 $u'_s = 0$ 时,$u_{be} = 0$,根据式(3-42)和式(3-43)可得:$u_{BE} = U_{BEQ}$,$i_B = I_{BQ}$。所以**交流负载线一定穿过静态工作点 Q**。

b. 由式(3-43),利用求截距的方法,当 $u'_s = 0$,且令 $i_B = 0$ 时,可得 $u_{BE} = U_{BEQ} + I_{BQ}R'_b$,可在 u_{BE} 轴上得到一点 $H(0, U_{BEQ} + I_{BQ}R'_b)$。

c. 连接 Q、H 两点的直线即为输入回路的交流负载线,如图 3-17 所示。**输入回路的交流负载线是一条穿过静态工作点 Q、斜率为 $-1/R'_b$ 的直线**。

另外,还需注意:以上画出的交流负载线 QH 是设定 $u'_s = 0$ 的条件确定的,但当 u'_s 随时间取不同值时,在横轴上的截距点就会不同,于是可得一组平行于 QH 的直线。通常可在 u'_s 取正和负的最大值时,作出 MN 和 JK 两条平行直线,如图 3-17 所示。**实际上放大器输入端任意瞬时的电压和电流将工作在 MN 和 JK 两条直线所确定的范围内**。

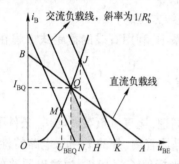
图 3-17 BJT 的输入特性曲线及交流负载线

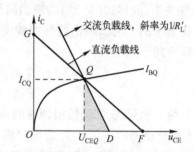
图 3-18 BJT 的输出特性曲线及交流负载线

(2) 输出回路的动态方程与交流负载线

根据放大电路的交流通路和 BJT 的输出特性曲线,也可以确定输出回路的交流负载线。图解步骤如下。

① 根据放大电路交流通路(图 3-16)的输出回路列写管外电路的动态方程为

$$i_c = -u_{ce}/R'_L \tag{3-44}$$

输出回路的总瞬态电流为
$$i_C = I_{CQ} + i_c = I_{CQ} - u_{ce}/R'_L \tag{3-45}$$

总瞬态电压为
$$u_{CE} = U_{CEQ} + u_{ce}$$

得
$$u_{ce} = u_{CE} - U_{CEQ}$$

所以交流负载线方程为

$$i_C = I_{CQ} - (u_{CE} - U_{CEQ})/R'_L \tag{3-46}$$

② 利用式(3-46)表示的交流负载线方程,可在 i_C-u_{CE} 特性曲线对应的坐标系中画出输出回路的交流负载线。交流负载线的具体画法如下。

a. 由式(3-46)可以看出,当 $u_{CE} = U_{CEQ}$ 时,$i_C = I_{CQ}$,**表明交流负载线一定穿过静态工作点 Q**。

b. 利用求截距的方法，令 $i_C = 0$，可得 $u_{CE} = U_{CEQ} + I_{CQ}R'_L$，可在 u_{CE} 轴上得到一点 D，D 点坐标为 $(0, U_{CEQ} + I_{CQ}R'_L)$。

c. 连接 Q、D 两点的直线 QD，即为输出回路的交流负载线，如图 3-18 所示。**输出回路的交流负载线是一条穿过静态工作点 Q、斜率为 $-1/R'_L$ 的直线，它是放大电路工作时动态点 (u_{CE}, i_C) 的运动轨迹。**

（3）动态工作状态的图解分析法

利用图 3-17 和图 3-18 所示的输入、输出特性曲线，以及交、直流负载线，可以方便地对放大器的动态工作状况进行图解分析。图解分析的过程与波形如图 3-19 和图 3-20 所示，图解分析的步骤如下。

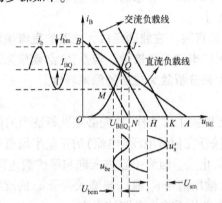
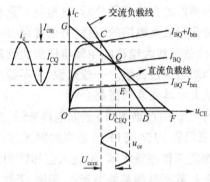

图 3-19 放大电路的图解分析

① 在图 3-16 所示放大电路的交流通路中，输入小信号正弦电压 $u'_s = U_{sm}\sin\omega t$。利用 $\pm U_{sm}$ 可以在 i_B-u_{BE} 特性曲线中确定 MN 和 JK 两条与 QH 平行的直线，利用其与输入特性曲线的交点 M、J，可以画出实际加在 BJT 发射结上交流电压的波形 $u_{be} = U_{bem}\sin\omega t$，所以加在发射结的总瞬时电压为

$$u_{BE} = U_{BEQ} + U_{bem}\sin\omega t$$

② 根据 u_{BE} 的变化规律，利用输入特性曲线可相应地画出基极电流 $i_b = I_{bm}\sin\omega t$ 的波形，而产生的基极总瞬时电流为

$$i_B = I_{BQ} + i_b = I_{BQ} + I_{bm}\sin\omega t$$

③ 利用 I_{bm} 可以在 i_C-u_{CE} 特性曲线中确定 $I_{BQ} + I_{bm}$ 和 $I_{BQ} - I_{bm}$ 两条输出特性曲线，由这两条输出特性曲线与输出交流负载线的交点 C、E，可以画出集极电流 $i_c = I_{cm}\sin\omega t$ 和集-射极电压 $u_{ce} = -U_{cem}\sin\omega t = -I_{cm}R'_L\sin\omega t$ 的波形，并可估算出 $\beta = I_{cm}/I_{bm}$。所以经 BJT 放大后的集电极总瞬时电流为

$$i_C = I_{CQ} + i_c = I_{CQ} + \beta I_{bm}\sin\omega t = I_{CQ} + I_{cm}\sin\omega t$$

而流过 R_c 的总瞬时电流为

$$I_{CQ} + i_{R_C} = I_{CQ} + \frac{R_L}{R_C + R_L}i_c = I_{CQ} + \frac{R_L}{R_C + R_L}I_{cm}\sin\omega t$$

集、射极的总瞬值电压为

$$u_{CE} = U_{CEQ} + u_{ce} = U_{CEQ} - I_{cm}R'_L\sin\omega t$$

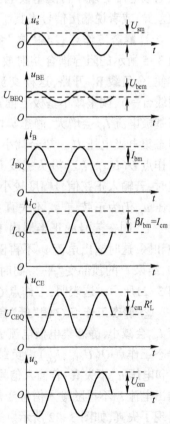

图 3-20 放大电路各点的波形

④ 由于输出端耦合电容 C_2 的隔直作用，C_2 上的电压 $U_{C2}=U_{CEQ}$，所以负载 R_L 上的输出电压为

$$u_o = u_{CE} - U_{C2} = u_{ce} = -I_{cm}R'_L\sin\omega t$$

$$= U_{om}\sin(\omega t+180°)$$

⑤ 利用以上图解的结果，可以估算出电压增益为

$$A_u = \frac{u_o}{u_{be}} = \frac{-U_{om}}{U_{bem}} = \frac{-\beta R'_L I_{bm}}{U_{bem}} = \frac{-\beta R'_L}{r_{be}} \tag{3-47}$$

式中 $$r_{be} = U_{bem}/I_{bm} \tag{3-48}$$

相当于输入特性曲线在静态工作点上斜率的倒数。

以上关于图解法的讨论，都是以共发射极放大电路为对象的。至于其他组态的放大电路，可以用完全类似的方法进行分析，这里就不重复了。

图解法分析放大电路的特性，方法简单，形象直观。它能确定放大电路的直流偏置和静态工作点；它能估算放大电路的中频电压放大倍数和电流放大倍数。但是，它必须预先测出三极管的输入和输出特性曲线。一般来说，它不能用来分析放大电路的频率特性。

(4) 放大电路失真的图解分析

对任何一个 BJT(或 FET)放大电路来说，要能够正常工作，首先必须选择适当的静态工作点 Q，即给三极管 BJT(或 FET)适当的偏置，以保证在信号电压(电流)的正负半周范围内，BJT(或 FET)都能工作在放大区，不进入饱和区和截止区。因为一旦进入饱和区或截止区，BJT 的集电极电流 i_c 就不再随基极电流 i_b 变化，于是，输出信号 u_{ce} 或 i_c 与输入信号 u_s 的波形将有明显差异，或者说输出信号失真了。下面以图解法来分析放大电路的失真。

① 静态工作点 Q 偏"高"会产生饱和失真。 若在图 3-5 所示的阻容耦合共射放大电路中(为讨论问题方便，令负载 R_L 开路，这样交流负载线和直流负载线两线合一)，调整减小基极上偏置电阻 R_{b1} 的值，因而静态基极电流 I_{BQ} 会增大，静态集电极电流 I_{CQ} 也会增大，静态集电极电压 U_{CEQ} 却会减小，如图 3-21 所示，静态工作点 $Q(U_{CEQ},I_{CQ})$ 沿负载线升高到 $Q_1(U_{CEQ1},I_{CQ1})$。这时，若输入正弦信号幅度较小，则输出电流 i_c 和输出电压 u_{ce} 仍为正弦信号，不失真；若输入信号 u_s 幅度稍大一点，则在信号的正半周内 BJT 的工作状态将进入饱和区，这时输出电流 i_c 不再随输入信号的增加而增

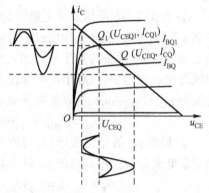

图 3-21　放大电路的饱和失真

加，结果 i_c 的顶部变"平"，同时，输出电压 u_{ce} 的负半周(底部)变"平"，出现了饱和失真，如图 3-21 所示。这表明，工作点 Q 选择得不合适。

② 静态工作点 Q 偏"低"会产生截止失真。 若基极上偏置电阻 R_{b1} 较大，因而静态基极电流 I_{BQ} 会减小，静态集电极电流 I_{CQ} 也会减小，静态集电极电压 U_{CEQ} 却会增大，如图 3-22 所示，静态工作点 $Q(U_{CEQ},I_{CQ})$ 沿负载线下降到 $Q_2(U_{CEQ2},I_{CQ2})$。当输入信号幅度较小时，输出电流 i_c 和电压 u_{ce} 不失真；若输入信号幅度稍大时，则在信号的负半周内，工作状态将进入截止区，输出电流 i_c 不再随输入信号变化，其底部变"平"，同时，输出电压 u_{ce} 的正半周(顶部)变"平"，出现了失真，如图 3-22 所示。这表明，工作点 Q 选择得也不合适。

总之，静态工作点 Q 选择不当，容易造成输出信号波形的失真，这种失真是由于三极管的工作状态离开了线性放大区，进入饱和区或截止区而引起的，属于"非线性"失真。

③ **放大电路的动态范围。**通常,在不失真的条件下,输出信号振幅的最大摆动范围,被称为**放大电路的动态范围。**显然,要使得放大电路在较大输入信号的激励下,工作状态尽可能不进入饱和区与截止区,动态范围应尽可能大;那么,应调整 I_{BQ} 的大小,使静态工作点 Q 选择在负载线的中部,即三极管工作在放大区的中部,如图 3-23 所示。此时,输出电压和电流的最大值为:

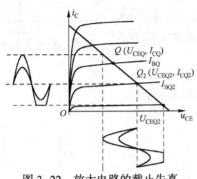

图 3-22　放大电路的截止失真　　　图 3-23　放大电路的动态范围

$$U_{cem} \leqslant U_{CEQ} - U_{CES} \tag{3-49}$$

$$I_{cm} \leqslant I_{CQ} - I_{CEO} \tag{3-50}$$

式中,U_{CES} 为 BJT 的饱和压降,I_{CEO} 为穿透电流。另外,当输入信号较小时,输出电压和电流的振幅也较小。这时在保证输出不失真的条件下,静态工作点还是选择得低一点好,因为这样可以减少电源的功耗。一般静态工作点 $Q(U_{CEQ}, I_{CQ})$ 必须满足下列条件

$$I_{CQ} > I_{cm} + I_{CEO} \tag{3-51}$$

$$U_{CEQ} > U_{cem} + U_{CES} \tag{3-52}$$

式中,I_{cm} 为集电极电流的最大振幅,U_{cem} 为输出电压 u_{ce} 的最大振幅。

思考与练习

3.1-1　在画放大器直流通路时,应将电路中的____元件开路,____元件短路。在画交流通路时,应将耦合和旁路电容____,直流电压源____。放大器的直流通路可用来求____,交流通路只反映____电压与电流的关系。　　　　　　　　　　　　　答案:电容,电感,短路,短路(接地),静态工作点,交流

3.1-2　在图示放大电路中,当 R_b 增大时,I_{CQ} 将____;当 R_c 减小时,I_{CQ} 将____;当 R_L 增大时,I_{CQ} 将____。当晶体管的 β 减小时,I_{CQ} 将____;当 E_c 增大时,I_{CQ} 将____。　　　答案:减小,不变,不变,减小,增大

3.1-3　如图所示的偏置电路称为____偏置电路,其中电阻____引入可以用以稳定 Q 点。该电路中只有电阻____对 I_c 几乎无影响,当 R_c 增加时,工作点会移向____区。　　答案:分压式,R_e,R_c,饱和区

3.1-4　如图所示共射放大器的输出直流负载线方程近似为____,其输出交流负载线经过____点。

答案:$I_C = \dfrac{E_C - U_{CE}}{R_c + R_e}$,静态工作

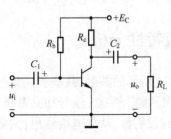

思考与练习 3.1-2 图

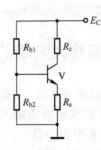

思考与练习 3.1-3 图

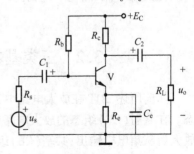

思考与练习 3.1-4 图

3.1-5　电路如图所示,当用直流电压表测出 $U_{CE} \approx E_c$,可能是因为_____;当测出 $U_{CE} \approx 0$,可能是因为_____。集电极电阻 R_c 的作用是_____。若换上一个 β 比原来大的晶体管后,出现了非线性失真,则该失真一定是_____。若电路原来存在非线性失真,当减小 R_b 后,失真消失了,则该失真一定是_____。

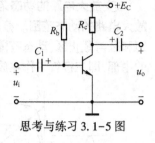

思考与练习 3.1-5 图

答案:R_c 短路或 R_b 开路晶体管截止,R_c 开路或 R_b 过小或 β 过大晶体管饱和,防止输出信号交流对地短路,把放大了的电流转换为电压,饱和失真,截止失真

3.1-6　电路如图所示,下述判断电路放大能力的描述正确的是(　　)

A. (a)、(c)不能放大,(b)能放大　　B. (a)、(b)不能放大,(c)能放大

C. (b)、(c)不能放大,(a)能放大　　D. (b)不能放大,(a)、(c)能放大

答案:A

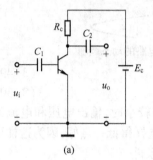　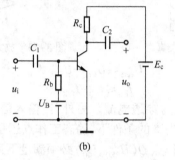　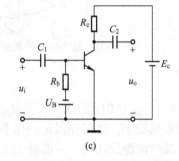

(a)　　　　　　　　　　(b)　　　　　　　　　　(c)

思考与练习 3.1-6 图

3.1-7　若由 PNP 型管组成的共射电路中,输出电压波形如图所示,则分别产生了(　　)

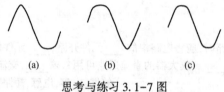

(a)　　　　　　(b)　　　　　　(c)

思考与练习 3.1-7 图

A. (a)截止失真,(b)饱和失真,(c)同时出现饱和失真和截止失真

B. (a)饱和失真,(b)截止失真,(c)同时出现饱和失真和截止失真

C. (a)截止失真,(b)饱和失真,(c)交越失真

D. (a)饱和失真,(b)截止失真,(c)交越失真　　　答案:A

3.1-8　已知图示放大电路中晶体管的 $\beta = 100$,$U_{BEQ} = 0.7$ V,$U_{CEQ} = 4.5$ V。估算静态电流 I_{BQ}、I_{CQ} 和电阻 R_b 的值。

答案:25 μA,2.5 mA,154 kΩ

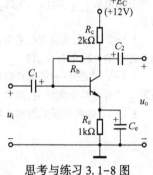

思考与练习 3.1-8 图

3.2　三类基本组态放大电路的交流特性分析

如前所述,BJT 在放大电路中有三种基本连接方式,如图 3-24 所示的共射、共基和共集组态。在共射(CE)组态的放大电路中,BJT 以发射极为输入和输出回路公共点,信号加到基极,放大后从集电极输出;共基(CB)组态,以基极为公共点,信号加到发射极,从集电极输出;共集(CC)组态,以集电极为公共点,信号加到基极,从发射极输出(又称射极输出器)。

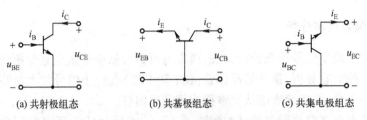

(a) 共射极组态 (b) 共基极组态 (c) 共集电极组态

图 3-24　BJT 三种基本组态

　　与此相同,FET 在放大电路中也具有三种基本连接方式,如图 3-25 所示的共源、共栅和共漏组态。在共源(CS)组态中,以栅极作为输入端,漏极作为输出端,源极为公共点;共栅(CG)组态中,以源极作为输入端,漏极作为输出端,栅极为公共点;共漏(CD)组态中,以栅极作为输入端,源极作为输出端,漏极为公共点。比较两类晶体管(BJT 和 FET)的三种基本组态,可以看出:共射和共源电路组态类似,共基和共栅电路组态类似,共集和共漏电路组态类似。为了便于对两类晶体管(BJT 和 FET)放大电路进行比较,把组态类似的 BJT 和 FET 编成一组,分成三类基本组态,即有:共射和共源类基本组态,共基和共栅类基本组态,共集和共漏类基本组态。下面分别对这三类基本组态放大电路的特性进行分析。

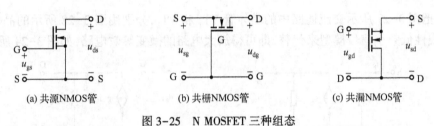

(a) 共源NMOS管 (b) 共栅NMOS管 (c) 共漏NMOS管

图 3-25　N MOSFET 三种组态

3.2.1　共射和共源放大电路

　　工程上常用的共射(CE)和共源(CS)放大电路如图 3-26 所示。这类放大器的直流偏置电路如图 3-7 所示,静态工作点的计算与分析在 3.1 节已做了详尽的介绍。下面重点学习和掌握放大电路的小信号动态分析和交流参数的计算方法。另外,由于 FET 的种类较多,以后如果没有特别的说明都将以增强型 N MOSFET 的放大电路为例,其他类型 FET 的放大电路读者可模仿自行分析。

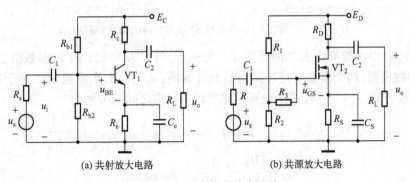

(a) 共射放大电路 (b) 共源放大电路

图 3-26　阻容耦合放大电路

1. 交流小信号动态分析

放大电路的交流小信号动态分析方法,通常也可称为微变等效电路分析法,它是基于放大电路交流通路上的动态分析,是分析晶体管(BJT 和 FET)线性小信号放大电路的基本方法,也是本课程的核心内容,希望读者能认真掌握这部分的内容。

根据所述放大电路交流通路的基本画法,在图 3-26 所示的常用阻容耦合共射(CE)和共源(CS)放大电路中,只要把电路中的耦合电容 C_1、C_2,旁路电容 C_e、C_S 短路,电源电压 E_C、E_D 对地短路,即可得到该电路的交流通路,如图 3-27 所示,其中 $R_b = R_{b1} /\!/ R_{b2}$,$R_G = R_3 + R_1 /\!/ R_2$。

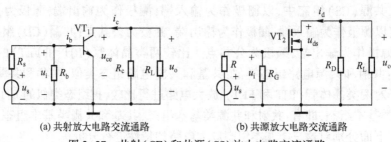

(a) 共射放大电路交流通路   (b) 共源放大电路交流通路

图 3-27   共射(CE)和共源(CS)放大电路交流通路

如果把图 3-27 所示交流通路中的晶体管 VT_1 和 VT_2,分别用图 3-28 所示的晶体管(BJT 和 FET)线性低频小信号模型来代替,即可得放大电路的微变等效电路,如图 3-29 所示。

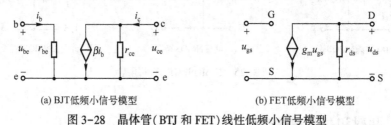

(a) BJT低频小信号模型   (b) FET低频小信号模型

图 3-28   晶体管(BTJ 和 FET)线性低频小信号模型

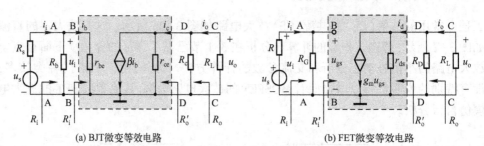

(a) BJT微变等效电路   (b) FET微变等效电路

图 3-29   共射(CE)和共源(CS)放大电路的微变等效电路

图 3-29(a) 中虚线框内 BJT 的低频小信号模型,可以采用 BJT 的 H 参数模型,也可以采用混合 π 参数模型,两个模型电路之间当然是等效的,从电路上来看差别仅在于集电极受控电流源的受控方式不同。比较两个电路不难发现各参数之间的关系为

$$h_{ie} = r_{be} = r_{bb'} + r_{b'e} \approx r_{b'e}, \quad \beta i_b = g_{m(BJT)} u_{b'e} \approx g_{m(BJT)} u_{be}, \quad r_{ce} = \frac{1}{h_{oe}} = \frac{U_A}{I_{CQ}}$$

$$r_{b'e} = \beta \frac{U_T}{I_{CQ}} = \frac{\beta}{g_{m(BJT)}}, \quad g_{m(BJT)} = \frac{I_{CQ}}{U_T}$$

另外,在分立元件电路中 MOSFET 的衬底极(B)与源极(S)之间一般都是短接的,所以各

类 FET 的低频小信号模型在电路结构上是相同的。下面主要分析共射(CE)和共源(CS)放大电路的交流参数。

2. 交流参数分析

（1）输入电阻 R_i

放大电路的输入电阻定义为

$$R_i = u_i/i_i \tag{3-53}$$

输入电阻是从放大器的输入端口(从 A-A 端口向右)视入放大器的交流等效电阻。这一概念的理论依据是：从 A-A 端口向右视的放大器微变模型是一个不含独立源的线性电阻性单口网络。该电路可以等效为一个电阻，即输入电阻 R_i。如 3.1 节所述，输入电阻要从信号源吸收信号功率，因此可以这样说：放大器的输入电阻其实是放大器输入端口信号源的负载，而信号源可能代表着前级放大电路。因此，**输入电阻 R_i 是反映放大器与信号源（或前级放大电路）之间相互联系及相互影响的一个重要参数**，也是工程上衡量放大器优劣的技术指标。

观察图 3-29(a)，共射放大器的输入电阻为

$$R_i = u_i/i_i = i_i(R_b /\!/ r_{be})/i_i = R_b /\!/ r_{be} = R_b /\!/ R_i' \tag{3-54}$$

式中，$R_i' = r_{be} = h_{ie} = r_{bb'} + r_{b'e}$，表示从晶体管的输入口(B-B 端)视入的输入电阻，也称为**管端输入电阻**。

观察图 3-29(b)，共源放大器的输入电阻为

$$R_i = u_i/i_i = i_i R_G/i_i = R_G \tag{3-55}$$

式中，$R_G = R_3 + R_1 /\!/ R_2$，从 FET 的输入口(B-B 端)视入的管端输入电阻为无穷大。

（2）输出电阻 R_o

放大器要向负载 R_L 提供信号功率，因此，放大器在输出口对负载而言，可等效为一个新的信号源，该信号源的内阻就是输出电阻 R_o。这一重要概念的电路理论依据是从负载向放大器方向视入(从 C-C 端口向左视)，放大器相当于一个含有独立源的线性单口电阻性网络。根据戴维南定理，可以将该网络等效为一个电压源与电阻串联的简单含源支路，该含源支路相对于负载 R_L(或后级放大电路)来说，即为新的等效信号源，支路中的电阻就是输出电阻。

实际中可以用求输出端口开路电压与短路电流的比来求得输出电阻，这种方法常常用于测量放大器的输出电阻。但是在放大器小信号分析中，求输出电阻的方法是：将独立源 u_s 置零和负载开路，在放大器输出端口加入测试电压 u_o，求出 u_o 产生的电流 i_o，则输出电阻 R_o 为 u_o 与 i_o 之比。即输出电阻 R_o 定义为

$$R_o = \frac{u_o}{i_o} \bigg|_{\substack{R_L=\infty \\ u_s=0}} \tag{3-56}$$

观察图 3-29，当 $u_s = 0$ 时，$i_b = 0$(i_b 与所加 u_o 无关)，所以输出回路的受控电流源开路(即 $\beta i_b = 0$，$g_m u_{gs} = 0$)，使得共射放大器的输出电阻为

$$R_o = \frac{u_o}{i_o} \bigg|_{\substack{R_L=\infty \\ u_s=0}} = \frac{u_o}{\dfrac{u_o}{R_c /\!/ r_{ce}}} = R_c /\!/ r_{ce} = R_c /\!/ R_o' \tag{3-57}$$

式中，$R_o' = r_{ce}$，表示从晶体管的输出端口视入(从 D-D 端往左视)的输出电阻，也称为**管端输出电阻**。

同理，共源放大器的输出电阻为

$$R_o = \frac{u_o}{i_o}\bigg|_{\substack{R_L = \infty \\ u_s = 0}} = \frac{u_o}{\dfrac{u_o}{R_D \, / \! / \, r_{ds}}} = R_D \, / \! / \, r_{ds} = R_D \, / \! / \, R_o' \tag{3-58}$$

式中,$R_o' = r_{ds}$,表示从 FET 的输出口(D-D 端往左视)的管端输出电阻。如果 BJT 不计基区宽调效应,FET 不计沟道宽调效应,在图 3-28 所示的晶体管(BJT 和 FET)线性低频小信号模型中,可以忽略 r_{ce} 和 r_{ds} 的作用(即 $r_{ce} \to \infty$,$r_{ds} \to \infty$,这是工程上常用的简化等效模型),这样共射(CE)和共源(CS)放大电路的输出电阻 $R_o = R_c$ 或 R_D,$R_o' = \infty$。这是工程上共射(CE)和共源(CS)放大电路输出电阻的常用估算式。

(3) 电压增益 A_u

放大器的电压增益(即电压放大倍数)定义为

$$A_u = u_o / u_i \tag{3-59}$$

观察图 2-29(a),因为 $u_i = i_b r_{be}$,$u_o = (r_{ce} \, / \! / \, R_c \, / \! / \, R_L)(-\beta i_b)$,所以共射放大器的 A_u 为

$$\begin{aligned} A_u = \frac{u_o}{u_i} &= \frac{-\beta i_b (r_{ce} \, / \! / \, R_c \, / \! / \, R_L)}{i_b r_{be}} \\ &= \frac{-\beta (r_{ce} \, / \! / \, R_L')}{r_{be}} \approx \frac{-\beta R_L'}{r_{be}} \quad (\text{忽略 } r_{ce}) \end{aligned} \tag{3-60}$$

式(3-60)中 $R_L' = R_c \, / \! / \, R_L$,称为集电极的交流负载。式中的的负号表明:输出电压 u_o 与输入电压 u_i 反相,这是我们已经熟悉的结论:**共射放大器在中频段是反相放大器**。同理,共源(CS)放大电路的 A_u 为

$$\begin{aligned} A_u = \frac{u_o}{u_i} &= \frac{-g_m u_{gs}(r_{ds} \, / \! / \, R_D \, / \! / \, R_L)}{u_{gs}} \\ &= -g_m (r_{ds} \, / \! / \, R_L') \approx -g_m R_L' \quad (\text{忽略 } r_{ds}) \end{aligned} \tag{3-61}$$

根据 A_u 的表达式,能否得出 A_u 正比于 β 或 g_m 的结论呢?其实不然。这是因为共射放大电路 $r_{be} = r_{bb'} + r_{b'e} \approx r_{b'e}$,而 $r_{b'e} = \beta \dfrac{U_T}{I_{CQ}} = \dfrac{\beta}{g_{m(BJT)}}$,$g_{m(BJT)} = \dfrac{I_{CQ}}{U_T}$,即在工作点电流 I_{CQ} 一定时,$r_{b'e}$ 也与 β 成正比。则 $A_u \approx -\beta R_L'/r_{b'e} = -I_{CQ} R_L'/U_T = -g_{m(BJT)} R_L'$。此时,$A_u$ 的值近似与静态电流 I_{CQ} 成正比。在小偏置电流共射放大器(此时 $r_{b'e}$ 很大)中,尤其是在集成共射放大电路中,$A_u \approx -g_{m(BJT)} R_L'$ 是一个常用的公式。同理,共源(CS)放大电路的 $g_m = \sqrt{2\beta_n I_{DQ}}$,$\beta_n$ 为常数(W/L 为常数)时,A_u 的值与漏极静态电流 I_{DQ} 的平方根成正比。

另外,输出电压 u_o 不仅与电压增益有关,而且还与信号源的内阻 R_s 有关。为了反映信号源内阻 R_s 对放大器输出电压的影响,定义**源电压增益 A_{us}** 为

$$A_{us} = \frac{u_o}{u_s} = \frac{u_i}{u_s} \cdot \frac{u_o}{u_i} \tag{3-62}$$

式中

$$u_i = \frac{R_i}{R_s + R_i} u_s \qquad A_{us} = \frac{R_i}{R_s + R_i} A_u \tag{3-63}$$

A_{us} 是一个考虑了输入电压 u_i 对信号源电压 u_s 利用率的增益,它与信号源的内阻有关。**当信号源一定时,A_{us} 反映了放大器放大电压的实际能力**。如果 R_i 越大,u_i 就越大,u_o 也就越大。即增加输入电阻对放大电压有利。因此,**$R_i = \infty$ 即成为理想电压放大器的一个条件**。理想电压放大器的另一个条件是 **$R_o = 0$**。因为这时放大器输出电压最大,带负载的能力也最强。理想电压放大器虽然实际上并不存在,但有些放大器却很接近理想电压放大器。第 7 章将要

讨论的集成运算放大器就是性能十分接近理想电压放大器的典型例子。

（4）电流增益 A_i

放大器的电流增益（即电流放大倍数）A_i 定义为

$$A_i = i_o/i_i \tag{3-64}$$

电流增益定义为放大器的输出电流 i_o 与输入电流 i_i 之比。由于一般通用小信号放大器多是以提高输出电压为目的的电压放大器，而且测量放大器的信号电压比测量信号电流要容易得多，所以，电流增益通常并不作为通用放大器的主要指标。而且**只要电压增益已知，电流增益也很容易求得。**观察图 3-29 所示的电路，可导出 A_i 与 A_u 的关系如下：

$$A_i = \frac{i_o}{i_i} = -\frac{u_o/R_L}{u_i/R_i} = -\frac{R_i}{R_L}A_u \tag{3-65}$$

应该注意，式（3-65）中的负号表明图 3-29 的放大器采用 i_o 以流入为正方向。显然，共射放大器具有较大的电流增益。

如果把放大器输入端等效成如图 3-30 所示的电路，为了反映信号源内阻 R_s 对放大器输出电流的影响，定义**源电流增益 A_{is}** 为

$$A_{is} = \frac{i_o}{i_s} = \frac{i_i}{i_s}\frac{i_o}{i_i} = \frac{R_s}{R_i+R_s}A_i \tag{3-66}$$

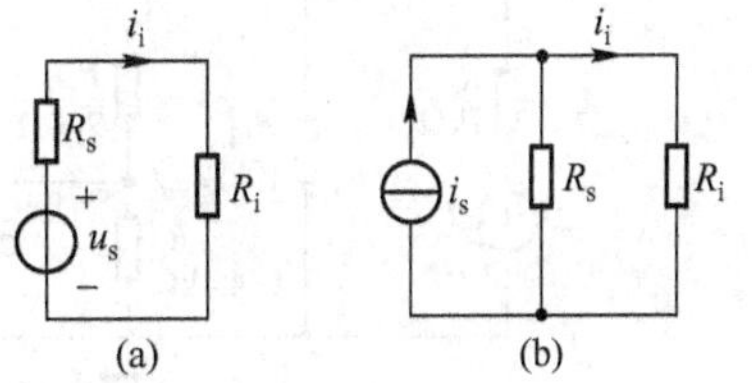

图 3-30　放大器输入端等效电路

（5）功率增益 A_P

功率增益定义为放大器负载吸收的信号功率 P_o 与信号源输入的信号功率 P_i 之比。由图 3-29 所示的电路，可导出 A_P 与 A_u 和 A_i 的关系如下：

$$A_P = \frac{P_o}{P_i} = \left|\frac{u_o i_o}{u_i i_i}\right| = |A_u||A_i| \tag{3-67}$$

由于测量微波信号的功率比测量其电流、电压容易，所以，功率增益是微波放大器的主要技术指标。其实，功率放大是所有放大器的共同功能。放大就是信号源将较小的功率输入到放大器，使得晶体管的控制功能起作用，将电源的能量转化为更大的负载功率输出。由于共射（CE）和共源（CS）放大电路的 A_u 和 A_i 都较大，所以具有更大的功率增益，这也是共射（CE）和共源（CS）放大电路使用广泛的一个重要原因。

（6）增益的分贝表示法

A_P 与 A_u 和 A_i 都是没有量纲的量，除了可以用"倍数"作为单位外，工程上还常常以分贝（dB）作为单位。分贝的定义如下：

A_P 的分贝数：$A_P(\mathrm{dB}) = 10\lg A_P$

A_u 的分贝数：$A_u(\mathrm{dB}) = 20\lg |A_u|$

A_i 的分贝数：$A_i(\mathrm{dB}) = 20\lg |A_i|$

采用分贝作为单位可以将很大的倍数变为较小的分贝数，可以将多级放大器中增益的倍数相乘变为增益的分贝数相加，使得电路分析和设计更为方便。此外，在绘制频率特性曲线时（第 5 章），采用分贝作为单位就可以使用对数坐标，使得作图方便容易。

以上我们对共射（CE）和共源（CS）放大电路的动态特性及参数进行了分析，所采用的分析方法同样适用于其他组态的放大电路。现将放大器微变等效分析的步骤总结如下：

① 根据直流通路估算静态工作点 $Q(I_{CQ}, U_{CEQ})$ 或 $Q(I_{DQ}, U_{DSQ})$。

② 根据交流通路,用简化的晶体管(BJT 和 FET)线性低频小信号模型代替交流通路中相应的晶体管,画出放大器的微变等效电路。

③ 由静态工作点计算模型参数:$r_{b'e} = \beta U_T/I_{CQ}$,$r_{ce} = U_A/I_{CQ}$,$r_{bb'} = 50 \sim 300\ \Omega$,$g_m = \sqrt{2\beta_n I_{DQ}}$,$r_{ds} \approx U_A/I_{DQ}$,$\beta_n = \mu_n C_{ox} W/L$。

④ 利用线性微变等效电路计算 R_i,R_o,A_u,A_i 等。

【例 3-4】 图 3-31 所示的共射(CE)和共源(CS)放大电路中,已知 BJT 的 $r_{bb'} = 200\ \Omega$,$\beta = 200$,$U_A = 100\ V$。FET 的 $I_{DSS} = 5\ mA$,$U_{GS(off)} = -2\ V$,$1/\lambda = 100\ V$。C_1,C_2 是耦合电容,C_e,C_S 是旁路电容。试求放大器中频段的 R_i,R_o,A_u 和 A_{us}。

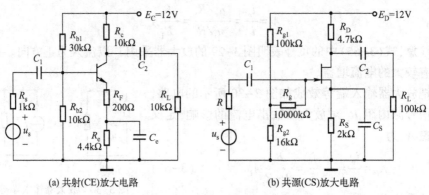

(a) 共射(CE)放大电路　　　　　　(b) 共源(CS)放大电路

图 3-31　例 3-4 的放大电路

解:(1)先估算静态工作点。

根据图 3-31 所示放大电路画出直流通路如图 3-32 所示,由共射(CE)直流通路可估算出静态工作点

$$U_{BQ} \approx \frac{R_{b2}}{R_{b1}+R_{b2}}E_C = \frac{10 \times 12}{30+10} = 3\ V$$

$$I_{CQ} \approx I_{EQ} \approx \frac{U_{BQ}-U_{BEQ}}{R_e+R_F} = \frac{3-0.7}{4.4+0.2} = 0.5\ mA$$

$$U_{CEQ} \approx E_C - I_{CQ}(R_c+R_e+R_F)$$
$$= 12 - 0.5 \times (10+4.4+0.2) = 4.7\ V$$

由此可求出 BJT 的小信号参数:

$$r_{b'e} \approx \beta U_T/I_{CQ} = 200 \times 26\ mV/0.5\ mA = 10.4\ k\Omega$$

$$r_{be} \approx r_{bb'} + r_{b'e} = 200\ \Omega + 10.4\ k\Omega = 10.6\ k\Omega$$

$$r_{ce} \approx U_A/I_{CQ} = 200\ k\Omega$$

$$r_{b'c} \approx \beta r_{ce} = 4\ M\Omega(可以忽略)$$

同理,由共源(CS)直流通路可估算出静态工作点

$$U_{GQ} = \frac{R_{g2}}{R_{g1}+R_{g2}}E_D = \frac{16 \times 24}{100+16} = 3.31\ V$$

$$U_{SQ} = I_{DQ}R_S = R_S I_{DSS}\left(1-\frac{U_{GSQ}}{U_{GS(off)}}\right)^2 = 10\left(1+\frac{U_{GSQ}}{2}\right)^2$$

$$U_{GSQ} = U_{GQ} - U_{SQ} = 3.31 - 10\left(1+\frac{U_{GSQ}}{2}\right)^2$$

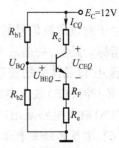

(a) 共射直流通路

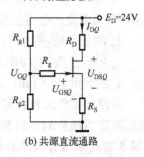

(b) 共源直流通路

图 3-32　共射和共源放大电路直流通路

解二次方程 $\qquad\qquad U_{GSQ}^2+4.4U_{GSQ}+2.68=0$

两个根为 $\qquad\qquad U_{GSQ1}=-3.67\ V$ （增根）， $\qquad U_{GSQ2}=-0.73\ V$ （合理）

因为 $U_{GS(off)}=-2\ V$，所以取 $U_{GSQ}=-0.73\ V$。

又因为 $\qquad\qquad U_{GSQ}=U_{GQ}-U_{SQ}=U_{GQ}-R_S I_{DQ}$

所以 $\qquad\qquad I_{DQ}=\dfrac{U_{GQ}-U_{GSQ}}{R_S}=\dfrac{3.31+0.73}{R_S}=2.02\ mA$

$$U_{DSQ}=E_D-I_{DQ}(R_D+R_S)=10.47\ V$$

由式(2-50)和式(2-51)可求出 FET 的小信号参数：

$$r_{ds}=\frac{1}{\lambda I_{DQ}}=100\times\frac{1}{2.02}=49.5\ k\Omega,\quad g_{mo}=\frac{2I_{DSS}}{U_{GS(off)}}=-5\ mS,\quad g_m=-g_{mo}\sqrt{\frac{I_{DQ}}{I_{DSS}}}=3.18\ mS$$

（2）画出放大器交流通路和小信号微变等效电路，如图 3-33 所示。

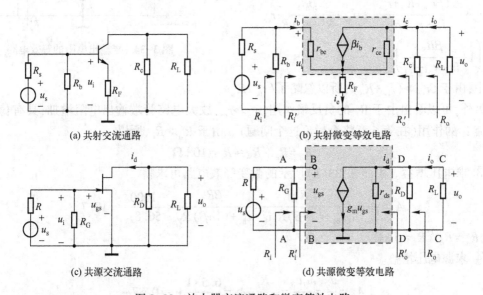

(a) 共射交流通路　　　　　　　　　　(b) 共射微变等效电路

(c) 共源交流通路　　　　　　　　　　(d) 共源微变等效电路

图 3-33　放大器交流通路和微变等效电路

（3）由图 3-33(b)可求得共射放大器的 R_i,R_o,A_u 和 A_{us}。

① 输入电阻：$R_i=R_b/\!/R_i'$。

$$R_i'=\frac{u_i}{i_b}=\frac{r_{be}i_b+(1+\beta)i_b R_F}{i_b}=r_{be}+(1+\beta)R_F$$

$$=10.6+201\times0.2=50.8\ k\Omega$$

在图 3-33(b)中，R_i' 是 i_b 支路到地的等效电阻。由于 i_b 支路的电阻 r_{be} 与发射极下面的接地电阻 R_F 并不是简单的串联关系，流过 R_F 的电流 i_e 是 i_b 的 $(1+\beta)$ 倍。可以将 R_F 扩大 $(1+\beta)$ 倍后折算到 i_b 支路，并使得 R_F 上的电压不变。这样 i_b 支路到地的等效电阻为 $r_{be}+(1+\beta)R_F$，即电阻 r_{be} 与折算后的等效电阻 $(1+\beta)R_F$ 串联。这种电阻折算的方法称为阻抗反映法。**阻抗反映法其实就是电路理论中的米勒对偶定理：将大电流支路上的电阻折算到小电流支路时，折算后的电阻扩大。将小电流支路上的电阻折算到大电流支路时，折算后的电阻缩小。电阻扩大或缩小的倍数就是两电流间的倍数。利用阻抗反映的观点来分析放大器等效电路常常会使得问题分析变得简单直观。**

另外,可以看出由于 R_F 的负反馈作用,$R'_i \gg r_{be}$,放大电路管端输入电阻增加。

$$R_i = R_b /\!/ R'_i = \frac{50.8 \times 7.5}{50.8 + 7.5} = \frac{381}{58.3} \approx 6.5 \text{ k}\Omega$$

其中,$R_b = R_{b1} /\!/ R_{b2} = 7.5 \text{ k}\Omega$。

② 输出电阻:$R_o = R_c /\!/ R'_o$。

根据求输出电阻的定义式(3-56),画出求输出电阻的等效电路如图 3-34 所示。图中虚线框内的电阻 $R'_s = R_s /\!/ R_b$。

$$R'_o = \frac{u_o}{i_c}\bigg|_{u_s=0} = \frac{(i_c - \beta i_b) r_{ce} + i_c (R_F /\!/ (r_{be} + R'_s))}{i_c}$$

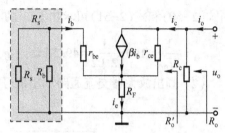

图 3-34　求输出电阻的等效电路

其中,$i_b = -\dfrac{i_c(R_F /\!/ (r_{be} + R'_S))}{r_{be} + R'_s}$,代入上式可得

$$R'_o = r_{ce} + \frac{R_F(\beta r_{ce} + R'_s + r_{be})}{R'_s + r_{be} + R_F} \approx r_{ce} + \frac{\beta R_F}{R'_s + r_{be} + R_F} r_{ce}$$

$$\approx \left(1 + \frac{\beta R_F}{R'_s + r_{be} + R_F}\right) r_{ce}$$

上式中,由于 $\beta r_{ce} \gg (r_{be} + R'_s)$,所以忽略了 $(r_{be} + R'_s)$。

另外,可以看出由于 R_F 的负反馈作用,$R'_o \gg r_{ce}$,放大电路管端输出电阻增加,具有稳定输出电流 i_c 的作用(在第 6 章将会讨论这个问题)。由于 $R'_o \gg R_c$,所以

$$R_o = R_c /\!/ R'_o \approx R_c = 10 \text{ k}\Omega$$

③ 求电压增益。由图 3-33(b)所示的微变等效电路可求得

$$A_u = \frac{u_o}{u_i} = \frac{-i_c R'_L}{i_b r_{be} + (1+\beta) R_F i_b} = \frac{-\beta R'_L}{r_{be} + (1+\beta) R_F} = \frac{-1000}{50.8} \approx -19.7$$

其中,$R'_L = R_c /\!/ R_L = 5 \text{ k}\Omega$。

④ 求源电压增益。

$$A_{us} = \frac{u_o}{u_s} = \frac{u_i u_o}{u_s u_i} = \frac{R_i}{R_s + R_i} A_u = \frac{6.5 \times 1}{6.5 + 1} A_u \approx 0.87 A_u$$

可见,由于 R_F 的负反馈作用,使输入电阻增加,源电压增益增加。

(4) 同理,由图 3-33(d)可求得共源放大器的 R_i,R_o,A_u 和 A_{us}。

$$R_i = R_g + R_{g1} /\!/ R_{g2}$$

$$A_u = \frac{u_o}{u_i} = \frac{-g_m u_{gs} R'_L}{u_{gs}} = -g_m R'_L, \quad A_{us} = \frac{u_o}{u_s} = \frac{R_i}{R_s + R_i} A_u$$

$$R'_o = r_{ds} = 49.5 \text{ k}\Omega, \quad R_o = R'_o /\!/ R_D \approx R_D = 4.7 \text{ k}\Omega$$

3.2.2　共集和共漏放大电路

1. 共集和共漏放大器的电路结构

共集(CC)放大器中,信号加到基极,从发射极输出(又称射极输出器),集电极为公共点。共漏(CD)放大器中,以栅极作为输入端,源极作为输出端(又称源极输出器),漏极为公共点。图 3-35 给出了共集和共漏放大器的工程应用电路。

图 3-36 是共集和共漏放大器的直流偏置通路。如前所述,由于直流偏置通路与组态

无关,所以共集和共漏放大器也可以直接采用与共射(CE)和共源(CS)放大器相同的直流偏置通路。但由于共集和共漏放大器是由射极或源极输出的,考虑到输出信号的动态范围及功率的损耗,通常共集和共漏放大器的集电极或漏极直接接直流电源。另外,图3-36(a)所示的共集直流通路采用了一种简单化的基极偏置电路,下面针对这种偏置电路估算其静态工作点。

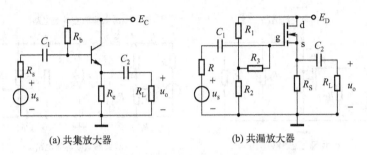

(a) 共集放大器　　　　　　　　(b) 共漏放大器

图 3-35　共集和共漏放大器

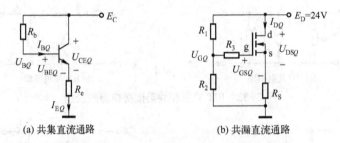

(a) 共集直流通路　　　　　　　(b) 共漏直流通路

图 3-36　共集和共漏放大器的直流偏置通路

利用图 3-36(a)所示的直流通路,列写基极回路的电压方程:

$$U_{BQ} = E_C - I_{BQ}R_b = U_{BEQ} + (1+\beta)I_{BQ}R_e \tag{3-68}$$

根据式(3-68)可得基极静态偏置电流

$$I_{BQ} = \frac{E_C - U_{BEQ}}{R_b + (1+\beta)R_e} \tag{3-69}$$

其中,U_{BEQ}可采用 BJT 的经典值估算,如 $U_{BEQ} = 0.7$ V。如前所述

$$I_{CQ} = \beta I_{BQ} \tag{3-70}$$

$$U_{CEQ} = E_C - I_{EQ}R_e \tag{3-71}$$

2. 交流参数的分析

图 3-37 分别是共集和共漏放大器的交流通路和微变等效电路,其中图(b)的共集微变等效电路忽略了 r_{ce}。由图中所示的微变等效电路就可以求得共集和共漏放大器的交流参数。

另外还需注意,在画共集和共漏放大器的微变等效电路时,晶体管(BJT 和 FET)可以利用 BJT 的共射微变模型和 FET 的共源微变模型,但必须对 BJT 的发射极与集电极进行位置对换,对 FET 的源极与漏极进行对换。图 3-38 示出了 BJT 共射微变模型与共集微变模型之间的变换关系。图 3-39 示出了 FET 共源微变模型与共漏微变模型之间的变换关系。

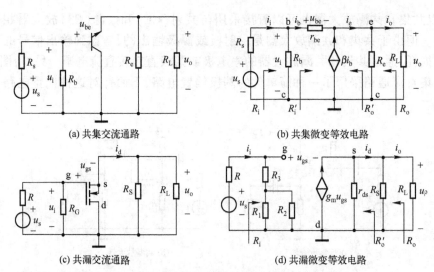

(a) 共集交流通路

(b) 共集微变等效电路

(c) 共漏交流通路

(d) 共漏微变等效电路

图 3-37 共集和共漏放大器的微变等效电路

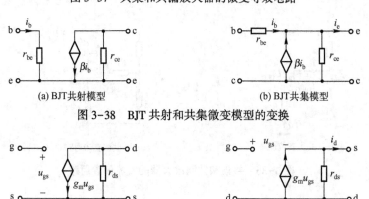

(a) BJT共射模型

(b) BJT共集模型

图 3-38 BJT 共射和共集微变模型的变换

(a) FET共源模型

(b) FET共漏模型

图 3-39 FET 共源和共漏微变模型的变换

（1）输入电阻 R_i

① 共集放大器的输入电阻

观察图 3-37(b) 所示的共集微变等效电路可以看出

$$R_i = R_b \mathbin{/\mkern-5mu/} R_i'$$

$$
\begin{aligned}
R_i' &= \frac{u_i}{i_b} = \frac{r_{be} i_b + u_o}{i_b} = \frac{r_{be} i_b + (1+\beta) i_b (R_L \mathbin{/\mkern-5mu/} R_e)}{i_b} \\
&= r_{be} + (1+\beta)(R_L \mathbin{/\mkern-5mu/} R_e) \\
&= r_{be} + (1+\beta) R_L'
\end{aligned}
\tag{3-72}
$$

式中，$R_L' = R_L \mathbin{/\mkern-5mu/} R_e$。由于通常 $(1+\beta) R_L' \gg r_{be}$，所以**共集放大电路的管端输入电阻 R_i' 比共射电路的 R_i' 要大得多，这是共集放大电路的一个重要特点。**

② 共漏放大器的输入电阻

观察图 3-37(d) 可知，$R_i = R_G = R_3 + R_1 \mathbin{/\mkern-5mu/} R_2$。

与共源放大器一样，共漏放大器的输入电阻只由管外偏置电阻决定。这是因为两种组态的输入端都是栅极，因为从栅极视入的管端输入电阻为无穷大，放大器的输入电阻只能由管外电阻决定。

（2）输出电阻 R_o

根据求输出电阻的定义，输入端信号源短路，输出端负载开路，其等效电路如图 3-40 所示。

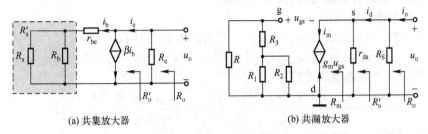

(a) 共集放大器　　　　　　　(b) 共漏放大器

图 3-40　求输出电阻的等效电路

① 共集放大器的输出电阻

观察图 3-40(a) 可以看出，$R_o = R_e \mathbin{/\mkern-5mu/} R_o'$。其中

$$R_o' = \frac{u_o}{i_e} = \frac{u_o}{i_b + \beta i_b} = \frac{u_o}{i_b(1+\beta)}, \qquad i_b = \frac{u_o}{r_{be} + R_s'}$$

所以
$$R_o' = \frac{r_{be} + R_s'}{1+\beta} \tag{3-73}$$

式中，$R_s' = R_s \mathbin{/\mkern-5mu/} R_b$。由式(3-73) 可知，将基极支路上的总电阻($R_s' + r_{be}$)除以($1+\beta$)以后折算到发射极支路就是 R_o'。从而放大器的输出电阻为

$$R_o = R_e \mathbin{/\mkern-5mu/} \frac{r_{be} + R_s'}{1+\beta} \approx \frac{r_{be} + R_s'}{1+\beta} \tag{3-74}$$

将式(3-74) 与式(3-57) 比较可知，**射极输出器的 R_o' 远小于共射放大器的 R_o'，在信号源内阻 R_s 较小时尤其如此。**

② 共漏放大器的输出电阻

由图 3-40(b) 可以看出，在输出端加一交流测试电压 u_o，则管端输出电阻

$$R_o' = \frac{u_o}{i_d} \Bigg|_{u_s=0} = R_m \mathbin{/\mkern-5mu/} r_{ds}$$

式中，R_m 为受控源支路的交流等效电阻。由于在信号源电压 $u_s = 0$ 时，$u_g = 0$，$u_{gs} = -u_o$，所以，流过受控源支路的电流为

$$i_m = -g_m u_{gs} = g_m u_o$$

那么，该支路的电阻为

$$R_m = \frac{u_o}{i_m} = \frac{u_o}{g_m u_o} = \frac{1}{g_m}$$

所以
$$R_o = \frac{u_o}{i_o} \Bigg|_{u_s=0} = R_m \mathbin{/\mkern-5mu/} r_{ds} \mathbin{/\mkern-5mu/} R_S = \frac{1}{g_m} \mathbin{/\mkern-5mu/} r_{ds} \mathbin{/\mkern-5mu/} R_S \approx \frac{1}{g_m} \mathbin{/\mkern-5mu/} R_S \tag{3-75}$$

可见，**共漏放大器输出电阻较小，输出电压较稳定。**

（3）电压增益 A_u

① 共集放大器的电压增益

观察图 3-37(b) 可以看出，共集放大器的电压增益为

$$A_u = \frac{u_o}{u_i} = \frac{i_b(1+\beta)R_L'}{i_b[r_{be} + (1+\beta)R_L']} = \frac{(1+\beta)R_L'}{r_{be} + (1+\beta)R_L'} < 1 \tag{3-76}$$

式(3-76)表明,射极输出器的 A_u 小于1,该组态没有电压放大作用。

由于通常 $(1+\beta)R'_L \gg r_{be}$,故 $A_u \approx 1$,这表明射极输出器的输出电压总是跟随输入电压,所以射极输出器又称为射极跟随器,简称射随器。

② 共漏放大器的电压增益

观察图 3-37(d) 可以看出,$u_o = g_m u_{gs}(r_{ds} /\!/ R_S /\!/ R_L)$。应用 KVL,有

$$u_i = u_{gs} + u_o = u_{gs} + g_m u_{gs}(r_{ds} /\!/ R_S /\!/ R_L) = u_{gs}[1 + g_m(r_{ds} /\!/ R_S /\!/ R_L)]$$

所以,共漏放大器的电压增益

$$A_u = \frac{u_o}{u_i} = \frac{g_m u_{gs}(r_{ds} /\!/ R_S /\!/ R_L)}{u_{gs} + g_m u_{gs}(r_{ds} /\!/ R_S /\!/ R_L)} = \frac{g_m(r_{ds} /\!/ R_S /\!/ R_L)}{1 + g_m(r_{ds} /\!/ R_S /\!/ R_L)} < 1 \tag{3-77}$$

若 r_{ds} 可忽略不计或 $r_{ds} > 10(R_S /\!/ R_L)$,则

$$A_u = \frac{u_o}{u_i} = \frac{g_m(r_{ds} /\!/ R_S /\!/ R_L)}{1 + g_m(r_{ds} /\!/ R_S /\!/ R_L)} \approx \frac{g_m(R_S /\!/ R_L)}{1 + g_m(R_S /\!/ R_L)} \approx 1 \tag{3-78}$$

式(3-78)说明:源极输出器电压增益小于1,但约等于1,在中频段输出电压与输入电压同相,这表明**源极输出器的输出电压总是跟随输入电压,所以源极输出器又称为源极跟随器,简称源随器。源随器还具有输入电阻高而输出电阻低的特点。**因此,源随器与射随器相似。源随器通常用做多级放大器的输入级和输出级,也可作为缓冲级和中间级。

(4) 电流增益 A_i

观察图 3-37 可以看出:无论是射随器还是源随器,电流增益都可表示为

$$A_i = \frac{i_o}{i_i} = \frac{u_o/R_L}{u_i/R_i} = \frac{R_i}{R_L}A_u > 1 \tag{3-79}$$

由式(3-79)可以看出,由于射随器和源随器的输入电阻大,而输出电阻很小,尽管 A_u 略小于1,没有电压放大作用,但仍然具有电流放大作用(即 $A_i > 1$),并且具有功率放大作用($A_P > 1$)。

最后我们总结一下共集(CC)和共漏(CD)放大器的特点并说明其应用。

① 从电路结构来看射极或源极接负载,故称射极输出器或源极输出器。

② 输入电压与输出电压极性同相,大小基本相等,又称射极跟随器或源极跟随器。

③ 射极输出器和源极输出器的输出电阻很小,因此,对于负载而言,可等效为一个内阻很小的信号电压源。这使得射极输出器可以向负载提供稳定的输出电压以及大的信号电流和功率,也即射随器和源随器带负载的能力很强,适合作为输出级电路。

④ 射随器和源随器的输入电阻 R_i 都很大,如果 R_i 远大于信号源的内阻 R_s,则从信号源索取的功率就很小。因此,射随器或源随器用做输入级时,对信号源的功率输出要求不高。另外,由于 $R_i \gg R_s$,使输入端口的电压接近信号源的源电压,即该类电路用做输入级时,对信号源的电压利用率最高。

⑤ 将射随器或源随器接在电子设备与负载之间,由于输入电阻很大,对电子设备输出端而言近似开路(空载),不会影响设备的工作状态,即具有隔离级、缓冲级和阻抗变换的作用。例如将振荡器的输出经射随器或源随器以后再接负载,则振荡器因空载而使得频率稳定度提高。

射随器和源随器输入电阻大而输出电阻小的原因也可以用负反馈原理来解释,将在第6章有关负反馈的章节中讨论这一问题。

3.2.3 共基和共栅放大电路

1. 电路结构

图 3-41 示出的就是一种采用分压偏置的阻容耦合共基(CB)和共栅(CG)放大电路。其

中 C_1、C_2 为输入和输出耦合电容,C_b 和 C_g 为基极和栅极旁路电容;R_{b1}、R_{b2} 为基极偏置电阻,R_1、R_2 为栅极偏置电阻;R_e 为射极偏置电阻,R_S 为源极偏置电阻;R_c 为集电极偏置电阻,R_D 为漏极偏置电阻。电路结构的特点是:信号由发射极或源极输入,集电极或漏极输出,基极或栅极是输入电压 u_i 与输出电压 u_o 的公共端。

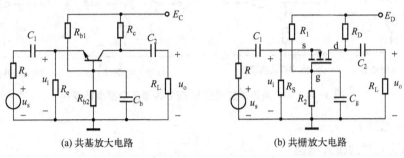

(a) 共基放大电路　　　　　　　　(b) 共栅放大电路

图 3-41　阻容耦合共基和共栅放大电路

图 3-42 示出了分压偏置的共基和共栅放大电路的直流偏置通路,其工作点的估算方法已在前面讨论过,请读者自行推算。

2. 交流参数的分析

在图 3-41 中,旁路电容 C_b 和 C_g 使基极和栅极交流接地,R_{b1}、R_{b2} 和 R_1、R_2 被交流短路,不会出现在交流通路中,从而使输入端口的信号 u_i 无损失地全部加在 BJT 的发射结或 FET 的栅-源极间。图 3-43(a) 和(c) 分别画出了共基和共栅放大器的交流通路。

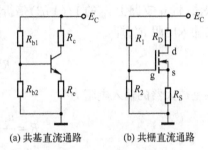

(a) 共基直流通路　　(b) 共栅直流通路

图 3-42　共基和共栅放大电路直流偏置通路

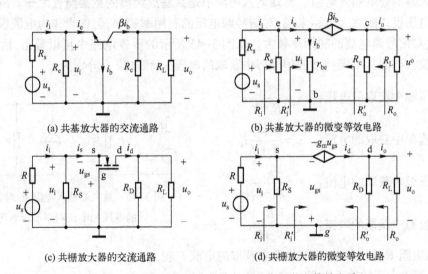

(a) 共基放大器的交流通路　　　　　　(b) 共基放大器的微变等效电路

(c) 共栅放大器的交流通路　　　　　　(d) 共栅放大器的微变等效电路

图 3-43　共基和共栅放大器的交流通路和微变等效电路

将交流通路中的晶体管分别用 BJT 或 FET 的低频简化(忽略 r_{ce} 和 r_{ds})模型代替,即可得到如图 3-43(b) 和(d) 所示的放大器微变等效电路。

还需注意,在画共基和共栅放大器的微变等效电路时,应该把 BJT 共射微变模型变换成共基微变模型,如图 3-44(b)所示。同理 FET 的共源模型应该变换成共栅模型,如图 3-44(d)所示。

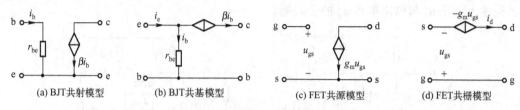

(a) BJT 共射模型　　(b) BJT 共基模型　　(c) FET 共源模型　　(d) FET 共栅模型

图 3-44　BJT 共集微变模型和 FET 共栅微变模型的变换

(1) 输入电阻 R_i

① 共基放大器的输入电阻

由图 3-43(b)所示共基放大器的微变等效电路可以看出,i_e 是 i_b 的 $(1+\beta)$ 倍,利用阻抗反映法,将 i_b 支路上 r_{be} 的 $1/(1+\beta)$ 倍折算到 i_e 支路,就得到由共基放大器的管端(发射极)视入的输入电阻 R'_i,即

$$R'_i = \frac{u_i}{i_e} = \frac{i_b r_{be}}{i_b(1+\beta)} = \frac{r_{be}}{1+\beta} \tag{3-80}$$

共基放大器的输入电阻为

$$R_i = \frac{u_i}{i_i} = R_e /\!/ R'_i = R_e /\!/ \frac{r_{be}}{1+\beta} \approx \frac{r_{be}}{1+\beta} \tag{3-81}$$

可以看出,虽然共射和共基放大器都将输入电压 u_i 加在 BJT 的发射结,但共射放大器 BJT 的管端输入电流是 i_b,而共基放大器管端输入电流是 i_e,由于 i_e 是 i_b 的 $1+\beta$ 倍,所以共基放大器的管端输入电阻 R'_i 应该是共射放大器的 $1/(1+\beta)$ 倍。也即共基放大器的管端输入电阻远小于共射放大器的管端输入电阻。**管端输入电阻小是共基放大器的重要特性之一**。所以共基放大器作为电压模式的放大电路来说,对信号源电压的利用率较小,但如果作为电流模式的放大电路来说,对信号源电流的利用率较大。从图 3-45 所示的等效电路中可以看出,输入电阻 R_i 所代表的放大电路从不同类型的信号源中获取的电压 u_i 和电流 i_i 分别为:

从电压源中获取的电压：$u_i = \dfrac{R_i}{R_s + R_i} u_s$

从电流源中获取的电压：$u_i = \dfrac{R_s R_i}{R_s + R_i} i_s$

从电压源中获取的电流：$i_i = \dfrac{u_s}{R_s + R_i}$

从电流源中获取的电流：$i_i = \dfrac{R_s}{R_s + R_i} i_s$

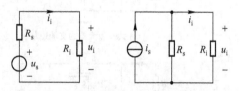

图 3-45　放大器输入电阻 R_i 对信号源的电压和电流利用率示意图

显然,输入电阻 R_i 较小从前级信号源中获取的电流 i_i 较大。

② 共栅放大器的输入电阻

观察图 3-43(d)所示共栅放大器的微变等效电路,可得 $R_i = R_s /\!/ R'_i$,其中

$$R'_i = \frac{u_i}{i_d} = \frac{-u_{gs}}{-g_m u_{gs}} = \frac{1}{g_m} \tag{3-82}$$

$$R_i = R_s \; // \; \frac{1}{g_m} \approx \frac{1}{g_m} \tag{3-83}$$

共栅放大器与共基放大器的管端输入电阻都较小,这是共基和共栅组态放大器的重要特性之一。

（2）输出电阻 R_o

求管端（集电极或漏极）输出电阻 R_o' 的等效电路如图 3-46 所示。可以看出共基和共栅电路求输出电阻 R_o 的等效电路在结构上是相似的,由于输入端口的信号源 $u_s = 0$,于是 $i_b = 0$, $u_{gs} = 0$,因而受控电流源 $\beta i_b = 0, g_m u_{gs} = 0$。这样,管端输出电阻 $R_o' = \infty$,所以

共基放大器 $\qquad\qquad R_o = R_o' \; // \; R_c \approx R_c \tag{3-84}$

共栅放大器 $\qquad\qquad R_o = R_o' \; // \; R_D \approx R_D \tag{3-85}$

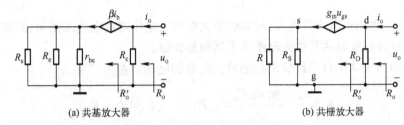

(a) 共基放大器   (b) 共栅放大器

图 3-46 求输出电阻 R_o' 的电路

如果考虑到 BJT 和 FET 模型中 r_{ce} 和 r_{ds} 的影响,那么求输出电阻 R_o' 的等效电路如图 3-47 所示。

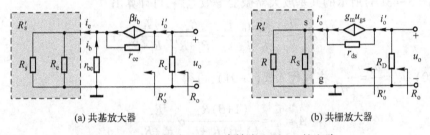

(a) 共基放大器   (b) 共栅放大器

图 3-47 考虑到 r_{ce} 和 r_{ds} 求输出电阻 R_o' 的电路

利用图 3-47(a) 所示的电路,可计算出共基放大器的管端输出电阻

$$R_o' = \frac{u_o}{i_o'} \bigg|_{u_s=0}$$

式中 $\qquad u_o = (i_o' - \beta i_b) r_{ce} + i_o'(R_s' \; // \; r_{be}), \quad i_b = -\frac{i_o'(R_s' \; // \; r_{be})}{r_{be}} = \frac{-R_s'}{R_s' + r_{be}} i_o', \quad R_s' = R_s \; // \; R_e$

$$R_o' = \frac{\left(1 + \dfrac{\beta R_s'}{R_s' + r_{be}}\right) i_o' r_{ce} + i_o'(R_s' \; // \; r_{be})}{i_o'} = \left(1 + \frac{\beta R_s'}{R_s' + r_{be}}\right) r_{ce} + R_s' \; // \; r_{be} \tag{3-86}$$

因此,共基放大器的管端输出电阻很大,一般大于共射放大器的输出电阻。共基放大器对于负载而言,等效为一个内阻很大的信号电流源,这使得共基放大器可以向负载提供较稳定的输出电流。

同理,利用图 3-47(b) 所示的电路,可计算出共栅放大器的管端输出电阻为

$$R'_o = \frac{u_o}{i'_o}\bigg|_{u_s=0} = \frac{(i'_o - g_m u_{gs})r_{ds} + i'_o R'_s}{i'_o} \tag{3-87}$$

式中，$u_{gs} = -i'_o R'_s$，所以

$$R'_o = (1 + g_m R'_s)r_{ds} + R'_s \tag{3-88}$$

同样，共栅放大器的输出电阻也很大，对于负载而言，可以等效为一个内阻很大的信号电流源，向负载提供较稳定的输出电流。

（3）电压增益 A_u

利用图 3-43（b）所示的共基微变等效电路，可计算出共基放大电路的电压增益为

$$A_u = \frac{u_o}{u_i} = \frac{\beta R'_L}{r_{be}} \qquad (R'_L = R_c /\!/ R_L) \tag{3-89}$$

共基放大电路的电压增益较大，与共射放大电路的电压增益表达式相同，但输出电压与输入电压的相位相同，所以**共基放大电路属于同相放大器**。

同理，利用图 3-43（d）可计算出共栅放大电路的电压增益为

$$A_u = \frac{u_o}{u_i} = \frac{-g_m u_{gs} R'_L}{-u_{gs}} = g_m R'_L \qquad (R'_L = R_D /\!/ R_L) \tag{3-90}$$

共栅放大电路的电压增益与共源放大电路的电压增益表达式相同，但输出电压与输入电压的相位相同，所以**共栅放大电路也属于同相放大器**。

（4）电流增益 A_i

利用图 3-43（b）所示的共基放大器微变等效电路，可计算出

$$A_i = \frac{i_o}{i_i} = \frac{i_e}{i_i}\frac{i_c}{i_e}\frac{i_o}{i_c} = \frac{R_e}{R_e + R'_i}\alpha\frac{R_c}{R_c + R_L} < 1 \tag{3-91}$$

由式（3-80）：$R'_i = \dfrac{u_i}{i_e} = \dfrac{r_{be}}{1+\beta}$，将其代入式（3-91），可得

$$A_i = \frac{i_o}{i_i} = \frac{(1+\beta)R_e}{(1+\beta)R_e + r_{be}}\alpha\frac{R_c}{R_c + R_L} < 1 \tag{3-92}$$

同理，利用图 3-43（d）可计算出共栅放大电路的电流增益为

$$A_i = \frac{i_o}{i_i} = \frac{i_d}{i_i}\frac{i_o}{i_d} = \frac{R_S}{R_S + R'_i}\frac{R_D}{R_D + R_L} \tag{3-93}$$

由式（3-82）：$R'_i = \dfrac{1}{g_m}$，将其代入式（3-93）可得

$$A_i = \frac{i_o}{i_i} = \frac{g_m R_S}{1 + g_m R_S}\frac{R_D}{R_D + R_L} < 1 \tag{3-94}$$

由上分析可以看出，共基和共栅放大器的电流放大倍数小于 1。但在 R_c（或 R_D）$\gg R_L$、$g_m R_S \gg 1$、$(1+\beta)R_e \gg r_{be}$ 时，电流放大倍数基本等于 1，所以共基和共栅放大器也称为**电流跟随器**。

最后总结一下共基和共栅放大器的特点。

① 共基和共栅放大器管端输入电阻很小，意味着从前级信号源中获取的电流较大，对信号源电流的利用率最高。

② 共基和共栅放大器管端输出电阻很大，因此，对于负载而言，可等效为一个内阻很大的

信号电流源。当负载电阻在一定范围内变化时,可以向负载提供稳定的输出电流。

③ 输入电压与输出电压极性同相,属于同相放大器,电压增益的大小与共射和共源放大器相同,具有较大的电压增益。

④ 电流增益稍小于 1,也称为电流跟随器,但具有较大的功率增益。

⑤ 共基和共栅放大器更适合应用于电流信号的放大系统中,满足理想电流放大器输入电阻小而输出电阻大的要求,其频带较宽或工作频率较高。

3.2.4 三类基本组态放大电路的比较

综上所述,我们把所学过的晶体管放大电路的各种组态小结如下。

BJT 有 3 个电极,它在放大电路中可有 3 种组态,即共射极(CE)、共集电极(CC)和共基极(CB)。与之对应的 JFET、MOSFET 也有 3 种组态,即共源极(CS)、共漏极(CD)和共栅极(CG)。共射极和共源极电路的电压、电流、功率增益都比较大,因而应用广泛。共集电极和共漏极电路的独特优点是输入电阻很高,输出电阻很低,多用于输入级、输出级或缓冲级。共基极和共栅极放大器具有管端输入电阻最小而管端输出电阻最大的特点,电压增益与共射极和共源极放大器基本相同,在中频段应用时属于同相放大器。在宽频带或高频情况下,要求稳定性较好时,共基极和共栅极电路比较合适。

但如果依据输出量与输入量关系的特征来看,晶体管放大电路的 6 种组态又可归纳为 3 种通用的组态,即反相电压放大器(含 CE、CS)、电压跟随器(含 CC、CD)和电流跟随器(含 CB、CG)。

综合上面所得结果,把放大电路 6 种基本组态的特点列于表 3-3 和表 3-4 中,以便比较。

表 3-3　BJT 三种基本组态放大电路的比较

	共射电路	共集电路	共基电路
电路结构			
工作点	$U_{BQ} \approx \dfrac{R_{b2}}{R_{b1}+R_{b2}}E_C$ $I_{CQ} \approx I_{EQ} \approx \dfrac{U_{BQ}-U_{BEQ}}{R_e}$ $U_{CEQ} \approx E_C - I_{CQ}(R_c+R_e)$	$I_{BQ} \approx \dfrac{E_C}{R_b+(1+\beta)R_e}$ $I_{CQ} \approx \beta I_{BQ}$ $U_{CEQ} \approx E_C - I_{CQ}R_e$	$U_{BQ} \approx \dfrac{R_{b2}}{R_{b1}+R_{b2}}E_C$ $I_{CQ} \approx I_{EQ} \approx \dfrac{U_{BQ}-U_{BEQ}}{R_e}$ $U_{CEQ} \approx E_C - I_{CQ}(R_c+R_e)$
微变等效电路			

	共射电路	共集电路	共基电路
R_i	$R_i = R_b /\!/ r_{be}$ $R_i' = r_{be}$ $R_b = R_{b1} /\!/ R_{b2}$	$R_i = R_b /\!/ [r_{be} + (1+\beta)R_L']$ $R_i' = r_{be} + (1+\beta)R_L'$ $R_L' = R_e /\!/ R_L$ 管端输入电阻最大	$R_i = R_e /\!/ \dfrac{r_{be}}{1+\beta}$ $R_i' = \dfrac{r_{be}}{1+\beta}$ 管端输入电阻最小
R_o	$R_o = R_c /\!/ r_{ce} \approx R_c$ $R_o' = r_{ce}$ 管端输出电阻大	$R_o = R_e /\!/ \dfrac{r_{be} + R_s'}{1+\beta}, R_s' = R_s /\!/ R_b$ $R_o' = \dfrac{r_{be} + R_s'}{1+\beta}$ 管端输出电阻最小	$R_o \approx R_c$ (忽略 r_{ce} 时,$R_L' \to \infty$) $R_o' = \left(1 + \dfrac{\beta R_s'}{R_s' + r_{be}}\right)r_{ce} + R_s' /\!/ r_{be}$ 管端输出电阻最大
增益	$A_u = -\dfrac{\beta R_L'}{r_{be}}$ (大,反相) $A_i = -\dfrac{R_i}{R_L}A_u$ (大)	$A_u = \dfrac{(1+\beta)R_L'}{r_{be} + (1+\beta)R_L'} < 1$(电压跟随) $A_i = \dfrac{R_i}{R_L}A_u > 1$ (大)	$A_u = \dfrac{\beta R_L'}{r_{be}}$ (大,同相) $A_i = \dfrac{(1+\beta)R_e}{(1+\beta)R_e + r_{be}}\alpha\dfrac{R_c}{R_o + R_L} < 1$ (电流跟随)
用途	多级放大器的中间级	输入级、输出级或缓冲级	高频或宽带电路及恒流源电路

表 3-4　FET 三种基本组态放大电路的比较

	共源极电路(CS)	共漏极电路(CD)	共栅极电路(CG)
电路结构			
微变等效电路			
增益	$A_u = \dfrac{u_o}{u_i} = -g_m R_L' /\!/ r_{ds} \approx -g_m R_L'$ $R_L' = R_D /\!/ R_L$ $A_i = -\dfrac{R_i}{R_L}A_u$	$A_u = \dfrac{g_m(r_{ds} /\!/ R_S /\!/ R_L)}{1 + g_m(r_{ds} /\!/ R_S /\!/ R_L)}$ $\approx \dfrac{g_m(R_S /\!/ R_L)}{1 + g_m(R_S /\!/ R_L)} < 1$(忽略 r_{ds}) $A_i = \dfrac{i_o}{i_i} = \dfrac{R_i}{R_L}A_u > 1$	$A_u = \dfrac{u_o}{u_i} = g_m R_L'$ $R_L' = R_D /\!/ R_L$ $A_i = \dfrac{i_o}{i_i} = \dfrac{g_m R_S}{1 + g_m R_S}\dfrac{R_D}{R_D + R_L} < 1$

	共源极电路(CS)	共漏极电路(CD)	共栅极电路(CG)
输入电阻	$R_i = R_G$，$R_G = R_3 + R_1 /\!/ R_2$ $R_i' = \infty$	$R_i = R_G$，$R_G = R_3 + R_1 /\!/ R_2$ $R_i' = \infty$	$R_i \approx R_S /\!/ (1/g_m)$ $R_i' \approx 1/g_m$，管端输入电阻很小
输出电阻	$R_o = R_D /\!/ r_{ds}$ $R_o' = r_{ds}$	$R_o = 1/g_m /\!/ R_S$ $R_o' = 1/g_m$ 管端输出电阻最小	$R_o = R_D /\!/ r_{ds}[1 + g_m R_s']$ $R_o' = (1 + g_m R_s') r_{ds} + R_s'$ $R_s' = R_S /\!/ R$，管端输出电阻最大
特点	① 电压增益大 ② 输入电压与输出电压反相 ③ 输入电阻高 ④ 输出电阻主要由负载电阻 R_D 决定	① 电压增益小于1,但接近于1 ② 输入、输出电压同相 ③ 输入电阻高 ④ 输出电阻小,可用做阻抗变换	① 电压增益大,电流增益小于1 ② 输入、输出电压同相 ③ 输入电阻小 ④ 输出电阻大

最后还应指出,FET 放大电路中的 FET 都工作于输出特性的线性放大区。如果使其工作于可变电阻区,那么 FET 可用做压控可变电阻。这时对应于一定的栅源电压 u_{GS},FET 的漏-源之间呈现相应的电阻

$$r_{ds} = \frac{\Delta u_{DS}}{\Delta i_D}\Bigg|_{u_{GS}=常量}$$

当 u_{GS} 发生变化时,输出特性的斜率就改变,因此管子呈现的电阻也就跟着发生变化。关于 FET 用做可变电阻的详细讨论,读者可参阅有关文献。

思考与练习

3.2-1 填空题

(1) 在共射、共集、共基组态三种放大电路中,只能放大电压、不能放大电流的是____;既能放大电压又能放大电流的是____,高频特性最好的是____。　　　　　答案:共基组态,共射组态,共基组态

(2) 场效应管的____极电流远小于双极型管的基极电流,因此共源放大电路的输入电阻远____于共射放大电路的输入电阻。　　　　　　　　　　　　　　　　　　　答案:栅,大

(3) 在三种基本放大器中,共射组态使用较多的主要原因是____增益最大,而共集组态电路多用于末级的主要原因是____。　　　　　答案:功率,输出电阻最小(带负载能力最强)

(4) 在共源和共漏组态两种放大电路中,电压放大倍数 $|A_u|$ 一定小于1的是____,输出电压与输入电压反相的是____。希望电压放大倍数 $|A_u|$ 大应选用____,希望带负载能力强应选用____。

答案:共漏组态,共源组态,共源组态,共漏组态

(5) 某放大电路在负载开路时,测得输出电压为5 V,在输入电压不变的情况下接入 3 kΩ 的负载电阻,输出电压下降到3 V,说明该放大电路的输出电阻为____。　　　　　　　　答案:2 kΩ

(6) 某放大电路当接入一个内阻等于零的信号源电压时,测得输出电压为5 V,在信号源内阻增大到1 kΩ,其他条件不变时,测得输出电压为4 V,说明该放大电路的输入电阻为____。　　答案:4 kΩ

(7) 现有基本放大电路:共射、共集、共基、共源和共漏电路,输入电阻最小的电路是____。输入电阻最大的是____,输出电阻最小的是____,有电压放大作用的电路是____,有电流放大作用的电路是____。输入电压与输出电压同相的电路是____。

答案:共基,共源和共漏电路,共集电路,共射和共基和共源电路,共射和共集电路,共集和共基和共漏电路

3.2-2 选择题

(1) 为了有效提高单级共射放大器的电压增益,可以(　　　)　　　　　　　　　答案:A

A. 适当增大静态工作电流 I_{CQ} B. 选用 β 大的晶体管

C. 适当增大输入信号   D. 当 R_L 较大时,适当减小集电极负载电阻 R_C

(2) 某直接耦合放大电路在输入电压为 $0.1\,V$ 时,输出电压为 $8\,V$;输入电压为 $0.2\,V$ 时,输出电压为 $4\,V$ (均指直流电压)。则该放大电路的电压放大倍数为(　　)   答案:C

A. 80   B. 40   C. -40   D. 20

3.2-3 画出如图所示各电路的直流通路、交流通路及交流小信号等效模型。

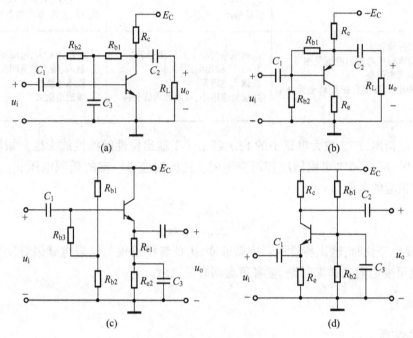

思考与练习 3.2-3 图

3.2-4 已知图(a)和图(b)所示电路中场效应管的跨导均为 $g_m = 2\,mS$,各电容的容量足够大。分别估算各电路的电压放大倍数 A_u。   答案:(a)-4.6,(b)0.82

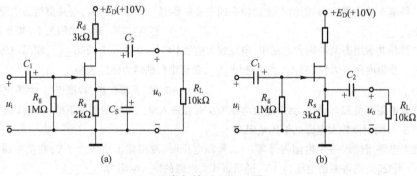

思考与练习 3.2-4 图

3.2-5 已知图(a)和图(b)所示电路中场效应管的跨导均为 $g_m = 3\,mS$,各电容的容量都足够大。分别估算各电路的输出电阻 R_o 的值。   答案:(a)3 kΩ,(b)300 Ω

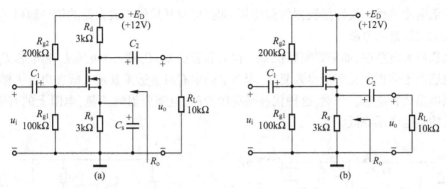

思考与练习 3.2-5 图

3.3 多级放大电路

由一只晶体管组成的基本组态放大器往往达不到所要求的放大倍数，或者其他指标如输入输出电阻、输出功率、通频带等达不到要求。这时，可以将基本组态放大器作为一级单元电路，将其一级一级地连接起来构成多级放大器，以实现所需的技术指标。多级放大器又称为级联放大器。

3.3.1 多级放大器耦合方式

多级放大器级与级之间，信号源与放大器之间，放大器与负载之间的连接方式，或者说信号传输方式，称为耦合方式。耦合方式有电容耦合（又称阻容耦合）、变压器耦合、直接耦合和光电耦合等类型。

1. 电容耦合

如图 3-48 所示为一个电容耦合两级共射放大器。该电路依靠耦合电容 C_1、C_2 和 C_3 来实现信号源—前级放大器—后级放大器—负载之间的连接和信号传输。

由于耦合电容的"隔直流"作用，使得各级放大器的直流通路是相互独立的，从而使各级工作点互不影响，独立计算十分方便。又因耦合电容的"通交流"作用，使得前级的输出电压就是后级的输入电压。但是，如果输入信号的频率很低，耦合电容对信号的容抗增大，电容不能再视为交流短路，这时电容上产生信号电压具有分压作用，从而造成信号电压的传输损失，使得输出电压减小，电压增益降低。因此，**电容耦合放大器不能放大变化十分缓慢的直流信号。电容耦合放大器是一种交流放大电路。**

图 3-48 中的电感 L_c 和电容 C_c 是实用电路中经常被采用的**电源去耦电路**，用来消除放大器各级之间的**共电耦合**。下面对共电耦合现象给予解释：由于实际的电源 E_C 并非理想的恒压源，总存在着一定的内阻 r_C，如果没有电源去耦电路，后级的信号电流流入电源后，在 r_C 上产生的电压会反馈（回送）到前级的输入端，这种反馈可能会造成放大器的自激。在音频放大电路中，这种自激会使得扬声器发出啸叫声。电感 L_c 和电容 C_c 接入后，使两级信号电流 i_{c1} 和 i_{c2} 被感抗很大的电感 L_c "阻断"，又经容抗很小的电容 C_c "旁路"到地，这样 i_{c1} 和 i_{c2} 就不会流入电源 E_C，流经电源的电流只有两级的直流电流 I_{C1} 和 I_{C2}。从滤波器的观点来看，**电源去耦电路**

就是一种低通滤波器。设计滤波器的截止频率时,应使其远低于放大器的信号频率,使信号电流无法经滤波器进入电源。

在低频放大电路中,如果要使感抗 ωL_c 很大而容抗 $1/\omega C_c$ 很小,电感 L_c 和电容 C_c 势必很大。大电感由于体积大且寄生参数复杂,用在电路中有时会适得其反。故在电源去耦电路中,也常常用电阻代替电感。当然,这种代替是有代价的,电阻要消耗能量,电阻上的直流压降会使放大器的供电电压降低。

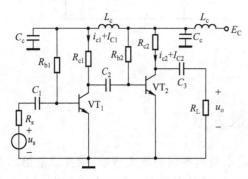 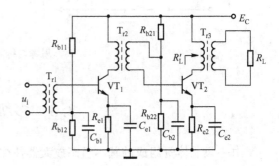

图 3-48　两级电容耦合共射放大器　　　　　图 3-49　两级变压器耦合 CE 放大电路

2. 变压器耦合

变压器耦合是利用电磁感应原理将变压器初级绕组上的交流电压传送到次级绕组。如图 3-49 所示,就是一个变压器耦合两级 CE 放大电路。

由于变压器不能传送直流电流、电压,所以变压器耦合放大器前后级工作点相互独立,工作点计算调整十分方便。变压器耦合最大的优点是可以用它来实现阻抗变换,把实际负载变换为我们所需的等效负载。在图 3-49 中,如果设变压器 T_{r3} 的初级与次级的匝数比为 n($n = N_1/N_2$)。由电路理论可知,对理想变压器而言,T_{r3} 初级等效交流电阻 $R'_L = n^2 R_L$。如果改变匝数比 n,使 R'_L 等于放大器所需的最佳输出电阻,负载 R_L 上就可以获得最大输出功率。即通过变压器的阻抗变换实现了放大器与负载之间的功率匹配。但是,由于实际的低频变压器体积大、笨重、成本高且频率特性差,因此,变压器耦合放大器多用于射频(高频)放大电路,例如高频模拟电路中的小信号调谐放大器。

3. 直接耦合

当需要传送和放大频率很低的直流信号时,电容耦合和变压器耦合方式都不能采用,而必须采用前级输出与后级输入直接连接的耦合方式。此外,在半导体集成电路中,由于大电容集成很困难,也无法集成电感,因此集成电路内部各级之间一定是直接耦合的电路设计。

由于省去了电抗元件做耦合,如果电路中也没有其他诸如旁路电容之类的电抗元件,则直接耦合放大器可以放大频率低到零的直流信号,即直接耦合放大器可以作为直流放大器。请注意:**直流放大器并不是只能放大直流信号的放大器,而是指被放大信号的频率即使降低到零也能被正常放大**。显然,直接耦合放大器电路更简洁。但是,直接耦合放大器也存在如下一些特殊问题。

（1）直接耦合放大器前后级直流电平必须正确配合

由于**直接耦合造成放大器前后级工作点不再独立，而是互相影响，在设计电路时，必须使前后级电平正确配合才能保证各级的晶体管都工作在放大区**。例如，在图 3-48 中，如果两级放大器之间无耦合电容（C_2 短路），前级集电极输出与后级基极输入直接耦合，由于 $U_{CE1} = U_{BE2} \approx 0.7\ \text{V}$，表明 VT_1 的集电极电位被钳位在 0.7 V，使得 VT_1 的集电结无法得到反偏电压，VT_1 将工作在靠近饱和区；VT_2 也会因电流过大而饱和。为了解决这一问题，可以用稳压管将 VT_2 发射极的直流电位抬高，如图 3-50 所示，VT_2 的基极电位也因此抬高，VT_2 的基极与 VT_1 的集电极直接相连时，就可以保证 VT_1 的集电结反偏，工作在放大区。图 2-50 中 R_z 是稳压管 VD_z 的限流电阻，为稳压管提供合适的偏置电流，使稳压管工作在稳压状态。

使前后级电位能正确配合的另一解决办法是将第二级改为 PNP 管，如图 3-51 所示。图中也使用了稳压管来降低 VT_2 的基极电位，使其能与 VT_1 的集电极电位配合。

这种使前后级电位正确配合的电路称为电平偏移电路，它是集成放大器设计中必须考虑的问题。

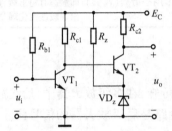

图 3-50　两级直接耦合共射放大器

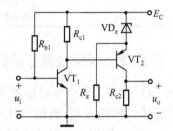

图 3-51　NPN-PNP 直接耦合共射放大器

（2）直流放大器的零输入和零输出条件

在直流放大器中，如果在静态时输入口和输出口的直流电压不为零，那么接入信号源和负载后，就会有直流电流流过信号源和负载，同时工作点也会发生变化。为了解决这一问题，**在设计直流放大器时，希望放大器输入口和输出口的静态直流电压为零。这就是直流放大器的零输入和零输出条件**。如果放大器采用正负双电源供电，并合理设计电平偏移电路，就能使直流放大器实现零输入和零输出条件。

（3）**零点漂移问题**

直接耦合放大器在静态时，输出端直流电压会出现缓慢变化的现象，称为零点漂移，简称零漂。产生零漂的主要原因是环境温度的变化，此时零漂又称为温漂。当环境温度变化时，引起晶体管参数（β、I_{CBO} 和输入、输出特性曲线）的变化，使得前级工作点发生缓慢漂移。这种漂移电压会因为直接耦合传到后级，经过后级放大后在输出口出现更大的漂移电压。当放大器工作时，负载上的漂移电压与信号输出电压混在一起，对输出信号形成干扰。如果输出信号小于温漂电压，则有用的信号便会"淹没"在温漂电压中而无法识别。因此，温度漂移可能使直接耦合放大器失去放大微弱信号的能力。克服温漂的有效方法是采用差动放大电路（见第 4 章）。

对于电容耦合和变压器耦合放大器，由于电容和变压器具有"隔直流"的作用，所以前级缓变的温漂电压不能通过电容和互感传到下一级，因此负载上没有温漂电压干扰。

综合上面所得结果，把多级放大电路三种常见耦合的特点列于表 3-5 中，以便比较。

表 3-5　多级放大器常见耦合的比较

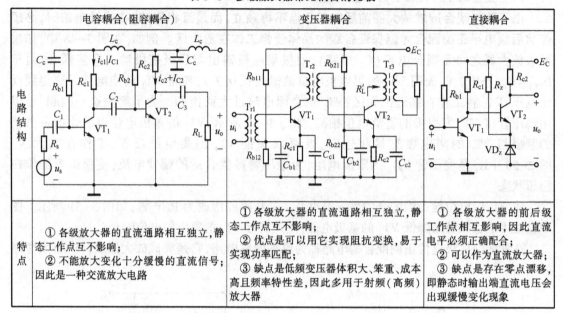

	电容耦合(阻容耦合)	变压器耦合	直接耦合
电路结构			
特点	① 各级放大器的直流通路相互独立,静态工作点互不影响; ② 不能放大变化十分缓慢的直流信号;因此是一种交流放大电路	① 各级放大器的直流通路相互独立,静态工作点互不影响; ② 优点是可以用它实现阻抗变换,易于实现功率匹配; ③ 缺点是低频变压器体积大、笨重、成本高且频率特性差,因此多用于射频(高频)放大器	① 各级放大器的前后级工作点相互影响,因此直流电平必须正确配合; ② 可以作为直流放大器; ③ 缺点是存在零点漂移,即静态时输出端直流电压会出现缓慢变化现象

3.3.2　多级放大器性能指标的计算

如图 3-52 所示为多级放大器的通用模型。由该图可知,在多级放大器中,后级放大器的输入电阻是前级放大器的负载,而前级放大器的输出电路是后级放大器的信号源。另外,在图 3-52 中,$A_{uo1} \sim A_{uon}$ 分别表示各级放大器的开路增益。

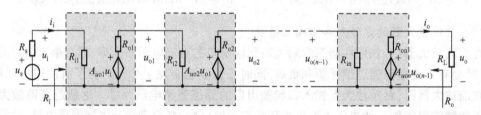

图 3-52　多级放大器的通用模型

多级放大器的输入电阻就是第一级放大器的输入电阻,而末级放大器的输出电阻就是多级放大器的输出电阻。 因此,求解多级放大器输入电阻和输出电阻的方法与单级放大器相同。即

$$R_i = R_{i1}, \qquad R_o = R_{on} \qquad (3\text{-}95)$$

在计算多级放大器的电压增益时,方法之一是求出各级放大器电压增益,然后将其相乘。但必须注意:**一定要将后级的输入电阻作为负载来求前级增益。** 对于图 3-52 的模型,可求得其电压增益为

$$A_u = \frac{u_o}{u_i} = \frac{u_{o1}}{u_i} \frac{u_{o2}}{u_{o1}} \cdots \frac{u_o}{u_{o(n-1)}} = A_{u1} A_{u2} \cdots A_{un} \qquad (3\text{-}96)$$

源电压增益为 $\qquad A_{us} = \dfrac{u_o}{u_s} = \dfrac{u_i}{u_s} \dfrac{u_{o1}}{u_i} \dfrac{u_{o2}}{u_{o1}} \cdots \dfrac{u_o}{u_{o(n-1)}} = \dfrac{R_i}{R_s + R_i} A_{u1} A_{u2} \cdots A_{un} = \dfrac{R_i}{R_s + R_i} A_u \qquad (3\text{-}97)$

电流增益为
$$A_i = \frac{i_o}{i_i} = \frac{u_o/R_L}{u_i/R_i} = \frac{R_i}{R_L}A_u \tag{3-98}$$

此外，多级放大器的电流增益 A_i 和 A_{is}，也可以通过先求各级电流增益然后相乘求得。但必须注意，前级的输出电流一定是后级的输入电流。

3.3.3 组合放大器

组合放大器是一些常用的双管级联放大器，但这些级联放大器的目的并不是为了提高电压增益，而是为了改善放大器的其他指标，如展宽放大器的频率范围，防止自激等。本节主要讨论工程中常用的几种组合电路中频段指标的计算，以此学习多级放大器的分析计算方法。

1. 共射-共基(CE-CB)组合放大器

图 3-53 是共射-共基组合放大器的一种电路结构。该电路前后级间采用直接耦合，信号由 $\mathrm{VT_1}$ 的基极输入、集电极输出，所以 $\mathrm{VT_1}$ 构成共射电路。第一级 $\mathrm{VT_1}$ 集电极的输出信号直接输入第二级 $\mathrm{VT_2}$ 的发射极，信号由 $\mathrm{VT_2}$ 的集电极输出，所以 $\mathrm{VT_2}$ 构成共基电路。

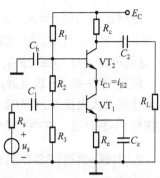

图 3-53 共射-共基组合放大器

（1）直流通路、静态工作点

该放大器的直流通路如图 3-54 所示。由直流通路，可以估算出该放大器的静态工作点：

$$U_{BQ1} = \frac{R_3}{R_1+R_2+R_3}E_C \tag{3-99}$$

$$U_{BQ2} = \frac{R_2+R_3}{R_1+R_2+R_3}E_C \tag{3-100}$$

$$I_{CQ2} \approx I_{EQ2} = I_{CQ1} \approx I_{EQ1} \tag{3-101}$$

$$I_{EQ1} = \frac{U_{BQ1}-U_{BEQ1}}{R_e} \tag{3-102}$$

$$U_{CEQ1} \approx (U_{BQ2}-U_{BEQ2}) - (U_{BQ1}-U_{BEQ1}) \tag{3-103}$$

$$U_{CEQ2} \approx E_C - U_{CEQ1} - I_{EQ1}(R_C+R_e) \tag{3-104}$$

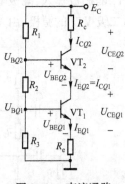

图 3-54 直流通路

（2）交流参数的分析

该放大器的交流通路如图 3-55 所示。由于 C_b 是 $\mathrm{VT_2}$ 基极的旁路电容，所以画交流通路时 $\mathrm{VT_2}$ 的基极应对地短路。另外图中 $R_b = R_2 /\!/ R_3$。如果设两管的 β 相等，且不计基区宽调效应（即 $r_{ce} = \infty$），该放大器的微变等效电路如图 3-56 所示。

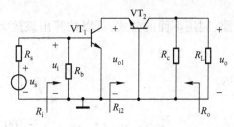

图 3-55 交流通路

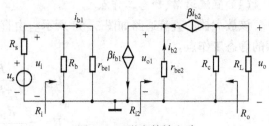

图 3-56 微变等效电路

根据 CE 和 CB 放大器输入电阻和输出电阻的求解方法,可分别求出该组合放大器的输入电阻和输出电阻为

$$R_{\mathrm{i}} = R_{\mathrm{b}} /\!/ r_{\mathrm{be1}} , \qquad R_{\mathrm{o}} = R_{\mathrm{c}} \tag{3-105}$$

第二级 CB 放大器的输入电阻 $R_{\mathrm{i2}} = r_{\mathrm{be2}}/(1+\beta)$,R_{i2} 就是第一级 CE 放大器的负载电阻。根据基本组态放大器的公式,很容易写出

$$A_u = \frac{u_{\mathrm{o}}}{u_{\mathrm{i}}} = \frac{u_{\mathrm{o1}}}{u_{\mathrm{i}}} \frac{u_{\mathrm{o}}}{u_{\mathrm{o1}}} = A_{u1}A_{u2} \approx \frac{-\beta R_{\mathrm{i2}}}{r_{\mathrm{be1}}} \frac{\beta(R_{\mathrm{C}} /\!/ R_{\mathrm{L}})}{r_{\mathrm{be2}}} \tag{3-106}$$

将 R_{i2} 代入式(3-106)就可求得 A_u。如果两管的小信号参数相同,则

$$A_u = \frac{-\beta}{r_{\mathrm{be1}}} \frac{r_{\mathrm{be2}}}{1+\beta} \frac{\beta(R_{\mathrm{C}} /\!/ R_{\mathrm{L}})}{r_{\mathrm{be2}}} \approx \frac{-\beta R'_{\mathrm{L}}}{r_{\mathrm{be1}}} \tag{3-107}$$

观察式(3-107)发现:CE-CB 组合电路的 A_u 与单级 CE 放大器相同,这说明该组合电路并非为了提高 A_u。其实,由于第一级的负载是 CB 放大器的输入电阻,因此第一级负载电阻极小,这使得 $A_{u1} \approx 1$。CE-CB 组合电路的电压增益主要是第二级 CB 放大器贡献的。

但是,第一级 CE 放大器负载电阻的减小有利于该级输出回路时间常数的减小,可以使高频截止频率大大提高,从而展宽了放大器的通频带。另外,这种组合电路用做高频放大器时稳定性好,不易自激。这些才是该电路的优点。

2. 共源-共栅(CS-CG)组合放大器

图 3-57 是共源-共栅组合放大器的一种电路结构。该电路前后级间采用直接耦合,信号由 VT_1 的栅极输入,漏极输出,所以 VT_1 构成共源电路。第一级 VT_1 漏极的输出信号直接输入第二级 VT_2 的源极,由 VT_2 的漏极输出,所以 VT_2 构成共栅电路。

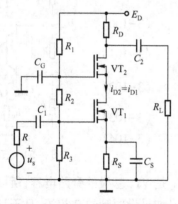

图 3-57　共源-共栅组合放大器

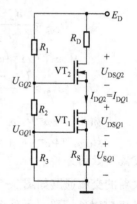

图 3-58　直流通路

(1) 直流通路、静态工作点

该放大器的直流通路如图 3-58 所示。由直流通路,利用下面的公式,可以估算出该放大器的静态工作点:

$$U_{\mathrm{GQ1}} = \frac{R_3}{R_1 + R_2 + R_3} E_{\mathrm{D}} \tag{3-108}$$

$$U_{\mathrm{GQ2}} = \frac{R_2 + R_3}{R_1 + R_2 + R_3} E_{\mathrm{D}} \tag{3-109}$$

$$I_{DQ2} = I_{DQ1}, \quad U_{SQ1} = R_S I_{DQ1}, \quad U_{GSQ1} = U_{GQ1} - U_{SQ1} \qquad (3-110)$$

$$I_{DQ1} = \frac{1}{2}\beta_n (U_{GSQ1} - U_{GS(th)})^2, \quad I_{DQ2} = \frac{1}{2}\beta_n (U_{GSQ2} - U_{GS(th)})^2 \qquad (3-111)$$

（2）交流参数的分析

该放大器的交流通路如图 3-59 所示。由于 C_G 为 VT_2 栅极的旁路电容，所以画交流通路时 VT_2 的栅极应对地短路。另外图中 $R_G = R_2 /\!/ R_3$。如果设两管的 g_m 相等，且不计沟道宽调效应（即 $r_{ds} = \infty$），该放大器的微变等效电路如图 3-60 所示。

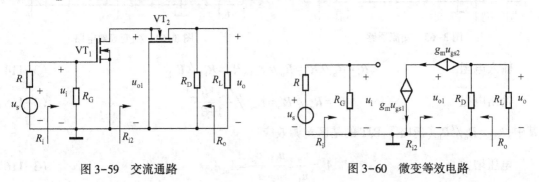

图 3-59　交流通路　　　　　　　　　图 3-60　微变等效电路

根据共源（CS）和共栅（CG）放大器输入电阻和输出电阻的求解方法，可分别求出该组合放大器的输入电阻和输出电阻为

$$R_i = R_G, \qquad R_o = R_D \qquad (3-112)$$

第二级 CG 放大器的漏极电流 $i_{d2} = g_m u_{gs2}$ 就等于第一级 CS 放大器的漏极电流 $i_{d1} = g_m u_{gs1}$，即 $g_m u_{gs2} = g_m u_{gs1}$。而输入电压 $u_i = u_{gs1}$，很容易写出

$$A_u = \frac{u_o}{u_i} = \frac{-g_m u_{gs1}(R_D /\!/ R_L)}{u_{gs1}} = -g_m R'_L \qquad (3-113)$$

观察式（3-113）发现，CS-CG 组合电路的 A_u 与单级 CS 放大器相同，这说明该组合电路并非为了提高 A_u。其实，与 CE-CB 组合电路具有相同的特点，可以展宽放大器的通频带。这种组合电路用做高频放大器时稳定性好，不易自激。这些才是该电路的优点。

3. 共射-共集（CE-CC）组合电路

图 3-61 是共射-共集组合放大器的一种电路结构。该电路前后级间采用电容耦合，即两级之间静态工作点相互独立。该放大器的直流通路如图 3-62 所示，该电路静态工作点的估算请读者自行完成。

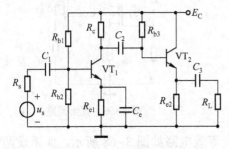

图 3-61　共射-共集组合放大器

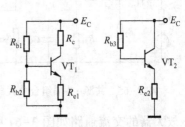

图 3-62　直流通路

该放大器的交流通路如图 3-63 所示,微变等效电路如图 3-64 所示。利用微变等效电路可分别求出该放大器的交流参数。

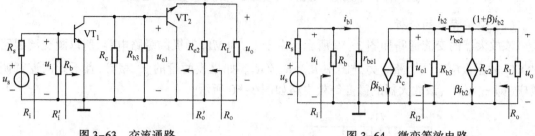

图 3-63　交流通路　　　　　　　　　　　　图 3-64　微变等效电路

输入电阻
$$R_i = R_b /\!/ R'_i = R_b /\!/ r_{be1}, \quad R_b = R_{b1} /\!/ R_{b2} \tag{3-114}$$

输出电阻
$$R_o = R_{e2} /\!/ R'_o = R_{e2} /\!/ \frac{r_{be2} + R'_{s2}}{1+\beta} \tag{3-115}$$

其中,$R'_{s2} = R_c /\!/ R_{b3}$(忽略了 BJT 的基区宽调效应)。

电压增益
$$A_u = \frac{u_o}{u_i} = \frac{u_{o1}}{u_i} \frac{u_o}{u_{o1}} = A_{u1} A_{u2} \tag{3-116}$$

$$A_{u1} = \frac{-\beta[R_c /\!/ R_{i2}]}{r_{be1}} = \frac{-\beta\{R_c /\!/ R_{b3} /\!/ [r_{be2} + (1+\beta)R'_L]\}}{r_{be1}} \tag{3-117}$$

$$A_{u2} = \frac{(1+\beta)R'_L}{r_{be2} + (1+\beta)R'_L} \approx 1 \tag{3-118}$$

$$A_u = A_{u1}A_{u2} \approx \frac{-\beta[R_c /\!/ R_{b3} /\!/ (r_{be2}+(1+\beta)R'_L)]}{r_{be1}} \approx \frac{-\beta R''_L}{r_{be1}} \approx A_{u1} \tag{3-119}$$

式中
$$R''_L = R_c /\!/ R_{b3} /\!/ (r_{be2}+(1+\beta)R'_L), \qquad R'_L = R_{e2} /\!/ R_L$$

由以上分析可以看出,尽管 CE-CC 组合放大电路的电压增益与单级 CE 放大电路的基本相同,但 CE-CC 组合电路的输出电阻很小,显然带负载能力大大提高了。

4. 共源-共漏(CS-CD)组合电路

图 3-65 是共源-共漏组合放大器的一种电路结构。该放大器的直流通路如图 3-66 所示,该电路静态工作点的估算请读者自行完成。

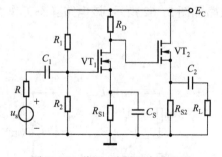
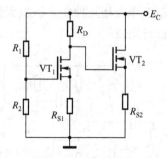

图 3-65　共源-共漏组合放大器　　　　　　图 3-66　直流通路

该放大器的交流通路如图 3-67 所示,微变等效电路如图 3-68 所示。如果设两管的 g_m 相等,不计 r_{ds},利用微变等效电路可分别求出该放大器的交流参数。

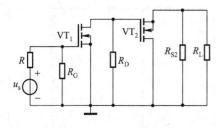

图 3-67 交流通路

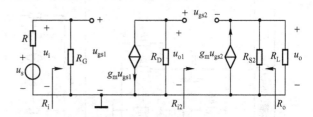

图 3-68 微变等效电路

输入电阻
$$R_i = R_G = R_1 /\!/ R_2 \tag{3-120}$$

输出电阻
$$R_o = (1/g_m) /\!/ R_{S2} \tag{3-121}$$

电压增益
$$A_u = \frac{u_o}{u_i} = \frac{u_{o1}}{u_i} \frac{u_o}{u_{o1}} = A_{u1} A_{u2} \tag{3-122}$$

$$A_{u1} = \frac{-g_m u_{gs1} R_D}{u_{gs1}} = -g_m R_D \tag{3-123}$$

$$A_{u2} = \frac{g_m u_{gs2} R_L'}{u_{gs2} + g_m u_{gs2} R_L'} = \frac{g_m R_L'}{1 + g_m R_L'} \tag{3-124}$$

$$A_u = A_{u1} A_{u2} = -g_m R_D \frac{g_m R_L'}{1 + g_m R_L'} \approx -g_m R_D \approx A_{u1} \quad (g_m R_L' \gg 1) \tag{3-125}$$

其中,$R_L' = R_{S2} /\!/ R_L$。

由以上分析可以看出,尽管 CS-CD 组合放大电路的电压增益与单级 CS 放大电路的基本相同,但 CS-CD 组合电路的输出电阻很小,显然带负载能力大大提高了。

综合上面所得结果,把几种组合放大器列于表 3-6 中,以便比较。

思考与练习

3.3-1 填空题

(1) 为了放大变化缓慢的微弱信号,多级放大电路应采用____;为实现阻抗匹配,多级放大电路应采用____;集成放大电路采用直接耦合方式的原因是____;直接耦合多级放大电路中影响零漂最严重的一级是____,零漂最大的一级是____。

答案:直接耦合方式 ,变压器耦合方式 ,不易制作大容量电容,输入级,输出级

(2) 现有基本放大电路:CE 电路、CC 电路、CB 电路、CS 电路、CD 电路,选择合适的电路组成两级放大器。若要求输入电阻为 1 kΩ~2 kΩ,电压放大倍数大于 3000,第一级应采用____,第二级应采用____。若要求输入电阻大于 10 MΩ,电压放大倍数大于 300,第一级应采用____,第二级应采用____。若要求输入电阻为 100~200 kΩ,电压放大倍数大于 100,第一级应采用____,第二级应采用____。若要求输入电阻大于 10 MΩ,电压放大倍数大于 10,输出电阻小于 200 Ω,第一级应采用____,第二级应采用____。若信号源为内阻很大的电流源,要求将信号源电流转换成输出电压,且源电压增益大于 1000,第一级应采用____,第二级应采用____。

答案:CE、CE 电路,CS、CE 电路,CC、CE 电路,CS、CC 电路,CB、CE 电路

(3) 在 BJT 三极管多级放大电路中,若已知 $A_{u1} = 20$,$A_{u2} = -10$,则可知其接法为:A_{u1} 是____放大器,A_{u2} 是____放大器。已知 $A_{u1} = 1$,$A_{u2} = -50$,则可知其接法为:A_{u1} 是____放大器,A_{u2} 是____放大器。

答案:共基,共射,共集 ,共射

(4) 已知某两级放大电路的第一级电压增益为 20 dB,第二级电压增益为 40 dB,则总增益为____ dB,相当于电压放大倍数为____倍。

答案:60 ,1000

表 3-6　常用的组合放大器

	共射–共基 (CE-CB)	共源–共栅 (CS-CG)	共射–共集 (CE-CC)	共源–共漏 (CS-CD)
电路结构	(电路图)	(电路图)	(电路图)	(电路图)
微变等效电路	(等效电路图)	(等效电路图)	(等效电路图)	(等效电路图)
增益	$A_u \approx \dfrac{\beta R'_L}{r_{be1}}$ $R'_L = R_c \parallel R_L$	$A_u \approx -g_m R'_L$ $R'_L = R_D \parallel R_L$	$A_u \approx \dfrac{\beta R''_L}{r_{be1}} \approx A_{u1}$ $R''_L = R_c \parallel R_{b3} \parallel (r_{be2} + (1+\beta)R'_L)$ $R'_L = (R_{e2} \parallel R_L)$	$A_u \approx -g_m R_D \approx A_{u1}$ $(g_m(R_{S2} \parallel R_L) \gg 1)$
输入电阻	$R_i = R_b \parallel r_{be1}$	$R_i = R_G = R_2 \parallel R_3$	$R_i = R_b \parallel r_{be1},\ R_b = R_{b1} \parallel R_{b2}$	$R_i = R_G = R_1 \parallel R_2$
输出电阻	$R_o = R_c$	$R_o = R_D$	$R_o = R_{e2} \parallel \dfrac{r_{be2} + R_c \parallel R_{b3}}{1+\beta}$	$R_o = (1/g_m) \parallel R_{S2}$
特点	① CE-CB 的电压增益与单级 CE 放大器相同，这种组合并非为了提高 A_u；② 可以展宽放大器的通频带；③ 用于高频放大器时稳定性好，不易自激	① CS-CG 的电压增益与单级 CE 放大器相同，类似地，CS-CG 的与单级 CS 放大器相同	① CE-CC 的电压增益与单级 CE 放大器的基本相同，类似地，CS-CD 的与单级 CS 的基本相同；② 输出电阻很小，所以带负载能力大大提高	

(5) 在计算两级放大电路中第一级电压放大倍数 A_{u1} 时,应把第二级的____作为第一级的负载;而在计算第二级放大倍数 A_{u2} 时,应把第一级的____作为第二级的信号源内阻。　　　答案:输入电阻,输出电阻

3.3-2　选择题

(1) 拟用场效应管构成一个三极放大电路,要求从信号源索取的信号电流要小,带负载能力要强,电压放大倍数要大,输入级选用_____;中间级选用_____;输出级选用____。

A. 共源放大电路,共栅放大电路,共漏放大电路

B. 共栅放大电路,共漏放大电路,共栅放大电路

C. 共漏放大电路,共源放大电路,共漏放大电路

D. 共源放大电路,共漏放大电路,共漏放大电路　　　　　　　　　　　　　答案:C

(2) 两性能完全相同的放大器,其开路电压增益为 40 dB,$R_i = 2$ kΩ,$R_o = 3$ kΩ。现将两放大器级联构成两级放大器,则其开路电压增益为(　　)　　　　　　　　　　　　　　　　答案:A

A. 72 dB　　　　　B. 80 dB　　　　　C. 1600 dB　　　　　D. 640 dB

(3) 在三极管多级放大电路中,已知 $A_{u1} = 20$,$A_{u2} = -10$,$A_{u3} = 1$,则可知:A_{u1}、A_{u2} 和 A_{u3} 分别是_____放大器。　　　　　　　　　　　　　　　　　　　　　　　　　　　　　答案:A

A. 共基、共射、共集　　　B. 共射、共基、共集　　　C. 共集、共射、共基　　　D. 共集、共基、共射

(4) 有两个放大倍数相同、输入和输出电阻不同的放大电路 A 和 B,对同一个具有内阻的信号源电压进行放大,在负载开路的条件下测得 A 的输出电压比 B 的小,这说明 A 的____比 B 的____。　　答案:A

A. 输入电阻,小　　　B. 输出电阻,大　　　C. 输入电阻,大　　　D. 输出电阻,小。

3.3-3　多级放大电路如图所示。设电路中所有电容器对交流均可视为短路,试指出电路中各个放大器件所组成的基本放大电路分别属于哪种组态。

　　　答案:图(a):VT$_1$,共基;VT$_2$,共射;VT$_3$,共集。　　　图(b):VT$_1$,共射;VT$_2$,共基。

　　　　　图(c):VT$_1$,共漏,VT$_2$,共基。　　　图(d):VT$_1$,共源;VT$_2$,共漏。

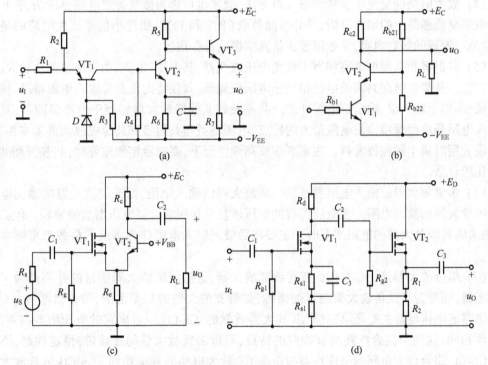

思考与练习 3.3-3 图

本 章 小 结

(1) 按照输出信号与输入信号不同的组合方式划分,可有四种基本类型的放大器,即电压放大器(电压输出/电压输入)、电流放大器(电流输出/电流输入)、跨阻放大器(电压输出/电流输入)、跨导放大器(电流输出/电压输入)。四种基本放大器的区别是:①增益的量纲不同;②对输出电阻的要求不同,以电压作为输出量的放大器要求 $R_\text{o} \ll R_\text{L}$,以电流作为输出量的放大器要求 $R_\text{o} \gg R_\text{L}$;③对输入电阻的要求不同,以电压作为输入量的放大器要求 $R_\text{i} \gg R_\text{s}$,以电流作为输入量的放大器要求 $R_\text{i} \ll R_\text{s}$。

(2) 如果放大电路中晶体管的静态偏置设计得合适,工作在放大区,且工作在交流小信号的范围内,晶体管可近似为线性元件,放大电路即为线性电路,那么根据线性电路的叠加原理,可以把放大电路分解成直流通路和交流通路两个部分,进行独立的分析。

(3) 在晶体管放大电路的设计和分析中要解决的两类基本问题是:

① 直流偏置(静态)问题,是指在放大电路的直流通路上设计和分析静态工作点,即确定 I_{BQ}、U_{BEQ}、I_{CQ}、U_{CEQ} 等值,以解决放大电路中晶体管的偏置方式,保证晶体管工作在放大状态。工程上常用的分析方法有:估算法、等效电源法、图解法。

② 交流传输(动态)问题,是指在放大电路的交流通路上分析和设计交流信号的放大与传输关系,求解放大电路的电压、电流、功率增益(A_u、A_i、A_p),以及输入、输出电阻(R_i、R_o)等,以解决放大电路中信号的有效传输及放大等问题。工程上常用的动态分析方法有图解法和微变等效电路法。

(4) 放大电路的交流小信号动态分析方法,通常也可称为微变等效电路分析法,它是基于放大电路交流通路上的动态分析,是分析晶体管(BJT 和 FET)线性小信号放大电路的基本方法,也是本课程的核心内容,希望读者能认真掌握这部分内容。

(5) 共射极和共源极电路相当于反相电压放大器,其电压、电流、功率增益都比较大,因而应用广泛。共集电极和共漏极电路相当于电压跟随器,其独特的优点是输入电阻很高,输出电阻很低,多用于输入级、输出级或缓冲级。共基极和共栅极放大器相当于电流跟随器,具有管端输入电阻最小而管端输出电阻最大的特点,电压增益与共射极和共源极放大器基本相同,在中频段应用时属于同相放大器。在宽频带或高频情况下,要求稳定性较好时,共基极和共栅极电路比较合适。

(6) 多级放大器的输入电阻就是第一级放大器的输入电阻,而末级放大器的输出电阻就是多级放大器的输出电阻。多级放大器的电压增益是各级放大器电压增益的乘积。但必须注意:在求解各级放大器的电压增益时一定要将后级的输入电阻作为本级的负载来求解本级的增益。

(7) 组合放大器是一些常用的双管级联放大器,这些级联放大器的目的并不是为了提高电压增益,而是为了改善放大器的其他指标,如展宽放大器的频率范围,防止自激等。CE-CB 组合电路的电压增益主要是第二级 CB 放大器贡献的,CS-CG 组合电路的电压增益与单级 CS 放大器相同,这两类组合电路具有相同的特点,可以展宽放大器的通频带,稳定性好,不易自激。CE-CC 组合放大电路的电压增益与单级 CE 放大电路的基本相同, CS-CD 组合放大电路的电压增益与单级 CS 放大电路的基本相同,但这两类组合电路具有输出电阻很小,负载能力大的相同特点。

思考题与习题3

3.1 填空题

(1) 放大器的直流通路可用来求(　　)。在画直流通路时,应将电路元件中的(　　)开路,(　　)短路。

(2) 交流通路只反映(　　)电压与(　　)电流之间的关系。在画交流通路时,应将耦合和旁路电容及恒压源(　　)。

(3) 图题3.1(3)所示共射放大器的输出直流负载线方程近似为(　　)。该电路的交流负载线是经过(　　)点,且斜率为(　　)的一条直线。共射放大器的交流负载线是放大器工作时共射输出特性曲线上的动态点(　　)的运动轨迹。

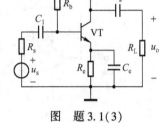

图　题3.1(3)

(4) CE放大器工作点选在(　　)的中点时,无削波失真的输出电压动态范围最大。

(5) 放大器信号源的等效负载是放大器的(　　)电阻,而向放大器的负载 R_L 输出功率的等效信号源的内阻是放大器的(　　)电阻。

(6) 多级放大器的增益等于各级增益分贝数(　　)。若放大器的 A_u =-70.7倍,则 A_u 的分贝数为(　　)。

(7) 级联放大器常用的级间耦合方式有(　　)耦合,(　　)耦合和(　　)耦合。

(8) 放大器级间产生共电耦合的原因是(　　),消除共电耦合的方法是采用(　　)电路。

(9) 高增益直流放大器要解决的一个主要问题是(　　)。

(10) 在多级放大器中,中间某一级的(　　)电阻是上一级的负载。

(11) 任何放大器的(　　)增益总是大于1。

(12) 从频谱分析的角度而言,放大器非线性失真的主要特征是(　　)。

(13) 图题3.1(13)(a)和(b)是两个无源单口网络,图(a)的端口等效电阻 R_a 等于(　　),图(b)的端口等效电阻 R_b 等于(　　)。

(14) 图题3.1(14)是某放大器的通用模型。如果该放大器的端电压增益 A_u =-100,则该放大器的 A_{us} =(　　)dB, A_{uo} =(　　)dB, A_i =(　　)dB, A_P =(　　)dB。

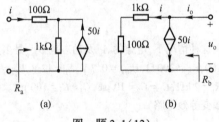

(a)　　　　(b)

图　题3.1(13)

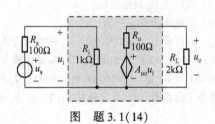

图　题3.1(14)

(15) 在BJT三种基本放大器中,CE组态使用较多的一个原因是(　　)增益最大。

(16) 当温度增加时,晶体管的直流参数(　　)和(　　)增加,而(　　)减小,使图题3.1(16)偏置电路的工作点向(　　)移动。

(17) 当温度增加时,图题3.1(16)电路的电流(　　)几乎不变,而电流(　　)明显增大,电压(　　)明显减小。

(18) 图题3.1(18)所示偏置电路称为(　　)偏置电路。当电路满足条件(　　)或(　　)时,稳 Q 效果较好。

(19) 图题3.1(18)电路中,只有电阻(　　)对 I_c 几乎无影响,但 R_c 增加时,工作点会移向(　　)区。

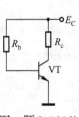 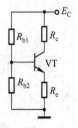

图　题3.1(16)　　图　题3.1(18)

(20) 在 FET 分立元件放大电路中,常采用的偏置电路是(　　)电路和(　　)电路。但(　　)偏置电路不能用于增强型 MOSFET。

(21) FET 的三种基本放大组态:CS 组态、CD 组态和 CG 组态,其放大特性分别与 BJT 的(　　)组态、(　　)组态和(　　)组态相似。

(22) FET 的(　　)效应与 BJT 的基区宽调效应相似。基区宽调效应使集电结反偏电压变化对各极电流有影响,而 FET 的该效应使电压(　　)的变化对 i_D 产生影响。

(23) FET 的小信号参数(　　)是沟道调制效应的反映。

3.2　判断图题 3.2 中哪些电路能正常放大正弦输入电压 u_i? 哪些不能正常放大 u_i? 并请将不能正常放大正弦输入电压的电路改正成可以正常放大的电路。

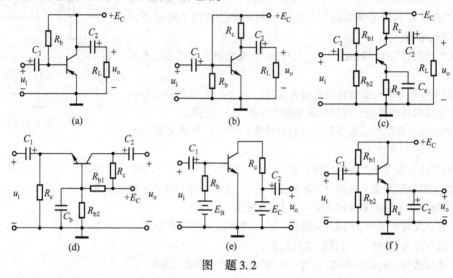

图　题 3.2

3.3　电路如图题 3.3 所示。设晶体管的 $U_{BEQ} = 0.7\ \text{V}$,$\beta = 80$,$R_c = 5.1\ \text{k}\Omega$,$R_b = 220\ \text{k}\Omega$。

(1) 试求 $u_i = 0$ 时的 I_{BQ}、I_{CQ}、U_{CEQ} 及晶体管的集电极功耗 $P_C = U_{CEQ}I_{CQ}$ 的值;

(2) 若将图中的晶体管换成另一只 $\beta = 150$ 的管子,电路还能否正常放大信号? 为什么?

3.4　电路如图题 3.4 所示。设 $\beta = 100$,$U_{BEQ} = 0.7\ \text{V}$,$r_{bb'} = 200\ \Omega$,$A_u = -200$,$R_c = 4\ \text{k}\Omega$,$E_C = 12\ \text{V}$。

(1) 试选择 R_b 的阻值;

(2) 求电路的 U_{CEQ} 的值;

(3) 若要求 $U_{CEQ} = 10\ \text{V}$,那么 R_b 的阻值应该多大? 在这种情况下,电路的 A_u 及动态范 U_{op-p} 是多少?

3.5　电路如图题 3.5 所示。已知:晶体管 VT 的 $\beta = 100$,$r_{bb'} = 300\ \Omega$,$U_{BEQ} = 0.7\ \text{V}$,$E_C = 12\ \text{V}$,$R_{b1} = 210\ \text{k}\Omega$,$R_{b2} = 50\ \text{k}\Omega$,$R_c = 2\ \text{k}\Omega$,$R = 100\ \Omega$,$R_{e1} = 300\ \Omega$,$R_{e2} = 700\ \Omega$,$R_L = 2\ \text{k}\Omega$,$C_1 = C_2 = 10\ \mu\text{F}$,$C_3 = C_e = 100\ \mu\text{F}$。试估算:
(1) 静态工作点 Q(画出直流通路);(2) A_u、R_i、R_o(画出微变等效电路)。

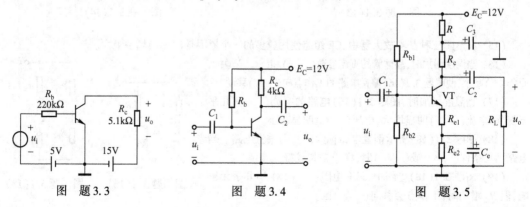

图　题 3.3　　　　　　　图　题 3.4　　　　　　　图　题 3.5

3.6 电路如图题 3.6 所示。设 VT 为硅管,$\beta = 50$,$r_{bb'} = 100\ \Omega$,$R_{b1} = 62\ \mathrm{k}\Omega$,$R_{b2} = 15\ \mathrm{k}\Omega$,$R_c = 3\ \mathrm{k}\Omega$,$R_e = 1\ \mathrm{k}\Omega$,$C_1 = C_2 = 10\ \mu\mathrm{F}$,$C_e = 47\ \mu\mathrm{F}$,$R_L = 3\ \mathrm{k}\Omega$,$E_C = 24\ \mathrm{V}$。试求:

(1) 静态时的 I_{BQ}、I_{CQ}、U_{CEQ}、U_{CQ} 的值(画出直流通路);

(2) 电路的 A_u、R_i、R_o(画出微变等效电路);

(3) C_e 开路时的静态工作点及 A_u、R_i、R_o(画出微变等效电路)。

3.7 电路如图题 3.7 所示。已知 VT 为 3AX31 型锗管($U_{BEQ} = -0.2\ \mathrm{V}$),$r_{bb'} = 300\ \Omega$,$\beta = 80$,$R_b = 12\ \mathrm{k}\Omega$,$R_L = 2\ \mathrm{k}\Omega$,$R_e = 150\ \Omega$,$C_1 = C_2 = 10\ \mu\mathrm{F}$,$-E_C = -6\ \mathrm{V}$,信号源的内阻 $R_s = 1\ \mathrm{k}\Omega$,$R_c = 10\ \Omega$。

(1) 估算静态工作点的值;

(2) 画出微变等效电路;

(3) 求 $A_u = \dfrac{u_o}{u_i}$,$A_{us} = \dfrac{u_o}{u_s}$,$R_i$ 和 R_o 的值。

3.8 电路如图题 3.8 所示。已知 VT 为 3BX1 型锗低频小功率三极管,$\beta = 20$,$r_{bb'} = 300\ \Omega$,$U_{BEQ} = +0.2\ \mathrm{V}$,电路中 $R_{b1} = 27\ \mathrm{k}\Omega$,电位器 $R_w = 20\ \mathrm{k}\Omega$,$R_c = 2\ \mathrm{k}\Omega$,$R_e = 1\ \mathrm{k}\Omega$,$E_C = 10\ \mathrm{V}$,$C_1 = C_2 = 10\ \mu\mathrm{F}$,$C_e = 47\ \mu\mathrm{F}$,输入正弦电压的有效值 $U_i = 10\ \mathrm{mV}$。试求:

(1) 电位器调至滑动触点与"地"之间的电阻为 $10\ \mathrm{k}\Omega$ 时的 U_o 的值;

(2) 电位器滑动触点调至最上端或最下端时,u_o 波形是否会产生失真? 若产生失真,问产生的是什么失真?

3.9 在图题 3.9(a) 所示的 CE 放大器中,晶体管输出特性曲线已知(见图题 3.9(b)),且该管静态,$U_{BEQ} = 0.72\ \mathrm{V}$。

(1) 在图题 3.9(b) 上作直流负载线,确定工作点的坐标 I_{CQ} 和 U_{CEQ} 的值。

(2) 在图题 3.9(b) 上作交流负载线,确定无削波失真的最大输出电压的振幅。

(3) 如果增大源电压 u_s,直到输出 u_o 出现削波失真,试画出这时 u_o 的波形。这是饱和失真还是截止失真? 为什么?

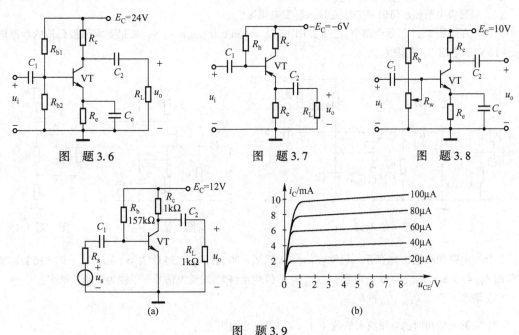

图 题 3.6   图 题 3.7   图 题 3.8

图 题 3.9

3.10 将题 3.9(a) 中的 NPN 管改为 PNP 管(电源应改为负电源)。若输出电压 u_o 出现同一削波失真的波形,这是什么失真? 为什么?

3.11 小信号放大器如图题 3.11 所示。这是什么组态的放大器? 若 BJT 的 $\beta = 100$,$r_{be} = 1.5\ \mathrm{k}\Omega$,忽略基

区宽调效应,求中频段的 R_i, R_o, A_u 和 A_{us}。

3.12 两级小信号放大器如图题 3.12 所示。VT_1 和 VT_2 的小信号参数分别为 β_1, r_{be1} 和 β_2, r_{be2}。不计两管的基区宽调效应。图中所有电容都是旁路或耦合电容。

(1)画出放大器中频段的交流通路。

(2)求放大器中频段的 R_i, R_o 和 A_{us}。

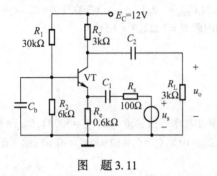

图 题 3.11   图 题 3.12

3.13 电路如图题 3.13 所示。已知 $R_1 = 330\ \text{k}\Omega$,$R_2 = 10\ \text{k}\Omega$,$R_3 = 2\ \text{k}\Omega$,$R_4 = 15\ \text{k}\Omega$,$R_5 = 51\ \text{k}\Omega$,$R_6 = 4.7\ \text{k}\Omega$,$E_C = 12\ \text{V}$,各电容均足够大,对交流信号可视为短路;$VT_1$ 和 VT_2 的 $\beta = 50$,$r_{bb'} = 100\ \Omega$,$|U_{BE}| = 0.7\ \text{V}$。

(1)试求 A_u 及 R_i;

(2)请分析 u_o 与 u_i 的相位关系。

3.14 JFET 自给偏压放大器如图题 3.14 所示。设 $R_D = 12\ \text{k}\Omega$,$R_G = 1\ \text{M}\Omega$,$R_S = 470\ \Omega$,电源电压 $E_D = 30\ \text{V}$。FET 的参数:$I_{DSS} = 3\ \text{mA}$,$U_{GS(off)} = -2.4\ \text{V}$。

(1)求静态工作点 U_{GSQ}、I_{DQ} 和 U_{DSQ}。

(2)当漏极电阻超过何值时 FET 会进入可变电阻区?

3.15 在图题 3.15 所示电路中,已知 JFET 的 $I_{DSS} = 1\ \text{mA}$,$U_{GS(off)} = -1\ \text{V}$。如果要求漏极到地的静态电压 $U_{DQ} = 10\ \text{V}$,求电阻 R_1 的阻值。

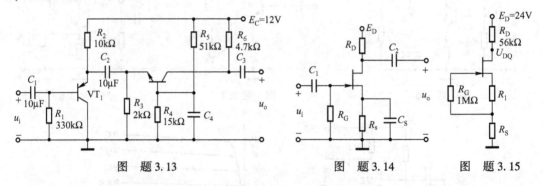

图 题 3.13   图 题 3.14   图 题 3.15

3.16 电路如图题 3.16 所示。已知:$E_D = -24\ \text{V}$,$R_1 = 90\ \text{k}\Omega$,$R_2 = 25\ \text{k}\Omega$,$R_3 = 1\ \text{M}\Omega$,$R_D = R_S = 10\ \text{k}\Omega$;场效应管的 $I_{DSS} = -2\ \text{mA}$,$U_{GS(off)} = 5\ \text{V}$;电容 C_1、C_2、C_3 的值均足够大,对交流信号可以视为短路。试求:

(1)静态工作点 U_{GSQ}、I_{DQ} 和 U_{DSQ};

(2)从漏极输出时的电压放大倍数 $A_{u1}\left(= \dfrac{u_{o1}}{u_i} \right)$ 及输出电阻 R_{o1};

(3)从源极输出时的电压放大倍数 $A_{u2}\left(= \dfrac{u_{o2}}{u_i} \right)$ 及输出电阻 R_{o2};

(4)输入电阻 R_i 的值。

3.17 N 沟道 JFET 共漏放大器如图题 3.17 所示,电路参数为 $R_1 = 40\ \text{k}\Omega, R_2 = 60\ \text{k}\Omega, R_3 = 2\ \text{M}\Omega, R_4 = 20\ \text{k}\Omega$,负载电阻 $R_\text{L} = 80\ \text{k}\Omega$,电源电压 $E_\text{D} = 30\ \text{V}$。JFET 的 $I_\text{DSS} = 4\ \text{mA}, U_\text{GS(off)} = -4\ \text{V}, r_\text{ds} = 40\ \text{k}\Omega$。试计算增量跨导 g_m,并求端电压增益 A_u、电流增益 A_i、输入电阻 R_i 和输出电阻 R_o。

3.18 电路如图题 3.18 所示。已知 $E_\text{D} = 12\ \text{V}, R_\text{G} = 1\ \text{M}\Omega, R_\text{S1} = 100\ \Omega, R_\text{S2} = 2\ \text{k}\Omega$,场效应管的 $I_\text{DSS} = 5\ \text{mA}$、$U_\text{GS(off)} = -5\ \text{V}$。试求 A_u 和 R_i 的值。

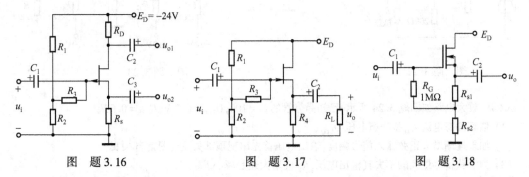

图 题 3.16   图 题 3.17   图 题 3.18

3.19 电路如图题 3.19 所示。已知 $R_\text{S} = 470\ \Omega, R_\text{D} = 2\ \text{k}\Omega, R_\text{L} = 2\ \text{k}\Omega$,场效应管的 $g_\text{m} = 8\ \text{mS}$(忽略 r_ds)。

(1) 画出微变等效电路,求出 A_u 和 R_i 的值;

(2) 画出求 R_o 的等效电路,求出 R_o 的值。

3.20 场效应管放大电路如图题 3.20 所示。已知 $E_\text{D} = +30\ \text{V}, E_\text{S} = -18\ \text{V}, R_\text{G} = 1\ \text{M}\Omega$,VT$_1$ 的 $I_\text{DSS} = 12.5\ \text{mA}, U_\text{GS(off)} = -6\ \text{V}$,VT$_2$ 的 $I_\text{DSS} = 8\ \text{mA}, U_\text{GS(off)} = -4\ \text{V}$,电路中 VT$_1$ 的 $I_\text{D1Q} = 2\ \text{mA}, U_\text{DS1Q} = 10\ \text{V}$。试求 R_S、R_D 和 A_u 的值。

3.21 图题 3.21 所示为 CD-CB 组合放大电路。VT$_1$ 和 VT$_2$ 的小信号参数分别为 g_m, r_ds 和 β, r_be。画出微变等效电路,求出 A_u 的表达式。

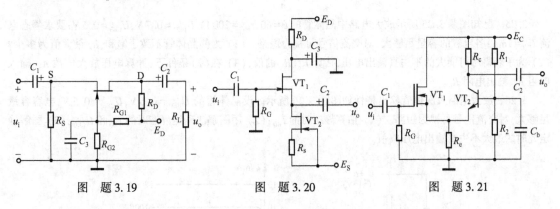

图 题 3.19   图 题 3.20   图 题 3.21

3.22 观察图题 3.22 所示电路,晶体管参数为 $K_\text{n1} = \dfrac{1}{2}\beta_\text{n1} = K_\text{n2} = \dfrac{1}{2}\beta_\text{n2} = 200\ \mu\text{A/V}^2, U_\text{GS(th)1} = U_\text{GS(th)2} = 0.8\ \text{V}$ 和 $\lambda_1 = \lambda_2 = 0$。

(1) 试设计电路使 $U_\text{DSQ2} = 7\ \text{V}$ 和 $R_i = 400\ \text{k}\Omega$,求 R_1 和 R_2。

(2) 试求相应的 I_DQ1、I_DQ2 和 U_DSQ1 的值。

(3) 试计算相应的小信号电压增益 $A_u = u_o/u_i$ 和输出电阻 R_o。

3.23 图题 3.23 所示的电路,晶体管参数为 $K_\text{n1} = \dfrac{1}{2}\beta_\text{n1} = K_\text{n2} = \dfrac{1}{2}\beta_\text{n2} = 4\ \text{mA/V}^2, U_\text{GS(th)1} = U_\text{GS(th)2} = 2\ \text{V}$ 和 $\lambda_1 = \lambda_2 = 0$。试求:(1) I_DQ1、I_DQ2 和 U_DSQ1 和 U_DSQ2。(2) g_m1 和 g_m2。

(3) 总的小信号电压增益 $A_u = u_o/u_i$。

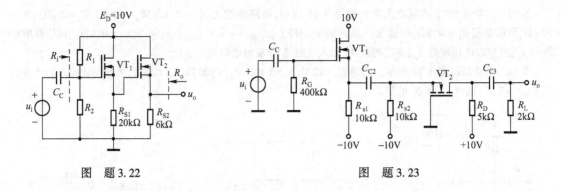

图 题 3.22　　　　　　　　　　　　图 题 3.23

3.24　放大电路如图题 3.24 所示,已知晶体管的 $\beta=100$, $U_{BEQ}=0.7$ V, $U_{CES}=0.5$ V。

(1) 估算静态电流 I_{CQ} 和静态电压 U_{CEQ};

(2) 如果逐渐增大正弦输入信号幅度,输出电压首先出现顶部失真还是底部失真?

(3) 为了获得尽量大的不失真输出电压, R_b 应增大还是减小?

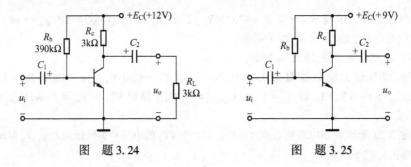

图 题 3.24　　　　　　　　　　　　图 题 3.25

3.25　已知图题 3.25 所示放大电路中晶体管的 $\beta=60$, $r_{bb'}=200$ Ω, $U_{BEQ}=0.7$ V, $U_{CES}=0.5$ V;要求静态电流 $I_{CQ}=1$mA;各电容的容量足够大,对交流信号可视为短路。(1) 为使晶体管不致于饱和, R_c 最大值为多少? (2) 为了获得尽可能大的不失真输出电压,估算 R_c、R_b 的值;(3) 在(2)条件下,计算电压放大倍数 A_u、输入电阻 R_i、输出电阻 R_o。

3.26　放大电路及晶体管输出特性如图题 3.26 所示。设晶体管的 $U_{BEQ}=0.6$ V, $U_{CES}\approx0.5$ V,电容容量足够大,对交流信号可视为短路。(1) 估算静态时的 I_{BQ};(2) 用图解法确定静态时的 I_{CQ} 和 U_{CEQ};(3) 图解确定此时的最大不失真输出电压幅值。

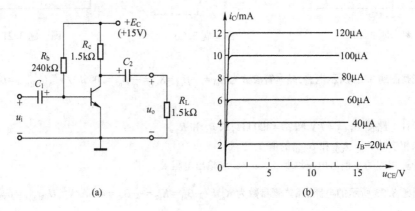

(a)　　　　　　　　　　　　(b)

图 题 3.26

3.27 已知图题 3.27 所示电路中晶体管的 $\beta=100$，$r_{bb'}=100\ \Omega$，$U_{BEQ}=0.6\ V$，$U_{CES}=0.5\ V$，电容的容量足够大，对交流信号可视为短路。(1) 估算静态时的 I_{BQ}，I_{CQ}，U_{CEQ}；(2) 画出简化 h 参数交流等效电路；(3) 求电压放大倍数 A_u；(4) 求最大不失真输出电压幅值 U_{om}。

3.28 在图题 3.28 所示电路中晶体管的 $\beta=120$，$U_{BEQ}=0.6\ V$，$r_{be}=1.8\ k\Omega$，各电容的容抗均可忽略不计。
(1) 估算静态工作点 I_{BQ}，I_{CQ}，U_{CEQ}；(2) 画出简化 h 参数交流等效电路；(3) 求电压放大倍数 A_u、输入电阻 R_i、输出电阻 R_o。

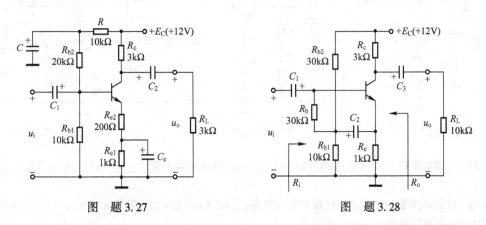

图　题 3.27　　　　　　　　　　图　题 3.28

3.29 已知图题 3.29(a) 和 (b) 所示电路中场效应管的跨导均为 $g_m=5\ mS$，电容对交流信号可视为短路。
(1) 求电路的电压放大倍数 A_u 和输出电阻 R_o；
(2) 电路分别接上输入电压 u_i(500 mV) 和负载电阻 R_L(3 kΩ) 后，求两个电路的输出电压 u_o 的值；
(3) 说明哪个电路带负载能力强。

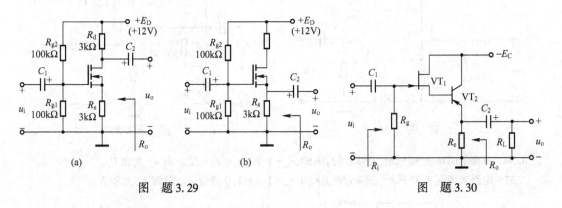

图　题 3.29　　　　　　　　　　图　题 3.30

3.30 放大电路如图题 3.30 所示，设 VT$_1$ 和 VT$_2$ 的 g_m、β、r_{be} 及各电路参数均为已知量，电容 C_1、C_2 对交流信号均可视为短路。
(1) VT$_1$、VT$_2$ 各组成哪种接法（组态）的放大电路？
(2) 画出简化微变等效电路。
(3) 写出电压放大倍数 A_u、输入电阻 R_i 和输出电阻 R_o 的表达式。

3.31 电路如图所示，已知 $\beta=100$，$r_{be1}=r_{be2}=3\ k\Omega$。若电容 C_b 开路，画出该电路的交流通路，求电路分别由 u_{o1} 和 u_{o2} 输出时的电压放大倍数。

3.32 试求图题 3.32 所示电路 Q 点（I_{CQ} 和 U_{CEQ}）、A_u、R_i 和 R_o 的表达式，设静态时 R_2 中的电流远大于 VT$_2$ 管的基极电流且 R_3 中的电流远大于 VT$_1$ 管的基极电流。

3.33 电路如图题 3.33 所示，晶体管的 β 均为 50，r_{be} 均为 1.2 kΩ，Q 点合适。求 A_u、R_i 和 R_o。

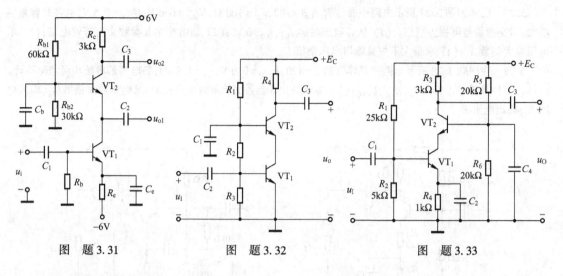

图 题 3.31　　　　　　　　图 题 3.32　　　　　　　　图 题 3.33

3.34　电路如图题3.34所示,晶体管的 $\beta=80$, $r_{be}=1.5\ \text{k}\Omega$,场效应管的 $g_m=3\ \text{mA/V}$; Q 点合适。求 A_u、R_i 和 R_o。

3.35　电路如图题3.35所示。已知 FET 参数为 $g_m=0.8\ \text{mS}$; BJT 的参数为 $\beta=40$, $r_{be}=1\ \text{k}\Omega$; 忽略 r_{ds} 和 r_{ce}。试求电路的电压增益 A_u 和输入电阻 R_i。

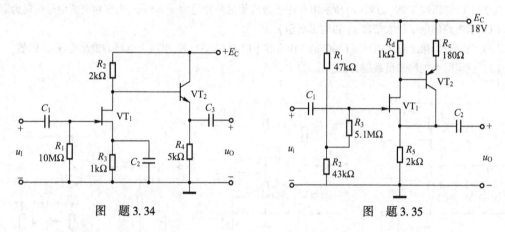

图 题 3.34　　　　　　　　　　　　　图 题 3.35

3.36　电路如图题3.36所示,晶体管的 $\beta=50$, $r_{be}=1.2\ \text{k}\Omega$, Q 点合适。求 A_u、R_i 和 R_o。

3.37　电路如图题3.37所示,晶体管的 $\beta=50$, $r_{be}=1.2\ \text{k}\Omega$, Q 点合适。求解 A_u、R_i 和 R_o。

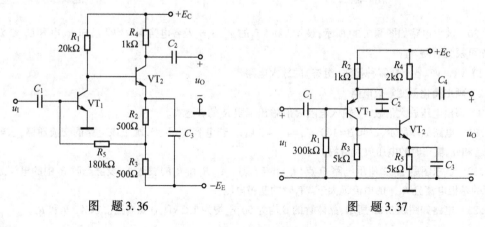

图 题 3.36　　　　　　　　　　　　　图 题 3.37

3.38 设图题3.38所示各电路的静态工作点合适。(1)画出微变等效电路;(2)写出 A_u、R_i 和 R_o 的表达式。

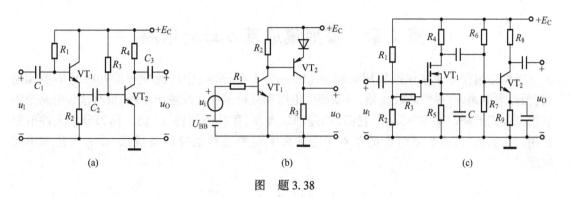

图 题3.38

本章习题参考解答请扫以下二维码。

二维码 3-1	二维码 3-2	二维码 3-3	二维码 3-4
二维码 3-5	二维码 3-6	二维码 3-7	二维码 3-8

第4章　模拟集成基本单元电路

本章介绍在半导体模拟集成电路 IC(Integrated Circuits)中广泛使用的几种基本单元电路:恒流源电路、有源负载放大器、差动放大电路和互补推挽功放输出级等,虽然这些电路是组成模拟集成电路的基本单元,但它们(如差动放大器、互补推挽功放)仍可作为分立元件电路使用。应该指出,第 3 章讨论的基本组态的放大电路当然也应该是模拟 IC 中的基本单元电路。

4.1　半导体集成电路概述

20 世纪 60 年代初期,人们开始用特殊的工艺方法把半导体器件、电阻、电容以及连接导线等整个电路制作在一小块硅片上,形成不可分割的整体。这种集成在一起并能完成一定 功能的电路叫做半导体集成电路(IC)。另外还有一种集成电路是在介质基片上集成无源 RLC元件,而半导体器件则是将管芯焊在基片上。这种集成电路称为厚膜或薄膜集成电路。

与生产晶体管一样,半导体集成电路也是先生产出芯片,再经封装后形成产品。第一块集成电路出现于 1958 年。随着半导体技术、工艺的发展,特别是 20 世纪 70 年代后期,VLSI(超大规模集成电路)的出现,集成电路的设计制造发生了革命性变化。实际上,在使用电子电路的绝大多数场合,IC 已经基本上取代了分立元件电路。可以毫不夸张地说:从家用电器到大型电子仪器设备,从个人电脑到信息高速公路,无一不依靠着集成电路。

集成电路按处理信号的类型可分为数字 IC 和模拟 IC。数字 IC 由于只处理 0 和 1 两个电平信号,且电路的重复性较大,使它更易于实现 VLSI。现代数字 IC 已形成多种系列化的产品。模拟 IC 处理时间连续信号,其电路的多变性决定了它不能像数字 IC 那样大规模集成。但近代模拟 IC 在品种、功能、产品性能等方面均可与数字 IC 媲美。通用模拟 IC 的主要品种有运算放大器、宽带放大器、功率放大器、模拟乘法器、电压比较器、电压调整器(稳压器)、模数和数模转换器、模拟开关、时基电路和锁相环等类型。至于专用的模拟 IC 更是不计其数。

用各种半导体工艺制造的模拟集成电路因其制造工艺的特殊性,使它在电路设计、元件选取等方面与分立元件电路有所不同。归纳起来,模拟 IC 工艺大致有以下特点:

(1)晶体管按标准工艺制作,成本低且占用硅片面积小。二极管一般都用 BJT 的一个 PN结担任,不再用专门工艺生产。

(2)生产电阻的工艺不比生产晶体管的工艺简单,而且电阻值越大,占用硅片面积越大。

(3)制造数十皮法以上的电容将占用很大的硅片面积,集成电路中使用电容非常不合算。

(4)部分工艺支持制作电感,但是制作 nH 以上电感将占用很大比例的芯片面积。

(5)集成电路易于生产配对的元件(相对误差 1%以下),但元件的绝对误差较大(绝对误差 20%)。

表 4-1 示出了硅平面工艺中各种元件占有硅片的面积比。

表 4-1　集成电路中元件的相对面积比

元件类型	相对面积比
BJT	1
二极管	1
电阻(5 kΩ)	3
电容(10 pF)	10

根据模拟集成工艺的特点,在设计模拟 IC 时应该多用晶体管,少用电阻(50 kΩ 以下),尽量不用电容(50 pF 以下)和电感。因此,**在模拟集成电路中,用恒流源代替电阻偏置电路,用有源负载代替电阻负载,采用直接耦合电路,利用元件易于配对的特点采用差动放大电路**。这些电路特点都是与集成电路工艺有关的,也是我们本章学习的重点内容。

4.2 恒流源和稳定偏置电路

在模拟集成电路的设计中,恒流源是使用最多的一种单元电路。**使用恒流源不但符合在 IC 中多用有源器件的原则,而且恒流源作为偏置电路还具有能使电路性能不随温度及电源电压的变化而改变的优良稳定性**,以及工作点对温度和电源电压变化不敏感的优点。另外,利用恒流源作为放大器的负载时,放大器的增益会很高,输出的动态范围也较大。

4.2.1 BIT 参数的温度特性

晶体管的参数随温度而变化,例如 BJT 的 β、U_{BE} 和 I_{CBO} 等参数都会随温度的变化而变化,这些参数的变化会改变放大电路的偏置,进而改变放大电路的工作状态及性能,因而研究晶体管参数的温度特性,设计稳定的偏置电路是模拟集成电路设计中的一项重要工作。

1. β 的温度特性

在 BJT 温度升高时,因注入基区非平衡少子扩散的速度加快,使基区非平衡少子在扩散过程中被复合的机会减小,因而复合电流 i_b 减小,扩散电流 i_c 增大,导致 $\beta = i_c/i_b$ 增大。锗和硅 BJT 管 β 的温度系数为正,β 的温度变化率为

$$\frac{\partial \beta}{\partial T} \approx (0.5\% \sim 1\%)\beta/℃ \tag{4-1}$$

2. I_{CBO} 的温度特性

BJT 温度升高时,本征激发加剧,随之产生的电子–空穴对要增加,半导体中少子浓度迅速增加,使其集电结反向饱和电流 I_{CBO} 迅速增大。锗或硅管的 I_{CBO} 随温度按指数规律变化。近似估算时,约每温升 10℃,I_{CBO} 增加 1 倍,即

$$I_{CBO}(T) = I_{CBO}(T_0) \times 2^{\frac{T-T_0}{10}} \qquad (T_0 = 25℃) \tag{4-2}$$

I_{CBO} 随温度增加会使 BJT 的穿透电流 $I_{CEO} = (1+\beta)I_{CBO}$ 随之增加,从而导致 BJT 的输出特性曲线整体向上平移。

3. U_{BE} 的温度特性

BJT 温度升高时,因半导体禁带宽度减小,使 PN 结内建电场减弱,接触电位减小,导致 U_{BE} 下降。锗和硅管在 I_B 为常数下,U_{BE} 的温度系数近似于常数,即

$$\frac{\Delta U_{BE}}{\Delta T} = \frac{U_{BE2} - U_{BE1}}{T_2 - T_1} \approx -2.1 \text{ mV}/℃ \tag{4-3}$$

由式(4-3)看出 U_{BE} 的温度系数近似于负常数值,表明 **BJT 的输入特性曲线在温度升高时会整体向左平移**,如图 4-1(a)中所示。

4. 温度对放大电路静态工作点的影响

一般由于放大器外电路元件(如电源 E_C、电阻等)的参数受温度的影响较小,所以放大器输入和输出回路的直流负载线几乎是不变的。但随着环境温度的提高,BJT 的 I_{CBO}、I_{CEO}、β 均要增大,而结电压 U_{BE} 要减小,这些变化将引起 BJT 输入和输出特性曲线的变化,如图 4-1(b) 中虚线所示。由于温度升高($T_2 > T_1$),输入特性曲线向左移动,如图 4-1(a) 所示,输出特性曲线整体向上移动(I_C 加大),而且间距加大(β 增加)。

由图 4-1 可知,温度上升的结果无论从输入特性还是输出特性曲线来看,静态工作点 Q 都会沿负载线向上移动,接近饱和区(温度下降时接近截止区),这将会导致放大电路的动态范围减小,在输入信号较大时出现较严重的非线性失真。

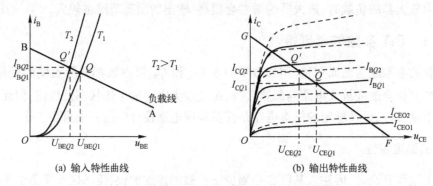

(a) 输入特性曲线   (b) 输出特性曲线

图 4-1 温度对放大电路静态工作点的影响

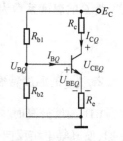

为了稳定放大电路的静态工作点,在分立元件放大电路的设计中大多采用了电阻分压式射极偏置电路(如图 4-2 所示)。在电路中 BJT 的射极接有负反馈偏置电阻 R_e,基极接有上下两个分压式偏置电阻 R_{b1} 和 R_{b2}。该电路的特点是所用偏置电阻较多,但工作点稳定。如第 3 章所述,基极对地的静态电压 U_{BQ} 近似为

$$U_{BQ} \approx \frac{R_{b2}}{R_{b1}+R_{b2}} E_C \qquad (4-4)$$

图 4-2 电阻分压式射极偏置电路

式(4-4)表明:基极电位 U_{BQ} 只由 E_C、R_{b1} 和 R_{b2} 决定,与 BJT 参数无关。由于 E_C、R_{b1} 和 R_{b2} 对温度均不敏感,所以 U_{BQ} 很稳定。

当某种原因(如温度增加,更换 β 更大的 BJT)使得工作点的 I_{CQ} 增加时,则电路依靠 R_e 的直流负反馈作用,可以抑制 I_{CQ} 的增加,使得工作点稳定。这一稳定过程如下:当某种原因使 I_{CQ} 增加时,由于 $U_{EQ} = R_e I_{CQ}$,所以 U_{EQ} 会增加;但由于 U_{BQ} 很稳定几乎不变,所以 $U_{BEQ} = U_{BQ} - U_{EQ}$ 会随 U_{EQ} 的增加而减小,从而导致 I_{BQ} 减小,进而使 $I_{CQ} = \beta I_{BQ}$ 减小。

上述过程是当集电极直流电流 I_C 变化时,依靠射极偏置电阻 R_e 的电流串联负反馈作用来自动地调节并抑制集电极电流的变化,稳定工作点。

此外,根据 BJT 的直流电流传输方程 $I_C = \beta I_B + (1+\beta) I_{CBO}$,当温度增加时,$\beta$ 和 I_{CBO} 都会增加,从而也会导致 I_C 增加,而上述直流负反馈的自动调节作用会使 I_C 增加很少,稳定工作点。

在集成电路内的放大电路同样需要稳定工作点,但**集成电路中的偏置电路一般不能采用分立元件电路中的电阻分压式偏置电路**。主要原因是由于在集成电路的工艺中电阻元件占用

芯片面积大,很不经济;而电阻电路的损耗会大大增加整个集成芯片的功耗。根据在设计模拟IC时应该多用晶体管,少用电阻,尽量不用电容(50 pF 以下)和电感的要求,**在模拟集成电路中,为了稳定放大电路中的工作点,多采用镜像恒流源等电路来实现偏置,用恒流源代替电阻偏置电路,使放大电路的工作点不随温度、负载及电源的变化而变化。**

4.2.2 BJT 恒流源

本节将讨论在 IC 中广泛使用的 BJT 镜像恒流源和其他实用恒流源。

1. 基本镜像恒流源

(1) 晶体管的基本恒流原理

实用恒流源的伏安特性曲线和线性电路模型如图 4-3(a)和(b)所示。由图(a)所示的伏安特曲线可以看出,恒流源的端口电压 u 可以在很大范围内变化,但端口电流 i 却改变很小,其原因是端口的动态电阻——恒流源内阻 r_o 很大。当 $r_o = \infty$ 时,就是理想恒流源。可见,**电流源内阻 r_o 的大小反映了端口电流是否恒定的程度,内阻 r_o 越大端口电流越恒定,受负载变化的影响越小,带负载能力越强。**

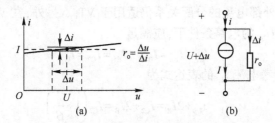

图 4-3 实际恒流源的伏安特性曲线和线性电路模型

观察图 4-3(a)发现:恒流源的伏安特性曲线与晶体管(BJT 或 FET)在放大区的一条输出特性曲线十分相似。因此,如果把晶体管偏置在放大区,固定其基极偏流 I_{BQ} 或固定发射结偏压 U_{BEQ},如图 4-4(a)所示,则 C-E 之间就可等效成为一个实用的恒流源。图 4-4 (a)、(b)和(c)分别画出了这种固定偏压 U_{BEQ} 的恒流源电路、伏安特性曲线和电路模型。该恒流源内阻 r_o 就是共射放大电路 C-E 端口视入的交流电阻,可以用求解共射放大器输出电阻的方法得到,即 $r_o \approx r_{ce}$。

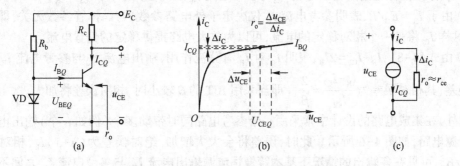

图 4-4 固定 U_{BE} 的 BJT 恒流源电路模型

(2) 镜像恒流源的电路结构

由于模拟 IC 并不使用专门的工艺制造二极管,因此 IC 中的恒流源都是用配对的三极管构成的。图 4-5 示出了用两个配对的 NPN 型 BJT 构成的基本镜像恒流源(又称为电流镜)。图中 VT_1 管的 C-B 间短路,相当于集电结被短路,利用其发射结在电路中构成一只等效二极管(**BJT 的这种连接方法称为二极管接法**),因此该电路与图 4-4(a)其实是相同的。VT_2 管的集电极电流 I_{C2} 就是恒流源的输出电流,I_{C2} 可以为集成电路中的各类放大电路提供恒定的偏置电流。基本镜像恒流源的内阻

$$r_o \approx r_{ce2} \qquad (4-5)$$

E_C、R 和 VT_1 构成镜像恒流源的参考回路,该回路产生的电流 I_R 称为参考电流。显然

$$I_R = \frac{E_C - U_{BE1}}{R} \approx \frac{E_C}{R} \qquad (4-6)$$

可见,参考电流 I_R 受晶体管参数的影响不大,在 E_C、R 确定的条件下,是一个相对稳定的电流。

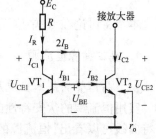

图 4-5 基本镜像恒流源

(3) 电路工作原理分析

在图 4-5 所示的镜像恒流源电路中,虽然 VT_1 的集电结零偏($U_{CB1}=0$),但此时 VT_1 并未进入饱和区,其工作状态仍然处在放大区,但临近饱和区,所以 BJT 在放大区三个电极外部电流的分配关系仍适用于 VT_1。另外,在 VT_1 和 VT_2 两管匹配,$\beta_1 = \beta_2 = \beta$,且 $U_{BE1} = U_{BE2} = U_{BE}$ 的电路条件下,应满足

$$I_{B1} = I_{B2} = I_B, \qquad I_{C1} = I_{C2} = I_C \qquad (4-7)$$

由节点电流可得参考电流 I_R 的表达式为

$$I_R = I_{C1} + 2I_B = I_{C2} + 2I_B = I_{C2}\left(1 + \frac{2}{\beta}\right) \qquad (4-8)$$

所以

$$I_{C2} = \frac{I_R}{1 + 2/\beta} = I_R\left(1 - \frac{2}{\beta + 2}\right) \qquad (4-9)$$

显然,当 $\beta \gg 1$ 时,可得

$$I_{C2} \approx I_R \approx E_C/R \qquad (4-10)$$

式(4-10)说明镜像恒流源的输出电流 I_{C2} 与参考电流 I_R 是镜像关系,镜像恒流源由此得名。

(4) 电路性能的讨论

通过以上对镜像恒流源电路的分析可以得到以下的结论:

① 镜像恒流源电路的输出电流 I_{C2} 与参考电流 I_R 成镜像关系,即 $I_{C2} \approx I_R$。

② 由于 $I_R \approx E_C/R$,表明参考电流 I_R 仅决定于外电路参数,与晶体管参数无关,即与温度无关,这样 I_{C2} 将是一个相对稳定的电流,可以为放大电路提供稳定的偏置电流。

③ 由式(4-8),$I_R - I_{C2} = 2I_B$,表明 I_B 对 I_R 有分流作用,输出电流 I_{C2} 与参考电流 I_R 存在一定的误差,其相对误差为 $\frac{I_R - I_{C2}}{I_{C2}} = \frac{2}{\beta}$。即当采用 BJT 的 β 较小时,相对误差将加大。

另外,在集成电路的设计中常采用一个参考电路同时带动多个(例如 n 个)输出电流的镜像恒流源电路,如图 4-6 所示。此时,误差将会大大增加,绝对误差为 $(n+1)I_B$,相对误差为 $(n+1)/\beta$。可见**在多输出的情况下基本镜像恒流源输出电流 I_{Cn} 与参考电流 I_R 之间不完全成镜像关系,精度较差**。

④ 镜像电流源的输出电阻等于 VT_2 管的输出电阻,即 $r_o \approx r_{ce2} = U_A/I_{C2}$($U_A$ 为 Early 电压)。由于输出电阻 r_{ce2} 相对较小,因此恒流源内阻并不大,在实际应用中输出电流 I_{C2} 受负载

波动的影响较显著。

⑤ 另外,观察图4-5所示电路,可以看出 $U_{CE1}=U_{BE}\neq U_{CE2}$,因此实际上 VT$_1$ 和 VT$_2$ 工作状态并不对称,集电结偏置电压差别很大,当考虑到基区宽调效应时,会引起电流误差(即 $I_{C1}\neq I_{C2}$),电流精度要打折扣,如图4-7所示。

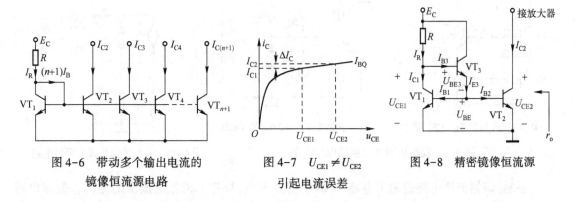

图4-6 带动多个输出电流的
镜像恒流源电路

图4-7 $U_{CE1}\neq U_{CE2}$
引起电流误差

图4-8 精密镜像恒流源

2. 精密镜像恒流源

由于基本镜像恒流源在 β 较小时,输出电流 I_{C2} 的精度较差,为改善基本镜像恒流源的精度,在图4-5所示电路中接入共集电极 VT$_3$ 管,代替电路中 VT$_1$ 管 C-B 间的短路线,如图4-8所示。这样可以减少 I_B 对 I_R 的分流作用。

设 VT$_1$ 和 VT$_2$ 完全匹配,VT$_1\sim$VT$_3$ 的参数相同,即 $\beta_1=\beta_2=\beta_3=\beta\gg1$,由于 $U_{BE1}=U_{BE2}=U_{BE}$,所以 $I_{C1}=I_{C2}$,而 $I_{B1}+I_{B2}=I_{E3}=(1+\beta)I_{B3}$。观察图4-8所示电路,由节点电流可得

$$I_R=I_{C1}+I_{B3}=I_{C2}+\frac{I_{E3}}{1+\beta}=I_{C2}+\frac{2I_{B2}}{1+\beta}=I_{C2}+\frac{2I_{C2}}{(1+\beta)\beta} \tag{4-11}$$

整理上式可得
$$I_{C2}=\frac{I_R}{1+\dfrac{2}{(1+\beta)\beta}}=I_R\left(1-\frac{2}{\beta^2+\beta+2}\right) \tag{4-12}$$

将式(4-12)与式(4-9)比较可知:**由于电路中接了共集电极 VT$_3$ 管,对分流电流 I_{B3} 有放大作用,从而使误差减小了 $(1+\beta)$ 倍,精度提高了 $(1+\beta)$ 倍。**

该电流源的内阻仍然等于 VT$_2$ 管 C-E 端的输出电阻,即 $r_o\approx r_{ce2}=U_A/I_{C2}$($U_A$ 为 Early 电压),其值相对较小,因此精密镜像恒流源内阻并不大,在实际应用中输出电流 I_{C2} 受负载波动的影响较显著。另外,由于 $U_{CE1}=U_{BE3}+U_{BE2}\neq U_{CE2}$,VT$_1$ 和 VT$_2$ 工作状态并不对称,集电结偏置电压的差别仍然较大,当考虑到基区宽调效应时,$I_{C1}\neq I_{C2}$,会产生误差,其电流精度要打折扣,如图4-7所示。

3. 高输出阻抗串接镜像恒流源

从图4-9(a)所示电路的结构中不难看出,该电路是由两个基本镜像恒流源上下串接而成的。

设 VT$_1$ 和 VT$_2$、VT$_3$ 和 VT$_4$ 完全配对,VT$_1\sim$VT$_4$ 的参数相同,即 $\beta_1=\beta_2=\beta_3=\beta_4\gg1$,如果设 $U_{BE1}=U_{BE2}=U_{BE3}=U_{BE4}=U_{BE}$,则有 $I_{C1}=I_{C2}$。观察图4-9(a)所示电路可得

$$I_R=\frac{E_C-2U_{BE}}{R},\quad I_{C2}=I_R-2I_{B2}=I_R-\frac{2I_{C2}}{\beta}$$

整理上式可得
$$I_{C2}=I_R\left(\frac{\beta}{\beta+2}\right)=I_R\left(1-\frac{2}{\beta+2}\right)$$

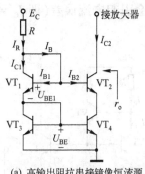

(a) 高输出阻抗串接镜像恒流源

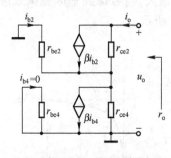

(b) 求输出电阻r_o的微变等效电路

图 4-9　高输出阻抗串接镜像恒流源

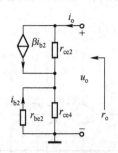

图 4-10　求 r_o 的简化微变等效电路

　　显然,该恒流源电路的输出电流 I_{C2} 的精度并不高,与基本镜像恒流源的相同。但该电路的特点是输出电阻 r_o 很大。由于恒流源电路的参考电流 $I_R=(E_C-2U_{BE})/R\approx E_C/R$ 是恒定的,所以 VT_2 和 VT_4 的基极电压也是恒定的,意味着 VT_2 和 VT_4 的基极对地交流短路,由此画出的求输出电阻 r_o 的微变等效电路如图 4-9(b)所示。由图可以看出,$i_{b4}=0,\beta i_{b4}=0$,受控电流源 βi_{b4} 开路,r_{be2} 与 r_{be4} 是并联关系,图 4-9(b)所示电路可进一步简化成图 4-10。由输出电阻的定义可得

$$r_o=u_o/i_o$$

其中
$$u_o=(i_o-\beta i_{b2})r_{ce2}+[r_{ce4}/\!/r_{be2}]i_o$$

$$i_{b2}=-\frac{[r_{ce4}/\!/r_{be2}]i_o}{r_{be2}}=-\frac{r_{ce4}i_o}{r_{ce4}+r_{be2}}$$

于是可得
$$r_o=\frac{u_o}{i_o}=\frac{\left(i_o+\beta\dfrac{r_{ce4}i_o}{r_{be2}+r_{ce4}}\right)r_{ce2}+[r_{ce4}/\!/r_{be2}]i_o}{i_o} \tag{4-13}$$

考虑到一般总有 $r_{ce4}\gg r_{be2}$,所以 $r_{ce4}/\!/r_{be2}\approx r_{be2}$,上式可近似为

$$r_o=u_o/i_o\approx(1+\beta)r_{ce2}+r_{be2}\approx\beta r_{ce2} \tag{4-14}$$

　　通过上述分析可以看出,由于 **VT_4** 管的动态电阻 r_{ce4} 具有较强的电流负反馈的作用,使该恒流源的输出电阻大大增加,输出电流 I_{C2} 更具有稳定的恒流作用,受负载的影响较小,抗负载波动的能力强。

4. 威尔逊(Wilson)恒流源

威尔逊恒流源是具有闭环电流负反馈特性的高动态输出电阻的精密镜像恒流源。其电路结构如图 4-11 所示,可以看出,参考电流 I_R 为

$$I_R=\frac{E_C-U_{BE2}-U_{BE1}}{R}\approx\frac{E_C}{R} \tag{4-15}$$

如果设 I_R 不变,当恒流源所接的负载改变,使 I_{C2} 增加时,该电路具有自动负反馈调节的过程如下:

负载变化$\rightarrow I_{C2}\uparrow\rightarrow I_{E2}\uparrow\rightarrow 2I_B\uparrow\rightarrow I_{C1}\uparrow\rightarrow I_{B2}=(I_R-I_{C1})\downarrow\rightarrow I_{C2}\downarrow$

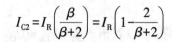

图 4-11　威尔逊恒流
源电路结构

显然,该恒流源输出电流 I_{C2} 更具有恒流作用,受负载的影响较小,抗负载波动的能力强。

设 $VT_1 \sim VT_3$ 完全匹配,由图 4-11 所示的电流关系可得

$$I_R = I_{C1} + I_{B2} = I_{C1} + I_{C2}/\beta, I_{C1} = I_{C3}(\text{因为 } U_{BE1} = U_{BE3} = U_{BE})$$

$$I_{C3} = I_{E2} - 2I_B = I_{E2} - 2I_{C3}/\beta, I_R = I_{C1} + I_{B2} = I_{C3} + I_{C2}/\beta$$

整理上式可得 $I_{C3} = \dfrac{\beta}{\beta+2} I_{E2}$。又因 $I_{E2} = \dfrac{I_{C2}}{\alpha} = \dfrac{\beta+1}{\beta} I_{C2}$,所以 $I_{C3} = \dfrac{\beta+1}{\beta+2} I_{C2}$

$$I_R = \frac{\beta+1}{\beta+2} I_{C2} + \frac{1}{\beta} I_{C2} = I_{C2} \left(\frac{\beta^2 + 2\beta + 2}{\beta^2 + 2\beta} \right) = I_{C2} \left(1 + \frac{2}{\beta^2 + 2\beta} \right) \approx I_{C2} \qquad (4\text{-}16)$$

相对误差为

$$\frac{I_R - I_{C2}}{I_{C2}} \approx \frac{2}{\beta^2 + 2\beta} = \frac{2}{\beta(\beta+2)}$$

可见 Wilson 电流镜输出电流 I_{C2} 的误差小,精度较高。另外,Wilson 电流镜的输出电阻也较大,通过微变等效电路可近似推算出

$$r_o \approx \frac{1}{2} \beta r_{ce2} \qquad (4\text{-}17)$$

上述介绍的几种镜像恒流源既可作为模拟集成电路中的偏置电路,也可作为放大电路的有源负载,又可组成基本的电流传输器。

5. 比例恒流源

比例恒流源的电路结构如图 4-12 所示。它是在基本镜像恒流源 VT_1 和 VT_2 的发射极串接电阻 R_1 和 R_2 构成的。

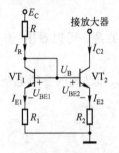

图 4-12 比例恒流源电路结构

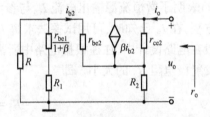

图 4-13 求输出电阻 r_o 的微变等效电路

通过对该电路图的分析可得:

$$U_{B1} = U_{B2} = U_B, U_{BE1} + I_{E1}R_1 = U_{BE2} + I_{E2}R_2, I_{E1} \approx I_R, I_{E2} \approx I_{C2}$$

整理上式可得

$$I_{C2} \approx \frac{R_1}{R_2} I_R + \frac{U_{BE1} - U_{BE2}}{R_2}$$

根据 PN 结的伏安特性,有

$$I_{E1} = I_S \exp \frac{U_{BE1}}{U_T}, \quad I_{E2} = I_S \exp \frac{U_{BE2}}{U_T}$$

则有

$$U_{BE1} = U_T \ln \frac{I_{E1}}{I_S}, \quad U_{BE2} = U_T \ln \frac{I_{E2}}{I_S}$$

整理上述各式可以推出

$$I_{C2} = \frac{R_1}{R_2}I_R + \frac{U_T}{R_2}\ln\frac{I_R}{I_{C2}} \tag{4-18}$$

由于 I_R 和 I_{C2} 的比值因取对数而大大减小,一般情况下, $I_{C2} \approx \dfrac{R_1}{R_2}I_R$,即该恒流源可根据 R_1 和 R_2 的比例,来调节输出电流 I_{C2} 的大小。

另外,由于 VT_1 是二极管接法,相当于一个正偏的发射结,可等效成发射结的导通电阻 $\dfrac{r_{be1}}{1+\beta}$,于是可得求输出电阻 r_o 的微变等效电路如图 4-13 所示。利用与式(4-13)类似的方法可以推算出

$$r_o \approx \left(1 + \frac{\beta_2 R_2}{R_1' + r_{be2} + R_2}\right)r_{ce2} \tag{4-19}$$

式中

$$R_1' = R /\!/ \left(R_1 + \frac{r_{be1}}{1+\beta}\right) \approx R /\!/ R_1$$

6. 微恒流源(Widlar 恒流源)

在以上所介绍的恒流源中,若要求恒流源的输出电流很小(例如 μA 数量级),则电阻 R 的值势必要求很大(一般可达几 MΩ),而这样大的电阻在集成电路中是难以制作的。但如果在上面介绍的比例恒流源电路中,取 $R_1 = 0$,而 $R_2 \neq 0$,如图 4-14 所示,即可得 Widlar 恒流源——微恒流源。利用比例恒流源输出电流的表达式(4-18),当 $R_1 = 0$ 时,可得

$$I_{C2} \approx \frac{U_T}{R_2}\ln\frac{I_R}{I_{C2}} \tag{4-20}$$

式(4-20)表明了微恒流源输出电流 I_{C2} 与参考电流 I_R 之间的关系。可以看出,该关系式是一个超越方程,在 I_R 已知时,可用试探法求解 I_{C2} 。

一般在电路设计中,往往根据电路中所需要的输出电流 I_{C2} 和已知的参考电流 $I_R \approx E_C/R$,来确定发射极电阻 R_2 的大小。即

$$R_2 = \frac{U_T}{I_{C2}}\ln\frac{I_R}{I_{C2}} \tag{4-21}$$

从电路结构中还可以看出, R_2 引入了电流负反馈,可以稳定输出电流。根据式(4-13)可以推算出输出电阻为

$$r_o \approx \left(1 + \frac{\beta_2 R_2}{r_{be2} + R_2}\right)r_{ce2} \tag{4-22}$$

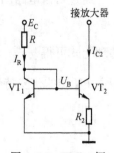

图 4-14 Widlar 恒流源电路结构

【例 4-1】 在图 4-14 所示的 Widlar 恒流源中, $R = 8.3$ kΩ, $E_C = 9$ V, $T = 300$ K, $U_{BE1} \approx 0.7$ V,要使 $I_{C2} = 10$ μA,试估算 R_2 的取值。

解:
$$I_R = \frac{E_C - U_{BE1}}{R} = \frac{9 - 0.7}{8.3 \times 10^3} = 1\,(mA)$$

将 I_R 、 I_{C2} 、 $U_T = 26$ (mV)代入式(4-21)可得

$$R_2 = \frac{U_T}{I_{C2}}\ln\frac{I_R}{I_{C2}} = \frac{26\ln 100}{10} = 12\,(kΩ)$$

该例表明：用 8.3 kΩ 和 12 kΩ 的两只电阻可以得到 10 μA 的微电流。如果使用基本电流镜电路，则 R 的取值为 830 kΩ。

微电流恒流源和比例恒流源的优点是：输出电流 I_{C2} 对电源 E_C 变化不敏感。当 E_C 变化使 I_R 变化时，在式（4-20）中，I_R 被取对数，其变化大大减小，从而对 I_{C2} 的影响很小。

以上所分析的各种 BJT 恒流源被广泛应用于各种模拟集成电路中。表 4-2 列出了上述各种恒流源的特性对照表。

表 4-2　BJT 恒流源主要特性对照表

	电流传输特性	动态输出电阻	电　路
基本电流镜	$I_{C2} = I_R \left(\dfrac{\beta}{\beta+2} \right)$	$r_o \approx r_{ce2}$	如图 4-5 所示
精密镜像电流镜	$I_{C2} = I_R \left(1 - \dfrac{2}{\beta^2+\beta+2} \right)$	$r_o \approx r_{ce2}$	如图 4-8 所示
串联电流镜	$I_{C2} = I_R \left(\dfrac{\beta}{\beta+2} \right)$	$r_o \approx \beta r_{ce2}$	如图 4-9 所示
威尔逊电流镜	$I_{C2} = I_R \left(1 - \dfrac{2}{\beta^2+2\beta+2} \right)$	$r_o \approx \dfrac{1}{2}\beta r_{ce2}$	如图 4-11 所示
比例电流镜	$I_{C2} \approx \dfrac{R_1}{R_2} I_R$	$r_o \approx \left(1 + \dfrac{\beta_2 R_2}{R_1' + r_{be2} + R_2} \right) r_{ce2}$ $R_1' = R // \left(R_1 + \dfrac{r_{be1}}{1+\beta} \right)$	如图 4-12 所示
微电流镜	$I_{C2} \approx \dfrac{U_T}{R_2} \ln \dfrac{I_R}{I_{C2}}$	$r_o \approx \left(1 + \dfrac{\beta_2 R_2}{r_{be2} + R_2} \right) r_{ce2}$	如图 4-14 所示

4.2.3　MOS 恒流源

MOS 恒流源电路在现代模拟集成电路与系统中常用做偏置电路、有源负载、差动电路双、单端输出变换路等。

1. MOS 有源电阻

在介绍 MOS 恒流源电路之前，首先讨论 MOS 晶体管在模拟集成电路中常采用的**两种特殊接法：栅极与漏极间短路的增强型 MOS 有源电阻和栅极与源极间短路的耗尽型 MOS 有源电阻**。

（1）增强型 MOS 有源电阻

如图 4-15 所示栅极与漏极间短路的增强型 N MOS 管可以作为一个非线性的有源电阻，这种连接方式的 MOS 管被称为增强型负载电阻器件。由于增强型 N MOS 管的栅极与漏极间短路，即 $u_{GD} = 0 < U_{GS(th)}$，根据表 2-2 可知，**这种连接方式的 MOS 管一定偏置在恒流区**。

图 4-15(b) 给出了恒流区的微变等效电路，由于 $u_{ds} = u_{gs}$，所以在电路中从 N MOS 管的漏极与源极间看入相当于一个非线性的有源电阻，其静态工作点的动态内阻为 $(1/g_m) // r_{ds}$，等效模型如图 4-16(c) 所示。在下面各节的分析中将会看到此类 MOS 管常用来代替电阻，用在各种类型的放大电路中。

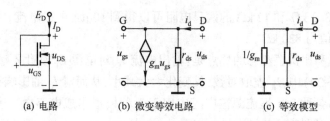

(a) 电路　　　(b) 微变等效电路　　　(c) 等效模型

图 4-15　栅极与漏极间短路的增强型 MOS 有源电阻

（2）耗尽型 MOS 有源电阻

如图 4-16 所示栅极与源极间短路的耗尽型 N MOS 管也可以作为一个非线性的有源电阻，这种连接方式的 MOS 管被称为耗尽型负载电阻器件。由于 $u_{GS}=0$，当 $u_{DS}>u_{GS}-U_{GS(off)}=-U_{GS(off)}$ 时，耗尽型 N MOS 管将偏置在恒流区。图 4-16（b）给出了偏置在恒流区的微变等效电路，显然由于 $u_{gs}=0$，$g_m u_{gs}=0$，所以在电路中从 N MOS 管的漏极与源极间看入相当于一个非线性的有源电阻，其静态工作点的动态内阻为 r_{ds}，等效模型如图 4-16（c）所示。

（3）固定栅压 MOS 有源电阻

如图 4-17 所示栅极接固定电压的增强型 MOS 管也可以作为一个非线性有源电阻，这种连接方式的 MOS 管被称为固定栅压型 MOS 电阻器件。在实际应用中一般设置固定电压 V_G 使 MOS 管偏置在恒流区。图 4-17（b）给出了偏置在恒流区的微变等效电路，从 MOS 管的漏极与源极看入相当于一个非线性电阻，其静态工作点的动态内阻为 r_{ds}，等效模型如图 4-17（c）所示。

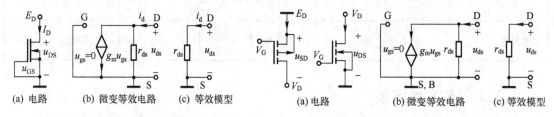

(a) 电路　　(b) 微变等效电路　　(c) 等效模型

图 4-16　栅极与源极间短路的
耗尽型 MOS 有源电阻

(a) 电路　　(b) 微变等效电路　　(c) 等效模型

图 4-17　固定栅压 MOS 有源电阻

2. 基本 MOS 恒流源电路（电流镜）

图 4-18 所示为 MOS 恒流源电路，其中 VT_1，VT_2，VT_3 为 E 型 N MOSFET。电路结构与 BJT 恒流源电路相似，其中参考电流 I_R 的回路由 VT_3 和 VT_1 构成。由于在 MOS 工艺中制造 MOS 管占芯片面积要比大阻值的电阻小的多，故电路中用 VT_3 代替电阻 R。由于 VT_3 管的栅极与漏极间短路，所以 VT_3 管在电路中相当于一个增强型有源电阻器件，且一定偏置在恒流区。

同理，VT_1 管也工作在恒流区。由电路可以看出 $E_D=U_{GS3}+U_{GS1}$，故在 W_1/L_1 和 W_3/L_3 固定后，根据式（2-58）MOSFET 管在恒流区的大信号特性方程为

$$I_R=I_{D1}\approx\frac{1}{2}\beta_{n1}(U_{GS1}-U_{GS1(th)})^2$$

由上式可求出

$$U_{GS1}=U_{GS1(th)}+\sqrt{\frac{2I_{D1}}{\beta_{n1}}}$$

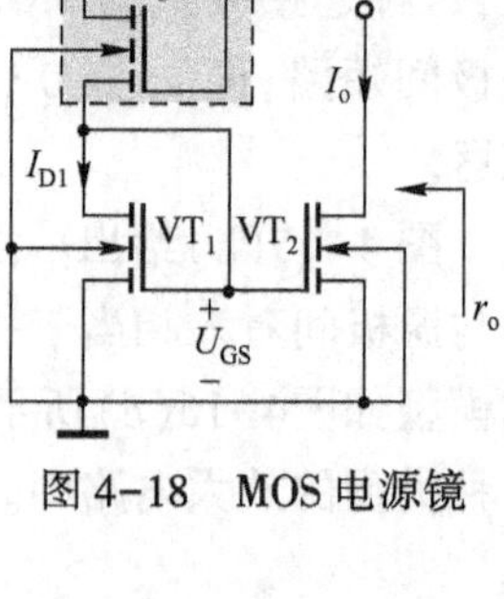

图 4-18　MOS 电源镜

如果 VT_1 和 VT_3 管对称，即 $U_{GS1(th)} = U_{GS3(th)}$，$W_1/L_1 = W_3/L_3$，$\beta_{n1} = \beta_{n3}$，那么根据参考电路的结构可得

$$E_D = U_{GS1} + U_{GS3} = 2U_{GS1} = 2\left(U_{GS1(th)} + \sqrt{\frac{2I_{D1}}{\beta_{n1}}}\right)$$

由此可求出参考电流

$$I_R = I_{D1} \approx \frac{1}{8}\beta_{n1}(E_D - 2U_{GS1(th)})^2 \qquad (4-23)$$

当考虑到沟道长度的调制效应后，MOSFET 管在恒流区的大信号特性方程通常应表示为

$$i_D = \frac{1}{2}\beta_n(u_{GS} - U_{GS(th)})^2(1 + \lambda u_{DS})$$

设 VT_2 也工作在恒流区，利用上式 VT_1，VT_2 管漏极电流可分别表示为

$$i_{D1} = \frac{1}{2}\beta_{n1}(u_{GS1} - U_{GS1(th)})^2(1 + \lambda_1 u_{DS1}) \qquad (4-24)$$

$$i_{D2} = \frac{1}{2}\beta_{n2}(u_{GS2} - U_{GS2(th)})^2(1 + \lambda_2 u_{DS2}) \qquad (4-25)$$

如果 VT_1 和 VT_2 完全匹配，即 $\beta_{n1} = \beta_{n2} = \beta_n$，$\lambda_1 = \lambda_2 = \lambda$，因为 $u_{GS1} = u_{GS2} = u_{GS}$，且 $i_{D1} = I_R$，$i_{D2} = I_o$，把式(4-24)和式(4-25)相除可得

$$I_o = \frac{(W_2/L_2)(1 + \lambda u_{DS2})}{(W_1/L_1)(1 + \lambda u_{DS1})}I_R \qquad (4-26)$$

假设 $u_{DS1} = u_{DS2}$，$W_2/L_2 = W_1/L_1$，则有

$$I_o = I_R \qquad (4-27)$$

但实际上，$u_{DS1} = U_{GS1}$；而 $u_{DS2} = U_{DS2} + u_{ds2}$，$u_{ds2}$ 是 VT_2 接入其他电路后引起漏源电压的变化量。因此，即使 VT_1 和 VT_2 的结构尺寸完全相同，即 $W_2/L_2 = W_1/L_1$，但由于它们的漏极电压不同 $u_{DS1} \neq u_{DS2}$，I_o 与 I_R 仍有一定的跟随误差，即 $I_o \neq I_R$。图 4-19 给出了 I_o 相对于 I_R 有一定误差的示意图，根据图示，式(4-27)可修正为

$$I_o = I_R + \frac{u_{DS2} - u_{DS1}}{U_A + u_{DS1}}I_R \approx I_R + \frac{u_{DG2}}{U_A}I_R \qquad (4-28)$$

一般说来，MOS 恒流源的精度要比 BJT 恒流源的精度高，原因是 MOS 的栅极对参考电流 I_R 没有分流的作用。

另外，由图 4-18 所示的电路可以看出，MOS 恒流源的交流输出电阻即为 VT_2 漏-源极间的管端输出电阻，即 $r_o = r_{ds2}$。

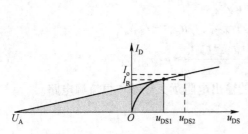

图 4-19　I_o 与 I_R 有一定误差的示意图

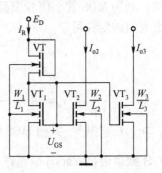

图 4-20　MOS 比例恒流源

3. MOS 比例恒流源

由于 MOS 管的 I_D 与 W/L 成正比,根据式(4-26)可以看出,用不同尺寸的 MOS 管就可以得到成比例的电流源。如图 4-20 所示,如果忽略沟道调制效应(即 $\lambda = 0$),则式(4-26)可以改写成

$$I_{o2} \approx \frac{W_2/L_2}{W_1/L_1} I_R \tag{4-29}$$

$$I_{o3} \approx \frac{W_3/L_3}{W_1/L_1} I_R \tag{4-30}$$

若考虑 $\lambda \neq 0$,可按式(4-26)类推出 I_{o2},I_{o3} 与 I_R 的关系。

4. 共源-共栅 MOS 恒流源

在 MOS 恒流源电路中,输出电阻的大小是衡量电路输出电流稳定性的一个重要标准,若要获得更大的动态内阻,可采用图 4-21 所示的共源-共栅 MOS 恒流源,该电路是由两个基本 MOS 恒流源上下串接而成的。如果设所有的晶体管都匹配相等,在忽略沟道调制效应(即 $\lambda = 0$)的条件下,有

$$I_o \approx I_R \tag{4-31}$$

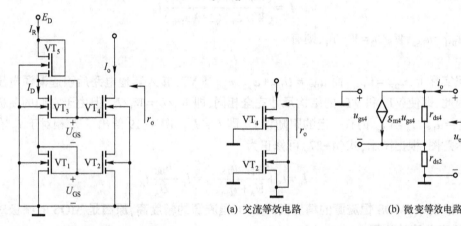

图 4-21　共源-共栅 MOS 恒流源　　　　　图 4-22　求解输出电阻的电路

(a) 交流等效电路　　　　(b) 微变等效电路

由式(4-23)可类似地推出 I_R 为恒定量,所以 $VT_1 \sim VT_4$ 各管栅极电压为恒定值,可等效为交流短路。利用 MOS 管小信号模型,可得到求解输出电阻的微变等效电路如图 4-22(b)所示。由输出电阻的定义可得

$$r_o = u_o/i_o$$

其中　　　$$u_o = (i_o - g_{m4} u_{gs4}) r_{ds4} + r_{ds2} i_o, \quad u_{gs4} = -r_{ds2} i_o$$

整理上式可得　　$$r_o = \frac{u_o}{i_o} = \frac{(1 + g_{m4} r_{ds2}) i_o r_{ds4} + r_{ds2} i_o}{i_o} \approx g_{m4} r_{ds2} r_{ds4} \tag{4-32}$$

通常,$g_{m4} r_{ds2} \gg 1$,所以共源-共栅 MOS 恒流源的输出电阻远大于基本恒流源电路。

5. MOS 威尔逊(Wilson)恒流源

若要获得精度更好的恒流特性和更大的动态内阻,可采用 MOS 威尔逊恒流源,如图 4-23(a)所

示,它的电路结构和工作原理与 BJT 的 Wilson 恒流源基本相同。设 I_o 因某种因素的变化而变大时,I_{D3}、I_{D2}、I_R 均随之增大,则 U_R 压降随之增大,导致 U_{GS1} 减小,反过来促使 I_o(即 I_{D3})回落,因有内部负反馈的作用,使输出电流稳定性较高,且 $I_o \approx I_R$,误差很小。

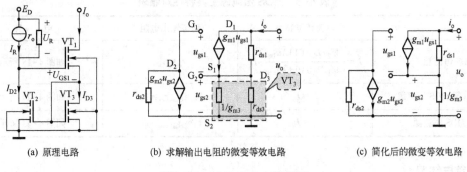

(a) 原理电路   (b) 求解输出电阻的微变等效电路   (c) 简化后的微变等效电路

图 4-23   MOS Wilson 恒流源

为分析 MOS 威尔逊恒流源的输出电阻,在忽略衬底效应($g_{mb} = 0$)的条件下,画出其交流微变等效电路,如图 4-23(b)所示。其中,设电流源内阻 $r_o = \infty$;另外,由于 VT₃ 管漏、栅极短接相当于**增强型 MOS 有源电阻**,可以等效成两个电阻的并联,即 $\dfrac{1}{g_{m3}} // r_{ds3} \approx \dfrac{1}{g_{m3}}$,如图(b)中的虚线框所示。简化后的微变等效电路如图 4-23(c)所示。利用微变等效电路可求得

$$u_o = (i_o - g_{m1}u_{gs1})r_{ds1} + \frac{i_o}{g_{m3}}$$

其中

$$u_{gs2} = \frac{i_o}{g_{m3}}, \quad u_{gs1} = -g_{m2}u_{gs2}r_{ds2} - u_{gs2} \approx -\frac{g_{m2}r_{ds2}i_o}{g_{m3}}$$

整理上面三式可得

$$u_o \approx \left(1 + g_{m1}\frac{g_{m2}r_{ds2}}{g_{m3}}\right)i_o r_{ds1} + \frac{i_o}{g_{m3}}$$

MOS Wilson 恒流源的动态内阻为

$$r_o = \frac{u_o}{i_o} = \frac{1}{g_{m3}} + r_{ds1}\left[1 + \frac{g_{m1}}{g_{m3}}g_{m2}r_{ds2}\right] \tag{4-33}$$

若 $g_{m1} = g_{m2} = g_{m3}$,$g_{m1}r_{ds2} \gg 1$,$g_{m1}r_{ds2}r_{ds1} \gg 1/g_{m3}$,则

$$r_o \approx g_{m1}r_{ds2}r_{ds1} \tag{4-34}$$

一般 $g_{m1}r_{ds2} = 50 \sim 100$,故 wilson MOS 恒流源动态内阻约为基本恒流源的 $50 \sim 100$ 倍。

【例 4-2】已知图 4-18 所示的基本恒流源电路和图 4-21 所示的共源-共栅 MOS 恒流源。设在两个电路中都满足 $I_o = I_R = 100\ \mu A$,所有的晶体管 $\lambda = 0.01\ V^{-1}$ 和 $g_m = 0.5\ mA/\ V$。比较两种恒流源电路的输出电阻。

解:(1) 基本恒流源电路的输出电阻为

$$r_o = r_{ds} = \frac{1}{\lambda I_o} = \frac{1}{0.01 \times 0.1} = 1\ M\Omega$$

(2) 对于共源-共栅 MOS 恒流,$r_{ds2} = r_{ds4} = 1\ M\Omega$,根据式(4-32)可得

$$r_o = u_o/i_o = r_{ds2} + (1 + g_m r_{ds2})r_{ds4} = 502\ M\Omega$$

可见共源-共栅 MOS 恒流源的输出电阻远大于基本恒流源电路,所以共源-共栅 MOS 恒流的输出电流更稳定。

以上所分析的各种 MOS 恒流源被广泛应用于各种模拟集成电路中。表 4-3 列出了上述各种恒流源特性的对照表。

表 4-3　MOS 恒流源主要特性对照表

	电流传输特性	动态输出电阻	电　路
基本 MOS 恒流源	$I_o = \dfrac{(W_2/L_2)(1+\lambda u_{DS2})}{(W_1/L_1)(1+\lambda u_{DS1})} I_R$	$r_o = r_{ds2}$	如图 4-18 所示
共源-共栅 MOS 恒流源	$I_o \approx I_R$	$r_o \approx g_{m4} r_{ds2} r_{ds4}$	如图 4-21 所示
威尔逊 MOS 恒流源	$I_o \approx I_R$	$r_o \approx g_{m1} r_{ds2} r_{ds1}$	如图 4-23 所示

思考与练习

4.2-1　镜像电流源的一种改进电路:威尔逊电流源如图所示。设晶体管 VT_1、VT_2、VT_3 特性相同。U_1 增大时,I_{C2} 将____;R_1 增大时,I_{C2} 将____;R_2 增大时,I_{C2} 将____;U_2 增大时,I_{C2} 将____。U_1 增大时,I_{REF} 将____;R_1 增大,I_{REF} 将____;R_2 增大,I_{REF} 将____;U_2 增大时,I_{REF} 将____。

答案:增大,减小,基本不变,基本不变,增大,减小,基本不变,基本不变

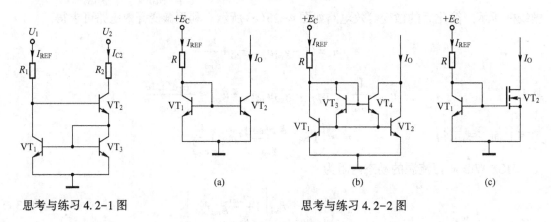

思考与练习 4.2-1 图　　　　　　　　　思考与练习 4.2-2 图

4.2-2　如图所示三个电路,其中电路____可用作恒流源,电路____的温度稳定性能最好。

答案:(a)和(b),(a)

4.2-3　电流源电路的特点是输出电流恒定,直流等效电阻____,交流等效电阻____。　　答案:小,大

4.3　带恒流源负载的放大电路

4.3.1　BJT 有源负载放大电路

1. 有源负载共射放大电路

共射(或共基)放大器在不计基区体电阻 $r_{bb'}$ 和负载 R_L 开路时,电压增益 $|A_u| = \beta R_c / r_{be'} \approx g_m R_c$。增大集电极电阻 R_c 可以增大 $|A_u|$ 的值。但在集成电路中,不能使用过大的电阻,因为 R_c 增大,直流功耗也增大,而且还会对直流静态工作点产生影响(工作点下移),放大电路的动

态范围会减小,如果要保证一定的动态范围就要求提高电源电压值。因此 A_u 的增加受到 R_c 取值的限制。

如果用恒流源来代替 R_c,由于恒流源的直流电阻不大,故恒流源两端的直流电压并不大,对放大电路的动态范围影响不大。但恒流源的交流电阻很大,该交流电阻与交流通路中的 R_c 等效,故 A_u 可以大大提高。图 4-24(a)所示的有源负载共射放大器,用了两个 PNP 管 VT$_2$ 和 VT$_3$ 构成基本电流镜取代了一般 CE 放大器中的 R_c。这种用恒流源作为负载的放大器称为**有源负载放大器**,采用有源负载的目的是为了提高电压增益。

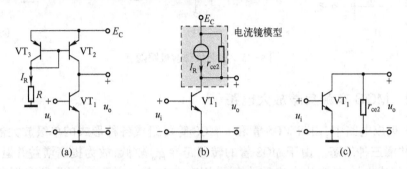

图 4-24　有源负载共射放大器

图 4-24(b)是采用恒流源模型画出的有源负载 CE 放大器,该放大器的交流通路如图 4-24(c)所示。显然与第 3 章放大器的交流通路(图 3-25)是相同的,利用第 3 章共射放大器交流通路的分析方法可得

$$A_u = -\frac{\beta r_{ce2}}{r_{be1}} = -g_m r_{ce2} \tag{4-35}$$

式中忽略了 r_{ce1}。

由于通常 r_{ce2} 为数十千欧姆以上,远大于分立元件电路中的集电极电阻 R_c,所以 A_u 的值大大提高了。

2. 有源负载射随器

在模拟集成(IC)电路中常用有源负载射极跟随器。在图 4-25(a)所示的电路中,VT$_1$ 为共集电极放大器(射随器),VT$_2$、VT$_3$ 以及 R、R$_1$ 和 R$_2$ 构成一个比例电流镜,作为 VT$_1$ 发射极的有源负载,代替原射极跟随器中的 R$_e$(与图 3-33 比较)。如果设比例电流镜的动态输出电阻为 r_o,可由式(4-19)计算。并用恒流源的模型来代替比例电流镜,可得等效电路如图 4-25(b)所示。根据等效电路可画出其交流通路如图 4-25(c)所示,显然与第 3 章所讲述的分立元件射随器的交流通路(图 3-37(a))是相同的,当然分析方法也相同。但两者之间的区别在于 $r_o \gg R_e$。利用第 3 章共集放大器交流通路的分析方法可得

输入电阻
$$R_i' = u_i/i_b = r_{be} + (1+\beta)(R_L \mathbin{/\mkern-5mu/} r_o) = r_{be} + (1+\beta)R_L' \tag{4-36}$$

电压增益
$$A_u = u_o/u_i = \frac{(1+\beta)R_L'}{r_{be} + (1+\beta)R_L'} < 1 \tag{4-37}$$

式中,$R_L' = R_L \mathbin{/\mkern-5mu/} r_o$。显然,输入电阻更大,电压跟随效果更好($A_u \approx 1$),由输入电压 u_i 引起的 VT$_1$ 射极输出电流 i_e 基本上全部注入负载 R$_L$,负载能力大大增强。

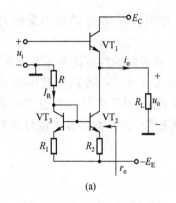
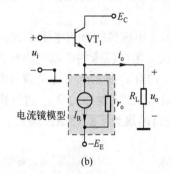
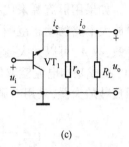

| (a) | (b) | (c) |

图 4-25　有源负载射极跟随器

4.3.2　MOS 有源负载放大电路

在 MOS 集成电路中，由 N MOS 管和 P MOS 管可组成各种形式的单级放大器，一般有共源、共栅和共漏三种组态。由于 MOS 管的转移跨导 g_m 较低，故为提高增益并避免制作大电阻 R_D，MOS 集成电路中的放大电路大都采用有源负载。以下介绍几种有源负载 MOS 放大器。

1. EE 型共源放大电路

图 4-26(a)是以两个增强型(E 型)N MOS 管构成的 EE 型共源放大电路。其中，VT_1 作为共源放大管，VT_2 为栅极与漏极间短路的增强型 N MOS 管接法，工作在恒流区，**相当于一个非线性的有源负载电阻**。观察图(a)所示电路可以看出：对有源负载 VT_2 管来说，考虑到衬底效应及 MOS 管的微变模型，交流信号 $u_{gs2}=u_{ds2}=u_{bs2}=-u_o$，即压控电流源 $g_{m2}u_{gs2}$ 和 $g_{mb2}u_{bs2}$ 的控制电压都等于 u_{ds2}，且等于输出端口电压 $-u_o$，所以 VT_2 管可等效成 r_{ds2}、$1/g_{m2}$ 和 $1/g_{mb2}$ 三个并联的电阻。因此 EE 型共源放大器的微变等效电路如图 4-26(b)所示。由此可以求出

$$A_u = \frac{-g_{m1}}{g_{ds1}+g_{m2}+g_{mb2}+g_{ds2}} \approx -\frac{g_{m1}}{g_{m2}+g_{mb2}} \tag{4-38}$$

$$r_o = \frac{1}{g_{ds1}+g_{m2}+g_{mb2}+g_{ds2}} \approx \frac{1}{g_{m2}+g_{mb2}} \tag{4-39}$$

式中，$g_{ds1}=1/r_{ds1}$、$g_{ds2}=1/r_{ds2}$ 的值相对很小，可以忽略不计。

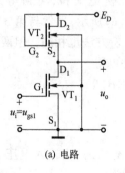
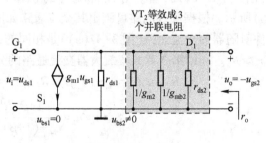

| (a) 电路 | (b) 低频小信号微变电路 |

图 4-26　EE 型共源放大器

一般对 MOS 管而言,总有 $g_{mb2} = \eta g_{m2} \ll g_{m2}$,由于 VT$_1$ 和 VT$_2$ 漏极静态电流相等,根据式(2-68),式(4-38)、式(4-39)可进一步简化为

$$A_u \approx -\frac{g_{m1}}{g_{m2}} = -\sqrt{\frac{W_1/L_1}{W_2/L_2}} \tag{4-40}$$

$$r_o \approx 1/g_{m2} \tag{4-41}$$

可见,通过调节 VT$_1$ 和 VT$_2$ 沟道的宽长比能改变放大电路的增益。

2. ED 型共源放大电路

图 4-27(a)是以增强型(E 型)N MOS 管 VT$_1$ 作为共源放大管,以耗尽型(D 型)N MOS 管 VT$_2$ 作为栅极与源极短路的有源负载,也称为 ED 型共源放大器。该电路可使电压增益大大提高,根据 MOS 管的微变模型 VT$_2$ 管的 $u_{gs2} = 0$,消除了受控电流源(即 $g_{m2} u_{gs2} = 0$);而 $u_{bs2} = -u_o$,所以 VT$_2$ 管可等效成 r_{ds2} 和 $1/g_{mb2}$ 两个并联的电阻。图(b)是其低频小信号的微变等效电路。可以看出

$$A_u = \frac{-g_{m1}}{g_{ds1} + g_{mb2} + g_{ds2}} \approx -\frac{g_{m1}}{g_{mb2}} = -\frac{g_{m1}}{\eta_2 g_{m2}} \tag{4-42}$$

$$r_o = \frac{1}{g_{ds1} + g_{mb2} + g_{ds2}} \approx \frac{1}{g_{mb2}} = \frac{1}{\eta_2 g_{m2}} \tag{4-43}$$

式中,$g_{ds1} = 1/r_{ds1}$、$g_{ds2} = 1/r_{ds2}$ 的值相对很小,可以忽略不计。与式(4-40)和式(4-41)比较可以看出,ED 型共源放大器的增益比 EE 型共源放大电路的增益大 $1/\eta_2$ 倍,输出电阻也比 EE 型共源放大电路的大 $1/\eta_2$ 倍。

3. 固定栅压负载式 MOS 放大器

图 4-28(a)给出了一种采用固定栅压 MOS 管做有源负载电阻的 MOS 放大器,它实际上是 EE 型源跟随器的一种。负载管 M$_2$ 的栅极电压 V_G 为一常数,所以其源漏电阻 r_{ds} 变化很小,基本可以看成常数。图 4-28(b)为其低频小信号微变等效电路,由于在集成电路中 M$_1$ 管的源极和衬底不能短接,因此 M$_1$ 存在衬底偏置效应。注意到 $g_{ds1} = 1/r_{ds1}$,$g_{ds2} = 1/r_{ds2}$ 的值相对很小,由此可得到该 EE 型源跟随器的电压增益和输出电阻分别为

$$A_u = \frac{u_o}{u_i} = \frac{g_{m1}}{g_{m1} + g_{mb1} + g_{ds1} + g_{ds2}} \approx \frac{g_{m1}}{g_{m1} + g_{mb1}} \tag{4-44}$$

$$r_o = \frac{1}{g_{m1} + g_{mb1} + g_{ds1} + g_{ds2}} \approx \frac{1}{g_{m1} + g_{mb1}} \tag{4-45}$$

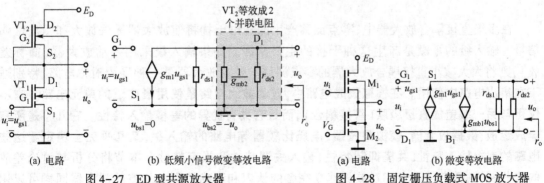

| (a) 电路 | (b) 低频小信号微变等效电路 | (a) 电路 | (b) 微变等效电路 |

图 4-27　ED 型共源放大器　　　　图 4-28　固定栅压负载式 MOS 放大器

4. CMOS 共源放大电路

图 4-29(a) 是以 E 型 P MOSFET 管 VT_2、VT_3 构成的镜像电流源作为有源负载,E 型 N MOSFET管 VT_1 作为共源放大管的;**一般把 N MOS 和 P MOS 组合而成的互补放大电路称为 CMOS 型放大电路**。由于与放大管 VT_1 互补的有源负载具有很高的输出阻抗,因而低频电压增益很高。图 4-29(b) 是其低频小信号微变等效电路,其中 r_{ds2} 为 VT_2,VT_3 构成电流镜(恒流源)的输出电阻。由图(b)可求得

$$A_u = -g_{m1}(r_{ds1} /\!/ r_{ds2}) \tag{4-46}$$

$$r_o = r_{ds1} /\!/ r_{ds2} \tag{4-47}$$

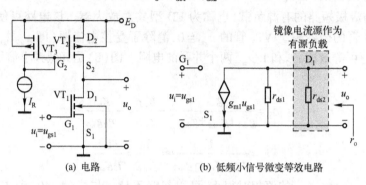

(a) 电路　　　　　　　　　　(b) 低频小信号微变等效电路

图 4-29　CMOS 共源放大器

比较三类共源放大电路,显然 CMOS 共源放大电路的增益最大,输出电阻也最大。

思考与练习

4.3-1　填空题

(1) 恒流源电路在集成运放中,常作为____和放大电路的____负载;前者的作用是_____;后者的作用是_____,因为电流源的____大。

答案:偏置电路,有源,给各放大级提供偏置,提高增益,交流等效电阻

(2) IC 中的恒压源的输出电阻____;恒流源的输出电阻____。　　　　　答案:很小,很大

(3) 场效应管组成基本镜像电流源,其电路的工作条件是:两个对管 VT_1 和 VT_2____,且基准电流一侧的场效应管应工作在____区。　　　　　　　　　　　　　　　　　　　答案:参数对称,恒流

4.4　差动放大器

在多级直接耦合放大器中,零点漂移产生的输出干扰将使放大器无法放大和输出微弱信号。输入级的零漂是产生这种干扰的主要原因。如果输入级采用差动放大器(简称差放),则将大大减小直接耦合放大器的零点漂移。差动放大器是一种平衡对称电路,特别适于在集成电路中使用。**在模拟集成电路中,差动放大电路是使用最广泛的单元电路。它不仅可与另一级差放直接级联(直接耦合),而且它具有优异的差模输入特性。它几乎是所有集成运放、数据放大器、模拟乘法器、电压比较器等电路的输入级,又几乎完全决定着这些电路的差模输入特性、共模抑制特性、输入失调特性和噪声特性。**本节将分析与讨论差放的这些特性,并期望读者能对差放建立完整的认识和正确的概念。差动放大器同样可以用

做分立元件放大器。总之,差动放大器是一种重要的基础放大器,是模拟集成运算放大器的核心单元电路。

4.4.1 差放的偏置、输入和输出信号及连接方式

1. 差动放大电路的特点

图4-30是一个典型的差动放大电路,从电路结构上来看,具有以下特点:

（1）它由两个完全对称的共射电路组合而成。即 VT_1 和 VT_2 配对,参数相同(如 $\beta_1 = \beta_2$、$r_{be1} = r_{be2}$),且对称位置上的电阻元件值也相同。例如,两集电极电阻 R_c 相同,两基极电阻 R_b 相同(R_b 既可能是偏置电阻,也可能是信号源内阻,或是两者之和)。

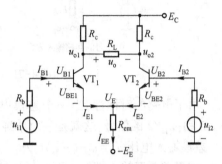

图4-30　差动放大器

（2）电路采用正负双电源供电。VT_1 和 VT_2 的发射极都经同一电阻 R_{em} 接至负电源 $-E_E$,该负电源能使两管基极在接地(即 $u_{i1} = u_{i2} = 0$)的情况下,为 VT_1 和 VT_2 提供偏置电流 I_{B1} 和 I_{B2},保证两管发射结正偏($U_E \approx -0.7\,\text{V}$);另外,由于电路对称,在零输入的情况下,$u_{o1} = u_{o2}$,$u_o = u_{o1} - u_{o2} = 0$,从而实现了零输入、零输出。

（3）电阻 R_{em} 不仅通过 $-E_E$ 为 VT_1 和 VT_2 提供偏置电流 I_{EE},并且通常称 R_{em} 为射极负反馈偏置电阻(或射极长尾电阻),它在静态时($u_{i1} = u_{i2} = 0$)对工作电流 I_{E1}、I_{E2} 具有很强的负反馈作用,能稳定静态工作电流 I_E,抑制工作点随温度变化而产生缓慢的漂移(通常称为零点漂移)。例如,当温度 $T\uparrow$ 时 $\rightarrow I_{E1}\uparrow$ 和 $I_{E2}\uparrow \rightarrow I_{EE} = (I_{E1} + I_{E2})\uparrow \rightarrow U_E\uparrow \rightarrow U_{BE} = (U_B - U_E)\downarrow \rightarrow I_{B1}\downarrow$ 和 $I_{B2}\downarrow \rightarrow I_{E1}\downarrow$ 和 $I_{E2}\downarrow$。

另外,R_{em} 在动态时对共模信号有较强的抑制作用。当差动放大器的两个输入端同时输入大小相同、极性也相同的信号时(称为共模信号,即 $u_{i1} = u_{i2} = u_{ic}$),R_{em} 对共模信号具有很强的负反馈作用。例如,u_{ic}(共模输入信号) $\uparrow \rightarrow VT_1$ 和 VT_2 的射极电流 $i_{E1}\uparrow$ 和 $i_{E2}\uparrow \rightarrow i_{EE} = (i_{E1} + i_{E2})\uparrow \rightarrow u_E\uparrow \rightarrow u_{BE} = (u_B - u_E)\downarrow \rightarrow i_{B1}\downarrow$、$i_{B2}\downarrow \rightarrow i_{E1}\downarrow$、$i_{E2}\downarrow$。因此 R_{em} 又称为共模负反馈电阻。

（4）差动放大器有两个对地的输入端和两个对地的输出端。当信号从一个输入端输入时称为单端输入;从两个输入端之间浮地输入时称为双端输入;当信号从一个输出端输出时称为单端输出;从两个输出端之间浮地输出时称为双端输出。因此,差动放大器具有四种不同的工作状态:双端输入,双端输出;单端输入,双端输出;双端输入,单端输出;单端输入,单端输出。

2. 差模信号与共模信号

假设差放两输入端都有输入信号,分别为 u_{i1} 和 u_{i2}。当 u_{i1} 与 u_{i2} 大小和极性都相同时,称为共模信号,记做 u_{ic},即 $u_{i1} = u_{i2} = u_{ic}$。当 u_{i1} 与 u_{i2} 大小相同但极性相反,即 $u_{i1} = -u_{i2}$ 时,称为差模信号,记做 u_{id},即 $u_{id} = u_{i1} - u_{i2}$。

若一个信号作为单纯共模信号 u_{ic} 输入时,可将两输入端口并联再接入该信号,如图4-31(a)所示。若一个信号作为差模信号 u_{id} 输入,可将该信号浮地双端输入,如图4-31(b)所示。

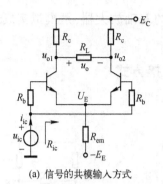

(a) 信号的共模输入方式

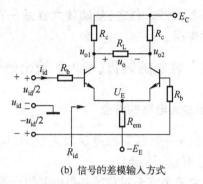

(b) 信号的差模输入方式

图 4-31　信号的共模和差模输入方式

由于电路的对称性,当一个差模电压信号 u_{id} 双端输入时,两个输入端对地会分别输入 $u_{id}/2$ 和 $-u_{id}/2$ 的信号,这就是一对单纯差模信号。换言之,当两输入端的单纯差模信号为 $\pm u_i$ 时,差模输入电压 $u_{id} = u_i - (-u_i) = 2u_i$。

如果差放两输入端输入两个任意信号分别为 u_{i1} 和 u_{i2},**u_{i1} 和 u_{i2} 既不是单纯共模信号,也不是单纯差模信号,称 u_{i1} 和 u_{i2} 为任模信号,**那么,根据共模信号和差模信号的定义,则有

差模信号
$$u_{id} = u_{i1} - u_{i2} \tag{4-48}$$
$$u_{id1} = u_{id}/2 = (u_{i1} - u_{i2})/2 \tag{4-49}$$
$$u_{id2} = -u_{id}/2 = -(u_{i1} - u_{i2})/2 \tag{4-50}$$

共模信号
$$u_{ic} = \frac{1}{2}(u_{i1} + u_{i2}) \tag{4-51}$$

所以可将任模信号分解成共模与差模分量的组合形式:

$$\begin{cases} u_{i1} = \dfrac{1}{2}u_{id} + u_{ic} = u_{id1} + u_{ic} \\[3mm] u_{i2} = -\dfrac{1}{2}u_{id} + u_{ic} = u_{id2} + u_{ic} \end{cases} \tag{4-52}$$

图 4-32 示出了这一分解过程。

【例 4-3】　如图 4-32 所示的差放电路两输入端输入的任意信号分别为 $u_{i1} = 10$ mV, $u_{i2} = 0$ mV,求输入端等效的差模与共模分量。

解:根据共模信号和差模信号的定义,可得 $u_{id} = u_{i1} - u_{i2} = 10$ mV,而 $u_{id1} = 5$ mV, $u_{id2} = -5$ mV, $u_{ic} = \dfrac{1}{2}(u_{i1} + u_{i2}) = 5$ mV。

同理,对输出端来说,如果单端输出的信号分别为 u_{o1} 和 u_{o2},那么也可以分解为差模输出 u_{od} 和共模输出 u_{oc},可表示为

$$u_{od} = u_{o1} - u_{o2} \tag{4-53}$$

可得
$$u_{od1} = u_{od}/2 \quad u_{od2} = -u_{od}/2$$

$$u_{oc} = \frac{1}{2}(u_{o1} + u_{o2})$$

$$u_{o1} = \frac{1}{2}u_{od} + u_{oc}, u_{o2} = -\frac{1}{2}u_{od} + u_{oc}$$

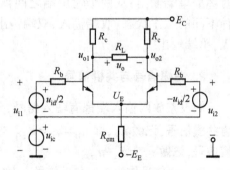

图 4-32　任意信号的分解

实际上输出与输入信号是相对的,本级的输入就是上一级的输出,本级的输出就是下一级的输入,所以差模和共模信号的定义对输入信号和输出信号来说没有本质的差别。

3. 静态工作点的估算

令图 4-30 中 $u_{i1}=u_{i2}=0$,即可获得直流通路。由于电路和元件值的对称性,故两管静态电流、电压都应该相同(即 $I_{CQ1}=I_{CQ2}=I_{CQ}$,$I_{EQ1}=I_{EQ2}=I_{EQ}=I_{EE}/2$,$I_{BQ1}=I_{BQ2}=I_{BQ}$),所以,只需讨论单边电路($VT_1$ 管)的静态工作点。注意到流过 R_{em} 上的直流电流为 $2I_{EQ}$,故等效折合到 VT_1 发射极的电阻应该为 $2R_{em}$。其单(半)边直流通路的等效电路如图 4-33 所示。利用等效电路可列写出发射结回路的方程为

$$I_{BQ}R_b+U_{BEQ}+2R_{em}I_{EQ}=E_E$$

而 $I_{BQ}=I_{EQ}/(1+\beta)$,所以有

$$I_{CQ}=\alpha I_{EQ}\approx I_{EQ}=\frac{E_E-U_{BEQ}}{2R_{em}+\dfrac{R_b}{1+\beta}}$$

$$\approx\frac{1}{2}\frac{E_E-U_{BEQ}}{R_{em}}\approx\frac{E_E}{2R_{em}}\qquad(4-54)$$

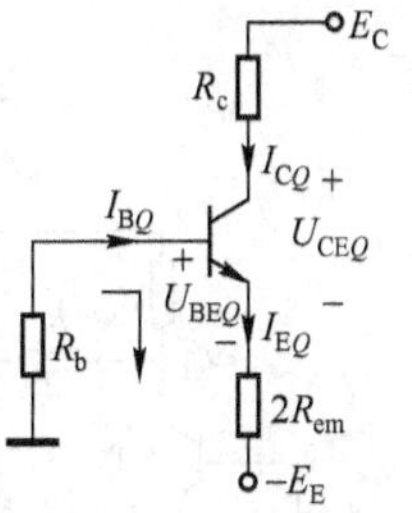

图 4-33 半边直流通路

式(4-54)在推导过程中,运用了一般情况下都能满足的条件 $R_{em}\gg\dfrac{R_b}{1+\beta}$,$E_E\gg U_{BEQ}$,所以由式(4-54)求得的 I_{CQ} 与 BJT 的参数几乎无关,表明差放电路的静态工作点具有较强的温度稳定能力。实际上,这就是前边讨论过的射极偏置电阻 R_{em} 的直流负反馈稳 Q 作用。VT_1,VT_2 的集电极静态电位可表示为

$$U_{CQ1}=U_{CQ2}=E_C-I_{CQ}R_c\qquad(4-55)$$

而

$$U_{CEQ1}=U_{CEQ2}=E_C+E_E-I_{CQ}(R_c+2R_{em})\qquad(4-56)$$

在工程中,一般由于 R_b 较小,I_B 更小,在忽略 R_b 上的静态电压时,$U_{BQ}\approx0$,$U_{EQ}\approx-0.7\text{ V}$,$U_{CE}$ 通常也可按下式估算

$$U_{CEQ1}=U_{CEQ2}=E_C-I_{CQ}R_c-U_{EQ}\approx E_C-I_{CQ}R_c+0.7\text{ V}\qquad(4-57)$$

4. 恒流源偏置的差动放大器

在基本差动放大电路中(见图 4-30)发射极电阻 R_{em} 具有重要的作用,VT_1 和 VT_2 是通过发射极公用电阻 R_{em} 而互相联系并实现差动功能的。**一般 R_{em} 越大电路性能越好。为了提高电路的温度稳定性,减小零点漂移,克服两管参数不对称性的影响,以及提高电路对共模信号的抑制能力等,都要求选择阻值更大的发射极电阻 R_{em}。**

但随着 R_{em} 加大,R_{em} 上的电压降 U_{Rem} 随之增加,在负电源电压 E_E 一定的条件下,由式(4-54)可以看出,必然导致两管集电极静态电流 I_{CQ} 减小,因而电路的电压放大倍数也将随之减小;另外,在集成电路中 R_{em} 的增大还受限于集成工艺和 E_E 的取值。为了解决这些矛盾,**工程上大多采用恒流源作为差动放大器发射极的偏置电路,即采用恒流源代替 R_{em}。恒流源不但能为差放提供稳定的偏流 I_{EE},而且恒流源具有很大的动态内阻用来取代 R_{em},可以大大提高差放对共模信号的抑制能力;且恒流源的直流端电压并不大。**

图 4-34(a)是采用比例电流镜作为射极偏置的恒流源差动放大器。图中 VT_1、VT_2 为差

动对管，VT_3、VT_4 和 R、R_3、R_4 构成比例电流镜电路，VT_3 的集电极电流 $I_{C3} = I_{EE}$ 为差动放大器提供射极偏流。由 BJT 恒流源的知识可知，当 $R_3 = R_4$ 时比例电流镜对应一个镜像电流源；当 $R_3 = nR_4$ 时对应一个比例电流源；当 $R_3 \neq 0$，$R_4 = 0$ 时对应一个微电流源。因此，**恒流源偏置的差动放大器的静态工作点电流应该以偏置恒流源入手去求解**。由图 4-34（a）所示电路可以估算出静态工作点

$$I_{CQ3} = I_{EE} = 2I_{EQ} \approx 2I_{CQ} \tag{4-58}$$

而

$$I_{CQ3} \approx \frac{R_4}{R_3} I_R \tag{4-59}$$

其中

$$I_R \approx \frac{E_E - U_{BE4}}{R + R_4} \tag{4-60}$$

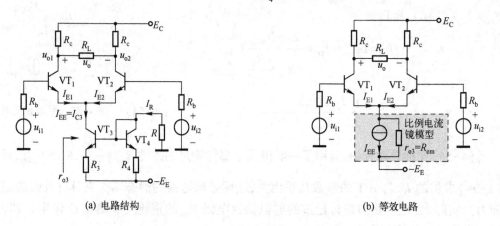

(a) 电路结构　　　　　　　　　　　　(b) 等效电路

图 4-34　恒流源偏置的差动放大器

所以

$$I_{CQ} = \frac{1}{2} I_{CQ3} = \frac{1}{2} \frac{R_4}{R_3} I_R \tag{4-61}$$

另外由式（4-19）可得恒流源的内阻

$$R_{em} = r_{o3} \approx \left(1 + \frac{\beta_3 R_3}{R /\!/ R_4 + r_{be3} + R_3}\right) r_{ce3} \tag{4-62}$$

显然，这个动态电阻很大。今后为分析问题方便，把恒流源偏置的差动放大器电路统一为图 4-34（b）所示的等效电路。

5. 差动放大器的性能指标

（1）差模电压增益 A_{ud}

当输入差模信号 u_{id} 时，输出电压称为差模输出电压 u_{od}，则差模电压增益为

$$A_{ud} = u_{od}/u_{id} \tag{4-63}$$

由于信号可以双端或单端输出，所以 A_{ud} 又可分为双端输出 A_{ud}（双）或单端输出 A_{uds}（单）。

（2）差模输入电阻 R_{id}

信号差模输入时，由两输入端之间视入的输入电阻即 R_{id}，图 4-31（b）所示电路中示出了 R_{id} 的含义，即

$$R_{id} = u_{id}/i_{id} \tag{4-64}$$

（3）共模电压增益 A_{uc}

当输入共模信号 u_{ic} 时，输出电压称为共模输出电压 u_{oc}，则共模电压增益为

$$A_{uc}=u_{oc}/u_{ic} \tag{4-65}$$

A_{uc} 也可分为双端输出 A_{uc}（双）或单端输出 A_{ucs}（单）。

（4）共模输入电阻 R_{ic}

图 4-31（a）示出了信号共模输入时 R_{ic} 的含义，即

$$R_{ic}=u_{ic}/i_{ic} \tag{4-66}$$

R_{ic} 其实就是将差放两输入端口并联后视入的输入电阻。

（5）共模抑制比 K_{CMR}

下一节将会了解到，**差动放大器具有放大差模信号，抑制共模信号输出的特性**。正是这一特性使差放能抑制零点漂移、干扰、噪声的输出。为了综合衡量差放这一性能，定义：

$$K_{CMR}=\left|\frac{A_{ud}}{A_{uc}}\right| \tag{4-67}$$

由上式可知：**K_{CMR} 越大，差动放大器放大差模信号和抑制共模信号的能力就越强**。

利用上述参数，当差动放大器工作在线性状态下，且输入端口存在两个任模信号 u_{i1} 和 u_{i2} 时，可将其按式（4-52）分解成差模信号分量 u_{id} 和共模分量 u_{ic}，运用线性电路的叠加原理，分别求 u_{id} 和 u_{ic} 产生的输出 u_{od} 和 u_{oc}，这样，差动放大器总的输出为

$$u_o=u_{od}+u_{oc}=A_{ud}u_{id}+A_{uc}u_{ic}=A_{ud}\left(u_{id}+\frac{u_{ic}}{\pm K_{CMR}}\right) \tag{4-68}$$

4.4.2　差动放大器的大信号差模传输特性

图 4-35 所示电路为基本共射差动放大电路，如果设 BJT 的参数 $r_{ce}\gg R_c$，$U_A=\infty$（即忽略基区宽调效应），且 VT_1 和 VT_2 对称，利用 $i_E=I_S\exp\dfrac{u_{BE}}{U_T}$，由图 4-35 可写出

$$
\begin{aligned}
I_{EE}&=i_{E1}+i_{E2}\\
&=I_S\exp\frac{u_{BE2}}{U_T}\left(1+\exp\frac{u_{BE1}-u_{BE2}}{U_T}\right)\\
&=i_{E2}\left(1+\exp\frac{u_{BE1}-u_{BE2}}{U_T}\right)
\end{aligned}\tag{4-69}
$$

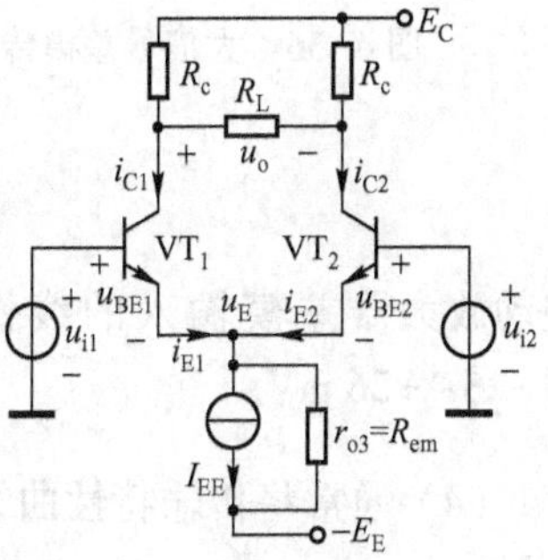

又因为

$$
\begin{aligned}
u_{id}&=u_{i1}-u_{i2}\\
&=(u_{BE1}+u_E)-(u_{BE2}+u_E)\\
&=u_{BE1}-u_{BE2}
\end{aligned}\tag{4-70}
$$

将式（4-70）代入式（4-69），经整理并利用双曲正切函数 $\mathrm{th}x=\dfrac{\mathrm{e}^x-\mathrm{e}^{-x}}{\mathrm{e}^x+\mathrm{e}^{-x}}$，可得

图 4-35　基本共射差动放大电路

$$i_{C2}\approx i_{E2}=\frac{I_{EE}}{1+\exp\dfrac{u_{id}}{U_T}}=\frac{I_{EE}}{2}\left[1-\mathrm{th}\left(\frac{u_{id}}{2U_T}\right)\right] \tag{4-71}$$

同理可得
$$i_{C1} \approx i_{E1} = \frac{I_{EE}}{1+\exp\dfrac{-u_{id}}{U_T}} = \frac{I_{EE}}{2}\left[1+\text{th}\left(\frac{u_{id}}{2U_T}\right)\right] \qquad (4\text{-}72)$$

式(4-71)和式(4-72)为 VT_1 和 VT_2 集电极输出电流 i_{C1} 和 i_{C2} 与差模输入电压 u_{id} 之间的传输特性方程。利用这两个传输特性方程可画出大信号差模传输特性曲线,如图 4-36 所示。利用该曲线及传输特性方程可得以下几点结论:

(1) 当静态时,$u_{i1}=u_{i2}=0$,即 $u_{id}=0$,有
$$i_{C1}=i_{C2}=I_{CQ1}=I_{CQ2} \approx I_{EE}/2$$
传输特性曲线与纵轴的交点为静态工作点电流。

(2) 曲线 $i_{C1}=f(u_{id})$ 和 $i_{C2}=f(u_{id})$ 以纵轴对称,无论 u_{id} 的大小和极性如何,总有 $i_{C1}+i_{C2}=I_{EE}$。表明**在差模输入时,两管的射极电流之和恒定不变**。

(3) 差动输出电流为
$$i_{od}=i_{C1}-i_{C2} \approx I_{EE}\text{th}\left(\frac{u_{id}}{2U_T}\right) \qquad (4\text{-}73)$$
由式(4-73)可画出双端差模输出电流 i_{od} 的传输特性曲线如图 4-37 所示。可以看出,当 $u_{id} \ll 2U_T$ 时,$\text{th}\left(\dfrac{u_{id}}{2U_T}\right) \approx \dfrac{u_{id}}{2U_T}$,即在 $\left|\dfrac{u_{id}}{2U_T}\right| \ll 1$ 的范围内差动放大器工作在线性放大区域内,i_{C1}、i_{C2} 与 u_{id}/U_T 近似成线性关系。式(4-73)可近似为

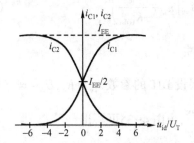

图 4-36　大信号差模传输特性曲线

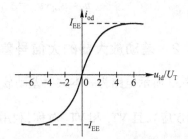

图 4-37　双端输出差模传输特性曲线

$$i_{od} \approx I_{EE}\frac{u_{id}}{2U_T} \qquad (4\text{-}74)$$

差动放大器差模输入的线性动态范围为 $-U_T \sim +U_T$。即 u_{id} 的线性动态范围很小,大约为 $-26 \sim +26$ mV。

(4) 通常将传输特性曲线的斜率 $g_m = \dfrac{\text{d}i_c}{\text{d}u_{id}}$ 定义为传输跨导。那么可以看出,在 $u_{id}=0$ 时双端输出的传输跨导 $g_{mdmax} = \dfrac{\text{d}i_{od}}{\text{d}u_{id}}\bigg|_{u_{id}=0}$ 最大。另外,单端输出时的最大传输跨导为
$$g_{msmax} = \frac{\text{d}i_{C1}}{\text{d}u_{id}}\bigg|_{u_{id}=0} = \frac{1}{2}\frac{I_{E1}}{U_T} \qquad (4\text{-}75)$$

双端输出时的最大传输跨导为
$$g_{mdmax} = 2g_{msmax} = \frac{I_{E1}}{U_T} \qquad (4\text{-}76)$$

上式说明：**差放双端输出时的最大传输跨导 g_{md} 等于单管共射电路的跨导 g_m；改变 I_{EE}（或 I_E）就可改变跨导 g_m**，所谓变跨导电路即源于此。

（5）当 u_{id} 为大信号时，u_{id} 超过 $\pm 4U_T \approx \pm 100$ mV 以后，差放具有良好的限幅特性，这使得它在非线性电路（如相乘器、频率变换、自动增益控制）中获得了广泛的应用。

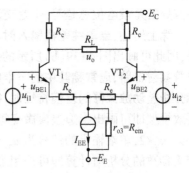

图 4-38　射极接入负反馈电阻 R_e

（6）如果在差动放大器两管的射极各接入一个负反馈电阻 R_e，如图 4-38 所示，则能扩展差模输入电压的线性动态范围，线性动态范围的扩展量几乎等于 $R_e I_{EE}$。例如，当 $R_e I_{EE} = 10 U_T$ 时，可扩展 $\pm 10 U_T$；当 $R_e I_{EE} = 20 U_T$ 时，可扩展 $\pm 20 U_T = \pm 520$ mV。但**接入负反馈电阻 R_e 能扩展差模输入电压的线性动态范围是以牺牲（减少）差放增益为代价的。**

4.4.3　差动放大器的微变等效分析

如前所述，当差动放大器工作在线性状态下，且输入端口存在两个任模信号 u_{i1} 和 u_{i2} 时，可按式（4-52）分解成差模信号分量 u_{id} 和共模信号分量 u_{ic}，运用线性电路的叠加原理，分别求 u_{id} 和 u_{ic} 产生的输出 u_{od} 和 u_{oc}，这样，差动放大器总的输出为

$$u_o = u_{od} + u_{oc} = A_{ud}u_{id} + A_{uc}u_{ic} = A_{ud}\left(u_{id} + \frac{u_{ic}}{\pm K_{CMR}}\right) \tag{4-77}$$

因此，**对差动放大器的微变等效分析可以分解成两个方面：① 对单纯差模输入状态下的差动放大电路进行微变等效分析；② 对单纯共模输入状态下的差动放大电路进行微变等效分析。**

1. 低频单纯差模微变等效分析

当共模输入信号 $u_{ic} = 0$ 时，图 4-39（a）所示为单纯差模输入状态下的差动放大电路。VT_1 在 $u_{i1} = u_{id}/2$ 作用下流过 R_{em} 的信号电流为正增量 i_{e1}，VT_2 在 $u_{i2} = -u_{id}/2$ 作用下流过 R_{em} 的电流为负增量 i_{e2}。设电路理想对称，两管发射极电流的增量应该大小相同，极性相反，即 $i_{e2} \approx -i_{e1}$，流过射极恒流源的总瞬时电流为 $(I_{E1} + i_{e1}) + (I_{E2} - i_{e2}) = I_{E1} + I_{E2} = I_{EE}$。这说明在单纯差模电压输入时流过 R_{em} 上的电流恒定不变。因而在 R_{em} 上的电压也恒定不变，表明差放对管发射极（E 点）没有变化的交流电压，在单纯差模输入的交流通路中相当于交流接地（虚地）。

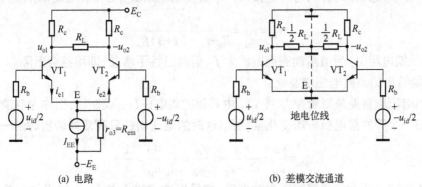

(a) 电路　　　　　　　　　　　　　　　(b) 差模交流通道

图 4-39　单纯差模输入状态下的差动放大电路

另外,如果差动放大器的电路结构理想对称,在单纯差模输入状态下,VT_1 和 VT_2 的集电极输出的交流电压也大小相等、极性相反,即 $u_{o1}=-u_{o2}$,这表明在双端浮地输出时,负载 R_L 的中点处的差模电位总是零,也是交流接地点(虚地)。

综上所述,**当单纯差模输入时,理想对称的差动放大器在对称位置的交点处都是交流地电位**,因此可画出图 4-39(b)所示的差模交流通路。可见差动放大器被分裂成两个完全相同的单管共射电路,**通常称其中的一半电路为半边差模等效电路**,如图 4-40(a)所示。今后,**在实际分析差动放大器的差模特性时,往往利用半边差模等效电路来求解**。利用 BJT 的低频简化等效模型即可画出半边差模微变等效电路,如图 4-40(b)所示。如果设输入的差模信号 $u_{i1}=-u_{i2}=u_{id}/2$,单端输出的信号为 $u_{o1}=-u_{o2}$,双端输出的差模信号为 $u_o=u_{o1}-u_{o2}$,那么差动放大器交流参数的分析与计算即可采用第 3 章所介绍的基本放大器的分析方法。

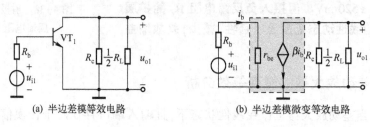

(a) 半边差模等效电路   (b) 半边差模微变等效电路

图 4-40 半边差模等效电路

(1) 差模电压增益

① 双端输入、双端输出差模电压增益

双端差模输出电压 $u_{od}=u_{o1}-u_{o2}$ 与差模输入电压 $u_{id}=u_{i1}-u_{i2}$ 之比定义为双端输出差模电压增益 A_{ud}。即

$$A_{ud}=\frac{u_{od}}{u_{id}}=\frac{u_{o1}-u_{o2}}{u_{i1}-u_{i2}}=\frac{2u_{o1}}{2u_{i1}}=\frac{u_{o1}}{u_{i1}}=A_{u1} \tag{4-78}$$

上式说明,**差放双端输出时的差模电压增益 A_{ud} 等于半边差模等效电路(即单管共射电路)的电压增益 A_{u1}。**

由图 4-40(b)可得
$$A_{ud}=\frac{u_{o1}}{u_{i1}}=\frac{-\beta R'_L}{R_b+r_{be}} \tag{4-79}$$

其中,$R'_L=R_c/\!/\frac{1}{2}R_L$,分析过程中忽略了 r_{ce}(以下各参数的分析中均忽略 r_{ce})。

如果在差动放大器两管的射极各接入一个负反馈电阻 R_e,如图 4-38 所示,则有

$$A_{ud}=\frac{u_{o1}}{u_{i1}}=\frac{-\beta R'_L}{R_b+r_{be}+(1+\beta)R_e} \tag{4-80}$$

可见,接负反馈电阻 R_e 后虽然动态范围扩大了,但却牺牲了增益,即增益会下降。

② 单端输出的差模电压增益

如输出电压取自差放对管 VT_1 或 VT_2 中某管的集电极(u_{o1} 或 u_{o2}),则称为单端输出,此时由于只取出一个管的集电极电压变化量,所以**这时的电压增益只有双端输出时的一半**,即

$$A_{uds}=\frac{u_{o1}}{u_{id}}=\frac{u_{o1}}{u_{i1}-u_{i2}}=\frac{u_{o1}}{2u_{i1}}=\frac{1}{2}\frac{u_{o1}}{u_{i1}}=\frac{1}{2}A_{ud} \tag{4-81}$$

对图 4-39(a)所示的**单端输出差放电路,如果以左边输入信号 u_{i1} 的极性为参考**,那么左

边输出信号 u_{o1} 即为反相放大,而右边输出信号 u_{o2} 则为同相放大。这种接法的单端输出差放常用于将浮地的双端输入信号转换为接地的单端输出信号。集成电路的中间级有时就采用这样的接法。另外需注意:**在单端输出时,即使输出端电路不对称,式(4-81)同样适用**,这是因为晶体管工作在放大区时,u_{CE} 的改变基本不影响 i_C,只要两个差动对管特性一致,u_{BE} 相同时,两管的 i_B、i_C 和 i_E 仍相等。

（2）差模输入电阻 R_{id}

把图 4-39(b)所示的差模交流通路重画在图 4-41 中,根据式(4-66)可以看出,不论是双端输出还是单端输出,在电路对称的条件下,差模输入电阻实际上是两个单边电路输入电阻的串联值,即

$$R_{id} = \frac{u_{id}}{i_{id}} = 2(R_b + r_{be}) \tag{4-82}$$

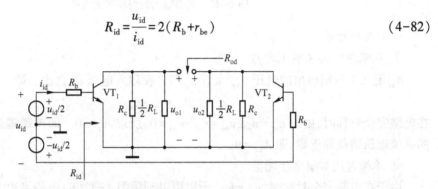

图 4-41　差模交流通路另一种画法

同理,如果在差动放大器两对管的射极各接入一个负反馈电阻 R_e,如图 4-38 所示,则有

$$R_{id} = 2[R_b + r_{be} + (1+\beta)R_e] \tag{4-83}$$

可见,**接负反馈电阻 R_e 可以提高差模输入电阻**。

（3）差模输出电阻 R_{od}

由图 4-41 可看出,差模输出电阻 R_{od} 为:当负载开路时,从输出端看进去,对差模信号而言的动态电阻。

显然,双端输出时,差模输出电阻实际上是两个单边电路输出电阻的串联值,即

$$R_{od} = 2R_c \tag{4-84}$$

单端输出时,差模输出电阻实际上就是单边电路的输出电阻,即

$$R_{ods} = R_c \tag{4-85}$$

2. 低频单纯共模微变等效分析

如图 4-42(a)所示的差动放大电路中,当 $u_{i1} = u_{i2} = u_{ic}$,$u_{id} = 0$ 时,称为单纯共模输入状态。由于电路理想对称,VT_1 和 VT_2 的输入信号电压相等,所以两管发射极的信号电流不仅大小相同,而且极性也相同,既 $i_{e1} = i_{e2} = i_e$,流过 R_{em} 的总共模信号电流为 $i_{e1} + i_{e2} = 2i_e$,在 R_{em} 上产生的共模信号压降 $u_e = 2i_e R_{em} = i_e(2R_{em})$。利用阻抗反映法,可将 $2R_{em}$ 折合到 VT_1 和 VT_2 射极回路。另外,由于电路理想对称,VT_1 和 VT_2 在 u_{ic} 作用下的输出电压也相等,即 $u_{o1} = u_{o2}$,所以流过负载 R_L 中的共模信号电流为零,这相当于 R_L 开路。于是由图 4-42(a)可画出单纯共模输入状态下的共模交流等效电路,如图 4-42(b)所示。显然,这也是一个左右两边完全相等的共发射极电路,与差模等效电路(图 4-39(b))比较,发射极接有一个阻值很大的电阻 $2R_{em}$。利用共模交流等效电路可以估算出差动放大器的共模参数。

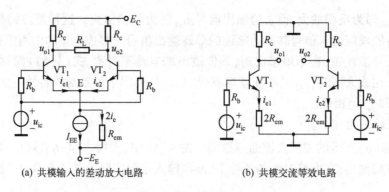

(a) 共模输入的差动放大电路　　　　　(b) 共模交流等效电路

图 4-42　共模输入的差动放大电路

（1）共模增益

① 双端输出共模电压增益

A_{uc} 定义为双端输出的电压 $u_{oc} = u_{o1} - u_{o2}$ 与共模输入电压 u_{ic} 之比。即

$$A_{uc} = u_{oc}/u_{ic} \tag{4-86}$$

在电路完全对称时，由于 $u_{o1} = u_{o2}$，$u_{oc} = u_{o1} - u_{o2} = 0$，所以 $A_{uc} = 0$。即**电路理想对称时，双端输出的共模电压增益等于零，即 $A_{uc} = 0$**。

② 单端输出共模电压增益

由于在电路完全对称时，$u_{o1} = u_{o2}$，所以可以利用图 4-42(b) 中的半边电路来求解。即

$$A_{ucs} = \frac{u_{o1}}{u_{ic}}\left(\text{或} = \frac{u_{o2}}{u_{ic}}\right) = \frac{-\beta R'_{L}}{R_{b} + r_{be} + (1+\beta)2R_{cm}} \approx \frac{-R'_{L}}{2R_{cm}} \tag{4-87}$$

一般 R_{em}（恒流源的内阻）远比 R_{b} 大，因此 $|A_{ucs}| \ll 1$；对理想恒流源 $R_{em} = \infty$，$|A_{ucs}| = 0$。与差模增益的表达式，即（4-79）比较，R_{em} 不出现在 A_{ud} 的表达式中，它不会影响差模增益。可见，**差动放大器并不放大共模信号，而是抑制共模信号的输出。因此，要放大的有用（传输）信号只能是差模输入或单端输入，而不能是共模输入。从反馈的观点来分析（见第 6 章），R_{em} 引入了共模负反馈使 A_{ucs} 大大减小。故 R_{em} 也称为共模负反馈电阻。**

实际上，任何一种电路要达到电路完全对称是很难实现的，但即使这样，差动放大器抑制共模信号的能力还是很强的。通常由于温度变化在 VT_1 和 VT_2 两差动对管集电极上产生完全相同的随温度变化而漂移的电压（零点漂移），就相当于共模信号；另外伴随输入信号一起加入的干扰信号，对两差动对管输入端具有相同的干扰，也相当于共模信号。显然，差动放大器依靠电路结构、元件参数的对称性，以及 R_{em} 的共模负反馈作用，能有效地抑制这类共模输出。因此，**共模电压增益越小，差动放大器的性能越好**。

（2）共模输入电阻 R_{ic}

由图 4-42 可以看出，不论是双端输出还是单端输出，根据式（4-66）对共模输入电阻的定义，**共模输入电阻实际上是两个单边共模等效电路输入电阻的并联值**，即

$$R_{ic} = \frac{1}{2}\left[R_{b} + r_{be} + (1+\beta)2R_{em}\right] \approx \beta R_{em} \tag{4-88}$$

（3）共模抑制比 K_{CMR}

为了综合衡量差动放大器抑制共模信号的能力，在式（4-67）中已定义了共模抑制比 K_{CMR} 这一参数。即

$$K_{\mathrm{CMR}} = \left| \frac{A_{ud}}{A_{uc}} \right|$$

利用上述分析可得：

① 双端输出共模抑制比：在电路理想对称的条件下，由于 $A_{uc}=0$，所以

$$K_{\mathrm{CMR}} = \left| \frac{A_{ud}}{A_{uc}} \right| = \infty \qquad (4-89)$$

② 单端输出共模抑制比：由式(4-79)和式(4-87)可得

$$K_{\mathrm{CMRS}} = \left| \frac{A_{uds}}{A_{ucs}} \right| = \left| \frac{A_{ud}/2}{A_{ucs}} \right| \approx \frac{\beta R_{\mathrm{em}}}{R_{\mathrm{b}}+r_{\mathrm{be}}} \qquad (4-90)$$

如果忽略 R_{b}，式(4-90)可近似表示为

$$K_{\mathrm{CMRs}} \approx \frac{\beta R_{\mathrm{em}}}{r_{\mathrm{be}}} \qquad (4-91)$$

可见，**电路的对称性是抑制共模信号的重要条件，另外 R_{em} 的共模负反馈作用也对抑制共模信号做出了重要贡献。**

3. 单端输入差动放大器

在实际系统中，有时要求放大电路的输入电路有一端接地。如果令 $u_{i1}=u_{id}$，$u_{i2}=0$，这种输入方式称为单端输入（或不对称输入）。图 4-43 所示为单端输入时的差动放大电路，**单端输入是差动放大电路的一种常用工作方式。**

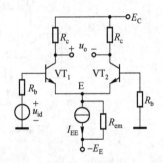 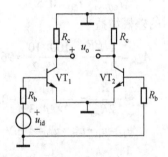

(a) 单端输入的差动放大电路   (b) 单端输入的差模等效电路

图 4-43　单端输入的差动放大电路

设信号 u_{id} 单端输入，此时 $u_{i1}=u_{id}$，$u_{i2}=0$，所以，差模分量 $u_{id}=u_{i1}-u_{i2}=u_{i1}$，即单端输入 u_{id} 就是差模输入分量。但同时还存在着共模分量

$$u_{ic} = \frac{1}{2}(u_{i1}+u_{i2}) = \frac{1}{2}u_{id} = \frac{1}{2}u_{i1}$$

根据式(4-77)，显然输出信号 u_{o} 中将含有共模成分。即：

① 双端输出时，如果电路对称，由于 $A_{uc}=0$，则输出电压为

$$u_{o} = u_{od} + u_{oc} = A_{ud}u_{id} \qquad (4-92)$$

表明，**在双端输出时，单端输入与差模输入（浮地双端输入），所产生的输出电压和电压增益都是相同的。**

② 单端输出时，由于 $A_{uc} \neq 0$，则输出电压为

$$u_o = u_{ods} + u_{ocs} = A_{uds}u_{id} + A_{ucs}u_{ic} = A_{uds}\left(u_{id} + \frac{u_{ic}}{\pm K_{CMRS}}\right) \approx A_{uds}u_{id} \qquad (4\text{-}93)$$

其中,由式(4-91)和式(4-87)知,$K_{CMRS} \approx \dfrac{\beta R_{em}}{r_{be}}$,$A_{ucs} \approx \dfrac{-R_c}{2R_{em}}$。可见只要 R_{em} 足够大,$u_o \approx A_{uds}u_{id} =$ $A_{uds}u_{i1}$。所以,在单端输出下,当共模抑制比较高时,单端输入与差模输入(浮地双端输入)产生的输出几乎相同。

另外,从图4-43(a)中也可以看出,R_{em} 为实际恒流源的交流电阻,其阻值一般很大,容易满足 $R_{em} \gg r_{be}$(发射结电阻),这样就可以认为 R_{em} 支路相当于开路(理想恒流源 $R_{em} = \infty$),输入信号电压 u_{id} 近似地均分在两管的输入回路上,如图4-43(b)中所示。将图4-43(b)与图4-39(b)做一比较可知,两电路中作用于差动对管发射结上的信号分量基本上是一致的,**表明单端输入时电路的工作状态与双端差模输入时近似一致**。即在 R_{em} 足够大的条件下,双端输出时,其差模电压增益与式(4-79)近似一致,而单端输出时与式(4-81)近似一致,其他指标也与双端输入电路相同。总之,**双端差模输入的动态分析结果完全适用于单端输入的工作状态**。

【例4-4】 差动放大器如图4-44所示。VT_1 和 VT_2 的 $\beta = 100$,$r_{bb'}$ 不计,静态 $U_{BEQ} = 0.7\ \text{V}$,$R_{em} = 14.3\ \text{k}\Omega$。当 VT_1 基极输入电压 $u_{id} = 1\ \text{mV}$ 时,求 VT_2 集电极产生的电压 u_o。

解: 令 $u_{id} = 0$,求得静态工作点电流

$$I_{CQ} \approx I_{EQ} = \frac{1}{2}I_{EE} = \frac{E_E - U_{BEQ}}{2R_{em}} = \frac{14.3}{2 \times 14.3} = 0.5\ \text{mA}$$

$$r_{be} = r_{bb'} + \beta\frac{U_T}{I_{CQ}} \approx \beta\frac{U_T}{I_{CQ}} = \frac{26}{0.5} \times 100 = 5200\ \Omega$$

VT_2 单端输出时的差模增益

$$A_{uds} = \frac{1}{2}\frac{\beta R_c}{r_{be}} = \frac{100 \times 10}{2 \times 5.2} \approx 96.2$$

共模增益

$$A_{ucs} \approx -\frac{R_c}{2R_{em}} = -\frac{10}{2 \times 14.3} = -0.35$$

将 u_{id} 分解为

$$u_{id} = u_{i1} - u_{i2} = u_{id} = 1\ \text{mV}$$

$$u_{ic} = \frac{1}{2}(u_{i1} + u_{i2}) = \frac{1}{2}u_{id} = 0.5\ \text{mV}$$

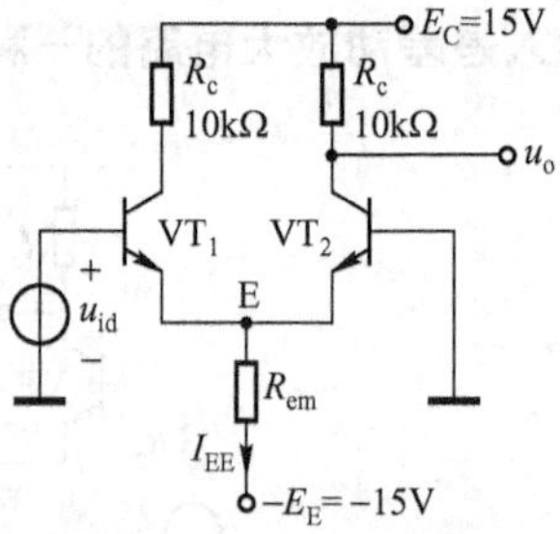

所以

$$u_o = u_{ods} + u_{ocs} = A_{ud}u_{id} + A_{uc}u_{ic} = 96.2 \times 1 - 0.35 \times 0.5 \approx 96\ \text{mV}$$

显然,可以看出 $u_o \approx u_{ods}$,即利用双端差模输入的动态分析方法完全适用于单端输入状态。

图4-44 例4-4图

4.4.4 有源负载差动放大器

在模拟 IC 中,往往使用镜像恒流源作为差动放大器的有源负载,如图4-45所示。这不但可以大大提高差模增益,满足集成工艺中少用电阻的要求,而且利用恒流源的镜像电流传输特性,**在不损失增益的情况下,可实现双端输出到单端输出的转换功能**。

在图4-45所示的电路中,VT_1 和 VT_2 为共射差动对管,VT_3 和 VT_4 为 PNP 型镜像恒流源,作为 VT_1 和 VT_2 差动对管的集电极有源负载。如果输入差模信号 $u_{i1} = -u_{i2} = u_{id}/2$,观察电路可得 $i_{C1} = -i_{C2}$(i_{C1} 和 i_{C2} 方向相反),$i_{C1} = i_{C3} = i_{C4}$,$i_o = i_{C2} + i_{C4} = i_{C1} + i_{C2}$。可见图4-45所示的电路尽管采用了单端输出,其输出电流和不带有源负载差动放大器双端输出的电流相同。

另外,利用式(4-71)和(4-72)可得共射差动对管的电流传输方程为

$$i_{C1} \approx \frac{I_{EE}}{2}\left[1+\text{th}\left(\frac{u_{id}}{2U_T}\right)\right]$$

$$i_{C2} \approx -\frac{I_{EE}}{2}\left[1-\text{th}\left(\frac{u_{id}}{U_T}\right)\right]$$

$$i_o = i_{C4}+i_{C2} \approx i_{C1}+i_{C2} = I_{EE}\text{th}\left(\frac{u_{id}}{2U_T}\right)$$

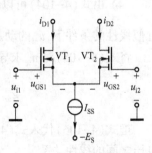

传输跨导 $\qquad g_m = \dfrac{di_o}{du_{id}}\bigg|_{u_{id}=0} \approx \dfrac{I_E}{U_T}$

注意,上式中 I_E 为单管发射极静态电流,即 $I_E = I_{EE}/2$。与式 $\qquad$ 图4-45 有源负载差动放大器
(4-76)比较,显然和双端输出差放的传输跨导相同,故具有双端-单端转换功能。

在输入信号较小,当 $u_{id} \ll 2U_T$ 时,$\text{th}\left(\dfrac{u_{id}}{2U_T}\right) \approx \dfrac{u_{id}}{2U_T}$,差动放大器工作在线性放大区域内,即

$$i_o = I_{EE}\text{th}\left(\frac{u_{id}}{2U_T}\right) \approx \frac{I_{EE}}{2U_T}u_{id} = g_m u_{id}$$

输出电压 $u_o = i_o R_L$,差模增益为

$$A_{ud} = \frac{u_o}{u_{id}} = g_m R_L \qquad\qquad (4-94)$$

即有源负载差动放大器的差模增益不因单端输出而减半。

4.4.5 MOS 差动放大电路

MOS 差动放大电路是 MOS 模拟集成电路与系统中一种重要的单元电路。通常它由源极耦合差动对管(简称源耦对)和有源负载构成。

1. MOS 源耦对的大信号差模传输特性

MOS 差动放大级能够放大差模信号,抑制共模信号,且适于集成,因而被广泛用于 MOS 集成电路中的输入级。

MOS 差动放大级的基本电路如图 4-46 所示,其中源极耦合差动对管(简称源耦对)VT_1 和 VT_2 匹配,均工作在恒流区,如课设 $\lambda = 0$(即忽略沟道调制效应),则有

$$i_{D1} = \frac{1}{2}\beta_n(u_{GS1}-U_{GS(th)})^2 \qquad (4-95)$$

$$i_{D2} = \frac{1}{2}\beta_n(u_{GS2}-U_{GS(th)})^2 \qquad (4-96)$$

取式(4-95)和式(4-96)的平方根,并使两式相减可得

$$\sqrt{i_{D1}}-\sqrt{i_{D2}} = \sqrt{\frac{1}{2}\beta_n}(u_{GS1}-u_{GS2}) = \sqrt{\frac{1}{2}\beta_n}\,u_{id} \quad (4-97)$$

式中,$u_{id}=u_{i1}-u_{i2}=u_{GS1}-u_{GS2}$,为差模输入信号。观察图 4-46 所示电路,$I_{SS}=i_{D1}+i_{D2}$。代入式(4-97),等式两边平方可得

图 4-46 MOS 源耦对电路

$$\left(\sqrt{i_{D1}}-\sqrt{I_{SS}-i_{D1}}\right)^2=\left(\sqrt{\frac{1}{2}\beta_n}\,u_{id}\right)^2 \tag{4-98}$$

整理式(4-98)中各项,可得

$$\sqrt{i_{D1}(I_{SS}-i_{D1})}=\frac{1}{2}\left(I_{SS}-\frac{1}{2}\beta_n u_{id}^2\right) \tag{4-99}$$

将式(4-99)两边平方可得如下二次方程

$$i_{D1}^2-I_{SS}i_{D1}+\frac{1}{4}\left(I_{SS}-\frac{1}{2}\beta_n u_{id}^2\right)^2=0 \tag{4-100}$$

求解二次方程的根,并考虑到,如果 $u_{id}>0$,则 $i_{d1}>I_{SS}/2$,整理后可得

$$i_{D1}=\frac{I_{SS}}{2}+\frac{1}{4}\beta_n u_{id}\sqrt{\frac{4I_{SS}}{\beta_n}-u_{id}^2} \tag{4-101}$$

同理 $\qquad i_{D2}=\frac{I_{SS}}{2}-\frac{1}{4}\beta_n u_{id}\sqrt{\frac{4I_{SS}}{\beta_n}-u_{id}^2} \tag{4-102}$

由式(4-101)和式(4-102)可得差模输出电流

$$i_{od}=i_{D1}-i_{D2}=\frac{1}{2}\beta_n u_{id}\sqrt{\frac{4I_{SS}}{\beta_n}-u_{id}^2} \tag{4-103}$$

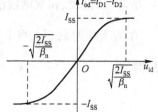

图 4-47　源耦对差模传输特性曲线

根据式(4-103)可画出源耦对的差模传输特性曲线,如图 4-47 所示。可以看出:

(1) 当 $|u_{id}|=|u_{i1}-u_{i2}|=\sqrt{2I_{SS}/\beta_n}$ 时,$i_{od}=i_{D1}-i_{D2}=\pm I_{SS}$,源耦对进入限幅区。

(2) 由于 $i_{D1}+i_{D2}=I_{SS}$,所以当 $i_{D2}=0$ 时,$i_{D1max}=I_{SS}$,而 $i_{D1}=0$,$i_{D2max}=I_{SS}$。所以当要求源耦对**的两个差动对管都工作在放大区时,最大允许差模输入信号 u_{id} 的绝对值被限制的范围是**

$$|u_{id}|=|u_{i1}-u_{i2}|<\sqrt{2I_{SS}/\beta_n} \tag{4-104}$$

(3) 式(4-103)反映了源耦对差模输出电流与差模输入电压的传输特性,可以看出,i_{od} 与 u_{id} 之间具有非线性传输关系,只有在 $|u_{id}|\ll\sqrt{2I_{SS}/\beta_n}$ 的条件下,i_{od} 与 u_{id} 才近似成线性关系。此时,式(4-103)可简化成

$$i_{od}=i_{D1}-i_{D2}=\frac{1}{2}\beta_n u_{id}\sqrt{\frac{4I_{SS}}{\beta_n}-u_{id}^2}\approx\frac{1}{2}\beta_n u_{id}\sqrt{\frac{4I_{SS}}{\beta_n}}=\sqrt{I_{SS}\beta_n}\,u_{id} \tag{4-105}$$

(4) 由式(4-104)可以看出,增大 I_{SS} 或减小 β_n,$\sqrt{\dfrac{2I_{SS}}{\beta_n}}$ 的值将增大,表明在维持传输特性近似线性的条件下,u_{id} 的动态范围可以加大。

将式(4-105)对 u_{id} 求导,可得到在 $u_{id}=0$ 处的差模小信号传输跨导的表达式为

$$g_{md}=\frac{d(i_{D1}-i_{D2})}{du_{id}}\Bigg|_{u_{id}=0}=\sqrt{I_{SS}\beta_n}=\sqrt{I_{SS}\mu_n C_{ox}W/L} \tag{4-106}$$

把式(4-106)代入式(4-105),可得差模小信号条件下源耦对差模输出电流与差模输入电压之间的线性关系

$$i_{od}=\sqrt{I_{SS}\beta_n}\,u_{id}=g_{md}u_{id} \tag{4-107}$$

与第 2 章单 MOS 管的转移跨导 g_m 的表达式(2-68)比较可以看出,$g_\mathrm{md}=g_\mathrm{m}$,即源耦对的差模跨导 g_md 就等于单 **MOS** 管的转移跨导 g_m。另外,式(4-106)表明:源耦对的差模跨导 g_md 会随着源极恒流源电流 I_SS 的增加而增加,即 g_md 受直流参量 I_SS 的控制。

2. MOS 源耦对差动放大电路

图 4-48 所示为基本的 MOS 源耦对差动放大电路,VT_1 和 VT_2 为 MOS 源耦对,VT_3 和 VT_4 为源级偏置电流源。可以看出与 BJT 差动放大电路的结构类似,分析方法也相同。下面以例题的方式对 MOS 源耦对差动放大电路的静态工作点、交流参数等进行分析,以便读者熟悉和掌握差动放大电路的基本分析方法。

【例 4-5】 已知图 4-48 所示的 MOS 源耦对差动放大电路中,晶体管参数为 $\beta_\mathrm{n1}=\beta_\mathrm{n1}=0.2\,\mathrm{mA/V^2}$,$\beta_\mathrm{n3}=\beta_\mathrm{n4}=0.6\,\mathrm{mA/V^2}$,所有晶体管的 $\lambda=0$,$U_\mathrm{GS(th)}=1\,\mathrm{V}$。试求放大电路的静态工作点及交流参数。

解:(1)求静态工作点。

首先利用 VT_3 和 VT_4 偏置电流源电路求解基准电流

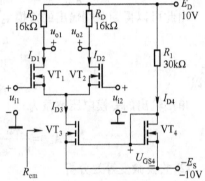

图 4-48 基本 MOS 源耦差动放大电路

$$I_\mathrm{D4}=\frac{E_\mathrm{D}+E_\mathrm{S}-U_\mathrm{GS4}}{R_1}=\frac{20-U_\mathrm{GS4}}{R_1}$$

$$I_\mathrm{D4}=\frac{1}{2}\beta_\mathrm{n4}(U_\mathrm{GS4}-U_\mathrm{GS(th)})^2$$

联立以上两式并代入参数,可得

$$9U_\mathrm{GS4}^2-17U_\mathrm{GS4}-11=0$$

解二次方程并考虑到 $U_\mathrm{GS4}>U_\mathrm{GS(th)}=1\,\mathrm{V}$ 时,晶体管才可能工作在放大区。所以得 $U_\mathrm{GS4}=2.40\,\mathrm{V}$ 和 $I_\mathrm{D4}=0.587\,\mathrm{mA}$。

由电流镜及差动放大电路的对称关系可得

$$I_\mathrm{D3}=I_\mathrm{D4}=0.587\,\mathrm{mA}\quad\text{和}\quad I_\mathrm{DQ1}=I_\mathrm{DQ2}=\frac{1}{2}I_\mathrm{D3}\approx0.293\,\mathrm{mA}$$

由式 $I_\mathrm{DQ1}=\frac{1}{2}\beta_\mathrm{n1}(U_\mathrm{GSQ1}-U_\mathrm{GS(th)})^2$,$\mathrm{VT}_1$ 和 VT_2 的栅源静态电压为

$$U_\mathrm{GSQ1}=U_\mathrm{GSQ2}=\sqrt{\frac{I_\mathrm{D1}}{\frac{1}{2}\beta_\mathrm{n1}}}+U_\mathrm{GS(th)}=\sqrt{\frac{0.293}{0.1}}+1=2.71\,\mathrm{V}$$

VT_1 和 VT_2 的漏极静态电压为

$$U_\mathrm{DQ1}=U_\mathrm{DQ2}=E_\mathrm{D}-I_\mathrm{DQ1}R_\mathrm{D}=10-0.293\times16=5.31\,\mathrm{V}$$

(2)求交流参数。

由于差动放大电路的对称关系,仿照 BJT 差动放大电路的微变等效电路分析法,可采用半边电路进行分析。

① 差模微变等效分析

设输入信号为 $u_\mathrm{i1}=-u_\mathrm{i2}$,差模输入信号 $u_\mathrm{id}=u_\mathrm{i1}-u_\mathrm{i2}=2u_\mathrm{i1}$。其差模交流通路和半边差模微变等效电路如图 4-49(b)和(c)所示。其中,利用式(2-68)可得 VT_1 的跨导为

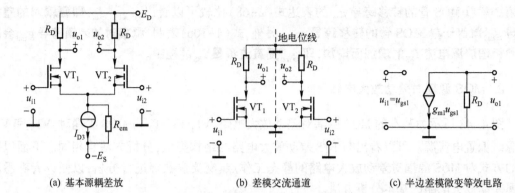

(a) 基本源耦差放　　　　(b) 差模交流通道　　　　(c) 半边差模微变等效电路

图 4-49　源耦差动放大电路差模微变等效分析

$$g_{m1} = \sqrt{2\beta_{n1}I_{DQ1}} = \sqrt{\beta_{n1}I_{D3}} = \sqrt{0.2 \times 0.587} = 0.343$$

由此可以得到双端输出的差模电压增益为

$$A_{ud} = \frac{u_{o1} - u_{o2}}{u_{i1} - u_{i2}} = \frac{2u_{o1}}{2u_{i1}} = \frac{u_{o1}}{u_{i1}} = -g_{m1}R_D \tag{4-108}$$

所以
$$A_{ud} = -g_{m1}R_D = -0.343 \times 16 = -5.48$$

单端输出的差模电压增益为

$$A_{uds} = \frac{u_{o1}}{u_{i1} - u_{i2}} = \frac{u_{o1}}{2u_{i1}} = \frac{u_{o1}}{2u_{i1}} = -\frac{g_{m1}R_D}{2} = -2.74$$

② 共模微变等效分析

设共模输入信号为 $u_{ic} = u_{i1} = u_{i2}$，且 VT_3 的 $\lambda = 0.01\ V^{-1}$，其他参数不变，仿照 BJT 差动放大器微变等效电路的分析法，图 4-50 中给出了共模交流通路和半边共模微变等效电路。

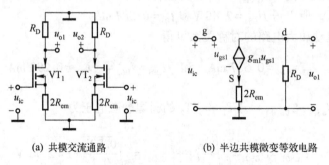

(a) 共模交流通路　　　　　　(b) 半边共模微变等效电路

图 4-50　源耦差动放大电路共模微变等效分析

在电路理想对称的条件下，$u_{o1} = u_{o2}$，双端输出的共模电压增益为

$$A_{uc} = \frac{u_{o1} - u_{o2}}{u_{ic}} = 0$$

表明，**在电路理想对称的条件下，双端输出能完全抑制共模信号。**

单端输出的共模电压增益，由图 4-50(b)中的半边共模微变等效电路可得

$$A_{ucs} = \frac{u_{o1}}{u_{ic}} = \frac{-g_{m1}u_{gs1}R_D}{u_{gs1} + g_{m1}u_{gs1}(2R_{em})} = \frac{-g_{m1}R_D}{1 + g_{m1}(2R_{em})} \approx \frac{-R_D}{2R_{em}} \tag{4-109}$$

其中
$$R_{em} = r_{ds3} \approx \frac{1}{\lambda I_{D3}} = \frac{1}{0.01 \times 0.587} = 170 \text{ k}\Omega$$

所以
$$A_{ucs} \approx \frac{-R_D}{2R_{em}} = -\frac{16}{2 \times 170} = -0.047$$

于是,单端输出的共模抑制比

$$K_{CMRS} = \left| \frac{A_{uds}}{A_{ucs}} \right| = \left| \frac{2.74}{0.047} \right| \approx 58$$

通过与前面 BJT 差动放大电路例题的比较,可以看出 MOSFET 差动放大电路的差模电压增益远小于 BJT 差动放大电路的差模电压增益,这主要是由于 MOSFET 的跨导值通常远小于 BJT 的跨导值。

3. 有源负载 MOS 源耦对差动放大电路

常用的有源负载 MOS 源耦对差动放大电路有三种形式,如图 4-51 所示,VT_5 相当于源极恒流源 I_{SS}。

由图 4-51 可以看出,EE 型和 ED 型的电路对称,利用半边差模等效电路的概念,可分别等效成如图 4-26 和图 4-27 所示的单级 MOS 共源放大电路来分析,结果也相同。读者可自行分析。

对图 4-51(c)所示的 CMOS 差动放大电路,如果设各管完全匹配,$g_{m1} = g_{m2} = g_{m3} = g_{m4} = g_m$,输入的差模信号电压为 u_{id},其中 $u_{i1} = u_{id}/2$,$u_{i1} = -u_{id}/2$,其差模交流通路如图 4-52(a)所示。由于镜像电流源 VT_3 和 VT_4 对电流的传输和转移作用,所以有

$$i_{d4} = i_{d3} = i_{d1} = g_m u_{i1}, \quad i_{d2} = -g_m u_{i2} \tag{4-110}$$

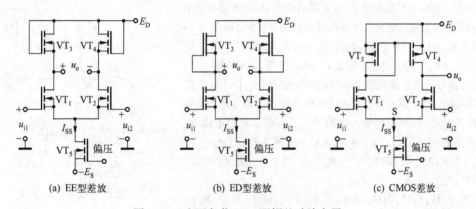

(a) EE型差放 (b) ED型差放 (c) CMOS差放

图 4-51　有源负载 MOS 源耦差动放大器

注意,i_{d2} 表达式中的负号表明 VT_2 的漏极电流是向上的,即与 N MOS 电流由漏极流向源极的正方向相反。于是可得到 VT_2 和 VT_4 漏极节点 D 处的微变等效电路如图 4-52(b)所示。整理微变等效电路使其具有公共的信号接地点,如图 4-52(c)所示。可得差模增益为

$$A_{ud} = \frac{u_o}{u_{id}} = \frac{(i_{d2} + i_{d4})(r_{ds2} /\!/ r_{ds4})}{u_{id}} = \frac{g_m(u_{i1} - u_{i2})(r_{ds2} /\!/ r_{ds4})}{u_{id}} = g_m(r_{ds2} /\!/ r_{ds4}) \tag{4-111}$$

CMOS 差动放大电路的特点是:具有实现双端-单端输出的转换功能,且单端输出的增益与双端输出相同。

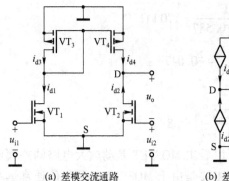
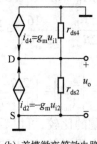
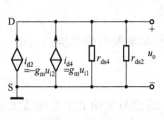

(a) 差模交流通路	(b) 差模微变等效电路	(c) 整理后的微变等效电路

图 4-52　CMOS 差放电路的微变等效电路

思考与练习

4.4-1　填空题

(1) 差动放大器依靠电路的____和____负反馈来抑制零点漂移。　　　　答案:对称性,共模

(2) 在单端输入的长尾型差分放大电路中,若输入信号为 u_i,则差模信号 u_{id} 为____,且存在共模干扰 u_{ic} 为____;在双端输出时,共模输出 u_{od} 为____;单端输出时,共模输出 u_{od} 为____。　　答案:u_i,$\frac{1}{2}u_i$,0,$\frac{R'_L}{2R_e}\cdot\frac{1}{2}u_i$

(3) 在双端输入、单端输出的长尾型差动放大电路中,发射极公共电阻 R_{em} 对____信号的放大作用无影响,对____信号具有抑制作用。　　　　　　　　　　答案:差模、共模

(4) 共模抑制比 K_{CMR} 是_____之比;差分放大器由双端输出改为单端输出时,其共模抑制比将____。

答案:差模放大倍数与共模放大倍数(绝对值),减小

4.4-2　实验电路如图所示,设调零电位器 R_W 滑动端位于中点,若只因为 $R_{e1}<R_{e2}$,则为了使静态时 $U_{AB}=0$,R_W 滑动端应____;若只因为 $R_{b1}<R_{b2}$,则为了使静态时 $U_{AB}=0$,R_W 滑动端应____。若只因为 $U_{BE1}<U_{BE2}$,为了使静态电流 $I_{C1}=I_{C2}$,应将 R_W 滑动端____;若只因为 $\beta_1<\beta_2$,为了使两边单端输出放大倍数 $|A_{u1}|=|A_{u2}|$,应将 R_W 滑动端____。若在线性放大范围内改变该实验电路的元件参数,当 R_e 减小时,则差模输入电阻 R_{id}____,差模输出电阻 R_{od}____,共模输入电阻 R_{ie}____;当 $R_{e1}=R_{e2}=R_e$ 减小时,则 R_{id}____,R_{od}____;当 R_W 减小时,则 R_{id}____,R_{od}____,R_{ie}____;当 $R_{b1}=R_{b2}=R_b$ 减小时,R_{id}____,R_{od}____,R_{ie}____。

答案:左移,右移,右移,左移,不变,不变,减小,不变,减小,减小,不变,减小,减小,不变,减小

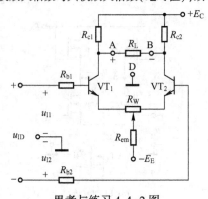

思考与练习 4.4-2 图

4.4-3　选择题

(1) K_{CMR} 越小,表明电路(　　)　　　　　　　　　　　　　　答案:C

A. 放大倍数越不稳定　　　　　　B. 输入信号中差模成分越小

C. 抑制温漂能力越弱　　　　　　D. 交流放大倍数越小

(2) 长尾型差分放大电路中,长尾电阻 R_{em} 的作用是(　　)　　　　答案:D

A. 提高差模电压增益　　　　　　B. 提高共模电压增益

C. 提高输入电阻　　　　　　　　D. 提高共模抑制比

(3) 多级直接耦合放大电路中,对零点漂移影响最大的一级是(　　)　　答案:A

A. 输入级　　　　B. 输出级　　　　C. 中间级　　　　D. 增益最大的一级

（4）差分放大器由双端输入改为单端输入时,其差模电压增益会(　　)　　　　　　答案:C

A. 增加一倍　　　B. 减小一半　　　C. 不变　　　D. 无法确定

（5）单端输出的差分放大器,其差模电压增益 $A_{ud1} = -50$,共模电压增益 $A_{uc1} = 0.5$,若输入电压 $u_{i1} = 100\ \text{mV}, u_{i2} = 80\ \text{mV}$,则输出电压 u_{o2} 为(　　)　　　　　　答案:A

A. 0.955　　　B. -0.955　　　C. -1.045　　　D. 1.045

（6）空载的基本差分放大电路中,两个单边放大器的电压增益为 100,已知差模输入 $u_{id1} = -u_{id2} = 10\ \text{mV}$,则单端输出电压 u_{od2} 为(　　)　　　　　　答案:D

A. 0.5 V　　　B. 2 V　　　C. -1 V　　　D. 1 V

4.5　功率输出级电路

无论是分立元件放大器还是集成放大器,其末级都要接实际负载。一般要求负载上的信号电流和电压较大,即负载要求放大器输出较大的功率,故称之为功率放大器,简称功放。如扬声器就是音频放大器的末级负载。扬声器需要有较大的音频电流流过音圈,才能发出声音。负载需要的信号功率大到上千瓦,小到数十毫瓦,功率差别很大,电路方案也不相同。本节在介绍功率放大器一般特点的基础上,重点分析集成放大器中最常用的互补推挽乙类功率放大器。

4.5.1　功率放大器的特点、指标和分类

1. 功放的特点和指标

（1）功放应该具有向负载输出大的信号功率的能力,即要求负载电阻上的信号电流、电压的幅度较大。**功率放大器的基本任务是向额定的负载 R_L,输出额定的"不失真"信号功率。**

（2）由于负载吸收的功率(即功放的输出功率)都是由直流电源提供的,希望电源提供的直流功率尽可能地转换为负载上的信号功率,而其他各种耗散功率(如管子、电阻以发热的形式消耗的功率)应尽可能的小。为此,定义功率放大器的效率 η 为

$$\eta = \frac{\text{输出信号的平均功率}}{\text{电源提供的平均总功率}} = \frac{P_o}{P_E} \tag{4-112}$$

通常把晶体管耗散功率和电路的损耗功率统称为耗散功率 P_T,根据能量守恒的原则有: $P_E = P_o + P_T$,所以功率放大器的效率也可表示为: $\eta = P_o/(P_o + P_T)$。可见,**效率 η 反映了功放把电源功率转换成输出信号(有用)功率的能力,表示了对电源功率的转换率。**功率放大器的效率低不仅会使电源的无效功耗增加,更严重的是晶体管的管耗加大,使功率放大管容易发热损坏。

（3）在功放中,晶体管处于大信号工作状态,由于晶体管(BJT 或 FET)的非线性特性,产生的非线性失真比小信号放大器要严重得多。常常需要合理选择工作点和采取一些电路措施来减小非线性失真。非线性失真的大小可以用非线性失真系数 D 来衡量。当输入正弦信号时,设输出的基波功率为 P_{o1},输出的各项失真谐波功率分别为 $P_{o2}, P_{o3}, \cdots$,则定义

$$D = \sqrt{\frac{P_{o2} + P_{o3} + \cdots}{P_{o1}}} = \sqrt{\frac{I_{om2}^2 + I_{om3}^2 + \cdots}{I_{om1}^2}} = \sqrt{\frac{U_{om2}^2 + U_{om3}^2 + \cdots}{U_{om1}^2}} \tag{4-113}$$

式中, I_{omj} 和 U_{omj} 是各次谐波在负载上的电流和电压振幅。非线性失真系数常用百分数表示,它是大信号放大器的主要技术指标之一。

（4）功放中的晶体管——功率管往往工作在接近管子的极限参数状态，因此一定要注意功率管的安全使用。就 BJT 而言，不能超过其极限参数 P_{CM}，BU_{CEO} 和 I_{CM}。为此，当晶体管选定后，需要合理选择功放的电源电压，合理选择工作点，甚至对晶体管采取散热措施和其他电路保护措施，以保护功率管，使其安全工作。

（5）由于功放电路工作在大信号状态，实际上已不属于线性电路的范围，所以不能用小信号微变等效电路的分析方法，通常采用图解法对其输出功率、效率等指标做粗略估算。

2. 功率放大器工作状态的分类

（1）甲类（A 类）工作状态

在前面几章介绍的放大器中，晶体管总是工作在放大区，这种放大器称为甲类（A 类）放大器。甲类功放在输入信号的整个周期内晶体管始终工作在线性放大区域。图 4-53 所示为晶体管 BJT 的转移特性曲线，它反映了集电极电流 i_C 与发射结电压 u_{BE} 之间的关系。由图（a）可看出甲类功放的特点：静态工作点 Q 设置在放大区的中部，集电极输出信号电流在正负半周均无失真，即功率管在输入信号的一个周期（信号相位角 360°）内都是导通的。可见甲类功放的导通角 $\theta = 360°$。

关于导通角的定义，在高频电路的教材中将其一半值称为导通角，这样定义是为了用图解法方便地分析丙类功放。

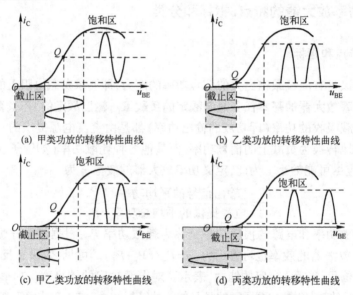

(a) 甲类功放的转移特性曲线　　　　(b) 乙类功放的转移特性曲线

(c) 甲乙类功放的转移特性曲线　　　　(d) 丙类功放的转移特性曲线

图 4-53　各种功率放大器的转移特性曲线

（2）乙类（B 类）工作状态

如果功放的静态工作点设置在截止区边缘，晶体管只在输入信号正半周工作在放大区（导通），在负半周截止，输出信号电流 i_c 为半波脉动波形，晶体管导通角 $\theta = 180°$，这就是晶体管的乙类（B 类）工作状态，如图 4-53(b) 所示。晶体管工作在乙类（B 类）工作状态的功率放大器称为乙类功率放大器。

（3）甲乙类（AB 类）工作状态

甲乙类（AB 类）工作状态如图 4-53(c) 所示。它的静态工作点设置在放大区内，但很接近截止区，晶体管在信号的大半周期间都导通，$180° < \theta < 360°$。

(4) 丙类(C 类) 工作状态

丙类(C 类)工作状态如图 4-53(d)所示。**静态工作点设置在截止区内,晶体管只在信号正半周的一部分时间内导通,输出信号电流波形只有一个尖顶,$\theta<180°$。**

丙类功放只有用具有选频特性的元器件作为负载才能克服非线性失真。它主要用于高频载波信号的放大。丙类功放将在《高频电子电路》或《通信电子电路》课程中分析讨论。

除此之外,还有工作在开关状态下的丁类(D 类)功放,这种功放效率最高。但其工作原理已属脉冲电路的范畴,感兴趣的读者可参阅其他教材或专著。

以上是按晶体管的工作状态对功放分类的。此外,功放也可按负载的性质来分类,如谐振功放、非谐振功放、宽带匹配网络功放等。

功放是信号传输处理过程中的重要电路,内容相当广泛,本节只是在分立元件电路的基础上结合集成电路中的输出级来介绍一点入门的初步知识。

3. 甲类放大器的输出功率

在本节之前我们所学习的放大电路都是属于甲类放大器,但对甲类放大器的输出功率及甲类放大器作为功率放大器的特点却了解的不够,下面首先补充一些这方面的知识,作为进一步学习功率放大器的基础。

图 4-54(a)所示的甲类放大电路中,若设静态工作点 Q 正好设置在直流负载线的中点上,如图(b)所示。

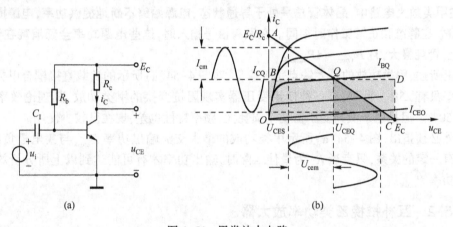

图 4-54 甲类放大电路

根据图 4-54(a)所示的甲类放大电路,由其中电压和电流的关系可估算出以下一些参数。

(1) 电源提供的平均功率 P_E

$$P_E = E_C I_{CQ} \tag{4-114}$$

观察图 4-54(b)可以看出,在 $u_{CE}\text{-}i_C$ 坐标系中,P_E 相当于矩形 $OBDC$ 的面积。

(2) 电路可能的最大交流输出功率 P_{omax}

由于交流输出的平均功率为

$$P_o = 输出电流(有效值)\times输出电压(有效值)$$

所以最大不失真交流输出功率为

$$P_{omax} = \frac{I_{cm}}{\sqrt{2}} \frac{U_{cem}}{\sqrt{2}} = \frac{1}{2} I_{cm} U_{cem} \tag{4-115}$$

其中,最大不失真输出电压的幅度为

$$U_{cem} = E_C/2 - U_{CES} \approx E_C/2 \tag{4-116}$$

式中,U_{CES} 为 BJT 的饱和压降,通常 $U_{CES} \approx 0.2 \sim 0.3$。最大不失真输出电流的幅度为

$$I_{cm} = I_{CQ} - I_{CEO} \approx I_{CQ} \tag{4-117}$$

式中,I_{CEO} 为 BJT 的穿透电流。

把式(4-116)和式(4-117)代入式(4-115)可得

$$P_{omax} \approx E_C I_{CQ}/4 \tag{4-118}$$

可见,在理想情况下(忽略 U_{CES} 和 I_{CEO}),甲类功放的 P_{omax} 为图 4-54(b)中三角形 $QU_{CEQ}C$ 的面积。

(3)甲类功放的最大效率 η

$$\eta_{max} = P_{omax}/P_E = 1/4 = 25\% \tag{4-119}$$

实际上由于 U_{CES} 和 I_{CEO} 等因素的影响,甲类功放的 η 总是小于 25%。

(4)晶体管的最大集电极管耗 P_{Tmax}

由于电路中晶体管的最大集电极功耗:

$$P_{Tmax} = P_E - P_{omin} \tag{4-120}$$

显然,当输入信号 $u_i = 0$ 时,$P_{omin} = 0$,所以有

$$P_{Tmax} = P_E = E_C I_{CQ} \tag{4-121}$$

可见,在甲类放大电路中,晶体管总是处于导通状态,电源始终不断地提供功率,电源提供的平均功率 P_E 在静态和正常工作时相同。在没有信号输入时,这些电源功率全部消耗在管子(和电阻)上,管耗最大,且 $P_{Tmax} = 4P_{omax}$。

综上所述,甲类功放的最大缺点是效率低,对图 4-54(a)所示的负载直接耦合甲类功放的最大效率只有 25%。此外,有一种使用变压器实现阻抗变换的甲类功放,其理论效率最大能够达到 50%。但是由于低频变压器功率损耗大,频率特性也差,现在已较少使用。

另外必须指出,图 4-54(a)所示甲类功放的最大交流输出功率 P_{omax} 与集电极负载 R_c 的大小也有一定的关系,只有当 R_c 为最佳匹配时,输出功率才有可能达到以上所分析的最大交流输出功率 P_{omax}。

4.5.2　互补推挽乙类功率放大器

甲类功放效率低的根本原因是静态工作点 Q 在放大区的中部,工作点 Q 过高,电源提供的功率 P_E 在静态和正常工作时相同。当输入信号为零时,负载和晶体管消耗全部直流功率,晶体管的管耗最大;而当电路最大输出信号时,晶体管的管耗最小,这时的晶体管反而工作最安全。

工作在乙类工作状态的放大电路,由于静态时没有电流,晶体管和负载也都没有静态功耗,有利于提高效率,但存在着严重的失真,使得输入信号的半个波形被削掉了。如果用两个晶体管,使之都工作在乙类放大状态,但一个在正半周工作,另一个在负半周工作,使这两个输出波形都能加到共同负载上,从而在负载上合成一个完整的波形,这样就能解决效率与失真的矛盾。本节将重点介绍的 PNP 和 NPN 互补推挽乙类功放电路正是基于这样的思考。

1. 电路构成及工作原理

在集成放大器中,最常采用的乙类推挽电路是 NPN-PNP 管互补射极输出器(在分立元件

电路中也常称为 OCL 功放(Output Capacitor Less,无输出电容功放)),其电路的基本构成及原理如图 4-55 所示。

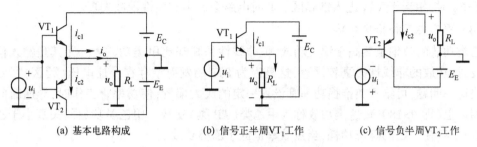

(a) 基本电路构成　　　　　(b) 信号正半周VT₁工作　　　　　(c) 信号负半周VT₂工作

图 4-55　互补推挽乙类功能率放大电路

（1）电路组成

VT₁ 和 VT₂ 分别为 NPN 管和 PNP 管,两管的基极和发射极相互连接在一起,信号从基极输入,从射极输出,R_L 为负载。这个电路可以看成是由图 4-55(b)和(c)两个射极输出器(VT₁ 与 R_L 和 VT₂ 与 R_L)组合而成的。电路采用双电源供电,$E_C = -E_E$,电路对称,$U_{BE1} = -U_{BE2}$,静态时 $u_o = 0$。

（2）工作原理分析

设输入信号 u_i 为正弦波,BJT 发射结正向偏置时导电,反向偏置时截止。那么当信号处于正半周 $u_i > 0$ 时,VT₂ 由于发射结反向偏置而截止,VT₁ 发射结正向偏置而导通,VT₁ 与 R_L 构成射极跟随器,如图 4-55(b)所示,有电流 i_{c1} 通过负载,输出电压 $u_o = i_{c1} R_L \approx u_i$(射极跟随器增益近似为 1);而当输入信号处于负半周 $u_i < 0$ 时,VT₁ 截止,VT₂ 导通,VT₂ 与 R_L 构成射极跟随器,如图 4-55(c)所示,仍然有电流 i_{c2} 通过负载,输出电压 $u_o = -i_{c2} R_L \approx u_i$。这样,图 4-55 所示基本互补对称电路就实现了在静态时管子不取电流,而在输入信号的正负两个半周期内,VT₁ 和 VT₂ 轮流导电、交替工作,组成推挽式电路。由于**两个不同极性的管子互补对方的不足,工作性能对称**,所以这种电路通常称为互补推挽式电路。图 4-56 中画出了理想情况下电路工作电压和电流的波形。

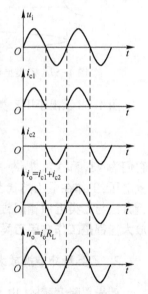

图 4-56　电压和电流的波形

（3）传输特性及交越失真

以上对电路原理的分析中忽略了 BJT 的导通电压 U_{ON} 对电路工作的影响,是一种理想状态下的分析。实际上 BJT 的导通电压 U_{ON} 会影响乙类互补推挽电路的输出波形,使其产生一定程度的交越失真。图 4-57 示出了乙类推挽电路 u_o-u_i 的传输特性曲线。由图可见,存在 3 个传输区:

① 死区(交越区):对硅管来说,当 u_i 在 ±0.5 V 范围内时,BJT 并不导通,VT₁ 和 VT₂ 都截止,i_{c1} 和 i_{c2} 基本为零,负载 R_L 上无电流流过,出现一段死区,输出电压为零,产生非线性的交越失真。

② 跟随区:当 $|u_i|$ > BJT 的导通电压 U_{ON} 后,VT₁ 和 VT₂ 轮流导电、交替工作,组成推挽式电路。传输特性与射随器特性相同,传输系数(斜率)近似为 1,$u_o \approx u_i$;即 $u_i > U_{ON}$ 工作在正向跟随区,$u_i < -U_{ON}$ 工作在负向跟随区,此工作区近似为线性区域。

③ 饱和区：当输入信号 u_i 过大时，VT_1 和 VT_2 会轮流进入饱和区。正向饱和区电压 $u_o = E_C - U_{CES1} \approx E_C$，当 $u_i > E_C$ 时，相当于 VT_1 进入饱和区。负向饱和区电压 $u_o = -E_E + U_{CES2} \approx -E_E$，当 $u_i < -E_E$ 时，相当于 VT_2 进入饱和区。此时电路会产生非线性消波失真。

（4）甲乙类互补推挽电路

乙类功放的效率虽然高于甲类功放，但非线性失真却比甲类功放大。尤其是输入信号较小时，乙类功放的非线性失真较严重，这是因为 BJT 的发射结存在导通电压（死区）所致。为了解决这一问题，可给乙类推挽功率管设置一定的放大偏置，使功率管工作时，导通时间在半个周期以上（即 $\theta > 180°$），这类功放称为甲乙类（AB 类）功放。甲乙类功放的失真小于乙类功放，但由于存在一定的静态功耗，当然效率也低于乙类功放。

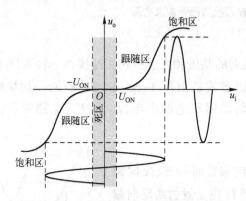

图 4-57　乙类推挽电路的传输特性曲线

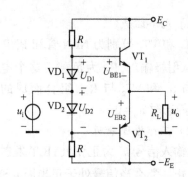

图 4-58　甲乙类功放的原理电路

图 4-58 示出了甲乙类功放的原理电路，由图可以看出，VD_1、VD_2 和 R 构成偏置电路，其中

$$U_{D1} = U_{BE1} = U_{ON1}$$
$$U_{D2} = -U_{BE2} = -U_{ON2}$$

它们为 VT_1 和 VT_2 提供一定量的静态偏置，VT_1 和 VT_2 在 $u_i = 0$ 时，已经有一个初始的放大偏置电压，工作在甲乙类状态，可减小交越失真。但由于静态偏置的电流较小，其工作原理和分析方法与乙类近似相同，这种电路称为甲乙类互补推挽放大器。**实际应用中的乙类互补推挽放大器都是工作在甲乙类状态的。**

2. 乙类互补推挽放大器的图解分析

如果忽略交越区，由于 VT_1 和 VT_2 特性相同，而且互补推挽，为了便于分析，将 VT_2 的特性曲线倒置在 VT_1 的右下方。考虑到 $E_C = -E_E$，静态工作点 Q 应位于横坐标轴上，即

$$i_{C1} = 0, u_{CE1} = E_C; \quad i_{C2} = 0, u_{CE2} = -E_E$$

上式确定的两点应在 $u_{CE} = E_C = E_E$ 处重合，形成 VT_1 和 VT_2 的所谓合成曲线，如图 4-59 所示。这时交流负载线是经过 Q 点、斜率为 $-1/R_L$ 的直线。显然，i_C 的最大允许变化范围为 $2I_{om}$，u_{CE} 的变化范围为 $2U_{om} = 2(E_C - U_{CES}) = 2I_{om}R_L$，如果忽略管子的饱和压降 U_{CES}，则 $U_{om} = I_{om}R_L \approx E_C$。根据以上分析，不难求出工作在乙类的互补对称电路的输出功率、管耗、直流电源供给的功率和效率。

（1）输出功率

输出功率用输出电压有效值 U_o 和输出电流有效值 I_o 的乘积来表示。设输出电压和输出电流的幅值为 U_{om} 和 I_{om}，则

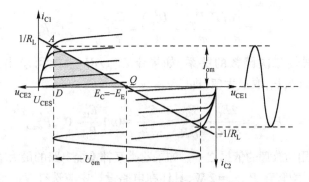

图 4-59　乙类互补推挽放大器的图解分析

$$P_o = I_o U_o(\text{有效值}) = \frac{I_{om}}{\sqrt{2}} \frac{U_{om}}{\sqrt{2}} = \frac{1}{2} I_{om} U_{om} \tag{4-122}$$

那么,由图 4-59 可以看出,最大不失真输出电压为

$$U_{ommax} = E_C - U_{CES} \approx E_C \tag{4-123}$$

最大不失真输出电流为

$$I_{ommax} = U_{ommax}/R_L \approx E_C/R_L \tag{4-124}$$

所以,最大不失真输出功率为

$$P_{omax} = \frac{1}{2} I_{ommax} U_{ommax} = \frac{U_{ommax}^2}{2R_L} \approx \frac{E_C^2}{2R_L} \tag{4-125}$$

由图 4-59 可以看出,式(4-125)中的 I_{om} 和 U_{om} 可以分别用图 4-59 中的 AD 和 DQ 表示,三角形 ΔADQ 的面积为 P_{omax}。ΔADQ 的面积越大,表明输出功率 P_o 也越大。但必须注意,**功率三角形的面积与负载 $\mathbf{R_L}$ 有关,其阻值将会改变负载线的斜率,从而改变功率三角形的面积**。对应于图 4-59 的负载线 AQ,其功率三角形面积最大,非线性失真不明显,这是一种较理想的工作状态,但可惜的是,实际中的负载 R_L 一般是固定的,不能随意改变,因而很难达到这种理想情况。除非采用变压器耦合,将实际负载 R_L 变换成所期望的值,以实现阻抗匹配,达到功率三角形面积最大的要求。

(2) 单管最大平均管耗 P_{T1max}

考虑到 VT_1 和 VT_2 在一个信号周期内各导通约 180°,且通过两管的电流 i_C 和两管的端电压 u_{CE} 在数值上都分别相等(只是在时间上错开了半个周期)。因此,为求出总平均管耗,只需求出单管的平均损耗然后叠加就行了。

对 VT_1 来说,在输入信号的一个周期内,只有正半周导通,其瞬时管压降 $u_{CE1} = E_C - u_o$,瞬时电流 $i_{C1} = u_o/R_L$,所以一个周期的平均功率损耗(管耗)为

$$P_{T1} = \frac{1}{2\pi} \int_0^\pi u_{CE1} i_{C1} \mathrm{d}\omega t \tag{4-126}$$

若设输出电压为 $u_o = U_{om}\sin\omega t$,则有

$$\begin{aligned}
P_{T1} &= \frac{1}{2\pi} \int_0^\pi (E_C - U_{om}\sin\omega t) \frac{U_{om}}{R_L} \sin\omega t \mathrm{d}\omega t \\
&= \frac{1}{2\pi} \int_0^\pi \left(\frac{E_C U_{om}}{R_L} \sin\omega t - \frac{U_{om}^2}{R_L} \sin^2\omega t \right) \mathrm{d}\omega t
\end{aligned} \tag{4-127}$$

$$= \frac{1}{R_L}\left(\frac{E_C U_{om}}{\pi} - \frac{U_{om}^2}{4}\right) = \frac{E_C}{\pi}I_{om} - \frac{1}{4}I_{om}^2 R_L$$

可见 P_{T1} 与 I_{om} 是非线性二次函数的关系，如果令 $\mathrm{d}P_{T1}/\mathrm{d}I_{om} = 0$，可求出当 $I_{om} = 2E_C/\pi R_L$，或 $U_{om} = 2E_C/\pi \approx 0.63E_C$ 时，P_{T1} 取最大值，即

$$P_{T1max} = \frac{2E_C^2}{\pi^2 R_L} - \frac{E_C^2}{\pi^2 R_L} = \frac{E_C^2}{\pi^2 R_L} \approx 0.1\frac{E_C^2}{R_L} = 0.2P_{omax} \tag{4-128}$$

这是在设计电路时选用功放管的依据之一。如果乙类互补推挽电路的最大输出功率 $P_{omax} = 10\ \mathrm{W}$，由式（4-128）最大平均管耗 $P_{T1max} = 2\ \mathrm{W}$，具体在电路设计中应选择 VT$_1$ 和 VT$_2$ 的最大允许管耗 $P_{CM} > P_{T1max} = 2\ \mathrm{W}$，只有这样电路才能安全工作。

另外，两管的总平均管耗为

$$P_T = P_{T1} + P_{T2} = 2P_{T1} \tag{4-129}$$

（3）最大可能管耗

以上结论为传统观点，只适合于一切非直接耦合的功放。也就是说：当信号频率不是超低频时，功率管的发热与最大平均管耗 P_{T1max} 有关。但当信号变化较为缓慢时，特别是对于含有低频的直接耦合功放（或集成功放）来说，应该考虑它的瞬时最大管耗，即最大可能管耗 P_{Cmax}。

由于单管 VT$_1$ 的瞬时功耗为

$$P_C = u_{CE}\, i_C = (E_C - i_C R_L)\, i_C = E_C i_C - i_C^2 R_L \tag{4-130}$$

令 $\mathrm{d}P_C/\mathrm{d}i_C = 0$，可求得当 $i_C = E_C/2R_L$ 时，单管最大可能管耗为

$$P_{Cmax} = E_C^2/2R_L - E_C^2/4R_L = E_C^2/4R_L \tag{4-131}$$

与式（4-125）比较有

$$P_{Cmax} = 0.5P_{omax} \tag{4-132}$$

上式说明：单管最大可能管耗是最大输出功率的二分之一。最大可能管耗发生在负载线中点处（即 $u_{CE} = \pm E_C/2$ 处）。

（4）直流电源供给的最大功率 P_{Emax}

由上分析，流过 VT$_1$ 的集电极电流 i_{C1} 如图 4-60 所示。那么，电源 E_C（或 E_E）供给 VT$_1$（或 VT$_2$）的平均电流应当是 i_{C1} 的平均值。即

$$\bar{I} = \frac{1}{T}\int_0^T i_{C1}(t)\,\mathrm{d}t = \frac{1}{\pi}\frac{U_{om}}{R_L} = \frac{I_{om}}{\pi} \tag{4-133}$$

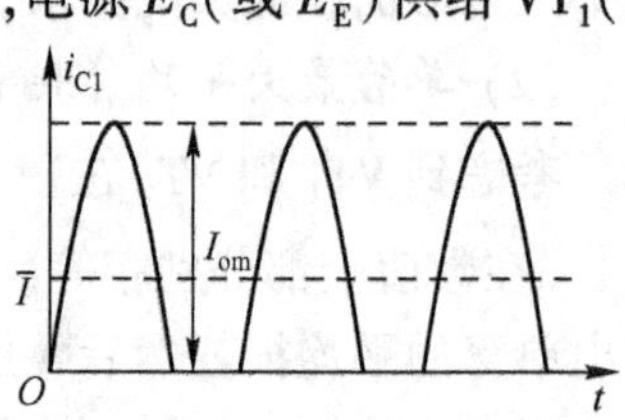

而两个电源供给的总平均电流为 $2\bar{I}$，所以电源供给的最大功率为

$$P_{Emax} = 2\bar{I}_{max}E_C \tag{4-134}$$

图 4-60 i_{C1} 的波形

利用式（4-133）可得

$$\bar{I}_{max} = \frac{1}{\pi}\frac{(U_{om})_{max}}{R_L} \approx \frac{1}{\pi}\frac{E_C}{R_L}$$

$$P_{Emax} \approx 2\frac{E_C^2}{\pi R_L} \tag{4-135}$$

另外，也可由式（4-125）和式（4-128）来估算 P_{Emax}：

$$P_{Emax} \approx P_{omax} + 2P_{T1max} \tag{4-136}$$

（5）**最大效率** η_{max}

由式（4-122）和式（4-133）可得

$$\eta = \frac{P_o}{P_E} = \frac{P_o}{2E_C \overline{I}} = \frac{\pi}{4} \frac{U_{om}}{E_C} \tag{4-137}$$

当 $U_{om} \approx E_C$ 时，则有

$$\eta_{max} = \frac{P_{omax}}{P_{Emax}} \approx \frac{\pi}{4} = 78.5\% \tag{4-138}$$

这个结论是假定互补对称电路工作在乙类，负载电阻为理想（匹配）值，忽略管子的饱和压降 U_{CES} 和输入信号足够大（$U_{im} \approx U_{om} \approx E_C$）情况下得来的，实际效率比这个数值要低些。另外由式（4-138）可以看出，乙类互补推挽功放效率的理论值比甲类功放要大的多。

（6）**功率 BJT 管的选择**

由以上分析可知，若想得到最大输出功率，BJT 的参数必须满足下列条件：

① 每只 BJT 的最大允许管耗 P_{CM} 必须大于 $P_{T1max} = 0.2P_{omax}$。

② 考虑到当 VT_2 接近饱和导通时，$-u_{CE2} \approx 0$，此时 VT_1 的 u_{CE1} 具有最大值，且等于 $2E_C$。因此，应选用 $BU_{CEO} > 2E_C$ 的管子。

③ 通过 BJT 的最大集电极电流为 E_C/R_L，所选 BJT 的 I_{CM} 一般不宜低于此值。

【**例 4-6**】 功放电路如图 4-55(a)所示，设 $E_C = -E_E = 12$ V，$R_L = 8$ Ω，BJT 的极限参数为 $I_{CM} = 2$ A，$BU_{CEO} = 30$ V，$P_{CM} = 5$ W。试求：

（1）最大输出功率 P_{omax} 值，并检验所给 BJT 是否能安全工作？

（2）放大电路在 $\eta = 0.6$ 时的输出功率 P_o。

解：（1）求 P_{omax}，并检验 BJT 的安全工作情况。由式（4-125）可求出

$$P_{omax} = \frac{1}{2} \frac{E_C^2}{R_L} = \frac{(12 \text{ V})^2}{2 \times 8 \text{ Ω}} = 9 \text{ W}$$

通过 BJT 的最大集电极电流为

$$I_{Cm} = \frac{E_C - U_{CES}}{R_L} \approx \frac{E_C}{R_L} = \frac{12 \text{ V}}{8 \text{ Ω}} = 1.5 \text{ A}$$

当其中一个晶体管的工作状态接近饱和区时，另一个晶体管的 C-E 极间可能承受的最大压降为

$$u_{CEm} = 2E_C - U_{CES} \approx 2E_C = 24 \text{ V}$$

$$P_{T1max} \approx 0.2P_{omax} = 0.2 \times 9 \text{ W} = 1.8 \text{ W}$$

由计算结果可以看出，所求 I_{Cm}、u_{CEm} 和 P_{T1max}，均分别小于晶体管极限参数 I_{CM}、BU_{CEO} 和 P_{CM}，故 BJT 能安全工作。

（2）求 $\eta = 0.6$ 时 P_o 的值。由式（4-137）可求出

$$U_{om} = \eta 4 \frac{E_C}{\pi} = \frac{0.6 \times 4 \times 12 \text{ V}}{\pi} = 9.2 \text{ V}$$

将 U_{om} 代入式（4-122）得

$$P_o = \frac{1}{2} \frac{U_{om}^2}{R_L} = \frac{(9.2 \text{ V})^2}{2 \times 8 \text{ Ω}} = 5.3 \text{ W}$$

4.5.3 其他乙类推挽功率放大器

1. 变压器耦合推挽功放

（1）电路结构

图 4-61 所示为变压器耦合的推挽功率放大电路。**VT₁ 和 VT₂ 是同极性、相同特性的功率 BJT 管**。为减小交越失真,由基极偏置电路 R_{b1} 和 R_{b2} 提供偏压,使静态电流 $I_{C1} = I_{C2}$ 稍大于零,VT_1 和 VT_2 工作在甲乙类状态。T_{r1} 为输入变压器,中心抽头,使次级绕组两端电压 $u_{i1} = -u_{i2}$。变压器 T_{r2} 为输出变压器,初级绕组上下两部分匝数(N_1)相同,绕向一致,而 I_{C1} 和 I_{C2} 在初级绕组上下两部分的流向却相反,因而在整个初级绕组的直流磁势 $I_{C1}N_1 - I_{C2}N_1 = 0$,铁心内无磁通,工作时不会产生磁饱和。静态时,$i_L = 0$,无功率输出。

设变压器 T_{r2} 的初级绕组总匝数为 $2N_1$,次级绕组匝数为 N_2,T_{r2} 初级与次级的电压和电流与匝数比有下列关系:

$$u_1/u_L = N_1/N_2 \quad 即 \quad u_1 = \frac{N_1}{N_2} u_L$$

$$i_{C1}/i_L = N_2/N_1 \quad 即 \quad i_{C1} = \frac{N_2}{N_1} i_L$$

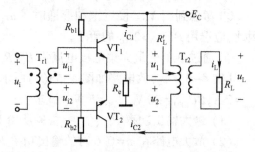

所以有 $\quad u_1/i_{C1} = (N_1/N_2)^2 u_L/i_L$

如果令 $u_1/i_{C1} = R'_L$,$u_L/i_L = R_L$,那么,负载 R_L 折合到初级绕组上半部分的等效电阻为

$$R'_L = \left(\frac{N_1}{N_2}\right)^2 R_L \qquad (4\text{-}139)$$

图 4-61 变压器耦合推挽功率放大电路

可见,T_{r2} 具有阻抗变换的作用。即在 VT_1 和 VT_2 及 R_L 均已给定的前提下,可通过调节 N_1/N_2 来实现最佳负载阻抗 R'_L,得到最大不失真输出功率。

（2）工作原理分析

当 u_i 为正弦信号时,经输入变压器 T_{r1} 使 VT_1 和 VT_2 的基极加上 u_{i1} 和 u_{i2},且 $u_{i1} = -u_{i2}$;若 u_{i1} 驱动 VT_1 工作,则 u_{i2} 使 VT_2 截止;反之亦然。这样 VT_1 和 VT_2 轮流导电,在一个周期的两个半周内,i_{C1} 和 i_{C2} 轮流流过 T_{r2} 初级的上下两半绕组,且 i_{C1} 和 i_{C2} 大小相同,时间上交错半个周期,因此在 T_{r2} 次级感应出一个接近正弦的电流 $i_L = (i_{C1} - i_{C2})N_1/N_2$ 流过 R_L,得 $u_L = i_L R_L$。电压和电流的时间波形如图 4-62 所示,该电路可采用与乙类互补推挽放大器相同的图解分析法计算功率和效率,但要注意图 4-59 中负载线的斜率应为 $1/R'_L$。

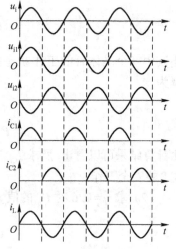

另外,由于变压器耦合推挽功放有一些缺点,如体积大、价格贵、低频响应差,本身有损耗,而且由于漏感和寄生电容的存在,使得经过变压器引入深度负反馈时极易引起自激振荡。在分立元件电路占支配地位的历史时代,变压器耦合乙类推挽功放曾广泛应用。因变压器的诸多缺点,现在这类功放已逐渐退出历史舞台,目前只在一些有特殊要求的场合采用,远不及 BJT 互补推挽功率放大器运用广泛。

图 4-62 变压器耦合推挽功放
电压电流波形

2. 单电源互补推挽功放

双电源互补推挽乙类功率放大器(OCL)具有效率高等优点,但由于采用双电源供电给使用带来一些不便。若想只用单电源供电遇到的仍是老问题:由于两管发射极连接点的静态电压不为零,则负载上有静态电流通过,这不仅降低了效率还可能造成功率管的损坏。为了隔断直流可以利用电容进行耦合。图4-63(a)是只使用一个电源 E_C 的 NPN-PNP 互补推挽功放,简称 OTL 功放(Output Transformer Less,无输出变压器功放)。图中 VT$_1$、R$_1$、R$_2$ 和 R$_c$、R$_e$ 为前置放大器;为减小交越失真,R、VD$_1$、VD$_2$ 为 VT$_2$ 和 VT$_3$ 基极提供偏置,使其工作在甲乙类状态。图中与负载 R$_L$ 串联的大电容 C 具有隔直功能,对交流信号短路。静态时,VT$_2$ 和 VT$_3$ 的发射极节点电压被调整到电源电压的一半,即 $E_C/2$,故 C 也被充电至 $E_C/2$。当输入信号时,由于大电容 C 上的电压维持 $E_C/2$ 几乎不变,可视为恒压源,这使得 VT$_2$ 和 VT$_3$ 的集-射回路的等效电源都是 $E_C/2$,所以图(a)的输出级电路可等效为图(b)。由该图知,OTL 功放的工作原理应该与 OCL 功放的分析方法完全相同。只要把图4-59中 Q 点的横坐标改写为 $E_C/2$,并用 $E_C/2$ 取代 OCL 功放的有关公式,即式(4-125)、式(4-128)及式(4-135)中的 E_C,就可以获得 OTL 功放的各类指标。

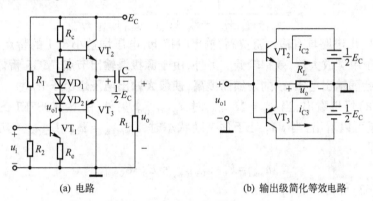

(a) 电路　　　　　　　　　　　　　(b) 输出级简化等效电路

图 4-63　单电源互补推挽功放

OTL 功放电源供电的物理过程是:VT$_3$ 工作时,由电容 C 经 VT$_3$ 和 R$_L$ 放电来形成回路电流 i_{C3},此时电容储能减小;VT$_2$ 导通时由 E_C 供电,同时对电容 C 充电储能,形成回路电流 i_{C2};流过负载 R$_L$ 的电流应该是 i_{C2} 与 i_{C3} 的合成。

4.5.4　MOS 输出级电路

1. MOS 源极输出电路

图4-64(a)所示为 N MOSFET 源极输出电路。其中 VT$_1$ 为共漏极放大管或称源极跟随器,VT$_2$ 漏极与栅极间短路(VT$_2$ 管的衬底和源极间短路 $u_{bs2}=0$),相当于增强型 MOS 有源负载电阻,可等效成 $(1/g_{m2})/\!/r_{ds2}$。利用 MOS 管的交流小信号模型,可以看出,由于 $u_{bs1}=u_{ds1}=-u_o$,于是 VT$_1$ 的受控源 $g_{mb1}u_{bs1}$ 可等效成电阻 $1/g_{mb1}$。由此,源极输出电路的低频小信号微变等效电路如图4-64(b)所示。

小信号电压增益可以表示为

$$A_u=\frac{u_o}{u_i}=\frac{u_o}{u_{gs1}+u_o} \tag{4-140}$$

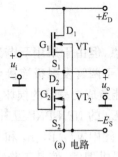
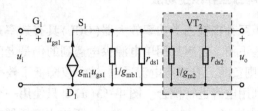

(a) 电路   (b) 低频小信号微变等效电路

图 4-64　N MOSFET 源极输出电路

$$u_o = \frac{g_{m1}u_{gs1}}{g_{mb1}+g_{m2}+g_{ds1}+g_{ds2}} \tag{4-141}$$

注意,上式中 g_{ds1} 和 g_{ds2} 远小于 g_{mb1} 和 g_{m1}、g_{m2}。将式(4-141)代入式(4-140)可得

$$A_u = \frac{g_{m1}}{g_{m1}+g_{mb1}+g_{m2}+g_{ds1}+g_{ds2}} \approx \frac{g_{m1}}{g_{m1}+g_{mb1}+g_{m2}} \tag{4-142}$$

同理,在图 4-64(b)所示的低频小信号微变等效电路中,令 $u_i = 0$,可求出输出电阻为

$$r_o = \frac{1}{g_{m1}+g_{mb1}+g_{m2}+g_{ds1}+g_{ds2}} \approx \frac{1}{g_{m1}+g_{mb1}+g_{m2}} \tag{4-143}$$

MOS 源极输出电路具有输入阻抗高,输出阻抗低,电压增益小于 1 的特点。但 MOS 源极输出电路类似于甲类放大器,效率较低。另外,由于**源极是输出节点,MOS 管体效应引起的阈值电压 $U_{GS(th)}$ 会随输出电压 u_o 的增加而提高,使最大输出电压远小于 E_D。**

由式(2-58)可以看出,当 $u_{GS} = 2U_{GS(th)}$ 时,$i_D = I_{DO}$。另外,由 N MOSFET 的输出特性曲线(见图 2-46)还可以看出,当 VT_1 处于预夹断状态时,$u_{DS(饱和)} = u_{GS}-U_{GS(th)} \approx U_{GS(th)}$,输出电压 u_o 取最大值,即

$$u_{omax} = E_D - u_{DS(饱和)} \approx E_D - U_{GS(th)} \tag{4-144}$$

另外,由式(2-62)可得

$$U_{GS(th)} = U_{GS(tho)} + \gamma(\sqrt{|2\varphi_F - u_{BS}|} - \sqrt{|2\varphi_F|}) \approx U_{GS(tho)} + \gamma\sqrt{u_{SB}}$$

$$= U_{GS(tho)} + \gamma\sqrt{u_{omax} - u_B} \tag{4-145}$$

注意,上式中 u_{BS} 和 u_{SB} 的极性相反,$2\varphi_F \approx 0.7\,V$,$u_S = u_{omax}$,$u_B = -E_S$。将式(4-145)代入式(4-144),求得最大不失真输出电压为

$$u_{omax} \approx E_D + \frac{\gamma^2}{2} - U_{GS(tho)} - \frac{\gamma}{2}\sqrt{\gamma^2 + 4(E_D + E_S - U_{GS(tho)})} \tag{4-146}$$

显然 N MOSFET 源极输出电压正峰值远小于 E_D。

2. CMOS 互补推挽输出级电路

源随器的优点是电路简单,输出阻抗低,失真小;缺点是效率低,且在接负载时正负输出摆幅不对称(正峰值电压远小于 E_D)。在 CMOS 集成电路中,常见的输出级有工作于甲乙类的互补输出级,其效率高,负载能力强,适用于 CMOS 工艺。下面介绍两种 CMOS 互补输出级电路。

(1) 共漏 CMOS 互补输出级

图 4-65(a)所示为共漏 CMOS 互补推挽输出级的原理电路,偏置电压 U_{BIAS} 给 VT_1 和 VT_2 提供栅源偏置,以确定 VT_1 和 VT_2 的静态偏置电流,使 VT_1 和 VT_2 偏置在甲乙类工作状态,以

消除交越失真。共漏 CMOS 互补推挽输出级的工作原理与前面所述的 BJT 甲乙类互补推挽电路相同,这里不再介绍。

图 4-65(b)示出了实用电路,VT₃、VT₄ 是 VT₁ 和 VT₂ 的偏置电路,注意 VT₃、VT₄ 漏极与栅极间短路相当于增强型 MOS 有源电阻,使 VT₁,VT₂ 偏置在甲乙类工作状态。VT₅,VT₆ 组成 CMOS 推动放大级,其中 VT₅ 是 N MOS 共源放大管,而 VT₆ 是 P MOS 管作为 VT₅ 的有源负载。这个电路的优点是电流可以灵活地流出或流入,主要缺点是输出电压幅度 U_{om} 不够大。如前所述,U_{om} 的大小近似决定于正、负电源电压值减去 VT₁ 和 VT₂ 的 $U_{GS(th)}$,如式(4-144)。由于体效应,阈值电压 $U_{GS(th)}$ 会增加,限制了输出电压的幅度,当 $U_{GS(th)}$ 的值较大时 U_{om} 就减小。为了得到尽可能大的 U_{om},可采用图 4-66 所示共源 CMOS 输出级。

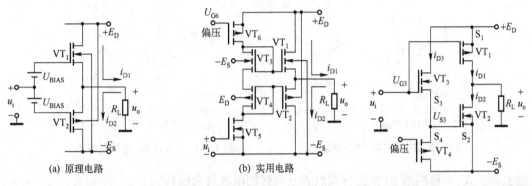

(a) 原理电路　　　　　　　　(b) 实用电路

图 4-65　共漏 CMOS 互补推挽输出级　　　　图 4-66　共源 CMOS 互补输出级

(2) 共源 CMOS 互补输出电路

图 4-66 所示为由 P MOS 的 VT₁ 和 N MOS 的 VT₂ 构成的共源 CMOS 互补输出电路,**VT₁ 和 VT₂ 的源极与衬底均短接**,避免了体效应对电路的影响。VT₃ 为源极跟随器,VT₄ 偏置在恒流区,作为 VT₃ 的有源负载。由图可知,VT₁ 的栅源偏压 U_{GS1} 取决于 U_{G3} 与 E_D 之差,VT₂ 的栅源偏压 U_{GS2} 取决于 U_{S3} 与 $-E_S$ 之差,适当设计 U_{GS1} 和 U_{GS2} 可使 VT₁、VT₂ 的静态电流 I_{D1} 和 I_{D2} 很低,工作在甲乙类状态,降低功耗。

当输入正极性电压时,VT₃ 的 i_{D3} 增加,$u_{S3}=u_{G2}$ 增加,所以 VT₂ 的 i_{D2} 随之增加;同时,由于 $u_{G3}=u_{G1}$,所以 u_{GS1} 减小,导致 VT₁ 的 i_{D1} 减小;流过 R_L 的电流取决于 i_{D2},使得 R_L 上的电压 u_o 向负值方向增加。同理,当输入负极性电压时,VT₁ 的 i_{D1} 增加,同时 i_{D2}、i_{D3} 均减少,直到为零,R_L 上的电压 u_o 向正值方向增加。共源 CMOS 互补输出电路不仅有一定的电压增益,而且可输出较大的负向电压幅度,但其输出电阻较大。

4.5.5　达林顿组态

在集成功放和其他很多模拟 IC 中,常采用将 2 个 BJT 管经达林顿连接方式复合等效为 1 只 BJT。图 4-67~图 4-70 给出了 4 种达林顿组态(也称复合管)的正确连接方式及等效 BJT 与参数。

下面以图 4-67 所示的同型 NPN 达林顿组态为例分析复合管的特性参数,其他各类复合管的特性参数读者自行分析。由图 4-67 可以看出复合管的电流关系

$$i_{c1} = \beta_1 i_{b1} = \beta_1 i_b$$
$$i_{b2} = i_{e1} = (1+\beta_1) i_{b1} \approx i_{c1} \qquad (4-147)$$
$$i_{c2} = \beta_2 i_{b2} = (1+\beta_1)\beta_2 i_{b1}$$

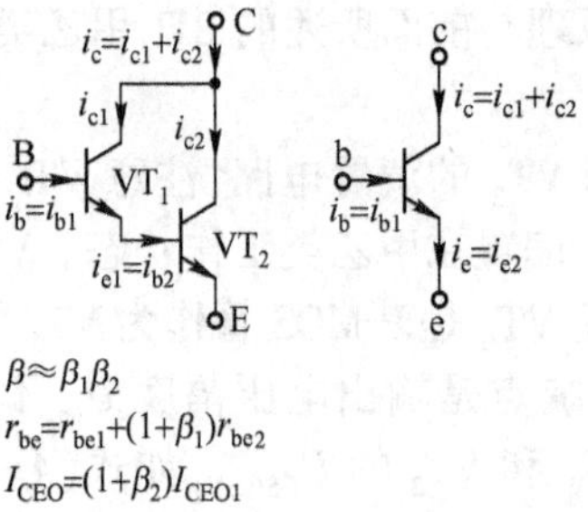

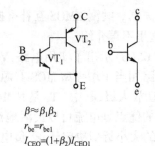

$\beta \approx \beta_1 \beta_2$
$r_{be} = r_{be1} + (1+\beta_1) r_{be2}$
$I_{CEO} = (1+\beta_2) I_{CEO1}$

图 4-67　同型 NPN 达林顿组态

$\beta \approx \beta_1 \beta_2$
$r_{be} = r_{be1}$
$I_{CEO} = (1+\beta_2) I_{CEO1}$

图 4-68　异型 NPN 达林顿组态

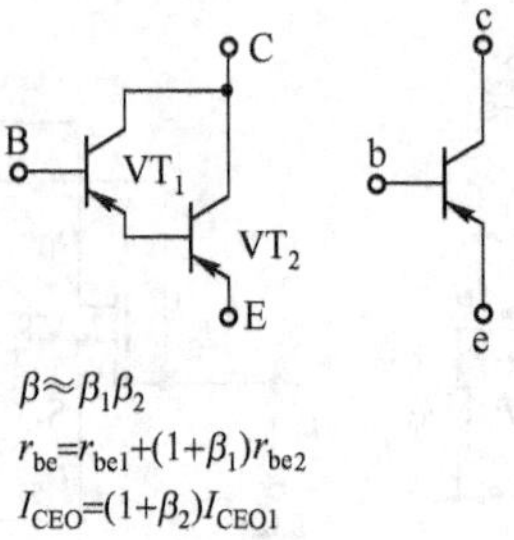

$\beta \approx \beta_1 \beta_2$
$r_{be} = r_{be1} + (1+\beta_1) r_{be2}$
$I_{CEO} = (1+\beta_2) I_{CEO1}$

图 4-69　同型 PNP 达林顿组态

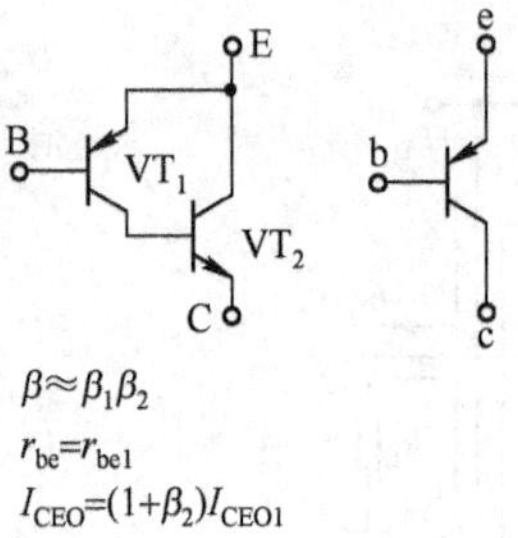

$\beta \approx \beta_1 \beta_2$
$r_{be} = r_{be1}$
$I_{CEO} = (1+\beta_2) I_{CEO1}$

图 4-70　异型 PNP 达林顿组态

整理上面三式,可得同型 NPN 达林顿组态复合管的电流放大倍数

$$\beta = \frac{i_c}{i_b} = \frac{i_{c1}+i_{c2}}{i_{b1}} = \frac{\beta_1 i_{b1} + (1+\beta_1)\beta_2 i_{b1}}{i_{b1}} = \beta_1 + (1+\beta_1)\beta_2 \approx \beta_1\beta_2 \qquad (4\text{-}148)$$

同型 NPN 达林顿组态复合管的穿透电流为

$$I_{CEO} = (1+\beta_2) I_{CEO1} \qquad (4\text{-}149)$$

可以看出,复合管的等效穿透电流 I_{CEO} 也较大,因为 VT_1 的穿透电流 I_{CEO1} 作为 VT_2 的基极输入会被放大。

由图 4-67 可以看出,VT_2 的发射结接在 VT_1 的发射极上,所以同型 NPN 达林顿组态复合管的输入电阻为

$$r_{be} = r_{be1} + (1+\beta_1) r_{be2} \qquad (4\text{-}150)$$

通过以上的分析可以看出,**等效 β 值高是复合管的优点,采用复合管可以获得很高的电流放大倍数。但复合管的等效穿透电流也较大,工作点热稳定性较差**。因而在集成电路中,常在复合管内接分流电阻或分流恒流源来改善其性能,如图 4-71 所示。

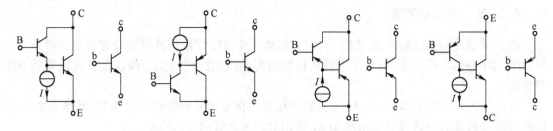

图 4-71　带分流恒流源的四种达林顿组态

应该指出:只有以上画出的 4 种复合方式才是正确的。一般地,正确的复合管应该满足以下几个条件:

① 两管的电流方向必须统一,内部电极相连处不能造成电流流向的冲突。

② 第二只管的发射极必须单独接出,即要求外部电极连接的节点处,外电流必须为两电极电流之和,如图 4-67~图 4-70 所示。

③ 复合管的导电类型由第一只管的导电类型决定。

【例 4-7】 判断图 4-72 所示的复合管连接方式是否正确。

解: 图 4-72 是两种错误的复合管连接方式。图(a)在内部电极相连处会造成电流流向的冲突。图(b)在外部电极连接的节点处,不满足外电流必须为两电极电流之和的条件,即第二只管的发射极不是单独接出的。

图 4-73 是一集成功放的输出级电路。它使用了复合管作为互补推挽输出级,以减小对前级输出电流的要求。图中 VT_1、VT_3 组成 NPN 型复合管,而 VT_4、VT_2 组成 PNP 型复合管。R_{e3} 和 R_3 构成 I_{CEO} 的泄放通路,可以减小当温度升高时复合管穿透电流的过分增大。R_{e1} 和 R_{c2} 是复合管中大功率管 VT_1、VT_2 的负反馈保护电阻。当两管电流过大时,R_{e1} 和 R_{c2} 上的电压增加,会使 VT_1 发射结电压减小,从而抑制电流 i_{c1} 过分增大,同时 VT_4 的分流电流 i_{e4} 增加,抑制电流 i_{c2} 增大,使 VT_1、VT_2 不致过热。R_1、R_2、VT_5 组成偏置电路,为两只复合管提供正偏以消除交越失真。如果流入 VT_5 基极的电流 i_{b5} 远小于流过 R_1、R_2 的电流,则由图 4-73 可求出偏置电压为 $U_{CE5}=\dfrac{U_{BE5}}{R_2}(R_1+R_2)$。推动级由 VT_6 担任,是 CE 有源负载电路。一般将采用复合管的互补功放称为准互补乙类推挽功放电路。

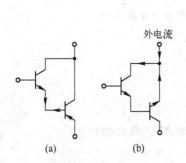

图 4-72　复合管的错误连接方式

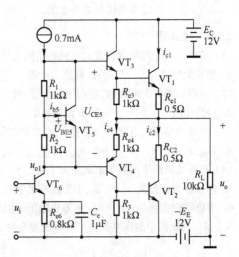

图 4-73　准互补乙类推挽电路

思考与练习

4.5-1　填空题

(1) 甲类功率放大电路中,放大管的导通角 $\theta=$＿＿＿;乙类功率放大电路中,放大管的导通角 $\theta\approx$＿＿＿;由于乙类功率放大电路会产生＿＿＿失真,所以要改进电路。常使放大管工作在＿＿＿类状态。在输出功率增大时,甲类功率放大电路中,放大管的管耗将＿＿＿。　　　　　　　　　　答案:2π,π,交越,甲乙,减小

(2) 与甲类功率放大电路相比,乙类功率放大电路的效率＿＿＿;其效率最大值为＿＿＿;若乙类功率放大电路的最大输出功率为 10W,则其功放管的最大集电极耗散功率 P_{CM} 至少应取＿＿＿W;当功率管的饱和压降 U_{CES} 增大时,P_{Omax} 将＿＿＿,η_{max} 将＿＿＿。　　答案:高,$\pi/4$,2,变小,变小

(3) NPN-PNP 互补对称乙类功放在每管工作时,都是____组态。这种功放电路,对发射结加一定正偏电压的目的是为了克服____。

答案:共集,交越失真

4.5-2 如图所示的功率放大电路处于____类工作状态;其静态损耗为____。其最大输出功率为____;每个晶体管的管耗为最大输出功率的____倍。

答案:乙、0,$\dfrac{E_C^2}{2R_L}$,0.2

4.5-3 在如图所示 OCL 电路中,已知三极管的饱和管压降 U_{CES},输入电压 u_i 为正弦波。负载 R_L 上可能得到的最大输出功率 $P_{om} \approx$ ____;当负载 R_L 上得到最大输出功率时,电路的效率 $\eta \approx$ ____。

答案:$\dfrac{(E_C - U_{CES})^2}{2R_L}$,$\dfrac{\pi}{4} \cdot \dfrac{E_C - U_{CES}}{E_C}$

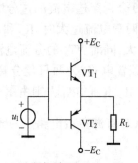

思考与练习 4.5-2 图

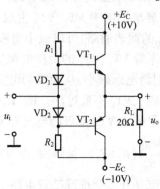

思考与练习 4.5-3 图

4.5-4 选择题

(1) 功率放大电路与电压放大电路的共同之处是( )

答案:C

A. 都放大电压　　　　　B. 都放大电流　　　　　C. 都放大功率

(2) 分析功率放大电路时,应利用功放管的( )

答案:A

A. 特性曲线　　　　　B. h 参数模型　　　　　C. 高频混合 π 模型

(3) 选择功率放大电路的功放管时,应特别注意其参数( )

答案:B

A. I_{CBO},I_{CEO}　　　　　B. I_{CM},$U_{(BR)CEO}$,P_{CM}　　　　　C. f_T,C_{ob}

(4) 互补输出级采用共集形式是为了使( )

答案:C

A. 电压放大倍数大　　　　　B. 不失真输出电压大

C. 带负载能力强　　　　　　D. 使差模输出电阻大

4.5-5 判断图中的哪些接法可以构成复合管,标出它们等效管的类型及管脚。

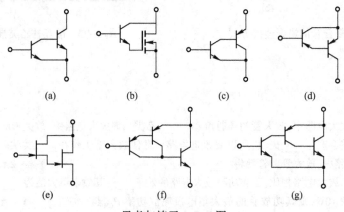

思考与练习 4.5-5 图

答案:(a)、(b)、(d)、(e)不能构成复合管。

(c) 构成 NPN 型管,上端为集电极,中端为基极,下端为发射极。

(f) 构成 PNP 型管,上端为发射极,中端为基极,下端为集电极。

(g) 构成 NPN 型管,上端为集电极,中端为基极,下端为发射极。

4.5-6　电路如图所示,回答:

(1) 这是一个几级放大电路? 每一级各是什么基本放大电路?

(2) R_5、R_6 及 VT_3 所组成电路的作用是什么?

(3) u_o 与 u_i 的相位关系是什么?

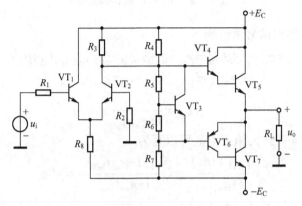

思考与练习 4.5-6 图

答案:(1) 这是两级放大电路,第一级为单端输入、单端输出的差分放大电路,第二级为 OCL 电路。
(2) 消除交越失真。(3) 同相。

4.6　BiCMOS 电路

迄今为止,已经学习了两类基本的放大器,即 BJT 技术和 MOS 技术。前者采用了 NPN 和 PNP 双极型晶体管;后者采用了 N MOS 和 P MOS 场效应晶体管。已经证明了双极型晶体管的跨导大于偏置在同等电流水平下的 MOSFET 的跨导,因而双极型放大器通常具有较大的电压增益。同时也证明了 MOSFET 电路在低频时具有无穷大的输入阻抗,这意味着栅极输入的偏置电流为零。

将双极型和 MOS 晶体管组合在同一个集成电路中可以同时利用上述两种设计技术的优点,这项技术称为 BiCMOS 技术。BiCMOS 技术在数字电路设计中特别有用,并且也可以用于模拟电路中。本节将讨论基本 BiCMOS 模拟电路的结构,阐述 BiCMOS 电路的特性并分析各种 BiCMOS 电路。

1. BiCMOS 复合晶体管

前面学习过双极型复合晶体管(达林顿组态)的电路结构。图 4-74(a)所示为改进的复合晶体管结构,其中偏置电流为 I,用来控制 VT_1 中的静态电流。用这种复合晶体管可以有效地增加双极型晶体管的电流增益。而在 FET 电路中却不存在类似的结构。

图 4-74(b)所示为 BiCMOS 电路。与图(a)比较,复合晶体管中的 VT_1 被 MOS 管取代。这种结构的优点在于具有无限大的输入电阻,并具有来自于 VT_2 较大的跨导。

为了分析该电路,首先来考虑图 4-74(c)所示的微变等效电路。假设两个晶体管的输出

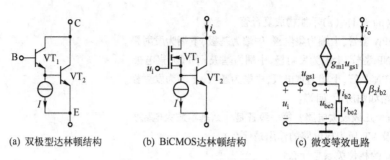

(a) 双极型达林顿结构　　(b) BiCMOS达林顿结构　　(c) 微变等效电路

图 4-74　BiCMOS 达林顿组态

电阻 $r_{ce} = \infty$，$r_{ds} = \infty$。输出信号电流为

$$i_o = g_{m1}u_{gs1} + \beta_2 i_{b2} = g_{m1}u_{gs1} + \beta_2 g_{m1}u_{gs1} = g_{m1}u_{gs1}(1+\beta_2) \tag{4-151}$$

可以看出　　　　　　　$u_i = u_{gs1} + u_{be2}$　　和　　$u_{be2} = g_{m1}u_{gs1}r_{be2}$

整理上面两式,可得　　　　　　　　　$u_{gs1} = \dfrac{u_i}{1 + g_{m1}r_{be2}} \tag{4-152}$

把式(4-152)代入式(4-151),输出电流可以写为

$$i_o = \frac{g_{m1}(1+\beta_2)}{1+g_{m1}r_{be2}}u_i = \frac{g_{m1}(1+g_{m2}r_{be2})}{1+g_{m1}r_{be2}}u_i = g'_m u_i \tag{4-153}$$

式中,g'_m 为复合跨导,$g'_m = \dfrac{g_{m1}(1+g_{m2}r_{be2})}{1+g_{m1}r_{be2}}$,双极型晶体管的 $\beta_2 \approx g_{m2}r_{be2}$。

通常双极型晶体管的跨导 g_{m2} 比 MOSFET 的 g_{m1} 至少大一个数量级,所以复合跨导 g'_m 大约也要比单独 MOSFET 的跨导大一个数量级。这时电路同时具有了较大的跨导和无穷大的输入电阻这两个优点。

2. BiCMOS 恒流源

前面讨论恒流源时曾提到高输出阻抗串接镜像恒流源能增加输出电阻,提高偏置电流的稳定性。图 4-75(a)所示为高输出阻抗串接镜像恒流源电路,其中输出电阻为 $r_o \approx \beta r_{ce2}$。该电路中的偏置电流相对于输出电压的变化远比基本镜像恒流源的稳定。

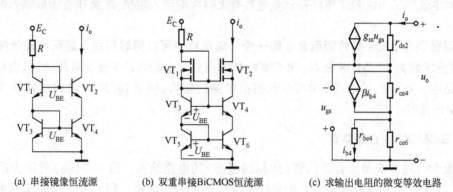

(a) 串接镜像恒流源　　(b) 双重串接BiCMOS恒流源　　(c) 求输出电阻的微变等效电路

图 4-75　双重串接 BiCMOS 恒流源

图 4-75(b)所示为双重串接 BiCMOS 恒流源电路。而图 4-75(c)示出了用来求解其输出电阻的微变等效电路。由于 VT_2 的栅极电压及 VT_4 和 VT_6 的基极电压基本恒定,所以在画微变等效电路时都可以等效为交流接地端。利用图 4-75(c)所示微变等效电路,可以求得输出

电阻为

$$r_o = u_o/i_o \approx (g_m r_{ds2})\beta r_{ce4} \qquad (4\text{-}154)$$

输出电阻增大了 $g_m r_{ds2}$ 倍。可见 BiCMOS 电路与双极型电路相比提高了输出电阻。

3. BiCMOS 差动放大器

图 4-76 所示为带恒流源偏置和双极型有源负载的基本 BiCMOS 差动放大器电路。同样,该电路的主要优点也在于具有无穷大的输入电阻和零输入偏置电流。MOSFET 输入级与双极型输入级电路相比,其缺点是具有相对较高的失调电压。该电路的分析读者可自行完成。

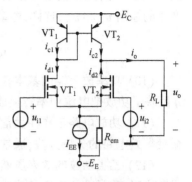

图 4-76 有源负载 BiCMOS
差动放大器电路

本 章 小 结

(1) 在模拟集成电路中,为了稳定放大电路的工作点,多采用恒流源电路来实现偏置,用恒流源代替电阻偏置电路,使放大电路的工作点不随温度、负载及电源的变化而变化。本章介绍了双极型和 MOS 的恒流源偏置电路。

(2) 电流源内阻 r_o 的大小反映了端口电流是否恒定的程度,r_o 越大端口电流越恒定,受负载变化的影响越小,带负载能力越强。因此,输出电阻是电流源电路的一个重要参数,它决定了偏置电流的稳定性。更为完善的电流源电路,如 BJT 结构中的串接镜像恒流源和威尔逊电路,以及 MOS 结构中的威尔逊和共源-共栅电路,这些电路具有较大的输出阻抗,从而增加了偏置电流的稳定性。

(3) 在双极型和 MOS 的多晶体管输出电流源电路中,可以用一个基准电流来偏置多级放大器。这样可以减少整个 IC 中用于偏置放大级的电路元件。

(4) 本章分析了双极型和 MOSFET 有源负载电路。有源负载基本是用恒流源电路取代分立的集电极电阻和漏极电阻。与分立电阻电路相比,有源负载电路能产生非常大的小信号电压增益。

(5) 差动放大器(BJT 或 FET)是一种平衡对称电路,特别适于在集成电路中使用。在模拟集成电路中,差动放大电路是使用最广泛的单元电路。理想的差动放大器仅放大两个输入信号之间的差值,即理想对称时,双端输出的共模电压增益等于零。电路的对称性是抑制共模信号的重要的条件,另外 R_{em} 的共模负反馈作用也对抑制共模信号做出了重要的贡献。

(6) 差模输入电压定义为两个输入信号电压的差值,而共模信号定义为两个输入信号电压的平均值。

(7) 在双端输出时,单端输入与差模输入(浮地双端输入)所产生的输出电压和电压增益都是相同的。在单端输出时,当共模抑制比较高时,单端输入与差模输入(浮地双端输入)所产生的输出几乎也相同。总之,双端差模输入的动态分析结果完全适用于单端输入的工作状态。

(8) 差动放大器单端输出的差模电压增益只有双端输出时的一半。通常用有源负载来设计差动放大器,以提高差模电压增益。有源负载具有实现双端-单端输出的转换功能,且单端输出的增益与双端输出相同。

(9) 当差动放大器工作在线性状态,且输入端口存在两个任模信号 u_{i1} 和 u_{i2} 时,可将其按式(4-52)分解成差模信号分量 u_{id} 和共模分量 u_{ic}，运用线性电路的叠加原理，分别求 u_{id} 和 u_{ic} 产生的输出 u_{od} 和 u_{oc}，这样，差动放大器总的输出为

$$u_o = u_{od} + u_{oc} = A_{ud}u_{id} + A_{uc}u_{ic} = A_{ud}\left(u_{id} + \frac{u_{ic}}{\pm K_{CMR}}\right)$$

（10）功率放大器的基本任务是向额定的负载 R_L 输出额定的"不失真"信号功率。效率 η 反映了功放把电源功率转换成输出信号(有用)功率的能力，表示了对电源功率的转换率。

（11）功放电路工作在大信号状态，实际上已不属于线性电路的范围，所以不能用小信号微变等效电路的分析方法，通常采用图解法对其输出功率、效率等指标做粗略估算。

（12）乙类功放的效率虽然高于甲类功放，但非线性失真却比甲类功放大。尤其是输入信号较小时，乙类功放产生的非线性交越失真较严重，实际应用中的乙类互补推挽放大器都是工作在甲乙类状态的。

（13）设计 BiCMOS 电路可以在同一个电路中同时利用 BJT 和 MOSFET 的最佳参数和特性。

思考题与习题 4

4.1 填空题

（1）在半导体集成电路中，（   ）元件占芯片面积最小，（   ）和（   ）元件的值越大，占芯片面积越大，而（   ）元件无法集成。

（2）集成放大器的偏置电路往往采用（   ）电路。而集成放大器的负载常采用（   ）负载，其目的是为了（   ）。

（3）IC 中的恒压源和恒流源电路属于非线性电阻性单口器件。前者有很小的（   ）电阻，后者的（   ）电阻很大。

（4）图 4-35 所示 CE 基本差动放大器的差模输入电压 u_{id} 的线性范围约为（   ）mV。

（5）在图 4-35 中，当 u_{id} 大于（   ）mV 时，输出出现明显限幅。

（6）差动放大器依靠电路的（   ）和（   ）负反馈来抑制零点漂移。

（7）一般情况下，单端输入的差动放大器，其输出电压与同一差模信号输入时的输出电压几乎相同，其原因是（   ）。

（8）采用恒流源偏置的差动放大器可以明显提高（   ）。

（9）NPN-PNP 互补对称乙类功放在每管工作时，都是（   ）组态。这种功放电路，对发射结加一定正偏电压的目的是为了克服（   ）。

（10）图题 4.24（a）所示复合管等效为一只（   ）管（标出各电极）。其等效 β =（   ），等效 r_{be} =（   ）。

（11）使用 P_{CM} = 1 W 的 BJT 作为甲类功放时，只能输出（   ）W 功率；而用两只 P_{CM} = 1 W 的 NPN 和 PNP 管组成乙类功放，却能输出（   ）W 功率。

（12）对于 OCL 或 OTL 电路，当负载电阻减小时，最大输出功率（   ）。

（13）当功率管的饱和压降 U_{CES} 增大时，各指标的变化为 P_{omax}（   ），η_{max}（   ），P_{Emax}（   ）和 P_{T1max}（   ）。

4.2 由对管 VT_1 和 VT_2 组成的镜像恒流源如图题 4.2 所示。设 $U_{BE1} = U_{BE2} = 0.6$ V，$\beta_1 = \beta_2 \gg 1$。

（1）若要求 $I_{C2} = 28$ μA，电阻 R 应为多大？

（2）仍要求 $I_{C2} = 28$ μA，但取 $R = 20$ kΩ，试用微电流恒流源实现。画出电路图，求未知电阻。

4.3 电路如图题 4.3 所示。已知 VT_1 和 VT_2 特性相同，$\beta_1 = \beta_2 = 150$，U_{BE} 均为 0.6 V；$R = 15$ kΩ，$C = 100$ μF，$E_C = 12$ V。开关 S 原闭合，然后在 $t = 0$ 时刻打开。试求：（1）VT_2 集电极电流 I_{C2}；（2）$t = 1.2$ s 时 u_o 的值。

4.4 多路输出电流源电路如图题 4.4 所示。其中 $R = 4.3$ kΩ，$E_C = 5$ V；各晶体管的 β 值相等，且足够大；VT 的 $U_{BE} = 0.7$ V，$I_{O1} = 10$ μA，$I_{O2} = 100$ μA，$U_T = 26$ mV。试求 R_{e1} 和 R_{e2} 的值。

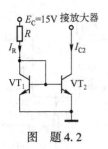

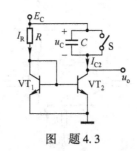

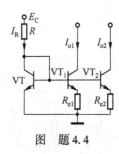

图 题 4.2　　　　　　　　　图 题 4.3　　　　　　　　　图 题 4.4

4.5　图题 4.5 所示电路中,NMOS 晶体管的参数 $U_{GS(th)n}=+1.2$ V,$\frac{1}{2}\mu_n C_{ox}=40$ μA/V^2,$\lambda_n=0$;PMOS 晶体管的参数为 $U_{GS(th)p}=-1.2$ V,$\frac{1}{2}\mu_p C_{ox}=18$ μA/V^2,$\lambda_p=0$。宽长比 W/L 已在图中给出。对于 $R=200$ kΩ,试求 I_{REF}、I_1、I_2、I_3 和 I_4。

4.6　图题 4.6 所示的电路中,NMOS 晶体管的参数为 $U_{GS(th)n}=0.4$ V,$\mu_n C_{ox}=100$ μA/V^2,$\lambda_n=0$; PMOS 晶体管的参数为 $U_{GS(th)p}=-0.6$ V,$\mu_p C_{ox}=40$ μA/V^2,$\lambda_p=0$。晶体管宽长比为 $(W/L)_1=15$,$(W/L)_2=(W/L)_3=9$,$(W/L)_4=20$。假设 $I_{REF}=200$ μA。试求 I_{D2},I_o。

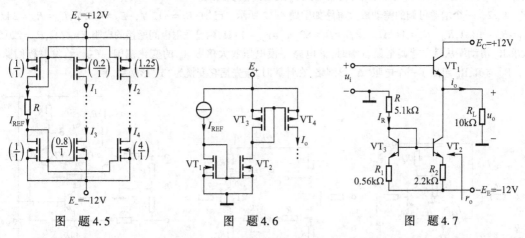

图 题 4.5　　　　　　　　　图 题 4.6　　　　　　　　　图 题 4.7

4.7　图题 4.7 是以三极管比例恒流源作为有源负载的射极跟随器电路(基极偏置电路未画出)。若各三极管的 $\beta=80$,$r_{bb'}=300$ Ω,$U_{BEQ}=0.6$ V,求 R_i、A_u 和 R_o。

4.8　图题 4.8 所示为带有源负载的 N MOS 放大器,晶体管参数为 $\lambda_n=\lambda_p=0.01$ V^{-1},$U_{GS(th)n}=1$ V,$\beta_n=\beta_p=2$ mA/V^2。假设 VT$_1$ 和 VT$_2$ 匹配,且 $I_{REF}=0.5$ mA。试计算当 $R_L=\infty$ 和 100 kΩ 时的小信号电压增益。

4.9　差动放大器如图题 4.9 所示,假设电路完全对称,电路参数为 $E_C=E_E=12$ V,$R_b=20$ kΩ,$R_c=R_L=R_{em}=10$ kΩ,管子参数 $\beta=50$,$r_{bb'}=300$ Ω,$U_{BEQ}=0.6$ V。求:

(1) 电路静态时的 I_{BQ1},I_{CQ1},U_{CEQ1};

(2) 双端输出差模电压放大倍数 A_{ud};

(3) 双端输出共模电压放大倍数 A_{uc} 及共模抑制比 K_{CMR};

(4) 差模输入电阻 R_i;

(5) 输出电阻 R_o。

4.10　图题 4.10 所示差动放大器的晶体管参数为 $\beta_{n1}=\beta_{n2}=0.1$ mA/V^2,$\lambda_1=\lambda_2=0.02$ V^{-1},$U_{GS(th)1}=U_{GS(th)2}=1$ V。试求:

(1) 静态($u_{i1}=u_{i2}=0$)工作点的 I_{SS}、I_{DQ1}、I_{DQ2} 和 U_{DQ2};

(2) 应用小信号等效电路求解差模电压增益 $A_{uds}=u_{o2}/u_{id}$、共模电压增益 $A_{ucs}=u_{o2}/u_{ic}$,以及 K_{CMR}(dB)。

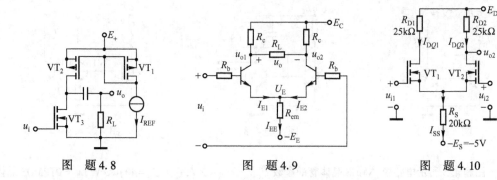

图 题 4.8　　　　　　图 题 4.9　　　　　　图 题 4.10

4.11　电路如图题 4.11 所示。已知 $R_c = R_L = 10\ \text{k}\Omega$，$R_{em} = 5.1\ \text{k}\Omega$，$R_b = 2\ \text{k}\Omega$，$+E_C = +24\text{V}$，$-E_E = -12\ \text{V}$。设 VT_1 和 VT_2 的 β 值相等均为 60，r_{be} 均为 1 kΩ。

(1) 试求差模电压放大倍数 A_{ud}、差模输入电阻 R_{id} 和输出电阻 R_o，并说明 u_o 与 u_i 的相位关系；

(2) 求该电路的 K_{CMR}；

(3) 若断开右端 R_b 的接"地"端，并在该端与"地"之间输入一个交流电压 $u_{i2} = 508\sqrt{2}\sin\omega t$ mV；并令原输入 $u_i = u_{i1} = 500\sqrt{2}\sin\omega t$ mV。试求此时输出电压 u_o 的瞬时值表达式。

4.12　一个增益可调的差动放大电路如图题 4.12 所示。已知 $+E_C = +12\ \text{V}$，$-E_E = -12\ \text{V}$，$R_{c1} = R_{c2} = 2\ \text{k}\Omega$，$R_{b1} = R_{b2} = 1\ \text{k}\Omega$，$R_{e1} = R_{e2} = 11\ \text{k}\Omega$。设 $\beta_1 = \beta_2 = 80$，$r_{be1} = r_{be2} = 1\ \text{k}\Omega$，两管发射极间所接的电阻 $R = 47\ \Omega$，$R_w = 220\ \Omega$。试求 R_w 滑动端从最左端调至最右端时，该电路差模电压放大倍数 A_{ud} 的变化范围。（提示：发射极回路的 R_{e1}、R_{e2} 与 R、R_w 组成了一个电阻"Δ"形网络，在计算时，应先把它变换为"Y"形网络。）

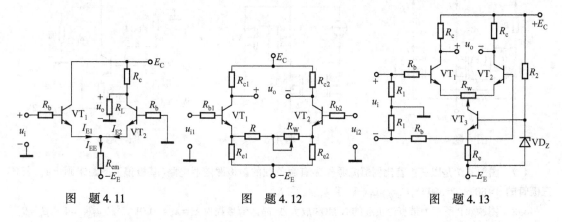

图 题 4.11　　　　　　图 题 4.12　　　　　　图 题 4.13

4.13　电路如图题 4.13 所示。已知 $+E_C = +12\ \text{V}$，$-E_E = -12\ \text{V}$，$R_c = 100\ \text{k}\Omega$，$R_b = 10\ \text{k}\Omega$，$R_e = 36\ \text{k}\Omega$，$R_1 = 100\ \Omega$，$R_2 = 3\ \text{k}\Omega$，$R_w = 200\ \Omega$，其滑动端调在中点，稳压管的稳定电压为 8 V，各晶体管的 β 值均为 50，取 U_{BE} 为 0.7 V，$r_{bb'} = 300\ \Omega$。试求：

(1) 各晶体管的静态工作点；

(2) 差模电压放大倍数 A_{ud} 和差模输入电阻 R_{id}（不计 R_1 的影响）。

4.14　在图题 4.14 所示电路中，对管 VT_1、VT_2 的 $\beta = 100$，$r_{bb'} = 0$；对管 VT_3、VT_4 的 $U_{BE} = 0.7\ \text{V}$，$\beta = 100$，$r_{ce} = 100\ \text{k}\Omega$；$E_C = 15\ \text{V}$，$-E_E = -15\ \text{V}$；$R_b = 1\ \text{k}\Omega$，$R_c = 20\ \text{k}\Omega$，$R = 47\ \text{k}\Omega$。试求差模增益 $A_{uds} = \dfrac{u_o}{u_{i1} - u_{i2}}$ 和共模抑制比 K_{CMRS}。

4.15　已知图题 4.15 所示的 MOS 源耦对差动放大电路中，晶体管参数为 $\beta_{n1} = \beta_{n1} = 0.2\ \text{mA/V}^2$，$\beta_{n3} = \beta_{n4} = 0.6\ \text{mA/V}^2$，$\lambda_1 = \lambda_2 = 0$，$\lambda_3 = \lambda_4 = 0.02\ \text{V}^{-1}$，所有晶体管的 $U_{GS(th)} = 1\ \text{V}$。试求放大电路的静态工作点及单端输出的差模电压增益 $A_{uds} = u_{o2}/u_{id}$，共模电压增益 $A_{ucs} = u_{o2}/u_{ic}$，以及 K_{CMRS}。

4.16 图题 4.16 所示差放电路中，PMOS 晶体管参数为 $\beta_p = 0.16\ \mathrm{mA/V^2}$，$\lambda_p = 0.02\ \mathrm{V^{-1}}$，$U_{\mathrm{GS(th)p}} = -2\ \mathrm{V}$；NMOS 晶体管参数为 $\beta_n = 0.16\ \mathrm{mA/V^2}$，$\lambda_p = 0.015\ \mathrm{V^{-1}}$，$U_{\mathrm{GS(th)p}} = +2\ \mathrm{V}$。

(1) 试求开路差模电压增益。

(2) 将此值和 $R_D = 0$ 时所得的增益值相比较。

(3) 试求在 (1) 和 (2) 情况下差放的输出电阻。

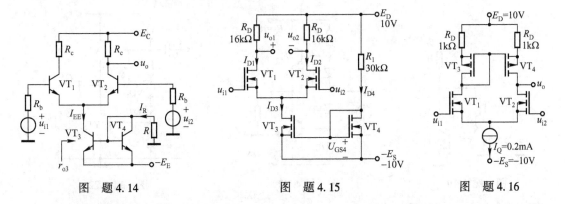

图 题 4.14　　　　　图 题 4.15　　　　　图 题 4.16

4.17 图题 4.17(a) 和 (b) 所示为集电极调零和发射极调零的差动放大电路。设 $\beta_1 = \beta_2 = 60$，$r_{\mathrm{be1}} = r_{\mathrm{be2}} = 1\ \mathrm{k\Omega}$，$R_w = 2\ \mathrm{k\Omega}$，其滑动端调在 $R_w/2$ 处，$R_{c1} = R_{c2} = 10\ \mathrm{k\Omega}$，$R_e = 5.1\ \mathrm{k\Omega}$，$R_{b1} = R_{b2} = 2\ \mathrm{k\Omega}$，$+E_C = +12\ \mathrm{V}$，$-E_E = -12\ \mathrm{V}$。试比较这两种差动放大电路的 A_{ud}、R_{id} 和 R_o。

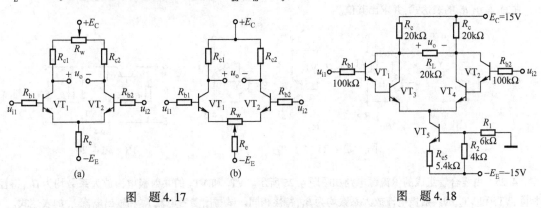

(a)　　　　　　　(b)

图 题 4.17　　　　　　　　　图 题 4.18

4.18 图题 4.18 所示为具有电流源的差动放大电路。若所有三极管的 $\beta = 50$，$U_{BE} = 0.6\ \mathrm{V}$，$r_{ce5} = 200\ \mathrm{k\Omega}$，其他参数如图中所示。求：

(1) 差模输入电阻 R_{id} 和输出电阻 R_o，差模电压增益 A_{ud}；

(2) 共模输入电阻 R_{ic} 和共模抑制比 K_{CMR}。

4.19 电路如图题 4.19 所示。已知 VT_1 的 $I_{\mathrm{CBO1}} = 1.2\ \mu\mathrm{A}$，$\beta_1 = 60$，$U_{\mathrm{BE1}} = 0.7\ \mathrm{V}$；$VT_2$ 的 $I_{\mathrm{CBO2}} = 15\ \mu\mathrm{A}$，$\beta_2 = 40$，$U_{\mathrm{BE2}} = 0.7\ \mathrm{V}$；$R = 1\ \mathrm{k\Omega}$，$E_C = 12\ \mathrm{V}$。试求：

(1) 开关 S_1、S_2 均置于位置"1"时的 I_C；

(2) 开关 S_1、S_2 均置于位置"2"时的 I_C。

4.20 图题 4.20 所示 OCL 电路的负载 $R_L = 8\ \Omega$，估算在下面两种条件下的 P_{Omax}、$\eta_{\max}$ 和单管管耗 P_{T1max}。

(1) VT_1、VT_2 的饱和压降 U_{CES} 不计；(2) VT_1、VT_2 的 $U_{\mathrm{CES}} \approx 1\ \mathrm{V}$。

4.21 OCL 功放负载 $R_L = 16\ \Omega$。U_{CES} 忽略不计，若要求输出 8 W 的功率，试确定对功率管 VT_1 和 VT_2 极限参数 P_{CM}、BU_{CEO} 和 I_{CM} 的要求。

4.22 OTL 功放如图题 4.22 所示。图中 $E_C = 20\ \mathrm{V}$，$R_L = 8\ \Omega$，VT_1 和 VT_2 的 $U_{\mathrm{CES}} \approx 1\ \mathrm{V}$。

(1) 静态时,C_3 上电压应为多少?调哪个电阻容易满足此要求?

(2) 工作时出现交越失真,调哪个电阻容易消除失真?如何调整?

(3) 计算该电路最大不失真输出功率和效率。

4.23 指出图题4.23所示各种接法,哪些可以作为复合管使用?等效的管型是 NPN 型还是 PNP 型?指出①、②、③三个引脚各是等效晶体管的什么电极。

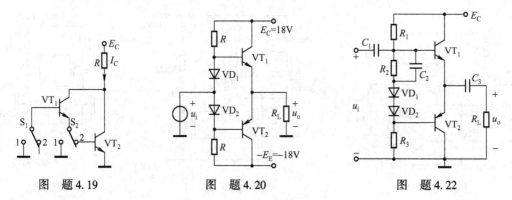

图 题 4.19   图 题 4.20   图 题 4.22

4.24 一个用复合管组成的放大电路的交流通路如图题4.24所示。已知 $R_c = 2\ \text{k}\Omega$,$R_e = 3\ \text{k}\Omega$,$\beta_1 = \beta_2 = 50$,$r_{be1} = 12\ \text{k}\Omega$,$r_{be2} = 0.7\ \text{k}\Omega$。

(1) 写出 A_u 的表达式,并求出其值;

(2) 写出 R_i 的表达式,并求出其值。

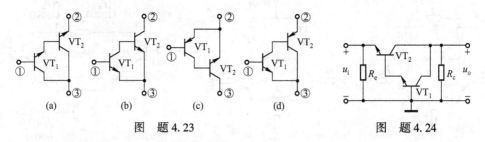

(a)   (b)   (c)   (d)

图 题 4.23   图 题 4.24

4.25 由复合管组成的恒流源电路如图题4.25所示。VT_1 和 VT_2 的共射极电流放大系数均为 β_1,特性相同;VT_3 和 VT_4 的共射极电流放大系数均为 β_3,特性相同。试写出参考电流 I_R 和输出电流 I_O 的表达式。

4.26 图题4.26所示的 BiCMOS 电路可以等效成一个输入电阻为无穷大的 PNP 双极型晶体管。图中偏置电流为 $I_Q = 900\ \mu\text{A}$。晶体管的参数为:对于 VT_1 有 $\beta_p = 2\ \text{mA/V}^2$,$U_{GS(th)p} = -1\ \text{V}$,$\lambda = 0$;对于 VT_2 有 $\beta = 100$,$U_{BE} = 0.7\ \text{V}$,$U_A = \infty$。

(1) 画出小信号等效电路。

(2) 求解每个晶体管的小信号参数。

(3) 试求小信号电压增益 $A_u = u_o/u_i$。

4.27 电路如图题4.27所示,已知 $\beta = 100$,$|U_{BE}| = 0.7\ \text{V}$。

(1) 指出各恒流源类型;

(2) 若要获得 1 mA 或 40 μA 电流,可选用以上哪种类型恒流源?试确定电路参数 R。

4.28 多级放大电路如图题4.28所示,设备三极管的 β 和 r_{be} 已知,且 $\beta_1 = \beta_2 = \beta$,$r_{be1} = r_{be2} = r_{be}$。

(1) 该放大器分几级?各级组态如何?

(2) 写出总电压增益 A_u 的表达式;

(3) 写出输出电阻 R_o 和输入电阻 R_i 的表达式。

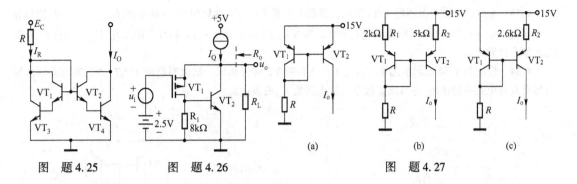

图 题 4.25　　　　　图 题 4.26　　　　　图 题 4.27

4.29　电路如图题 4.29 所示。电平移动电路 $R=7.5$ kΩ, $I_{02}=1$ mA；VT_1、VT_2对称,且 $\beta=50$, $U_{BE}=0.6$ V, $r_{bb'}=300$ Ω, $R_{e1}=R_{e2}=R_c=3$ kΩ, $E_C=E_E=12$ V, 电流源 $I_{01}=1.02$ mA。试估算：(1) 静态时,输出电压 U_0; (2) 电压放大倍数 $A_u=u_0/u_1$; (3) 输入电阻 R_{id}和输出电阻 R_o。

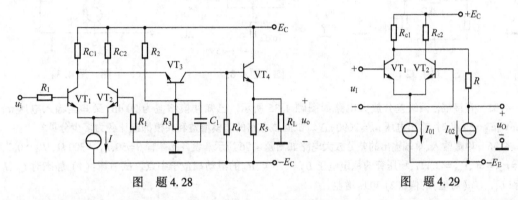

图 题 4.28　　　　　　　　图 题 4.29

4.30　电路如图题 4.30 所示,晶体管的 β 均为 60, $r_{bb'}=100$ Ω, $|U_{BEQ}|\approx0.7$ V。试求：(1) 若静态 $u_0=0$ V,且 VT_1 和 VT_2 管的发射极电流 $I_{E1}=I_{E2}=0.15$ mA,求电压放大倍数。(2) 若静态时 $u_0>0$,则应如何调节 R_{c2}的值才能使 $u_0=0$ V?

4.31　在图题 4.31 所示放大电路中,已知晶体管的 $r_{bb'}$ 均为 300 Ω, $\beta_1=\beta_2=50$, $\beta_3=25$, $U_{BE1}=U_{BE2}=-U_{BE3}=0.6$ V,电阻 $R_{b1}=R_{b2}=10$ kΩ, $R_{c2}=5.7$ kΩ, $R_{e3}=0.9$ kΩ, $R_{c3}=6$ kΩ,电流源 $I_E=1$ mA,电源电压 $E_C=E_E=12$ V,设差分放大电路的共模放大倍数可以忽略不计。试估算：(1) 电压放大倍数 $A_u=u_0/u_1$; (2) 差模输入电阻 R_{id}。

4.32　差分放大电路如图题 4.32 所示。设晶体管 VT_1、VT_2特性参数相同,且 $\beta=50$, $r_{be}=1.2$ kΩ。试估算：(1) 差模电压放大倍数 $A_{ud}=\dfrac{u_0}{u_{I1}-u_{I2}}$; (2) 差模输入电阻 R_{id}和输出电阻 R_{od}。

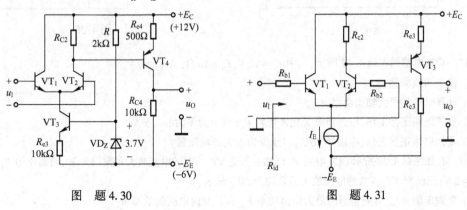

图 题 4.30　　　　　　　　图 题 4.31

4.33 差分放大电路如图题 4.33 所示。设场效应管 VT_1、VT_2 参数相同,夹断电压 $U_{GS(off)} = -2\ V$,饱和漏极电流 $I_{DSS} = 2\ mA$,漏－源极间动态电阻 $r_{ds} = \infty$。跨导 $g_m = 1\ ms$。试求:(1) 静态工作点 I_D,U_{GS},U_{DS};(2) 差模电压放大倍数 A_{ud}。

4.34 设图题 4.34 所示电路中 VT_1 与 VT_2、VT_3 和 VT_4 特性相同。试说明电路中 VT_3、VT_4 所组成的电路名称及其在电路中的作用,并写出差模电压放大倍数 A_{ud} 的表达式。

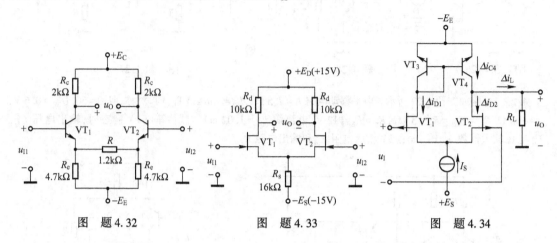

图 题 4.32　　　　　图 题 4.33　　　　　图 题 4.34

4.35 直接耦合两级差分放大电路如图题 4.35 所示。已知共模增益为 20 dB,又知当输入电压 $u_{I1} = 10\ mV$、$u_{I2} = 8\ mV$ 时,输出电压 $u_O = 2090\ mV$。试问该电路的差模增益和共模抑制比各为多少分贝?

4.36 单端输入、单端输出的差分放大电路如图题 4.36 所示。设各晶体管 $\beta = 50$,$r_{bb'} = 300\ \Omega$,$U_{BE} = 0.7\ V$,$r_{ce1} = r_{ce2} = \infty$,$r_{ce3} = 20\ k\Omega$,稳压管的稳定电压 $U_Z = 7.5\ V$,R_W 的滑动端位于中点。试估算:(1) 静态时 I_{C1}、I_{C2}、I_{C3} 和 U_{C1}、U_{C2}(对地)的值;(2) 电压增益。

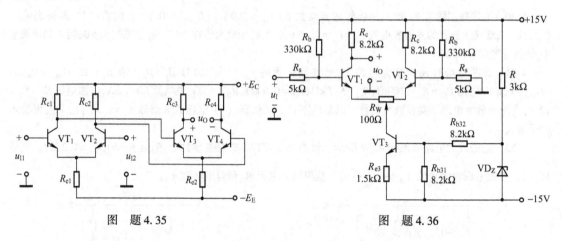

图 题 4.35　　　　　　　图 题 4.36

4.37 功放电路如图题 4.37 所示,其中 $E_C = 12\ V$,$R_L = 16\ \Omega$,$U_{CES} \approx 0\ V$。

(1) 说明功放类型;

(2) 计算电路的最大输出功率 P_{omax};

(3) 要使电路正常工作,应选择最大允许管耗 P_{CM} 至少为多大的功放管?

(4) 要使电路正常工作,应选择 $|BU_{CEO}|$ 至少为多大的功放管?

4.38 在如图题 4.38 所示 OCL 电路中,已知三极管 VT_1、VT_2 的电流放大系数均为 30,负载电阻 $R_L = 16\ \Omega$,$|U_{CES}| = 2\ V$;三极管 VT_3、VT_4 的电流放大系数均为 50。试求:

(1) 负载电阻 R_L 上可能得到的最大输出功率 P_{om} 以及此时电路的效率 η;

（2）当 R_L 上得到最大输出功率 P_{om} 时,电路输入电压的有效值以及输入电流的有效值。

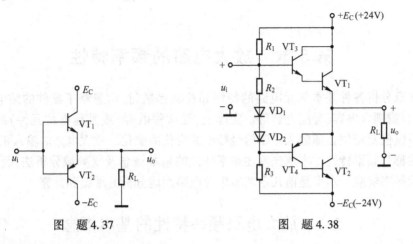

图　题 4.37

图　题 4.38

本章习题参考解答请扫以下二维码。

二维码 4-1　　二维码 4-2　　二维码 4-3　　二维码 4-4

二维码 4-5　　二维码 4-6　　二维码 4-7　　二维码 4-8

第 5 章　放大电路的频率特性

在前几章分析各种基本单元电路的特性和性能参数时,均忽略了器件的结电容、极间电容、分布电容或耦合电容、旁路电容等。实际上,受这些电容(或其他电抗元件)的影响,放大电路的增益幅值及相位会随输入正弦信号频率的变化而变化。放大电路对输入正弦信号的稳态响应特性称为频率特性。本章先阐述频率特性的基本概念及复频域分析法,而后分析基本放大电路的频率响应。本章是前几章基本单元电路性能分析的继续和补充。

5.1　放大电路频率特性的基本概念

5.1.1　频率特性和通频带

放大器的频率特性通常是指放大器输出信号的振幅和相对于输入信号的相移(相位)随输入信号的频率而变化的函数关系。根据电路分析理论,放大器的频率特性实质就是放大器对正弦输入信号的稳态响应(即正弦稳态响应)。在电路的正弦稳态响应分析中,放大器的增益定义为输出信号的相量与输入信号的相量之比。按此定义放大器增益函数的完整表达式应该是频率的复函数,即放大器的增益的模和相角应该是输入信号频率的函数,通常称为放大器的频率特性函数或频率响应函数,数学上可表示为

$$A_u(j\omega) = |A_u(j\omega)| \, e^{j\varphi(\omega)} = A_u(\omega) e^{j\varphi(\omega)} \tag{5-1}$$

其中,$|A_u(j\omega)| = A_u(\omega)$ 表示放大器增益的幅值与频率的关系,称为幅频特性;$\varphi(\omega)$ 表示放大器增益的相位与频率的关系,即反映了**放大器输出信号相对于输入信号的相位差随信号频率变化的关系,称为相频特性。**

那么,什么原因导致了放大器的增益是输入信号频率的函数呢? 更通俗地说,对于不同频率的输入信号,放大器增益的大小不同的原因是什么? 下面通过两类基本的放大电路来说明这个问题。

1. RC 阻容耦合放大器

第 3 章中所讨论和分析的 RC 阻容耦合放大器(如图 5-1 所示)的方法只限于中频情况。这时,耦合电容 C_1、C_2 和旁路电容 C_e(在低频放大器中,这些电容通常为 μF 量级,可称为"大电容"),因容抗 $(1/\omega C)$ 太小可近似认为短路。而晶体管的极间分布电容 C_i 和 C_o(即由 BJT 或 FET 的结电容 $C_{b'e}$、$C_{b'c}$、C_{ds}、C_{gs}、C_{dg} 等效而得)通常为 pF 量级,这些"小电容"对中频交流信号呈

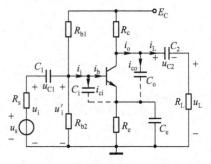

图 5-1　RC 阻容耦合放大器

现的容抗 $(1/\omega C)$ 很大,近似认为开路。于是在中频区所得到的放大器的交流通路是一个纯电阻性的电路,故所求出的电路参数 A_u、R_i、R_o 等均为与频率无关的常数。

在低频区,随着输入信号频率的降低,C_1、C_2 的容抗 $(1/\omega C)$ 随之增大,不能再视为短路,不

能忽略它们对输入和输出信号的分压作用,晶体管输入端口和输出负载上实际得到的电压分别为 $u_i' = u_i - u_{C1}$ 和 $u_L = u_o - u_{C2}$ (u_o 为集电极的交流输出电压)。而 C_e 因阻抗增大而对发射极电阻 R_e 的旁路作用减弱。从而导致放大器增益 A_u 或 A_i 随着输入信号频率的降低而减小。

在高频区,随着输入信号频率的增加,C_i、C_o 的容抗 ($1/\omega C$) 随之减小,不能再视为开路,不能忽略它们对输入和输出信号电流的分流作用,实际输入晶体管基极和负载上的电流为 $i_b = i_i - i_{ci}$ 和 $i_L = i_o - i_{co}$。另外随着输入信号频率的增加,BJT 的 β 值也会降低。综合上述情况可以看出,随着输入信号频率的增加会导致 A_u 或 A_i 减小。

RC 阻容耦合放大器的频响特性(包括幅频特性和相频特性)曲线如图 5-2 所示。可以看出放大器的增益是频率的函数。

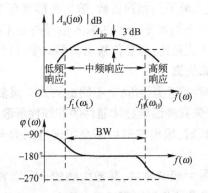
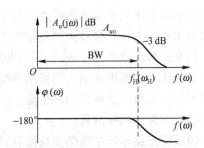

图 5-2　RC 阻容耦合放大器的频响特性曲线　　　图 5-3　直接耦合放大器的频响特性曲线

2. 直接耦合放大器

由于在直接耦合放大器的电路中没有级间耦合和旁路的大电容,所以其低频区的频率特性与中频区相同,不会下降,即低端截止频率 $f_L = 0$,其频响特性曲线如图 5-3 所示。

3. 通频带

由图 5-2 所示的 RC 阻容耦合放大器的幅频特性和相频特性曲线可以看出,幅频特性曲线反映了增益的幅值(即增益的大小)随频率变化的趋势,相频特性曲线反映了增益的相位(即输出与输入信号的相位差)随频率的变化趋势。在图 5-2 中的中频响应段以外,无论频率升高或下降,受大电容或小电容的影响,$|A_u(j\omega)|$ 均下降。一般工程上规定:**当信号频率降低或升高至使增益 $|A_u(j\omega)|$ 下降到中频段增益 A_{uo} 的 $1/\sqrt{2}$ 倍或 A_{uo} 的 0.707 倍时所对应的频率,分别称为增益的低端截止频率 $f_L(\omega_L)$ 和高端截止频率 $f_H(\omega_H)$。在 f_H 与 f_L 之间的频率范围(中频区)称为放大器的通频带,用 BW = $\Delta f_{0.7}$(或 BW = $\Delta\omega_{0.7}$)表示,即**

$$\text{BW} = \Delta f_{0.7} = f_H - f_L \quad 或 \quad \text{BW} = \Delta\omega_{0.7} = \omega_H - \omega_L \tag{5-2}$$

对于低频的宽带放大器,通常有 $f_H \gg f_L$,故 BW = $\Delta f_{0.7} \approx f_H$。在 f_L 和 f_H 处,$A_u(\omega)$ 比 A_{uo} 降低了 3 dB,所以通频带又称为 3 dB 带宽。f_L 和 f_H 也可称为 3 dB 截止频率。另外,增益值为 $0.707A_{uo}$ 的两个频率点常常也称为半功率点,其对应的高、低端截止频率称为半功率频率。这是因为在高、低端截止频率上放大器的输出功率只有中频带上的输出功率的一半(请读者自己验证此结论)。

综上所述,RC 阻容耦合放大器的通频带为

$$BW = f_H - f_L \qquad\qquad (5\text{-}3)$$

直接耦合放大器的通频带为

$$BW = f_H \qquad\qquad (5\text{-}4)$$

5.1.2 频率失真和增益带宽积

1. 频率失真

如果对放大器的输入信号做频谱分析,则实用的输入信号往往是由许多不同频率的正弦分量组成,是具有一定频带宽度的信号。如果放大器的通频带不够宽,甚至比输入信号的带宽窄,则放大器对输入信号的高频分量或低频分量的放大就不是相同倍数,输出波形就会发生畸变,这种输出失真称为幅频失真。同样,如果放大器对不同频率分量的输入信号时延不同,或者说对不同频率的输入信号产生的附加相移不与频率成正比,也会使输出波形畸变,这种输出失真称为相频失真。**幅频失真与相频失真统称为频率失真。**

频率失真也称为线性失真,它与非线性失真是两种产生原因完全不同的失真。虽然两种失真都会使输出波形较输入波形出现畸变,但**非线性失真是因半导体器件的非线性所致的,输出波形中一定会产生新的频率分量。**而发生频率失真时,输出波形中不会出现输入信号中所没有的任何新的频率分量。

通频带是指不产生幅频失真所容许信号占有的最大频谱宽度,是放大器的一项非常重要的性能指标。例如通频带 $BW = 300\ Hz \sim 3\ kHz$ 的音响设备与通频带 $BW = 50\ Hz \sim 15\ kHz$ 的音响设备相比,显然后者的音质、音色要好听的多。在有些信号传输系统中,对幅频失真和相频失真均有较高的要求。例如要高清晰度地传输彩色电视图像信号时,既要求幅频失真小,又要求相频失真小。

2. 增益带宽积

在传输宽频带信号时,希望放大器的增益高和通频带宽。然而,放大器的增益和带宽(通频带)往往是互相制约的,即增益高,带宽小,反之亦然。将增益和带宽结合起来,可引出表征放大电路性能的另一参数——增益带宽积,它定义为放大器的中频增益幅值和通频带的乘积,即

$$GB = |A_{uo}BW| \qquad\qquad (5\text{-}5)$$

在一些老的教材中通常认为放大器的增益带宽积近似为一个常数。所以,增益和带宽是矛盾的,即增益越大,带宽将越小。但这里需要指明:除非附加一定的条件,放大器的增益带宽积一般而言并不是常数(可以参看第 9 章的内容)。对电压模式的放大器,增益带宽积近似为一个常量。

5.2 RC 电路的频率响应

本节通过对最简 RC 电路的频率响应的分析计算来说明频率响应的概念和分析计算方法。

5.2.1 RC 高通电路的频率响应

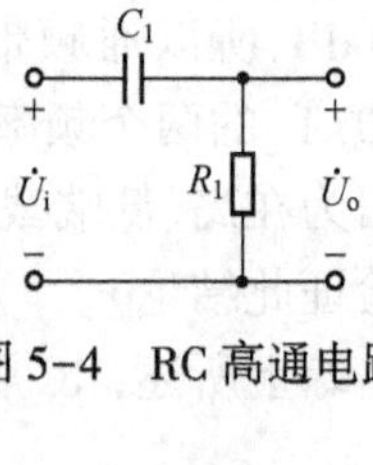

图 5-4 为 RC 高通电路,所谓高通电路是指该电路主要用于通过

图 5-4 RC 高通电路

高频信号,而阻止或抑制低频或直流信号通过,这由电容的阻抗与频率的关系不难知道。我们可以**通过分析其增益的传递函数来分析该电路的幅频特性和相频特性**。

其电压增益传递函数为

$$A_{uH}(s) = \frac{U_o(s)}{U_i(s)} = \frac{R_1}{R_1 + 1/sC_1} = \frac{s}{s + 1/R_1C_1} \tag{5-6}$$

又 $s = j\omega = j2\pi f$,令 $f_H = \dfrac{1}{2\pi R_1 C_1}$,则

$$\dot{A}_{uH} = \frac{\dot{U}_o}{\dot{U}_i} = \frac{1}{1 - j(f_H/f)} \tag{5-7}$$

电压增益的模 $A_{uH} = \dfrac{1}{\sqrt{1 + (f_H/f)^2}}$ (幅频响应) $\tag{5-8}$

电压增益的相角 $\varphi_H = \arctan(f_H/f)$ (相频响应) $\tag{5-9}$

根据式(5-9)和式(5-10)可以画出幅频和相频响应曲线(波特图),如图5-5所示(SPICE仿真结果)。

幅频响应反映了增益的幅值与频率 f 的函数关系。相频响应则表示输出与输入的相位差。

当 $f \gg f_H$ 时, $A_{uH} \approx 1$, $20\lg 1 = 0$ dB; $\varphi_H = 0$。

当 $f \ll f_H$ 时, $A_{uH} \approx f/f_H$; $\varphi_H = +90°$。

当 $f = f_H$ 时, $A_{uH} = 1/\sqrt{2} = 0.707$, $20\lg 0.707 = -3$ dB; $\varphi_H = 45°$。

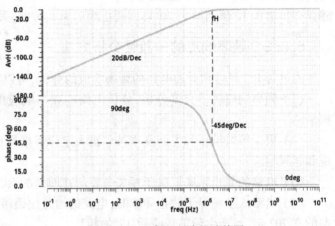

图5-5 RC高通电路的波特图

总结:当 $f \ll f_H$ 频率较低时,RC高通电路的相位移近似为 $90°$,增益的大小随频率每增加10倍而增加 20 dB。当 $f \gg f_H$ 频率较高时,相位移近似为 0,增益的大小近似为 0 dB。转折点俗称**截止频率**为 $f = f_H$ 处,采用折线近似时,最大误差显然是 3 dB。

5.2.2 RC 低通电路的频率响应

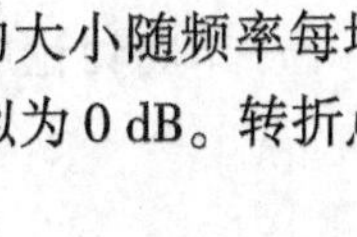

图5-5为RC低通电路,所谓低通电路是指该电路主要用于通过低频或直流信号,而阻止或抑制高频信号通过。其电压增益传递函数为

$$A_{uL}(s) = \frac{U_o(s)}{U_i(s)} = \frac{1/sC_2}{R_2 + 1/sC_2} = \frac{1}{1 + sR_2C_2} \tag{5-10}$$

图5-6 RC 低通电路

又 $s = j\omega = j2\pi f$,令 $f_L = \dfrac{1}{2\pi R_2 C_2}$,则增益函数变为

$$A_{uL}(s) = \frac{1}{1 + j(f/f_L)} \tag{5-11}$$

电压增益的模 $A_{uL} = \dfrac{1}{\sqrt{1 + (f/f_L)^2}}$ (幅频响应) $\tag{5-12}$

电压增益的相角 $\quad\varphi_L = -\arctan(f/f_L)$ （相频响应）$\quad\quad$ (5-13)

根据式(5-13)和式(5-14)可以画出幅频和相频响应曲线(波特图)，如图5-7所示(SPICE仿真结果)。

当 $f \ll f_L$ 时，$A_{uL} \approx 1$，$20\lg 1 = 0$ dB；$\varphi_L = 0$。

当 $f \gg f_L$ 时，$A_{uL} \approx f_L/f$；$\varphi_L = -90°$。

当 $f = f_L$ 时，$A_{uL} = 1/\sqrt{2} = 0.707$，$20\lg 0.707 = -3$ dB；$\varphi_L = 45°$。

总结：当 $f \ll f_L$ 频率较低时，RC低通电路相位移近似为0，增益的大小近似为 0 dB。当 $f \gg f_L$ 频率较高时，相位移近似为 -90°，增益的大小

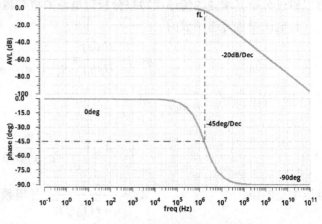

图5-7　RC低通电路的波特图

随频率每增加10倍而减小20 dB。**截止频率**为 $f = f_L$ 处，采用折线近似时，最大误差是3 dB。

5.2.3　频率响应的一般性分析方法

通过对RC高通和低通电路的频率响应的分析，可以得到以下具有普遍意义的结论：

（1）频率响应属于交流分析，分析电路的频率响应的时候，应该画出其小信号微变等效模型；

（2）根据等效模型和电路基本基尔霍夫定律等推导出增益频率响应表达式，包括幅频响应和相频响应；

（3）电路的截止频率取决于相关电容所在回路的RC时间常数；

（4）当输入频率等于截止频率时，电路的增益比通带增益下降3 dB，或者说下降为通带增益的0.707倍，且产生超前或滞后45°的相移。

（5）工程上通常采用折线化的曲线即波特图近似表示电路的频率响应。

下一节将讨论放大电路频率响应的复频域分析的一般方法，并应用到晶体管放大电路中。

5.3　放大电路的复频域分析法

5.3.1　复频域中放大电路的增益函数

1. 增益函数

放大器工作在小信号状态时，晶体管可以用线性模型近似。若不考虑温度和电源电压变化对模型参数和元件参数的影响，则可以认为放大器模型中的参数不随时间变化，因而小信号放大器可视为一个线性时不变系统。

对于线性时不变系统，输入信号 $x_i(t)$（称激励函数）和输出信号 $x_o(t)$（称响应函数）之间的关系可用线性常系数微分方程来描述：

$$a_n \frac{d^n x_o}{dt^n} + a_{n-1} \frac{d^{n-1} x_o}{dt^{n-1}} + \cdots + a_1 \frac{dx_o}{dt} + a_0 x_o = b_m \frac{d^m x_i}{dt^m} + b_{m-1} \frac{d^{m-1} x_i}{dt^{m-1}} + \cdots + b_1 \frac{dx_i}{dt} + b_0 x_i \quad (5-14)$$

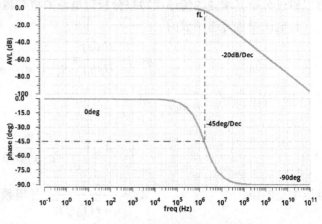

式中，$a_n,a_{n-1},\cdots,a_1,a_0$ 和 $b_n,b_{n-1},\cdots,b_1,b_0$ 是由系统中的各线性元器件参数确定的系数。求解上述微分方程，就能得到系统的时间域响应特性。

但是，在复频域分析中，是把时间 t 的函数变换成复频率 $s=\sigma+\mathrm{j}\omega$ 的函数，也就是要对时间函数进行拉普拉斯变换。

拉普拉斯变换的核心是把复频率 s 的函数 $X(s)$ 和定义在 $[0,\infty]$ 区间的时间函数 $x(t)$ 联系起来。变换关系如下：$x(t)$ 乘上因子 e^{-st}，形成 t 的函数 $x(t)\mathrm{e}^{-st}$，再在 0 到 ∞ 之间积分，即

$$X_i(s)=\mathscr{L}\left[x_i(t)\right]=\int_0^\infty x_i(t)\mathrm{e}^{-st}\mathrm{d}t$$

$$X_o(s)=\mathscr{L}\left[x_o(t)\right]=\int_0^\infty x_o(t)\mathrm{e}^{-st}\mathrm{d}t$$

(5-15)

若图 5-8 所示的线性时不变系统的初始状态为零，则其输出响应函数 $x_o(t)$ 的拉普拉斯变换 $X_o(s)$ 与激励函数 $x_i(t)$ 的拉普拉斯变换 $X_i(s)$ 之比，定义为该系统的复频域增益函数 $H(s)$，即

$$H(s)=\frac{X_o(s)}{X_i(s)}=\frac{\mathscr{L}\left[x_o(t)\right]}{\mathscr{L}\left[x_i(t)\right]} \qquad (5\text{-}16)$$

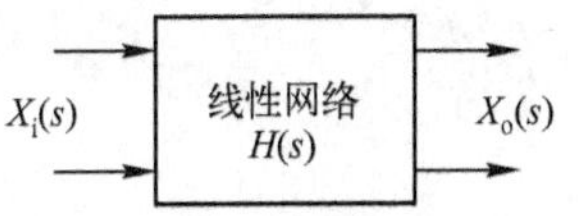

在初始状态为零的条件下，对式(5-14)进行拉普拉斯变换，进而按定义由式(5-16)可得增益函数为

$$H(s)=\frac{X_o(s)}{X_i(s)}=\frac{b_m s^m+b_{m-1}s^{m-1}+\cdots+b_1 s+b_0}{a_n s^n+a_{n-1}s^{n-1}+\cdots+a_1 s+a_0} \qquad (5\text{-}17)$$

图 5-8　线性时不变
系统示意图

由于线性集总参数网络的元件参数(R、L、C)皆为实数，故式(5-17)中分子、分母有理多项式的系数均为实数，将式(5-17)分子、分母有理多项式进行因式分解，可得

$$H(s)=\frac{X_o(s)}{X_i(s)}=K\frac{(s-z_1)(s-z_2)\cdots(s-z_m)}{(s-p_1)(s-p_2)\cdots(s-p_n)}=K\frac{\prod_{i=1}^m(s-z_i)}{\prod_{j=1}^n(s-p_j)}$$

式中，K 为常数，$s=\sigma+\mathrm{j}\omega$ 为复频率，z_i 为零点，p_j 为极点。

对于工作在小信号状态下的线性放大器来说，放大器的增益即为放大电路的增益函数，即

$$A_u(s)=\frac{u_o(s)}{u_i(s)}=K\frac{(s-z_1)\cdots(s-z_m)}{(s-p_1)\cdots(s-p_n)}=K\frac{\prod_{i=1}^m(s-z_i)}{\prod_{j=1}^n(s-p_j)} \qquad (5\text{-}18)$$

同样，K 为常数，$s=\sigma+\mathrm{j}\omega$ 为复频率，z_i 为零点，p_j 为极点。下面来讨论与增益函数 $A_u(s)$ 有关的两个重要概念：复频率 s 的物理意义；零点、极点，以及零极图。

2. 复频率 $s=\sigma+\mathrm{j}\omega$ 的物理意义

由"电路分析基础"课程知道，幅度恒定的正弦信号电流 $i(t)=I_m\sin\omega t$，如果改用复数法表示，即

$$i(t)=I_m\mathrm{e}^{\mathrm{j}\omega t} \qquad (5\text{-}19)$$

注意：正弦表示式实际上是上式的虚部。

若设电流 $i(t)$ 的幅度是随时间而变化的,则正弦信号电流的非恒定幅度可表示为

$$I_m(t) = I_m e^{\sigma t} \tag{5-20}$$

式中,σ 是某一实数,σ 可大于零或小于零,也可等于零。对此种非等幅正弦电流,可写成

$$i(t) = I_m(t) e^{j\omega t} = I_m(e^{\sigma t})(e^{j\omega t}) = I_m e^{(\sigma + j\omega)t} = I_m e^{st} \tag{5-21}$$

上式中的 $s = \sigma + j\omega$,s 就是复频率。

由上述可知,**复频率 s 的实部 σ 表示了信号电流幅度的变化规律,也即为振幅的衰减因子;而虚部 ω 则确定了信号电流的角频率**,更具体地说:

若 $\sigma > 0$,$i(t)$ 的振幅 $I_m(t)$ 按指数规律增长,电流是增幅的正弦电流波,如图 5-9(a) 所示。

若 $\sigma < 0$,$i(t)$ 的振幅 $I_m(t)$ 按指数规律衰减,电流是衰减的正弦电流波,如图 5-9(b) 所示。

若 $\sigma = 0$,$i(t)$ 的振幅 $I_m(t)$ 不随 t 变化,电流是等幅正弦振荡波,如图 5-9(c) 所示。

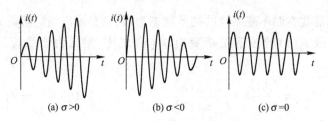

图 5-9　复频率 $s = \sigma + j\omega$ 的物理意义

从 s 的物理意义可知,复频率 s 是 **$j\omega$ 的开拓**,用 s 既可表示稳态电流($\sigma = 0$),又可表示暂态电流($\sigma \neq 0$)。用复频域中的增益函数 $A(s)$ 既可表示正弦输入时的稳态响应特性 $A(j\omega) = A(s)\big|_{\sigma=0}$,又可表示阶跃输入时的暂态响应特性,即 $A(s)$ 具有更广泛的适应性,它可把线性放大电路的稳态响应与暂态响应特性联系起来,也就是把频域响应和时域响应统一起来。

另外,集总参数元件中,R、L 和 C 对 $I_m e^{j\omega t}$ 和 $I_m e^{st}$ 所呈现的阻抗分别为 R、$j\omega L$、$1/j\omega C$,称为复数阻抗;R、sL、$1/sC$,称为变换阻抗。因此由已知的线性元件 R、L、C、电流源 $i(t)$、电压源 $u(t)$ 和受控源构成的线性四端网络就可方便地求出变换等效电路。**变换等效电路服从基尔霍夫定律,变换等效电路的元件服从欧姆定律。**

3. 增益函数的零点、极点和零极图

由增益函数的表达式(5-18)可知,其分子有理多项式的根 z_i($i = 1 \sim m$)能使 $A_u(s) = 0$,因此,称 z_i 为 $A_u(s)$ 的零点。分母有理多项式的根 p_j($j = 1 \sim n$)能使 $A_u(s) = \infty$,故称 p_j 为 $A_u(s)$ 的极点。

将 $A_u(s)$ 的零点 z_i 用符号"○"、极点 p_j 用符号"×"表示在 $s = \sigma + j\omega$ 的平面坐标上,则零点、极点的个数及它们的数值均可显示在 s 复平面上,这种图形叫做 $A_u(s)$ 的零点-极点图,如图 5-10 所示,简称零极图。

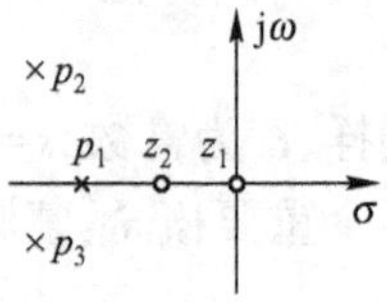

图 5-10　零极图

设某系统的网络函数为

$$A_u(s) = K \frac{s(s - z_2)}{(s - p_1)(s^2 + 2\xi\omega_n s + \omega_n^2)}$$

$$= K \frac{s(s - z_2)}{(s - p_1)\left[s - (-\xi\omega_n + j\omega_n\sqrt{1-\xi^2})\right]\left[s - (-\xi\omega_n - j\omega_n\sqrt{1-\xi^2})\right]}$$

上式说明,$s=0$ 是位于 s 平面坐标原点处的零点,若设 $z_2=-\sigma_2$(σ_2 本身是正实数),即 z_2 位于 s 平面负实轴上,因 $s-z_2=s+\sigma_2$ 是一次方程,故称为一阶因子,z_2 称为一阶零点;若设 $p_1=-\sigma_1$(σ_1 本身是正实数),则 p_1 位于 s 平面的负实轴上,$s-p_1=s+\sigma_1$ 同理称为一阶因子,p_1 则称为一阶极点;$s^2+2\xi\omega_n s+\omega_n^2$ 是 s 的二次方程,称为二阶因子。在 $\xi<1$ 的情况下,特征根是共轭复数,叫做二阶共轭极点:

$$p_2=-\xi\omega_n+\mathrm{j}\omega_n\sqrt{1-\xi^2} \text{ 和 } p_3=-\xi\omega_n-\mathrm{j}\omega_n\sqrt{1-\xi^2}$$

由此画出的零极图如图 5-10 所示。

5.3.2 放大电路增益函数的特点

根据有关电路理论可以推知,放大电路的增益函数 $A_u(s)$ 具有以下特点:

(1) 一个物理可实现的线性时不变放大系统的增益函数 $A_u(s)$,分子多项式的次数 m 必定小于或者等于分母多项式的次数 n,因此,**增益函数 $A_u(s)$ 的零点数 m 必然小于或等于极点数 n。**

(2) 由于要求放大器是一个稳定系统,因此,放大器增益函数 $A_u(s)$ 的所有极点都应位于 s 平面的左半开平面上,即**极点必为负实数或实部为负的共轭复数对。而零点可以是负实数或正实数,也可以是实部为负或正的共轭复数对。**

(3) **增益函数 $A_u(s)$ 的极点数目等于电路中独立电抗元件的数目。对于电容耦合放大器而言,极点数目就等于电路中的独立电容的个数。**下面说明放大器中独立电容个数的计算。

在图 5-11 所示电路中,图(a)由三个电容构成闭合回路,称为电容回路,图(b)由三个电容形成公共节点,称为电容割集。根据基尔霍夫定律,只要知道图(a)中任意两条支路上的电压或图(b)中任意两条支路的电流,就可分别求得第三条支路的电压或电流。因此,图(a)或图(b)的三个电容中,均只有两个独立电容。如果电路中不存在图 5-11 所示的电容回路和电容割集,也不存在与独立电压源相并联的电容,或与独立电流源相串联的电容,则电路中存在的电容个数就是独立电容数目。实际上大多数低频放大电路模型均不存在电容回路或电容割集。

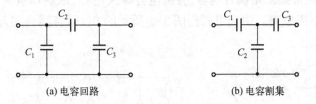

(a) 电容回路   (b) 电容割集

图 5-11　电容回路和电容割集

根据放大器工作频段的不同,其增益函数还可细分为低频增益函数、高频增益函数和全频段增益函数。这些增益函数除满足上述共同特点外,自身还具有以下特点。

1. 低频增益函数 $A_{uL}(s)$

放大器的低频增益函数 $A_{uL}(s)$ 是建立在放大器低频段小信号等效电路之上的增益函数。在建立低频等效电路时,通常要忽略晶体管内的结电容及极间分布电容(即小电容),而耦合电容、旁路电容等大电容不应忽略。由此可画出图 5-1 的 RC 阻容耦合放大器在低频段的等效电路如图 5-12 所示。

显然当 $s\to\infty$ 时,就意味着低频模型中的大电容短路(即 $1/sC\to 0$),低频小信号等效电路将趋于中频小信号等效电路,相当于频率趋于中频段,增益也应该趋于中频段增益。若式(5-18)代表放大器的低频增益函数$A_{uL}(s)$,则极限$\lim\limits_{s\to\infty}A_{uL}(s)$应该趋于中频增益$A_{uo}$。即$\lim\limits_{s\to\infty}A_{uL}(s)\to A_{uo}$是不为零的常数,这表明**低频增益函数$A_{uL}(s)$中极点数目一定等于零点数目**,即$m=n$。这时,式(5-18)中的常数项$K$即代表中频增益:

$$\lim_{s\to\infty}A_{uL}(s)=K=A_{uo} \tag{5-22}$$

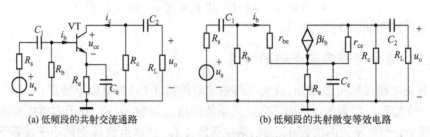

(a) 低频段的共射交流通路　　　　　　(b) 低频段的共射微变等效电路

图 5-12　RC 阻容耦合放大器低频段的等效电路

例如,某电容耦合放大电路含有两个独立的大电容,放大器中频增益为A_{uo},根据以上的分析不难写出

$$A_{uL}(s)=\frac{A_{uo}(s-z_1)(s-z_2)}{(s-p_1)(s-p_2)} \tag{5-23}$$

可见,**由低频零点(z_1、z_2)、低频极点(p_1、p_2)和中频增益A_{uo}可唯一地确定该放大器的低频增益函数**。而零点、极点和A_{uo}的值可由放大器的结构和元件参数的值决定。由于$A_{uL}(s)$的零、极点一般均分布在低频段,所以$A_{uL}(s)$中的零、极点的数值一般较小。

2. 高频增益函数$A_{uH}(s)$

高频增益函数$A_{uH}(s)$是建立在放大器高频段小信号模型之上的增益函数。在建立高频小信号等效电路时,通常要**忽略耦合电容、旁路电容等大电容**,而晶体管内的结电容及极间分布电容(即小电容)不应忽略。由此可画出图5-1所示的RC阻容耦合放大器在高频段的等效电路如图5-13所示。

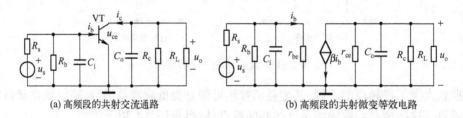

(a) 高频段的共射交流通路　　　　　　(b) 高频段的共射微变等效电路

图 5-13　RC 阻容耦合放大器高频段的等效电路

由于当$s\to\infty$时,意味着频率趋于无限大。**任何实际的放大器,当频率趋于无限大时,其增益$A_{uH}(s)\to 0$。**即高频增益函数满足

$$\lim_{s\to\infty}A_{uH}(s)=0 \tag{5-24}$$

上式表明**高频增益函数$A_{uH}(s)$的极点数目一定大于零点数目**,即$n>m$。此外,由于放大器高频等效电路中没有耦合电容、旁路电容等"大电容",当$s\to 0$时意味着C_i和C_o的容抗($1/sC$)

$\to \infty$, C_i 和 C_o 开路,图 5-13 所示高频段的等效电路将趋于中频段等效电路,相应的高频增益函数将趋于中频增益函数,即有

$$\lim_{s \to 0} A_{uH}(s) = A_{uo} \tag{5-25}$$

若用式(5-18)代表 $A_H(s)$,则中频增益为

$$A_{uo} = \lim_{s \to 0} A_{uH}(s) = \lim_{s \to 0} K \frac{\prod\limits_{i=1}^{m}(s - z_i)}{\prod\limits_{j=1}^{n}(s - p_j)} = K \frac{\prod\limits_{i=1}^{m}(-z_i)}{\prod\limits_{j=1}^{n}(-p_j)} \tag{5-26}$$

另外,如果将式(5-18)变形为

$$A_{uH}(s) = A_{uo} \frac{\prod\limits_{i=1}^{m}(1 - s/z_i)}{\prod\limits_{j=1}^{n}(1 - s/p_j)} \tag{5-27}$$

则上式中常数 $A_{uo} = K \dfrac{\prod\limits_{i=1}^{m}(-z_i)}{\prod\limits_{j=1}^{n}(-p_j)}$ 与式(5-26)相同,代表放大器的中频增益。所以,高频增益如果写成式(5-18)的形式,那么式中的常数因子 K 仅仅是系数,并不代表中频增益 A_{uo} 。例如,某电容耦合放大器的高频段模型存在两个独立小电容(有两个极点),有一个零点 z_1 ,中频增益为 A_{uo} ,则根据以上的分析不难写出其高频增益函数为

$$A_{uH}(s) = \frac{A_{uo}(1 - s/z_1)}{(1 - s/p_1)(1 - s/p_2)} \tag{5-28}$$

可见,只要已知高频段的零点、极点和中频增益,便可写出高频增益函数。而高频段的零、极点也是由放大器等效电路的拓扑结构和元器件参数决定的。由于 $A_{uH}(s)$ 中的零、极点均分布在高频段,所以其数值一般较大。

3. 全频段增益函数 $A_u(s)$

如果同时考虑到耦合电容、旁路电容等大电容和晶体管的结电容及极间分布电容等小电容对电路的影响,则可画出放大器全频段小信号等效电路。图 5-14 画出了图 5-1 所示的 RC 阻容耦合放大器在全频段的小信号等效电路。

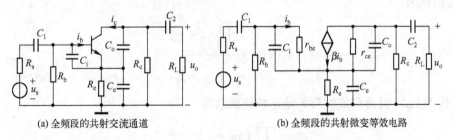

(a) 全频段的共射交流通道　　　　　(b) 全频段的共射微变等效电路

图 5-14 RC 阻容耦合放大器全频段的等效电路

由放大器全频段小信号等效电路导出的 $A_u(s)$ 就是全频段的增益函数。显然,由于全频段 $A_u(s)$ 包含了高频段,使得

$$\lim_{s\to\infty}A_u(s)=0 \tag{5-29}$$

所以,全频段增益函数 $A_u(s)$ 的 $n>m$。对宽带放大器而言,一般在全频段 $A_u(s)$ 的表达式中识别哪些是低频零极点,哪些是高频零极点并不困难。

5.3.3 放大电路波特图的近似画法

根据放大电路的稳态响应函数 $A_u(j\omega)$,取不同的角频率 ω 的值,便可逐点画出系统的幅频特性曲线和相频特性曲线如图 5-2 所示。可以想象,这种绘制频响曲线的方法计算难度大,绘图的范围也很大。在工程上为缩短坐标和扩大视野,无论幅频特性曲线还是相频特性曲线都不是逐点进行描绘的,而是通过渐进线近似绘制在半对数坐标系上的。**所谓半对数坐标是指横轴(频率轴)采用以 10 为底的对数刻度,即按 lg ω 或 lg f 刻度,而纵轴采用等分刻度**。习惯上,在对数频率轴上仍标出角频率 ω 或频率 f 的值。**这种频率轴的特点是每 10 倍频之间的距离相等**,频率等于零的点在频率轴的负无限远处。也就是说,对数频率轴上并没有频率等于零的原点。**幅频特性曲线的纵轴用 $A_u(\omega)$ 的分贝值刻度,即用 20lg $A_u(\omega)$ 线性刻度。相频特性曲线的纵轴就用 $\varphi(\omega)$ 的度数等分刻度**。在这样的坐标系上画出的频率特性曲线,称为波特图。图 5-15 示出了幅频波特图和相频波特图的坐标系。波特图使得坐标缩短,视野扩大。而且很容易用渐近线来近似绘制波特图,使绘图大为简化。

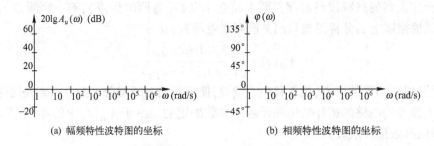

(a) 幅频特性波特图的坐标   (b) 相频特性波特图的坐标

图 5-15 波特图的坐标系

放大电路频率特性曲线的绘制,即波特图的画法,许多读者在学习中都会感到有一定的困难,但实际上,波特图的画法具有较强的规律性,只要掌握一般性的规律,问题就可以迎刃而解。下面首先从式(5-18)所示的增益函数入手,从中找出波特图画法的一般规律。设放大电路的增益函数为

$$A_u(s)=K\frac{\prod_{i}^{m}(s-z_i)}{\prod_{j}^{n}(s-p_j)}$$

令 $s=j\omega$ 代入上式,可得到放大器的稳态响应函数为

$$A_u(j\omega)=A_u(s)\big|_{s=j\omega}=K\frac{\prod_{i}^{m}(j\omega-z_i)}{\prod_{j}^{n}(j\omega-p_j)}=K|A_u(j\omega)|\exp[j\varphi(\omega)] \tag{5-30}$$

其中幅频特性为
$$A_u(\omega) = K |A_u(j\omega)| = K \frac{\prod\limits_i^m |j\omega - z_i|}{\prod\limits_j^n |j\omega - p_j|}$$

$$= K \frac{|j\omega - z_1| |j\omega - z_2| \cdots |j\omega - z_m|}{|j\omega - p_1| |j\omega - p_2| \cdots |j\omega - p_n|}$$

$$= K \sqrt{\frac{(\omega^2 + z_1^2)(\omega^2 + z_2^2) \cdots (\omega^2 + z_m^2)}{(\omega^2 + p_1^2)(\omega^2 + p_2^2) \cdots (\omega^2 + p_n^2)}}$$

为了方便绘图,将上式恒等变形,将每个因式中的 z_i 和 p_j 提到括号外,使其成为**作图的标准式**,即

$$A_u(\omega) = A_{uo} \sqrt{\frac{\left(1 + \dfrac{\omega^2}{z_1^2}\right)\left(1 + \dfrac{\omega^2}{z_2^2}\right) \cdots \left(1 + \dfrac{\omega^2}{z_m^2}\right)}{\left(1 + \dfrac{\omega^2}{p_1^2}\right)\left(1 + \dfrac{\omega^2}{p_2^2}\right) \cdots \left(1 + \dfrac{\omega^2}{p_n^2}\right)}}, \quad \left(A_{uo} = K \frac{\prod\limits_{i=1}^m z_i}{\prod\limits_{j=1}^n p_j}\right) \qquad (5-31)$$

若将 $A_u(\omega)$ 用分贝表示,即可**将式(5-31)中各零、极点因子的乘积运算形式转换成各零、极点因子的求和运算形式**,于是可得到画幅频波特图所需的幅频特性表达式

$$A_u(\omega)(\text{dB}) = 20\lg A_{uo} + 20\lg \sqrt{1 + \left(\frac{\omega}{z_1}\right)^2} + 20\lg \sqrt{1 + \left(\frac{\omega}{z_2}\right)^2} + \cdots + 20\lg \sqrt{1 + \left(\frac{\omega}{z_m}\right)^2} -$$

$$20\lg \sqrt{1 + \left(\frac{\omega}{p_1}\right)^2} - 20\lg \sqrt{1 + \left(\frac{\omega}{p_2}\right)^2} - \cdots - 20\lg \sqrt{1 + \left(\frac{\omega}{p_n}\right)^2} \qquad (5-32)$$

另外,对式(5-30)中的每个因式求相位角,可得到相频特性表达为

$$\varphi(\omega) = \varphi_0 + \varphi_1(j\omega - z_1) + \varphi_2(j\omega - z_2) + \cdots + \varphi_m(j\omega - z_m) -$$

$$\varphi_1(j\omega - p_1) - \varphi_2(j\omega - p_2) - \cdots - \varphi_n(j\omega - p_n)$$

$$= \varphi_0 + \arctan\left(\frac{-\omega}{z_1}\right) + \arctan\left(\frac{-\omega}{z_2}\right) + \cdots + \arctan\left(\frac{-\omega}{z_m}\right) -$$

$$\arctan\left(\frac{-\omega}{p_1}\right) - \arctan\left(\frac{-\omega}{p_2}\right) - \cdots - \arctan\left(\frac{-\omega}{p_n}\right) \qquad (5-33)$$

式中,φ_0 是放大器中频段固定相移,$\varphi_0 = 0°$ 为同相放大器,$\varphi_0 = 180°$ 为反相放大器。

观察式(5-32),显然 $A_u(j\omega)$ 的幅频特性波特图是式(5-30)中各项基本因子幅频特性波特图的线性叠加。而式(5-33)表明,$A_u(j\omega)$ 的相频特性波特图是式(5-30)中各项基本因子相频特性波特图的代数和。尽管式(5-32)和式(5-33)中有 $n+m+1$ 项因子,但只有 3 项性质不同的基本因子,即常数因子 A_{uo}、零点因子 $(1+\omega/z_i)$ 和极点因子 $(1+\omega/p_j)^{-1}$。只要掌握了这 3 种基本因子幅频特性和相频特性波特图的画法,也就掌握了放大器 $A_u(j\omega)$ 的幅频特性和相频特性波特图的画法,这是因为所有的零点因子(或极点因子)的波特图画法类似,而放大器总的幅频特性和相频特性波特图就等于各基本因子波特图的代数和。

通过上述分析,就把波特图与增益函数中的零、极点联系起来了,只要由电路参数确定了零、极点的值,根据零、极点值画出各零、极点基本因子的波特图,进而合成即可得到总的波特图。下面分别说明零、极点基本因子波特图的渐近线画法。

1. 一阶极点、零点的波特图

如果设某放大器的电压增益函数可表示为

$$A_u(s) = K\frac{s+\omega_z}{s+\omega_p} \tag{5-34}$$

式中,$z_1 = -\omega_z$,ω_z 为一阶零点的值;$p_1 = -\omega_p$,ω_p 为一阶极点的值,且 $\omega_p \gg \omega_z$。例如 $\omega_p = 100\omega_z$,那么当 $s = j\omega$ 时,可得电压增益的稳态响应函数,并整理成方便作图的标准式为

$$A_u(j\omega) = A_{uo}\frac{1+j\dfrac{\omega}{\omega_z}}{1+j\dfrac{\omega}{\omega_p}}; \quad \left(A_{uo} = \frac{K\omega_z}{\omega_p}\right) \tag{5-35}$$

由式(5-35)可得放大器的幅频特性函数为

$$A_u(\omega)(\mathrm{dB}) = A_{u1}(\omega) + A_{u2}(\omega) + A_{u3}(\omega)$$

$$= 20\lg A_{uo} + 20\lg\sqrt{1+\left(\frac{\omega}{\omega_z}\right)^2} - 20\lg\sqrt{1+\left(\frac{\omega}{\omega_p}\right)^2} \tag{5-36}$$

式中,$A_{u1}(\omega)$、$A_{u2}(\omega)$ 和 $A_{u3}(\omega)$ 分别代表常数因子 A_{uo}、零点因子和极点因子的波特图。

同理,由式(5-35)可得相频特性函数为

$$\varphi(\omega) = \varphi_1(\omega) + \varphi_2(\omega) - \varphi_3(\omega) = 0 + \arctan\frac{\omega}{\omega_z} - \arctan\frac{\omega}{\omega_p} \tag{5-37}$$

下面根据式(5-36)和式(5-37)分别画常数项 $A_{u1}(\omega)$、一阶零点因子 $A_{u2}(\omega)$ 和一阶极点因子 $A_{u3}(\omega)$ 的波特图。

(1) 常数项 $A_{u1}(\omega)$

由式(5-36)和式(5-37)可得常数因子 A_{uo} 的幅频特性和相频特性为

$$A_{u1}(\omega) = 20\lg A_{uo}(\mathrm{dB}) \quad \varphi_1(\omega) = 0°$$

显然,$A_{u1}(\omega)$ 的幅频波特图是纵坐标为 $20\lg A_{uo}$、平行于横轴的一条直线;相频波特图则为与横轴重合的一条直线,如图 5-16 所示。

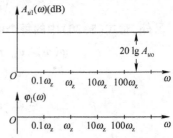

图 5-16　常数项 A_{uo} 的波特图

(2) 一阶零点因子的波特图

① 一阶零点因子的幅频波特图

由式(5-36)的第二项知,$A_{u2}(\omega) = 20\lg\sqrt{1+(\omega/\omega_z)^2}$,由此可以近似分析出:

当 $\omega \ll \omega_z$ 时,$(\omega/\omega_z)^2 \ll 1$,$A_{u2}(\omega) \approx 20\lg 1 = 0\ \mathrm{dB}$,是与横轴重合的一条渐近线。

当 $\omega \gg \omega_z$ 时,$(\omega/\omega_z)^2 \gg 1$,$A_{u2}(\omega) \approx 20\lg(\omega/\omega_z)$,是随 ω 的增加以(20 dB/十倍频程)的速率增长的一条渐近线。

利用两条渐近直线可近似表示出实际幅频波特图,如图 5-17(a)所示。

当 $\omega = \omega_z$ 时,$A_{u2}(\omega) = 20\lg\sqrt{2} = 3\ \mathrm{dB}$,可见用两条渐近直线表示的幅频波特图在 ω_z 处有 3 dB 的误差。

② 一阶零点因子的相频波特图

由式(5-37)的第二项知,$\varphi_2(\omega) = \arctan(\omega/\omega_z)$,由此可以近似分析出:

当 $\omega \leq 0.1\omega_z$ 时,可认为 $\omega \ll \omega_z$,$\varphi_2(\omega) \approx 0°$,可用与横轴重合的一条渐近直线表示。

当 $\omega \geq 10\omega_z$ 时,可认为 $\omega \gg \omega_z$,$\varphi_2(\omega) \approx 90°$,可用相位为 $90°$ 平行于横轴的一条渐近直线表示。

当 $0.1\omega_z < \omega < 10\omega_z$,且 $\omega = \omega_z$ 时,$\varphi_2(\omega) = 45°$,可用斜率为($+45°/$十倍频程)的一条直线近似,如图 5-17(b)所示。

可见,实际中利用三条渐近直线可近似表示出一阶零点因子的相频波特图。

实际上当 $\omega = 0.1\omega_z$ 时,$\arctan(0.1) = 5.72°$,而 $\omega = 10\omega_z$ 时,$\arctan(10) = 84.28°$,可见与渐近线交点处,存在着 $\pm5.72°$ 的误差。

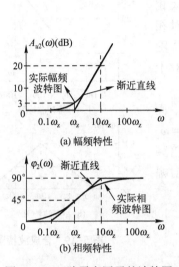

图 5-17　一阶零点因子的波特图

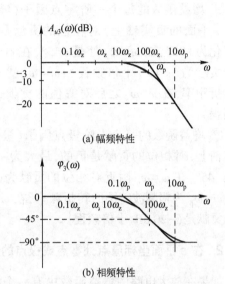

图 5-18　一阶极点因子的波特图

(3) 一阶极点因子的波特图

① 一阶极点因子的幅频波特图

由式(5-36)的第三项知,$A_{u3}(\omega) = -20\lg\sqrt{1+(\omega/\omega_p)^2}$,与上述分析方法相同:

当 $\omega \ll \omega_p$ 时,$A_{u3}(\omega) \approx 20\lg 1 = 0$ dB,是与横轴重合的一条渐近线。

当 $\omega \gg \omega_p$ 时,$A_{u3}(\omega) \approx -20\lg(\omega/\omega_z)$,是随 ω 的增加以(-20 dB/十倍频程)的速率下降的一条渐近线。

利用两条渐近直线可近似表示出实际幅频波特图,如图 5-18(a)所示。

当 $\omega = \omega_p$ 时,$A_{u3}(\omega) = -20\lg\sqrt{2} = -3$ dB,可见用两条渐近直线表示的幅频波特图在 ω_p 处有 3 dB 的误差。

② 一阶极点因子的相频波特图

由式(5-37)的第三项知,$\varphi_3(\omega) = -\arctan(\omega/\omega_p)$,与上述分析方法相同:

当 $\omega \leq 0.1\omega_p$ 时,可认为 $\omega \ll \omega_p$,$\varphi_3(\omega) \approx 0°$,可用与横轴重合的一条渐近直线表示。

当 $\omega \geq 10\omega_p$ 时,可认为 $\omega \gg \omega_p$,$\varphi_3(\omega) \approx -90°$,可用相位为 $-90°$,平行于横轴的一条渐近直线表示。

当 $0.1\omega_p < \omega < 10\omega_p$,且 $\omega = \omega_p$ 时,$\varphi_3(\omega) = -45°$,所以可用斜率为($-45°/$十倍频程)的一条直线渐近表示,如图 5-18(b)所示。

从以上的分析可以看出，一阶极点因子对应的幅频、相频波特图，与一阶零点因子对应的幅频、相频波特图的转折频率不同，且渐近线斜率相差一个负号，但波特图的画法完全相同。

（4）合成波特图

把图5-16、图5-17、图5-18中的幅频波特图和相频波特图分别从左到右依次叠加，即可得到放大电路增益函数的合成波特图，如图5-19所示，其中图(a)表示合成后的幅频波特图，图(b)表示合成后的相频波特图。

由以上分析可得两点结论：

① 增益函数的每个一阶零点因子（零点为负实数，位于 s 平面的负实轴上）对相位的贡献是正的，最大相位变化为 $+90°$，在 $\omega=\omega_z$ 处是 $+45°$，在 $\omega=\omega_z$ 附近对相位的贡献为（ $+45°$/十倍频程）； $\omega=\omega_z$ 就是幅频波特图的转折频率，在 $\omega>\omega_z$ 之后对幅值的贡献是（ $+20$ dB/十倍频程）。

② 增益函数的每个一阶极点因子（极点位于 s 平面负实轴上）对相位的贡献是负的，最大为 $-90°$，在 $\omega=\omega_p$ 处是 $-45°$，在 $\omega=\omega_p$ 附近对相位的贡献为（ $-45°$/十倍频程）； $\omega=\omega_p$ 为幅频波特图的转折频率，在 $\omega>\omega_p$ 之后对幅值的贡献是（ -20 dB/十倍频程）。

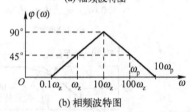

图5-19　合成波特图

2. 在 s 平面坐标原点处零点或极点的波特图

如果在放大电路的增益函数中有一个零点或有一个极点位于 s 平面坐标原点处，即其增益函数可以表示为

$$A_u(s)=\frac{s}{(s-p_1)}\text{（零点位于 }s\text{ 平面坐标原点处）} \tag{5-38}$$

或

$$A_u(s)=\frac{(s-z_1)}{s(s-p_1)}\text{（极点位于 }s\text{ 平面坐标原点处）} \tag{5-39}$$

显然式(5-38)所表示的增益函数中有一个零点位于 s 平面坐标原点处，而式(5-39)所表示的增益函数中有一个极点位于 s 平面坐标原点处。那么位于 s 平面坐标原点处的零点和极点的波特图又应该如何画呢？首先还是令 $s=j\omega$，求出增益函数的稳态响应函数，即

$$A_u(j\omega)=\frac{j\omega}{j\omega-p_1}$$

或

$$A_u(j\omega)=\frac{j\omega-z_1}{j\omega(j\omega-p_1)} \tag{5-40}$$

（1）s 平面坐标原点处的零点因子

由式(5-40)可以看出一阶 s 平面坐标原点处的零点因子为

$$A_{u1}(j\omega)=j\omega$$

其幅频特性为 $\qquad A_{u1}(\omega)=20\lg\omega\ \text{（dB）}$

相频特性为 $\qquad \varphi_1(\omega)=+90°$

利用幅频特性可画出幅频波特图：

当 $\omega = 1\ \mathrm{rad/s}$ 时，$A_{u1}(\omega) = 20\mathrm{lg}1 = 0(\mathrm{dB})$，表明幅频波特图一定经过横轴 $\omega = 1\ \mathrm{rad/s}$ 的点。

当 $\omega > 1$ 或 $\omega < 1$ 时，波特图是一条随着 ω 的增加以（+20 dB/十倍频程）的斜率增长的渐近直线。

于是可得出这样的结论：**s 平面坐标原点处零点因子的幅频波特图是一条经过横轴 $\omega =$ 1 rad/s 的点，且随着 ω 的增加以（ +20 dB/十倍频程）的斜率增长的渐近直线**，如图 5-20 所示。

利用相频特性可知，**s 平面坐标原点处零点因子的相频波特图是一条平行于横轴，且相角为 +90° 的直线**。

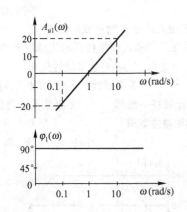

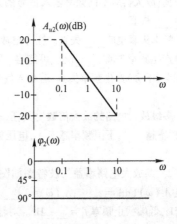

图 5-20　s 平面原点处零点因子的波特图　　　图 5-21　s 平面原点处极点因子的波特图

（2）s 平面坐标原点处的极点因子

由式（5-40）可以看出一阶 s 平面坐标原点处的极点因子为

$$A_{u2}(\mathrm{j}\omega) = 1/\mathrm{j}\omega$$

其幅频特性为　　　　　　　　　　　$A_{u2}(\omega) = 20\mathrm{lg}(1/\omega) = -20\mathrm{lg}\omega$

相频特性为　　　　　　　　　　　　　$\varphi_1(\omega) = -90°$

同理可得：**s 平面坐标原点处极点因子的幅频波特图是一条经过横轴 $\omega = 1\ \mathrm{rad/s}$ 的点，且随着 ω 增加以（ -20 dB/十倍频程）的斜率下降的渐近直线。而相频波特图是一条平行于横轴，且相角为 -90° 的直线**，如图 5-21 所示。

由前述分析不难发现绘制幅频波特图的规律：**幅频特性波特图上每一个转折点对应单个零、极点或多重零、极点。随着频率的增加，每经过一个单个极点，其渐进线的斜率改变（ -20 dB/十倍频程）；而每经过一个单个零点，其渐近线斜率改变（ +20 dB/十倍频程）**。这种斜率的改变，其实就是极点随频率的增加贡献负分贝，零点随频率的增加贡献正分贝的结果。如果增益函数 $A_u(s)$ 中含有二重零、极点，则在该零、极点频率处渐近线幅频波特图斜率的改变为（ ±40 dB/十倍频程）。

渐近线相频波特图的绘制也有规律可循：**高频零、极点因子总是在 $\omega = 0.1\omega_z$、$0.1\omega_p$ 右侧开始贡献相位，在 $\omega = \omega_z$、ω_p 时相位为 ±45°，在 $\omega = 10\omega_z$、$10\omega_p$ 时相位达到最大值 ±90°**。至于贡献的相角是正还是负，则取决于零、极点因子幅角的符号，一般极点因子贡献负相角，零点因子贡献正相角。

5.3-1 填空题

（1）在低频段，由于＿＿＿的存在，使放大器的增益是频率的函数；在高频段，由于＿＿＿的存在，使增益也是频率的函数。 答案：耦合电容和旁路电容，结电容和级间分布电容

（2）当输入信号频率降低或升高致使增益下降到中频段增益的＿＿＿倍时所对应的频率，称为截止频率，或＿＿＿dB截止频率。通频带就是在＿＿＿频率和＿＿＿频率之间的频率范围。

答案：$1/\sqrt{2}$，3，上限截止，下限截止

（3）放大器对输入信号的高频分量和低频分量的放大倍数不同，使输出波形发生畸变，这种输出失真称为＿＿＿失真；放大器对不同频率输入信号的附加相移不与频率成正比，也会使输出波形发生畸变，这种输出失真称为＿＿＿失真。 答案：幅频，相频

（4）频率失真也叫＿＿＿失真。在考虑放大电路的失真时，若输入信号 u_i 为单频正弦波，则＿＿＿（会、可能会、不会）产生频率失真，＿＿＿（会、可能会、不会）产生非线性失真。若输入信号为多频正弦波叠加，则＿＿＿（会、可能会、不会）产生频率失真；若输入信号过大，则＿＿＿（会、可能会、不会）产生非线性失真。

答案：线性，不会，可能会，可能会，会

（5）多级放大电路的放大倍数比其任一级都＿＿＿，通频带比其任一级都＿＿＿。多级放大电路的级数越多，上限频率越＿＿＿，下限频率越＿＿＿，电压放大倍数越＿＿＿，其增益带宽积＿＿＿。

答案：大，窄，低，高，大，不变

5.3-2 某放大电路增益的波特图如图所示，则其中频电压增益 $A_u(\omega)$（dB）＝＿＿＿，$A_u(\omega)$＝＿＿＿。高端截止频率 f_H＝＿＿＿Hz，低端截止频率 f_L＝＿＿＿Hz。对输入频率为 f_H 或 f_L 的信号，其 A_u＝＿＿＿dB；该电路有＿＿＿个极点，＿＿＿个零点，为＿＿＿阶放大电路，其增益函数（传输函数）$A_u(jf)$＝＿＿＿。

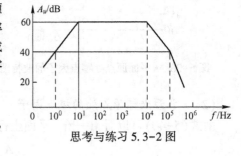

思考与练习 5.3-2 图

答案：60，$\pm10^3$，10^4 Hz，10 Hz，57；3，1，三，

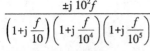

$$\frac{\pm j\,10^2 f}{\left(1+j\dfrac{f}{10}\right)\left(1+j\dfrac{f}{10^4}\right)\left(1+j\dfrac{f}{10^5}\right)}$$

5.3-3 选择题

（1）多级放大电路放大倍数的波特图为（　　） 答案：C

A. 各级波特图中带宽最宽者 　　B. 各级波特图中带宽最窄者

C. 各级波特图的叠加 　　D. 各级波特图的乘积

（2）相同的两单级放大器级联后，在原单级放大器的截止频率处的电压放大倍数与中频电压放大倍数的比值为（　　） 答案：B

A. $1/\sqrt{2}$倍 　　B. $1/2$倍 　　C. $2/\sqrt{2}$倍 　　D. 无法判断

（3）当输入单管共射放大电路信号的频率 $f=f_L$ 时，其输出信号将滞后于输入角度为（　　） 答案：C

A. 45° 　　B. 90° 　　C. 135° 　　D. 180°

（4）若反相放大器的中频电压增益为100 dB，高频电压增益函数具有两个极点 p_1 和 p_2，没有零点。则放大器的高频增益函数为（　　） 答案：A

A. $\dfrac{-10^5}{\left(1+\dfrac{|p_1|}{j\omega}\right)+\left(1+\dfrac{|p_2|}{j\omega}\right)}$ 　　B. $\dfrac{10^5}{\left(1+\dfrac{|p_1|}{j\omega}\right)+\left(1+\dfrac{|p_2|}{j\omega}\right)}$

C. $\dfrac{100}{\left(1+\dfrac{|p_1|}{j\omega}\right)+\left(1+\dfrac{|p_2|}{j\omega}\right)}$ 　　D. $\dfrac{-10^5}{(j\omega-p_1)+(j\omega-p_2)}$

（5）某放大器高频增益函数为 $A(s)=\dfrac{6\times10^{25}}{(s+5\times10^{6})(s+60\times10^{6})(s+20\times10^{7})}$，则其近似 3 dB 带宽为（　　）

答案：A

A. 5×10^{6} rad/s　　　B. 20×10^{7} rad/s　　C. 21×10^{7} rad/s　　　D. 19.5×10^{7} rad/s

（6）具有相同频率特性的两个单级放大器级联后，在其原截止频率处总的电压增益下降了（　　）

A. 10 dB　　　　　　B. 3 dB　　　　　　C. 6 dB　　　　　　D. 9 dB　　　　　　答案：C

5.3-4　某放大器的幅频波特图如图所示，试判断当输入以下信号时，输出信号是否会产生线性失真。

（1）$u_{i}=5\cos(20\pi t+30°)$ mV

（2）$u_{i}=5\cos(2\times10^{3}\pi t+30°)$ mV

（3）$u_{i}=5\cos(4\times10^{5}\pi t+30°)$ mV

（4）$u_{i}=5\cos(2\times10^{5}\pi t+30°)+5\cos(20\pi t+30°)$ mV

（5）$u_{i}=5\cos(2\times10^{5}\pi t+30°)+5\cos(2\times10^{3}\pi t+30°)$ mV

（6）u_{i} 为语音信号

（7）u_{i} 为周期矩形脉冲信号

（8）u_{i} 为视频信号

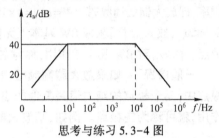

思考与练习 5.3-4 图

答案：（1）、（2）、（3）、（6）不会；（4）、（5）、（7）、（8）会

5.4　基本放大器高、低截止频率的估算

5.4.1　主极点的概念

如前所述，放大器的通频带是由放大器的高、低截止频率决定的，即 $\mathrm{BW}=\Delta f_{0.7}=f_{\mathrm{H}}-f_{\mathrm{L}}$（或 $\mathrm{BW}=\Delta\omega_{0.7}=\omega_{\mathrm{H}}-\omega_{\mathrm{L}}$）。按照高、低截止频率的严格定义，低频截止频率 ω_{L} 应由低频段的所有零、极点决定，高频截止频率 ω_{H} 由高频段的所有零、极点决定。然而基本放大器的零、极点分布往往有以下特点：**在低频段，其零点通常比所有极点或部分极点在数值上要小得多；而在高频段，其零点比所有极点或部分极点在数值上要大得多。因此，零点对高、低截止频率的影响通常可忽略不计。**

一般来说，在低频段的若干极点中，若某极点 p_{L} 的绝对值比其他极点的绝对值大 4 倍以上时，根据波特图的知识，$\omega_{\mathrm{L}}\approx p_{\mathrm{L}}$，即该极点对低频截止频率起决定作用，称为低频主极点。同理，在高频段，高频主极点 p_{H} 就是其绝对值比其他高频极点的绝对值小 4 倍以上的那个极点，由幅频波特图的做法可知，$\omega_{\mathrm{H}}\approx p_{\mathrm{H}}$，即该高频主极点对高频截止频率起决定作用。下面通过一个实例首先说明高频主极点的概念。

【例 5-1】　设某放大器在高频区的电压增益函数为

$$A_{u\mathrm{H}}(s)=\frac{A_{uo}}{\left(1-\dfrac{s}{p_{1}}\right)\left(1-\dfrac{s}{p_{2}}\right)}=\frac{-100}{\left(1+\dfrac{s}{4\times10^{6}}\right)\left(1+\dfrac{s}{96.2\times10^{6}}\right)}$$

显然该放大器的增益函数有两个极点

$$\omega_{\mathrm{p1}}=-4\times10^{6}\ \mathrm{rad/s}\qquad\omega_{\mathrm{p2}}=-96.2\times10^{6}\ \mathrm{rad/s}$$

其幅频特性为

$$A_{uH}(\omega) = 20\lg 100 - 20\lg \sqrt{1 + \left(\frac{\omega}{p_1}\right)^2} - 20\lg \sqrt{1 + \left(\frac{\omega}{p_2}\right)^2}$$

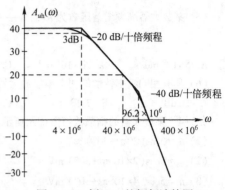

根据放大器的幅频特性可绘制出该放大器的幅频波特图如图 5-22 所示。由幅频波特图可以看出,随着 ω 的增加 $A_{uH}(\omega)$ 下降到中频增益 $A_{uo} = 40$ dB 的 0.707 时,所对应的角频率 ω_{p1},即为该放大器的高频截止角频率,即放大器的通频带 BW = $\omega_{p1} = 4 \times 10^6$ rad/s。由于 $\omega_{p1} \ll \omega_{p2}$,故 ω_{p2} 对通频带 BW 基本上无作用,称为非主极点。而 ω_{p1} 对 BW 起主导作用,称为主极点。

图 5-22　例 5-1 的幅频波特图

一般情况下,如果放大器高频区增益函数的若干极点中,某个极点的绝对值是其他极点绝对值的 **1/4** 以下时,该极点就对通频带 **BW** 起主导作用,就可称为主极点。例如,某放大器在高频区的电压增益函数 $A_{uH}(s)$ 为

$$A_{uH}(s) = \frac{A_{uo}}{\left(1 - \dfrac{s}{p_1}\right)\left(1 - \dfrac{s}{p_2}\right) \cdots \left(1 - \dfrac{s}{p_n}\right)}$$

如果 p_1 为主极点,则 p_1 应满足

$$|p_1| \ll |p_2|, |p_3|, \cdots, |p_n| \tag{5-41}$$

或 $$\left|\frac{1}{p_1}\right| > (4 \sim 5)\left(\frac{1}{|p_2|} + \frac{1}{|p_3|} + \cdots + \frac{1}{|p_n|}\right) = (4 \sim 5)\sum_{j=2}^{n} \frac{1}{|p_j|}$$

则该放大器的通频带 BW = f_H,其中 $p_1 = -\omega_{p1}, p_2 = -\omega_{p2}, \cdots, p_n = -\omega_{pn}$。

$$\frac{1}{2\pi f_H} = \frac{1}{\omega_H} \approx \frac{1}{\omega_{p1}} \approx \frac{1}{\omega_{p1}} + \frac{1}{\omega_{p2}} + \cdots + \frac{1}{\omega_{pn}} = \sum_{j=1}^{n} \frac{1}{\omega_{pj}} \tag{5-42}$$

可见,只要从已知的极点 $p_1, p_2 \cdots, p_n$ 中找出主极点,即可求出放大器的通频带 BW,但一般求解各极点 $p_1, p_2 \cdots, p_n$ 就必须对含有 N 个电容的复杂电路列方程求解,这将是非常繁杂和困难的事。利用下面介绍的开路时间常数法可简便地求出放大器的通频带 BW = f_H。

5.4.2　开路时间常数分析法

由上所述,开路时间常数分析法是计算放大器上限频率 f_H 的一种简便方法。那么开路时间常数与放大器的上限频率 f_H,或者说与放大器增益函数的主极点之间有怎样的关系呢?

1. 增益函数主极点与开路时间常数之间的关系

图 5-23 所示为计算开路时间常数的二阶线性网络模型。设 C_1 和 C_2 是两个独立的电容,而图中方框内不含电容和独立电源,是只含有电阻和受控源的线性网络。我们以它为例来导出开路时间常数和主极点之间的关系。在图 5-23 中,分别在 C_1 和 C_2 的支路中串入独立电流源 $I_1(s)$ 和 $I_2(s)$,利用叠加原理可求出 $I_1(s)$ 和 $I_2(s)$ 的端电压 $U_{I1}(s)$ 和 $U_{I2}(s)$。

图 5-23　计算开路时间常数的二阶线性网络

如果 C_2 开路，即当 $I_2(s)=0$ 时，在 C_1 支路上串接电流源 $I_1(s)$，测得端口电压为 $U_1(s)$，端口电阻为 $R_{1o}=U_1(s)/I_1(s)$（**简单地说，R_{1o}就是 C_2 开路后，由 C_1 端口视入的戴维南电阻**），那么称 $\tau_1=C_1R_{1o}$ 为 C_2 开路时，C_1 的时间常数。则在 $I_1(s)$ 单独作用下产生的 $U'_{I1}(s)$ 为

$$U'_{I1}(s)=\left[R_{1o}+(sC_1)^{-1}\right]I_1(s) \tag{5-43}$$

当 $I_1(s)=0$ 时，用 R_{12} 表示 $I_2(s)$ 单独作用时，由 $I_1(s)$ 的端口看入的开路传输跨阻。则 $I_2(s)$ 单独作用，在 $I_1(s)$ 的两端产生的开路电压 $U''_{I1}(s)$ 为

$$U''_{I1}(s)=R_{12}I_2(s) \tag{5-44}$$

利用叠加原理可得 $\qquad U_{I1}(s)=\left[R_{1o}+(sC_1)^{-1}\right]I_1(s)+R_{12}I_2(s) \tag{5-45}$

同理可得，$I_2(s)$ 两端的电压为

$$U_{I2}(s)=R_{21}I_1(s)+\left[R_{2o}+(sC_2)^{-1}\right]I_2(s) \tag{5-46}$$

式中，$\tau_2=C_2R_{2o}$ 为 C_1 开路时，C_2 的时间常数。R_{2o} 是 C_1 开路，在 C_2 支路上串接电流源 $I_2(s)$，测得的端口电压 $U_2(s)$，则端口电阻为 $R_{2o}=U_2(s)/I_2(s)$。**简单的说，R_{2o}就是 C_1 开路后，由 C_2 端口视入的戴维南电阻**）。R_{21} 是 $I_2(s)=0$ 时，$I_1(s)$ 单独作用下，在 $I_2(s)$ 的端口看入的开路传输跨阻。

将式(5-45)和式(5-46)改写成下面的矩阵形式：

$$\begin{bmatrix}U_{I1}\\U_{I2}\end{bmatrix}=\begin{bmatrix}R_{1o}+\dfrac{1}{sC_1} & R_{12}\\[2mm] R_{21} & R_{2o}+\dfrac{1}{sC_2}\end{bmatrix}\begin{bmatrix}I_1(s)\\I_2(s)\end{bmatrix} \tag{5-47}$$

令式(5-47)系数矩阵的行列式 Δ（系统的特征方程）等于零，$\Delta=0$ 的根就是相应增益函数 $A_u(s)$ 的极点 p_1 和 p_2。显然，在这两个极点所表示的复频率 $p_1=-\omega_{p1}$，$p_2=-\omega_{p2}$ 上，由于当式(5-47)中系数矩阵的行列式 $\Delta=0$ 时，即使 $I_1(s)$ 和 $I_2(s)$ 不为零，$U_{I1}(s)$ 和 $U_{I2}(s)$ 也为零。因此，图 5-23 中的两个电流源此时即使短路，对网络的电流也没有影响。如果用 K 表示常数，则这两个极点 p_1 和 p_2 应满足下面的关系式：

$$K\left(1-\frac{p_1}{s}\right)\left(1-\frac{p_2}{s}\right)=\left(R_{1o}+\frac{1}{sC_1}\right)\left(R_{2o}+\frac{1}{sC_2}\right)-R_{12}R_{21} \tag{5-48}$$

用 s^2 遍乘式(5-48)后得

$$K\left[s^2-(p_1+p_2)s+p_1p_2\right]=(R_{1o}R_{2o}-R_{12}R_{21})s^2+\left(\frac{R_{1o}}{C_2}+\frac{R_{2o}}{C_1}\right)s+\frac{1}{C_1C_2} \tag{5-49}$$

令式(5-49)方程等号两侧的各 s 项的系数及常数项相等，有

$$-K(p_1+p_2)=\frac{R_{1o}}{C_2}+\frac{R_{2o}}{C_1}$$

$$Kp_1p_2=\frac{1}{C_1C_2}$$

将以上两式相除，便求出

$$-\left(\frac{1}{p_1}+\frac{1}{p_2}\right)=R_{1o}C_1+R_{2o}C_2=\tau_1+\tau_2 \tag{5-50}$$

同理，对具有 n 个电容的电路，证明是类似的，**并且对电容回路没有限制。但式(5-50)不适用于含电感的电路。**故上述结论可推广到 n 阶系统，即有

$$-\left(\frac{1}{p_1}+\frac{1}{p_2}+\cdots+\frac{1}{p_n}\right)=-\sum_{j=1}^{n}\frac{1}{p_j}=\sum_{j=1}^{n}R_{jo}C_j \tag{5-51}$$

如果设 p_1 为主极点,将式(5-51)和式(5-42)相比较可得一种近似计算放大电路增益函数高频主极点的方法:

$$\frac{1}{\omega_H} \approx \frac{1}{-p_1} \approx -\left(\frac{1}{p_1} + \frac{1}{p_2} + \cdots + \frac{1}{p_n}\right) = -\sum_{j=1}^{n}\frac{1}{p_j} = \sum_{j=1}^{n} R_{jo}C_j \tag{5-52}$$

$$f_H = \frac{\omega_H}{2\pi} \approx -\frac{p_1}{2\pi} \approx \frac{1}{2\pi\sum_{j=1}^{n} R_{jo}C_j} \tag{5-53}$$

式(5-52)的意义是,放大电路高频增益函数所有极点倒数之和的负值,恒等于相应电容开路时间常数之和。而式(5-53)说明,只要放大电路存在高频主极点 p_1,求出高频等效电路所有电容的开路时间常数之和的倒数,便得到放大电路的上限截止频率 ω_H。

另外还需强调,开路时间常数分析法是利用主极点概念的近似分析法,它不适用于含电感的放大电路。

2. 用开路时间常数法计算 f_H(或 ω_H)产生的误差与修正

进一步分析表明,如果放大电路的增益函数 $A_u(s)$ 是不存在主极点的多极点函数,用开路时间常数分析法计算 ω_H 虽简便,但误差较大,一般用开路时间常数法计算出的 ω_H 总是低于实际的上限频率。为发挥式(5-53)的优点,又使计算结果更接近于实际,常引入修正系数来减小误差。即一般有

$$\omega_{H实际}/\omega_{H近似} = 1.14 \tag{5-54}$$

所以,工程上常用下面的基本修正公式来估算放大器的上限频率

$$f_H = \frac{1.14}{2\pi\sum_j R_{jo}C_j} = \frac{1.14}{2\pi\sum_j \tau_j} \tag{5-55}$$

开路时间常数分析法在应用式(5-55)来估算放大器的上限频率时,既不需要对电路做复杂的"精确"解析,又能得到较满意的工程结果。对于多电容的电路,在不能判定电路是否有主极点时,应用式(5-55)优点更为明显。

5.4.3 开路时间常数分析法的应用

由上述的讨论可知,对于一个基本的放大器,只要求出放大器高频模型中由各个小电容对应的开路时间常数,便可运用式(5-53)或式(5-55)估算出该放大器的高频截止频率 ω_H 的值。本节将以 BJT 电路为研究对象,通过实例来说明开路时间常数分析法的具体应用。对于 FET 的放大电路读者可采用相同方法自行分析。

1. 共射差放的高频特性

【例5-2】 图5-24(a)所示是双端输入-双端输出直接耦合的共射差动放大电路,试利用开路时间常数分析法估算该放大器的通频带。

解: 设输入差模电压 $u_{id} = u_{i1} - u_{i2}$ 和输出差模电压 $u_{od} = u_{o1} - u_{o2}$。利用第4章所述差动放大电路的分析方法,画出它的半边差模等效电路,如图5-24(b)所示。图5-24(c)示出了半边差模等效电路的高频微变等效电路。但需注意,在 BJT 的高频微变模型中应该考虑结电容 $C_{b'e}$、$C_{b'c}$(小电容)的作用。

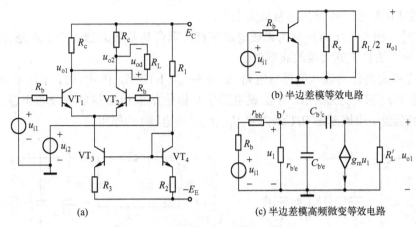

图 5-24 双端输入-双端输出共射差放

根据式(5-53),要计算 $BW = \omega_H/2\pi$,就必须先计算与独立电容 $C_{b'e}$、$C_{b'c}$ 相对应的开路时间常数电阻 R_{1o}、R_{2o}。

(1) **计算 R_{1o}**。根据图 5-24(c)所示电路,当 $C_{b'c}$ 开路时,利用戴维南定理,令独立信号源 $u_{i1}=0$,可把 $C_{b'e}$ 两端的电路简化成如图 5-25 所示。从中可求出开路时间常数电阻 R_{1o} 为

$$R_{1o} = (R_b + r_{bb'}) \mathbin{/\mkern-5mu/} r_{b'e} = R'_b$$

(2) **计算 R_{2o}**。根据图 5-24(c)所示电路,当 $C_{b'e}$ 开路时,利用戴维南定理,令独立信号源 $u_{i1}=0$,可把 $C_{b'c}$ 两端的电路简化成如图 5-26 所示。假设在 $C_{b'c}$ 两端加入电压 u_2,流入端口的电流为 i,可得

$$u_1 = \frac{i(r_{bb'}+R_b)r_{b'e}}{r_{bb'}+R_b+r_{b'e}} = R'_b i$$

$$u_2 = R'_b i + (i + g_m R'_b i)R'_L$$

$$R_{2o} = u_2/i = R'_b(1 + g_m R'_L) + R'_L$$

其中,$R'_b = (r_{bb'} + R_b) \mathbin{/\mkern-5mu/} r_{b'e}$,$R'_L = R_c \mathbin{/\mkern-5mu/} \dfrac{1}{2} R_L$。

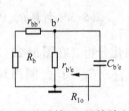

图 5-25 计算 R_{1o} 的等效电路

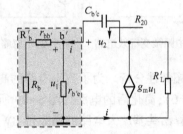

图 5-26 计算 R_{2o} 的等效电路

最后根据式(5-53)可估算出该放大器的通频带为

$$BW = f_H \approx \frac{1}{2\pi} \frac{1}{R_{1o}C_{b'e} + R_{2o}C_{b'c}} = \frac{1}{2\pi} \frac{1}{R'_b C_{b'e} + [R'_b(1 + g_m R'_L) + R'_L]C_{b'c}} \tag{5-56}$$

2. 共基放大器的频率特性

由第 3 章的学习,我们了解到:共基放大电路具有输入阻抗低、输出阻抗高、电流增益 $\alpha \approx 1$ 及通频带最宽等特点,常用于低输入阻抗和宽频带场合。这里将利用本章的知识,从频率特性

的角度,通过实例来进一步分析共基放大电路。

【例5-3】 图5-27(a)所示为集成电路中直接耦合共基放大器的交流通路,试利用开路时间常数分析法估算该放大器的通频带。

解: 首先画出简化高频微变等效电路,如图5-27(b)所示,图中,BJT采用了混合π参数模型,且忽略了r_{ce}和$r_{b'c}$;另外,C_{cs}是集成电路中晶体管集电极对衬底的分布电容,C_L是负载电容;在高频模型中应该考虑BJT结电容$C_{b'e}$、$C_{b'c}$(小电容)的作用。

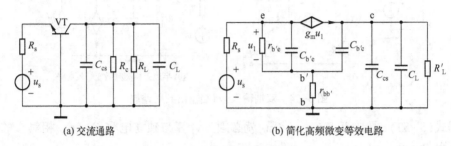

(a) 交流通路　　　　　　　　　(b) 简化高频微变等效电路

图5-27 共基放大电路

(1) **求中频电压增益**。如果把图5-27(b)中的所有电容开路,即可得到共基放大电路的中频微变等效电路,如图5-28所示。中频电压增益为

$$A_{uo}=h_{fe}R'_L/h_{ie}=\beta R'_L/r_{be}, \quad A_{uso}=\frac{R'_i}{(R_s+R'_i)}\frac{\beta R'_L}{r_{be}}$$

其中,$R'_i=\dfrac{h_{ie}}{(1+h_{fe})}$,$h_{ie}=r_{bb'}+r_{b'e}$,$\beta=h_{fe}$,$R'_L=R_c /\!/ R_L$。显然这个结果与第3章所讨论的结果是相同的。

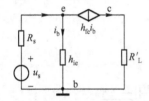　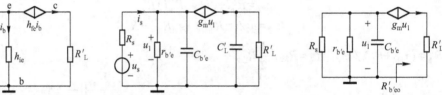

图5-28 中频微变等效电路　图5-29 忽略$r_{bb'}$后的简化电路　图5-30 计算$R_{b'eo}$的等效电路

(2) **高频特性分析**。为了突出电路的高频特点,可以简化分析。在图5-27(b)中忽略$r_{bb'}$小电阻($r_{bb'}=0$),简化后的电路如图5-29所示,其中$C'_L=C_{b'c} /\!/ C_{cs} /\!/ C_L$。利用开路时间常数分析法可计算出共基放大电路的通频带BW。

根据图5-29所示的电路,当$C'_L=C_{b'c} /\!/ C_{cs} /\!/ C_L$开路时,利用戴维南定理,令独立信号源$u_s=0$,可把$C_{b'e}$两端的电路简化成如图5-30所示。由图5-30可得

$$R_{b'eo}=R_s /\!/ r_{b'e} /\!/ R'_{b'eo}$$

其中,$R'_{b'eo}=u_1/(u_1 g_m)=1/g_m$,代入上式可得

$$R_{b'eo}=R_s /\!/ r_{b'e} /\!/ \frac{1}{g_m}\approx\frac{1}{g_m}$$

令独立信号源$u_s=0$,根据图5-29所示电路,当$C_{b'e}$开路后可得等效电路如图5-31所示。与C'_L并联的等效电阻为

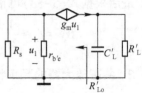

图5-31 计算R_{Lo}的等效电路

· 220 ·

$$R_{\mathrm{Lo}} = R'_{\mathrm{L}} /\!/ R'_{\mathrm{Lo}} \approx R'_{\mathrm{L}}$$

因为受控电流源 $g_{\mathrm{m}} u_1$ 的内阻一般很大,所以当在 C'_{L} 两端加电压后,$r_{\mathrm{b'e}}$ 上的分压 $u_1 \to 0$,即 $g_{\mathrm{m}} u_1 \to 0$,所以 $R'_{\mathrm{Lo}} \to \infty$,相当于开路。

整理以上计算结果,由式(5-53)可得

$$\omega_{\mathrm{H}} = \frac{1}{(R_{\mathrm{b'eo}} C_{\mathrm{b'e}} + R_{\mathrm{Lo}} C'_{\mathrm{L}})} \tag{5-57}$$

$$\mathrm{BW} = f_{\mathrm{H}} = \omega_{\mathrm{H}}/2\pi$$

若 $C'_{\mathrm{L}} = 0$(包括 $C_{\mathrm{b'c}} = 0$,$C_{\mathrm{cs}} = 0$),则共基放大器的通频带为

$$\mathrm{BW} = f_{\mathrm{H}} = \frac{\omega_{\mathrm{H}}}{2\pi} \approx \frac{1}{2\pi R_{\mathrm{b'eo}} C_{\mathrm{b'e}}} \approx \frac{g_{\mathrm{m}}}{2\pi C_{\mathrm{b'e}}} \approx f_{\mathrm{T}} \tag{5-58}$$

需要指出,在 $r_{\mathrm{bb'}}$ **很小或** $r_{\mathrm{bb'}} \approx 0$ **时,**$\mathbf{C}_{\mathrm{b'e}}$**、**$\mathbf{C}_{\mathrm{b'c}}$**直接并联在输入、输出端,共基电路不存在从集电极到发射极之间的反馈电容,所以与共射电路相比,共基电路具有很宽的频带,在** $C'_{\mathrm{L}} \approx 0$ **时,共基放大器的高频特性受到大电阻** R'_{L} **的影响很小。**

3. 共集电极放大器的频率特性

【例 5-4】 图 5-32(a)所示为集成电路中直接耦合射随器的交流通路,利用开路时间常数分析法估算共集放大电路的通频带 BW。

解: 首先画出高频微变等效电路如图 5-32(b)所示,在图(b)中考虑到了 BJT 的结电容 $C_{\mathrm{b'e}}$、$C_{\mathrm{b'c}}$ 和负载电容 C_{L}(小电容)对电路的影响。显然,根据第 3 章的知识可得射随器的低频电压增益为

$$A_{uo} = \frac{u_o}{u_i} = \frac{(1+\beta)R'_{\mathrm{L}}}{r_{\mathrm{be}} + (1+\beta)R'_{\mathrm{L}}}, \quad A_{us} = \frac{u_o}{u_s} = \frac{R_i}{(R_s + R_i)} A_{uo}$$

式中 $\quad R'_{\mathrm{L}} = r_{\mathrm{ce}} /\!/ R_{\mathrm{e}} /\!/ R_{\mathrm{L}} \approx R_{\mathrm{e}} /\!/ R_{\mathrm{L}}, \quad R_i = R_{\mathrm{b}} /\!/ [r_{\mathrm{be}} + (1+\beta)R'_{\mathrm{L}}], \quad r_{\mathrm{be}} = r_{\mathrm{bb'}} + r_{\mathrm{b'e}}$

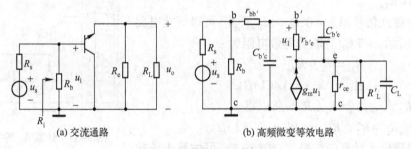

(a) 交流通路   (b) 高频微变等效电路

图 5-32 共集电极放大器

如前所述,为利用开路时间常数分析法估算共集放大电路的通频带 BW,应首先求出各个小电容($C_{\mathrm{b'e}}$、$C_{\mathrm{b'c}}$ 或 C_{L})单独作用时,电容两端的戴维南电阻 $R_{\mathrm{b'co}}$、$R_{\mathrm{b'eo}}$ 和 R_{Lo}。

① 计算 $R_{\mathrm{b'co}}$

令独立信号源 $u_{\mathrm{s}} = 0$,在 $C_{\mathrm{b'e}}$ 和 C_{L} 开路时,可得等效电路如图 5-33 所示。与 $C_{\mathrm{b'c}}$ 并联的等效电阻为

$$\begin{aligned} R_{\mathrm{b'co}} &= [r_{\mathrm{bb'}} + (R_{\mathrm{s}} /\!/ R_{\mathrm{b}})] /\!/ R'_{\mathrm{b'co}} \\ &\approx (r_{\mathrm{bb'}} + R'_{\mathrm{s}}) /\!/ [r_{\mathrm{b'e}} + (1+\beta)R''_{\mathrm{L}}] \\ &\approx r_{\mathrm{bb'}} + R'_{\mathrm{s}} \end{aligned}$$

其中，$R'_s = R_s \!/\!/ R_b$，$R''_L = r_{ce} \!/\!/ R'_L \approx R'_L$。

② 计算 $R_{b'eo}$

同理令独立信号源 $u_s = 0$，$C_{b'c}$、C_L 开路，可得等效电路如图 5-34 所示。与 $C_{b'e}$ 并联的等效电阻为

$$R_{b'eo} = r_{b'e} \!/\!/ R'_{b'eo}$$

而

$$R'_{b'eo} = u_1 / i$$

式中

$$u_1 = (R'_s + r_{bb'})i + (i - g_m u_1)R''_L, \quad R''_L = r_{ce} \!/\!/ R'_L \approx R'_L$$

整理可得

$$(1 + g_m R''_L)u_1 = (R'_s + r_{bb'} + R''_L)i$$

代入 $R'_{b'eo} = u_1 / i$，可得

$$R'_{b'eo} = \frac{R'_s + r_{bb'} + R''_L}{1 + g_m R''_L}$$

一般地，$g_m R''_L \gg 1$，$R''_L \gg R'_s + r_{bb'}$，则上式可进一步简化为 $R'_{b'eo} = 1/g_m$，所以

$$R_{b'eo} = r_{b'e} \!/\!/ R'_{b'eo} \approx r_{b'e} \!/\!/ \frac{1}{g_m} \approx \frac{1}{g_m}$$

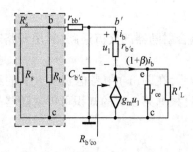

图 5-33 计算 $R_{b'eo}$ 的等效电路

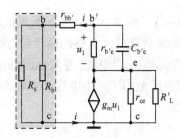

图 5-34 计算 $R_{b'eo}$ 的等效电路

③ 计算 R_{Lo}

同理令独立信号源 $u_s = 0$，$C_{b'C}$、$C_{b'e}$ 开路，可得等效电路如图 5-35 所示。与 C_L 并联的等效电阻为

$$R_{Lo} = R''_L \!/\!/ R'_{Lo}$$

$$R'_{Lo} = (R'_s + r_{be})/(1 + \beta)$$

式中，$R''_L = R'_L \!/\!/ r_{ce}$，$R'_s = R_s \!/\!/ R_b$。所以得

$$R_{Lo} = R''_L \!/\!/ R'_{Lo} \approx (R'_s + r_{be})/(1 + \beta)$$

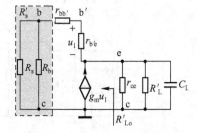

图 5-35 计算 R_{Lo} 的等效电路

最后整理以上计算的结果，由式(5-53)可估算出该放大器的通频带为

$$\omega_H \frac{1}{(R_{b'eo}C_{b'e} + R_{b'co}C_{b'c} + R_{Lo}C_L)} = \frac{1}{\dfrac{1}{g_m}C_{b'e} + (R'_s + r_{bb'})C_{b'c} + R_{Lo}C_L} \tag{5-59}$$

如果令 $R_s = 0$，则有

$$BW = \frac{\omega_H}{2\pi} \approx \frac{1}{2\pi} \frac{1}{\dfrac{1}{g_m}C_{b'e} + r_{bb'}C_{b'c} + \dfrac{r_{be}C_L}{1 + \beta}} \tag{5-60}$$

将式(5-60)与式(5-56)相比，可以看出**射随器的带宽要比共射放大器的带宽宽得多，射随器也是宽带放大器**。

5.4.4　短路时间常数分析法及其应用

如上所述,利用开路时间常数分析法估算直接耦合放大电路的上限截止频率,从而可估算

出放大电路的通频带 BW。但对 RC 阻容耦合放大电路来说,其幅频特性曲线如图 5-36 所示。由于耦合电容 C_1、C_2 在低频时对信号的分压作用,以及旁路电容 C_e 引起的负反馈作用,使放大器在低频区增益下降。那么阻容耦合放大电路在低频区的下限截止频率,在多极点的情况下又应该如何估算呢? 下面引入短路时间常数分析法,来估算多极点的情况下阻容耦合放大电路在低频区的下限截止频率。

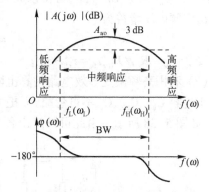

图 5-36　RC 阻容耦合放大器的频响特性曲线

如果 $A_{uL}(s)$ 是由放大电路低频模型确定的增益函数,且 $A_{uL}(s)$ 是存在主极点的多极点函数,那么,与开路时间常数分析法类似,利用电路理论可以推出下限截止频率 f_L 的近似求法为

$$f_L \approx \frac{1}{2\pi} \sum_j \left(\frac{1}{R_{js}C_j} \right) \tag{5-61}$$

式中,R_{js} 为放大电路在 C_j 单独作用,而其他电容短路时,与 C_j 并联的戴维南等效电阻,一般称为短路时间常数电阻。

与开路时间常数分析法同理,如果 $A_{uL}(s)$ 是不存在主极点的多极点低频增益函数,在利用式(5-61)估算 f_L 时会产生一定的误差,工程上可对式(5-61)做一些修正。一种工程上常用的估算式如下

$$f_L = \frac{1}{(2\pi \times 1.14)} \sum_j \left(\frac{1}{R_{js}C_j} \right) \tag{5-62}$$

实际中利用式(5-62)估算放大电路低频模型的下限频率 f_L,往往可以得到令人满意的工程估算结果。但需**注意在利用式(5-61)和式(5-62)估算 f_L 时,要求低频模型中不能含有图 5-11(a)所示的电容回路。**

下面通过例题来说明如何利用开路时间常数分析法和短路时间常数分析法对 RC 阻容耦合共射放大器的频率特性进行分析,从而学习估算放大器通频带的基本方法。

【例 5-5】　图 5-37(a)所示为单级 RC 阻容耦合共射放大器,利用开路时间常数分析法和短路时间常数分析法估算放大器的通频带。

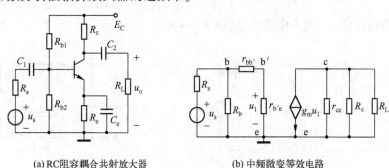

(a) RC阻容耦合共射放大器　　　　　(b) 中频微变等效电路

图 5-37　单级 RC 阻容耦合共射放大器

解： (1) 利用中频微变等效电路估算中频电压增益 A_{uo}

图 5-37(a)是我们所熟悉的单级 RC 阻容耦合共射放大器，如果把大电容 C_1、C_2、C_e 短路，小电容 $C_{b'e}$、$C_{b'c}$、C_L 开路，可得该放大电路的中频微变等效电路，如图 5-37(b)所示。进而可求出中频电压增益为

$$A_{uo} = u_o/u_i = -\beta R'_L/r_{be}$$

式中，$R'_L = r_{ce} /\!/ R_c /\!/ R_L$，$r_{be} = r_{bb'} + r_{b'e}$。

（2）利用高频微变等效电路估算上限截止频率

小电容 $C_{b'e}$、$C_{b'c}$、C_L 不可忽略，而把大电容 C_1、C_2、C_e 短路，可得放大电路的高频微变等效电路，如图 5-38 所示。由此可计算出各个小电容的开路时间常数电阻。

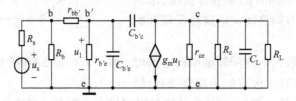

图 5-38　高频微变等效电路

① 计算 $R_{b'eo}$ 时，令独立信号源 $u_s = 0$，$C_{b'c}$、C_L 开路，可得

$$R_{b'eo} = r_{b'e} /\!/ (r_{bb'} + R'_s)，\quad R'_s = R_s /\!/ R_b$$

② 计算 R_{Lo} 时，令独立信号源 $u_s = 0$，$C_{b'e}$、$C_{b'c}$ 开路，可得

$$R_{Lo} = R'_L = r_{ce} /\!/ R_c /\!/ R_L$$

③ 计算 $R_{b'co}$ 时，令独立信号源 $u_s = 0$，$C_{b'e}$、C_L 开路，利用图 5-26 的等效电路可得

$$R_{b'co} = R''_s (1 + g_m R'_L) + R'_L，\quad R''_s = r_{b'e} /\!/ (r_{bb'} + R'_s)$$

利用开路时间常数分析法的计算公式，即式(5-55)，可估算出该放大器的上限截止频率为

$$f_H = \frac{1.14}{2\pi(R_{b'eo}C_{b'e} + R_{Lo}C_L + R_{b'co}C_{b'c})} \tag{5-63}$$

（3）利用低频微变等效电路估算下限截止频率

大电容 C_1、C_2、C_e 不可忽略，而把小电容 $C_{b'e}$、$C_{b'c}$、C_L 开路，可得放大电路的低频微变等效电路，如图 5-39 所示（忽略了 r_{ce}）。由此可计算出各个大电容的短路时间常数电阻。

① 计算 R_{1s} 时，令独立信号源 $u_s = 0$，C_e、C_2 短路，可得 $R_{1s} = R_s + (R_b /\!/ r_{be})$。

② 计算 R_{es} 时，令独立信号源 $u_s = 0$，C_1、C_2 短路，可得等效电路如图 5-40 所示。

$$R_{es} = \left[R_e /\!/ \frac{r_{be} + R'_s}{1 + \beta} \right] /\!/ R'_{es} \approx R_e /\!/ \frac{r_{be} + R'_s}{1 + \beta}$$

式中，由于受控电流源 βi_b 的内阻很大，所以 $R'_{es} \to \infty$。

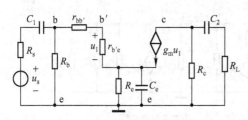

图 5-39　低频微变等效电路

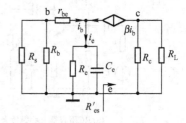

图 5-40　计算 R_{es} 的等效电路

③ 计算 R_{2s} 时，令独立信号源 $u_s = 0$，C_e、C_1 短路，可得 $R_{2s} = R_c + R_L$。

利用短路时间常数分析法的计算公式，即式(5-62)，可估算出该放大器的下限截止频率为

$$f_L = \frac{1}{1.14 \times 2\pi} \left(\frac{1}{C_1 R_{1s}} + \frac{1}{C_e R_{es}} + \frac{1}{C_2 R_{2s}} \right) \tag{5-64}$$

最后利用式(5-63)和式(5-64)的估算结果求出该放大器的通频带

$$BW = f_H - f_L \tag{5-65}$$

从单级共射放大器的实例分析中不难总结出利用时间常数法估算任何一种放大器增益函数的 ω_L 和 ω_H 的基本分析步骤：

（1）画出放大器的低频段(或高频段)小信号微变等效电路。

（2）分别求出低频段(或高频段)等效电路中每个电容的短路(或开路)时间常数。该步骤的难点是如何正确求出各电容单独作用时端口视入的戴维南等效电阻。其方法与求放大器输出电阻的方法基本相同。

（3）运用式(5-61)(有明显的主极点时)或式(5-62)(多个极点情况)估算出 ω_L。运用式(5-53)(有明显的主极点时)或式(5-55)(多个极点情况)估算出 ω_H。

注意：在用开路时间常数法估算 ω_H 时，允许放大器高频模型存在如图5-11所示的电容回路；而在用短路时间常数法估算 ω_L 时，要求低频模型不能含有如图5-11所示的电容回路。

5.5 多级放大器高、低截止频率的估算方法

5.5.1 多级放大器截止频率估算的一般性方法

一个 n 级放大器的方框图如图5-41所示。设从输入到输出各单级放大器的高、低截止频率分别为 f_{H1}，f_{H2}，$\cdots$，f_{Hn} 和 f_{L1}，f_{L2}，$\cdots$，f_{Ln}。下面分三种情况讨论多级放大器高、低截止频率的估算方法。

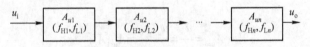

图5-41 n 级放大器的方框图

（1）在低频段，如果 f_{L1}，f_{L2}，$\cdots$，f_{Ln} 在数值上相差较大(一般为4倍以上)，则总的低端截止频率 f_L 近似等于最大的单级低端截止频率，即

$$f_L = \max(f_{L1}, f_{L2}, \cdots, f_{Ln}) \tag{5-66}$$

类似地，在高频段，如果 f_{H1}，f_{H2}，$\cdots$，f_{Hn} 在数值上相差较大，则总的高端截止频率 f_H 近似等于最小的单级高端截止频率，即

$$f_H = \min(f_{H1}, f_{H2}, \cdots, f_{Hn}) \tag{5-67}$$

（2）在高、低频段，各单级放大器的高、低端截止频率在数值上相差很小，在此情况下，估算总的高、低截止频率 f_H 和 f_L 是一个十分复杂的问题。对于比较简单的多级放大电路，仍可用开路时间常数法和短路时间常数法来计算总的高、低截止频率。较好的方法是借助于计算机来计算总的 f_H 和 f_L，也可采用实验法来实际测量出总的 f_H 和 f_L。

（3）若各单级放大器的高、低截止频率在数值上相等，即 $f_{L1} = f_{L2} = \cdots = f_{Ln} = f'_L$，$f_{H1} = f_{H2} = \cdots = f_{Hn} = f'_H$，则总的高、低截止频率可按下式估算：

$$f_L = \frac{f'_L}{\sqrt{2^{1/n} - 1}} \qquad (5-68)$$

$$f_H = f'_H \sqrt{2^{1/n} - 1} \qquad (5-69)$$

式中，n 为多级放大器的级数。n 越大，总的低端截止频率就越高，总的高端截止频率就越低。换句话说，级数越多，多级放大器的带宽就越窄。

5.5.2 两级差动放大器的频率特性分析

图 5-42 所示为单端输入–双端输出的直接耦合两级共射差动放大器。利用半边差模等效电路的概念，可用两个单管共射放大电路的级联电路来分析它，其高频微变等效电路如图 5-43 所示。其中 C_{cs} 是集成电路 BJT 集电区对衬底的分布电容。

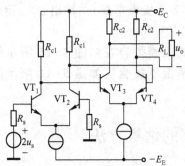 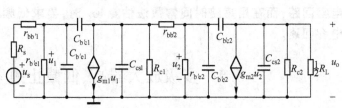

图 5-42 两级共射差动放大器电路　　　　图 5-43 高频微变等效电路

1. 低频电压增益

将图 5-43 所示高频微变等效电路中的所有小电容都开路，即可得低频（或中频）微变等效电路，从中可得

$$A_{uso} = \frac{u_o}{u_s} = \frac{u_{o1}}{u_s} \frac{u_o}{u_{o1}} = A_{us1} A_{u2}$$

将第二级的输入电阻 $R_{i2} = r_{bb'2} + r_{b'e2} = h_{ie2}$ 作为第一级的负载，可求出第一级的源电压增益为

$$A_{us1} = u_{o1}/u_s = -h_{fe1} R'_{L1} / (R_s + h_{ie1})$$

式中，$R'_{L1} = R_{c1} /\!/ h_{ie2}$，$h_{ie1} = r_{bb'1} + r_{b'e1}$。因 $u_{i2} = u_{o1}$，故第二级的电压增益为

$$A_{u2} = u_o/u_{i2} = u_o/u_{o1} = -h_{fe2} R'_L / h_{ie2}$$

式中，$R'_L = R_{c2} /\!/ \dfrac{1}{2} R_L$，于是可得两级共射差放（亦即两级共射放大器）的低频（或中频）源电压增益为

$$A_{uso} = \frac{h_{fe1} h_{fe2} R'_{L1} R'_L}{h_{ie2}(R_s + h_{ie1})}$$

2. 通频带 BW 的估算

为求 BW，需先求出与图 5-43 中各电容单独作用时与其并联的开路时间常数电阻。

（1）计算 $R_{b'e1o}$ 时，令独立信号源 $u_s=0$，$C_{b'c1}$、C_{cs1}、$C_{b'e2}$、$C_{b'c2}$、C_{cs2} 开路，可得

$$R_{b'e1o}=r_{b'e1}\,/\!/\,(r_{bb'1}+R_s)$$

（2）计算 $R_{b'c1o}$ 时，令独立信号源 $u_s=0$，$C_{b'e1}$、C_{cs1}、$C_{b'e2}$、$C_{b'c2}$、C_{cs2} 开路，利用图 5-26 所示的等效电路可得

$$R_{b'c1o}=R_{b'e1o}(1+g_{m1}R'_{L1})+R'_{L1}$$

（3）计算 R_{cs1o} 时，令独立信号源 $u_s=0$，$C_{b'e1}$、$C_{b'c1}$、$C_{b'e2}$、$C_{b'c2}$、C_{cs2} 开路，可得

$$R_{CS1o}=R'_{L1}$$

（4）计算 $R_{b'e2o}$ 时，令独立信号源 $u_s=0$，$C_{b'e1}$、$C_{b'c1}$、C_{cs1}、$C_{b'c2}$、C_{cs2} 开路，可得

$$R_{b'e2o}=r_{b'e2}\,/\!/\,(r_{bb'2}+R_{c1})$$

（5）计算 $R_{b'c2o}$ 时，令独立信号源 $u_s=0$，$C_{b'e1}$、$C_{b'c1}$、C_{cs1}、$C_{b'e2}$、C_{cs2} 开路，利用图 5-26 所示的等效电路可得

$$R_{b'c2o}=R_{b'e2o}(1+g_{m2}R'_L)+R'_L$$

（6）计算 R_{cs2o} 时，令独立信号源 $u_s=0$，$C_{b'e1}$、$C_{b'c1}$、C_{cs1}、$C_{b'e2}$、$C_{b'c2}$ 开路，可得

$$R_{cs2o}=R'_L$$

利用开路时间常数分析法的计算公式（5-55），可估算出该放大器的上限截止频率为

$$\omega_H\approx\frac{1.14}{(C_{b'e1}R_{b'e1o}+C_{b'c1}R_{b'c1o}+C_{sc1}R_{sc1o}+C_{b'e2}R_{b'e2o}+C_{b'c2}R_{b'c2o}+C_{cs2}R_{sc2o})}$$

所以有

$$BW=f_H=\omega_H/2\pi$$

本 章 小 结

（1）放大器的频率特性通常是指放大器输出信号的振幅和相对于输入信号的相移（相位）随输入信号的频率而变化的函数关系。

（2）本章介绍了晶体管电路的频率响应。明确了耦合电容、旁路电容以及晶体管分布电容对电路的影响。耦合电容和旁路电容（电容值一般在微法范围之内，决定了截止频率在几赫和几十赫范围之内）会影响放大电路的低频特性，使低频增益下降。晶体管极间分布电容（电容值一般在皮法范围之内，产生的截止频率接近兆赫或更高）会影响放大电路的高频特性，使晶体管的高频增益减小。

（3）根据增益函数可以描绘出增益的幅频和相频波特图。绘制幅频波特图的规律：幅频特性波特图上每一个转折点对应增益函数中的单个零、极点或多重零、极点。随着频率的增加，每经过一个单个极点，其渐进线的斜率改变（-20 dB/十倍频程）；而每经过一个单个零点，其渐近线斜率改变（+20 dB/十倍频程）。绘制相频波特图的规律：高频零、极点因子总是在 $\omega=0.1\omega_z$、$0.1\omega_p$ 右侧开始贡献相位，在 $\omega=\omega_z$、ω_p 时相位为 $\pm45°$，在 $\omega=10\omega_z$、$10\omega_p$ 时相位达到最大值 $\pm90°$。一般极点因子贡献负相角，零点因子贡献正相角。

（4）介绍了主极点的概念，根据主极点可以直接求得上限和下限截止频率，即 3 dB 频率。

这样不需要推导复杂的传递函数就可以轻松地构建波特图。

（5）开路时间常数分析法是计算放大器上限截止频率 ω_H 的一种简便方法。对于不含电感的放大电路，只要放大电路存在高频主极点 p_1，求出高频等效电路所有电容的开路时间常数之和的倒数，便可得到放大电路的上限截止频率 ω_H。

（6）短路时间常数分析法，用来估算多极点的情况下阻容耦合放大电路低频区的下限截止频率。

（7）共射（共源）放大器的带宽是三种基本类型的放大器中最小的。共基（共栅）放大器具有较大的带宽。射极（源极）跟随器放大电路在放大器的三种基本结构中通常也具有较大的带宽。

思考题与习题 5

5.1 已知某级联放大电路的电压增益函数为

$$A_u(s) = \frac{-100 \times 10^{13}}{(s+10^7)(s+10^6)}$$

试画出它的幅频波特图和相频波特图；求 $A_{uo}(\text{dB})$。

5.2 设某电路的电压增益函数为

$$A_u(s) = \frac{15s(2s+3)}{(3s+45)(s+150)}$$

试画出幅频波特图；并求中频增益 $A_{uo}(\text{dB})$。

5.3 某放大器的电压增益函数为

$$A_u(s) = \frac{-10^2 s(s+10^2)}{(s+10)(s+10^3)}$$

试画出它的幅频波特图和相频波特图。

5.4 某放大器电压增益函数为

$$A_u(s) = \frac{-10^5 s(s+10)}{(s+10^2)(s+10^3)}$$

（1）试求中频电压增益 $A_{uo}(\text{dB})$；

（2）绘出该放大器的幅频波特图和相频波特图；

（3）确定在 $\omega = 100 \text{ rad/s}$ 和 $\omega = 10 \text{ rad/s}$ 时电压增益的分贝数。

5.5 若放大器中频电压增益为 100 dB，高频电压增益函数具有两个极点 p_1 和 p_2，无有限零点，且 $|p_2| = 4|p_1|$。试画出幅频波特图和相频波特图。

5.6 单级共射放大电路如图题 5.6 所示。已知 $R_c = 2 \text{ k}\Omega$，$R_s = R_e = R_L = 1 \text{ k}\Omega$，$R_{b1} \parallel R_{b2} = 10 \text{ k}\Omega$，$C_1 = 5 \text{ μF}$，$C_2 = 10 \text{ μF}$，$C_e = 100 \text{ μF}$，BJT 参数 $\beta = 44$，$r_{be} = 1.4 \text{ k}\Omega$，试估算该放大器源电压增益的低频截止频率 f_L。

5.7 设图题 5.6 的共射放大电路中，$R_b = R_{b1} \parallel R_{b2} \gg R_s$，$R_b$ 可以略去不计，信号源内阻 $R_s = 0.3 \text{ k}\Omega$，等效负载电阻 $R_L' = R_c \parallel R_L = 0.5 \text{ k}\Omega$；晶体管参数为 $r_{bb'} = 0.2 \text{ k}\Omega$，$r_{b'e} = 0.8 \text{ k}\Omega$，$g_m = 80 \text{ mS}$，$C_{b'e} = 100 \text{ pF}$，$C_{b'c} = 1 \text{ pF}$。试用开路时间常数法估算源电压增益的高频截止频率 f_H。

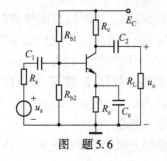

图 题 5.6

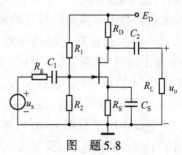

图 题 5.8

5.8 单级共源放大电路如图题 5.8 所示。已知 FET 参数为 $g_m = 3.4$ mS, $r_{ds} = 100$ kΩ。$C_{gs} = 4$ pF, $C_{ds} = 0.5$ pF, $C_{gd} = 1.2$ pF。电路中各元件的值为:$R_g = 20$ kΩ, $R_1 = 5$ MΩ, $R_2 = 330$ kΩ, $R_D = 2$ kΩ, $R_S = 820$ Ω, $R_L = 40$ kΩ;$C_1 = 0.02$ μF, $C_2 = 0.02$ μF, $C_S = 1.0$ μF。估算该放大器的源电压增益的低频截止频率 f_L、高频截止频率 f_H 及通频带 BW。

5.9 设图 5-39 所示电路及 BJT 模型参数为 $R_s = 1$ kΩ, $r_{bb'1} = r_{bb'2} = 200$ Ω, $r_{b'e1} = 10$ kΩ, $C_{b'e1} = 5$ pF, $C_{b'e2} = 10$ pF, $r_{b'e2} = 5$ kΩ, $C_{b'c1} = C_{b'c2} = 1$ pF; $C_{cs1} = C_{cs2} = 2$ pF, $g_{m1} = 7.7$ mS, $g_{m2} = 19.2$ mS, $R_{c1} = 10$ kΩ, $R_{c2} = 10$ kΩ, $R_L = 10$ kΩ。试求 A_{uso} 和 BW。

5.10 图题 5.10 所示为集成电路中直接耦合共射-共基宽带放大器的交流通路,设 VT$_1$ 和 VT$_2$ 的 $\beta = 100$, $r_{bb'} = 100$ Ω, $C_{b'c} = 0.5$ pF, $g_m = 38.5$ mS, $C_{b'e} = 3.6$ pF, $r_{b'e} = 2.6$ kΩ; $R_s = 1$ kΩ, $R_{e1} = 50$ Ω, $R'_L = 1$ kΩ。试求 A_{uso} 和 BW。

5.11 图题 5.11 所示为共源放大器的高频模型。图中 $R_G = 1$ MΩ, $R_L = 10$ kΩ, $r_{ds} = 100$ kΩ, $g_m = 1$ mS, $C_{gs} = 10$ pF, $C_{gd} = 0.5$ pF, $C_{ds} = 0.5$ pF, 负载电容 $C_L = 100$ pF。试用开路时间常数法估算 f_H。

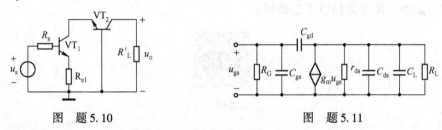

图 题 5.10　　　　　　　　　　　　图 题 5.11

5.12 填空题

(1) 放大器的频率响应是指放大器的输出信号对输入信号的(　　　)响应。小信号放大器输出信号与输入信号的相量比,称为放大器增益的(　　　)函数。

(2) 在低频段,由于(　　　)的存在,使放大器的增益是频率的函数;在高频段,由于(　　　)使增益也是频率的函数。

(3) 当输入信号频率降低或升高至使增益 $|A_u(j\omega)|$ 下降到中频段增益 $|A_{uo}|$ 的(　　　)倍时所对应的频率,分别称为增益的(　　　)频率 f_L 和(　　　)频率 f_H。通频带就是在(　　　)之间的频率范围。f_L 和 f_H 又称为(　　　)dB(　　　)频率。BW 又称为(　　　)dB 带宽。

(4) 放大器对输入信号的高频分量或低频分量的放大倍数不相同,输出波形就会发生畸变,这种输出失真称为(　　　)。放大器对输入信号的某些频率成分的时延不同,或者说对不同频率的输入信号产生的附加相移不与频率成正比,也会使输出波形畸变,这种输出失真称为(　　　)。以上两种失真统称为(　　　)失真。

(5) 与非线性失真最根本的区别是:发生频率失真时,输出波形中不会出现(　　　)成分。所以,频率失真又称为(　　　)失真。

(6) 将频率特性函数 $A_u(j\omega)$ 中的(　　　)代以(　　　);则成为放大器增益函数 $A_u(s)$。使 $A_u(s) \to 0$ 的取值,称为放大器增益函数的(　　　),使 $A_u(s) \to \infty$ 的取值,称为放大器增益函数的(　　　)。

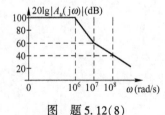

图 题 5.12(8)

(7) 电压增益的频率特性函数 $A_u(j\omega) = A_u(\omega)e^{j\varphi(\omega)}$。其中 $A_u(\omega)$ 的含义是(　　　),$\varphi(\omega)$ 的含义是(　　　)。

(8) 如图题 5.12(8) 所示,$A_u(j\omega)$ 幅频波特图所对应的中频增益 A_{uo} =(　　　)倍,f_H =(　　　)Hz。

(9) 如果放大器小信号模型中只有一个独立电容,则该放大器的任何频率特性函数的截止角频率都等于(　　　)。

(10) 某放大器的电压增益函数 $A_u(s) = \dfrac{-3 \times 10^{14} s^2}{(s^2 + 2 \times 10^2 s + 10^4)(s + 10^6)^2}$,经计算,该放大器的 A_{uo} =(　　　),

$\omega_L = ($ $), \omega_H = ($ $)_\circ$

5.13 某放大器增益函数为 $A(s) = \dfrac{-5 \times 10^5 (s - 10^{10})(s - 10^{12})}{(s + 10^7)(s + 10^8)(s + 5 \times 10^8)}$。

(1) 试指出 $A(s)$ 的极点和零点;(2) 求中频段增益 A_0(dB) 及相位 φ_0。

5.14 某级联放大器电压增益函数为 $A_u(s) = \dfrac{-10^{25}}{(s + 10^6)(s + 10^7)(s + 10^8)}$。

(1) 试绘出其幅频和相频波特图;(2) 求截止频率和中频电压增益 A_u。

5.15 某放大器增益函数为 $A(s) = \dfrac{-10^5 s(s + 10)}{(s + 100)(s + 1000)}$。

(1) 求中频段增益 A_0 及相位 φ_0;

(2) 绘出其幅频和相频波特图;

(3) 确定在 $\omega = 10 \text{ rad/s}$ 和 $\omega = 100 \text{ rad/s}$ 时电压增益的分贝数。

本章习题参考解答请扫以下二维码。

二维码 5-1

第6章 负反馈技术

反馈在电子电路中应用非常广泛,工程应用中的放大电路往往需要引入负反馈来改善放大电路的各项性能。引入负反馈后,可以改善放大电路的输入电阻和输出电阻、稳定放大倍数、展宽频带等,因此,几乎所有实用放大电路都是带反馈的电路。本章通过引入反馈的概念,归纳出反馈的一般表达式,并介绍反馈放大电路的四种基本组态,主要讨论负反馈对放大电路性能的改善作用和负反馈电路的一般分析方法,并对负反馈电路的自激现象和校正措施进行介绍。

6.1 概 述

将放大电路的输出信号 $X_o(s)$（电压或电流）的一部分或全部,通过一定形式的反馈网络 $F(s)$ 取样后,再以一定方式回送到放大电路的输入回路,与输入量混合,一起控制放大电路的过程,称为反馈。带有反馈的放大器称为反馈放大器。

反馈放大器的基本组成方框图如图 6-1 所示,图中基本放大器和反馈网络构成一个反馈环路,$X_i(s)$ 代表外加的输入信号,$X_o(s)$ 表示输出信号,$X_f(s)$ 表示输出信号通过反馈网络取样回送到输入端的信号,$X_d(s)$ 表示由输入信号与反馈信号求和后得到的净输入信号。

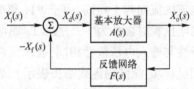

图 6-1 反馈放大器的基本组成方框图

反馈的类型很多,一般可以按照反馈的极性不同,分为正反馈和负反馈;也可以根据反馈信号本身的交、直流性质,分为交流反馈和直流反馈等;对于多级放大电路,还可以划分为局部反馈和级间反馈等。

1. 正反馈和负反馈

在放大电路中,如果引入的反馈信号增强了外加输入信号的作用,使得净输入信号增大,从而使放大电路的放大倍数得到提高,这样的反馈称为正反馈;反之,如果引入的反馈信号减弱了外加输入信号的作用,使得净输入信号减小,放大电路的放大倍数降低,就称为负反馈。

特别应注意的是,不论放大电路引入了何种极性的反馈,放大电路本身的开环放大倍数不会发生变化。所谓放大倍数的增大或减小是指在保持外加输入信号 $X_i(s)$ 不变的条件下,输出信号 $X_o(s)$ 相应的增大或减小。

在实际应用中,一般可以通过瞬时极性法来判断反馈的极性:设在放大器的输入端加入某一极性的瞬时信号(一般指正极性瞬时电压),然后沿反馈环路逐级推出电路中其他相关各点的瞬时信号极性,直至判断反馈到输入端信号的瞬时极性,最后进行比较;如果反馈的效果是增强了输入信号的作用,则为正反馈,否则为负反馈。

【例 6-1】 如图 6-2 所示为两级直接耦合电路,讨论 VT_3 的基极 B_3 分别接 C_2 和 C_1 接点时的反馈极性。

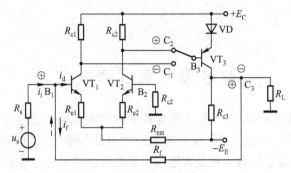

图 6-2　例 1 的电路

解：(1) 当 B_3 接 C_2 时，设加在 VT_1 的 B_1 极上的输入电压的瞬时极性为"+"(用⊕表示)，同时，电流 i_i 的流向如图 6-2 所示。则此时 VT_2 集电极(C_2 点)输出的电压极性应为"+"，而 VT_3 集电极(C_3 点)输出电压的瞬时极性与 C_2 点的相反，即应为"−"(用⊖表示)，和输入电压的极性相反，表示反馈电阻 R_f 两端的电位差增加，反馈电流 i_f 的流向与假设的流向相同(i_f 的流向用实线箭头表示)，从而减弱了外加输入电流的作用，即净输入电流信号 $i_d = i_i - i_f$ 将减小，故为负反馈。

(2) 当 B_3 接 C_1 时，同样设加在 VT_1 的 B_1 极上的输入电压的瞬时极性为"+"，输入端口电流的流向与上相同，由于 VT_1 集电极(C_1 点)输出电压与基极输入电压极性相反，所以 C_1 点的电压瞬时极性为"−"，故 VT_3 集电极(C_3 点)的输出电压为"+"，即 VT_3 的输出电压的瞬时极性与输入电压极性相同，表示反馈电阻 R_f 两端的电位差反向增加，则 i_f 与假设的电流流向相反(i_f 的流向用虚线箭头表示)，表示引入的反馈信号增强了外加输入电流的作用，即净输入电流信号 $i_d = i_i + i_f$，因此为正反馈。

2. 直流反馈和交流反馈

放大电路中通常存在交、直流两种信号，如果反馈信号中只包含直流成分，则称为直流反馈；如果反馈信号中只含有交流成分，则称为交流反馈。

3. 局部反馈和级间反馈

在多级放大电路中，通常把每级放大电路自身的反馈称为局部反馈或本级反馈，而把多级放大电路的末级向输入级回送的反馈称为级间反馈或主反馈。

在如图 6-2 所示的电路中，电阻 R_f 将输出电压 u_o 以电流 i_f 的形式反馈到输入回路中 VT_1 的基极，因此构成了级间反馈；而电阻 R_{e1} 和 R_{e2} 在第一级电路中对差模信号形成负反馈，为局部反馈。另外，R_{em} 也构成第一级电路对共模信号的局部反馈。

6.2　反馈放大器的单环理想模型

6.2.1　单环放大器的理想模型

反馈放大器是一个闭合系统(或称反馈环路)，由基本放大电路和反馈网络构成。我们把只含有一个反馈环路的放大电路，称为单环反馈放大电路，用一个单环模型来表示其基本组成方框图,如图 6-3 所示。

图 6-3 中的输入信号 $X_i(s)$、净输入信号 $X_d(s)$、输出信号 $X_o(s)$ 和反馈信号 $X_f(s)$ 可以是电压量,也可以是电流量。图中,上面一个方框代表基本放大电路,在无反馈时放大电路的增益用 $A(s)$ 表示,通常称为开环增益;下面一个方框表示反馈网络,其反馈系数也称为反馈传输函数,用 $F(s)$ 表示。

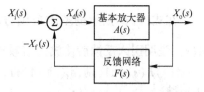

图 6-3　反馈放大器的单环理想模型

在单环理想反馈放大器的模型中,信号传输应满足**单向化条件**:

① 信号在基本放大电路中为正向传递,即基本放大电路只能将输入信号 $X_d(s)$ 正向传送到输出端,不会将输出信号反向传送到输入端。

② 信号在反馈网络中为反向传递,即反馈网络只能将输出信号反向传送到输入端,不会将输入信号正向传送到输出端,即信号只能按图 6-3 中的箭头方向流动。

利用反馈放大器的理想模型,外加输入信号 $X_i(s)$ 与反馈信号 $-X_f(s)$ 经过求和后得到净输入信号 $X_d(s)$,再送到基本放大电路,且有 $X_d(s) = X_i(s) - X_f(s)$。根据图 6-3 所示反馈放大器的理想单环模型,可定义以下参数

$$A(s) = X_o(s)/X_d(s) \tag{6-1}$$

表示反馈放大电路在无反馈时的放大倍数,称为开环增益或开环放大倍数。

$$F(s) = X_f(s)/X_o(s) \tag{6-2}$$

表示反馈网络的反馈系数(传输函数)。

$$A_f(s) = X_o(s)/X_i(s) \tag{6-3}$$

表示反馈放大电路引入反馈后,输出信号与外加输入信号之间的放大倍数,称为闭环增益或闭环放大倍数。

6.2.2　基本反馈方程

根据前面几个定义式,可以得到以下关系:

由式(6-1)可得　　　　　　$X_o(s) = A(s)X_d(s)$ 　　　　　　　　　　　$(6-4)$

根据式(6-2),可将反馈信号表示为

$$X_f(s) = F(s)X_o(s) = A(s)F(s)X_d(s) \tag{6-5}$$

由 $X_d(s) = X_i(s) - X_f(s)$,可得 $X_i(s) = X_d(s) + X_f(s)$,将其代入到式(6-3)中,可以得到分析理想单环反馈电路的重要公式

$$A_f(s) = \frac{X_o(s)}{X_i(s)} = \frac{X_o(s)}{X_d(s) + X_f(s)} = \frac{A(s)X_d(s)}{X_d(s) + F(s)A(s)X_d(s)} = \frac{A(s)}{1 + A(s)F(s)} \tag{6-6}$$

式(6-6)表明,引入负反馈后,放大电路的放大倍数是无反馈时放大倍数的 $\dfrac{1}{1 + A(s)F(s)}$ 倍。

在式(6-6)中,将 $A(s)F(s) = T(s)$ 定义为环路增益,表示在反馈放大电路中,信号沿着放大器和反馈网络组成的环路传递一周以后所得到的增益函数。于是可将闭环放大倍数用环路增益表示为

$$A_f(s) = \frac{A(s)}{1 + T(s)} \tag{6-7}$$

另外,式(6-6)的分母 $1 + A(s)F(s) = B(s)$ 也称为反馈深度。反馈深度是一个十分重要的参数,表示引入反馈后放大电路的放大倍数与无反馈时相比所变化的倍数,可以看到,引入负

反馈后,闭环增益降低为无负反馈时的 $1/B$ 倍。

在式(6-6)所示的基本反馈方程 $A_f(s) = \dfrac{A(s)}{1+A(s)F(s)}$ 中,若 $|1+A(s)F(s)|>1$,则 $A_f(s) < A(s)$,说明引入反馈后使放大倍数比原来减小了,这种反馈就是前面介绍的负反馈;反之,若 $|1+A(s)F(s)|<1$,则,$A_f(s)>A(s)$,表明引入反馈后使放大倍数比原来增大了,这种反馈即是正反馈。

一般把反馈深度 $1+A(s)F(s)\gg1$ 时的负反馈,称为深度负反馈,此时

$$A_f(s) = \frac{A(s)}{1+A(s)F(s)} \approx \frac{A(s)}{A(s)F(s)} = \frac{1}{F(s)} \tag{6-8}$$

可见,在深度负反馈条件下,闭环放大倍数 $A_f(s)$ 为反馈系数 $F(s)$ 的倒数,而与基本放大电路的放大倍数 $A(s)$ 无关。由于在深度负反馈放大电路中,闭环放大倍数主要取决于反馈网络的反馈系数,因此,只要反馈系数 $F(s)$ 一定,即使外界温度变化等因素使开环增益 $A(s)$ 发生改变,而电路的闭环增益却可以几乎保持不变。所以,集成电路放大器常常引入深度负反馈,以提高电路工作的稳定性。

6.2.3 四种基本负反馈组态

实际放大电路中的反馈形式多种多样,分类的方法也很多,本节主要介绍负反馈放大器在电路结构上的基本连接组态。为了便于分析引入反馈后负反馈放大器的一般组成规律,常常利用方框图来表示各种类型负反馈在电路中的接入方式,从网络的观点看,可以将负反馈放大电路分为四种基本组态。

从放大电路的输出端看:如果反馈信号的取样对象为电压,即基本放大器和反馈网络在输出端口采用并联连接,称这种连接方式构成的负反馈为电压负反馈;如果反馈信号的取样对象为电流,亦即基本放大器和反馈网络在输出端口为串联连接,称为电流负反馈。输出端的取样方式如图 6-4 所示。

另外,从放大电路的输入端口看:如果基本放大器和反馈网络串联连接,称为串联负反馈;当基本放大器和反馈网络在输入回路并联连接,称为并联负反馈。输入端的连接方式如图 6-5 所示。

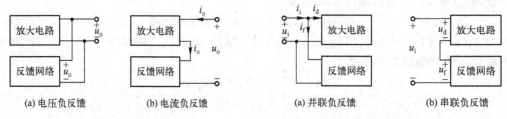

| (a) 电压负反馈 | (b) 电流负反馈 | | (a) 并联负反馈 | (b) 串联负反馈 |

图 6-4　输出端的取样方式　　　　　　　图 6-5　输入端的连接方式

所以概括起来,综合反馈信号在输出端的采样方式,以及在输入回路中的连接方式,通常将负反馈放大电路分为四种基本组态:电压串联负反馈,电压并联负反馈,电流串联负反馈,电流并联反馈。下面对四种负反馈组态的特点进行分析。

1. 电压串联负反馈

(1) 电路结构框图

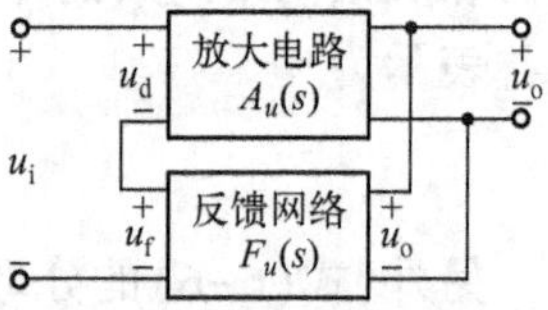

电压串联负反馈的连接方式如图 6-6 所示,$A_u(s)$ 代表基本

图 6-6　电压串联负反馈

放大器的开环增益，$F_u(s)$ 表示反馈网络的反馈系数。**电压串联负反馈的主要特点：从输入端口看，基本放大器与反馈网络为串联形式；从输出端口看，基本放大器和反馈网络相并联，反馈电压从放大电路输出端对输出电压取样获得。**

（2）电路参数

在输入回路中，由于基本放大电路与反馈网络为串联关系，反馈网络对输入信号电压有分压作用，因此输入端口各信号一律取电压，即 $X_i(s)$、$X_d(s)$、$X_f(s)$ 分别代表 u_i、u_d、u_f，并且反馈电压与输入电压满足：$u_d = u_i - u_f$；在输出回路中，输出信号取电压，即 $X_o(s) = u_o$；反馈信号取样输出电压，即 $u_f = F_u(s)u_o$。

由于基本放大电路的输入信号是净输入电压 u_d，输出信号为输出电压 u_o，均为电压信号，故电路的开环增益为

$$A_u(s) = X_o(s)/X_d(s) = u_o/u_d \qquad (6\text{-}9)$$

称为放大电路的开环电压增益。

对于反馈网络，输入信号是放大电路的输出电压 u_o，输出信号是反馈电压 u_f，则反馈网络的反馈系数为两者之比，表示为

$$F_u(s) = X_f(s)/X_o(s) = u_f/u_o \qquad (6\text{-}10)$$

称为反馈网络的电压传输函数。

另外，闭环增益表示为

$$A_{uf}(s) = \frac{X_o(s)}{X_i(s)} = \frac{u_o}{u_i} = \frac{A_u(s)}{1 + A_u(s)F_u(s)} \qquad (6\text{-}11)$$

称为放大电路的闭环电压增益。

（3）实用电路

图 6-7 所示为一个两级电压串联负反馈放大电路的交流通路（利用瞬时极性法，读者可自行判断其反馈极性）。电路中，电阻 R_f 和 R_{e1} 构成反馈网络，在输出端，反馈网络取样输出电压 u_o，故为电压反馈；它将输出电压 u_o 以电压 $u_f = \dfrac{R_{e1}}{R_{e1} + R_f} u_o$ 的形式反馈到输入端，在输入端，反馈网络与放大电路为串联关系，即有 $u_d = u_i - u_f$。

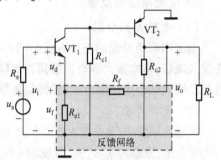

图 6-7　两级电压串联负反馈
电路的交流通路

2. 电压并联负反馈

（1）电路结构框图

电压并联负反馈的连接方式如图 6-8 所示。**电路的主要特点：在输入端口，基本放大器与反馈网络为并联连接形式；从输出端口看，基本放大器和反馈网络也为并联关系，反馈信号取自放大电路输出端口的输出电压 u_o。**

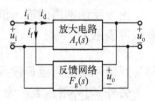

图 6-8　电压并联负反馈

（2）电路参数

在输入回路中，基本放大电路与反馈网络为并联关系，反馈网络对输入信号电流有分流作用，因此输入端口的信号一律取电流，即取 i_i，i_d，i_f，且反馈电流与输入的电流满足 $i_d = i_i - i_f$。在输出回路中，反馈信号为电压取样方式，则输出信号取电压，即 $X_o(s) = u_o$。

由于基本放大电路的输入信号是净输入电流 i_d，输出信号是放大电路的输出电压 u_o，电路的开环增益为

$$A_r(s) = X_o(s)/X_d(s) = u_o/i_d \qquad (6-12)$$

开环增益具有电阻的量纲，称为基本放大电路的**开环跨阻增益，单位为 Ω。**

而反馈网络的输入信号是放大电路的输出电压 u_o，输出信号是反馈电流 i_f，则反馈系数为

$$F_g(s) = X_f(s)/X_o(s) = i_f/u_o \qquad (6-13)$$

称为反馈网络的跨导传输函数，具有电导的量纲，单位为 S。

其闭环增益表示为
$$A_{rf} = \frac{X_o(s)}{X_i(s)} = \frac{u_o}{i_i} = \frac{A_r(s)}{1 + A_r(s)F_g(s)} \qquad (6-14)$$

称为闭环跨阻增益，具有电阻的量纲，单位为 Ω。

（3）实用电路

图 6-9 为电压并联负反馈放大电路的交流通路（读者可自行判断其反馈极性）。电路的反馈网络由电阻 R_f 构成，并将输出电压以电流的形式反馈到输入端口。

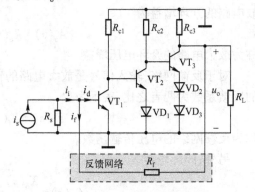

在输出端口，R_f 取样输出电压 u_o，为电压反馈；在输入端口，反馈网络与放大电路为并联关系，即为并联反馈，且净输入电流 $i_d = i_i - i_f$。

图 6-9　电压并联负反馈电路

3. 电流串联负反馈

（1）电路结构框图

电流串联负反馈的连接方式如图 6-10 所示，**电路的主要特点：在输入端口，基本放大器与反馈网络串联；从输出端口看，基本放大器和反馈网络也为串联方式，反馈信号取样输出端口电流 i_o。**

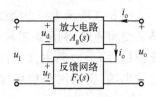

图 6-10　电流串联负反馈

（2）电路参数

在输入回路中，基本放大电路与反馈网络为串联关系，所以各信号均取电压，分别为 u_i、u_d、u_f，且反馈电压与输入电压满足 $u_d = u_i - u_f$；在输出回路中，反馈信号取样输出端口电流，即 $X_o(s) = i_o$。

由于基本放大电路的输入信号是净输入电压 u_d，输出信号为 i_o，电路的开环增益为

$$A_g(s) = X_o(s)/X_d(s) = i_o/u_d \qquad (6-15)$$

称为放大电路的开环跨导增益，具有电导的量纲，单位为 S。

由于反馈网络的输入信号取自放大电路输出端口的电流 i_o，输出信号是反馈电压 u_f，反馈系数可表示为

$$F_r(s) = X_f(s)/X_o(s) = u_f/i_o \qquad (6-16)$$

称为反馈网络的跨阻传输系数，具有电阻的量纲，单位为 Ω。

另外，闭环增益表示为
$$A_{gf}(s) = \frac{X_o(s)}{X_i(s)} = \frac{i_o}{u_i} = \frac{A_g(s)}{1 + A_g(s)F_r(s)} \qquad (6-17)$$

称为闭环跨导增益，具有电导的量纲，单位为 S。

（3）实际电路

图 6-11 为电流串联负反馈电路的交流通路。电路的反馈网络为 VT_1 的发射极电阻 R_e。

在输出端口，R_e 取样输出口电流 i_o，为电流反馈；并且，在输入端口，反馈电阻 R_e 与放大电路的连接关系为串联关系，即为串联反馈，且 $u_d = u_i - u_f$。

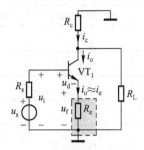

图 6-11　电流串联负反馈电路

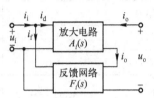

图 6-12　电流并联负反馈

4. 电流并联反馈

（1）电路结构框图

电流并联负反馈的连接方式如图 6-12 所示。**电路的主要特点：在输入端口，基本放大器与反馈网络并联；而在输出端口，基本放大器和反馈网络为串联方式，反馈信号取样输出端口电流 i_o。**

（2）电路参数

由于在输入回路中，基本放大电路与反馈网络为并联关系，各信号应取电流，分别为 i_i、i_d、i_f，反馈电流与输入端的电流满足 $i_d = i_i - i_f$；在输出回路中，反馈信号为电流取样方式，即 $X_o(s) = i_o$。

由于基本放大电路的输入信号是净输入电流 i_d，输出信号是放大电路输出端口电流 i_o，可得放大电路的开环增益为

$$A_i(s) = X_o(s)/X_d(s) = i_o/i_d \qquad (6-18)$$

称为基本放大电路的开环电流增益。

由于反馈网络的输入信号取自放大电路输出端的电流 i_o，而输出信号为反馈电流 i_f，则反馈系数可表示为

$$F_i(s) = X_f(s)/X_o(s) = i_f/i_o \qquad (6-19)$$

称为反馈网络的电流传输函数。

另外，闭环增益可表示为

$$A_{if} = \frac{X_o(s)}{X_i(s)} = \frac{i_o}{i_i} = \frac{A_i(s)}{1 + A_i(s)F_i(s)} \qquad (6-20)$$

称为反馈放大电路的闭环电流增益。

（3）实际电路

图 6-13 为实际的电流并联负反馈电路的交流通路。电阻 R_f 和 R_{e2} 构成电路的反馈网络。在输出端，R_{e2} 取样输出电流 i_o，为电流反馈；而在输入端，反馈电阻 R_f 与放大电路为并联关系，即为并联反馈，且 $i_d = i_i - i_f$。

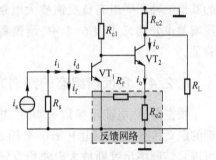

图 6-13　电流并联负反馈电路

根据以上讨论可知，**对于不同组态的负反馈放大电路来说，其中基本放大电路的开环增益、反馈网络的反馈系数和闭环增益的物理意义和量纲都各不相同**。为了便于比较，现将四种负反馈组态的开环增益、反馈系数和闭环增益等分别列于表 6-1 中。

表 6-1　四种负反馈组态的负反馈放大器的参数比较

信号及传输关系	四种负反馈组态			
	电压串联负反馈	电压并联负反馈	电流串联负反馈	电流并联负反馈
输出信号 $X_o(s)$	u_o	u_o	i_o	i_o
输入信号 $X_i(s)$	u_i	i_i	u_i	i_i
反馈信号 $X_f(s)$	u_f	i_f	u_f	i_f
净输入信号 $X_d(s)$	u_d	i_d	u_d	i_d
开环增益 $A(s)$	$A_u(s)=\dfrac{u_o}{u_d}$　电压增益	$A_r(s)=\dfrac{u_o}{i_d}(\Omega)$　跨阻增益	$A_g(s)=\dfrac{i_o}{u_d}(S)$　跨导增益	$A_i(s)=\dfrac{i_o}{i_d}$　电流增益
开环电压增益 $A_u(s)$	与上相同	$A_u(s)=\dfrac{u_o}{u_d}$ $\dfrac{u_o}{i_dR_i}=\dfrac{A_r}{R_i}$	$A_u(s)=\dfrac{u_o}{u_d}$ $\dfrac{i_oR_L'}{u_d}=A_gR_L'$	$A_u(s)=\dfrac{u_o}{u_d}$ $\dfrac{i_oR_L'}{i_dR_i}=\dfrac{A_iR_L'}{R_i}$
反馈系数 $F(s)$	$F_u(s)=\dfrac{u_f}{u_o}$　电压传输函数	$F_g(s)=\dfrac{i_f}{u_o}(S)$　跨导传输函数	$F_r(s)=\dfrac{u_f}{i_o}(\Omega)$　跨阻传输函数	$F_i(s)=\dfrac{i_f}{i_o}$　电流传输函数
闭环增益 $A_f(s)$	$A_{uf}(s)=\dfrac{u_o}{u_i}=$ $\dfrac{A_u(s)}{1+A_u(s)F_u(s)}$	$A_{rf}(s)=\dfrac{u_o}{i_i}(\Omega)=$ $\dfrac{A_r(s)}{1+A_r(s)F_g(s)}$	$A_{gf}(s)=\dfrac{i_o}{u_i}(S)=$ $\dfrac{A_g(s)}{1+A_g(s)F_r(s)}$	$A_{if}(s)=\dfrac{i_o}{i_i}=$ $\dfrac{A_i(s)}{1+A_i(s)F_i(s)}$
闭环电压增益 $A_{uf}(s)$	与上相同	$A_{uf}(s)=\dfrac{u_o}{u_i}$ $\dfrac{u_o}{i_iR_{if}}=\dfrac{A_{rf}}{R_{if}}$	$A_{uf}(s)=\dfrac{u_o}{u_i}$ $\dfrac{i_oR_L'}{u_i}=A_{gf}R_L'$	$A_{uf}(s)=\dfrac{u_o}{u_i}$ $\dfrac{i_oR_L'}{i_iR_{if}}=\dfrac{A_{if}R_L'}{R_{if}}$

由于人们习惯上更愿意用电压增益来表示上述四种不同组态负反馈放大电路的增益,那么除电压串联负反馈放大器之外的其他三种不同组态负反馈放大电路的电压增益也分别列于表 6-1 中,请读者自行验证。

6.2.4　负反馈组态的判别方法

根据电压、电流反馈以及串联、并联反馈的定义和连接组态框图(图 6-4、图 6-5),可以总结归纳出判断放大电路负反馈组态的简便方法:"同点判别法",具体的判别方法列于表 6-2 中。利用同点判别法,只要正确找出反馈网络,就可以在输出回路和输入回路中根据反馈信号与输出信号、输

表 6-2　判别负反馈组态的方法

回路	连接方式	反馈类型	图　例
输出回路	反馈信号与输出信号取自同一节点(反馈支路与输出端同点)	电压反馈	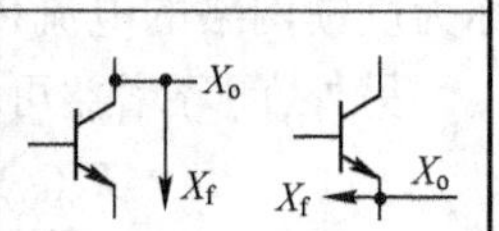
	反馈信号与输出信号取自不同节点(反馈支路与输出端不同点)	电流反馈	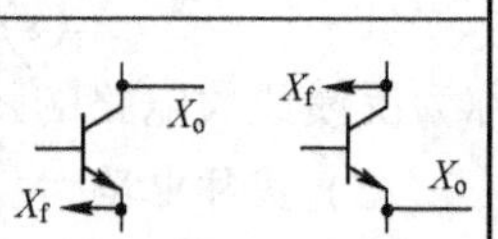
输入回路	反馈信号与输入信号接入同一节点(反馈支路与输入端同点)	并联反馈	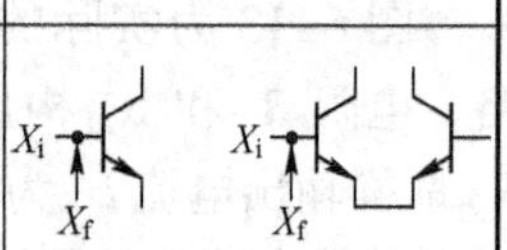
	反馈信号与输入信号接入不同节点(反馈支路与输入端不同点)	串联反馈	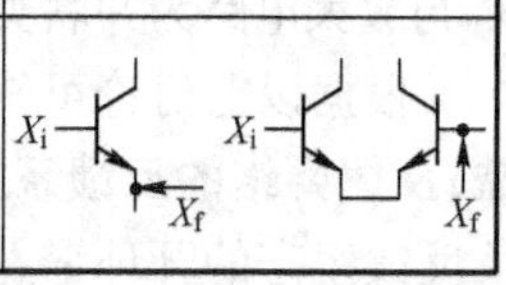

入信号是否接在同一节点,快速地判断出电路的反馈组态。

【例6-2】 试判断图6-14所示各电路中交流负反馈的组态。

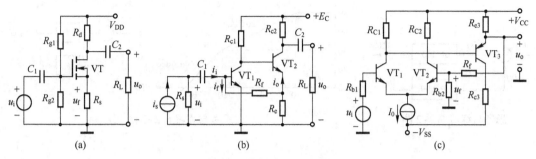

图6-14 例6-2的电路图

解:图6-14(a)中,利用瞬时极性法可以判断电阻 R_s 引入了交流负反馈,R_s 就是连接输出回路和输入回路的反馈支路。在**输出回路**,反馈信号 u_f、输出信号 u_o 分别取自 VT 的源极和漏极,即反馈支路与输出端不同点,为电流反馈;在**输入回路**,反馈信号 u_f、输入信号 u_i 分别接入 VT 的源极和栅极,即反馈支路与输入端不同点,为串联反馈;因此,电路中 R_s 引入的交流负反馈组态是**电流串联负反馈**。

图6-14(b)中,R_f 和 R_e 为电路的级间反馈网络,利用瞬时极性法可以判断其为负反馈。在**输出回路**,反馈信号 i_f、输出信号 u_o 分别取自 VT$_2$ 的发射极和集电极,即反馈支路与输出端不同点,为电流反馈;在**输入回路**,反馈信号 i_f、输入信号 i_i 都接入了 VT$_1$ 的基极,即反馈支路与输入端同点,为并联反馈;因此,电路中 R_f 引入的交流负反馈组态是**电流并联负反馈**。

图6-14(c)中,R_f 和 R_{b2} 为电路的级间反馈网络,利用瞬时极性法可以判断其为负反馈。在**输出回路**,显然反馈支路与输出端同点,为电压反馈;在**输入回路**,反馈信号 u_f 接入 VT$_2$ 的基极,而输入信号 u_i 接入 VT$_1$ 的基极,即反馈支路与输入端不同点,为串联反馈;因此,电路中 R_f 引入的交流负反馈组态是**电压串联负反馈**。

另外,6-14(b)中的 R_e、6-14(c)中的 R_{e3} 引入了局部负反馈,与6-14(a)中的 R_s 类似,它们的反馈组态为电流串联负反馈。

思考与练习

6.2-1 填空题

(1) 负反馈的基本形式从输入端可以分为____、____两种负反馈。从输出端可以分为____、____两种负反馈。若把输入端短路后,反馈消失,则为____反馈;否则,则为____反馈。若把输出端短路后,反馈消失,则为____反馈;否则,则为____反馈。　　　　　　　答案:串联,并联,电压,电流,并联,串联,电压,电流

(2) 一个电压串联负反馈放大器,无反馈时电压增益为80 dB,为使有反馈时电压增益为20 dB,则反馈深度 $1+AF$ 为_____dB。反馈系数 F 约等于____。　　　　　　　答案:60,1/10

(3) 已知电压放大器在输入为1 mV时,输出为1 V;引入负反馈后,为获得同样的输出,需要的输入信号为10 mV。则该放大器的开环增益为____,闭环增益为____。　　　　　　　答案:1000, 100

6.2-2 负反馈放大电路方框图如图所示,其环路增益 $T=$____,其闭环增益 $A_f=$____。　　答案:9,10

6.2-3 一个反馈放大电路环路增益的对数幅频特性如图所示,且反馈系数 $F=0.1$。则其基本放大电路的放大倍数 $|A|$ 为____,接入反馈后闭环放大倍数 $|A_f|=|U_o/U_i|$ 为____。　　答案:10^5,10

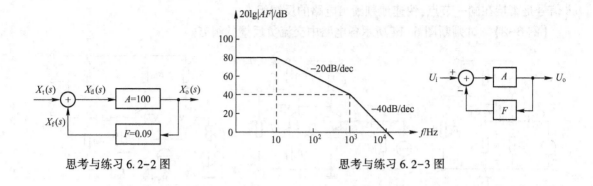

思考与练习 6.2-2 图   思考与练习 6.2-3 图

6.3 负反馈对放大器性能的影响

6.3.1 提高闭环增益的稳定性

在放大电路中引入负反馈后,最直接、最显著的作用就是提高了电路闭环增益的稳定性。

对于放大电路,在输入信号一定的情况下,由于外界因素变化,如温度、电路和器件的参数发生改变、电源电压波动或负载发生变化时,会使放大电路的输出信号随之改变,而通过引入负反馈,可以使放大电路输出信号的波动大大减小,使增益的稳定性得到提高。增益稳定性提高的程度与反馈深度有关,下面将做进一步的分析。

在放大电路引入负反馈以后,其闭环增益可以表示为

$$A_\mathrm{f}(s) = \frac{A(s)}{1+A(s)F(s)}$$

如果设信号频率为中频,即放大电路工作在中频范围,且反馈网络为纯电阻性电路,则上式中的 A 和 F 均为实数,在此条件下,上式可进一步表示为

$$A_\mathrm{f} = \frac{A}{1+AF} \tag{6-21}$$

对上式的变量求微分,可得

$$\mathrm{d}A_\mathrm{f} = \frac{(1+AF)\mathrm{d}A - AF\mathrm{d}A}{(1+AF)^2} = \frac{\mathrm{d}A}{(1+AF)^2}$$

上式两边同时除以 A_f,可得

$$\frac{\mathrm{d}A_\mathrm{f}}{A_\mathrm{f}} = \frac{\mathrm{d}A}{(1+AF)^2 A_\mathrm{f}} = \frac{\mathrm{d}A}{(1+AF)A} = \frac{1}{1+AF}\frac{\mathrm{d}A}{A} \tag{6-22}$$

式中,$\dfrac{\mathrm{d}A_\mathrm{f}}{A_\mathrm{f}}$ 表示负反馈放大电路闭环增益的相对变化量,$\dfrac{\mathrm{d}A}{A}$ 代表无反馈时放大电路开环增益的相对变化量。式(6-22)表明,引入负反馈后,闭环增益的相对变化量 $\dfrac{\mathrm{d}A_\mathrm{f}}{A_\mathrm{f}}$ 是无反馈时开环增益相对变化量 $\dfrac{\mathrm{d}A}{A}$ 的 $\dfrac{1}{1+AF}$ 倍,即放大倍数的稳定性提高了 $(1+AF)$ 倍,但放大倍数却为原来的 $\dfrac{1}{1+AF}$ 倍。因此,**引入负反馈,对放大电路稳定性的改善是以降低放大倍数为代价获得的。**

另外,对于深度负反馈放大电路,由于 $1+AF \gg 1$,故

$$A_f = \frac{A}{1+AF} \approx \frac{1}{F} \tag{6-23}$$

可见,**深度负反馈放大电路的放大倍数只与反馈系数 F 有关。**由于 F 与放大电路的器件参数、电源电压或负载等外界因素的变化无关,所以,深度负反馈放大电路的放大倍数很稳定。

6.3.2 扩展闭环增益的通频带

由于放大电路对不同频率的输入信号呈现出不同的放大倍数,使放大电路的通频带受到一定限制,但可以通过引入负反馈,来展宽放大电路的通频带。

通过前面的分析可以看到,当放大电路的放大倍数发生变化时,可以通过负反馈使放大倍数的相对变化量减小,因此,对于因信号频率不同而引起的放大倍数的下降,也可以利用负反馈进行改善。

首先进行定性分析:设反馈系数 F 是一固定常数(通常反馈网络由电阻性电路构成,反馈系数与频率无关),且在输入信号幅度不变的条件下,随着输入信号频率的升高或降低,输出信号的幅度将减小,从而引起开环增益降低;同时,回送到放大电路输入回路的反馈信号的幅度也会按比例减小,结果使得净输入信号的幅度增大,闭环放大倍数随之增大,其结果使放大电路输出信号的相对减小量比无反馈时小,因此,使放大电路的频带展宽了。

实际中引入负反馈对放大电路频带展宽的程度与反馈深度有关,下面进行定量分析。

设无反馈时,放大电路的中频增益为 A_o,上、下限截止频率分别为 f_H 和 f_L,则高频段的开环增益函数为

$$A_H(s) = \frac{A_o}{1+jf/f_H} \tag{6-24}$$

若引入负反馈的反馈系数为 F(设与频率无关),则此时高频段的闭环增益函数将变为

$$A_{Hf}(s) = \frac{A_H(s)}{1+A_H(s)F} = \frac{\dfrac{A_o}{1+jf/f_H}}{1+\dfrac{A_o}{1+jf/f_H}F} = \frac{A_o}{1+A_oF+jf/f_H} = \frac{\dfrac{A_o}{1+A_oF}}{1+j\dfrac{f}{[1+A_oF]f_H}} = \frac{A_{of}}{1+j\dfrac{f}{f_{Hf}}} \tag{6-25}$$

比较式(6-24)和式(6-25)可看出,引入负反馈后的中频闭环增益变为

$$A_{of} = \frac{A_o}{1+A_oF} \tag{6-26}$$

而上限截止频率则变为

$$f_{Hf} = (1+A_oF)f_H \tag{6-27}$$

可见引入负反馈后,放大电路的中频放大倍数减小为无反馈时的 $\dfrac{1}{1+A_oF}$ 倍,而上限截止频率却增大到了无反馈时的 $(1+A_oF)$ 倍。

同理,设无反馈时,放大电路的低频开环增益函数为

$$A_L(s) = \frac{A_o}{1-jf_L/f} \tag{6-28}$$

引入负反馈后,低频段的闭环增益函数将变为

$$A_{Lf}(s) = \frac{A_L(s)}{1+A_L(s)F(s)} = \frac{\dfrac{A_o}{1-jf_L/f}}{1+\dfrac{A_o}{1-jf_L/f}F} = \frac{\dfrac{A_o}{1+A_oF}}{1-j\dfrac{f_L}{[1+A_oF]f}} = \frac{A_{of}}{1-j\dfrac{f_{Lf}}{f}} \tag{6-29}$$

对式(6-28)和式(6-29)进行比较,可得引入负反馈后的下限截止频率变为

$$f_{Lf} = \frac{f_L}{1+A_oF} \tag{6-30}$$

表示引入负反馈后,下限截止频率减至无反馈时的 $\frac{1}{1+A_oF}$ 倍。

根据以上分析可知,引入负反馈后,放大电路的上限截止频率提高了 $(1+A_oF)$ 倍,而下限截止频率降低到原来的 $\frac{1}{1+A_oF}$ 倍,可见,总的通频带得到了展宽。引入负反馈后通频带和中频放大倍数的变化情况如图 6-15 所示。

对于一般阻容耦合放大电路来说,通常有 $f_H \gg f_L$;而对于直接耦合放大电路,由于 $f_L = 0$,所以通频带可以近似地用上限截止频率表示,即无反馈时的通频带表示为

$$BW = f_H - f_L \approx f_H$$

引入负反馈后的通频带为

$$BW_f = f_{Hf} - f_{Lf} \approx f_{Hf}$$

而　　　　　　　　$f_{Hf} = [1+A_oF]f_H$

则有　　　　　　　$BW_f \approx [1+A_oF]BW$

上式表明,尽管引入负反馈后频带展宽了 $(1+A_oF)$ 倍,但由于中频放大倍数下降为无反馈时的 $\frac{1}{1+A_oF}$,因此,**中频放大倍数与通频带的乘积基本保持不变**,即

$$BW \cdot A_o \approx BW_f \cdot A_{of} \tag{6-31}$$

由此可见,**负反馈的深度越深,则频带扩展得越宽,但同时中频放大倍数也下降得越多**。

6.3.3 减小非线性失真

由于放大电路中晶体管等有源器件的伏安特性曲线为非线性曲线,当输入信号为正弦波时,其输出波形往往不再是一个真正的正弦波,从而使输出信号产生非线性失真。图 6-16 示出了由于三极管输入特性曲线的非线性,当 u_{be} 为正弦波时,i_b 波形出现的非线性失真现象。可见,如果输入信号幅度较大或电路的工作点设置的不合适,非线性失真的现象更为明显。

如果在放大电路中引入负反馈,通过反馈信号对净输入信号的补偿作用,可以使非线性失真得到一定程度的改善,而且反馈程度越深,对非线性失真的补偿作用越大,非线性失真就越小。

下面就负反馈对放大器非线性失真的补偿作用进行定性分析。

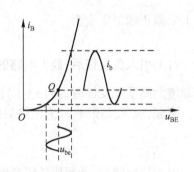

图 6-16　晶体管器件的非线性失真

如图 6-17 所示,设输入信号 x_i 为正弦波,无反馈时,$x_d = x_i$,由于放大器件的非线性特性,设经过放大后所输出信号 x_o 产生非线性失真的波形为正半周大,负半周小,如图 6-17(a)所示。

引入负反馈后,在反馈系数 F 为常数的情况下,反馈信号 $x_f = Fx_o$,其波形也为正半周大,负半周小,由于净输入信号 x_d 为输入信号 x_i 和反馈信号 x_f 的差值,即 $x_d = x_i - x_f$,因此,得到净输入信号 x_d 的波形变成了正半周小,负半周大,即净输入信号的失真与放大器的非线性引起的失真极性相反,结果在一定程度上补偿了放大器件对信号非线性失真的影响,使输出信号的正负半周的幅度趋于一致,从而改善了输出波形。

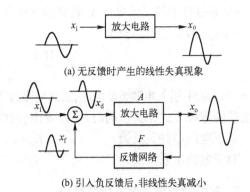

(a) 无反馈时产生的线性失真现象

(b) 引入负反馈后,非线性失真减小

图 6-17　负反馈对非线性失真的改善作用

理论上可以证明,在非线性失真不太严重时,负反馈使放大器输出波形中的非线性失真近似减小为原来的 $\dfrac{1}{1+A(s)F(s)}$,即相当于将非线性失真改善了 $[1+A(s)F(s)]$ 倍。

另外,在放大电路受到干扰时,有时也可以利用负反馈进行抑制。但是,如果干扰信号与输入信号是同时混入的,则无法通过引入负反馈进行抑制,只能采用滤波或屏蔽等其他方法削弱干扰信号。

6.3.4　改变放大器的输入电阻

为了满足实际应用中的一些特定要求,常常利用不同形式的负反馈来改变输入、输出电阻的数值,以此实现电路的阻抗匹配。下面分别介绍放大电路引入不同组态的负反馈后,对输入电阻和输出电阻的影响。

从输入端看,反馈信号与外加输入信号在负反馈放大电路输入回路中的连接方式不同,将对输入电阻产生不同的影响。定性来看,**串联负反馈将增大输入电阻,而并联负反馈将减小输入电阻**。下面进行具体的分析。

1. 串联负反馈使输入电阻增大

图 6-18 为串联负反馈放大电路的示意图,图中,放大电路与反馈网络在输入端口为串联方式。由于负反馈对输入电阻的影响只与输入端的连接方式有关,而与输出端的连接方式无关,故未具体画出放大电路输出端的连接组态,仅标出输出信号 x_o 来代替。

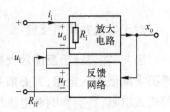

图 6-18　求串联负反馈放大器的输入电阻

由于引入串联负反馈,则反馈电压与输入电压的关系为 $u_d = u_i - u_f$,表示反馈电压将削弱输入电压的作用,使净输入电压减小。可见,在相同的外加输入电压作用下,输入电流将比无反馈时小,因此输入电阻将增大。

根据输入电阻的定义,在图 6-18 中,无反馈时的输入电阻为

$$R_i = u_d / i_i \tag{6-32}$$

而引入串联负反馈后,则输入电阻变为

$$R_{if} = u_i / i_i = (u_d + u_f) / i_i \tag{6-33}$$

式(6-33)中的反馈电压 u_f 是净输入电压经放大电路放大,再经反馈网络以后得到的,即有 $u_f = Fx_o = AFu_d$,因此可得

$$R_{if} = \frac{u_d + AFu_d}{i_i} = [1+AF] \frac{u_d}{i_i} = [1+AF] R_i \qquad (6-34)$$

式(6-34)说明:**引入串联负反馈后,放大电路的输入电阻将增大,成为无反馈时的[1+AF]倍,且与输出端的取样方式无关。**同时,可以看出,反馈越深,即[1+AF]越大,则输入电阻也越大。

对于电压串联负反馈: $\qquad\qquad R_{if} = (1+A_uF_u)R_i$

对于电流串联负反馈: $\qquad\qquad R_{if} = (1+A_gF_r)R_i$

2. 并联负反馈使输入电阻减小

在图 6-19 所示的并联负反馈放大电路的示意图中,放大电路与反馈网络在输入端以并联方式连接,同样,电路中未具体画出放大电路输出端的连接组态,仅标出输出信号 x_o。

由反馈电流与输入电流的关系式:$i_d = i_i - i_f$,可得 $i_i = i_d + i_f$,由此可以定性地看出,在相同输入电压的作用下,输入电流将比无反馈时大,因此输入电阻将减小。

在图 6-19 中,无反馈时的输入电阻为

$$R_i = u_i/i_d \qquad (6-35)$$

引入并联负反馈后,输入电阻变为

$$R_{if} = u_i/i_i = u_i/(i_d + i_f) \qquad (6-36)$$

同样可得,反馈电流 $i_f = Fx_o = AFi_d$,将其代入到式(6-36)中,有

$$R_{if} = \frac{u_i}{i_d + i_f} = \frac{u_i}{i_d + AFi_d} = \frac{u_i}{[1+AF]i_d} = \frac{1}{1+AF}R_i \qquad (6-37)$$

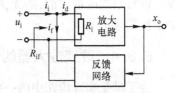

图 6-19 求并联负反馈放大器的输入电阻

综上所述,**采用并联负反馈后,放大电路的输入电阻将减小,成为无反馈时的 $\dfrac{1}{1+AF}$ 倍,且与输出端的取样方式无关。**显然有,反馈越深,输入电阻也越小。

对于电压并联负反馈: $\qquad\qquad R_{if} = \dfrac{R_i}{1+A_rF_g}$

对于电流并联负反馈: $\qquad\qquad R_{if} = \dfrac{R_i}{1+A_iF_i}$

因此,**在设计负反馈放大电路时,如果要求提高输入电阻,则应采用串联负反馈;反之,如果要求降低输入电阻,则必须采用并联负反馈。**另外需注意,并联负反馈电路降低了放大电路的输入电阻,将会影响源电压增益。

6.3.5 改变放大器的输出电阻

上面讨论了负反馈放大电路输入回路的连接方式不同对输入电阻的影响。在放大电路的输出端,如果负反馈的取样方式不同,将会对放大电路的输出电阻产生不同的影响:电压负反馈将减小输出电阻,而电流负反馈将增大输出电阻。

1. 电压负反馈使输出电阻减小

放大电路的输出电阻是从电路的输出端口向电路方向看进去的戴维南等效电阻,其定义

为,在输入信号置零、并使负载电阻开路的情况下,在输出端外加一个交流电压与所得的输出电流之比,表示为

$$R_o = \frac{u_o}{i_o}\bigg|_{\substack{X_i=0 \\ R_L=\infty}} \qquad (6-38)$$

下面根据输出电阻的定义,具体讨论电压负反馈对输出电阻的影响。

求电压负反馈放大器输出电阻的框图如图6-20所示。按照输出电阻的定义,在计算输出电阻时,要求输入信号取零值,即输入信号 $X_i = 0$。此时,在无反馈的条件下,从放大电路的输出端看进去,利用戴维南定理,可以将其等效为电阻 R_o 与一个电压源 A_oX_d 相串

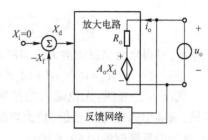

图6-20　求电压负反馈
放大器的输出电阻

联的形式,其中,R_o **是无反馈时放大电路的输出电阻,A_o 是当负载电阻 R_L 开路时放大电路的开环放大倍数,X_d 为放大电路的净输入信号。**

当加入反馈后,由于外加输入信号 $X_i = 0$,故可得 $X_d = X_i - X_f = -X_f$。对于电压负反馈,反馈信号 X_f 取样输出电压,即

$$X_f = Fu_o \qquad (6-39)$$

如果忽略反馈网络对输出端电流的分流作用,由图6-20可知,$u_o = i_oR_o + A_oX_d = i_oR_o - A_oFu_o$,整理后,可以求得引入电压负反馈后,电路的输出电阻为

$$R_{of} = \frac{u_o}{i_o} = \frac{R_o}{1+A_oF} \qquad (6-40)$$

该式表明:只要引入电压负反馈,放大电路的输出电阻都将减小,成为无反馈时的 $\frac{1}{1+A_oF}$ 倍。

我们知道,输出电阻越小,表明反馈放大电路的输出端口越接近恒压源,电路输出电压越稳定,带负载能力越强。因此,对于电压负反馈电路,在输入信号幅度不变的情况下,即使负载的阻值在较大范围内变化,输出电压幅值也可以基本上保持稳定。也就是说,**电压负反馈能稳定输出电压**。

对于电压串联负反馈: $\qquad\qquad R_{of} = \dfrac{R_o}{1+A_{uo}F_u}$

对于电压并联负反馈: $\qquad\qquad R_{of} = \dfrac{R_o}{1+A_{ro}F_g}$

注意上面两式中的 **A_{uo} 和 A_{ro} 表示基本放大电路输出端口负载开路时($R_L = \infty$)的开环增益**。

2. 电流负反馈使输出电阻增大

图6-21是求电流负反馈放大电路输出电阻的示意图。同样,在计算电路的输出电阻时,应令输入信号 $X_i = 0$。在无反馈的条件下,从基本放大电路的输出端看进去,利用诺顿定理,可以将其等效为电阻 R_o 与一个等效电流源 A_sX_d 并联的形式,其中 **A_s 是当负载电阻 R_L 短路时放大电路的开环增益**。

当加入反馈后,由于外加输入信号 $X_i = 0$,而且电流负反馈的反馈信号 X_f 取自输出电流,故有

$$X_d = X_i - X_f = -X_f = -Fi_o$$

在输出端口,如果忽略 i_o 在反馈网络输入端的压降,列方程可得

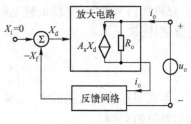

图 6-21 求电流负反馈放大器的输出电阻

$$i_o = \frac{u_o}{R_o} + A_s X_d = \frac{u_o}{R_o} - A_s F i_o$$

整理后,可得电流负反馈放大电路的输出电阻为

$$R_{of} = u_o / i_o = [1 + A_s F] R_o \qquad (6\text{-}41)$$

式(6-41)表明:无论输入端是串联负反馈或并联负反馈,只要引入电流负反馈,放大电路的输出电阻都将增大,成为无反馈时的 $[1+A_s F]$ 倍。

由于输出电阻越大,输出端越接近于恒流源。因此,**电流负反馈电路可以在负载变化的情况下,获得稳定的输出电流,使输出电流接近恒流**。

对于电流串联负反馈: $R_{of} = (1 + A_{gs} F_r) R_o$

对于电流并联负反馈: $R_{of} = (1 + A_{is} F_i) R_o$

注意上面两式中的 A_{gs} 和 A_{is} 表示基本放大电路输出端口负载短路时 ($R_L = 0$) 的开环增益。

综合以上分析,现将不同组态交流负反馈对放大电路性能的影响情况归纳于表 6-3 中。

表 6-3   不同组态交流负反馈对放大电路性能的影响

性能指标 反馈组态	稳定的增益	输入电阻	输出电阻	通频带	非线性失真和 干扰噪声
电压串联	电压增益 A_{uf}	增大	减小	变宽	减小
电压并联	跨阻增益 A_{rf}	减小	减小	变宽	减小
电流串联	跨导增益 A_{gf}	增大	增大	变宽	减小
电流并联	电流增益 A_{if}	减小	增大	变宽	减小

说明:负反馈对电路性能参数的影响,或增大为开环时的 $(1+AF)$ 倍,或减小为开环时的 $1/(1+AF)$

6.3.6 引入负反馈的一般原则

从以上分析看出,引入负反馈可以改善和影响放大电路的性能。在电路设计中为获得高性能指标的放大电路,在引入负反馈时应按照以下基本原则进行:

(1)如果需要稳定静态工作点等直流量,应该在放大电路中引入直流负反馈。

(2)同理,如果需要稳定放大电路的交流性能,应该引入交流负反馈。

(3)如果需要稳定输出电压,应该在放大电路中引入电压负反馈;如果需要稳定输出电流,应该引入电流负反馈。

(4)如果需要提高输入电阻,应该引入串联负反馈;而如果需要减小输入电阻,应该引入并联负反馈。

需要注意的是,负反馈对放大电路性能的改善或改变都与反馈深度 $[1+A(s)F(s)]$ 有关。但由于 $A(s)$ 是频率的函数,故 $A(s)F(s)$ 也是频率的函数。因此,并非反馈深度越大越好。对有的电路,在一些频率下 $A(s)F(s)$ 产生的附加相移可能会使原来的负反馈变为正反馈,甚至可能产生自激振荡,使放大电路无法正常进行放大,也就完全失去了改善性能的意义。

另一方面,改善放大电路的性能有时也可以通过施加正反馈来实现,利用正反馈不仅可以提

高放大倍数,还能提高输入电阻和减小输出电阻等,但却是以降低电路的性能稳定性为代价的。

【例 6-3】 两级放大电路如图 6-22 所示,R_f 为反馈元件。请根据以下要求,说明在电路中应当引入何种组态的负反馈?电路应该如何连接?

(1)稳定输出电压,增大输入电阻;

(2)将输入电流转换为稳定的输出电压。

解:引入的反馈必须保证其反馈极性为负反馈,可以假设输入信号 u_i 的瞬时极性为"+",则 c_1 为"−",c_2 为"+",如图 6-22 中所标注。

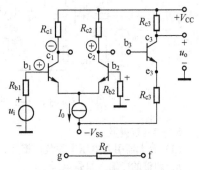

图 6-22 例 6.3 的电路图

(1)要稳定输出电压,增大输入电阻,电路应该引入电压串联负反馈;

在输出回路,要取样输出电压,反馈支路应该与输出端同点,所以将 f 与 c_3 相接;

在输入回路,反馈信号与输入信号以电压形式叠加,反馈支路应该与输入端不同点,所以将 g 与 b_2 相接。

最后,要保证引入的是负反馈,则反馈信号与输入信号的极性必须相同,所以 g 极性为正,c_3、b_3 反相,b_3 极性为负,b_3 应与 c_1 相接。

(2)将输入电压转换为稳定的输出电流,说明输入为电流信号,输出为电压信号,电路应该引入电压并联负反馈;

在输出回路,要取样输出电压,反馈支路应该与输出端同点,所以将 f 与 c_3 相接;

在输入回路,反馈信号与输入信号以电流形式叠加,反馈支路应该与输入端同点,所以将 g 与 b_1 相接。

最后,要保证引入的是负反馈,则反馈信号与输入信号的极性必须相反,所以 g 的极性为负,c_3、b_3 反相,b_3 极性为正,b_3 应与 c_2 相接。

思考与练习

6.3-1 填空题

(1)为了充分提高负反馈的效果,串联反馈要求信号源内阻____,并联反馈要求信号源内阻____,电流反馈要求负载电阻____,电压反馈要求负载电阻____。   答案:小,大,小,大

(2)电流串联负反馈放大器是一种输出取样为____,输入端比较量为____的负反馈放大器,能使输入电阻____,输出电阻____。电压并联负反馈放大器是一种输出取样为____,输入端比较量为____的负反馈放大器,能使输入电阻____,输出电阻____。   答案:电流,电压,增大,增大,电压,电流,减小,减小

(3)若要减小放大器从信号源索取电流,应引入____反馈,若要提高电压放大器带负载能力,应引入____反馈。   答案:串联,电压

(4)若要求某电流串联负反馈放大电路由开环增益的相对变化量 $dA_g/A_g = 10\%$ 下降为闭环增益相对变化量 $dA_{gf}/A_{gf} = 1\%$,又要求其闭环增益 $A_{gf} = 9$ mS,则开环增益 $A_g = $____,此时的反馈系数 $F_r = $____。

答案:90 mS, 0.1 kΩ

6.3-2 放大电路如图所示,为使输入电阻 $R_i \approx R_b$,可以在____极和____极之间接入一个反馈电阻 R_f 来实现。为了在 R_{c2} 变化时仍能得到稳定的输出电压 u_o,可通过在____极和____极之间接入一个反馈电阻 R_f 来实现。为了在 R_{c2} 变化时仍能得到稳定的输出电压 u_o,但不影响 VT_1、VT_2 的静态工作点,可在____极和____极之间接入一条反馈支路,该反馈支路应由____构成。

答案:e_2,b_1,c_2,e_1,c_2,e_1,一个反馈电阻 R_f 和一个电容元件串联

6.3-3 如图所示电路中,反馈元件 R_7 构成级间负反馈,其组态为____;其作用是使输入电阻____。

答案:电压串联负反馈,增大

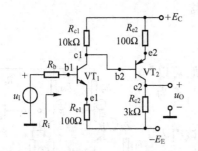

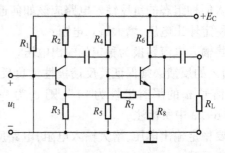

思考与练习 6.3-2 图　　　　　　　　思考与练习 6.3-3 图

6.3-4 选择题

(1) 放大器引入电压串联负反馈后,下列说法错误的是(　　)　　　　　　　答案:B

A. 调整的净输入量是电压　　　　　　　　　B. 适合用高阻信号源激励

C. 可以是减小输出信号的非线性失真　　　　D. 可以实现稳定的电压输出

(2) 引入反馈系数为 0.1 的电流并联负反馈,放大器的输入电阻由 1 kΩ 变为 100Ω,则该放大器的开环和闭环电流增益分别为(　　)　　　　　　　答案:D

A. 100,10　　　　B. 90,10　　　　C. 100,9　　　　D. 90,9

(3) 某放大器电压增益为-1000,当环境温度变化 1℃时,电压增益相对变化 0.5%。若要电压增益相对变化减小至 0.05%,引入负反馈的反馈系数应为(　　)　　　　　　　答案:C

A. -0.09　　　　B. 0.99　　　　C. -0.009　　　　D. 1.001

6.3-5 反馈放大电路如图所示,试就以下各种故障,选择正确答案填空:

(1) R_{f1} 虚焊,则电路____。（A. 仍能正常放大　B. 不能放大)

(2) R_{f1} 短路,则电路____。（A. 仍能正常放大　B. 不能放大)

(3) R_{f2} 虚焊,则电路的输入电阻____。（A. 增大　B. 减小　C. 不变)

(4) R_{f2} 虚焊,则电路的输出电阻____。（A. 增大　B. 减小　C. 基本不变)

(5) R_{f2} 短路,则电路的输入电阻____。（A. 增大　B. 减小　C. 不变)

答案:(1)A　(2)B　(3)B　(4)C　(5)A

6.3-6 图示电路为单端输入、单端输出的两级直接耦合差分放大电路,若要求降低输出电阻,而输入电阻约等于 R_{b1}。应引入什么类型的反馈? 并在图上画出。

答案:应引入电压并联负反馈,反馈电阻 R_f 接在 c_4 和 b_1 之间

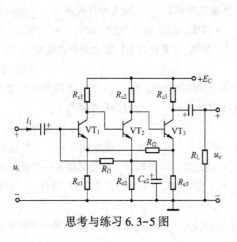

思考与练习 6.3-5 图

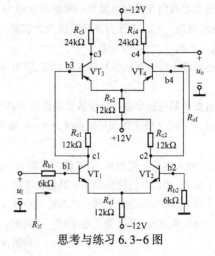

思考与练习 6.3-6 图

6.3-7　在图示的放大电路中,为了使电路成为输出电阻低,输入电阻约等于 R_b 的负反馈电路,电路是否需要改接? 如不需要,试简述理由;如需要,请在图上画出改动的部分,但不要增减元器件。

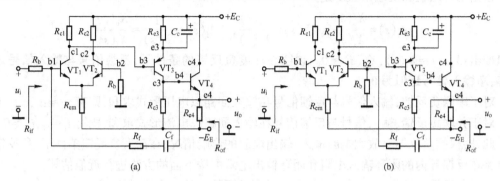

思考与练习 6.3-7 图

答案:应改为电压并联负反馈。图(a)将 VT_3 的基极 b_3 由 VT_1 的集电极 c_1 改接到 VT_2 的集电极 c_2。图(b)将 R_f 的左端由 VT_2 的基极 b_2 改接到 VT_1 的基极 b_1。

6.3-8　三级直接耦合放大电路如图所示。为减小输出电阻,增大输入电阻,试问应引入什么样的反馈? 请在原电路图上画出反馈支路。

答案:应引入电压串联负反馈,即在输出端和 b_2 之间接一反馈电阻 R_f,同时在 b_2 和地之间接一电阻。

6.3-9　反馈放大电路如图所示,在不影响 VT_1、VT_2 静态工作点的情况下,为减小电路的输出电阻,应引入何种级间反馈? 如何连接?

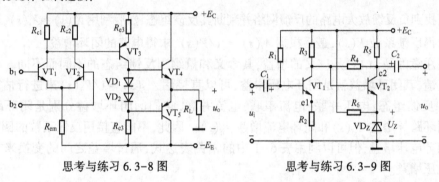

思考与练习 6.3-8 图　　　　　思考与练习 6.3-9 图

答案:电压串联负反馈,将 C_f、R_f 串联支路接在 e_1 和 c_2 之间

6.4　负反馈放大电路的分析与计算

在放大电路中引入负反馈后,可改善放大电路的各项性能指标。下面对负反馈电路的电压放大倍数、输入电阻和输出电阻等指标的计算进行具体介绍。

6.4.1　深度负反馈放大电路的参数估算

前已述及,反馈深度 $1+A(s)F(s) \gg 1$ 时的负反馈称为深度负反馈。工程实际中,放大电路的开环增益通常都很大,在电路中引入交流负反馈很容易满足深度负反馈的条件。本节重点讨论深度负反馈放大电路闭环增益的估算方法。

1. 深度负反馈放大电路的特点

在深度负反馈的条件下,由式(6-8)可知闭环增益 $A_f(s) \approx 1/F(s)$,表明闭环增益近似等于反馈系数的倒数。

根据闭环增益和反馈系数的定义

$$A_f(s) = \frac{X_o(s)}{X_i(s)}, \quad F(s) = \frac{X_f(s)}{X_o(s)}, \quad A_f(s) \approx \frac{1}{F(s)} \approx \frac{X_o(s)}{X_f(s)}$$

可以推出：$X_i(s) \approx X_f(s)$，$X_{id}(s) \approx 0$。说明在深度负反馈的条件下，**反馈信号与输入信号近似相等，净输入信号近似为0**。

对于串联负反馈，输入信号与反馈信号在输入回路以电压形式求和，则有 $u_i \approx u_f$，$u_{id} \approx 0$；

对于并联负反馈，输入信号与反馈信号在输入回路以电流形式求和，则有 $i_i \approx i_f$，$i_{id} \approx 0$。

此外，根据负反馈对放大电路输入、输出电阻的影响情况，在深度负反馈条件下，负反馈放大电路在反馈环内的闭环输入电阻和闭环输出电阻可按下面的方法进行近似估算：

串联负反馈使输入电阻增大，$R'_{if} \to \infty$；并联负反馈使输入电阻减小，$R'_{if} \to 0$；

电压负反馈使输出电阻减小，$R'_{of} \to 0$；电流负反馈使输出电阻增大，$R'_{of} \to \infty$。

在估算深度串联负反馈电路的闭环输入电阻时，如果在反馈环外并联接入其他电阻，例如基极偏置电阻 R_b，则总的闭环输入电阻 $R_{if} = R'_{if} // R_b \approx R_b$。

类似的，在估算深度电流负反馈电路的闭环输出电阻时，如果在反馈环外并联接入电阻，例如集电极电阻 R_c，则总的闭环输出电阻 $R_{of} = R'_{of} // R_c \approx R_c$。

2. 深度负反馈放大电路闭环增益的估算方法

首先找到负反馈放大电路的反馈网络并判断其反馈组态，然后利用 $X_i(s) \approx X_f(s)$，$X_{id}(s) \approx 0$ 的特点求得反馈系数 $F(s)$，最后根据 $A_f(s) \approx 1/F(s)$，求得电路的闭环增益。

需要注意的是，$A_f(s)$ 是广义的增益，其含义和量纲因反馈组态的不同而不同。对于电压串联负反馈，其闭环增益就是闭环电压增益，可以直接用 $A_{uf}(s) \approx 1/F_u(s)$ 来进行估算。而其他的三种反馈组态：电压并联、电流串联、电流并联，它们的闭环增益分别是闭环跨阻增益 $A_{rf}(s)$、闭环跨导增益 $A_{gf}(s)$ 和闭环电流增益 $A_{if}(s)$。因此，不能直接用反馈系数的倒数来估算它们的闭环电压增益，但可以利用表 6-1 中的相关表达式，通过增益之间的变换来求解电路的闭环电压增益。

【例 6-4】 负反馈放大电路如图 6-23 所示。试求出各电路在深度负反馈条件下的闭环增益 A_f 和闭环电压增益 A_{uf}。

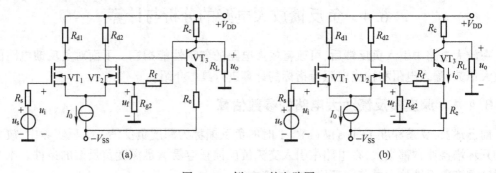

图 6-23　例 6-4 的电路图

解：(1) 图 6-23(a) 的级间负反馈网络为 R_f 和 R_{g2}，可以判断反馈组态为**电压串联**负反馈。反馈电压 u_f 就是电阻 R_{g2} 上的压降。在深度负反馈条件下，$u_i \approx u_f$，$u_{id} \approx 0$；栅极电流近似为 0，

R_f与R_{g2}串联。

用分压公式可以求得反馈电压为
$$u_f = \frac{R_{g2}}{R_{g2}+R_f}u_o$$

反馈系数为
$$F_u = \frac{u_f}{i_o} = \frac{R_{g2}}{R_{g2}+R_f}$$

电路的闭环增益为
$$A_f = A_{uf} = \frac{1}{F_u} = 1 + \frac{R_f}{R_{g2}}$$

(2) 图6-24(b)的级间负反馈网络是R_f和R_{g2},可以判断反馈组态为**电流串联**负反馈。反馈电压u_f就是电阻R_{g2}上的压降。在深度负反馈条件下,$u_i \approx u_f$,$u_{id} \approx 0$;栅极电流近似为0,R_f与R_{g2}两者串联后与R_e并联。(提示:$-V_{SS}$为交流地端)

用分流公式可以求得反馈电压为
$$u_f = R_{g2} \times \frac{R_e}{R_{g2}+R_f+R_e}i_o$$

反馈系数为
$$F_r = \frac{u_f}{i_o} = \frac{R_{g2}R_e}{R_{g2}+R_f+R_e}$$

电路的闭环增益为
$$A_f = A_{gt} = \frac{1}{F_r} = \frac{R_{g2}+R_f+R_e}{R_{g2}R_e}$$

电路的闭环电压增益为
$$A_{uf} = \frac{u_o}{u_i} \approx \frac{u_o}{u_f} \approx \frac{-R'_L \times i_o}{u_f} \approx -R'_L \times \frac{1}{F_r} \approx -\frac{R_e R_L(R_{g2}+R_f+R_e)}{R_{g2}R_e(R_c+R_L)}$$

【例6-5】 负反馈放大电路如图6-24所示。

(1) 判断反馈的组态及其对电路输入、输出电阻的影响;

(2) 求深度负反馈条件下电路的闭环电压增益A_{uf}。

解:(1) 反馈组态为**电流并联负反馈**,该反馈使电路的输入电阻减小,输出电阻增大。

(2) 在深负反馈条件下,$i_i \approx i_f$,$i_{id} \approx 0$。由于净输入电流i_{id}近似为0,VT_1管基极b_1到交流地间的电压降近似为0,因此b_1的电位近似为0,R_f与R_{e3}并联。(提示:在交流通路的基础上进行分析)

根据分流公式,反馈电流i_f与输出电流i_o的关系为

$$i_f = \frac{R_{e3}}{R_f+R_{e3}}i_o$$

则反馈系数为
$$F_i = \frac{i_f}{i_o} = \frac{R_{e3}}{R_f+R_{e3}}$$

电路的闭环电压增益为

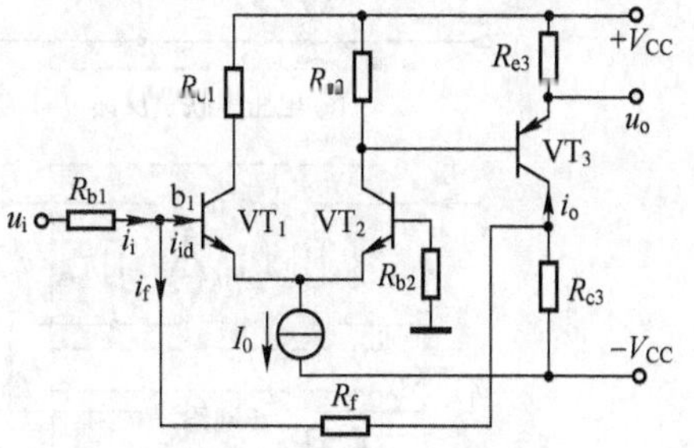

图6-24 例6-5的电路图

$$A_{uf} = \frac{u_o}{u_i} = \frac{R_{e3} \times i_o}{i_i \times R_{b1}} \approx \frac{R_{e3} \times i_o}{i_f \times R_{b1}} \approx \frac{R_{e3}}{R_{b1}} \times \frac{1}{F_i} \approx \frac{R_{e3}(R_f+R_{e3})}{R_{b1}R_{e3}}$$

6.4.2 利用方框图法进行分析计算

方框图法就是首先把一个实际的负反馈放大电路分解成基本放大器A和反馈网络F两部分,即所谓的"AF分离法"。然后通过计算基本放大器的开环增益$A(s)$及反馈网络的反馈系数$F(s)$,利用公式$A_f(s) = \dfrac{A(s)}{1+A(s)F(s)}$求解出负反馈放大电路的闭环增益。然而,在实际

的负反馈放大电路中,反馈网络对基本放大电路的输入和输出端口都有一定的负载效应,因此,**在利用方框图法分离基本放大器 A 时,一般要把反馈网络的输入阻抗(或导纳)折合到基本放大器的输出回路中,使其成为基本放大电路输出回路的组成部分;同理把反馈网络的输出阻抗(或导纳)折合到基本放大电路的输入回路中,使其成为基本放大电路输入回路的组成部分。**

观察图 6-6、图 6-8、图 6-10 和图 6-12 四种基本组态负反馈放大电路的方框图,可以看出,放大器 A 和反馈网络 F 都采用了二端口模型。考虑到反馈放大器理想模型的单向传输条件,A、F 两个方框图的输入端口只能含有输入电阻(R_{iA} 或 R_{iB})。而 A、F 两个方框图的输出端口如何等效,取决于负反馈的组态。如果负反馈环路的输入端口采用串联连接方式,由于在输入回路中,A、F 两个方框图端口的电压能够进行叠加,为了分析方便,应该利用戴维南模型来等效反馈网络 F 的输出端口,即等效成电压源和电阻的串联形式,如图 6-25(a) 和(c)所示。同理,如果输入端口采用并联连接方式,由于 A、F 两个方框图端口的电流能够进行叠加,应该利用诺顿模型来等效反馈网络 F 的输出端口,即等效成电流源和电阻并联的形式,如图 6-25(b) 和(d)所示。另外,对于电压负反馈,由于反馈信号取样的是正向放大器的输出电压,所以放大器 A 的输出端口应利用戴维南模型来等效,即等效成电压源和电阻的串联形式,如图 6-25(a) 和(b)所示。对于电流反馈,由于反馈信号取样的是正向放大器的输出电流,所以放大器 A 的输出端口应利用诺顿模型来等效,即等效成电流源和电阻并联的形式,如图 6-25(c)和(d)所示。这样,四种反馈组态的方框图均可用含有两个双口网络的模型表示,如图 6-25 所示。

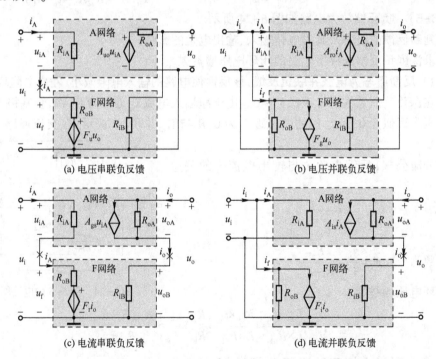

图 6-25　四种组态反馈放大电路的 A、F 网络等效模型

在图 6-25 中,A_{uo}、A_{ro}、A_{gs}、A_{is} 分别为 A 网络放大器输出端口受控源的控制系数,R_{iA} 为放大器输入端口电阻,R_{oA} 为放大器输出端口电阻;F_u、F_i、F_g、F_r 为反馈网络输出端口受控源的控制系数,R_{iB} 为反馈网络输入端口电阻,R_{oB} 为反馈网络输出端口电阻。

如前所述,在图 6-25 的四种反馈方框图中,如果是电压型反馈,输出端信号取电压,如果是电流型反馈,输出端信号取电流;如果是串联型反馈,输入端信号取电压,如果是并联型反馈,输入端信号取电流。那么,如何把 A 网络的基本放大电路从反馈环方框图中分离出来呢?观察图 6-25 的四个反馈环方框图,容易得出分离基本放大电路 A 的方法:

① 如果是电压型反馈,令输出端口短路,即 $u_o = 0$,由图 6-25 的(a)和(b)可以看出,F 网络中的受控源 $F_u u_o = 0$,$F_g u_o = 0$,F 网络中的输出电阻 R_{oB} 即可折合到放大电路的输入回路中,此时分离后的输入回路即为基本放大器的输入回路,如图 6-26(a)和(b)所示。

② 如果是电流型反馈,令输出端口开路(**A、F 两个方框图在输出回路端口连接处开路**),即 $i_o = 0$,由图 6-25(c)和(d)可以看出(图中"×"表示开路),F 网络中的受控源 $F_r i_o = 0$,$F_i i_o = 0$,这样,F 网络中的输出电阻 R_{oB} 即可折合到放大电路的输入回路中,此时分离后的输入回路即为基本放大器的输入回路,如图 6-26(c)和(d)所示。

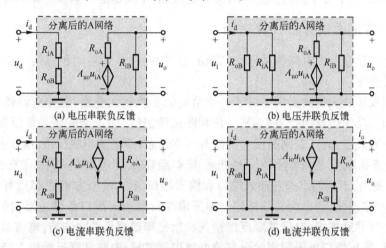

图 6-26　四种组态反馈放大电路分离后的 A 网络等效模型

③ 如果是串联型反馈,将输入回路 A、F 两网络在连接处断开,即 $i_A = 0$,如图 6-25(a)和(c)所示(图中"×"表示开路),这样既消除了反馈信号对放大器的影响,又把 F 网络的输入电阻 R_{iB} 折合到了放大电路的输出回路中,折合后的输出回路即为基本放大器的输出回路,如图 6-26(a)和(c)所示。

④ 如果是并联型反馈,令输入端口短路,即 $u_i = 0$,如图 6-25(b)和(d)所示,消除了反馈信号的影响,同时也把 F 网络的输入电阻 R_{iB} 折合到了放大电路的输出回路中,折合后的输出回路即为基本放大器的输出回路,如图 6-26(b)和(d)所示。

通过以上介绍的方法,即可把基本放大电路从反馈环路中分解出来,利用分离后的 A 网络即可求出基本放大电路的开环增益 $A(s)$。

同样,利用方框图法也可以方便地求出反馈系数 F,具体方法如下。

① 对串联型反馈,若令 $i_A = 0$,由图 6-25(a)或(c)可以看出,反馈网络 F 的输出端口开路,可等效成如图 6-27(a)或(c)所示的模型,此时的端口电压即为反馈电压 $u_f = F_u u_o$ 或 $u_f = F_r i_o$,利用反馈系数的定义可求出 $F_u = u_f/u_o$ 或 $F_r = u_f/i_o$。可见图 6-27 中 F 网络受控源的控制系数即为反馈系数。

② 对并联型反馈,若令 $u_i = 0$,由图 6-25(b)或(d)可以看出,反馈网络 F 的输出端口短路,可等效成如图 6-27(b)或(d)所示的模型,此时的端口电流即为反馈电流 $i_f = F_g u_o$ 或 $i_f = F_i i_o$,利用反馈系数的定义,可求得 $F_g = i_f/u_o$ 或 $F_i = i_f/i_o$。

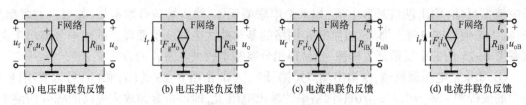

| (a) 电压串联负反馈 | (b) 电压并联负反馈 | (c) 电流串联负反馈 | (d) 电流并联负反馈 |

图 6-27　四种组态反馈放大电路分离后 F 网络等效模型

综上所述,方框图法的基本指导思想就是把负反馈放大器分解成 A、F 两个双口网络,通过求解基本放大器 A 的增益及参数来估算反馈放大器的增益和参数,这是一种工程中常采用的估算方法。但需要注意,这种估算方法的关键是要能从反馈网络中正确地分解出基本放大器的等效电路来,为了便于读者熟悉这种方法的应用,下面通过一些实例来具体说明。

6.4.3　方框图法分析计算举例

根据以上对反馈放大电路相关理论知识的学习,我们首先整理和总结一下分析负反馈放大器的一般性步骤:

（1）确定反馈放大器的类型。对于一个给定的反馈放大电路,首先应该解决的问题就是判断反馈类型。其中包含两个方面:其一是判断反馈极性,即正反馈还是负反馈,可采用瞬时极性法进行正确判断;其二是判断反馈的四种基本组态,即电压串联反馈、电压并联反馈、电流串联反馈、电流并联反馈,读者必须对四种基本组态反馈电路的结构有充分的理解。由图 6-25 可以看出,不同的组态在输入端口和输出端口 A、F 两个方框图都只有两种电路连接形式,要么为串联连接,要么为并联连接。**电压串联反馈输入端口串联连接,输出端口由于取样输出电压必须并联连接;电压并联反馈输入和输出端口都是并联连接;电流串联反馈输入端口为串联连接,输出端口由于取样输出电流必须串联连接;电流并联反馈输入端口显然应并联连接,输出端口由于取样输出电流必须串联连接。**

（2）利用方框图法分离出基本放大器的等效电路。基本放大器分离的关键是要考虑反馈网络对基本放大电路的输入和输出端口都有一定的负载效应。因此,在利用方框图法分离基本放大器时,如果是串联反馈就应将输入回路 A、F 两网络在连接处断开,如果是并联型反馈,则令输入端口短路,这样就能把反馈网络的输入阻抗 R_{iB}（或导纳）折合到基本放大器的输出回路中,使其成为基本放大电路输出回路的组成部分。同理,如果是电压型反馈,令输出端口短路;如果是电流型反馈,令输出回路 A、F 两个方框图在端口连接处开路,这样就能把反馈网络的输出阻抗 R_{OB}（或导纳）折合到基本放大电路的输入回路中,使其成为基本放大电路输入回路的组成部分。**

（3）画出基本放大器的微变等效电路。利用分离出的基本放大器,画出微变等效电路,计算 R_i,R_o,A,F。利用相对应的公式计算闭环参数 R_{if},R_{of},A_f,A_{uf}。还需强调,对深度负反馈电路,$A_f \approx 1/F$。

【例 6-6】　如图 6-28(a)所示的两级反馈放大电路,判断反馈类型,计算其闭环电压增益 A_{uf}、输入电阻 R_{if} 和输出电阻 R_{of}。（设两晶体管 β 相同）

解:① 采用瞬时极性法可判断出该电路为两级电压串联负反馈放大电路(请读者自行判断)。图 6-28(b)是其交流通路,由于 $R_b = R_{b1}//R_{b2}$ 是反馈环外 VT_1 的基极偏置电阻,为了简化问题的分析图中忽略了 VT_1 基极偏置电阻 $R_{b1}//R_{b2}$。

② 由于是电压串联负反馈电路,在输入回路的 A、F 两个网络的连接处断开,如图 6-28

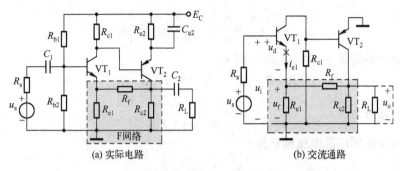

图 6-28　例 6-6 的电路图

（b）中的"×"所示，即令 $i_{e1}=0$，那么 R_f 和 R_{e1} 的串联回路将并接到 VT_2 的集电极输出端，如图 6-29 所示。

同时，将输出端口短路（即令 $u_o=0$），如图 6-28（b）中输出端口的虚线所示，于是电阻 R_f 和 R_{e1} 将并联到 VT_1 发射极的输入回路中。由此，可画出电压串联负反馈放大器基本放大电路的交流等效通路，如图 6-29 所示。

③ 根据基本放大器的交流等效电路可画出其微变等效电路，如图 6-30 所示。

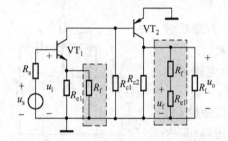

图 6-29　例 6-6 电路的基本放大器交流等效电路

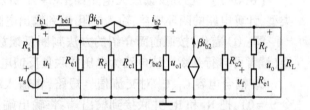

图 6-30　例 6-6 电路的微变等效电路

④ 对基本放大器的参数进行计算。由图 6-28（b）和图 6-30 都可以看出，u_f 为 u_o 在电阻 R_{e1} 和 R_f 上的分压，按照**电压串联负反馈放大电路反馈系数的定义**有

$$F_u = \frac{u_f}{u_o} = \frac{R_{e1}}{R_{e1}+R_f}$$

开环电压增益可以表示为

$$A_u = \frac{u_o}{u_i} = \frac{u_{o1}}{u_i}\frac{u_o}{u_{o1}}$$

$$\frac{u_{o1}}{u_i} = \frac{-i_{b1}\beta(R_{c1}//r_{be2})}{i_{b1}[r_{be1}+(1+\beta)(R_{e1}//R_f)]} = -\frac{\beta(R_{c1}//r_{be2})}{r_{be1}+R'_{e1}}$$

式中，$R'_{e1}=(1+\beta)(R_{e1}//R_f)$

同样可得

$$\frac{u_o}{u_{o1}} = \frac{-i_{b2}\beta[R_{c2}//(R_f+R_{e1})//R_L]}{i_{b2}r_{be2}} = -\frac{\beta R'_L}{r_{be2}}$$

式中，$R'_L=R_{c2}//(R_{e1}+R_f)//R_L$。

故可求得

$$A_u = \frac{u_o}{u_{o1}}\frac{u_{o1}}{u_i} = \frac{\beta^2(R_{c1}//r_{be2})R'_L}{(r_{be1}+R'_{e1})r_{be2}}$$

计及源内阻的开环源增益为

$$A_{us} = \frac{u_o}{u_s} = \frac{u_i}{u_s}\frac{u_o}{u_i} = \frac{R'_{e1}+r_{be1}}{R_s+R'_{e1}+r_{be1}}A_u$$

基本放大电路的输入、输出电阻分别为

$$R_i = R'_{e1}+r_{be1}, \qquad R_o = R_{c2}//(R_f+R_e)$$

闭环电压增益为

$$A_{uf} = \frac{u_o}{u_i} = \frac{A_u}{1+A_uF_u}$$

计及源内阻的闭环源电压增益为

$$A_{ufs} = \frac{u_o}{u_s} = \frac{u_i}{u_s}\frac{u_o}{u_i} = \frac{R_{if}}{R_s+R_{if}}A_{uf}$$

在深度反馈时,如果满足$|1+AF|\gg 1$,有

$$A_{uf} \approx \frac{1}{F_u} = \frac{R_{e1}+R_f}{R_{e1}}$$

利用闭环输入、输出电阻与开环输入、输出电阻的关系,可以求得**闭环输入、输出电阻**为

$$R_{if} = (1+A_uF_u)R_i, \qquad R_{of} = \frac{R_o}{1+A_{uo}F_u}$$

式中,A_{uo}为负载开路时的开环增益,表示为$A_{uo} = \lim\limits_{R_L\to\infty}A_u$。

【例6-7】 已知反馈放大电路如图 6-31 所示。判断反馈类型,计算电路的闭环增益、输入电阻 R_{if} 和输出电阻 R_{of}。

解: ① 首先,按照前面介绍的方法判断反馈放大电路的类型(读者可自行判断),该电路为电压并联负反馈电路。

② 耦合电容 C_1、C_2 对交流信号短路,将输入端口短路(即令 $u_i=0$),把 R_f 和 R_c 并联接到输出端;将输出端口短路(即令 $u_o=0$),把电阻 R_f 并接到输入端。可以画出该电压串联负反馈放大器基本放大电路的交流等效通路,如图 6-32 所示。

③ 根据基本放大器的交流等效电路画出其微变等效电路,如图 6-33 所示。

④ 对基本放大器的参数进行计算:

由图 6-32 可知 $i_f=-u_o/R_f$,则反馈系数为

$$F_g = i_f/u_o = -1/R_f$$

电路的开环跨阻增益可表示为

$$A_r = u_o/i_i = -\beta i_b R'_L/i_i$$

式中

$$R'_L = R_f//R_c//R_L$$

$$i_b = \frac{i_i(R_f//r_{be})}{r_{be}} = \frac{R_f}{r_{be}+R_f}i_i$$

整理后可得

$$A_r = \frac{u_o}{i_i} = -\frac{\beta R'_L R_f}{r_{be}+R_f}$$

基本放大电路的输入、输出电阻分别为

$$R_i = R_f//r_{be}, \qquad R_o = R_f$$

闭环跨阻增益为

$$A_{rf} = \frac{A_r}{1+A_rF_g}$$

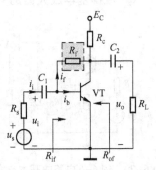

图 6-31 例 6-7 的电路

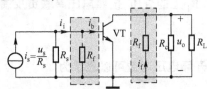

图 6-32 例 6-7 的基本放大器的交流等效电路

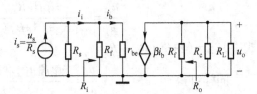

图 6-33 例 6-7 基本放大器的微变等效电路

由于 $i_i = u_i/R_{if}$，可得图 6-31 所示**反馈放大电路的闭环电压增益为**

$$A_{uf} = u_o/u_i = u_o/R_{if} i_i = A_{rf}/R_{if}$$

分别求出闭环输入、输出电阻为

$$R_{if} = \frac{R_i}{1+A_r F_g} \qquad R_{of} = \frac{R_o}{1+A_{ro} F_g} = \lim_{R_L \to \infty} \frac{R_o}{1+A_r F_g}$$

式中，A_{ro} 为负载开路时的开环增益，可表示为 $A_{ro} = \lim_{R_L \to \infty} A_r$。

【例 6-8】 图 6-34 所示为两级负反馈放大电路的交流通路。判断反馈类型，计算其闭环电压增益 A_{uf}、输入电阻 R_{if} 和输出电阻 R_{of}。

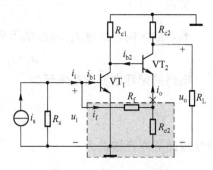

图 6-34　例 6-8 的电路

解： ① 首先，判断该反馈放大电路为电流并联负反馈电路，也称为电流反馈对（Current feedback pain）。请读者自行判断。

② 将输入端口短路（即令 $u_i = 0$），把 R_f 和 R_{e2} 并联接到输出端 VT_2 的发射极；将输出端口开路（即令 $i_o = 0$），如图 6-34 中的"×"所示，把电阻 R_f 和 R_{e2} 串联起来后并接到输入端 VT_1 的基极。于是可以画出电压串联负反馈放大器基本放大电路的交流等效通路，如图 6-35 所示。

③ 根据基本放大器的交流等效电路画出其微变等效电路，如图 6-36 所示。

④ 对基本放大器的参数进行计算。由图 6-35 所示电路中

$$i_f = \frac{i_o(R_{e2} // R_f)}{R_f} = i_o \frac{R_{e2}}{R_f + R_{e2}}$$

反馈系数为 $\qquad F_i = \frac{i_f}{i_o} = \frac{R_{e2}}{R_f + R_{e2}}$

开环电流增益可以表示为

$$A_i = \frac{i_o}{i_i} = \frac{i_{b1}}{i_i} \frac{i_{b2}}{i_{b1}} \frac{i_o}{i_{b2}}$$

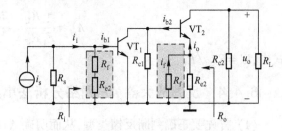

图 6-35　例 6-8 基本放大电路的等效电路

而 $\qquad \dfrac{i_o}{i_{b2}} = \beta_2$

$$i_{b2} = \beta_1 i_{b1} \frac{R_{c1} // [r_{be2} + (1+\beta_2)(R_{e2} // R_f)]}{r_{be2} + (1+\beta_2)(R_{e2} // R_f)}$$

$$= \frac{\beta_1 i_{b1} R_{c1}}{R_{c1} + r_{be2} + (1+\beta_2) R'_{e2}} = \frac{\beta_1 i_{b1} R_{c1}}{R_{c1} + r_{be2} + R'_e}$$

式中，$R'_{e2} = R_{e2} // R_f$，$R'_e = (1+\beta_2) R'_{e2}$。整理后可得

$$\frac{i_{b2}}{i_{b1}} = \frac{\beta_1 R_{c1}}{R_{c1} + r_{be2} + R'_e}$$

另外，由图 6-36 所示电路可得

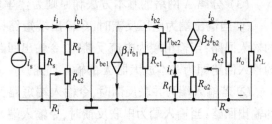

图 6-36　例 6-8 电路的基本放大器微变等效电路

$$i_{b1} = i_i [(R_{e2} + R_f) // r_{be1}] / r_{be1} = i_i \frac{R_f + R_{e2}}{R_f + R_{e2} + r_{be1}}$$

由上式可得
$$\frac{i_{b1}}{i_i} = \frac{R_f + R_{e2}}{R_f + R_{e2} + r_{be1}}$$

整理后可得
$$A_i = \frac{i_{b1}}{i_i}\frac{i_{b2}}{i_{b1}}\frac{i_o}{i_{b2}} = \frac{\beta_1\beta_2 R_{c1}(R_f + R_{e2})}{(R_{c1} + r_{be2} + R'_e)(R_f + R_{e2} + r_{be1})}$$

基本放大电路的输入、输出电阻分别为
$$R_i = r_{be1} /\!/ (R_f + R_{e2}), \qquad R_o \approx \infty$$

电路的闭环电流增益表示为
$$A_{if} = \frac{A_i}{1 + A_i F_i}$$

转换成闭环电压增益为
$$A_{uf} = \frac{u_o}{u_i} = \frac{i_o R'_L}{i_i R_{if}} = \frac{R'_L}{R_{if}} A_{if}$$

式中，$R'_L = R_{c2} /\!/ R_L$。

闭环输入、输出电阻分别为
$$R_{if} = \frac{R_i}{1 + A_i F_i}, \qquad R_{of} = (1 + A_{is} F_i) R_o /\!/ R_{c2} \approx R_{c2}$$

在深度负反馈时，满足$|1 + A_i F_i| \gg 1$，有
$$A_{if} \approx \frac{1}{F_i} = \frac{R_{e2} + R_f}{R_{e2}}$$

$$A_{uf} \approx \frac{1}{F_i}\frac{R'_L}{R_{if}} = \frac{(R_{e2} + R_f)R'_L}{R_{e2} R_{if}}$$

式中，$R'_L = R_{c2} /\!/ R_L$。

6.4.4 反馈放大器 AF 网络分析法小结

（1）首先要正确判断反馈类型，从而明确 A、F 的量纲。

（2）将负反馈放大电路分解成 A 和 F 网络，电压求和时，信号源采用戴维南电路形式，电流求和时，信号源采用诺顿电路表示。

（3）分离 A 网络的基本方法和原则为："串联开路、并联短路"，即：

① 当输出端为电压反馈时，令输出端短路，反馈放大电路的输入回路就是基本放大器 A 的输入回路；当输出端为电流反馈时，令输出回路在 A、F 两网络的连接处断开，反馈放大电路的输入回路即为基本放大器 A 的输入回路。

② 若输入端为并联反馈时，令输入端短路，反馈放大电路的输出回路即为基本放大器 A 的输出回路；当输入端为串联反馈时，令输入端开路，即得基本放大器 A 的输出回路。

③ 根据反馈类型求基本放大器 A 的性能参数 $A(s)$，R_i，R_o。

（4）求反馈系数 F 的方法：

① 输入端并联反馈时，令输入端短路，即输入端口电压 $u_i = 0$，此时反馈网络 F 的输出端口电流，即为反馈电流 $i_f = F_g u_o$ 或 $i_f = F_i i_o$，由此可求出 $F(s)$。

② 输入端串联反馈时，令输入回路在 A、F 两网络的连接处断开，即输入回路电流 $i_A = 0$，

此时反馈网络的输出端口电压,即为反馈电压 $u_f = F_u u_o$ 或 $u_f = F_r i_o$,由此可求出 $F(s)$。

（5）由基本反馈方程求 $A_f(s)$,并根据闭环输入、输出电阻公式计算 R_{if}、R_{of}。

思考与练习

6.4-1 放大电路如图所示,为使在 R_{c2} 变化时能进一步稳定输出电流 i_o,而且又不要改变电路静态工作点,可通过引入____反馈来实现,反馈支路应由_____元件串联构成,接在电路的___极和___极之间。若所引入的负反馈深度足够大,闭环电压放大倍数 $A_{uf} = \dfrac{u_o}{u_i} = 60$,则选择 R_f 为___ kΩ。

答案:电流并联负,一个反馈电阻 R_f 和一个足够大的电容器 C_f,b_1,e_2,10

6.4-2 放大电路如图所示,为了使该电路的输入电阻 R_{if} 近似与电阻 R_s 相等,而且又不要改变电路原来的静态工作点,应引入____反馈来实现,该反馈支路应由____元件串联构成,接在___极与___极之间。若引入负反馈的反馈深度足够大,则闭环源电压放大倍数的表达式 $A_{usf} = \dfrac{u_o}{u_s} \approx$ ____,输出电阻的表达式 $R_{of} \approx$ ____。

答案:电压并联负,由一个反馈电阻 R_f 和容量足够大的电容器 C_f,c_3,b_1,$-\dfrac{R_f}{2R_s}$,0

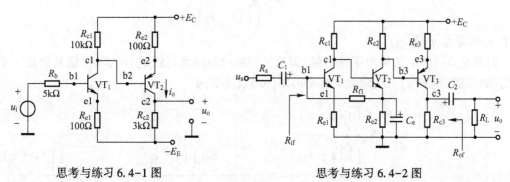

思考与练习 6.4-1 图　　　　　思考与练习 6.4-2 图

6.4-3 放大电路如图所示。为使整个电路的输出电阻低,输入电阻高。试问:

（1）引入何种组态的级间交流负反馈? 并在电路图上把连接线画完整;

（2）若为深度负反馈,要使 $A_{uf} = u_o/u_i \approx 10$,反馈电阻 R_f 应是多少? 此时 $R_{if} = ?$ $R_{of} = ?$

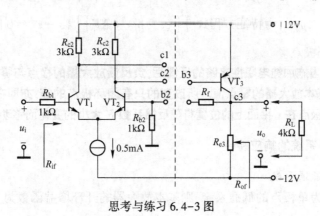

思考与练习 6.4-3 图

答案:（1）引入级间交流电压串联负反馈,b_3 与 c_1 相连,c_3 通过 R_f 接 b_2

（2）$R_f = 9$ kΩ,$R_{if} \approx \infty$,$R_{of} \approx 0$

6.5 负反馈放大器的频率响应

6.5.1 负反馈对放大器频率特性的影响

1. 负反馈对放大器增益函数零、极点的影响

在图 6-3 所示的反馈放大器理想单环模型中,闭环增益表示为

$$A_{\mathrm{f}}(s) = \frac{A(s)}{1 + A(s)F(s)} \tag{6-42}$$

设基本放大器的开环增益函数 $A(s)$ 的极点(也称开环极点)都位于 s 平面的左半面,并设放大器在低、中频内是负反馈。则开环增益表示为

$$A(s) = K \frac{\displaystyle\prod_{i=1}^{m}(s - z_i)}{\displaystyle\prod_{j=1}^{n}(s - p_j)} \tag{6-43}$$

式中,z_i 为零点,p_j 为极点。

如果反馈网络 F 为纯电阻性网络(即反馈网络由电阻元件组成)时,其反馈系数是一个与 s 无关的实数,即 $F(s) = F$,则放大电路的闭环增益函数为

$$A_{\mathrm{f}}(s) = \frac{A(s)}{1 + A(s)F} = \frac{K\dfrac{\displaystyle\prod_{i=1}^{m}(s-z_i)}{\displaystyle\prod_{j=1}^{n}(s-p_j)}}{1 + K\dfrac{\displaystyle\prod_{i=1}^{m}(s-z_i)}{\displaystyle\prod_{j=1}^{n}(s-p_j)}F} = \frac{K\displaystyle\prod_{i=1}^{m}(s-z_i)}{\displaystyle\prod_{j=1}^{n}(s-p_j) + KF\displaystyle\prod_{i=1}^{m}(s-z_i)} = K\frac{\displaystyle\prod_{i=1}^{m}(s-z_i)}{\displaystyle\prod_{j=1}^{n}(s-p_{j\mathrm{f}})}$$

式中,$p_{j\mathrm{f}} = (p_{1\mathrm{f}}, p_{2\mathrm{f}}, \cdots, p_{n\mathrm{f}})$,为特征方程式 $\displaystyle\prod_{j=1}^{n}(s-p_j) + KF\displaystyle\prod_{i=1}^{m}(s-z_i) = 0$ 的根,是闭环增益函数的极点,称为闭环极点。

以上分析表明,当施加纯电阻性电路的反馈后,负反馈放大器的极点与零点的数目不会改变;闭环零点值仍然为基本放大器的零点值。所改变的只有闭环极点的值,亦即在开环增益函数不变时,闭环增益函数的极点在 s 平面上的位置将随反馈系数 F 大小的变化而移动,形成根轨迹。

2. 单极点闭环系统的响应特性

(1) 单极点的低通系统

设基本放大器为单极点的低通系统,则基本放大器的开环增益函数为

$$A(s) = \frac{A_{\mathrm{o}}}{1 + s/p_{\mathrm{H}}}$$

式中,A_{o} 为低频时的开环增益,$-p_{\mathrm{H}}$ 为开环极点。设 $-p_{\mathrm{H}} = -\omega_{\mathrm{H}}$,$\omega_{\mathrm{H}}$ 为上限截止($-3\ \mathrm{dB}$)频率,施加电阻性反馈后,则闭环增益函数为

$$A_f(s) = \frac{A(s)}{1+A(s)F} = \frac{\dfrac{A_o}{1+A_oF}}{1+\dfrac{s}{p_H(1+A_oF)}} = \frac{A_{of}}{1+\dfrac{s}{p_{Hf}}} = \frac{A_{of}}{1+\dfrac{s}{\omega_{Hf}}} \qquad (6\text{-}44)$$

式中, $A_{of} = \dfrac{A_o}{1+A_oF}$, $p_{Hf} = (1+A_oF)p_H$, 即 $\omega_{Hf} = (1+A_oF)\omega_H$。

按照式 $A(s) = \dfrac{A_o}{1+s/p_H}$ 和式 $A_f(s) = \dfrac{A_{of}}{1+s/p_{Hf}}$ 可分别画出对应的幅频波特图和 F 从零开始增大时的根轨迹图,如图 6-37 所示。

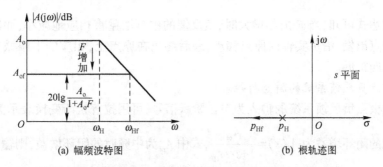

(a) 幅频波特图　　　　　　　　　　(b) 根轨迹图

图 6-37　单极点负反馈放大电路的幅频波特图和根轨迹图

由表达式和图可以看出负反馈的影响:

① 闭环低频增益 A_{of} 下降到开环低频增益 A_o 的 $\dfrac{1}{1+A_oF}$ 倍,但闭环极点值却比开环极点值增加了 $(1+A_oF)$ 倍。可见负反馈使通频带展宽到 $(1+A_oF)$ 倍,这与前面的结论是相同的。

② 当 F 变化时,总有: $A_{of}\omega_{Hf} = \dfrac{A_o}{1+A_oF}(1+A_oF)\omega_H = A_o\omega_H$,表示**系统的增益带宽积与引入反馈前基本放大电路的增益带宽积相等,即单极点闭环系统的增益带宽积是一个常数,因此,可以通过改变反馈系数 F 的值,来实现增益和带宽的等价交换。**

③ 由式(6-44)闭环增函数 $A_f(s)$ 的极点为 $-p_{Hf} = -(1+A_oF)p_H$,当 $F=0$ 时,环路增益 $T = A_oF = 0$, $-p_{Hf} = -p_H$;当 $F \to \infty$ 时, $T \to \infty$, $-p_{Hf} \to -\infty$。表示:闭环极点始于 $-p_H$,并沿负实轴(见图 6-37(b)中的箭头)向左移动,终于 $-\infty$。表明,不论负反馈系统的环路增益 AF 多大,闭环极点总是在 s 平面左半平面的负实轴上,即闭环系统是一个稳定的系统。

(2) 单极点的高通系统

同理,当基本放大器为零点在原点的一阶高通系统时,其基本放大器的开环增益函数为

$$A(s) = \frac{A_o}{1+p_L/s}$$

式中, A_o 为中频时的开环增益, $-p_L = -\omega_L$ 为开环极点。施加电阻性反馈后,则闭环增益函数为

$$A_f(s) = \frac{A_{of}}{1+p_{Lf}/s} = \frac{A_{of}}{1+\omega_{Lf}/s} \qquad (6\text{-}45)$$

式中, $A_{of} = \dfrac{A_o}{1+A_oF}$, $p_L = \dfrac{p_L}{1+A_oF}$, $\omega_{Lf} = \dfrac{\omega_L}{1+A_oF}$。 由此,可以分别画出对应的幅频波特图和根轨迹

图,如图 6-38 所示。

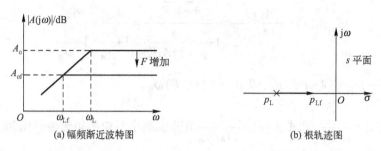

图 6-38　零点在原点的一阶高通系统施加负反馈后的幅频波特图和根轨迹图

由图和表达式可知,当 F 由零增大时,负反馈的中频增益将相应地减小,而闭环极点则相应地自开环极点出发,沿负实轴向原点移动,最后终止在原点上,相应的下限截止频率也就向更低的频率方向扩展。

（3）单极点负反馈系统的瞬态特性

设低通单极点负反馈系统的输入为单位阶跃信号,可用拉普拉斯变换表示为 $X_i(s) = 1/s$。

而负反馈系统的闭环增益为 $A_f(s) = \dfrac{A_{of}}{1 + s/\omega_{Hf}}$,式中 A_{of} 为中频时的闭环增益,则输出信号为

$$X_o(s) = A_f(s)X_i(s) = \frac{A_{of}}{1 + s/\omega_{Hf}} \frac{1}{s} = A_{of}\left(\frac{1}{s} - \frac{1}{s + \omega_{Hf}}\right) \tag{6-46}$$

对上式进行拉普拉斯反变换,可得输出信号的时域表达式

$$x_o(t) = A_{of} - A_{of}e^{-\omega_{Hf}t}$$

归一化后

$$\frac{x_o(t)}{A_{of}} = 1 - e^{-\omega_{Hf}t}$$

其相应的瞬态特性曲线如图 6-39 所示。由上式可求得上升时间为

$$t_{rf} = 2.2/\omega_{Hf} = 0.35/f_{Hf} \tag{6-47}$$

可以看出,低通单极点闭环系统的小信号时域特性跟环路增益有关,A_oF 越大,反馈越深,ω_{Hf} 就越大,上升时间 t_{rf} 减小得越多。而当 $F = 0$（即系统无反馈）时,有

$$x_o(t) = A_o - A_oe^{-\omega_Ht}$$

此时的上升时间为

$$t_r = 2.2/\omega_H = 0.35/f_H \tag{6-48}$$

比较式（6-47）和式（6-48）可知

$$t_{rf}f_{Hf} = t_rf_H = 0.35 \tag{6-49}$$

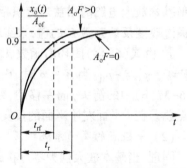

图 6-39　单极点负反馈系统的瞬态特性曲线

上式说明,低通单极点负反馈系统的上升时间和通频带的乘积是一个常数;负反馈使频带展宽 $(1+AF)$ 倍,上升时间下降 $\dfrac{1}{1+AF}$ 倍。

6.5.2　负反馈放大器的稳定性

从前面的讨论可以看出,引入负反馈能够改善放大电路的各项性能指标,而且改善的程度与反馈深度有关,一般来说,反馈深度越深,改善的效果越显著。但是,对于多级放大电路而

言,负反馈深度太深可能会引起放大电路产生自激振荡,使放大电路失去放大作用,不能正常工作。

1. 负反馈放大电路自激振荡的条件和判断方法

(1) 自激振荡产生的原因

通过前面的介绍可知,反馈电路的闭环增益函数表示为

$$A_f(s) = \frac{A(s)}{1 + A(s)F(s)}$$

其中,$1 + A(s)F(s)$ 为反馈深度。$1 + A(s)F(s) = 0$,则 $A_f(s) = X_o(s)/X_i(s) = \infty$,说明当 $X_i(s) = 0$ 时,$X_o \neq 0$,表示此时**放大电路即使没有外加输入信号,也有一定大小的交流输出信号,放大电路的这种状态称为自激振荡。**

如果负反馈放大电路发生自激振荡,即使放大电路的输入端不加信号,在输出端也将会出现具有一定频率和幅度的输出波形,表明输出信号不再受输入信号的控制,放大电路失去正常放大作用,对于放大电路来说,这是不允许的。但是,在一些信号波形发生电路(振荡器)中,可以通过引入正反馈,使之自激振荡,产生我们所需要频率和幅度的输出波形。

一般情况下,由于放大电路引入负反馈后,反馈信号减弱了外加输入信号的作用,会使放大倍数比原来减小,即 $A_f(s) < A(s)$,则闭环增益函数 $A_f(s) = \dfrac{A(s)}{1 + A(s)F(s)}$ 的分母部分——反馈深度 $|1 + A(s)F(s)| > 1$。但放大电路的增益函数 $A(s)$ 和反馈系数 $F(s)$ 通常都是频率的函数,当放大电路工作在中频时接成的负反馈,随着频率的变化,$A(s)$、$F(s)$ 的模和相角将随之改变,在高频或低频时环路增益 $T(s) = A(s)F(s)$ 会产生一个附加相移,原来中频时的负反馈将可能会变为正反馈,出现 $|1 + A(s)F(s)| = 0$ 的情况,即产生自激振荡。

(2) 自激振荡条件

若令 $s = j\omega$,则反馈系统的增益函数表示为

$$A_f(j\omega) = \frac{A(j\omega)}{1 + A(j\omega)F(j\omega)}$$

如果设在某一频率上环路增益 $T(j\omega) = A(j\omega)F(j\omega)$ 的附加相移为 $-180°$,且 $A(j\omega)F(j\omega) = -1$ 时,则有 $1 + A(j\omega)F(j\omega) = 0$,电路就会由负反馈变为正反馈,使放大电路产生自激振荡,即

$$|T(j\omega)| = |A(j\omega)F(j\omega)| = 1 \tag{6-50}$$

$$\phi_T(\omega) = \phi_A(\omega) + \phi_F(\omega) = \pm 180° \tag{6-51}$$

式(6-50)、式(6-51)分别表示反馈放大电路产生自激振荡的幅度条件和相位条件。在这两个条件中,幅度条件称为充分条件,相位条件为必要条件。

从自激振荡的两个条件看,相位条件是主要的;当相位条件得到满足之后,只要 $|A(j\omega)F(j\omega)| > 1$,放大电路就将产生自激振荡。当 $|A(j\omega)F(j\omega)| > 1$ 时,输入信号经过放大和反馈,其输出正弦波的幅度将逐步增大,直到由电路元件的非线性所确定的某个限度为止,输出幅度将不再继续增大,而稳定在某个幅值。

例如第 5 章所介绍的阻容耦合单管共射放大电路在中频段时为反相放大器,即 $\varphi_A = -180°$,而在低频段和高频段,将分别产生 $\Delta\varphi_A = 0° \sim +90°$ 或 $\Delta\varphi_A = 0° \sim -90°$ 的附加相移(请参阅图 5-2 所示的 RC 阻容耦合放大器的幅频特性和相频特性曲线)。显然,如果是两极

共射放大电路,就有可能产生 0°~±180° 的附加相移;而对于一个三级放大电路,可能产生的附加相移可达 0°~±270°。可见对三级负反馈放大电路,如果反馈网络为电阻性,当输入信号在某个频率 ω 时,附加相移就有可能满足 $\Delta\phi_A(\omega)=\pm180°$,即可满足自激振荡的相位条件;若回路增益足够大,能同时满足自激振荡的幅度条件 $|A(j\omega)F(j\omega)|>1$,则放大电路将会产生自激振荡。

因此可见,单级负反馈放大电路最大附加相移不可能超过 90°,是稳定的,不会产生自激振荡;两级负反馈放大电路一般来说也是稳定的,因为虽然当 $\omega\to\infty$ 或 $\omega\to0$ 时,$A(j\omega)F(j\omega)$ 的最大附加相移可达到 $\pm180°$,但此时幅值 $|A(j\omega)F(j\omega)|\to0$,不满足产生自激振荡的幅度条件;而三级反馈放大电路则只要达到一定的反馈深度就有可能产生自激振荡,因为在低频和高频范围可以分别找出一个满足附加相位为 $\pm180°$ 的频率,同时又满足自激振荡的幅度条件 $|A(j\omega)F(j\omega)|>1$,在此频率上放大电路将会产生自激振荡。所以三级及三级以上的负反馈放大电路,在深度反馈条件下必须采取措施来破坏自激条件,才能稳定地工作。

2. 用波特图判断自激振荡

(1) 用环路增益 $T(j\omega)=A(j\omega)F(j\omega)$ 的波特图判断自激振荡

为了判断负反馈放大电路是否振荡,可以通过综合考虑环路增益 $T(j\omega)$ 的幅频特性和相频特性波特图,分析放大电路是否同时满足自激振荡的幅度条件和相位条件,判断负反馈放大器是否产生自激振荡。

图 6-40 为负反馈放大电路环路增益 $A(jf)F(jf)$ 的幅频特性和相频特性的波特图。

由图 6-40(a) 中的相频特性波特图可见:**当 $f=f_\pi$ 时,$A(jf)F(jf)$ 的相位移 $\varphi_T(f_\pi)=-180°$,称 f_π 为相位交叉频率**,在此频率上对应的幅频特性波特图位于横坐标轴的上方,表明 $20\lg|A(jf)F(jf)|_{f=f_\pi}>0$ dB 或 $|A(jf)F(jf)|_{f=f_\pi}>1$,即频率在 $f=f_\pi$ 处,电路同时满足自激振荡的相位条件和幅度条件。因此,由环路增益的波特图可以判断该负反馈放大电路将产生自激振荡。

在图 6-40(b) 所示的环路增益 $A(jf)F(jf)$ 的幅频特性和相频特性波特图中,当 $\varphi_T(jf_\pi)=-180°$ 时,相应的幅频特性在横坐标轴下方,即表明 $20\lg|A(jf)F(jf)|_{f=f_\pi}<0$ dB 或 $|A(jf)F(jf)|_{f=f_\pi}<1$;而在 f_0 处,$20\lg|A(jf)F(jf)|_{f=f_0}=0$ dB,称 f_0 为增益交叉频率,其对应的相频特性的 $|\varphi_T(f_0)|<180°$,说明电路在满足自激振荡的相位条件时,不满足幅度条件;在满足幅度条件时又不满足相位条件。因此,该电路不会产生自激振荡,能够稳定工作。

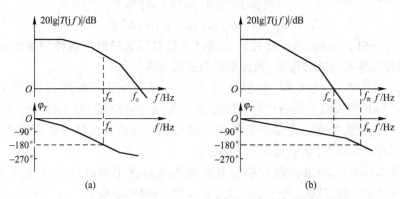

图 6-40　用环路增益的波特图判断放大电路的自激振荡

由以上分析可得以下结论:**如果$f_o \geqslant f_\pi$,反馈电路会产生自激振荡;如果$f_o < f_\pi$,反馈电路是稳定的,不会产生自激振荡。**

(2)用开环增益的波特图判断自激振荡

对于由纯电阻性网络构成的负反馈网络,其反馈系数F为实数,当它为深度负反馈系统时,满足$1+A(jf)F \gg 1$,根据基本反馈方程,可得在中、低频情况下的闭环增益为

$$A_f(jf) = \frac{A(jf)}{1+A(jf)F} \approx \frac{A(jf)}{A(jf)F} = \frac{1}{F}$$

在波特图中环路增益$20\lg|T(jf)| = 0$ dB处,有$|T(jf)| = 1 = |A(jf)F|$,即

$$|A(jf)| = 1/F \approx |A_f(jf)| \tag{6-52}$$

式(6-52)表明,在开环增益$|A(jf)|$的幅频波特图中,做闭环增益$|A_f(jf)| = 1/F$的幅频特性曲线,两曲线的交点即为环路增益为0 dB的点,即增益交叉频率f_o的点,并利用此点的开环增益相位移$\varphi_A(jf_o)$来判断电路是否产生自激(可参见例6-9)。因此,**对于带有纯电阻性反馈网络的深度负反馈放大系统,可以用开环增益的波特图判断放大电路的稳定性。**

3. 负反馈放大电路的稳定裕度

负反馈系统的稳定性,不仅要求在工作频域内不自激,而且要求在工作频域内远离自激条件。因此,在设计电路时,要使负反馈放大电路能稳定可靠的工作,不但要求它能在预定的工作条件下满足稳定条件,而且当环境温度、电路参数及电源电压等因素在一定的范围内发生变化时也能满足稳定条件,为此要求放大电路要有一定的稳定裕度。**通常采用幅度裕度和相位裕度两项指标来表征负反馈放大电路远离自激的程度。**

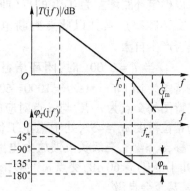

图6-41 负反馈放大电路的稳定裕度

(1)幅度裕度G_m

在图6-41中示出了某放大器的环路增益$T(jf) = A(jf)F(jf)$的幅频特性和相频特性的波特图。从相频特性曲线可见,当$f = f_\pi$时,$\varphi_T(f_\pi) = -180°$,此时所对应的幅频特性曲线$20\lg|T(jf_\pi)| < 0$ dB,因此负反馈放大电路处于稳定状态。**通常,将$\varphi_T(f_\pi) = -180°$时所对应的幅频值$20\lg|T(jf_\pi)|$定义为幅度裕度,用G_m表示**,有

$$G_m = 20\lg|T(jf_\pi)| \quad (\text{dB}) \tag{6-53}$$

显然,一个稳定的负反馈放大电路,必须要求$G_m < 0$ dB,且$|G_m|$值越大,表示负反馈放大电路越稳定。工程中,为了使负反馈放大电路稳定工作,一般要求G_m的取值为$-(10~20)$ dB。

(2)相位裕度φ_m

相位裕度从另一个角度描述了负反馈放大电路的稳定裕度。由图6-41可见,令幅频特性曲线的幅值$20\lg|T(jf_o)| = 0$ dB所对应的增益交叉频率为f_o,该f_o所对应的相频特性曲线的相位$|\varphi_T(f_o)| < 180°$,同样说明了负反馈放大电路处于稳定状态。

因此,**把$20\lg|T(jf_o)| = 0$ dB点所对应的相频值$\varphi_T(f_o)$与$-180°$的差值定义为相位裕度,用φ_m表示**,即

$$\varphi_m = \varphi_T(f_o) - (-180°) = 180° - |\varphi_T(f_o)| \tag{6-54}$$

对于一个稳定的负反馈放大电路,通常$|\varphi_T(f_o)| < 180°$,因此φ_m为正值。可见,φ_m越大,

表示负反馈放大电路越稳定。

显然,当 $\varphi_m \leqslant 0°$,即 $|\varphi_T(f_o)| > 180°$ 时,负反馈放大电路必定会产生自激。**工程上为了使负反馈放大电路稳定工作,要求 $\varphi_m \geqslant 45°$,即 $|\varphi_T(f_o)| \leqslant 135°$。**

【例 6-9】 某三级负反馈放大电路的反馈网络为纯电阻电路,其开环增益为

$$A(jf) = \frac{10000}{\left(1+j\dfrac{f}{f_1}\right)\left(1+j\dfrac{f}{f_2}\right)\left(1+j\dfrac{f}{f_3}\right)} = \frac{10000}{\left(1+j\dfrac{f}{1\ \text{kHz}}\right)\left(1+j\dfrac{f}{10\ \text{kHz}}\right)\left(1+j\dfrac{f}{100\ \text{kHz}}\right)}$$

式中,频率 f 的单位为 kHz。试问:当反馈系数 F 分别为 0.001 和 0.1 时,电路是否会产生自激振荡。

解: 画出开环增益的波特图如图 6-42 所示(读者可根据第 5 章的相关知识自行画出)。

根据图 6-42,由开环增益 $|A(jf)|$ 的幅频波特图与闭环增益 $|A_f(jf)| \approx 1/F$ 幅频波特图的交点,可以确定环路增益为 0 dB 的点(即增益交叉频率点),并以此点判断电路是否产生自激。

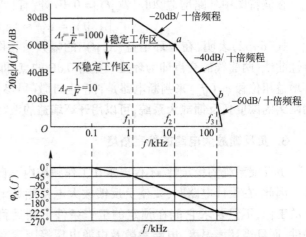

图 6-42　用开环增益的波特图判断自激振荡

① 当 $F = 0.001$ 时,闭环增益的波特图为 $|A_f(jf)| \approx 1/F = 1000 = 60$ dB 的一条水平线,由此可得开环增益的波特图与闭环增益波特图的交点为 a 点,与 a 点对应的相频特性曲线的相位为 $\varphi_T(f_o) = -135°$,即表明放大电路的相位裕度 $\varphi_m = 45°$,处于稳定工作的临界位置。当 $F < 0.001$ 时,$20\lg|A_f(jf)| > 60$ dB,交点 a 上移,$\varphi_m > 45°$,三级负反馈放大电路具有充分的相位裕度,工作稳定性较好;若 $F > 0.001$ 时,$20\lg|A_f(jf)| < 60$ dB,交点 a 下移,$\varphi_m < 45°$,不满足相位裕度的要求,电路相位裕度小,稳定性较差,甚至会自激。

② 当 $F = 0.1$ 时,则 $20\lg|A_f(j\omega)| = 20$ dB,开环增益波特图与闭环增益波特图的交点为 b 点,对应的 $\varphi_T(f_o) = -225°$,此时,$\varphi_m = 180° - 225° = -45° < 0$,电路必然会产生自激。

6.5.3　相位补偿原理与技术

由于三级或三级以上的负反馈放大电路容易产生自激振荡,因此为了保证电路稳定工作,避免产生自激振荡,在实际应用中常常需要采取适当的措施来破坏自激的幅度条件和相位条件。

我们知道,**对负反馈放大电路,反馈深度和电路的稳定性之间存在一种矛盾的关系:负反馈越深,越容易产生自激振荡。** 为了使放大电路工作稳定而减小其反馈系数 F 或反馈深度 $[1+A(s)F(s)]$ 的值,会对电路其他性能的改善不利。因此,在实际应用中为了保证电路既有一定的反馈深度又能稳定工作,常采用相位补偿的方法。即在放大电路或反馈网络中接入由 C 或 RC 元件组成的相位补偿(校正)网络,使电路的频率特性发生变化,破坏自激振荡成立的条件。下面介绍几种典型的补偿方法。

1. 电容校正(或称主极点校正)

电容校正措施是一种比较简单的消除自激振荡的方法,它通过在负反馈放大电路时间常

数最大的回路中并接一个补偿电容 C_φ 来实现(见图 6-43)。**电容校正方法实质上是将放大电路的主极点频率降低,从而破坏自激振荡的条件,所以也称为主极点校正。**

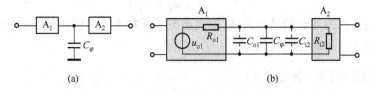

图 6-43　电容校正电路及其等效电路

图 6-43(b)为电容校正电路的等效电路,接入的补偿电容 C_φ 并联在两级放大电路之间,R_{o1} 和 C_{o1} 为 C_φ 前级的等效输出电阻和电容,R_{i2}、C_{i2} 为 C_φ 后级的等效输入电阻和电容。在中低频时,由于容抗($1/\omega C_\varphi$)较大,补偿电容 C_φ 基本不起作用;而在高频时,C_φ 的容抗减小,使前一级的放大倍数降低,从而破坏了自激振荡的振幅条件,使电路稳定工作。

下面利用波特图来说明负反馈放大电路中电容校正网络的消振作用。

设某三级放大电路的电压放大倍数为

$$A(j\omega) = A_1(j\omega)A_2(j\omega)A_3(j\omega)$$

$$= \frac{10000}{\left(1+j\dfrac{f}{f_1}\right)\left(1+j\dfrac{f}{f_2}\right)\left(1+j\dfrac{f}{f_3}\right)} = \frac{10000}{\left(1+j\dfrac{f}{1}\right)\left(1+j\dfrac{f}{10}\right)\left(1+j\dfrac{f}{100}\right)} \quad (6-55)$$

式中,频率 f 的单位为 kHz。若反馈系数 $F = 1/10$,其开环增益的波特图如图 6-44 中的实线所示。

由图 6-44 可见,频率特性中含有三个极点:$f_1 = 1$ kHz,$f_2 = 10$ kHz,$f_3 = 100$ kHz。其中频率最低的极点 f_1 通常称为主极点。另外,在波特图中,环路增益 $20\lg|AF| = 0$ dB 的 b 点所对应的增益交叉频率 f_o 的相位 $\varphi_A(f_o) = -225°$,故相位裕度 $\varphi_m = 180° - |\varphi_A(f_o)| = -45°$。因此,如果不加任何校正措施,原来的负反馈放大电路必然产生自激振荡。

为了消除自激振荡,可在极点频率最低(时间常数最大)的一级接入校正电容,如图 6-43(b)所示。如果接入校正电容后放大电路能稳定工作,要求相位裕度 $\varphi_m \geq 45°$,即要求 $20\lg|T(j\omega)| = 0$ dB 点所对应的交叉频率下降。即 $\varphi_A(f_o) = -225°$ 移到 $\varphi_A(f'_o) = -135°$ 处,相应的幅频特性的第二个转折频率点从 b 点移到 b' 点,过 b' 作一条以(-20 dB/十倍频程)为斜率的直线,与原开环增益幅频特性曲线的交点为 a' 点,即可作为校正后的第一转折频率点,校正后的开环增益特性曲线如图 6-44 中的点划线所示。

电容补偿后,放大电路的开环增益函数只需将式(6-55)中的 f_1 用 f'_1 代替即可,即变为

$$A(jf) = \frac{10000}{\left(1+j\dfrac{f}{f'_1}\right)\left(1+j\dfrac{f}{f_2}\right)\left(1+j\dfrac{f}{f_3}\right)} \quad (6-56)$$

式中 $f'_1 = \dfrac{1}{2\pi(R_{o1}/\!/R_{i2})(C_\varphi + C_{o1} + C_{i2})}$

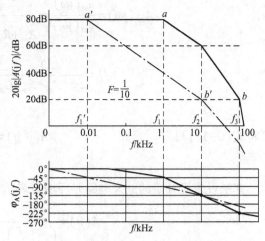

图 6-44　电容校正前后的波特图

工程上一般可根据补偿后的主极点频率f_1'来估算所需的补偿电容C_φ。即

$$C_\varphi \approx \frac{1}{2\pi f_1'(R_{o1}/\!/R_{i2})} \tag{6-57}$$

采用电容校正的方法比较简单方便,其主要缺点是放大电路的通频带将严重变窄,是以牺牲带宽来换取放大电路的稳定性的。

2. RC 滞后补偿(零-极点对消)

除了电容校正以外,还可以利用由电阻、电容元件串联组成的 RC 校正网络来消除自激振荡,如图 6-45 所示。**采用 RC 滞后补偿的具体方法是在开环增益 $A(j\omega)$ 表达式的分子中引入一个零点,该零点与其分母中的一个极点相抵消,从而使补偿后的频带损失小。因此,RC 滞后补偿又称为零-极点对消补偿。**

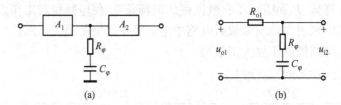

图 6-45　RC 滞后补偿电路及其简化的等效电路

由于纯电容校正将使放大电路的高频特性大大降低,使通频带变窄,因此常用 RC 校正网络代替电容校正网络,将通频带变窄的程度降低。这是因为在高频段,电容的容抗将减小,而电容与一个电阻串联后构成的 RC 网络并联在放大电路中,对高频电压放大倍数的影响相对小一些。因此,如果采用 RC 校正网络,在消除自激振荡的同时,高频响应的损失相对较小。

下面根据图 6-45 来说明补偿的原理。在简化的等效电路(见图 6-45(b))中,R_{o1} 代表前级电路的输出等效电阻,后级输入等效电阻 R_{i2} 相对较大,忽略其作用;如果选择的补偿电容 C_φ 远大于前级输出等效电容 C_{o1} 与后级输入等效电容 C_{i2}(即可忽略 C_{o1}、C_{i2}),则接入 RC 补偿电路后,图 6-45(b)所示的 RC 网络的增益函数为

$$A_{RC}(j\omega) = \frac{u_{i2}(j\omega)}{u_{o1}(j\omega)} \approx \frac{R_\varphi + \dfrac{1}{j\omega C_\varphi}}{R_{o1} + R_\varphi + \dfrac{1}{j\omega C_\varphi}} = \frac{1 + j\omega R_\varphi C_\varphi}{1 + j\omega(R_{o1} + R_\varphi)C_\varphi} \tag{6-58}$$

令

$$f_1' = \frac{1}{2\pi(R_{o1} + R_\varphi)C_\varphi}, \qquad f_2' = \frac{1}{2\pi R_\varphi C_\varphi}$$

可将式(6-58)写为

$$A_{RC}(jf) = \frac{1 + j\dfrac{f}{f_2'}}{1 + j\dfrac{f}{f_1'}} \tag{6-59}$$

如果设未经补偿的放大电路开环增益表示为

$$A(jf) = \frac{A_o}{\left(1 + j\dfrac{f}{f_1}\right)\left(1 + j\dfrac{f}{f_2}\right)\left(1 + j\dfrac{f}{f_3}\right)}$$

可见,由于加入了补偿电路,使主极点频率由 f_1 改为 f_1',并引入对应频率为 f_2' 的零点,则补偿后放大电路的开环增益变为

$$A'(jf) = \frac{A_o\left(1+j\dfrac{f}{f_2'}\right)}{\left(1+j\dfrac{f}{f_1'}\right)\left(1+j\dfrac{f}{f_2}\right)\left(1+j\dfrac{f}{f_3}\right)} \tag{6-60}$$

只要合适地选择 R_φ 和 C_φ 的值,使 $f_2'=f_2$,就可以将式(6-60)中含有 f_2 的因式消去,那么第三转折频率 f_3 相应地变成第二转折频率,由于第二转折频率所对应的环路相移 $\varphi_A(f_2) \leqslant -135°$,所以补偿后,电路具有一定的相位裕度,$\varphi_m = 180°-\varphi_A(f_2) \geqslant 45°$,电路稳定。

如【例 6-9】中,未进行 RC 补偿前,若频率 f 的单位为 kHz,三级放大电路的开环增益为

$$A(jf) = \frac{10000}{\left(1+j\dfrac{f}{1}\right)\left(1+j\dfrac{f}{10}\right)\left(1+j\dfrac{f}{100}\right)} \tag{6-61}$$

加入 RC 补偿电路后,若将原来的主极点 f_1 变为 $f_1' = 0.1$ kHz,并消去频率为 $f_2 = 10$ kHz 的极点,假如补偿后的开环增益为

$$A'(jf) = \frac{10000}{\left(1+j\dfrac{f}{0.1}\right)\left(1+j\dfrac{f}{100}\right)} \tag{6-62}$$

由式(6-61)和式(6-62)画出的波特图如 6-46 所示(实线为校正前、点划线为校正后),与图 6-44 比较,显然频带损失减小。

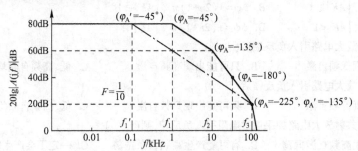

图 6-46 RC 滞后补偿前后的波特图

3. 密勒效应补偿

前面介绍的两种补偿电路所需的电容和电阻值都较大,不利于电路的集成化。为了用一个小电容达到同样的补偿效果,常常将补偿电容跨接在放大电路输入端与输出端之间,如图 6-47(a) 所示。根据密勒定理,**将电容折合到放大电路输入端,则电容的作用将增大 A 倍**,即大大减小了补偿电容的容量。这种补偿方式称为密勒效应补偿。

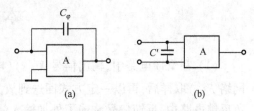

图 6-47 密勒效应补偿及其等效电路

如图 6-47(b)所示,将接在放大电路输入与输出端之间的补偿电容 C_φ 折合到放大电路输入端后,则等效电容为 $C'=(1+|A|)C_\varphi$。若 $C_\varphi = 30$ pF,$A = 1000$,则 $C' \approx 30000$ pF。

可见,**密勒效应补偿使较小的电容发挥了大电容的补偿作用,大大减小了实际所需的电容量,因此,在实际放大电路,特别是集成电路中得到广泛的应用。**

4. 超前补偿

前面介绍的几种补偿方法,都是通过改变放大电路的相位而最终达到改变环路增益 $A(j\omega)F(j\omega)$ 的频率特性实现的,显然,要达到这一目的,还可以通过直接改变反馈网络 $F(j\omega)$ 的频率特性来实现,这种补偿称为超前补偿,**其指导思想就是将环路增益波特图中 20lg$|AF|$=0 dB点的相位前移。**

如果在反馈电阻两端并联一个补偿电容,此时,反馈系数就成为频率的函数,并且其表达式中会出现一个超前的相移,只要合适地选择补偿电容值,使反馈系数的超前相移与放大电路的滞后相移相互抵消,结果使环路增益的总相移小于180°,从而破坏放大电路产生自激振荡的相位条件,电路即可稳定工作。

除了以上介绍的电容校正和 RC 校正外,还有很多其他的校正方法,读者如有兴趣,可参阅其他文献。

思考与练习

6.5-1 选择题

(1) 三级或三级以上的级间负反馈放大电路(　　　)　　　　　　　　　　　答案:B
A. 一定会产生自激振荡　　　　　　　B. 有可能产生自激振荡
(2) 负反馈放大电路最容易引起自激振荡的情况是(　　　)　　　　　　　　答案:C
A. A_f 大　　　B. A 大　　　C. AF 大　　　D. F 大
(3) 负反馈放大电路产生自激振荡的条件是(　　　)　　　　　　　　　　答案:B
A. $\Delta\phi=\pm 2n\pi$, $|AF|\geqslant 1$ 　　　B. $\Delta\phi=\pm(2n+1)\pi$, $|AF|\geqslant 1$
C. $\Delta\phi=\pm 2n\pi$, $|AF|<1$ 　　　D. $\Delta\phi=\pm(2n+1)\pi$, $|AF|<1$
(4) 阻容耦合放大电路引入负反馈后(　　　)　　　　　　　　　　　　答案:C
A. 只可能出现低频自激　　　B. 只可能出现高频自激　　　C. 低、高频自激均有可能出现
(5) 直接耦合放大电路引入负反馈后(　　　)　　　　　　　　　　　　答案:B
A. 只可能出现低频自激　　　B. 只可能出现高频自激　　　C. 低、高频自激均有可能出现
(6) 一个单管共射放大电路如果通过电阻引入负反馈,则(　　　)　　　　答案:C
A. 一定会产生高频自激振荡　　　B. 有可能产生高频自激振荡　　　C. 一定不会产生高频自激振荡

本 章 小 结

(1) 在反馈电路中,输出信号 $X_o(s)$ (电压或电流)的一部分或全部,通过一定形式的反馈网络 $F(s)$ 取样后,再以一定方式回送到放大电路的输入端,与输入信号混合形成净输入信号。负反馈电路中,反馈信号减弱了外加输入信号的作用,使放大电路的放大倍数降低;而在正反馈电路中,反馈信号增强了外加输入信号的作用,使放大电路的放大倍数得到提高。

(2) 深度负反馈电路的一个很大优点是放大器闭环增益几乎不受晶体管具体参数的影响,只与反馈网络中元器件的参数有关。

(3) 负反馈能扩展带宽、增大信噪比、减小非线性失真,以及控制输入输出电阻,其代价是增益下降。

(4) 在构造负反馈电路时,如果需要稳定输出电压,应该在放大电路中引入电压负反馈

（输出端采用并联结构）；需要稳定输出电流，应该引入电流负反馈（输出端采用串联结构）。如果需要提高输入电阻，应该引入串联负反馈（输入端采用串联结构）；而需要减小输入电阻，应该引入并联负反馈（输入端采用并联结构）。

（5）方框图法的基本指导思想就是把负反馈放大器分解成 A、F 两个双口网络，通过求解基本放大器 A 的增益及参数来估算反馈放大器的增益和参数，这是一种工程中常采用的估算方法。但需要注意，这种估算方法的关键是要能从反馈环路中正确地分解出基本放大器 A 的等效电路来。

（6）在利用方框图法分离基本放大器 A 时，一般要把反馈网络的输入阻抗（或导纳）折合到基本放大器的输出回路中，使其成为基本放大电路输出回路的组成部分；同理把反馈网络的输出阻抗（或导纳）折合到基本放大电路的输入回路中，使其成为基本放大电路输入回路的组成部分。

（7）反馈放大器的环路增益定义为 $T(j\omega) = A(j\omega)F(j\omega)$，没有量纲，式中 $A(j\omega)$ 是基本放大器的增益函数，而 $F(j\omega)$ 为反馈系数。环路增益是频率的函数，如果环路增益的相位为 $\varphi_T(\omega) = \pm 180°$，即满足自激振荡的相位条件，同时又满足自激振荡的幅度条件 $|A(j\omega)F(j\omega)| > 1$，则放大电路将会产生自激振荡。

（8）利用环路增益 $T(j\omega)$ 的波特图，可以判断：如果 f_o（增益交叉频率）$\geq f_\pi$（相位交叉频率），反馈电路会产生自激振荡；如果 $f_o < f_\pi$，反馈电路是稳定的，不会产生自激振荡。通常采用幅度裕度和相位裕度两项指标来表征负反馈放大电路远离自激的程度。

思考与习题6

6.1 填空题

（1）负反馈的基本组态有（   ），（   ），（   ），（   ）四种。若把输出端短路后，反馈因而消失者，就是（   ）反馈；反馈并不因而消失者，则是（   ）反馈。若把输入端短路后，反馈因而消失者，就是（   ）反馈；否则，则是（   ）反馈。

（2）为了充分提高负反馈的效果，串联反馈要求信号源内阻（   ），并联反馈要求信号源内阻（   ）；电流反馈要求负载电阻（   ），电压反馈要求负载电阻（   ）。

（3）电流串联负反馈放大器是一种输出端取样为（   ），输入端比较量为（   ）的负反馈放大器，它使输入电阻（   ），输出电阻（   ）。

（4）电压并联负反馈放大器是一种输出端取样为（   ），输入端比较量为（   ）的负反馈放大器，它使输入电阻（   ），输出电阻（   ）。

（5）若要减小放大器从信号源索取电流，应引入（   ）反馈，若要提高放大器带负载能力，应引入（   ）反馈。

（6）一个电压串联负反馈放大器，无反馈时电压增益为 80 dB，为使有反馈时的电压增益为 20 dB，则反馈深度（1+AF）应为（   ）dB，反馈系数 F 约等于（   ）。

（7）负反馈系统产生自激的条件是（   ），相应的振幅条件是（   ），相位条件是（   ）。

（8）放大器的闭环增益为 40 dB，基本放大器放大倍数变化了 10%，闭环增益变化了 1%，则开环增益为（   ）。

6.2 判断图题 6.2 中各电路的级间反馈类型和反馈极性。

6.3 电路如图题 6.3 所示，试找出各电路中的反馈元件，并说明是直流反馈还是交流反馈。

6.4 如图题 6.4 所示电路。

（1）判断从 A 端输出和从 B 端输出各为何种类型反馈，两者有什么区别。

（2）当 $R_D = R_s$，在 A 端和 B 端同时接上相同的 R_L 时，问二者得到的输出电压 u_{oA} 和 u_{oB} 有无区别。

（3）当 $R_D = R_s$，若将 R_L 分别接到 A 端和 B 端时，问 u_{oA} 和 u_{oB} 又如何？

6.5 某放大电路开环时的波特图如图题 6.5 所示，现引入电压串联负反馈，中频时的反馈深度为 20 dB，试求引入反馈后的 A_{uf}、f_{Lf}、f_{Hf}。

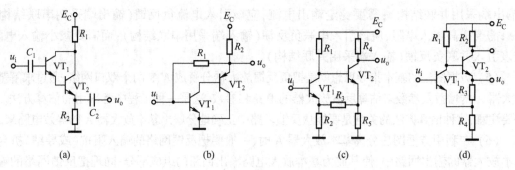

图　题 6.2

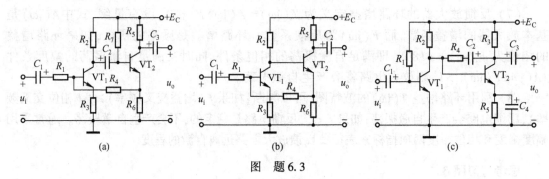

图　题 6.3

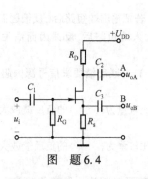

图　题 6.4

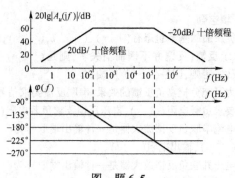

图　题 6.5

6.6　放大器框图如图题6.6所示，求 $A_f = X_o/X_i$。

6.7　电路如图题6.7所示，请按要求引入负反馈。

（1）使图（a）所示电路的 u_o 稳定；

（2）使图（b）所示电路的 i_o 稳定；

（3）使图（c）所示电路的输入电阻提高。

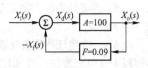

图　题 6.6

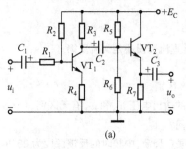

(a)

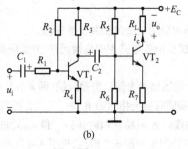

(b)

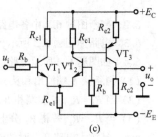

(c)

图　题 6.7

6.8 图题6.8中,各电路均有深度的交流负反馈。

(1) 找出引入级间交流(或交、直流)反馈的元件,判断反馈组态;

(2) 用公式 $A_f \approx 1/F$,求出各电路 A_{uf} 的表达式。

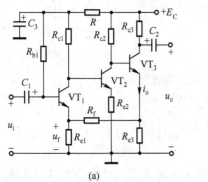

(a)

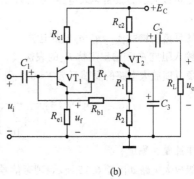

(b)

图 题6.8

6.9 电路如图题6.9所示。已知 $R_1 = 10\ \text{k}\Omega$,$R_{12} = 1\ \text{k}\Omega$,$R_{13} = 100\ \Omega$,$R_{14} = 100\ \text{k}\Omega$。试判断级间反馈的组态和极性,并按深反馈估算 A_{uf}、R_{if} 和 R_{of}。

6.10 一反馈放大电路的交流通路如图题6.10所示。已知 $\beta_1 = \beta_2 = 80$,$r_{be1} = r_{be2} = 3\ \text{k}\Omega$,$R_{b1} = 33\ \text{k}\Omega$,$R_{e1} = 6.2\ \text{k}\Omega$,$R_{e1} = 100\ \Omega$,$R_{b2} = 18\ \text{k}\Omega$,$R_{c2} = 4.7\ \text{k}\Omega$,$R_f = 10\ \text{k}\Omega$。请用方框图法求该电路的 A_{uf}、R_{if} 和 R_{of} 值。

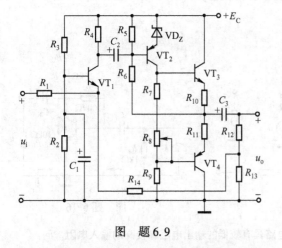

图 题6.9

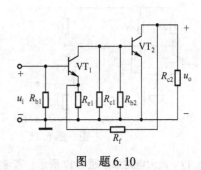

图 题6.10

6.11 求图题6.11所示电流并联负反馈放大器的 A_{uf}、R_{if} 和 R_{of} 的表达式。

6.12 求图题6.12所示电压串联负反馈放大器的 A_{uf}、R_{if} 和 R_{of} 的表达式。

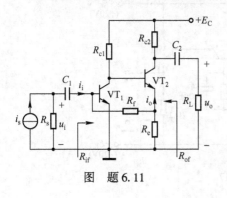

图 题6.11

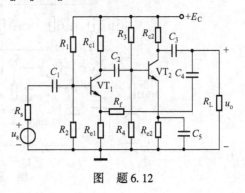

图 题6.12

6.13 图题 6.13 所示为 FET 反馈放大电路的交流通路,设参数 $\lambda_1=\lambda_2=0$,晶体管的跨导分别为 g_{m1} 和 g_{m2}。

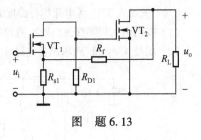

图 题 6.13

(1) 判断电路的反馈组态和反馈极性;

(2) 画出基本放大器的微变等效电路,求开环增益 A 和反馈系数 F 的表达式;

(3) 写出闭环电压增益 $A_{uf}=u_o/u_i$ 的表达式;

(4) 写出输入阻抗 R_{if} 和输出阻抗 R_{of} 的表达式。

6.14 一负反馈放大电路的反馈系数 $F=0.1$,开环电压增益为

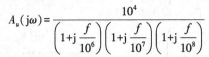

$$A_u(j\omega)=\frac{10^4}{\left(1+j\dfrac{f}{10^6}\right)\left(1+j\dfrac{f}{10^7}\right)\left(1+j\dfrac{f}{10^8}\right)}$$

试判断该放大电路是否稳定。

6.15 两级放大电路如图题 6.15 所示,现有信号源 u_s 支路、电阻 R_f 与电容 C_f 串联支路,以及电阻 R 支路。请按以下要求接入正确的反馈。

(1) 要求具有低的输入电阻和稳定的输出电流;

(2) 要求具有高的输入电阻和强的带负载能力;

(3) 要求具有稳定的跨导增益;

(4) 要求具有稳定的跨阻增益。

6.16 电路如图题 6.16 所示,晶体管参数 $r_{be}=1.5\text{k}$,$\beta=100$。

(1) 判断电路的反馈类型;

(2) 用深度负反馈估算 A_{uf}。

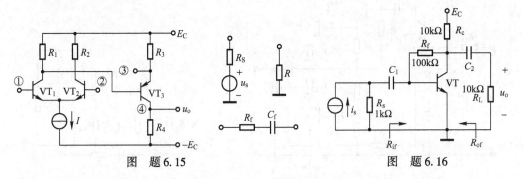

图 题 6.15　　　　　　　　　　图 题 6.16

6.17 放大电路如图题 6.17 所示。若希望电路具有较低的输出电阻和较高的输入电阻。问:

(1) 应该引入什么类型的反馈? 反馈电阻 $R_f=90\text{ k}\Omega$ 应接在哪两点之间?

(2) 若为深度负反馈,则 $A_{uf}=u_o/u_i=?$　　$R_{if}=?$　$R_{of}=?$

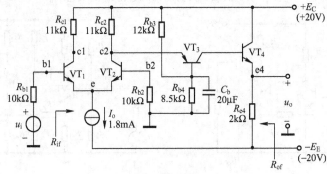

图 题 6.17

· 274 ·

6.18 反馈放大电路如图题 6.18 所示，设 $VT_1 \sim VT_5$ 的 $|U_{BE}|$ 均为 0.6 V，β 均为 100。

（1）为满足当 $u_i = 0$ 时，$u_o = 0$，R_{c1} 应选多大？

（2）若为深度负反馈，为满足闭环电压放大倍数 $A_{uf} = u_o/u_i = 11$，R_f 应选多大？

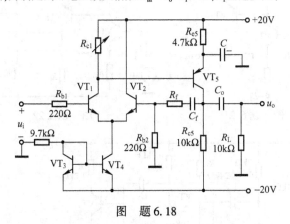

图 题 6.18

6.19 放大电路如图题 6.19 所示。设电容 C_e 对交流信号可视为短路。

（1）试指出级间交流反馈支路，判断其反馈极性和组态；并说明对电路输入电阻和输出电阻的影响；

（2）求深度负反馈时的闭环源电压增益 $A_{usf} = u_o/u_s$。

6.20 多级放大电路如图题 6.20 所示，设 C_1、C_2 对交流信号均可视为短路。

（1）为稳定输出电流 i_o，同时稳定 VT_1、VT_2、VT_3 的静态工作点，应引入何种反馈（在图中画出）？为了增强反馈效果，对信号源内阻 R_s 应有什么要求？

（2）若满足深度负反馈的条件，试写出闭环电压放大倍数 $A_{uf} = u_o/u_i$ 和 R_{if} 的近似表达式。

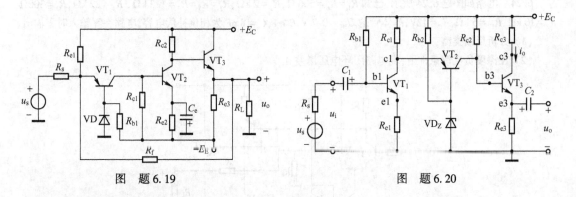

图 题 6.19   图 题 6.20

6.21 电路如图题 6.21 所示。

（1）试判断级间反馈极性及组态。若电路满足深度负反馈，求闭环电压增益 $A_{uf} = u_o/u_i$；

（2）若 $R_f = 0$，说明此时电路的作用。

6.22 具有零输入零输出特性的直流放大器如图题 6.22 所示，若电路满足深度负反馈条件。

（1）判断反馈类型；

（2）画出电路的反馈网络，求 A_{uf} 的表达式。

6.23 多级电压放大电路如图题 6.23(a) 所示。

（1）若要求放大器对电源 u_s 的电压利用率高且带负载能力强，则应引入何种反馈？现给定电阻 R_f 与电容 C_f 串联支路及负载支路如图(b)所示，试将电路正确连接成所要求的负反馈电路。

（2）若连接后的反馈为深度负反馈，且要求闭环增益 $A_{uf} = \dfrac{u_o}{u_i} = 41$，求 R_f。

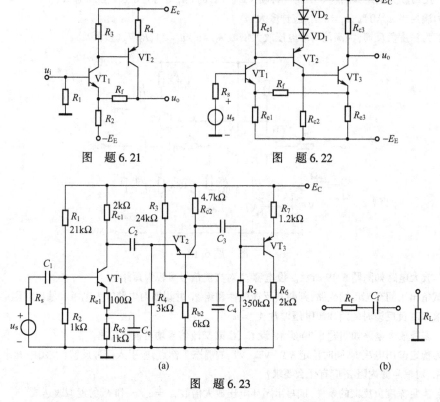

图 题 6.21　　　　　　　　　图 题 6.22

图 题 6.23

6.24　电路如图题6.24所示,已知 $R_1 = R_6 = 500\ \Omega$, $R_2 = 2\ k\Omega$, $R_3 = R_5 = R_9 = 1.3\ k\Omega$, $R_4 = 22\ k\Omega$, $R_7 = 300\ \Omega$, $R_8 = 10\ k\Omega$, $R_{10} = 5\ k\Omega$, $E_C = 12V$, 晶体管的 $U_{BE} = 0.7\ V$, $\beta \gg 1$, $C_e = 8\ pF$ 为相位补偿电容,电路在零输入时零输出。

(1) 分析反馈类型;

(2) 在深度负反馈条件下,求电路闭环电压增益 A_{uf}。

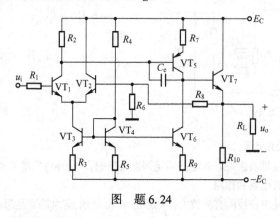

图 题 6.24

本章习题参考解答请扫以下二维码。

二维码 6-1　　　二维码 6-2　　　二维码 6-3　　　二维码 6-4　　　二维码 6-5

第7章 集成运算放大器及其应用

集成电路的发展和应用,使电子设备和系统的性能发生了飞跃。集成运算放大器(简称集成运放)作为模拟集成电路的一个重要组成部分,已经得到了广泛应用。本章主要介绍集成运放的内部结构及其基本原理、主要参数及等效模型,并在基本分析方法的基础上讨论集成运放的典型应用。

7.1 通用集成运算放大器的基本特点

7.1.1 集成电路及其特点

集成电路(Integrated Circuit,IC)是 20 世纪 50 年代末 60 年代初发展起来的一种半导体器件,它采用氧化、光刻、扩散、外延和蒸铝等特殊的生产工艺,把多达数百、上万甚至上千万个半导体器件、电阻、电容以及它们之间的连线集成在同一块半导体基片上,然后进行封装,形成一个完整的、能够实现一定功能的电路。

由于集成电路实现了元件、电路和系统的结合,因此,具有元件密度高、引线少、体积小、重量轻、功耗低等特点,从而提高了电子设备的可靠性、灵活性,降低了生产成本,被广泛地应用在消费电子、计算机和通信等电子设备中。

1. 集成电路的特点

集成电路的内部结构受到制造工艺的限制,因此,采用标准工艺制造的集成电路,其电路的形式与其内部元器件的性能和特点密切相关,一般具有以下特点:

(1) 由于制造工艺和集成化的限制,不适于制造容量大的电容和电感,因此,**集成电路内部放大电路通常采用直接耦合方式**。

在集成电路内部,若电容太大,将占用过多的硅片,严重影响集成度,所以,在制造时,集成电路内部的电容往往采用 PN 结结电容或 MOS 电容(以 SiO_2 作为介质),电容量不高,一般不超过 100 pF;而电感元件的重量、体积都较大,制造上更不经济。故集成电路中的放大电路不采用阻容耦合和变压器耦合方式进行连接,而一般都采用直接耦合方式。

(2) 集成电路的工艺不适于大阻值电阻的制造,因此,常采用晶体管构成的恒流源电路提供偏置电流。

集成电路中的电阻通常有扩散电阻和金属膜电阻两类,扩散电阻即为杂质半导体的体电阻;金属膜电阻则通过采用标准的薄膜沉积流程在 SiO_2 上淀积一层金属膜作为电阻,故电阻值都不超过 20 kΩ。而集成电路内部制造三极管非常容易,因此,为了保证放大电路获得稳定的偏置或提高放大倍数,**在集成电路内部大量采用晶体管或场效应管构成恒流源代替大阻值电阻,提供偏置电流或作为有源负载**。

(3) 电路元器件匹配。采用集成电路工艺制造的元器件,单个元器件的参数精度不高且受温度的影响也较大,但由于各元件集成在同一块基片上,距离非常近,因而各元器件之间的温度差别很小,其对称性和温度对称性都较好。

集成电路的设计直接取决于每块芯片上所能制作的具有相同基本特性的晶体管的个数。在分析第 4 章镜像电流源和差动放大器时,曾经假设过电路中的晶体管互相匹配。**晶体管的参数相同,它们就是匹配的**。对于双极型晶体管,其参数为 I_S、β 和 U_A。I_S 又和半导体材料的电气特性以及基极–发射极 PN 结的横截面积(几何特性)相关。对于 MOS 晶体管,参数为 $U_{GS(th)}$(或 $U_{GS(off)}$)、β_n 和 λ。其中 β_n 又和半导体的参数以及晶体管沟道的宽长之比(几何特性)相关。

由于不同 IC 芯片之间因制造工艺不同,晶体管参数的绝对值差别很大(高达±25%)。然而,同一个 IC 芯片上相邻晶体管的参数十分接近,只相差百分之零点几。因此一般来说,集成运算放大器设计要考虑的诸多因素是指它们的晶体管参数的比值和电阻参数的比值而不是它们的绝对值。鉴于以上的原因,本章所讲述的运算放大器,可以制作成 IC,但很难用分立元件电路来实现。

(4) 在集成电路内部,纵向 NPN 管的 β 较大,而横向 PNP 管的 β 值很小,但 PN 结耐压高,因此,设计中常常利用这一特点,将纵向 NPN 管和横向 PNP 管接成复合组态,形成性能优良的各种放大电路。

2. 集成电路的分类

集成电路的种类很多,按照实现的功能不同,一般将集成电路分为数字集成电路和模拟集成电路两大类:数字集成电路主要用于产生和处理各种数字信号;模拟集成电路主要完成对模拟信号的采集、放大、比较、变换等功能,用来产生、放大和处理各种模拟信号或进行模拟信号和数字信号之间的相互转换。

模拟集成电路包括纯模拟信号处理功能和模拟/数字混合信号处理功能的电路,种类很多,主要包括数据转换(如 A/D、D/A 转换等)、线性和非线性放大(如集成运算放大器、对数放大器、电压比较器、模拟乘法器)以及其他模拟集成电路。

3. 集成运算放大器的发展

就人类科学技术的发展历史来看,集成运放的产生时间并不长,但在 60 年的时间里,随着半导体集成技术和微电子设计技术的迅速发展,集成运放的品种和数量与日俱增,集成度也越来越高,同时,各项性能指标得到了不断提高。集成运放有通用型产品和专用型产品两类,其通用型产品已经经历了四代,各种适应特殊需要的专用型产品也得到了进一步发展。

(1) 通用型集成运放

集成运放的通用型产品一般按照各阶段的主要特点,分为四代产品。

第一代通用型产品基本上按照分立元件电路的设计思想,利用半导体生产工艺制造出来,但其主要技术指标比分立元件电路有所提高。其产品以 μA 709 或国产的 FC3 为代表。

第二代通用型产品则普遍采用了有源负载,以三极管代替负载电阻,在不增加输入级的情况下可以获得比第一代产品更高的开环增益,简化了电路,另外,还在电路中增加了一些保护措施。第二代产品以 μA741 或国产的 F007 为代表。由于第二代产品的电路简单,性能尚可,得到了广泛应用。

第三代通用型产品的主要特点是采用了 β 值高达 1000~5000 的超 β 管作为输入级,另外,在集成电路的版图设计时考虑到热效应影响,采用热对称设计,使超 β 管的温漂得以抵消,因此,失调电压、失调电流、开环增益、共模抑制比和温漂等指标得到了较大的改善。典型产品为 AD508 和国产的 F030。

第四代通用型产品以开始采用大规模集成电路的制造工艺为主要标志,由于电路中包含了斩波自动稳零放大电路,使失调电压和温漂进一步降低,不再需要外接调零电路进行调零;同时,输入级采用了高输入电阻的 MOS 管,大大增加了输入电阻。其代表产品为 HA2900。

（2）专用型集成运放

专用型集成运放是为适应某些特殊的领域或应用而设计、生产、定制的集成运放电路,它是为满足某一项技术指标或性能必须达到更高的要求而专门设计的,主要有以下几种类型:

高精度型:高精度型集成运放的主要特点是漂移和噪声低,开环增益和共模抑制比高,可以大大减小集成运放的误差,获得较高的精度。

低功耗型:低功耗型集成运放所采用的制造工艺与标准制造工艺有所不同,一般选用高电阻率的材料制成。

高阻型:高阻型集成运放需要具有高输入电阻或低输入电流,一般在输入级采用超 β 管或 MOS 管制造。

高速型:高速型集成运放具有较快的转换速率和较短的过渡时间以保证电路的转换精度,设计时常采用加大电流等措施来提高转换速度,这种电路常用于 A/D 转换。

高压型:高压型集成运放的电源电压高,输出电压的动态范围大,同时,功耗也较高。

大功率型:大功率型集成运放要求在提供较高输出电压的同时,还要有较大的输出电流,以实现在负载上获得较大的输出功率。

由于通用产品容易得到,价格低廉,因此,在集成运放的选择上,应根据实际电路的需要,除特殊情况下采用可以满足高精度、低功耗、高速或高压等要求的集成电路外,尽量使用通用产品。

7.1.2　集成运算放大器的组成

集成运算放大器是一种具有高增益放大功能的通用固态组件。在其发展初期,主要用于模拟计算机实现模拟运算功能,现在已经像晶体管一样,成为了通用的增益器件,被广泛地应用于模拟电子电路的各个领域。

从电特性看,**集成运放是一种比较理想的电压增益器件,具有增益高、输入电阻大、输出电阻小等特点,同时还具有零输入时零输出的特性。**所谓零输入时零输出,是指集成运放输入端和输出端的静态工作点电压均为零,一方面,便于与其他集成运放连接时实现电位的配合,另一方面,即使输入信号源内阻或负载电阻发生变化,也不会引起静态工作点电压的变化。

1. 集成运放的电路符号和封装

集成运放的电路符号为一个用三角形表示的三端口元件（如图7-1所示）。由于集成运放的输入级通常由差动放大电路组成,因此一般具有两个输入端和一个输出端,其中一个输入端与输出端的信号相位成反相关系,称为反相输入端,用符号"–"表示;另一个输入端与输出端的信号相位成同相关系,称为同相输入端,用符号"+"表示。

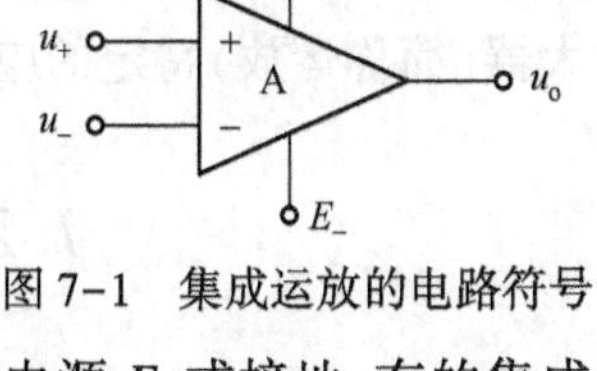

图 7-1　集成运放的电路符号

实际的集成运放还有其他的引出端,如用以连接电源电压的引出端:一般有两个电源端,其中一个接正电源 E_+,另一个接负电源 E_- 或接地;有的集成运放为了减小输入失调,还有几个用于外接调零电路的引出端;另外,还有为消除自激振荡而外接补偿电容的引出端等。

集成运放的封装形式主要有金属圆壳封装、双列直插式封装及扁平式陶瓷封装等,如图 7-2 所示。由于集成运放的引脚较多,尽管集成电路的外引线排列有标准化趋势,但集成电路制造厂商仍有自己的规范,因此,在实际应用中需要按照不同的封装形式,根据产品手册中的引脚接线图,确定集成运放的引脚排列位置,才能正确接线。

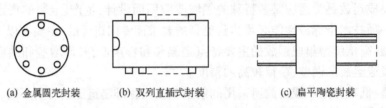

(a) 金属圆壳封装   (b) 双列直插式封装   (c) 扁平陶瓷封装

图 7-2   集成运放几种封装形式的引脚排列图

2. 集成运放的组成框图

从原理上看,**集成运放实际上是具有高放大倍数的多级直接耦合放大电路**,其内部电路一般由输入级、增益级、输出级和偏置电路四个基本部分组成,如图 7-3 所示。

输入级:由于差动放大电路具有温漂小、便于集成化的特点,**集成运放的输入级一般由各种改进型差动放大器构成**,这样可以发挥集成电路内部元件参数匹配性好、易于补偿的优点。输入级电路的主要作用是在尽可能小的温度漂移和输入电流的情况下,得到尽可能大的电压放大倍数和输入电压的动态范围。

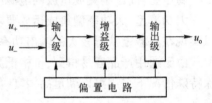

图 7-3   集成运放的组成框图

增益级:集成运放的重要组成部分,一般由一到两级直接耦合共发射极或组合电路放大器构成,其主要作用是提供足够大的电压放大倍数;同时,还应具有较高的输入电阻以减少对前级电路的影响。另外,中间级往往还要有实现电平移动的功能,进行双端输入、单端输出的转换等。

输出级:其主要作用是提供足够的推动电流以满足负载的需要,因此需要有较低的输出电阻。另外,为了使放大电路工作稳定,要求有较高的输入电阻,起到将放大器与负载隔离的作用。所以,一般情况下,输出级往往由互补推挽射极跟随器构成。有时,为防止集成运放损坏,输出级还带有短路、过流保护等电路。

偏置电路主要由电流源电路构成,为各级放大电路提供偏置电流,也常作为各级放大器的有源负载。

一般来说,用 BJT 电路组成的运算放大器电路电压增益比较高,而 MOSFET 电路的输入电阻很大。所以,具体是使用双极型晶体管电路还是 MOSFET 电路在很大程度上要根据运算放大器(简称运放)特定的应用需求来决定。

7.2   双极型通用集成运算放大器

本节将分析和讨论经典的 741 系列双极型运算放大器电路的直流特性和交流特性。741

是一种通用的双极型集成运放,自 1966 年以来,很多半导体器件厂家都生产 741 型运算放大器。在此之后,虽然运放电路的设计有了很大的改进,但是 741 作为通用型运放,仍然得到广泛的应用。虽然 741 运放的设计相当陈旧,但对它的分析将有助于理解运放电路的常用结构,并能对前面各章节所学习的相关基础知识展开一种综合性的设计应用。

7.2.1 电路基本结构概述

图 7-4 所示电路为 741 运放的内部电路结构。为便于分析,将电路分为几个基本的部分,并对其逐一进行分析。和大多数运放电路一样,741 运放也由三级电路组成:差动放大输入级电路、增益级电路和输出级电路。图中将提供运放基准偏置电流的偏置电路单独分开。741运放的供电电源也包括正电源和负电源。尽管在使用时输入信号电压可达 ±5 V,但电源电压的典型值为 $E_+ = 15$ V 和 $E_- = -15$ V。此外,当差模输入信号为零时,直流输出电压也为零。图 7-4 中,接在①脚和⑤脚间的电位器 R_W 为 741 外接的调零电阻,通过调整电位器 R_W 可进行调零,以减小输入失调的影响。实际电路的引脚连接方法如图 7-5 所示。

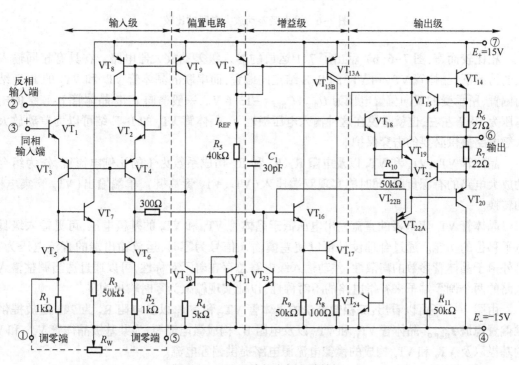

图 7-4　741 运放的内部电路结构

1. 输入级差动放大电路

741 运放的输入级差动放大电路比以前分析过的电路要复杂得多。输入级电路包含了晶体管 $VT_1 \sim VT_7$,其中 $VT_1 \sim VT_4$ 组成共集-共基组态的差动放大电路,两个输入晶体管 VT_1 和 VT_2 的作用为射极跟随器,使电路具有较高的输入电阻。来自 VT_1 和 VT_2 的差模输出电流作为由晶体管 VT_3 和 VT_4 组成的共基极放大器的输入电流,由此可以获得相对较高的电压增益。晶体管 $VT_8 \sim VT_{12}$ 为偏置电路。

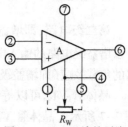

图 7-5　741 运放的引脚
连接方法

晶体管 VT₃ 和 VT₄ 为横向 PNP 器件,所谓的横向是指晶体管的制作工艺和几何特性横向。尽管横向 PNP 晶体管的电流增益 β 比 NPN 晶体管要小,但是它的耐压高,因而可以保护差动放大器输入级的晶体管,防止电压击穿。

图 7-6(a)示出了用基本共射差动对管构成的输入级差动放大电路。假设输入电压 u_+ 接到电源电压 15 V, u_- 的电压为零,则晶体管 VT₂ 的 B-E 结反向偏置,反向偏置电压 U_{BE2} = -14.3 V。由于 NPN 晶体管 B-E 结反向偏置电压范围为 3~6 V,所以图 7-6(a)中的晶体管 VT₂ 可能被反向击穿以致最终彻底损坏。

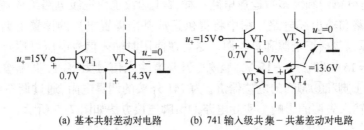

(a) 基本共射差动对电路　　　(b) 741 输入级共集-共基差动对电路

图 7-6　输入级差动放大电路的比较

相比较而言,图 7-6(b) 示出了 741 运放的输入级差动放大器电路。在具有相同输入电压的情况下,晶体管 VT₁ 和 VT₃ 的 B-E 结正向偏置,而串联的晶体管 VT₂ 和 VT₄ 的 B-E 结反向偏置,所承受的反向偏置电压为 $U_{BE2}+U_{BE4}$ = -13.6 V。一般横向 PNP 晶体管 B-E 结的击穿电压为 50 V 左右,也就是说在这种输入电压极性下,晶体管 VT₄ 的 B-E 结可以为差动放大输入级电路提供必要的击穿保护。

晶体管 VT₅、VT₆ 和 VT₇ 以及电阻 R₁、R₂ 和 R₃ 构成系数为 1 的比例电流镜,作为组合差动放大电路的有源负载,同时能实现双端输入(VT₁、VT₂ 管基极)、单端输出(VT₄ 管集电极)的转换。

晶体管 VT₆ 集电极的直流输出电压低于晶体管 VT₁ 和 VT₂ 的基极电压,可见输入级具有电平移位的功能。通过合理设计可以使差模输入信号为零时,运放输出端的直流电压为零。另外由于晶体管参数的离散性,差动输入级电路总存在着不对称性,可以通过适当调整输入级电路的两个调零端子来补偿电路的不对称性,以此实现输入为零时输出为零。

由图 7-4 还可以看出:**二极管接法的晶体管 VT₁₂ 和 VT₁₁ 以及电阻 R₅ 为 741 运放提供基准偏置电流 I_{REF}**。晶体管 VT₁₁ 和 VT₁₀ 以及电阻 R₄ 构成微电流源,为共基极晶体管 VT₃ 和 VT₄ 的基极以及 VT₉ 和 VT₈ 构成的镜像电流源电路提供偏置电流。

2. 增益级

第二级电路,即增益级电路,包括晶体管 VT₁₆ 和 VT₁₇。晶体管 VT₁₆ 作为一个射极跟随器,所以增益级电路的输入电阻非常大。如前所述,增益级较大的输入电阻可以减小差动放大级电路的负载效应(即增益级对差动放大级的输出电压影响很小)。

晶体管 VT₁₃ 可以等效为两个并联的晶体管 VT₁₃A 和 VT₁₃B,两管公用基极和发射极,如图 7-7 所示。晶体管 VT₁₃A 的面积等于 VT₁₂ 面积的 1/4,晶体管 VT₁₃B 的面积等于 VT₁₂ 面积的 3/4。晶体管 VT₁₃B 和 VT₁₂ 构成的电流源为晶体管 VT₁₇ 提供偏置电流,同时也作为有源负载来产生较高的电压增益。晶体管 VT₁₇ 为共射极电路,所以其集电极的输出电压就是输出级电路的输入信号。在通过增益级电路时,信号直流电平又一次移动了。

741 运放通过连接在增益级输出端和输入端之间的反馈电容 C_1 进行内部密勒补偿。利用密勒补偿技术确保 741 运放能构建稳定的反馈电路。

表 7-1　741 运算放大器在温度 $T=300$ K,电源电压为 ±15 V 时的数据表

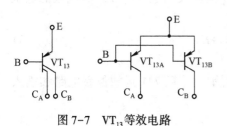

图 7-7　VT_{13} 等效电路

参　数	最 小 值	典 型 值	最 大 值
输入偏置电流/nA		80	500
差模输入电阻/MΩ	0.3	2.0	
输入电容/pF		1.4	
输出短路电流/mA		25	
开环增益($R_L>2$ kΩ)	50000	200000	
输出电阻/Ω		75	
单位增益频率/MHz		1	

3. 输出级

为了能提供相对较大的负载电流,运放的输出级电路必须要具有较小的输出电阻和较大的电流增益。所以输出级电路是由晶体管 VT_{14} 和 VT_{20} 组成的甲乙类互补推挽输出级电路。

增益级的输出信号连接到晶体管 VT_{22} 的基极,晶体管 VT_{22} 作为射极跟随器,其输入电阻很大,所以增益级受输出级电路的负载效应影响很小。晶体管 VT_{13A} 和 VT_{12} 构成的电流源为晶体管 VT_{22}、VT_{18} 及 VT_{19} 提供偏置电流,晶体管 VT_{18} 和 VT_{19} 又为输出晶体管 VT_{14} 和 VT_{20} 提供静态偏置电压,使其工作在甲乙类状态,消除交越失真。晶体管 VT_{15} 和 VT_{21} 起短路保护作用。通常情况下这两个晶体管处于截止状态。只有当输出级不小心接地,输出电流很大时,它们才会导通。后面再详细讨论输出级的电路特性。

表 7-1 所示为 741 运放的数据表。在以下分析讨论中,将把所得的结果与此表的数据进行比较。

7.2.2　直流偏置分析

本节将分析 741 运放的直流特性,并求解其直流偏置电流。假设同相输入端和反相输入端均接地,直流电源电压 $E_+=15$ V 和 $E_-=-15$ V。并且假设 NPN 晶体管的 $U_{BE}=0.6$ V,PNP 晶体管的 $U_{EB}=0.6$ V。尽管有时会考虑晶体管基极电流的影响,但在大多数的直流计算过程中,由于基极电流很小,通常都忽略基极直流电流的数值。

1. 偏置电路和输入级电路

图 7-8 所示为 741 运放的偏置电路和输入级电路。一般可以由运放的基准偏置电路入手来分析集成运放的静态偏置电流。

晶体管 VT_{11}、VT_{12} 及电阻 R_5 组成 741 运放的基准偏置电路,它提供的基准电流为

$$I_{REF}=\frac{E_+-E_--U_{EB12}-U_{BE11}}{R_5} \tag{7-1}$$

晶体管 VT_{11}、VT_{10} 及电阻 R_4 构成微电流源(Widlar 恒流源)。所以

$$I_{C10}\approx\frac{U_T}{R_4}\ln\frac{I_{REF}}{I_{C10}} \tag{7-2}$$

式中,U_T 为热力学温度 T 的电压当量,假设晶体管 VT_{10} 和 VT_{11} 相互匹配。

晶体管 VT_8 和 VT_9 构成基本镜像恒流源,忽略基极电流,有

$$I_{C8} = I_{C9} = I_{C10} - (I_{B3} + I_{B4}) \approx I_{C10}$$

于是晶体管 $VT_1 \sim VT_4$ 的静态集电极电流为

$$I_{C1} = I_{C2} = I_{C3} = I_{C4} = I_{C10}/2 \tag{7-3}$$

假设输入级电路的直流电流严格平衡,则晶体管 VT_6 集电极的电压与 VT_5 集电极的电压相等,也就是第二级电路的输入直流电压为

$$U_{C6} = U_{C5} = U_{BE7} + U_{BE6} + I_{C6}R_2 + E_- \tag{7-4}$$

如前所述,直流电平通过运放得到了移动。

【例 7-1】 已知偏置电路和输入级电路如图 7-8 所示。计算 741 运放偏置电路和输入级电路的直流偏置电流。(设各晶体管的 $U_{BE} = 0.6$ V)

解:由式(7-1)可得基准电流为

$$I_{REF} = \frac{E_+ - E_- - U_{EB12} - U_{BE1}}{R_5}$$

$$= \frac{15 - (-15) - 0.6 - 0.6}{40} = 0.72 \text{ mA}$$

由式(7-2)可得 $I_{C10} \approx \dfrac{U_T}{R_4} \ln \dfrac{I_{REF}}{I_{C10}} = \dfrac{0.026}{5} \ln \dfrac{0.72}{I_{C10}}$

上式为超越方程,通过累试法,可求得 $I_{C10} = 19$ μA,于是输入级电路的偏置电流为

$$I_{C1} = I_{C2} = I_{C3} = I_{C4} = I_{C10}/2 = 9.5 \text{ μA}$$

如果输入级电路 VT_1 和 VT_2 的 $\beta = 200$,输入端的基极偏置电流为 47.5 nA,由式(7-4)可得晶体管 VT_6 集电极的电压为

$$U_{C6} = U_{C5} = U_{BE7} + U_{BE6} + I_{C6}R_2 + E_-$$
$$= 0.6 + 0.6 + 0.0095 \times 1 + (-15)$$
$$\approx -13.8 \text{ V}$$

由上述分析可以看出,输入级电路的偏置电流很小,其同相输入端和反相输入端的基极电流一般为 nA 量级。偏置电流很小就意味着差模输入电阻很大。

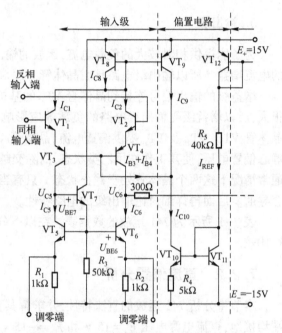

图 7-8 741 运放的偏置电路和输入级电路

2. 增益级

图 7-9 所示为基准偏置电路和增益级电路部分。由式(7-1)可以求得基准电流 I_{REF}。晶体管 VT_{12} 和 VT_{13B} 构成镜像电流源,由于晶体管 VT_{13B} 的面积为 VT_{12} 的 0.75 倍,忽略基极电流,于是可得

$$I_{C17} = I_{C13B} = 0.75 I_{REF} \tag{7-5}$$

晶体管 VT_{16} 的发射极电流是晶体管 VT_{17} 的基极电流与电阻 R_9 的电流之和,为

$$I_{C16} \approx I_{E16} = I_{B17} + I_{R9} = I_{B17} + \frac{U_{BE17} + I_{C17}R_8}{R_9} \tag{7-6}$$

【例 7-2】 计算图 7-9 所示 741 运放增益级电路的偏置电流,假设电源电压为 ±15 V。

解:在例 7-1 中已求得基准电流为 $I_{REF} = 0.72$ mA,由式(7-5)可得晶体管 VT_{17} 的集电极电流为

$$I_{C17} = I_{C13B} = 0.75 I_{REF} = 0.75 \times 0.72 = 0.54 \text{ mA}$$

假设 NPN 晶体管的参数 $\beta = 200$,则由式(7-6)可得晶体管 VT_{16} 的集电极电流为

$$I_{C16} \approx I_{B17} + \frac{U_{BE17} + I_{C17} R_8}{R_9} = \frac{0.54}{200} + \frac{0.54 \times 0.1 + 0.6}{50} = 15.8 \text{ μA}$$

可见,晶体管 VT_{16} 的偏置电流很小,发射极与电阻 R_9 连接,确保增益级的输入电阻很大,使得差模输入级的负载效应很小。偏置电流很小也意味着 VT_{16} 的基极电流可以忽略,就像在输入级电路的直流分析中所假设的一样。

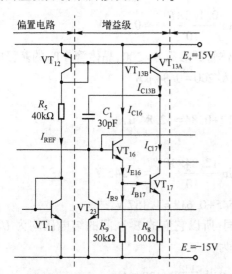

图 7-9　基准偏置电路和增益级电路

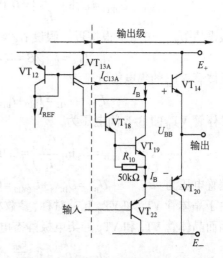

图 7-10　741 运放基本的输出级电路

3. 输出级电路

图 7-10 所示为 741 运放基本的输出级电路。它相当于第 4 章分析讨论过的甲乙类互补推挽输出级的电路结构。晶体管 VT_{13A} 提供偏置电流 I_{C13A},输入信号施加在晶体管 VT_{22} 的基极,VT_{22} 为射极跟随器电路。晶体管 VT_{18} 和 VT_{19} 在晶体管 VT_{14} 和 VT_{20} 的基极之间形成两个 U_{BE} 电压降。在没有信号输入时,偏置电压 $U_{BB} = U_{BE18} + U_{BE19}$,使得晶体管 VT_{14} 和 VT_{20} 处于"微导通"状态,使其工作在甲乙类状态,消除交越失真,确保在输入信号后运放的输出信号随输入信号做线性变化。

由于晶体管 VT_{13A} 的集电极面积为 VT_{12} 的 0.25 倍,忽略 VT_{14} 的基极电流,则流过晶体管 VT_{18} 和 VT_{19} 的偏置电流为

$$I_B \approx I_{C13A} = 0.25 I_{REF} \tag{7-7}$$

式中,I_{REF} 由式(7-1)求得。忽略 VT_{20} 基极电流,晶体管 VT_{22} 的集电极电流也等于 I_B。

另外,还可以求出晶体管 VT_{18} 的集电极电流为

$$I_{C18} = U_{BE19} / R_{10} \tag{7-8}$$

所以

$$I_{C19} = I_B - I_{C18} \tag{7-9}$$

【例 7-3】　假设晶体管 VT_{18} 和 VT_{19} 的反向饱和电流为 $I_S = 10^{-14}$ A,而晶体管 VT_{14} 和 VT_{20}

的反向饱和电流为 $I_S = 3 \times 10^{-14}$ A。忽略各晶体管基极电流,计算图 7-10 所示的 741 运放输出级电路的偏置电流。

解: 由例 7-1 可知基准电流 $I_{REF} = 0.72$ mA,于是偏置电流为

$$I_B \approx I_{C13A} = 0.25 I_{REF} = 0.25 \times 0.72 = 0.18 \text{ mA}$$

假设 $U_{BE19} = 0.6$ V,于是利用式(7-8),晶体管 VT_{18} 的集电极电流为

$$I_{C18} \approx I_{R10} = U_{BE19}/R_{10} = 0.6/50 = 0.012 \text{ mA}$$

利用式(7-9),晶体管 VT_{19} 的集电极电流为

$$I_{C19} = I_B - I_{R10} = 0.18 - 0.012 = 0.168 \text{ mA}$$

基于集电极电流的值,可以求得晶体管 VT_{19} 的 B-E 间电压为

$$U_{BE19} = U_T \ln\left(\frac{I_{C19}}{I_S}\right) = 0.026 \ln \frac{0.168 \times 10^{-3}}{10^{-14}} = 0.612 \text{ V}$$

这和假设值 $U_{BE19} = 0.6$ V 很接近。假设 NPN 晶体管的参数 $\beta = 200$,晶体管 VT_{19} 的基极电流为

$$I_{B19} = I_{C19}/\beta = 168 \text{ } \mu A/200 = 0.84 \text{ } \mu A$$

于是晶体管 VT_{18} 的集电极电流为

$$I_{C18} \approx I_{E18} = I_{R10} + I_{B19} = 12 + 0.84 = 12.84 \text{ } \mu A$$

所以晶体管 VT_{18} 的 B-E 间电压为

$$U_{BE18} = U_T \ln\left(\frac{I_{C18}}{I_S}\right) = 0.026 \ln \frac{12.84 \times 10^{-6}}{10^{-14}} = 0.545 \text{ V}$$

于是偏置电压为 $\quad U_{BB} = U_{BE18} + U_{BE19} = 0.545 + 0.612 = 1.157 \text{ V}$

由于晶体管 VT_{14} 和 VT_{20} 互补对称,参数相同,所以它们的 B-E 间的结电压均为 U_{BB} 的一半。因而晶体管 VT_{14} 和 VT_{20} 的集电极静态电流为

$$I_{C14} = I_{C20} = I_S e^{\frac{U_{BB}}{2U_T}} = 3 \times 10^{-14} e^{\frac{1.157}{2 \times 0.026}} = 138 \text{ } \mu A$$

由此可见晶体管 VT_{14} 和 VT_{20} 集电极静态电流很小,处于"微导通"状态。

注意:因为输出晶体管 VT_{14} 和 VT_{20} 的基极-发射极面积比其他晶体管大,以及输出晶体管偏置在较低的静态电流值,所以在对其进行更为精确的分析时,不能用 B-E 间电压 $U_{BE} = 0.6$ V 的折线化模型近似求静态电流,需要使用其指数模型。

4. 保护电路

在运放的输出级电路中,当输入信号很大,使得输出端达到电源电压时,或者输出级几乎接地时,将会引起晶体管 VT_{14} 和 VT_{20} 产生很大的集电极输出电流。电流过大产生的热量可以将晶体管烧坏,所以通常在运放的输出级电路中都加有保护电路。

图 7-11 所示为带短路保护器件的 741 运放输出级电路。电路中包含一些运

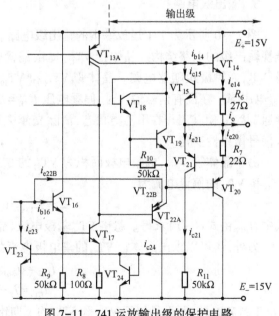

图 7-11 741 运放输出级的保护电路

放正常工作时处于截止状态的晶体管（VT_{15}、VT_{21}、VT_{24}、VT_{23}）。其中，VT_{15}为VT_{14}的正向输出过载保护电路：当正向输出电流在额定范围内时，VT_{15}不导通；当正向输出电流过载或负载短路，VT_{14}中的射极输出电流i_{e14}达到20 mA时，电阻R_6的电压降会达到540 mV，这将使VT_{15}导通。VT_{15}导通后，其集电极电流i_{c15}对进入VT_{14}的基极电流进行分流，从而限制了VT_{14}的射极电流i_{e14}继续增加，达到保护VT_{14}不受损坏的目的。

同样，VT_{21}、VT_{24}、VT_{23}为VT_{20}的负向输出过载保护电路：当负向输出电流i_{e20}过载，R_7上的电流增大到一定值时，R_7上的电压降会使VT_{21}、VT_{23}、VT_{24}均导通，对流入VT_{20}发射极的电流起分流作用，限制VT_{20}的射极电流i_{e20}继续增加，保护VT_{20}不受损坏。由于VT_{14}和VT_{20}极性不同，故R_6、R_7不相等。

另外，在VT_2输入正向过激励大信号而VT_1截止时，VT_{16}的基极电流会很大，再经VT_{16}放大后，会使VT_{17}饱和，因此，由VT_{22}的另一个发射极VT_{22B}对VT_{16}的基极分流，防止VT_{17}饱和，从而保护VT_{16}，避免因过流等情况而烧毁。

7.2.3　交流小信号分析

将总电路分解为几个基本的电路并利用前面各章节所学的基础知识就可以分析741运放的小信号电压增益及交流参数。

1. 输入级

图7-12所示为差动输入级简化后的交流等效电路。设输入差模信号为$u_{id} = u_{i1} - u_{i2}$。由于VT_3和VT_4的基极恒流源偏置，意味着VT_3和VT_4基极的有效交流电压几乎不变，相当于对地交流短路。图中所示的电阻r_{o6}是有源负载的输出电阻，R_{i2}是后接增益级的输入电阻。

由于输入差动级电路对称，其半边差模等效电路是一个共集-共基组态的放大器，图7-13给出了由VT_2和VT_4构成的共集-共基组态的微变等效电路。参照式(3-86)讨论的结果可知，共基组态电路的输出电阻为

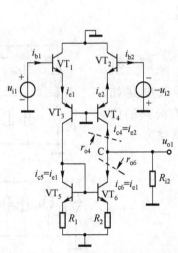

图7-12　输入级的交流等效电路

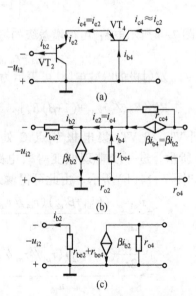

图7-13　共集-共基组态微变等效电路

$$r_{o4} = \left(1 + \frac{\beta r_{o2}}{r_{o2} + r_{be4}}\right) r_{ce4} + r_{o2} // r_{be4} \tag{7-10}$$

式中,r_{o2} 为共集组态晶体管 VT_2 的输出电阻,如图 7-13(b) 所示,参照式(3-73)可得

$$r_{o2} = \frac{r_{be2}}{1 + \beta} \tag{7-11}$$

另外,由式(7-3)知,$VT_1 \sim VT_4$ 的静态集电极电流为

$$I_{C1} = I_{C2} = I_{C3} = I_{C4} = I_{C10}/2 \tag{7-12}$$

所以有

$$r_{be1} = r_{be2} = r_{be3} = r_{be4} \approx \beta U_T / I_{C1}$$

式中,设 $VT_1 \sim VT_4$ 的 β 相等,且忽略了 $r_{bb'}$。把式(7-11)代入式(7-10),忽略小项简化后得

$$r_{o4} \approx \left(1 + \frac{r_{be2}}{r_{be4}}\right) r_{ce4} = 2r_{ce4} \tag{7-13}$$

于是可以将共集-共基组态的电路等效成如图 7-13(c) 所示的模型,其中基极动态输入电流为

$$i_{b2} = -\frac{u_{i2}}{2r_{be}} \tag{7-14}$$

同理,由 VT_1 和 VT_3 构成的共集-共基组态的电路也有相同的结果,基极动态输入电流为

$$i_{b1} = \frac{u_{i1}}{2r_{be}} \tag{7-15}$$

另外,在图 7-12 所示的电路中,由于镜像电流源 VT_5 和 VT_6 对电流的传输和转移作用,所以有

$$i_{c6} = i_{e1} \approx i_{c1} = \beta i_{b1}$$

参照式(4-19),比例电流源 VT_5 和 VT_6 作为有源负载的输出电阻为

$$r_{o6} \approx \left(1 + \frac{\beta R_2}{r_{be6} + R_2}\right) r_{ce6} \tag{7-16}$$

而根据图 7-4 所示电路,可得增益级的输入电阻为

$$R_{i2} = r_{be16} + (1 + \beta) R_E' \tag{7-17}$$

式中,R_E' 是 VT_{16} 发射极的等效电阻,可表示为

$$R_E' = R_9 // [r_{be17} + (1 + \beta) R_8] \tag{7-18}$$

于是可得到 VT_4 和 VT_6 集电极节点 C 处的微变等效电路如图 7-14(a) 所示。进一步整理微变等效电路使其具有公共的信号接地点,如图 7-14(b) 所示。由此可得输入级差模增益为

$$
\begin{aligned}
A_{ud1} &= \frac{u_{o1}}{u_{id}} = -\frac{(\beta i_{b1} + \beta i_{b2})(r_{o4} // r_{o6} // R_{i2})}{u_{id}} \\
&= -\frac{\dfrac{\beta}{2r_{be}}(u_{i1} - u_{i2})(r_{o4} // r_{o6} // R_{i2})}{u_{id}} \\
&= -\frac{\beta}{2r_{be}}(r_{o4} // r_{o6} // R_{i2}) \tag{7-19}
\end{aligned}
$$

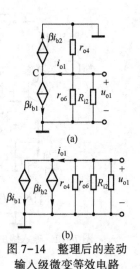

图 7-14 整理后的差动输入级微变等效电路

【例 7-4】 假设 NPN 晶体管的电流增益 $\beta = 200$，厄尔利电压 $U_A = 50\,\text{V}$。计算 741 运放输入级电路的小信号差动电压增益。

解：根据前例已经求得各晶体管集电极的静态电流为

$$I_{C1} = I_{C2} = I_{C3} = I_{C4} = I_{C6} = I_{C10}/2 = 9.5\,\mu\text{A}, I_{C17} = 0.54\,\text{mA}, I_{C16} \approx = 15.8\,\mu\text{A}$$

所以有

$$r_{be1} = r_{be2} = r_{be3} = r_{be4} = r_{be6} = \beta\frac{U_T}{I_{C1}} = \frac{200 \times 0.026}{0.0095} = 547\,\text{k}\Omega$$

$$r_{be16} \approx \beta U_T/I_{C16} = \frac{200 \times 0.026}{0.0158} = 329\,\text{k}\Omega$$

$$r_{be17} \approx \beta U_T/I_{C17} = \frac{200 \times 0.026}{0.54} = 9.63\,\text{k}\Omega$$

$$r_{ce4} = r_{ce6} \approx U_A/I_{C1} = 50/0.0095 = 5.26\,\text{M}\Omega$$

由式(7-17)和式(7-18)可得增益级电路的输入电阻为

$$R'_E = R_9 \,/\!/\, [r_{be17} + (1+\beta)R_8] = 50 \,/\!/\, [9.63 + (1+200) \times 0.1] = 18.6\,\text{k}\Omega$$

$$R_{i2} = r_{be16} + (1+\beta)R'_E = 329 + (1+200) \times 18.6 = 4.07\,\text{M}\Omega$$

由式(7-16)可得有源负载的电阻为

$$r_{o6} \approx \left(1 + \frac{\beta R_2}{r_{be6} + R_2}\right)r_{ce6} = \left(1 + \frac{200 \times 1}{547 + 1}\right) \times 5.26 = 7.18\,\text{M}\Omega$$

由式(7-13)可得共集-共基组态的输出电阻为

$$r_{o4} \approx 2r_{ce4} = 2 \times 5.26 = 10.52\,\text{M}\Omega$$

最后，由式(7-19)可得小信号差模电压增益为

$$A_{ud1} = \frac{u_{o1}}{u_{id}} = -\frac{\beta}{2r_{be}}(r_{o4}\,/\!/\,r_{o6}\,/\!/\,R_{i2}) = -\frac{200}{2 \times 0.547} \times (10.52\,/\!/\,4.07\,/\!/\,7.18) = -381$$

同样由图 7-13(c) 所示的模型可求出输入级的差模输入电阻为

$$R_{id} = 2(r_{be2} + r_{be4}) = 4r_{be2} = 4 \times 547 = 2.19\,\text{M}\Omega$$

2. 增益级

图 7-15 所示为增益级的交流等效电路。其中电阻 r_{o13B} 是电流源 VT_{12} 和 VT_{13B} 作为有源负载的输出电阻，而电阻 R_{i3} 是后接输出级电路的输入电阻。由图 7-15 可以直接求出增益级的小信号电压增益。

首先可求得 VT_{16} 基极的输入电流为

$$i_{b16} = u_{o1}/R_{i2} \tag{7-20}$$

式中，R_{i2} 为增益级的输入电阻，可由式(7-17)来表达。VT_{17} 基极的输入电流为

$$i_{b17} = i_{e16}\frac{R_9 \,/\!/\, [r_{be17} + (1+\beta)R_8]}{r_{be17} + (1+\beta)R_8}$$

$$= \frac{R_9(1+\beta)}{R_9 + [r_{be17} + (1+\beta)R_8]}i_{b16} \tag{7-21}$$

式中，i_{e16} 是 VT_{16} 发射极的输出电流。

增益级电路的输出电压为

$$u_{o2} = -i_{c17}(r_{ce17}\,/\!/\,r_{o13B}\,/\!/\,R_{i3})$$

$$= -\beta i_{b17}(r_{ce17}\,/\!/\,r_{o13B}\,/\!/\,R_{i3}) \tag{7-22}$$

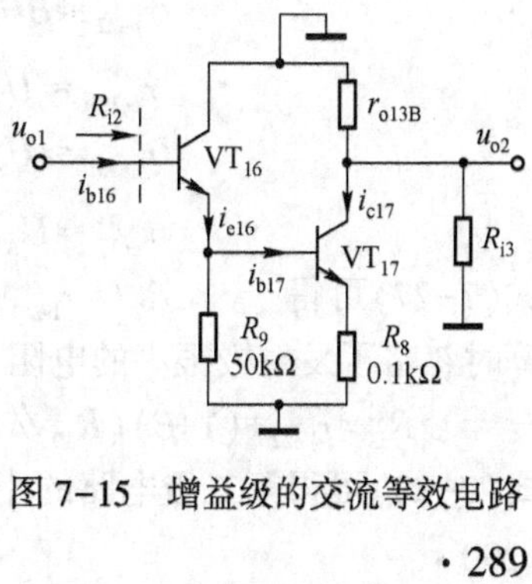

图 7-15 增益级的交流等效电路

式中，i_{c17}是VT_{17}的集电极交流电流，r_{ce17}是指从VT_{17}集电极看进去的输出电阻。联立式(7-20)、式(7-21)和式(7-22)可得小信号电压增益为

$$A_{u2}=\frac{u_{o2}}{u_{o1}}=-\frac{\beta(1+\beta)R_9(r_{ce17}//r_{o13B}//R_{i3})}{R_{i2}\{R_9+[r_{be17}+(1+\beta)R_8]\}} \quad (7-23)$$

另外，电流源VT_{12}和VT_{13B}作为VT_{17}的集电极有源负载输出电阻r_{o13B}，就是从VT_{13B}的集电极看进去的输出电阻r_{ce13B}，即

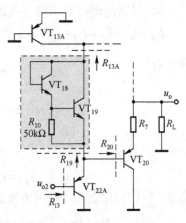

$$r_{o13B}=r_{ce13B}\approx U_A/I_{C13B} \quad (7-24)$$

在式(7-23)中，R_{i3}为输出级电路的输入电阻，为了求解R_{i3}画出的输出级交流等效电路如图7-16所示。由于输出级晶体管VT_{20}和VT_{14}交替工作，所以图中假设PNP输出晶体管VT_{20}导通，NPN晶体管VT_{14}截止，输出端接负载电阻R_L。

图7-16　计算输出级电路输入电阻的交流等效电路

由于晶体管VT_{22A}为射极跟随器电路，所以其输入电阻为

$$R_{i3}=r_{be22}+(1+\beta)(R_{19}//R_{20}) \quad (7-25)$$

式中，电阻R_{19}是指由晶体管VT_{19}和VT_{18}构成的组合电路(虚线框)看进去的等效电阻与VT_{13A}集电极看进去电阻R_{13A}的串联组合。由于VT_{19}和VT_{18}的组合电路是由两个正偏的PN结组成(相当于一个恒压源电路)的，其等效电阻与VT_{13A}的电阻R_{13A}相比小得多，所以

$$R_{19}\approx R_{13A}=r_{ce13A}\approx U_A/I_{C13A} \quad (7-26)$$

输出晶体管VT_{20}也是射极跟随器电路。所以

$$R_{20}=r_{be20}+(1+\beta)(R_L+R_7)\approx r_{be20}+(1+\beta)R_L \quad (7-27)$$

假设式(7-27)中R_L远远大于电阻R_7，联立式(7-27)、式(7-26)和式(7-25)即可求得输出级电路的输入电阻R_{i3}。

【例7-5】　假设晶体管的电流增益$\beta=200$。并且假设所有晶体管的厄尔利电压$U_A=100\text{ V}$，输出级电路所接的负载电阻$R_L=2\text{ k}\Omega$。直流静态电流和以前计算的相同。计算741运放第二级电路的小信号电压增益。

解：根据前例计算的直流静态电流：

$$I_{C13A}=0.18\text{ mA}，I_{C17}=I_{C13B}=0.54\text{ mA}，I_{C20}=138\text{ }\mu\text{A}$$

首先计算各相关晶体管的发射结输入电阻和集电极输出电阻的大小。

$$r_{be20}\approx \beta U_T/I_{C20}=200\times 0.026/0.138=37.68\text{ k}\Omega$$

$$r_{be22}\approx \beta U_T/I_{C13A}=200\times 0.026/0.18=28.89\text{ k}\Omega$$

$$r_{ce13A}\approx U_A/I_{C13A}=100/0.18=555.6\text{ k}\Omega$$

$$r_{ce13B}\approx U_A/I_{C13B}=100/0.54=185.2\text{ k}\Omega$$

$$r_{ce17}\approx U_A/I_{C17}=100/0.54=185.2\text{ k}\Omega$$

由式(7-27)可得　　　　$R_{20}\approx r_{be20}+(1+\beta)R_L=37.68+(1+200)\times 2=439.7\text{ k}\Omega$

计算时忽略了发射极很小的电阻R_7。由式(7-25)和式(7-26)可得

$$R_{i3}=r_{be22}+(1+\beta)(R_{19}//R_{20})=28.89+(200+1)\times(555.6//439.7)=49.4\text{ M}\Omega$$

由式(7-23)可得第二级电路的小信号电压增益(所有电阻的单位为kΩ)为

$$A_{u2} = \frac{u_{o2}}{u_{o1}} = \frac{-\beta(1+\beta)R_9(r_{ce17} // r_{o13B} // R_{i3})}{R_{i2}\{R_9+[r_{be17}+(1+\beta)R_8]\}}$$

$$= \frac{-200\times201\times50\times(185.2 // 185.2 // 49400)}{(4070)\times[50+(9.63+201\times0.1)]} = -572.5$$

上述计算时利用了例 7-4 的结果：$R_{i2} = 4.07\ \text{M}\Omega$，$r_{be17} = 9.63\ \text{k}\Omega$。第二级电路的电压增益相当大，同样是由于采用了有源负载和输入电阻大无严重负载效应的缘故。

3. 总增益

从上面的分析中可以看出，**在计算每一级电路的增益时必须将下一级电路的输入电阻作为上一级电路的负载**，即应该考虑负载效应。因此电路总的增益等于各级电路增益的乘积，即

$$A_u = A_{ud1}A_{u2}A_{u3} \tag{7-28}$$

式中，A_{u3} 是输出级电路的电压增益。由于输出级电路相当于射随器，像前面的分析一样，可以假设 $A_{u3} \approx 1$。利用例 7-4 和例 7-5 的计算结果，可得 741 运放的总增益约为

$$A_u = A_{ud1}A_{u2}A_{u3} = (-381)\times(-572.5)\times1 = 218122.5$$

741 运放电压增益的典型值约为 200000。由计算结果可知，运放电路确实可以获得如此大的电压增益。

4. 输出电阻

由图 7-17 所示的交流电路等效图可以求得 741 运放的输出电阻。其中假设 VT_{20} 导通，VT_{14} 截止。如果 VT_{14} 导通，VT_{20} 截止，也能得到同样的结果。利用前面求出的相应结果可求解出 741 运放的输出电阻为

$$R_o = R_7 + R_{e20} \tag{7-29}$$

式中

$$R_{e20} = \frac{r_{be20} + R_{e22} // R_{c19}}{1+\beta} \tag{7-30}$$

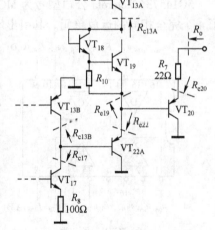

如前所述，VT_{19} 和 VT_{18} 组合电路的等效电阻与 VT_{13A} 的电阻 R_{13A} 相比要小得多，所以有 $R_{c19} \approx R_{c13A}$。参照第 3 章共集电极电路计算输出电阻的表达式 (3-73) 可得

$$R_{e22} = \frac{r_{be22} + R_{c17} // R_{c13B}}{1+\beta} \tag{7-31}$$

式中，$R_{c13B} = r_{ce13B}$，并且参照例 3-4 中：射极带反馈电阻的共发射极电路输出电阻的计算方法，可得

$$R_{c17} \approx \left(1 + \frac{\beta R_8}{r_{be17}+R_8}\right)r_{ce17} \tag{7-32}$$

图 7-17 求解 741 运放输出电阻的交流等效电路

联立求解这些有关电阻的等式，就可以求得 741 运放的输出电阻。

【例 7-6】 已知如图 7-17 所示的输出级电路，假设输出静态电流为 $I_{C20} = 2\ \text{mA}$，而其他所有的偏置电流和前面所求的相同。NPN 晶体管的 $\beta_n = 200$，PNP 晶体管的 $\beta_p = 50$ 和 $U_A = 50\ \text{V}$。计算 741 运放的输出电阻。

解： 利用以上各例题可得 $r_{be17} = 9.63\ \text{k}\Omega$，$r_{be22} = 7.22\ \text{k}\Omega$，$r_{be20} = 0.65\ \text{k}\Omega$，$r_{ce17} = 92.6\ \text{k}\Omega$，

$R_{c13B} = r_{ce13B} = 92.6 \text{ k}\Omega$，于是

$$R_{c17} \approx \left(1 + \frac{\beta_n R_8}{r_{be17} + R_8}\right) r_{ce17} = 283 \text{ k}\Omega, \qquad R_{e22} = \frac{r_{be22} + R_{c17} /\!/ R_{c13B}}{1 + \beta_p} = 1.51 \text{ k}\Omega$$

$$R_{c19} \approx R_{c13A} = r_{ce13A} = U_A / I_{C13A} = 50/0.18 = 278 \text{ k}\Omega, \qquad R_{e20} = \frac{r_{be20} + R_{e22} /\!/ R_{c19}}{1 + \beta_p} = 42.2 \text{ }\Omega$$

$$R_o = R_7 + R_{e20} = 64.2 \text{ }\Omega$$

741 运放输出电阻的典型值为 75 Ω，与上述分析的结果基本吻合。

通过以上针对 741 运放的直流分析和交流分析，应该可以感受到基础电路的重要性，希望读者应不断巩固和增强前面各章节基础电路的实践和应用。

7.3 CMOS 集成运算放大器

20 世纪 80 年代以来，低功耗或超低功耗、超低偏流和超高输入阻抗的一批单片 CMOS 集成运放相继面世。因功耗低、集成密度高、工艺简单等优点，使 CMOS 运放在大规模集成系统中成为重要单元。本节主要介绍 CMOS 运放电路的设计，包括：设计基本的 CMOS 运放电路，了解 CMOS 运算放大器的基本概念；设计带推挽输出级的三级 CMOS 运算放大器；设计更复杂的运算放大器——折叠式共源-共栅放大器。

7.3.1 5G14573 CMOS 集成运算放大器

1. 5G14573 CMOS 运放电路结构

5G14573（Motorola 公司型号为 MCl4573）是一种全 CMOS 运算放大器，同一芯片上集成了 4 个完全相同的运放单元。其引出端及运放单元电路如图 7-18（a）和图 7-18（b）所示。

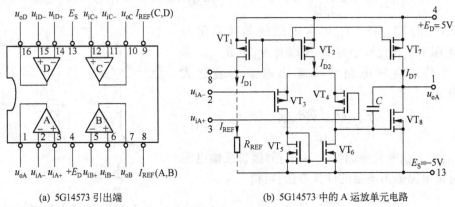

(a) 5G14573 引出端   (b) 5G14573 中的 A 运放单元电路

图 7-18 5G14573 运放

4 个运放单元共用一个正电源端 $+E_D$ 和一个负电源端 $-E_S$。运放 A、B 单元公用一个偏置电流控制端（8 端），C、D 单元公用另一个偏置电流控制端（9 端）。调整控制端外接偏置电阻 R_{REF}，即可改变它们的基准偏置电流 I_{REF}。

运放 A 单元由两级放大器构成。$VT_1 \sim VT_6$ 构成源极耦合 CMOS 差动输入级，其中 VT_3、VT_4 为 P MOS 差动对管，N MOS 晶体管 VT_5、VT_6 构成的电流源电路作为差动输入级的有源负载，P MOS 晶体管 VT_1、VT_2 构成电流源电路，为差动输入级提供偏置电流。第二级由 VT_8 及

VT_1、VT_7 构成共源放大输出级电路,VT_8 为共源放大管,VT_1 与 VT_7 构成电流源电路,为 VT_8 提供输出级偏置电流,同时作为漏极有源负载。电容 C 为内部的密勒效应相位补偿电容,用来保证电路的稳定性。

2. 直流分析

假设 VT_1 和 VT_2 相匹配,则基准电流和输入级偏置电流为

$$I_{REF} = I_{D1} = I_{D2} = \frac{E_D - E_S - U_{SG1}}{R_{REF}} \tag{7-33}$$

式中,$U_{SG1} = -U_{GS1}$。另外参照式(2-58),VT_1 的基准电流和栅-源电压应满足如下关系

$$I_{REF} = k_p (U_{GS1} - U_{GS(th)p})^2 \tag{7-34}$$

式中,$k_p = \beta_p/2$ 和 $U_{GS(th)p}$ 分别为 P 沟道晶体管 VT_1 的传导参数和开启电压。联立式(7-33)和式(7-34)可求出栅-源电压 U_{GS1},从而求出基准偏置电流 $I_{REF} = I_{D1} = I_{D2}$。

VT_3、VT_4 和 VT_5、VT_6 的直流偏置电流为

$$I_{D3} = I_{D4} = I_{D5} = I_{D6} = I_{D2}/2 \tag{7-35}$$

利用 VT_1 与 VT_7 构成比例电流源电路的电流传输关系,可得

$$I_{D7} = I_{D8} = I_{D1}(W/L)_7/(W/L)_1 \tag{7-36}$$

式中,$(W/L)_1$ 和 $(W/L)_7$ 分别是晶体管 VT_1 与 VT_7 的宽长比。

【例 7-7】 假设所有晶体管参数为 $U_{GS(th)p} = -0.5\,V$,$U_{GS(th)n} = 0.5\,V$,$k_p = \beta_p/2 = 125\,\mu A/V^2$,$k_n = \beta_n/2 = 250\,\mu A/V^2$,$E_D = 5\,V$,$E_S = -5\,V$,8 端外接电阻 $R_{REF} = 225\,k\Omega$。VT_5 和 VT_6 的宽长比为 6.25,其他各晶体管的宽长比为 12.5。计算 MC14573 运算放大器的直流偏置电流。

解: 联立式(7-33)和式(7-34)可求出栅-源电压 U_{GS1} 的方程

$$k_p (U_{GS1} - U_{GS(th)p})^2 = \frac{E_D - E_S + U_{GS1}}{R_{REF}}$$

注意式中 $U_{SG1} = -U_{GS1}$,代入参数即得

$$0.125(U_{GS1} + 0.5)^2 = \frac{10 + U_{GS1}}{225}$$

解得 $U_{GS1} = -1.06\,V$ 或 $U_{GS1} = 0.1\,V$(不合题意)

把 $U_{GS1} = -1.06\,V$ 代入式(7-33)可得

$$I_{REF} = I_{D1} = I_{D2} = (10 - 1.06)/225 = 39.7\,\mu A$$

代入式(7-35)和式(7-36)可得

$$I_{D3} = I_{D4} = I_{D5} = I_{D6} = I_{D2}/2 = 19.86\,\mu A$$

$$I_{D7} = I_{D8} = I_{D1}(W/L)_7/(W/L)_1 = 39.7\,\mu A$$

注意根据题意 VT_1 和 VT_7 的宽长比相等,均为 12.5,所以 $(W/L)_7/(W/L)_1 = 1$。

3. 小信号交流分析

输入级 CMOS 差动放大电路的小信号差模电压增益可以参照式(4-111)写出

$$A_{ud1} = \frac{u_o}{u_{iA+} - u_{iA-}} = -g_{md}(r_{ds4} /\!/ r_{ds6}) \tag{7-37}$$

式中,源耦对的差模跨导 $g_{md} = 2\sqrt{I_{D4}k_{p4}}$。由于第二级电路的输入电阻基本为无穷大,所以第二级电路不会带来负载效应,因此在式(7-37)中没有考虑第二级电路的输入电阻。r_{ds4} 和 r_{ds6}

分别为 VT_4 和 VT_6 的输出电阻,假设所有晶体管的参数 λ 彼此相等。则

$$r_{ds4} = r_{ds6} = 1/(\lambda I_{D4}) \qquad (7-38)$$

式中,$I_{D4} = I_{D6}$ 是晶体管 VT_4 和 VT_6 的静态漏极电流,有 $I_{D3} = I_{D4} = I_{D5} = I_{D6} = I_{D2}/2$。

第二级 CMOS 共源放大器电路的电压增益可以参照式(4-46)写出

$$A_{u2} = -g_{m8}(r_{ds8} /\!/ r_{ds7}) \qquad (7-39)$$

式中,跨导 $g_{m8} = 2\sqrt{I_{D8}k_{n8}}$,并且 $r_{ds8} = r_{ds7} = 1/\lambda I_{D7}$,$I_{D7} = I_{D8} = I_{D1}(W/L)_7/(W/L)_1$。

电路总的增益等于两级电路增益的乘积,即

$$A_u = A_{ud1}A_{u2} \qquad (7-40)$$

【例 7-8】 假设所有晶体管参数和电路参数与例 7-7 所给相同。并且所有晶体管的参数 $\lambda = 0.02\ \mathrm{V}^{-1}$。计算 MCl4573 运放输入级和第二级电路的小信号电压增益,以及电路总的电压增益。

解：输出电阻为

$$r_{ds4} = r_{ds6} = 1/(\lambda I_{D4}) = 1/(0.02 \times 0.01986) = 2.51\ \mathrm{M\Omega}$$

$$r_{ds8} = r_{ds7} = 1/(\lambda I_{D7}) = 1/(0.02 \times 0.0397) = 1.26\ \mathrm{M\Omega}$$

晶体管的跨导为 $\quad g_{md} = 2\sqrt{I_{D4}k_{p4}} = 2\sqrt{0.01986 \times 0.125} = 0.0996\ \mathrm{mA/V}$

$$g_{m8} = 2\sqrt{I_{D8}k_{n8}} = 2\sqrt{0.0397 \times 0.250} = 0.199\ \mathrm{mA/V}$$

由式(7-37)可得输入级电路的电压增益为

$$A_{ud1} = -g_{md}(r_{ds4} /\!/ r_{ds6}) = -0.0996 \times (2510 /\!/ 2510) = -125$$

由式(7-39)可得第二级电路的电压增益为

$$A_{u2} = -g_{m8}(r_{ds8} /\!/ r_{ds7}) = -0.199 \times (1260 /\!/ 1260) = -125$$

最后,运算放大器总的电压增益为

$$A_u = A_{ud1}A_{u2} = (-125) \times (-125) = 15625$$

电路总的电压增益计算值为 84 dB,这与 MCl4573 运放数据表中所列典型值 90 dB 十分接近。CMOS 运放的开环增益一般比双极型运放的低,然而使用有源负载后,其增益还是可观的。

7.3.2 三级 CMOS 运算放大器

图 7-19 所示为三级 CMOS 运算放大器电路。差动输入级由差动对管 VT_1 和 VT_2 以及它们的有源负载 VT_3 和 VT_4 管组成。恒流源 VT_{10} 和 VT_{11} 为差动输入级提供偏置电流 I_{Q1}。

输入级电路的输出信号接至由晶体管 VT_5 组成的共源极放大器电路。恒流源 VT_9 和 VT_{11} 为共源放大器提供偏置电流 I_{Q2},同时也作为有源负载。

VT_6 和 VT_7 组成互补推挽输出级电路。VT_8 作为增强型 MOS 有源电阻(参照第 4 章),在输出管 VT_6 和 VT_7 的栅极之间形成电位差以使输出信号的交越失真最小。

图 7-19 中给出了 CMOS 运放中晶体管的宽长比值。如果设 N MOS 晶体管的参数为 $U_{GS(th)n} = 0.7\ \mathrm{V}$,$k'_n = \mu_n C_{ox} = 80\ \mathrm{\mu A/V^2}$ 和 $\lambda_n =$

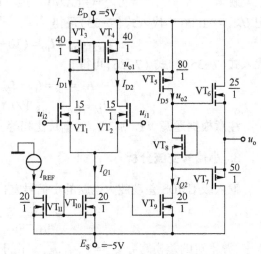

图 7-19 三级 CMOS 运算放大器电路

$0.01\ \text{V}^{-1}$。而 P MOS 晶体管的参数为 $U_{\text{GS(th)p}} = -0.7\ \text{V}$,$k'_p = \mu_p C_{\text{ox}} = 40\ \mu\text{A/V}^2$ 和 $\lambda_p = 0.015\ \text{V}^{-1}$。基准电流 $I_{\text{REF}} = 160\ \mu\text{A}$。下面分析三级 CMOS 运算放大器的直流特性和交流特性。

1. 直流分析

由于 VT_9、VT_{10} 和 VT_{11} 的宽长比相同,是相互匹配的晶体管,于是有

$$I_{Q1} = I_{Q2} = I_{\text{REF}} = 160\ \mu\text{A}$$

根据图 7-19 所示电路的对称关系可得

$$I_{D5} = I_{Q2} = 160\ \mu\text{A}$$
$$I_{D1} = I_{D2} = I_{D3} = I_{D4} = I_{Q1}/2 = 80\ \mu\text{A}$$

如果提供给输出管 VT_6 和 VT_7 的直流偏置电压为 $U_{\text{GS6}} = U_{\text{SG7}} = 0.85\ \text{V}$,则输出管 VT_6 和 VT_7 的直流静态电流为

$$I_{D6} = I_{D7} = \frac{k'_n}{2}\left(\frac{W}{L}\right)_6 (U_{\text{GS6}} - U_{\text{GS(th)n}})^2 = \frac{80}{2} \times 25 \times (0.85 - 0.7)^2 = 22.5\ \mu\text{A}$$

VT_8 的漏-源电压为 $U_{\text{DS8}} = U_{\text{GS6}} + U_{\text{SG7}} = 0.85 + 0.85 = 1.7\ \text{V}$,于是有

$$I_{D8} = I_{Q2} = \frac{k'_n}{2}\left(\frac{W}{L}\right)_8 (U_{\text{GS8}} - U_{\text{GS(th)n}})^2 = \frac{80}{2}\frac{W}{L_8} \times (1.7 - 0.7)^2 = 160\ \mu\text{A}$$

利用上式可解得 VT_8 所需的宽长比 $(W/L)_8 = 4$。

2. 交流分析

CMOS 运算放大器内部各级电路的输入电阻极大,各级电路之间没有负载效应,电路总的增益可以记为

$$A_u = A_{ud1}A_{u2}A_{u3} \tag{7-41}$$

式中,A_{ud1}、A_{u2} 和 A_{u3} 分别表示各级电路的电压增益。输出级电路是源极跟随器电路,其增益 $A_{u3} \approx 1$。

定义差动输入电压为 $u_{id} = u_{i1} - u_{i2}$,参照式(4-109)的结果,可得差动输入级的电压增益为

$$A_{ud1} = \frac{u_{o1}}{u_{i1}u_{i2}} = -g_{md}(r_{ds2} /\!/ r_{ds4}) \tag{7-42}$$

差动输入级的跨导为
$$g_{md} = 2\sqrt{I_{D2}\frac{k'_n}{2}\left(\frac{W}{L}\right)_2} = 2\sqrt{0.08 \times 0.04 \times 15} = 0.438\ \text{mA/V}$$

同样有
$$r_{ds2} = 1/(\lambda_n I_{D2}) = 1/(0.01 \times 0.08) = 1250\ \text{k}\Omega$$
$$r_{ds4} = 1/(\lambda_p I_{D4}) = 1/(0.015 \times 0.08) = 833.3\ \text{k}\Omega$$

于是可得
$$A_{ud1} = \frac{u_{o1}}{u_{i1} - u_{i2}} = -g_{md}(r_{ds2} /\!/ r_{ds4}) = -219$$

由于 VT_8 的有源电阻相对较小(参照图 4.15),可以忽略,于是第二级共源极放大器的电压增益为

$$A_{u2} = u_{o2}/u_{o1} = -g_{m5}(r_{ds5} /\!/ r_{ds9}) \tag{7-43}$$

可得 VT_5 的跨导为
$$g_{m5} = 2\sqrt{I_{Q2}\frac{k'_p}{2}\left(\frac{W}{L}\right)_5} = 2\sqrt{0.16 \times 0.02 \times 80} = 1.102\ \text{mA/V}$$

同样有
$$r_{ds5} = 1/(\lambda_p I_{Q2}) = 1/(0.015 \times 0.16) = 416.7\ \text{k}\Omega$$

$$r_{ds9} = 1/(\lambda_n I_{Q2}) = 1/(0.01 \times 0.16) = 625 \text{ k}\Omega$$

于是可得

$$A_{u2} = u_{o2}/u_{o1} = -g_{m5}(r_{ds5} /\!/ r_{ds9}) = -253$$

因此,三级 CMOS 运算放大器电路总的电压增益为

$$A_u = A_{ud1} A_{u2} A_{u3} \approx (-219) \times (-253) \times 1 = 55407$$

7.3.3　折叠式共源–共栅 CMOS 运算放大器电路

1. 折叠式共源–共栅电路

通过使用共源–共栅电路结构可以提高放大器的电压增益。图 7-20(a)所示为常见的包含两个串联晶体管的最简单共源–共栅电路。其中 VT_1 为共源放大器件,其电流由输入端的栅极电压决定。此电流又作为共栅极晶体管 VT_2 的输入信号。而输出则取自 VT_2 的漏极。图 7-20(b)所示电路与图 7-20(a)所示电路稍有不同:VT_2 的极性(改为 P 管)与 VT_1 不同,VT_1 的直流电流仍然由输入电压决定,但 VT_2 的直流电流则为偏置电流 I_Q 和 I_{D1} 的差值,即 $I_{D2} = I_Q - I_{D1}$。

另外,在图 7-20(a)所示常用的共源–共栅电路中,交流电流 i_d 同时流过两个晶体管和直流电源,即 VT_1 和 VT_2 的电流是相同的,$i_{D1} = i_{D2} = I_D + i_d$。而在图 7-20(b)所示的共源–共栅电路中,交流电流并不流过直流电源,而是在两晶体管和地之间流动,即 $i_{D1} = I_{D1} + i_{d1}$,$i_{D2} = I_{D2} - i_{d2}$,且总有 $I_Q = i_{D1} + i_{D2}$。**这说明 VT_2 中的交流电流和 VT_1 中的交流电流大小相等,方向相反。这样的电流称为折叠式电流,所以图 7-20(b)所示的电路称为折叠式共源–共栅电路。**

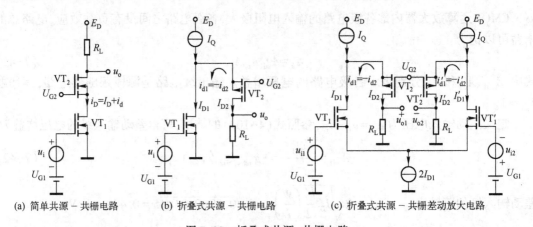

(a) 简单共源–共栅电路　　(b) 折叠式共源–共栅电路　　(c) 折叠式共源–共栅差动放大电路

图 7-20　折叠式共源–共栅电路

折叠式共源–共栅电路可以用在差动放大器中,图 7-20(c)所示的电路是由两组完全对称的折叠式共源–共栅电路构成的差动放大器,其中 VT_1 和 VT_2 构成一组折叠式共源–共栅电路,VT_1' 和 VT_2' 构成另一组折叠式共源–共栅电路,工作原理与基本差动放大电路相同,简称为折叠式差动放大器。

2. CMOS 折叠式共源–共栅放大器电路

图 7-21(a)给出了一个典型实用的 CMOS 折叠式共源–共栅差动放大电路。与图 7-20(c)所示电路进行比较,可以看出:VT_1 和 VT_6 构成一组折叠式共源–共栅电路,VT_2 和 VT_5 构成另一组对称的折叠式共源–共栅电路,但需注意 VT_1 和 VT_2 采用了 P MOS 晶体管,VT_5 和 VT_6 采

用了 N MOS 晶体管；另外，VT_{13}、VT_3 和 VT_{13}、VT_4 构成的恒流源电路相当于图 7-20(c) 电路中的电流源 I_Q；$VT_7 \sim VT_{10}$ 构成改进型的 MOS 威尔逊恒流源（参考第 4 章），作为折叠式共源-共栅差动放大电路的有源负载（相当于图 7-20(c) 电路中的 R_L），并且具有实现双端-单端输出的转换功能；VT_{11} 和 VT_{12} 构成的恒流源电路为折叠式共源-共栅差动放大电路提供偏置电流（相当于图 7-20(c) 电路中的电流源 $2I_{D1}$）。另外需注意，偏置电压 U_{G2} 必须由一个独立的电路网络来提供。

（1）直流分析

假设 VT_3、VT_4 和 $VT_{11} \sim VT_{13}$ 以及所有的晶体管均匹配，则 VT_1 和 VT_2 的直流偏置电流为

$$I_{D1} = I_{D2} = I_{D11}/2 = I_{REF}/2 \tag{7-44}$$

而 VT_3 和 VT_4 的直流偏置电流为 $I_{D3} = I_{D4} = I_{REF}$。也就是说 VT_5 和 VT_6 中的直流偏置电流为

$$I_{D5} = I_{D6} = I_{D4} - I_{D1} = I_{REF} - I_{REF}/2 = I_{REF}/2 \tag{7-45}$$

（2）交流分析

如果在输入端施加差模电压 $u_{id} = u_{i1} - u_{i2}$，且 $u_{i1} = -u_{i2}$，则折叠式差动放大电路中产生的交流电流如图 7-21(a) 所示。VT_1 中的交流电流流经 VT_6 到达输出端，即

$$i_{d1} = i_{d6} = g_{m1} u_{i1} \tag{7-46}$$

同理有

$$i_{d2} = i_{d5} = -g_{m2} u_{i2} \tag{7-47}$$

上式中的电流以图 7-21(a) 中箭头所指的方向为正值。由于改进型威尔逊镜像电流源 $VT_7 \sim VT_{10}$ 具有电流传输的作用，所以在 VT_8 的漏极形成相应的电流 $i_{d8} = i_{d5} = i_{d2} = -g_{m2} u_{i2}$。因此输出端的电流为

$$i_o = i_{d6} + i_{d8} = i_{d1} + i_{d2} = g_{m1} u_{i1} + (-g_{m2} u_{i2}) = g_{m1}(u_{i1} - u_{i2}) = g_{m1} u_{id} \tag{7-48}$$

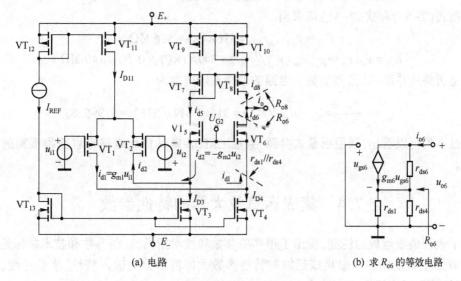

(a) 电路   (b) 求 R_{o6} 的等效电路

图 7-21 CMOS 折叠式共源-共栅放大器电路

于是差模电压增益为

$$A_{ud} = \frac{u_o}{u_{i1} - u_{i2}} = g_{m1}(R_{o8} /\!/ R_{o6}) \tag{7-49}$$

式 (7-49) 中的 R_{o8} 为威尔逊镜像电流源的输出电阻，参照式 (4-34) 可得

$$R_{o8} \approx g_{m8} r_{ds8} r_{ds10} \tag{7-50}$$

式(7-49)中的 R_{o6} 是由 VT_6 的漏极看入的输出电阻,由于 VT_6 相当于源极接了两个并联电阻的共源极组态的电路,等效电路如图 7-21(b)所示,图中 r_{ds1} 和 r_{ds4} 分别为 VT_1 和 VT_4 的漏极输出电阻。利用图 7-21(b)可求出

$$R_{o6} = u_{o6}/i_{o6} \approx g_{m6}r_{ds6}(r_{ds1}/\!/r_{ds4}) \tag{7-51}$$

式(7-51)的结果希望读者自行推导。另外在以上 CMOS 集成电路的分析过程中都忽略了衬底效应。通常情况下集成电路中所有 N MOS 晶体管的衬底连接到负电源 E_-,而所有 P MOS 晶体管的衬底连接到正电源 E_+。

【例 7-9】 假设图 7-21(a)所示电路参数和晶体管的参数为 $I_{REF} = 100\ \mu A$,$k'_n = \mu_n C_{ox} = 80\ \mu A/V^2$,$k'_p = \mu_p C_{ox} = 40\ \mu A/V^2$,所有晶体管的 $W/L = 25$,$\lambda_n = \lambda_p = 0.02\ V^{-1}$。计算图 7-21(a)所示折叠式共源-共栅差动放大电路的差模电压增益。

解:利用式(7-44)和式(7-45)可求出各晶体管的偏置电流为

$$I_{D1} = I_{D2} = I_{D11}/2 = I_{REF}/2 = 50\ \mu A, \quad I_{D5} = I_{D6} = I_{D7} = I_{D8} = I_{REF}/2 = 50\ \mu A, \quad I_{D4} = I_{REF} = 100\ \mu A$$

由此可求得有关晶体管的跨导为

$$g_{m1} = g_{m8} = 2\sqrt{I_{D2}\frac{k'_p}{2}\left(\frac{W}{L}\right)} = 2\sqrt{50 \times 20 \times 25} = 316\ \mu A/V$$

$$g_{m6} = 2\sqrt{I_{D2}\frac{k'_n}{2}\left(\frac{W}{L}\right)} = 2\sqrt{50 \times 40 \times 25} = 447\ \mu A/V$$

求得有关晶体管的输出电阻为

$$r_{ds1} = r_{ds6} = r_{ds8} = r_{ds10} = 1/(\lambda I_{D1}) = 1/(0.02 \times 50) = 1\ M\Omega$$

$$r_{ds4} = 1/(\lambda I_{D4}) = \frac{1}{(0.02 \times 100)} = 0.5\ M\Omega$$

根据式(7-50)和式(7-51)可求出

$$R_{o8} \approx g_{m8}r_{ds8}r_{ds10} = 316 \times 1 \times 1 = 316\ M\Omega$$

$$R_{o6} = u_{o6}/i_{o6} \approx g_{m6}r_{ds6}(r_{ds1}/\!/r_{ds4}) = 447 \times 1 \times (1/\!/0.5) = 149\ M\Omega$$

于是折叠式共源-共栅差动放大电路的差模电压增益为

$$A_{ud} = \frac{u_o}{u_{i1} - u_{i2}} = g_{m1}(R_{o8}/\!/R_{o6}) = 316 \times (149/\!/316) \approx 31996.87$$

通过本例可以看出,利用**折叠式共源-共栅 CMOS 差动放大电路**可以获得很高的差模电压增益。

7.4 集成运算放大器的特性参数

为了表征集成运放的性能,提出了很多项参数和技术指标,这些参数和技术指标是衡量和选择运放的重要依据。一般集成运放的特性参数大体可以分为输入特性、增益特性、输出特性、电源特性和频率特性五大类。

1. 输入特性参数

输入特性参数主要是用于评价集成运放的输入失调特性的参数。由于集成运放的输入级为差动放大电路,因此,失调和漂移是其重要的输入特性参数。为了保证集成运放具有较为稳定的静态工作点,要求集成运放零输入时零输出,但由于差动放大电路中元件参数不可能完全

对称,使得输入为零时的输出电压不为零,**这种因输入为零而输出电压不为零的现象,称为输入失调**。另外,在外界条件的变化而引起的漂移中,由温度变化引起的漂移(温漂)最大,因此,还需要讨论温漂对电路的影响。

(1) 输入失调电压 U_{IO}

当集成运放产生输入失调(即输入为零、输出不为零)时,会在输出端形成一个相应的输出失调电压。通常不直接采用实际的输出失调电压来表示集成运放的失调,而是将其折算到电路的输入端,即**通过在输入端施加的一个补偿电压,使输出失调电压为零,这个补偿电压就称为输入失调电压 U_{IO}**。

U_{IO} 是反映集成运放输入级中差动放大电路对称性的一个指标,其绝对值越小,表示电路输入级差动对管的对称性越好。另外,有的集成运放还具有调零端,通过调整外接的调零电路使集成运放的输入失调电压最小。

(2) 输入失调电压温漂 α_{UIO}

输入失调电压温漂 α_{UIO} 定义为:输入失调电压在规定工作范围内的温度系数,可以用下式表示

$$\alpha_{\text{UIO}} = \frac{\mathrm{d}U_{\text{IO}}}{\mathrm{d}T} \tag{7-52}$$

它是衡量运放温漂的重要指标。

(3) 输入偏置电流 I_{IB}

输入偏置电流 I_{IB} 定义为输出电压为零时,运放输入级差动放大电路两个输入端偏置电流的平均值,表示为

$$I_{\text{IB}} = \frac{1}{2}(I_{\text{B1}} + I_{\text{B2}}) \tag{7-53}$$

I_{IB} 是衡量输入级差动放大电路对管输入电流平均值大小的指标,I_{IB} 主要取决于集成运放输入级的静态集电极电流及输入级放大管的电流放大倍数 β。

(4) 输入失调电流 I_{IO}

同输入失调电压一样,一般不直接用电路失调时的输出失调电流表示失调的大小,而是将**输入失调电流 I_{IO} 定义为输出电压为零时,两个输入端的偏置电流之差**,即

$$I_{\text{IO}} = |I_{\text{B1}} - I_{\text{B2}}| \tag{7-54}$$

I_{IO} 也是反映运放差动放大电路对称性的一个指标。

(5) 输入失调电流温漂 α_{IIO}

输入失调电流温漂 α_{IIO} 的定义为:输入失调电流在规定工作范围内的温度系数,表示为

$$\alpha_{\text{IIO}} = \frac{\mathrm{d}I_{\text{IO}}}{\mathrm{d}T} \tag{7-55}$$

α_{IIO} 是衡量运放温漂的重要指标。

(6) 差模输入电阻 R_{id}

差模输入电阻 R_{id} 是指输入差模信号时运放的输入电阻,定义为:差模输入电压 u_{id} 与相应的输入电流 i_{id} 之比,表示为

$$R_{\text{id}} = u_{\text{id}}/i_{\text{id}} \tag{7-56}$$

R_{id}一方面表明了集成运放向信号源索取电流的大小,另一方面也体现了运放对信号源电压的影响。R_{id}越大,表示运放需要的电流越小,而且对信号源电压的影响也越小,理想运放的$R_{id} \to \infty$。

2. 增益特性参数

(1) 开环差模电压增益 A_{od}

开环差模电压增益 A_{od} 指运放无外加反馈的情况下的差模增益,表示为

$$A_{od} = \frac{u_o}{u_+ - u_-} = \frac{u_o}{u_{id}} \tag{7-57}$$

用对数形式表示为

$$A_{od} = 20 \lg \left| \frac{u_o}{u_{id}} \right| \quad (\text{dB})$$

A_{od}是表示运放精度的重要指标,A_{od}越大越好,理想运放的A_{od}为∞。

(2) 共模抑制比 K_{CMR}

共模抑制比 K_{CMR} 为开环差模电压增益 A_{od} 和开环共模电压增益 A_{oc} 之比,表示为

$$K_{CMR} = A_{od} / A_{oc} \tag{7-58}$$

其对数形式表示为

$$K_{CMR} = 20 \lg \left| \frac{A_{od}}{A_{oc}} \right| \quad (\text{dB})$$

K_{CMR}主要用于衡量运放抑制温漂的能力。K_{CMR}越大,表明抑制温漂的能力越强,理想运放的K_{CMR}为∞。

3. 输出特性参数

(1) 输出电阻 R_o

输出电阻 R_o 为集成运放输出端对地的动态电阻。R_o是反映集成运放带负载能力的重要指标。R_o越小,表明集成运放带负载能力越强,理想运放的$R_o \to 0$。

(2) 输出峰–峰电压 $U_{OP\text{-}P}$

输出峰–峰电压 $U_{OP\text{-}P}$ 表示在特定负载的条件下,集成运放的最大输出电压幅度,其值与电源电压的值有关,一般 $|U_{OP\text{-}P}|$ 小于等于电源电压的值。

4. 电源特性参数

(1) 电源电压抑制比 K_{SVR}

电源特性参数主要为电源电压抑制比 K_{SVR},其定义为:输入失调电压与电源电压变化量之比,可以表示为

$$K_{SVR} = \left| \frac{\Delta u_o}{A_{od}} / \Delta E_c \right| \tag{7-59}$$

或者表示成对数形式

$$K_{SVR} = -20 \lg \left| \frac{A_{od} \Delta E_c}{\Delta u_o} \right| \quad (\text{dB})$$

式中,Δu_o 为电源电压变化量 ΔE_c 而引起的输出电压变化。

(2) 静态功耗 P_D

静态功耗 P_D 是集成运放在无负载(空载)、输出电压为零时的功率损耗。通用型集成运放的静态功耗一般为几十毫瓦。

5. 频率特性参数

（1）开环带宽 BW

集成运放的开环差模电压增益值随频率从直流增益下降 3 dB($1/\sqrt{2}$ 倍）时所对应的信号频率，称为开环带宽 BW（见图 7-22）。

（2）单位增益带宽 BG

单位增益带宽 BG 定义为集成运放接成单位增益组态（开环差模电压增益 $A_{od}=1$）所对应的频带宽度。

单位增益带宽主要用于衡量集成运放的增益带宽积，即 $A_{od}=1$ 的带宽（见图 7-22）。

（3）转换速率 S_R（压摆率）

转换速率 S_R 指在额定的负载条件下，输入一个大幅度的阶跃信号时，输出电压的最大变化率，表示为

$$S_R = \left| \frac{\mathrm{d}u_o}{\mathrm{d}t} \right|_{\max} \approx \frac{\Delta u_o}{\Delta t} \tag{7-60}$$

表示当输入信号变化率的绝对值小于 S_R 时，输出信号才按线性规律变化（见图 7-23）。转换速率主要用于衡量集成运放对大幅度信号的适应能力。

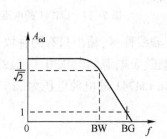

图 7-22　开环带宽和单位增益带宽

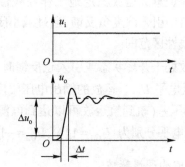

图 7-23　转换速率的定义

在集成运放的具体运用和选择中，上述各项参数均可以通过集成运放的产品手册查到。

思考与练习

7.4-1　填空题

（1）对于理想运算放大器，开环差模电压放大倍数 $A_{od}=$____，共模抑制比 $K_{CMR}=$____。差模输入电阻 $r_{id}=$____，输出电阻 $R_o=$____，输入失调电压 $U_{IO}=$____。　　　　　　　　答案：∞,∞,∞,0,0

（2）集成运放实质是一个高增益的直接耦合多级放大器，输入级常采用____电路，主要是为了减小____；输出级常采用____电路。　　　　　　　　答案：差放，温漂，互补推挽功率输出级

（3）在集成运放中，由于电路结构引起的零输入对应非零输出的现象称为____，主要原因是____造成的。由温度变化引起的零输入对应非零输出的现象称为____，主要原因是____造成的。

答案：失调，差放两边电路参数不完全对称，零点漂移，三极管参数受温度影响

7.5 理想运算放大器

1. 运算放大器的电压传输特性

运算放大器的电压传输特性是指其在开环状态下,输出电压 u_o 与差模输入电压 u_{id}($u_{id} = u_+ - u_-$)之间的关系曲线。以通用集成运放 LM741 为例,在电源电压为 ±15 V 时,其电压传输特性如图 7-24 所示。可以看出,运放的工作区域有线性区和非线性区两个部分。非线性区包括正向饱和区和负向饱和区。

线性区: $-U_{im} < u_{id} < +U_{im}$,$u_o = A_{od} \times u_{id}$;

正向饱和区: $u_{id} > +U_{im}$,$u_o = U_{OH}$;

负向饱和区: $u_{id} < -U_{im}$,$u_o = U_{OL}$。

由于集成运放的开环增益很高,所以线性放大区的范围极小,如 LM741 在线性区内的差模输入电压范围只有 ±70 μV 左右。如果不采取适当措施,即使在输入端加上一个很小的电压,也极有可能使集成运放超出线性工作范围而进入饱和区。为了保证集成运放稳定地工作在线性区,一般情况下,必须在电路中引入深度负反馈,通过减小闭环电压增益来拓宽电路的线性区范围。

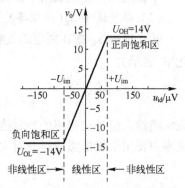

图 7-24 LM741 的电压传输特性

当运放处于开环状态或引入正反馈时,运放工作在非线性区,输出只有两种取值,即高电平 U_{OH} 或低电平 U_{OL}。运放的输出电压幅度不可能超越正、负电源的电压值,一般的运放会有 1 V 左右的压差(轨到轨运放可以达到电源电压值)。如 LM741 的电源电压为 ±15 V 时,其输出的高、低电平分别为: $U_{OH} = 14$ V,$U_{OL} = -14$ V。

2. 运放的理想参数

为了便于对集成运放的各种应用电路进行分析,工程上常常将集成运放的各项技术指标进行理想化,将其看做一个理想的运算放大电路。理想运放的技术参数应满足下列条件:

开环差模电压增益 $A_{od} = \infty$;

差模输入电阻 $R_{id} = \infty$;

输出电阻 $R_o = 0$;

输入失调电压 $U_{IO} = 0$,输入失调电流 $I_{IO} = 0$,以及它们的温漂 $\alpha_{UIO} = 0$,$\alpha_{IIO} = 0$;

共模抑制比 $K_{CMR} = \infty$;

输入偏置电流 $I_{IB} = 0$;

开环带宽 $BW = \infty$,等等。

理想运放的概念,实际上是通过对次要因素的忽略,简化了对运放应用电路的分析过程,是工程中对运放应用电路的一种常用分析方法。当然,由于受到集成电路制造工艺水平的限制,实际集成运放的各项技术指标不可能达到理想化条件的要求。但是在通常情况下,将集成运放的实际电路作为理想运放进行分析估算时,所形成的误差一般都在工程上所规定的允许范围内。

3. 理想运放的等效模型和分析方法

为了在理想化条件下对集成运放进行电路等效,我们引入"零子"和"极子(或称任意子)"两种假想的电路元件。

所谓"零子",是指端子间电压为零,且流过端子的电流也为零的二端电路元件(见图 7-24);所谓"极子"是指端子间电压为任意值,流过端子的电流也为任意值的二端电路元件(见图 7-25)。

根据理想集成运放的特性,可以将其看成一个由"零子"和"极子"构成的等效模型,如图 7-26 所示。

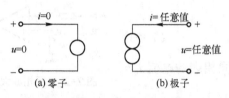

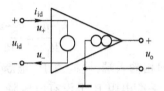

图 7-25 "零子"和"极子"的电路符号　　图 7-26 理想集成运放的等效模型

当集成运放工作在线性区时,根据集成运放的理想化条件,对其等效电路模型进行分析如下。

(1) 运放的输入端可以看做"零子"

通常情况下,由于受到电源电压值的限制,运放的输出电压 u_o 总是有限值(不会超过电源电压),而且理想运放的开环差模电压增益 $A_{od} = \infty$,则输入差模电压 $u_{id} = u_+ - u_-$ 必趋近于零,即

$$u_{id} = u_+ - u_- = (u_o / A_{od}) \to 0 \quad \text{或} \quad u_+ \to u_- \tag{7-61}$$

表示集成运放两个输入端之间的电压非常接近,可以用 $u_+ = u_-$ 表示,但由于不同于真正的短路,所以称为"虚短",这是集成运放的一个重要特性。

另外,又因为理想运放的差模输入电阻 $R_{id} = \infty$,则流入运放的电流 i_{id} 也趋近于零,即

$$i_{id} = (u_{id} / R_{id}) \to 0 \tag{7-62}$$

表示流入运放两输入端的电流也趋近于零,或**集成运放输入端口不汲取电流**,但同样不同于真正的断路,所以称为"虚断",这也是集成运放的一个重要特性。

注意,以上两个结论是在理想化条件下的极限值,与通常的电路概念不同。因此,**就理想运放的输入端而言,既应当看成"虚短",又应看成"虚断"开路**。

(2) 运放的输出端可以看做理想的电压源(内阻 $R_o = 0$)

输出端的电压为任意值,电流为任意值,即输出端的电压和电流由外接电路确定,可以近似看做"极子"。

当集成运放工作在线性区,对其应用电路进行分析时,主要根据理想运放的"虚短"和"虚断"两个特性,这样可以大大简化对电路的分析过程,同时,将运放的输出端作为理想的电压源。

4. 运放构成的两种基本负反馈电路

由于理想运放的开环差模电压增益 $A_{od} = \infty$,**当要求集成运放工作在线性区时,必须给集成运放外接一定类型的负反馈电路**,否则在输入信号很小的情况下,输出信号过载(理想条件下 $u_o = A_{od} u_{id} = \infty$,实际电路输出电压信号将被电源电压限幅 $u_o \approx \pm E_C$)而产生严重的非线性失

真。下面介绍两种能使集成运放工作在线性区的基本负反馈电路。

（1）反相放大器

反相放大器的电路结构如图 7-27 所示，输入信号加在反相输入端，输出电压通过反馈电阻 R_f 反馈回送到反相输入端，**构成电压并联负反馈组态，形成深度负反馈，能使运放工作在线性区**。另外，为了使集成运放输入级差动放大电路的参数保持一致，避免在输入端产生附加的偏置电压，保证运放输入级差动对管基极对地电阻相等，一般需要在同相输入端与地之间接入一个平衡电阻 R'，其阻值为 $R'=R_1//R_f$。

在运放的反相输入端的节点上，$i_i=i_-+i_f$；但根据理想运放"虚断"的特性，输入运放反相端的电流 $i_-=0$，于是可得 $i_i=i_f$，即有

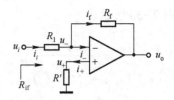

图 7-27 反相放大器电路

$$\frac{u_i-u_-}{R_1}=\frac{u_--u_o}{R_f} \qquad (7-63)$$

对同相输入端，同样由于"虚断"，运放同相端的电流 $i_+=0$，所以，平衡电阻 R' 上没有电压降，即

$$u_+=0 \qquad (7-64)$$

根据运放"虚短"的特性，有

$$u_-=u_+=0 \qquad (7-65)$$

将式（7-65）代入式（7-63）中，有 $u_i/R_1=-u_o/R_f$，即输出电压

$$u_o=-\frac{R_f}{R_1}u_i \qquad (7-66)$$

则闭环电压增益为 $\qquad A_{uf}=u_o/u_i=-R_f/R_1 \qquad (7-67)$

可以看出，**反相放大器的输出电压与输入电压的幅度值成正比例关系，但是相位相反，因此，也称反相比例运算电路**。反相放大器的比例系数（电压增益）决定于电阻 R_f 和 R_1 之比，而与集成运放内部电路的各项参数无关，只要 R_1 和 R_f 的阻值稳定、准确，就可以得到准确的比例运算关系。

在电路中，由于同相输入端通过 R' 接地，即 $u_+=0$，相当于反相输入端也与地等电位，可得 $u_-=0$，此时，反相输入端称为"虚地点"，这一现象称为"虚地"。**"虚地"是反相放大器电路的一个重要特点。**

另外，需要指出的是反相放大器电路引入了电压并联负反馈，故电路的输入电阻不大，$R_{if}=R_1$；输出电阻较低，$R_{of}\to 0$。

（2）同相放大器

同相放大器的电路结构如图 7-28 所示，输入信号加在同相输入端，同样，为了保证集成运放工作在线性区，**在输出端和反相输入端之间接入反馈电阻 R_f 构成深度电压串联负反馈；**为保持两个输入端对地外接电阻相等，避免输入偏流产生附加的偏置电压，同相输入端还应接入一个平衡电阻 $R'=R_1//R_f$。

根据"虚短"的特性，有

$$u_-=u_+=u_i \qquad (7-68)$$

在反相输入端，由"虚断"的特性，$i_{R1}=i_f$，可得

$$\frac{u_-}{R_1}=\frac{u_o-u_-}{R_f} \qquad (7-69)$$

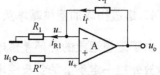

图 7-28 同相放大器电路

将式(7-68)代入式(7-69)中,可得

$$u_o = \frac{R_1 + R_f}{R_1} u_i = \left(1 + \frac{R_f}{R_1}\right) u_i \qquad (7-70)$$

闭环电压增益为

$$A_{uf} = \frac{u_o}{u_i} = 1 + \frac{R_f}{R_1} \qquad (7-71)$$

由式(7-71)可以得到,同相放大器的输出电压与输入电压的幅度成正比例关系(且其值总大于1),并且相位相同,因此,也称同相比例运算电路。同相放大器的精度和稳定性也取决于电阻 R_1 和 R_f 的精确度和稳定程度。

从电路中可以看出,同相放大器引入的深度负反馈为电压串联负反馈,可以得到较高的输入电阻($R_{if} \to \infty$)和较低的输出电阻($R_{of} \to 0$)。

另外,如果使同相放大器中反相输入端外接入电阻与地开路($R_1 = \infty$),或将反馈电阻短路($R_f = 0$),此时电路如图7-29所示,由式(7-71)可得 $A_{uf} = 1$,则 $u_o = u_i$,即输出电压与输入电压不仅幅值相等,而且相位相同,表示二者的电压存在"跟随"关系,这种电路被称为"电压跟随器"。

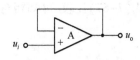

图7-29　电压跟随器

【例7-10】 一种常见的同相放大器的电路结构如图7-30所示。试求电路的闭环电压增益。

解: 根据图7-30所示的电路结构,可写出闭环电压增益的表达式为

$$A_{uf} = \frac{u_o}{u_i} = \frac{u_o}{u_+} \cdot \frac{u_+}{u_i} \qquad (7-72)$$

其中,$\dfrac{u_+}{u_i} = \dfrac{R_3}{R_2 + R_3}$,另外由式(7-71)可得

$$\frac{u_o}{u_+} = 1 + \frac{R_f}{R_1}$$

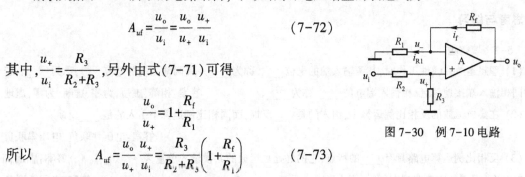

图7-30　例7-10电路

所以

$$A_{uf} = \frac{u_o}{u_+} \cdot \frac{u_+}{u_i} = \frac{R_3}{R_2 + R_3} \left(1 + \frac{R_f}{R_1}\right) \qquad (7-73)$$

5. 运算放大器的误差分析

由运放构成的两种基本负反馈电路的运算关系式,即式(7-67)和式(7-71),都是在假设理想运放的条件下得出的。但实际中运放的各项技术指标都不可能完全达到理想值,因此,上述运算的结果将会产生一定的误差。

下面以反相放大器为例,主要讨论运放的开环差模电压增益 $A_{od} \neq \infty$,以及输入电阻 $R_{id} \neq \infty$ 时产生的误差。

当考虑到 $A_{od} \neq \infty$、$R_{id} \neq \infty$ 时,运放可以用如图7-31所示的电路表示。

由于 $A_{od} \neq \infty$ 时,运放的反相输入端电压 u_- 不为零,则

$$u_- = -u_o / A_{od} \qquad (7-74)$$

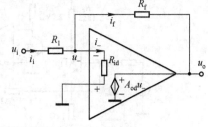

图7-31　分析反相放大器
运算误差的电路

同时,由于 $R_{id} \neq \infty$,流入运放反向输入端的电流 $i_- \neq 0$,应该为

$$i_- = u_- / R_{id} \tag{7-75}$$

由图 7-31 列方程,可得 $i_i = i_f + i_-$,即

$$\frac{u_i - u_-}{R_1} = \frac{u_- - u_o}{R_f} + \frac{u_-}{R_{id}} \tag{7-76}$$

将式(7-74)代入式(7-76)中,整理后可以解得

$$A_{uf} = \frac{u_o}{u_i} = -\frac{R_f}{R_1} \frac{1}{1 + \frac{1}{A_{od}}\left(1 + \frac{R_f}{R_1}\right) + \frac{R_f}{A_{od}R_{id}}} = -\frac{R_f}{R_1}\left[1 - \frac{\frac{1}{A_{od}}\left(1 + \frac{R_f}{R_1}\right) + \frac{R_f}{A_{od}R_{id}}}{1 + \frac{1}{A_{od}}\left(1 + \frac{R_f}{R_1}\right) + \frac{R_f}{A_{od}R_{id}}}\right] \tag{7-77}$$

与式(7-67)比较,可知相对误差为式(7-77)中方括号内的第二项,表示为

$$\delta_A = \frac{\frac{1}{A_{od}}\left(1 + \frac{R_f}{R_1}\right) + \frac{R_f}{A_{od}R_{id}}}{1 + \frac{1}{A_{od}}\left(1 + \frac{R_f}{R_1}\right) + \frac{R_f}{A_{od}R_{id}}} \approx \frac{1}{A_{od}}\left(1 + \frac{R_f}{R_1}\right) + \frac{R_f}{A_{od}R_{id}} \tag{7-78}$$

式(7-78)中包含两项,其中,第一项表示 $A_{od} \neq \infty$ 时产生的误差,第二项则表示 $R_{id} \neq \infty$ 时产生的误差。可以看出,A_{od} 越大,R_f/R_1 和 R_f/R_{id} 越小,则相对误差越小,运算精度越高。

思考与练习

7.5-1 填空题

(1) 理想运放在线性工作时,其两输入端的电位____,称为____。其两输入端的电流____,称为____。若其中同相输入端接地,则反相输入端电位____,称为____。　　答案:相等,虚短,为零,虚断,为零,虚地

(2) 在集成运放的反相比例运算中,引入的是____反馈,而同相比例运算中引入的是____反馈。

答案:电压并联负,电压串联负

(3) 反相比例运算电路具有____的特点,它的好处是运放的共模输入分量为____。　　答案:虚地,0

7.5-2 反馈放大电路如图所示,引入了____反馈。　　答案:电压并联负

7.5-3 由集成运放组成的反馈放大电路如图所示,在深度负反馈且 u_i 不变的情况下,当 A_u 减小时,则反馈电压 u_f ____,输出电压 u_o ____。　　答案:减小,基本不变。

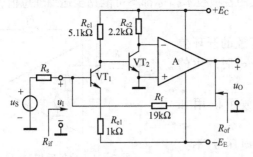

思考与练习 7.5-2 图

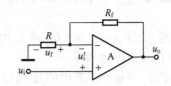

思考与练习 7.5-3 图

7.6 集成运算放大器的线性应用

在集成运放的线性应用中,一般都在其输出端与输入端之间加上深度负反馈网络,使运放工作在线性区,以实现各种不同的功能。例如,施加线性负反馈,可以实现增益放大或加、减、微分、积分等模拟运算功能。

7.6.1 加法运算电路

加法运算电路是用集成运放实现求和运算,即将电路的输出信号表达为多个模拟输入信号的加法运算。加法运算电路在电子测量和控制系统中经常被采用。

加法运算电路有反相加法运算电路、同相加法运算电路和差动加法运算电路等几种,常用的为反相加法运算电路。

1. 反相加法运算电路

反相加法运算电路是对基本反相放大电路的扩展,电路结构如图 7-32 所示。输入信号 u_{i1}、u_{i2}、u_{i3} 分别经过各路电阻 R_1、R_2、R_3 加在反相输入端(图中示出了 3 个输入信号,实际应用中可以根据需要增减输入信号的数量)。另外,为了保证集成运放两个输入端对地保持平衡,避免运放输入端口产生附加偏置电压,同相输入端应该接一个平衡电阻 R',其阻值为 $R' = R_1 // R_2 // R_3 // R_f$。

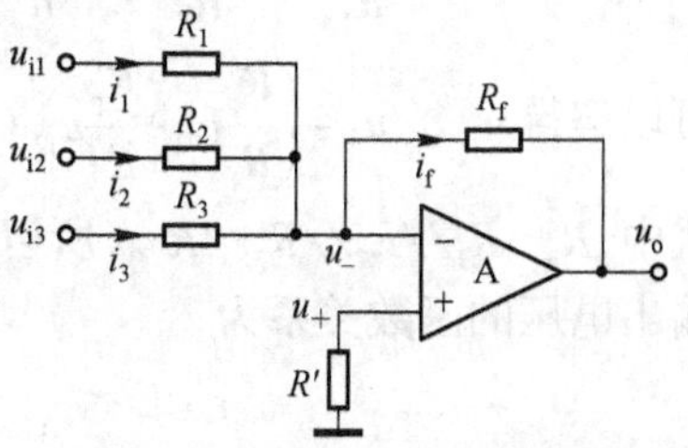

对于运放的反相输入端,根据"虚断"的概念可得:$i_1 + i_2 + i_3 = i_f$,即

图 7-32 反相加法运算电路

$$\frac{u_{i1} - u_-}{R_1} + \frac{u_{i2} - u_-}{R_2} + \frac{u_{i3} - u_-}{R_3} = \frac{u_- - u_o}{R_f} \tag{7-79}$$

由"虚地"的概念可得

$$u_- - u_+ = 0 \tag{7-80}$$

将式(7-80)代入式(7-79),得

$$\frac{u_{i1}}{R_1} + \frac{u_{i2}}{R_2} + \frac{u_{i3}}{R_3} = \frac{-u_o}{R_f} \tag{7-81}$$

由此可求出输出电压与输入电压的函数关系为

$$u_o = -\left(\frac{R_f}{R_1} u_{i1} + \frac{R_f}{R_2} u_{i2} + \frac{R_f}{R_3} u_{i3} \right) \tag{7-82}$$

可以看出,输出电压 u_o 表示为与不同比例的多个输入信号 u_{i1}、u_{i2}、u_{i3} 的相加,即实现了加法运算。

如果电路中各电阻满足 $R_1 = R_2 = R_3 = R$,则

$$u_o = -\frac{R_f}{R}(u_{i1} + u_{i2} + u_{i3}) \tag{7-83}$$

反相加法运算电路的主要优点为:由于"虚地",各输入信号之间满足线性叠加定理,若改变某一路输入信号电阻(如 R_1、R_2 或 R_3 等)的阻值,不会影响其他路输入电压与输出电压之

间的比例关系,可以非常方便、灵活地调整输出信号与各输入信号的比例关系。因此,在实际应用中,反相加法运算电路得到了广泛应用。

2. 同相加法运算电路

反相加法运算电路的输出电压与输入电压为反相关系,为了实现同相加法运算,可以将各路输入信号加在同相输入端,构成同相加法运算电路,如图 7-33 所示。电路中,输入信号 u_{i1}、u_{i2}、u_{i3} 加在同相输入端(图中示出了 3 个输入信号,实际应用时可根据需要酌情增减)。为了使电路工作在线性区,应引入深度负反馈,即将反馈电阻 R_f 接到反相输入端。

由于输出信号 u_o 相对同相输入端信号 u_+ 构成同相比例运算放大器电路,根据式(7-70)可得

$$u_o = \left(1 + \frac{R_f}{R}\right) u_+ \qquad (7-84)$$

而同相输入端的电压 u_+,可以根据"虚断"的概念求出,即由 $i_1 + i_2 + i_3 = i'$,可得

$$\frac{u_{i1} - u_+}{R_1} + \frac{u_{i2} - u_+}{R_2} + \frac{u_{i3} - u_+}{R_3} = \frac{u_+}{R'} \qquad (7-85)$$

可以解得

$$u_+ = \left(\frac{R_p}{R_1} u_{i1} + \frac{R_p}{R_2} u_{i2} + \frac{R_p}{R_3} u_{i3}\right) \qquad (7-86)$$

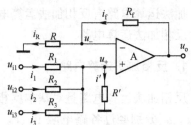

图 7-33 同相加法运算电路

式中,$R_p = R_1 // R_2 // R_3 // R'$。所以,将式(7-86)代入式(7-84)中,可以求得电路的输入电压与输出电压的函数关系为

$$u_o = \left(1 + \frac{R_f}{R}\right)\left(\frac{R_p}{R_1} u_{i1} + \frac{R_p}{R_2} u_{i2} + \frac{R_p}{R_3} u_{i3}\right) \qquad (7-87)$$

因此,电路可以实现输出电压与不同比例关系的多个输入电压的同相加法运算。但是,从输入电压与输出电压的函数表达式可以看出,式中的**电阻 R_p 与各输入电路的电阻有关,给电路的调整带来不便**。例如:在实际应用中,当需要调节某一路输入电路的电阻值(如 R_1、R_2 或 R_3 等)而使输出电压与该路输入电压达到特定的比例时,会使 R_p 的阻值随之改变,从而引起输出电压与其他各路输入电压之间的比例关系也产生变化。为保持输出电压与其他各路输入电压之间的比例关系,常常要经过烦琐而不断反复的调试和估算过程,才能最终将参数确定下来,故**在实际应用中较少使用同相加法运算电路**。

7.6.2 差动放大器

差动放大器可以实现输出电压与输入电压的减法运算,基本电路结构如图 7-34 所示。两个输入电压 u_{i1}、u_{i2} 分别加在集成运放的反相输入端和同相输入端,R_f 是为了使运放工作在线性区而引入的负反馈电阻,为了使运放的两个输入端对地静态电阻相等,要求 $R_1 // R_f = R_2 // R'$。

对于同相输入端,根据"虚断"特性,运放不汲取电流,故 u_+ 为 u_{i2} 在电阻 R_2、R' 上的分压,即

$$u_+ = \frac{R'}{R_2 + R'} u_{i2} \qquad (7-88)$$

在反相输入端,根据"虚断"的特性,可以列出方程

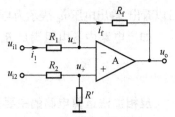

图 7-34 差动放大器

$$\frac{u_{i1} - u_-}{R_1} = \frac{u_- - u_o}{R_f} \tag{7-89}$$

同时,利用理想运放的"虚短"特性,有

$$u_- = u_+ \tag{7-90}$$

将式(7-88)、式(7-90)代入式(7-89)中,将输出电压和输入电压的函数关系表示为

$$u_o = \left(1 + \frac{R_f}{R_1}\right)\frac{R'}{(R_2 + R')}u_{i2} - \frac{R_f}{R_1}u_{i1} \tag{7-91}$$

一般情况下,为了避免共模抑制比下降,差动放大器要求电阻严格配对,即要求 $R_1 = R_2$, $R_f = R'$,则有

$$u_o = \frac{R_f}{R_1}(u_{i2} - u_{i1}) \tag{7-92}$$

闭环差模电压放大倍数为

$$A_{uf} = \frac{u_o}{u_{i1} - u_{i2}} = -\frac{R_f}{R_1} \tag{7-93}$$

因此,差动放大器的输出电压与两个输入电压之差成正比例,实现了减法运算。而比例系数仅仅决定于 R_1 和 R_f 的阻值。

如前所述,输入电阻是放大电路的另一个重要的参数,差动放大器的差模输入电阻在假设 $R_1 = R_2$, $R_f = R'$ 的条件下,根据定义可求得

$$R_{id} = R_1 + R_2 = 2R_1 \tag{7-94}$$

比较式(7-93)和式(7-94)可以看出,**用运放构成的差动放大器有一个不足,即在 R_f 不是非常大时,不能同时达到高增益和高输入阻抗的要求。**

7.6.3　测量放大器

针对差动放大器很难同时获得较高的输入阻抗和较高增益的问题,一种解决方法是在信号源和相应的输入端之间接入电压跟随器。然而,这样的设计也存在着不足之处,即不能方便地根据需要调整放大器的增益。因为在图7-34所示的差动放大器中,要保持 R_f/R_1 和 R'/R_2 具有相等的比值,又要调整放大器的增益,就需要同时改变两个电阻的阻值。是否能够通过改变一个电阻的阻值就能实现改变放大器增益的目的呢?图7-35所示的电路就能满足这样的要求,该电路称为测量放大器。注意到图中用两个同相运算放大器 A_1 和 A_2 作为输入级,差动放大器 A_3 作为第二级。

首先从"虚短"的概念开始分析。两个同相运算放大器反相端的电压和输入电压相等,即 $u_{1-} = u_{i1}$, $u_{2-} = u_{i2}$。于是加在电阻 R_1 两端的电压为 $u_{1-} - u_{2-} = u_{i1} - u_{i2}$,流过电阻 R_1 的电流为

$$i_1 = \frac{u_{i1} - u_{i2}}{R_1} \tag{7-95}$$

如图7-35所示,电阻 R_2 中的电流也为 i_1,且运放 A_1 和 A_2 的输出电压分别为

$$u_{o1} = u_{i1} + R_2 i_1$$

$$= u_{i1} - \frac{R_2}{R_1}(u_{i2} - u_{i1}) \tag{7-96}$$

$$u_{o2} = u_{i2} - R_2 i_1$$

$$= u_{i2} + \frac{R_2}{R_1}(u_{i2} - u_{i1}) \tag{7-97}$$

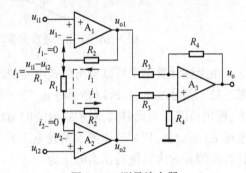

图7-35　测量放大器

由式(7-92)可知,差动放大器的输出为

$$u_o = \frac{R_4}{R_3}(u_{o2}-u_{o1}) \tag{7-98}$$

将式(7-96)和式(7-97)代入式(7-98),可得

$$u_o = \frac{R_4}{R_3}\left(1+\frac{2R_2}{R_1}\right)(u_{i2}-u_{i1}) \tag{7-99}$$

测量放大器的闭环差模增益为

$$A_{uf} = \frac{u_o}{u_{i2}-u_{i1}} = \frac{R_4}{R_3}\left(1+\frac{2R_2}{R_1}\right) \tag{7-100}$$

由于输入的信号电压直接施加到 A_1 和 A_2 的同相输入端上,所以输入阻抗非常大,理想情况下为无穷大,这正是测量放大器期望的特性。同样,闭环差模增益为 R_1 的函数,通过采用一个电位器可以很容易地改变 R_1,因此仅通过调节一个电阻就可以改变放大器的增益。

【例7-11】 图7-36 给出了一种实用测量放大系统的设计电路,电路参数如图中所示。其中 R_3 代表传感器,比如压力传感器(或温度传感器等),在其内部有一个电阻,它是压力的函数,所以可以将压力的变化转化为电阻阻值的变化。电路的设计目的是将非电子信号(压力或温度等)转化为电子信号输出、放大并测试。图中参数 δ 是一个反映非电子信号的特征量(设 $\delta=0.01$)。

解: 传感器的输出常常通过桥式电路来进行测量。图7-37 所示为桥式电路,其中 R_3 代表转换器的内部电阻,参数 δ 是由转换器输入响应引起的 R_3 相对 R_2 的偏移。桥式电路的输出电压 u_{id} 则为 δ 的函数。如果 u_{id} 为开路电压,则

$$u_{id} = \left[\frac{R_2(1+\delta)}{R_2(1+\delta)+R_1}-\frac{R_2}{R_1+R_2}\right]E_C \approx \delta\left(\frac{R_1 /\!/ R_2}{R_1+R_2}\right)E_C = 0.01875 \text{ V}$$

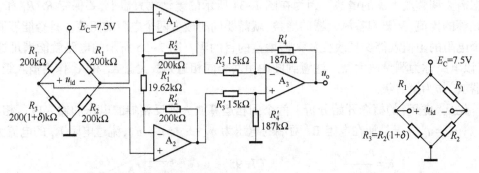

图7-36 实用测量放大系统的设计　　　　图7-37 桥式电路

由上述计算结果可以看出桥式电路的输出电压 u_{id} 很小,而且是浮地的,即电压 u_{id} 的两端都不处于信号地电位,所以必须将 u_{id} 与一个测量放大器相连。由于测量放大器的输入电阻很大,理想情况下为无穷大,对桥式电路的输出电压几乎不存在负载效应。此外,u_{id} 直接和电源电压 E_C 成比例,因而这里要求偏置电压 E_C 应该是一个稳定的基准电压。根据式(7-99)可以计算出测量放大系统的输出电压为

$$u_o = \frac{R_4'}{R_3'}\left(1+\frac{2R_2'}{R_1'}\right)u_{id} \approx 5 \text{ V}$$

由此例可以看出一旦采用了理想运放的参数,设计非常精密复杂的运放电路也会变得相当简单。

7.6.4 积分器

积分器可以完成输出电压与输入电压的积分运算,它主要是利用了电容两端的电压与流过电容电流的积分关系,以及理想运放在线性区工作时的"虚短"和"虚断"特性而实现的。

积分器除了进行模拟信号的积分运算外,还具有延时、移相的作用,以及用于产生各种输出波形,因此,在控制、测量系统及模拟信号运算电路中应用广泛。

1. 反相积分器

反相积分器的基本电路结构如图 7-38 所示,输入信号电压通过电阻 R 加在运放的反相输入端,同时,在输出端与反相输入端之间引入以电容 C 为反馈元件的深度负反馈,使集成运放工作在线性区。同相输入端常常接平衡电阻 $R' = R$,以使集成运放两个输入端的静态对地电阻保持平衡。

电容两端的电压 u_C 与流过电容的电流 i_C 可以用积分关系表示,即

$$u_C = \frac{1}{C}\int i_C \mathrm{d}t \qquad (7-101)$$

在反相输入端,由于"虚地",则 $u_- = u_+ = 0$。另外,对反馈支路列方程有:$u_C + u_o = u_- = 0$,即 $u_o = -u_C$,将电容的容抗以 $Z_f = 1/sC$ 表示,则利用反相放大电路的电压增益可表示为

$$A_{uf}(s) = \frac{u_o(s)}{u_i(s)} = -\frac{Z_f}{R} = -\frac{1}{sRC} \qquad (7-102)$$

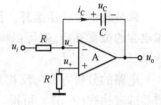

图 7-38　反相积分器

即

$$u_o(s) = -\frac{1}{sRC}u_i(s)$$

由拉氏反变换,把上式转换为时间域函数,整理后可得

$$u_o(t) = -\frac{1}{RC}\int u_i(t)\mathrm{d}t \qquad (7-103)$$

式(7-103)表示了输出电压与输入电压的积分运算关系。

2. 实际应用的积分器

由式(7-102)可知,积分器电路的电压增益 $A_{uf}(s) = -\dfrac{1}{sRC}$,由于式中当 $s = \mathrm{j}\omega$ 时,s 是一个与频率有关的量,当输入信号频率很低或接近直流信号($\omega \to 0$),即 $s \to 0$ 时,有 $A_{uf}(s) \to \infty$,此时电路会因增益过大而出现阻塞,使输出电压接近正电源电压或负电源电压而产生严重的非线性失真。

为了使输入信号在低频或直流时,电路仍然能保持正常稳定的工作,在实际应用中,常常在电容 C 的支路上并联一个电阻 R_f,防止电路出现阻塞。实用电路如图 7-39 所示。此时,电路的增益为

$$A_{uf}(s) = -\frac{Z_f}{R} = -\frac{R_f /\!/ \dfrac{1}{sC}}{R} = -\frac{R_f}{R+sRR_fC} \qquad (7-104)$$

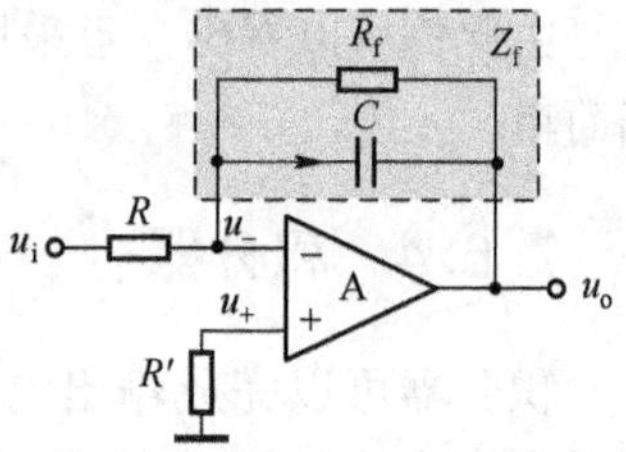

当输入为低频或直流信号$(s=j\omega\to 0)$时,电路增益为有限值 $A_{uf}=-R_f/R$,不会因为趋近于无穷大而形成阻塞;在输入信号的频率 $\omega\gg 1/CR_f$ 时,只要合理地选择电阻、电容,使其取值满足条件 $\omega CR_fR\gg R$,其电压增益近似为

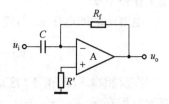

图 7-39 实用积分器电路

$$A_{uf}(s) = \frac{u_o(s)}{u_i(s)} \approx -\frac{1}{sRC}$$

则输入、输出电压仍然可以表示为积分关系:

$$u_o \approx -\frac{1}{RC}\int u_i \mathrm{d}t$$

7.6.5 微分器

微分电路可以实现输出电压与输入电压的微分运算。

1. 反相微分器

微分是积分的逆运算。因此,只要将反相积分电路中电阻和电容的位置互换,就可以构成基本反相微分电路,如图 7-40 所示。

电路的分析方法与反相积分器类似,利用反相放大器电压增益的表达式(7-67),可得

图 7-40 反相微分电路

$$A_{uf}(s) = \frac{u_o(s)}{u_i(s)} = -\frac{R_f}{1/sC} = -sR_fC \qquad (7-105)$$

即

$$u_o(s) = -sR_fCu_i(s)$$

将拉氏函数转换为时间域函数,得

$$u_o(t) = -RC\frac{\mathrm{d}u_i(t)}{\mathrm{d}t} \qquad (7-106)$$

式(7-106)表示了输出电压与输入电压的微分运算关系。

2. 实际应用的微分器

由于反相微分电路的输出电压 u_o 与输入电压 u_i 的变化率成正比,因此,u_o 对 u_i 的变化非常敏感,即抗干扰性能差;另外,反相微分电路中的 RC 电路对反馈信号具有滞后作用,容易与集成运放内部电路的滞后作用相叠加而产生自激振荡。

因此,在实际应用中,需要对基本的微分电路进行改进。常用的方法为:在输入端加上一个电阻 R 与电容 C 串联,限制输入电流,降低高频噪声;在反馈支路上,将一个电容 C_f 与反馈电阻 R_f 并联,起相位补偿作用,抑制自激振荡(见图 7-41)。

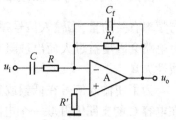

图 7-41 实用微分器电路

思考与练习

7.6-1 填空题

(1) 理想运放工作在线性区时有____和____的特点,此时运放一般都要引入____反馈,这是分析电压增益的依据。由运放组成的运算电路要实现输出电压与输入电压的某种运算关系,因此都引入____负反馈,其输出电阻都____。   答案:虚断,虚短,深度负,电压,很小

(2) 如图(a)所示电路中,要实现差分比例运算,要求各电阻满足____、____的关系;要实现减法运算,要求各电阻满足____的关系。图(b)电路中 R_f 引入的是____反馈。图(c)和(d)电路的平衡电阻 R_p 和 R' 的值应分别是____和____。   答案:$R_1 = R_2$,$R_f = R'$;$R_1 = R_2 = R_f = R'$;正;$2\ \text{k}\Omega$,R

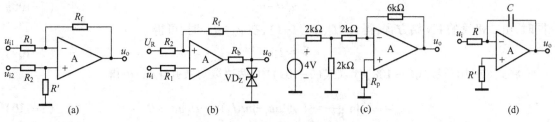

思考与练习 7.6-1 图

7.6-2 选择题

(1) 欲将正弦波电压移相-90°,应选用(   )   答案:B

A. 反相放大电路   B. 微分电路   C. 乘方运算电路   D. 同相输入求和电路

(2) 欲将正弦波电压反相放大 50 倍,应选用(   )   答案:A

A. 反相放大电路   B. 微分电路   C. 乘方运算电路   D. 同相输入求和电路

(3) 欲将方波电压转换为三角波电压,应选用(   )   答案:A

A. 积分运算   B. 乘方运算   C. 同相比例运算   D. 迟滞比较器

(4) 欲将正弦波电压上叠加上一个直流分量,应选用(   )   答案:D

A. 同相比例运算电路   B. 微分电路   C. 积分电路   D. 加法运算电路

(5) 以下运放应用电路中输入阻抗最高的是(   )   答案:A

A. 同相放大电路   B. 反相放大电路   C. 反相积分电路   D. 反相加法电路

7.7　集成运算放大器的非线性应用

在集成运放的应用中,如果在其输出端与输入端之间加上深度负反馈非线性网络或非线性元件,可以实现对数、指数等模拟运算功能,以及其他非线性变换功能。

7.7.1　对数和指数运算电路

对数运算电路、指数运算电路和比例、加减等运算电路相配合,可以实现乘除、不同阶次的幂等非线性函数的运算,用途较为广泛。

1. 对数运算电路

对数运算电路可以实现输出电压与输入电压的对数运算。它主要是根据二极管(PN 结)的电流与它两端电压在一定条件下呈对数关系,以及理想运放在线性区工作时的"虚短"和

"虚断"特性而实现的。

对数运算电路如图7-42所示。电路中,将非线性元件二极管 VD 作为反馈网络接在运放的输出端和反相输入端之间,R'为平衡电阻。

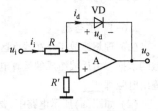

图7-42 对数运算电路

当输入电压 u_i 为正值时,二极管导通,根据"虚断"的特性,有

$$i_d = i_i = u_i/R \qquad (7-107)$$

根据"虚短"的特性,二极管的端电压与输出电压有以下关系

$$u_d = -u_o \qquad (7-108)$$

同时,由二极管的 PN 结方程,得 $i_d = I_S(e^{u_d/U_T}-1)$,在 $u_d \gg U_T$ 时,可得

$$i_d \approx I_S e^{u_d/U_T} \qquad (7-109)$$

将式(7-107)和式(7-108)代入式(7-109)中,两边取对数并化简,可得

$$u_o = -U_T \ln \frac{u_i}{RI_S} = -U_T(\ln u_i - \ln RI_S) = -U_T \ln u_i + B \qquad (7-110)$$

式中,$B = \ln RI_S$,它是与 u_i 无关的常量,但与温度有关。式(7-110)表明在一定条件下,输出电压与输入电压为对数运算关系。

在实际应用中,为了获得较大的工作范围,常常用双极型三极管(接成二极管形式)代替二极管,如图7-43所示。

另外,在式(7-110)中,由于 U_T、I_S 都是温度的函数,因此,运算精度受温度影响较大。在实际应用中,往往采用参数相同的对管组成差动放大电路以抵消温度对 I_S 的影响,并利用热敏电阻来补偿温度对 U_T 的影响。(读者可关注习题7.14)

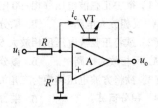

图7-43 用三极管代替二极管
的对数运算电路

2. 指数运算电路

指数运算电路可以实现输出电压和输入电压的指数运算。

由于**指数运算电路是对数运算的逆运算,因此,只要将对数运算电路中的二极管和电阻的位置互换,就可以构成指数运算电路**(见图7-44)。

由"虚断"和"虚短"的特性,可得

$$i_d = i_f = -u_o/R \qquad (7-111)$$

将式(7-109)的 PN 结方程代入式(7-111)中,整理后可得

$$u_o = -RI_S e^{u_i/U_T} \qquad (7-112)$$

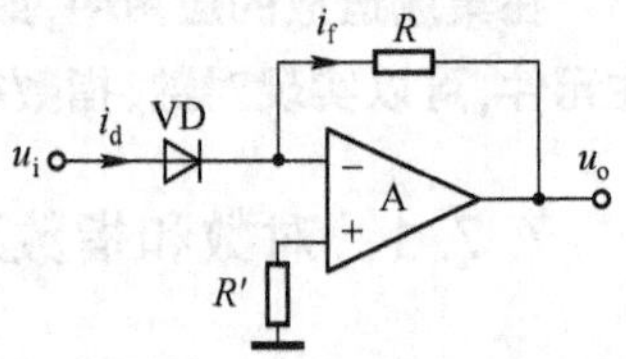

从式(7-112)可见,指数运算电路同对数运算电路一样,其运算精度也受到温度的影响,可以采用与对数运算相类似的方法,消除因温度影响而产生的误差。

图7-44 指数运算电路

7.7.2 波形变换电路

波形变换电路属于非线性变换电路,把二极管接入运算放大器组成的电路中,利用二极管

的单向导电性,使输出信号产生波形变换的作用。

1. 检波与绝对值电路

(1) 检波电路

基本电路如图 7-45(a)所示,检波二极管 VD_1 接在负反馈支路中,VD_2 接在运放 A 输出端与电路输出端之间。电路的特点是:**能克服普通二极管检波电路失真大,传输效率低及输入的检波信号需大于二极管的起始导通电压(约为 0.5 V)的固有缺点**,即使输入信号远小于 0.5 V,也能进行线性检波,检波效率能大大提高。

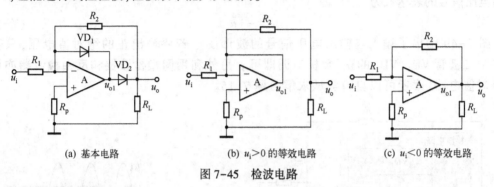

(a) 基本电路 (b) $u_i > 0$ 的等效电路 (c) $u_i < 0$ 的等效电路

图 7-45 检波电路

电路工作原理分析:

当 $u_i > 0$ 时,由 $u_{o1} < 0$,VD_1 导通,VD_2 截止,等效电路如图 7-45(b)所示,输出电压 $u_o = 0$。

当 $u_i < 0$ 时,由 $u_{o1} > 0$,VD_2 导通,VD_1 截止,等效电路如图 7-45(c)所示,输出电压为

$$u_o = -\frac{R_2}{R_1}u_i \tag{7-113}$$

图 7-46 和图 7-47 分别给出了输入与输出电压信号波形图以及电压传输特性曲线。

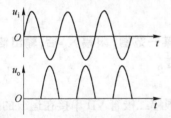
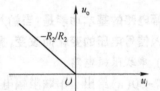

图 7-46 输入与输出电压信号波形图   图 7-47 电压传输特性曲线

运放构成的检波器,即使输入信号电压幅值为微伏数量级时,仍能正常检波,因为当 u_i 很小时,$u_{o1} = -A_{od}u_i$,由于 A_{od}(运放开环增益)很大,u_{o1} 足以使 VD_2 导通,同时使运放 A 处于深度负反馈状态,保证了输出失真很小。

(2) 绝对值电路

绝对值电路又称全波整流电路。如果**在图 7-45(a)所示检波电路的基础上,输出端加一级加法器,即可构成绝对值电路**,如图 7-48 所示。图中 A_1,R_1,R_2,VD_1,VD_2,R_p 构成线性检波电路;R_3,R_4,R_5,A_2,R_{P2} 构成反相加法器电路。输入信号 u_i 一路经检波器后与另一路直通信号相加便可构成绝对值电路。

电路工作原理分析:

$u_i > 0$ 时,A_1 输出电压为 $u_{o1} = 0$。加法器 A_2 的输出电压为

$$u_o = -\left(\frac{R_5}{R_3}u_i + \frac{R_5}{R_4}u_{o1}\right) = -\frac{R_5}{R_3}u_i \tag{7-114}$$

$u_i < 0$ 时，$u_{o1} = -\dfrac{R_2}{R_1}u_i$，加法器 A_2 的输出电压为

$$u_o = -\left(\frac{R_5}{R_3}u_i + \frac{R_5}{R_4}u_{o1}\right) = -\left(\frac{R_5}{R_3} - \frac{R_5 R_2}{R_4 R_1}\right)u_i \tag{7-115}$$

如果取 $R_1 = R_2 = R_3 = R_5 = 2R_4$。整理式（7-114）和式（7-115），在输入信号的一个周期内，可得输出电压信号的表达式为

$$u_o = -|u_i| \tag{7-116}$$

图 7-49 给出了输入与输出电压信号的波形图。若要输出正的绝对值电压，只需把电路中二极管 VD_1、VD_2 的正、负极对调即可。另外利用同相检波器和反相检波器亦可组成**绝对值电路**，读者可以自行尝试求解习题 7.15。

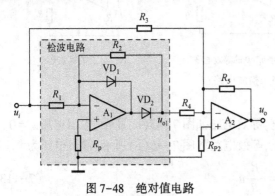

图 7-48　绝对值电路

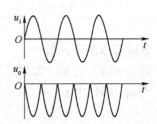

图 7-49　输入与输出电压信号波形图

2. 限幅电路

限幅电路的基本功能是：当输入信号电压进入某一范围（限幅区）后，输出信号电压不再跟随输入信号电压的变化而改变，振幅基本保持不变。

（1）串联限幅电路

图 7-50(a) 给出了串联限幅电路的基本结构：限幅二极管 VD 串接在运放的反相输入端，参考电压 $-U_R$ 作为二极管 VD 的反偏电压，控制限幅门限值 U_{th}。

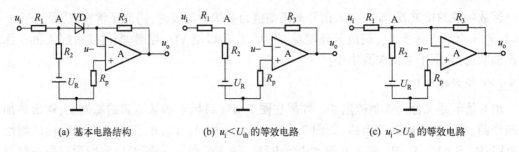

（a）基本电路结构　　　　（b）$u_i < U_{th}$ 的等效电路　　　　（c）$u_i > U_{th}$ 的等效电路

图 7-50　串联限幅电路

电路工作原理分析：

由图 7-50(a) 所示电路可以看出，在二极管 VD 未导通之前，A 点的电位为

$$U_A = \frac{R_2}{R_1+R_2}u_i - \frac{R_1}{R_1+R_2}U_R \qquad (7-117)$$

由于 $u_- = 0$(虚地),如果令刚好能使二极管 VD 导通的输入电压 u_i 为限幅电路的门限值电压 U_{th},即当 $u_i = U_{th}$ 时,$U_A = U_D$(二极管导通电压)。此时,利用式(7-117)可得

$$U_A = U_D = \frac{R_2}{R_1+R_2}U_{th} - \frac{R_1}{R_1+R_2}U_R \qquad (7-118)$$

整理式(7-118)可得门限值电压

$$U_{th} = \frac{R_1}{R_2}U_R + \left(1+\frac{R_1}{R_2}\right)U_D \qquad (7-119)$$

式(7-119)中 $U_D = 0.7$ V。可见,当 $u_i < U_{th}$ 时,VD 截止,等效电路如图 7-50(b)所示,输出电压 $u_o = 0$,电路进入限幅区;当 $u_i > U_{th}$ 时,VD 导通,等效电路如图 7-50(c)所示,相当于一个反相放大器,电路进入传输区,u_o 随 u_i 的变化关系为

$$u_o = -\frac{R_3}{R_1}u_i \text{(忽略了 VD 的导通压降)} \qquad (7-120)$$

图 7-51 和图 7-52 分别给出了输入与输出电压信号波形图以及电压传输特性曲线。

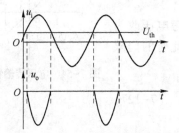

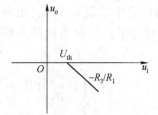

图-51　输入、输出电压信号波形　　　　图 7-52　电压传输特性曲线

如果把图 7-50 所示电路中二极管的正负极性对调,参考电压改为正电压 U_R,则门限值为

$$U_{th}^- = -\left[\frac{R_1}{R_2}U_R + \left(1+\frac{R_1}{R_2}\right)U_D\right] \qquad (7-121)$$

读者可自行分析输入与输出电压信号波形图以及电压传输特性曲线。从以上分析可知,改变 $\pm U_R$ 及改变 R_1 与 R_2 的比值,均可以改变门限电压 U_{th}。

（2）并联限幅电路

图 7-53 给出了并联限幅电路的基本结构。与串联限幅电路比较限幅二极管 VD 并联在运放的输入端。

工作原理分析:

当二极管 VD 未导通之前,A 点的电位为

$$U_A = \frac{R_2}{R_1+R_2}u_i \qquad (7-122)$$

而运放的输出电压为

$$u_o = -\frac{R_3}{R_2}U_A = -\frac{R_3}{R_1+R_2}u_i \qquad (7-123)$$

此时电路位于传输区,u_o 随 u_i 线性变化。

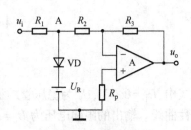

图 7-53　并联限幅电路

当二极管 VD 刚好导通时, A 点的电位为

$$U_A = \frac{R_2}{R_1+R_2} u_i = U_D + U_R \tag{7-124}$$

式中, $U_D = 0.7 \text{ V}$。如果设刚好能使二极管 VD 导通的输入电压 $u_i = U_{th}$, 代入式(7-124)整理后可得

$$U_{th} = \left(1 + \frac{R_1}{R_2}\right)(U_D + U_R) \tag{7-125}$$

显然, 当 $u_i < U_{th}$ 时, 二极管 VD 未导通, 运放工作在传输区, 运放的输出电压如式(7-123)所示。而当 $u_i > U_{th}$ 时, 运放工作在限幅区, 输出的限幅电压为

$$U_o = -\frac{R_3}{R_2} U_A = -\frac{R_3}{R_2}(U_D + U_R) = -\frac{R_3}{R_2} \frac{U_{th}}{\left(1+\frac{R_1}{R_2}\right)} = -U_{th} \frac{R_3}{R_1+R_2} \tag{7-126}$$

由式(7-126)可以看出, 运放工作在限幅区时, 输出的电压是一个与输入电压 u_i 大小无关的限幅值。图 7-54 给出了并联限幅电路的电压传输特性曲线。

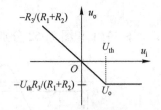

图 7-54 电压传输特性曲线

另外, 若将电路中二极管 VD 正负极性对调, 参考电压改为负电压 $-U_R$, 则可构成负门限电压的并联限幅电路, 此时的门限电压为

$$U_{th}^- = -\left(1 + \frac{R_1}{R_2}\right)(U_D + U_R) \tag{7-127}$$

输出的限幅电压为

$$U_o = \frac{R_3}{R_2}(U_D + U_R) \tag{7-128}$$

读者可自行分析输入与输出电压信号波形图以及电压传输特性曲线。

(3) 稳压管双向限幅电路

图 7-55 给出了稳压管双向限幅电路的基本结构。由图可以看出, 双向稳压管并联在反相比例放大器反馈电阻 R_f 的两端。显然, 当 VD_Z 未被击穿时, 电路就是一个反相比例放大器, 输出电压为

$$u_o = -\frac{R_f}{R_1} u_i$$

如果设输出电压 $|u_o|$ 的幅度增大到使 VD_Z 刚好被击穿时所对应的输入电压为门限值电压 U_{th}, 则有

$$|u_o| = |(U_Z + U_D)| = \frac{R_f}{R_1} |U_{th}| \tag{7-129}$$

$$|U_{th}| = \frac{R_1}{R_f}(U_Z + U_D) \tag{7-130}$$

式中, $U_D = 0.7 \text{ V}$, U_Z 为稳压管的稳压值。图 7-56 给出了稳压管双向限幅电路的电压传输特性曲线。输出的限幅电压为 $U_o = \pm(U_Z + U_D)$。

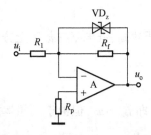

图 7-55　稳压管双向限幅电路

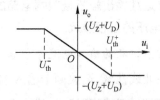

图 7-56　电压传输特性曲线

稳压管双向限幅电路结构简单,无须调整;但限幅特性受稳压管参数影响大,而且输出限幅电压完全取决于稳压管的稳压值,因而,这种限幅电路只适用于限幅电压固定、限幅精度要求不高的电路。有关其他类型的双向限幅电路,读者可参考有关文献。

7.8　集成运算放大器的其他应用简介

以上所介绍的集成运放应用电路都要求运放工作在线性区,但实际工程应用中,集成运放除了在线性工作区的各种应用外,还可以工作在非线性区,一般施加线性或非线性正反馈,或将正、负两种反馈结合,即可实现各种集成运放的其他应用功能,如电压比较和波形产生、信号处理等。

7.8.1　电压比较器

电压比较器也是一种常用的模拟信号处理电路,它将一个模拟输入电压与一个参考基准电压进行比较,其结果以高电平或低电平两种状态输出。电压比较器常常在测量电路、自动控制系统电路中作为 A/D 转换单元,另外还经常在信号处理和波形发生电路中广泛使用。

1. 理想运放工作在非线性区的特点

若运放的两个输入端的电位差与开环电压增益的乘积超出了最大输出电压,运放的工作状态将超出线性放大范围而进入非线性工作区,导致运放内部某些晶体管饱和或截止,此时,运放的输出电压将不再随输入电压的增长而线性增长。

理想运放工作在非线性区域时,其电路结构、传输特性均与工作在线性区时不同,因此,其计算和分析方法也与工作在线性区时不同,所以有必要了解它在非线性区工作时的特点。

(1) 理想运放的开关特性

理想运放工作在非线性区时,其差模输入电压(u_+-u_-)一般较大,即 $u_+ \neq u_-$,不再存在"虚短"现象,而是通过对两个输入电压大小的比较,输出两种稳定状态:高电平或低电平。因此,可以将它看成一个受输入电压控制的开关:

当同相输入端电压高于反相输入端电压($u_+ > u_-$)时,输出电压 u_o 为高电平 U_{oH},即 $u_o = U_{oH}$;

当同相输入端电压低于反相输入端电压($u_+ < u_-$)时,输出电压 u_o 为低电平 U_{oL},

即 $u_o = U_{oL}$。

一般在运放输出端不接限幅电路的情况下,输出电压的高、低电平在数值上分别与运放的正、负电源电压的值相接近。

(2) 理想运放的输入电流等于零

尽管在非线性区,运放两个输入端的电压不再相等,即 $u_+ \neq u_-$,但由于理想运放的输入电阻 $r_{id} = \infty$,所以,仍然可以认为其输入电流为零,即 $i_+ = i_- = 0$。

(3) 电路结构的特点

当运放工作在线性区域时,往往需要引入深度负反馈使电路的性能稳定并满足一定的精度要求;但在非线性区工作时,由于要使运放工作在非线性状态,一般不加负反馈(运放工作在开环状态)。此时,由于理想运放的开环差模电压增益 $A_{od} = \infty$,即使在输入端加上一个很小的电压,就会使运放进入非线性工作范围。另外,有时为了加速运放输出状态的转换,还需要引入正反馈。

需要特别注意的是:**集成运放工作在非线性区时,不能像线性运算电路那样直接用"虚断"和"虚短"的概念求解输出和输入的函数关系。"虚断"和"虚短"只有在判断临界情况下才适用。**

2. 简单电压比较器

电压比较器是集成运放的另一类基本应用电路,其功能是对两个输入电压的幅度进行比较,结果以高电平或低电平输出。电压比较器可以由通用集成运放组成,也可以采用专用的集成电压比较器。通用的集成运放响应速度慢、输出电平较高,为适应 TTL 逻辑电平的要求,运放输出端还需加限幅措施,但其成本低;集成电压比较器的响应速度快,精度高,可以直接驱动 TTL 等数字集成电路。

(1) 反相电压比较器

为了提高灵敏度,常常使集成运放工作在开环状态(不加负反馈),两个输入端分别接输入信号 u_i 和作为基准的参考电压 U_{REF},或者接两个输入信号,就构成了简单的电压比较器电路,如图 7-57 所示。

图 7-57 中,u_i 接在反相输入端,U_{REF} 接在同相输入端,构成反相电压比较器(如果两输入信号位置互换,则可构成同相电压比较器,读者可自行分析)。由于集成运放工作在开环状态,根据理想运放工作在非线性区的特点,可以判断:只要同相输入端电压高于反相输入端电压,即 $U_{REF} > u_i$ 时,则输出电压 u_o 为高电平 U_{oH};反之,当同相输入端电压低于反相输入端电压,即 $U_{REF} < u_i$ 时,则 u_o 为低电平 U_{oL}。反相电压比较器的输入、输出波形如图 7-58 所示。

电路中,输出电压发生状态翻转,即由高电平跳变到低电平或由低电平跳变到高电平的临界条件为:两个输入端电压相等($u_i = U_{REF}$)。由此可以画出反相电压比较器的传输特性曲线,如图 7-59 所示。该图表明:当 u_i 由低逐渐升高经过 U_{REF} 值时,输出电压由高电平跳变到低电平;相反,当 u_i 由高逐渐降低经过 U_{REF} 值时,输出电压由低电平跳变到高电平。

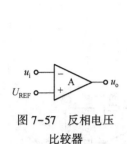

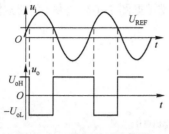

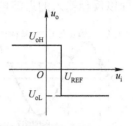

图 7-57 反相电压
比较器

图 7-58 反相电压比较器
的输入、输出波形

图 7-59 反相电压比较器
的传输特性

电压比较器的输出电压发生状态翻转的临界情况所对应的输入电压值称为门限电压或阈值电压,通常用 U_{th} 表示。图 7-57 所示电路的门限电压 $U_{th} = U_{REF}$。

（2）过零比较器

把电压比较器的参考电压端接地,使参考电压 $U_{REF} = 0$,可以实现输入电压与零电平进行比较,这种比较器称为过零比较器。

图 7-60 为同相输入的过零比较器电路,电路的输入回路中,反相输入端接地,相当于参考电压 $U_{REF} = 0$。输入信号 u_i 加在同相输入端,R 为限流电阻,其作用是为避免 u_i 幅度过大而损坏器件,R′ 为平衡电阻。由于电压比较器的输出幅度与正、负电源电压值相当,因此,在实际应用中,为了满足某些特殊需要（例如需要与 TTL 数字电路的逻辑电平兼容等）,可以根据需要,在输出回路中外接与所需电压相近的稳定电压值为 $\pm U_Z$ 的稳压管 VD_Z,以限制输出电压的幅度。R_o 为稳压管的限流电阻。

由于电路的门限电压 $U_{th} = U_{REF} = 0$,即输入电压 u_i 与零比较:当 $u_i > 0$ 时,则输出电压 u_o 为高电平,且 $U_{oH} = U_Z + U_D \approx U_Z$（$U_D$ 为稳压管的正向导通电压）;反之,$u_i < 0$ 时,则输出电压 u_o 为低电平,$U_{oL} = -(U_Z + U_D) \approx -U_Z$。利用过零比较器可以将正弦波变为方波,其输入、输出波形如图 7-61 所示。

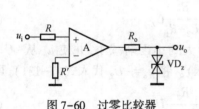

图 7-60 过零比较器

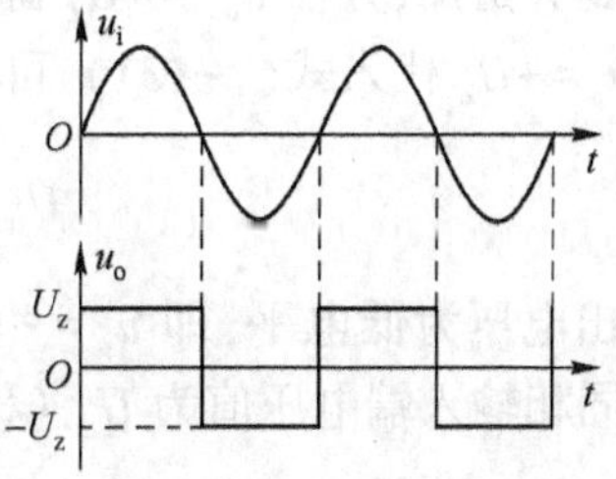

图 7-61 过零比较器的输入、输出波形

3. 迟滞电压比较器

尽管简单电压比较器电路结构简单,而且灵敏度高,但其抗干扰能力差。当输入电压在传输过程中受到干扰或噪声影响后,在门限电压附近上下波动,进行电压比较时,容易形成误判断,使输出电压在高、低电平之间反复跳变,不仅无法保证正确的输出,甚至会对后级电路造成严重的影响,如图 7-62 所示。为了解决这一问题,常常采用迟滞电压比较器。

迟滞电压比较器与史密特触发器相似,虽然两者的原始电路不同,但都具有相同的输入、输出关系,通过引入上、下两个门限值电压,来获得正确、稳定的输出电压。

下面以反相输入的迟滞电压比较器(见图7-63)为例,介绍迟滞电压比较器的工作原理。

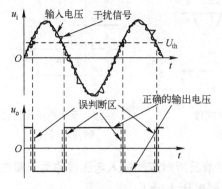

图7-62 干扰对电压比较器的影响

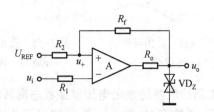

图7-63 迟滞电压比较器

在图7-63所示的电路中,输入信号 u_i 接在集成运放的反相输入端,同相输入端接参考电压 U_{REF},电路还通过引入正反馈电阻 R_f 加速集成运放状态的转换速度。另外在输出回路中,接有起限幅作用的稳压管 VD_Z。

在电路中,由于同相输入端的电压 u_+ 由参考电压 U_{REF} 和输出电压 u_o 共同决定,可以根据叠加原理求出同相输入端的电压

$$u_+ = \frac{R_f}{R_2+R_f}U_{REF} + \frac{R_2}{R_2+R_f}u_o \tag{7-131}$$

由于电压比较器的输出电压存在高、低电平两种状态,即 $u_o \approx \pm U_Z$,而输出状态发生翻转的临界条件是集成运放两输入端电压相等,即 $u_+ = u_- = u_i$,由此可见,**迟滞电压比较器输出状态的跳变不再发生在同一个输入信号的电平上,而是具有两种不同的门限值**,也即输出电压 u_o 由高电平 $+U_Z$ 翻转到低电平 $-U_Z$,以及由低电平 $-U_Z$ 翻转到高电平 $+U_Z$,所需输入电压的值不同。

由于电路的参考电压加在同相输入端,当输出电压为高电平($u_o = +U_Z$)时,设输入电压 u_i 逐渐由小到大增加,并使 u_o 从 $+U_Z$ 翻转到 $-U_Z$ 时同相输入端电压的值为 U_{th+}(称为上门限电压)。将 $u_o = +U_Z$ 代入式(7-131),可得

$$U_{th+} = \frac{R_f}{R_2+R_f}U_{REF} + \frac{R_2}{R_2+R_f}U_Z \tag{7-132}$$

当输出电压为低电平,即 $u_o = -U_Z$ 时,设 u_i 由大到小逐渐减小,并使 u_o 从 $-U_Z$ 翻转到 $+U_Z$ 时的同相输入端电压值为 U_{th-}(称为下门限电压)。将 $u_o = -U_Z$ 代入式(7-131),可得

$$U_{th-} = \frac{R_f}{R_2+R_f}U_{REF} - \frac{R_2}{R_2+R_f}U_Z \tag{7-133}$$

将上、下门限电压相减,可得

$$\Delta U_{th} = U_{th+} - U_{th-} = \frac{2R_2}{R_2+R_f}U_Z \tag{7-134}$$

工程上将 ΔU_{th} 称为门限宽度或回差。

由式(7-132)、式(7-133)和式(7-134)可以看出:U_{th+}、U_{th-} 的大小可以通过 R_2、R_f、U_Z 及参考电压 U_{REF} 调节;同时,门限宽度 ΔU_{th} 的值仅取决于 R_2、R_f、U_Z 的大小,而与 U_{REF} 无关,表明即使通过调整 U_{REF} 改变了 U_{th+} 和 U_{th-} 的大小,但 ΔU_{th} 始终保持不变。

迟滞电压比较器的传输特性曲线也称迟滞回线,如图7-64所示。它表明:u_o 从高电平

$+U_Z$ 跳变到低电平$-U_Z$，发生在输入电平 $u_i = U_{th+}$ 时；u_o 从低电平 $-U_Z$ 跳变到高电平$+U_Z$，发生在输入电平 $u_i = U_{th-}$ 时。

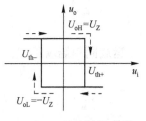

迟滞电压比较器具有较强的抗干扰能力，当输入信号受到干扰或其他因素影响时，只要其变化幅度不超过门限宽度 ΔU_{th}，则输出电压就可以保持稳定，而且不会产生误判断；另外，ΔU_{th} 可以根据需要自由调节。但迟滞电压比较器抗干扰能力的提高却是以牺牲灵敏度为代价的，由于 ΔU_{th} 的存在，电路的鉴别灵敏度降低了，一般情况下，随着门限宽度 ΔU_{th} 的增加，灵敏度随之下降。

图 7-64　传输特性曲线

7.8.2　有源滤波器

滤波器的作用是使所需特定频段的信号能够顺利通过，而对其他频段的信号起衰减作用，被广泛地应用于通信和信号处理等领域。

滤波器的种类众多，分类方法各异。按照幅频特性的不同，滤波器一般分为低通滤波器（Low Pass Filter，LPF）、高通滤波器（High Pass Filter，HPF）、带通滤波器（Band Pass Filter，BPF）、全通滤波器（All Pass Filter，APF）、带阻滤波器（Band Elimination Filter，BEF）等几类。不同的滤波器的使用场合不同：低通滤波器主要用于通过低频或直流信号，阻止或削弱高次谐波或高频干扰、噪声的场合；高通滤波器主要用于通过高频信号，阻止或抑制低频或直流的场合；带通滤波器主要用在选出有用频段信号而对有用频段外的其他信号、干扰、噪声进行衰减的场合；带阻滤波器主要用于抑制干扰，将无用频段内的信号衰减掉。

按照器件的组成不同，应用比较广泛的滤波器有无源滤波器、有源滤波器和晶体滤波器等几种。无源滤波器是指由 R、L、C 等无源器件构成的滤波器电路；有源滤波器是指由放大电路及 RC 网络构成的滤波器电路。

无源滤波器由于采用了电感、电容等器件，使得电路体积庞大，不便于集成化制造，成本较高，而且性能也较差。相对而言，有源滤波器则性能更好，体积更小，同时还具有将信号放大的作用。

本节所指的有源滤波器仅指以集成运放作为放大器（有源器件）和 RC 网络组成的滤波器。由于篇幅所限，本节仅对一、二阶有源低、高通滤波器进行简单分析，以使读者能初步了解集成运放在滤波电路中的应用。

对于有源滤波器，一般可以按照其传递函数分母中 s 的最高阶数分为一阶、二阶和高阶滤波器。下面主要以有源低通滤波器为例，介绍有源滤波器的性能。

1. 有源低通滤波器

（1）一阶有源低通滤波器

一阶有源低通滤波器电路结构如图 7-65 所示，它由集成运放和一阶 RC 无源低通滤波器组成，集成运放与负反馈电阻 R_f 和 R_1 构成同相放大器。

可以推出图 7-65 所示一阶有源低通滤波器的增益函数为

$$H(s) = \frac{u_o(s)}{u_i(s)} = \frac{u_o(s)}{u_+(s)} \frac{u_+(s)}{u_i(s)} \qquad (7\text{-}135)$$

对于同相放大器，其电压放大倍数为

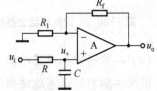

图 7-65　一阶有源低通滤波器

$$A_{uf} = \frac{u_o(s)}{u_+(s)} = 1 + \frac{R_f}{R_1} \tag{7-136}$$

运放同相端电压 $u_+(s)$ 与输入电压 $u_i(s)$ 的关系可以表示为

$$u_+(s) = \frac{1/sC}{R + 1/sC} = \frac{1}{1+sRC} u_i(s)$$

即可得

$$\frac{u_+(s)}{u_i(s)} = \frac{1}{1+sRC} \tag{7-137}$$

将式(7-136)、式(7-137)代入式(7-135)中,可得

$$H(s) = \frac{u_o(s)}{u_+(s)} \frac{u_+(s)}{u_i(s)} = \left(1 + \frac{R_f}{R_1}\right) \frac{1}{1+sRC} = \frac{A_{uf}}{1+sRC} \tag{7-138}$$

令 $\omega_H = 2\pi f_H = 1/RC$,将其代入式(7-138)可得

$$H(s) = \frac{A_{uf}\omega_H}{s+\omega_H} \tag{7-139}$$

可见,其增益函数是一阶的。若将 $s=0$ 代入式(7-139),则有 $H_o = A_{uf} = 1 + \dfrac{R_f}{R_1}$,即滤波器的通带电压放大倍数或称低频增益就是同相放大器的电压放大倍数 A_{uf}。ω_H 为滤波器的特征频率,与 R、C 元件参数有关。

令 $s=j\omega$,将式(7-139)的拉氏变换表达式换成频域的表达式,即可得滤波电路的频率响应为

$$H(j\omega) = \frac{A_{uf}}{1+j\omega RC} = \frac{A_{uf}}{1+jf/f_H} \tag{7-140}$$

则电路的幅频特性为

$$|H(j\omega)| = \frac{A_{uf}}{\sqrt{1+(f/f_H)^2}} \tag{7-141}$$

显然,当 $f=f_H$ 时,$|H(j\omega)| = A_{uf}/\sqrt{2}$。式中,$f_H$ 为低通滤波器的上限截止频率。因此,可将一阶低通滤波器幅频特性用波特图表示(见图7-66)。可见,当 $f \ll f_H$ 时,$20\lg\left|\dfrac{H(j\omega)}{A_{uf}}\right| = 0$ dB;当 $f=f_H$ 时,$20\lg\left|\dfrac{H(j\omega)}{A_{uf}}\right| = -3$ dB;当 $f \gg f_H$ 时,幅频特性曲线的衰减斜率为(-20 dB/10 倍频程)。

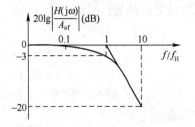

图7-66　一阶低通滤波器幅频特性波特图

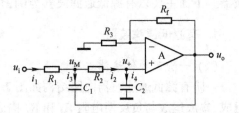

图7-67　二阶有源低通滤波器

(2) 二阶有源低通滤波器

虽然一阶有源低通滤波器电路结构简单,但其幅频特性衰减缓慢,斜率仅为(-20 dB/10 倍频程),因此,一阶有源低通滤波器的滤波特性与理想的低通滤波特性的差距很大,选择性

较差。为了使低通滤波器的滤波特性更接近理想情况,常常采用二阶低通滤波器。

常用的二阶低通滤波器是在一阶低通滤波器基础上改进的,即将 RC 无源滤波网络由一节改为两节,同时将第一级 RC 电路的电容 C_1 不直接接地而接在运放的输出端,引入反馈(见图 7-67),以改善 f_H 附近的幅频特性。电路中,为了计算方便,可令 RC 网络中的电阻和电容取值相同(实际二阶有源低通滤波器中的两个电阻或电容可以取不同的值),即 $R_1 = R_2 = R$,$C_1 = C_2 = C$。显然,二阶有源低通滤波器的通带电压放大倍数仍为

$$A_{uf} = \frac{u_o(s)}{u_+(s)} = 1 + \frac{R_f}{R_3} \tag{7-142}$$

对节点 M 列方程,有 $i_1 - i_2 - i_3 = 0$,即

$$\frac{u_i(s) - u_M(s)}{R} - \frac{u_M(s) - u_+(s)}{R} - \frac{u_M(s) - u_o(s)}{1/sC} = 0 \tag{7-143}$$

根据运放"虚断"的特性,有 $i_2 - i_4 = 0$,即

$$\frac{u_M(s) - u_+(s)}{R} - \frac{u_+(s)}{1/sC} = 0 \tag{7-144}$$

由式(7-142)、式(7-143)、式(7-144),可以求得电路的增益函数为

$$H(s) = \frac{u_o(s)}{u_i(s)} = \frac{u_o(s)}{u_+(s)} \frac{u_+(s)}{u_i(s)} = \frac{A_{uf}}{1 + (3 - A_{uf})sRC + (sRC)^2} \tag{7-145}$$

由式(7-145)可以看出,其增益函数为二阶。

令式(7-145)中的 $s = j\omega$,并将 $\omega_H = 2\pi f_H = \dfrac{1}{RC}$ 代入,则电路的频响函数为

$$H(j\omega) = \frac{A_{uf}}{1 - \left(\dfrac{f}{f_H}\right)^2 + j(3 - A_{uf})\dfrac{f}{f_H}} = \frac{A_{uf}}{1 - \left(\dfrac{f}{f_H}\right)^2 + j\dfrac{1}{Q}\dfrac{f}{f_H}} \tag{7-146}$$

式中,$Q = \dfrac{1}{3 - A_{uf}}$,称为等效品质因数;或将 $\dfrac{1}{Q}$ 称为阻尼系数。另外,为了避免在 $A_{uf} = 3$ 处因 Q 值为无穷大而产生自激振荡,在元件取值时,一般要求 $R_f < 2R_3$。

由式(7-146)可以得到电路的归一化幅频特性曲线如图 7-68 所示,在高频段,即 $f \gg f_H$ 时,衰减斜率的绝对值比一阶低通滤波器增大了 1 倍,为(-40 dB/10 倍频程)。

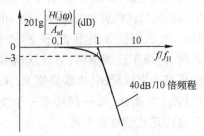

图 7-68 一阶低通滤波器
幅频特性曲线

为了得到更加理想化的滤波特性,在一些实际应用中,还可以采用高阶低通滤波器。高阶低通滤波器的构成有两种方法:一种方法为将多个一阶或二阶低通滤波器串联构成;另一种方法为直接采用 RC 网络和运放构成。后者虽然可以节省元件,但设计和计算却较复杂。

2. 有源高通滤波器

高通滤波器和低通滤波器存在对偶关系,因此,很容易将低通滤波器变换为相应的高通滤波器,并得到增益函数。

（1）一阶有源高通滤波器

利用高、低通滤波器的对偶关系，将图 7-65 低通滤波器电路中 R、C 的位置互换，即可得到高通滤波器电路。采用与一阶低通滤波器相同的方法，可以推出高通滤波器电路的增益函数为

$$H(s) = \frac{sRC}{1+sRC}A_{uf} \tag{7-147}$$

A_{uf} 为一阶高通滤波器电路的通带电压放大倍数或高频增益。一阶高通滤波器的幅频特性曲线的衰减斜率为（+20 dB/10 倍频程），显然也与理想滤波器的特性相差较远。

（2）二阶有源高通滤波器

同样，将图 7-67 电路中 R、C 的位置互换，就可以得到二阶高通滤波器，电路的增益函数为

$$H(s) = \frac{u_o(s)}{u_i(s)} = \frac{(sCR)^2 A_{uf}}{1+(3-A_{uf})sRC+(sRC)^2} \tag{7-148}$$

与高阶低通滤波器一样，如果用多个一阶或二阶高通滤波器串联，或者直接采用 RC 网络和运放构成高阶的高通滤波器，可以得到更加理想的滤波特性。

7.8.3　波形发生器

波形发生器类型很多，一般按照产生的波形不同，分为正弦信号发生器和非正弦信号发生器两大类。非正弦信号发生器有方波发生器、三角波发生器、锯齿波发生器等几种。本节简要介绍几种由集成运放构成的典型波形发生电路及其工作原理。

1. 文氏电桥正弦信号发生器

当放大电路引入正反馈时，在满足一定的条件下，会形成自激振荡，失去放大作用；但另一方面，放大电路自激后，可以在不加任何输入信号的情况下，产生一定幅度和频率的输出信号，变成振荡电路。

在振荡频率要求不高的情况下，正弦信号发生器可以由电容、电阻元件和集成运放构成，利用自激振荡产生正弦波信号。

下面介绍一种常用的正弦信号发生器——文氏电桥正弦信号发生器，如图 7-69 所示。图中，集成运放 A 与 R_f 和 R 构成同相比例放大电路，R_1、C_1 和 R_2、C_2 分别组成串、并联网络，其阻抗分别用 Z_1 和 Z_2 表示，接在运放的同相输入端，构成正反馈网络；另外从运放 A 的两个输入端所接的电路中可以看出，串联网络 R_1、$C_1(Z_1)$ 和并联网络 R_2、$C_2(Z_2)$ 以及 R_f、R 一起构成一个文氏电桥，因此，称为文氏电桥正弦信号发生器。

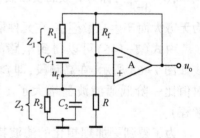

图 7-69　文氏电桥正弦信号发生器

对于正反馈网络，可以求得反馈系数

$$F(j\omega) = \frac{u_f(j\omega)}{u_o(j\omega)} = \frac{Z_2}{Z_1+Z_2} = \frac{\dfrac{R_2}{1+j\omega R_2 C_2}}{R_1+\dfrac{1}{j\omega C_1}+\dfrac{R_2}{1+j\omega R_2 C_2}} \tag{7-149}$$

为了调节振荡频率方便，一般取 $R_1 = R_2$，$C_1 = C_2$，将式（7-149）简化为

$$F(j\omega) = \frac{R_1}{3R_1 + j\left(\omega R_1^2 C_1 - \dfrac{1}{\omega C_1}\right)} \tag{7-150}$$

另外,集成运放 A 与 R_f 和 R 构成同相比例放大电路的电压增益为

$$A_{uf} = 1 + \frac{R_f}{R} \tag{7-151}$$

由式(6-50)可知,放大电路产生自激振荡的平衡条件为:$A_{uf}F(j\omega) = 1$。由式(7-151)可以看出 A_{uf} 为实数,故要满足自激振荡的平衡条件,要求 $F(j\omega)$ 也应为实数。由式(7-150)可以看出,$F(j\omega)$ 为正实数的必要条件是 $F(j\omega)$ 的虚部为零,即

$$\omega R_1^2 C_1 - \frac{1}{\omega C_1} = 0 \tag{7-152}$$

式(7-152)表明在工作频率为 $\omega_o = \dfrac{1}{R_1 C_1}$ 时,图 7-69 所示电路满足自激振荡的平衡条件。此时电路反馈系数的幅值为最大:$|F(j\omega)| = 1/3$,电路的振荡频率为 $f_o = \dfrac{1}{2\pi R_1 C_1}$。因此只要改变 R_1、C_1 的值,就可以产生频率为几赫兹到几百千赫兹的低频正弦信号。

另外,要使电路能够自行起振,必须满足起振条件,使 $|A_{uf}F(j\omega)| > 1$,将 $|F(j\omega)| = 1/3$ 及 $A_{uf} = 1 + \dfrac{R_f}{R}$ 代入,则必须满足:$R_f > 2R_1$,电路才容易自行起振。

电路起振后,如果温度、电源电压或元件的参数发生变化,可能会破坏振幅平衡条件:$|A_{uf}F(j\omega)| = 1$。若 $|A_{uf}F(j\omega)|$ 增大,电路的输出幅度不断增大,集成运放容易进入非线性区,造成波形失真;若 $|A_u F(j\omega)|$ 减小,由于不再满足振荡条件,输出电压幅度将减小到零,没有输出波形。因此,为了得到稳定的正弦输出波形,在实际应用中,常采用温度补偿的办法:在负反馈支路中利用热敏电阻实现自动稳幅。通常用负温度系数的热敏电阻 R_t 代替反馈电阻 R_f,当输出振荡幅度增大时,R_t 的阻值因功耗增加温度升高而减小,电路的电压增益会下降,使输出幅度减小;当输出振荡幅度减小时,R_t 的阻值因温度降低而增大,使电路的电压增益增大,引起输出幅度增大,从而实现了自动稳幅,使波形失真减小。同样,若将正反馈支路的电阻 R_1 用正温度系数的热敏电阻代替,也可以保证输出振荡电压的幅度基本稳定。

2. 非正弦信号发生器

常用的非正弦信号发生器主要有矩形波发生器、三角波发生器和锯齿波发生器等,可以用于脉冲与数字电路系统中作为信号源。它们的电路结构、工作原理和分析方法与正弦信号发生器不同。

(1) 矩形波发生器

矩形波发生器由迟滞电压比较器和 R、C 充放电电路构成,如图 7-70 所示。其中,电阻 R_1、R_f 和集成运放 A 构成迟滞电压比较器;另外,为了限制输出电压幅度,在输出端接有双向稳压管 VD_Z,R_o 为稳压管的限流电阻;R、C 充放电电路接在运放 A 的输出端与反相输入端之间。

矩形波发生器的主要工作原理是,将充放电电容 C 两端的电压 u_C 与运放同相输入端电压 U_{th} 进行比较,以决定迟滞电压比较器的输出状态。

对于迟滞电压比较器,其输出电压只存在两种状态:高电平或低电平,由于稳压管的限幅作用,输出电压幅度分别为 $+U_Z$ 和 $-U_Z$(稳压管的稳压电压值,忽略稳压管的正向导通电压)。这两

种不同的输出电平使 RC 电路充电或放电,电容 C 上的电压 u_C 也因此升高或降低,且同时作为迟滞电压比较器的反相输入电压;另外,输出端的高、低两种电平反馈到同相输入端后,形成参考电压 U_{th},作为迟滞电压比较器的另一个输入电压。将两个输入电压的幅度进行比较,从而在输出端得到周期性的高、低电平,周而复始,形成自激振荡,产生矩形波振荡信号,波形如图 7-71 所示。

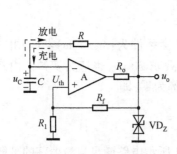

图 7-70 矩形波发生器

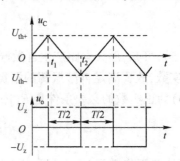

图 7-71 矩形波发生器波形

工作原理分析:

设 $t=0$ 时,电容 C 的初始储能为零,即 $u_C=0$,且迟滞电压比较器的输出为高电平,即有 $u_o=U_{oH}=U_Z$。

此时,输出电压经反馈电阻 R_f 后,在迟滞电压比较器的同相端产生一个参考电压 U_{th+},其幅度为 $u_o=U_Z$ 在电阻 R_1、R_f 上的分压,即有

$$U_{th+}=\frac{R_1}{R_1+R_f}U_Z \tag{7-153}$$

同时,迟滞电压比较器输出的高电平 U_Z 通过电阻 R 对电容 C 充电,其结果将使反相输入端电容 C 上的电压 u_C 由零逐渐升高,直到上升到等于同相输入端的参考电压 U_{th+} 时 ($t=t_1$),将引起迟滞电压比较器的输出状态发生跳变,由高电平 U_Z 变为低电平 $-U_Z$。

此后 $t>t_1$,输出 $u_o=U_{oL}=-U_Z$,输出电压反馈到同相输入端的参考电压变为

$$U_{th-}=-\frac{R_1}{R_1+R_f}U_Z \tag{7-154}$$

而电容 C 开始放电,其电压 u_C 逐渐减小,直到下降至 U_{th-} 时 ($t=t_2$),迟滞电压比较器的输出状态又发生跳变,由低电平 $-U_Z$ 翻转至高电平 U_Z。依此类推,这种充、放电的过程将周而复始,最终形成矩形振荡波。

在电容的充、放电过程中,如果设电容两端的电压 u_C 从最大幅度 U_{th+} 下降到负最大幅度 U_{th-} 所需的时间为矩形波振荡周期的一半,即:$t_2-t_1=T/2$,那么根据一阶 RC 电路中,电容充、放电的规律(可参见电路分析课程的相关内容),电容两端的电压可表示为

$$u_C(t)=[u_C(0)-u_C(\infty)]e^{-t/\tau}+u_C(\infty) \tag{7-155}$$

将 t_1 时刻 u_C 的值 $U_{th+}=\frac{R_1}{R_1+R_f}U_Z$ 作为初始值 $u_C(0)$,$-U_Z$ 作为电容充、放电的终值 $u_C(\infty)$,$\tau=RC$ 作为充放电的时间常数,分别代入式(7-155)中,则得

$$u_C(t)=\left[\frac{R_1}{R_1+R_f}U_Z+U_Z\right]e^{-\frac{t}{RC}}-U_Z \tag{7-156}$$

在 t_2 时刻,$u_C(t_2)=-\frac{R_1}{R_1+R_f}U_Z$,经历的时间为 $t=t_2-t_1=T/2$,代入式(7-156)中,有

$$-\frac{R_1}{R_1+R_f}U_Z=\left[\frac{R_1}{R_1+R_f}U_Z+U_Z\right]e^{-\frac{T}{2RC}}-U_Z \tag{7-157}$$

整理上式后,方程两边取对数,可以求出矩形波的振荡周期

$$T=2RC\ln\left(1+\frac{2R_1}{R_f}\right) \tag{7-158}$$

由式(7-158)可知,T 的大小与 U_Z 无关,而改变充放电回路的时间常数 $\tau=RC$,以及 R_1、R_f,可以调整矩形波的振荡周期。

在实际应用中,为了根据不同的需要,得到高、低电平持续时间不同的矩形波信号,可以采用将充、放电电路分开的方法,构成可以调节占空比的矩形波发生器,如图7-72所示。

在图7-72所示的电路中,利用二极管 VD_1、VD_2,将电容 C 的充、放电回路分离开。当输出 u_o 为高电平时,VD_1 导通、VD_2 截止,u_o 经 R_W 的上半部分(R'_W)、VD_1、R 回路对 C 充电;当输出 u_o 为低电平时,VD_1 截止、VD_2 导通,电容 C 上的电压 u_C 经 R、VD_2、R_W 的下半部分(R''_W)回路放电。调节电位器 R_W 的分压比 R'_W/R''_W,可以改变充、放电的时间常数。

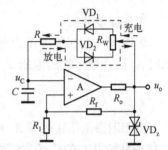

图 7-72　占空比可调的矩形波发生器

如果忽略二极管 VD_1、VD_2 的导通电压,采用与矩形波发生器类似的分析方法,利用式(7-158)的结果,可以求得输出矩形波高电平的持续时间(电容充电的时间)为

$$T_1=(R+R'_W)C\ln\left(1+\frac{2R_1}{R_f}\right) \tag{7-159}$$

输出矩形波低电平持续时间(电容放电的时间)为

$$T_2=(R+R''_W)C\ln\left(1+\frac{2R_1}{R_f}\right)=\left[R+(R_W-R'_W)\right]C\ln\left(1+\frac{2R_1}{R_f}\right) \tag{7-160}$$

则输出矩形波的周期为

$$T=T_1+T_2=(2R+R_W)C\ln\left(1+\frac{2R_1}{R_f}\right) \tag{7-161}$$

因此,可以求出输出矩形波的占空比为

$$D=\frac{T_1}{T}=\frac{R+R'_W}{2R+R_W} \tag{7-162}$$

由以上各式可以看出,选择不同的电阻 R、R_1、R_f 和 C 以及电位器 R_W 的分压比,可以确定合适的高、低电平持续时间及周期;同时,改变电阻 R 以及电位器 R_W 的分压比,可以调节输出矩形波的占空比。

(2) 三角波发生器和锯齿波发生器

三角波发生器可由迟滞电压比较器和积分电路组成,如图7-73所示。图中,运放 A_1 和电阻 R_1、R_f 构成迟滞电压比较器,其输出电压幅度被稳压管 VD_Z 限制在 $\pm U_Z$,电阻 R_o 为稳压管的限流电阻;运放 A_2 和电阻 R、电容 C 构成反相积分器,同相输入端所接电阻 R_{p2} 为平衡电阻。

当迟滞电压比较器的输出为高电平(即 $u_{o1}=U_Z$)时,由于 A_2 为反相积分器,则 u_o 对 u_{o1} 反相积分,使 u_o 按线性规律逐渐下降,直至降到迟滞电压比较器的下门限值电压 $u_o=-U_{om}$,此时,迟滞电压比较器的状态发生翻转,输出电压由高电平跳变到低电平,$u_{o1}=-U_Z$。此后,u_o 开始按线性规律上升,一直持续到 u_o 的幅度升至上门限值电平 $u_o=U_{om}$,触发迟滞电压比较器的输出状态又一次翻转。依此类推,周而复始,形成振荡。由于积分电路输出电压的上升时间

和下降时间相同,且其斜率的绝对值也相同,故可以产生三角波信号,波形如图 7-74 所示。

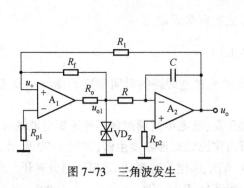

图 7-73　三角波发生

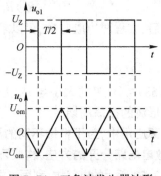

图 7-74　三角波发生器波形

工作原理分析:

设电容 C 的初始电压为零,并且 $t=0$ 时,迟滞电压比较器 A_1 输出为高电平,即 $u_{o1}=U_Z$,而此时 A_1 同相输入端的电压 u_+ 与 u_{o1} 及 A_2 的输出电压 u_o 有关,由叠加定理可以求得

$$u_+ = \frac{R_1}{R_1+R_f}u_{o1} + \frac{R_f}{R_1+R_f}u_o \tag{7-163}$$

由于迟滞电压比较器 A_1 的反相输入端接地,其电压为零,可以得到迟滞比较器输出电压 u_{o1} 状态翻转发生在 $u_+=0$ 处,而此时对应的积分器 A_2 的输出电压 u_o 的最大值(即三角波的最大输出幅度)用 U_{om} 表示,并代入式(7-163),得

$$u_+ = \frac{R_1}{R_1+R_f}U_Z + \frac{R_f}{R_1+R_f}U_{om} = 0 \tag{7-164}$$

由式(7-164)可以求出三角波的输出幅度(迟滞电压比较器的门限值电压)为

$$|U_{om}| = \frac{R_1}{R_f}U_Z \tag{7-165}$$

另外,A_2 的输出 u_o 与 u_{o1} 为积分关系,若从 $u_{o1}=-U_Z$ 开始积分,当 u_{o1} 的状态翻转为 $u_{o1}=U_Z$ 时,u_o 也由负最大幅值 $-U_{om}$ 上升至正最大幅值 U_{om},所经历的时间为半个周期。则有

$$u_o = -\frac{1}{RC}\int_0^{\frac{T}{2}}(-U_Z)\,\mathrm{d}t = 2U_{om}$$

即有

$$\frac{U_Z}{RC}\frac{T}{2} = 2U_{om}$$

由此可得三角波的振荡周期为

$$T = \frac{4RCU_{om}}{U_Z} = \frac{4R_1RC}{R_f} \tag{7-166}$$

由式(7-165)、式(7-166)可以看出,三角波的幅度与 R_1/R_f 和稳压管的稳压电压 U_Z 有关,改变 R_1/R_f 和 U_Z,可以改变三角波幅度大小;三角波的振荡周期也与 R_1/R_f 有关,而且还与积分电路的时间常数 RC 有关,通过改变 R_1/R_f 和 RC,可以调整三角波的振荡周期。

将三角波发生器电路稍加改动,使积分电路的充、放电时间常数不同,便可以得到锯齿波发生器,如图 7-75 所示。

比较图 7-75 和图 7-73 所示电路可以看出,在两个电路中迟滞电压比较器部分完全相同,没有变化,只是积分电路有所改动。采用二极管 VD_1、VD_2 和电位器 R_W 将积分电路的充、放电回路分开,得到不同的充、放电时间常数。如果忽略二极管的导通电阻,当 u_{o1} 为高电平时,VD_1 导通、VD_2 截止,电容充电回路的时间常数为 $\tau_1 = R'_W C$(R'_W 表示 R_W 的上半部分)。当 u_{o1} 为低电平时,VD_1 截止、VD_2 导通,电容放电回路的时间常数为 $\tau_2 = (R_W - R'_W)C$,波形如图 7-76 所示。

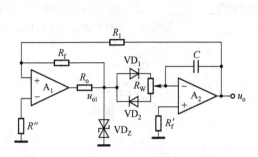

图 7-75　锯齿波发生器

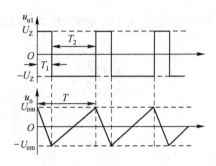

图 7-76　锯齿波发生器波形

利用与三角波发生器相类似的分析方法,根据式(7-166),可以求得锯齿波的下降时间为

$$T_1 = \frac{2R_1 R'_W C}{R_f} \tag{7-167}$$

上升时间为

$$T_2 = \frac{2R_1 (R_W - R'_W) C}{R_f} \tag{7-168}$$

振荡周期为

$$T = T_1 + T_2 = \frac{2R_1 R_W C}{R_f} \tag{7-169}$$

输出锯齿波的幅度为

$$U_{om} = \frac{R_1}{R_f} U_Z \tag{7-170}$$

思考与练习

7.8 1　填空题

(1) 用理想运放组成放大器,应工作在＿＿状态,而电压比较器则工作在＿＿状态,所以电压比较器只有＿＿电平输出。　　　　　　　　　　答案:线性,非线性,高和低两种

(2) 由集成运放组成的方波产生器,它一般是由＿＿和＿＿电路所组成的。

答案:迟滞电压比较器,RC 充放电

(3) 在输入信号中,要得到频率为 300 Hz 的有用信号,应选用＿＿滤波器;要得到频率高于 500 Hz 的有用信号,应选用＿＿滤波器。希望抑制频率为 100 Hz 的干扰信号,应选用＿＿滤波器;希望抑制频率在 800 Hz 以上的信号,应选用＿＿滤波器。　　　　答案:带通,高通,带阻,低通

(4) 正弦波振荡电路的振荡条件是(　　),而负反馈自激振荡的条件是(　　)。产生低频正弦波一般可用(　　)振荡电路;产生高频正弦波可用(　　)振荡电路。　　答案:$AF = 1$,$AF = -1$;RC;LC

(5) 在有源滤波器中,运算放大器工作在＿＿区;在滞回比较器中,运算放大器工作在＿＿区。

答案:线性,非线性

(6) 理想运放工作在非线性区时具有＿＿特性,输出电压只有＿＿种值,此时运放通常工作在＿＿状态或引入＿＿反馈。　　　　　　　　　　答案:开关,2,开环,正

(7) 单限电压比较器有＿＿个阈值电压,迟滞电压比较器有＿＿个阈值电压。　　答案:1,2

(8) 设滤波电路由理想运放构成,若在理想条件下,当 $f = 0$ 和 $f = \infty$ 时电压增益相等,且不为零,则该电路为＿＿滤波电路;若直流电压增益就是他的通带电压增益,则该电路为＿＿滤波电路;若当 $f \to \infty$ 时的电压增

益就是它的通带电压增益,则该电路为____滤波电路;若在 $f = 0$ 和 $f = \infty$ 时电压增益都为零,则该电路为____滤波电路。　答案:带阻,低通,高通,带通

（9）正弦波振荡电路一般由放大电路、____、____和稳幅环节等部分构成。　答案:选频网络,正反馈网络

（10）迟滞电压比较器用于控制系统时的主要优点是____,但与单限电压比较器相比____下降了。

答案:抗干扰能力强,灵敏度

（11）图（a）和（b）所示电压比较器中,其阈值电压分别为____和____。已知稳压管的击穿电压为 6 V。

答案: $U_{\mathrm{TH}} = -2\ \mathrm{V},\ U_{\mathrm{TH+}} = 4\ \mathrm{V},\ U_{\mathrm{TH-}} = -2\ \mathrm{V}$

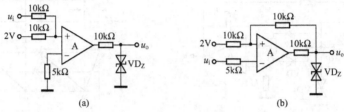

思考与练习 7.8-1 图

7.8-2　选择题

（1）欲将正弦波电压二倍频,应选用（　　）　答案:C

A. 反相放大电路　　　B. 微分电路　　　C. 乘方运算电路　　　D. 同相输入求和电路

（2）正弦波振荡器的振荡频率取决于（　　）　答案:C

A. 基本放大器　　　B. 反馈网络　　　C. 选频网络　　　D. 闭环增益

（3）一个实际的正弦波振荡绝大多数属于正反馈电路,它的主要组成是（　　）　答案:C

A. 负反馈网络　　　B. 放大电路和反馈网络　　　C. 放大电路、反馈网络和选频网络

（4）图（a）所示电路为（　　）　答案:B

A. 过零电压比较器　　　B. 迟滞电压比较器　　　C. 窗口电压比较器　　　D. 单限电压比较器

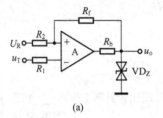 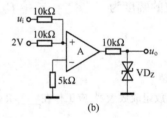

思考与练习 7.8-2 图

（5）图（b）所示电路为（　　）　答案:D

A. 过零电压比较器　　　B. 迟滞电压比较器　　　C. 窗口电压比较器　　　D. 单限电压比较器

本 章 小 结

（1）本章介绍了构成运算放大器的各种基本电路。通常情况下,运算放大器由差动输入级电路、第二级电路(即增益级电路)以及输出级电路组成。设计集成运算放大器电路时需要使用相互匹配的器件。

（2）741 系列运放是一种广泛应用的通用型双极型运算放大器。通过学习 741 运算放大器可以很好地理解和设计运算放大器,包括差动输入级的设计、增益级电路的设计以及带有保

护电路的甲乙类互补输出级电路的设计。

（3）本章对 741 的每一级电路都做了较详细的直流分析,计算其直流电流和直流电压。详细地分析了其小信号电路,计算了每一级电路的小信号电压增益和电路总的电压增益。

（4）大多数情况下,CMOS 运算放大器只有两级电路。本章介绍了 MCl4573 CMOS 运算放大器电路。同时分析了三级 CMOS 运算放大器电路和 CMOS 折叠式共源-共栅运算放大器电路。

（5）本章介绍了理想的运算放大器以及运算放大器的各种应用电路。理想的运算放大器模型具有无限大的输入阻抗（输入端的电流为零——“虚断”）,无限大的开环差动电压增益（两个输入端之间的电压为零——虚短）,以及零输出阻抗。

（6）两种基本的运放应用电路为反相放大器和同相放大器。在理想运放的模型中,这些电路的闭环电压增益仅仅是电阻比值的函数。

（7）在集成运放的线性应用中,一般都在其输出端与输入端之间加上深度负反馈网络,使运放工作在线性区,以实现各种不同的功能。例如可以实现增益放大,以及差动放大和测量放大或加、减、微分、积分等模拟运算功能。

（8）在集成运放的应用中,如果在其输出端与输入端之间加上非线性反馈元件（如二极管或晶体管）,能产生非线性的传递函数,可以实现对数、指数等模拟运算功能,以及其他非线性变换功能等。

（9）实际工程应用中,集成运放除了在线性工作区的各种应用外,还可以工作在非线性区,一般施加线性或非线性正反馈,或将正、负两种反馈结合,即可以实现各种集成运放的其他应用功能（如电压比较和波形产生等）。

思考题与习题 7

7.1 填空题

（1）理想集成运放开环电压放大倍数 A_{od} = _____,输入电阻 R_{id} = _____,输出电阻 R_o = _____,共模抑制比 K_{CMR} = _____,开环带宽 BW = _____。

（2）集成运放第一级常采用_____电路,主要是为了减小_____,提高_____。

（3）理想运放在线性工作时,其两输入端的电位_____,电流_____。

（4）在集成运放的反相比例运算电路中,引入的是_____反馈,而同相比例运算中,引入的是_____反馈。

（5）用理想运放组成放大器,应工作在_____状态;而电压比较器则工作在_____状态,所以电压比较器的输出只有_____和_____两种电平。

（6）集成运放的“虚短”概念是指_____,_____;“虚地”概念是指_____,_____。

（7）由集成运放组成的方波产生器,它一般是由_____和_____电路所组成的。

7.2 假设 PNP 晶体管的电流增益 β_p = 50, NPN 晶体管的电流增益 β_n = 200。并且假设所有晶体管的厄利电压 U_A = 50 V,输出级电路所接的负载电阻 R_L = 2 kΩ。直流静态电流 I_{C13A} = 0.18 mA , I_{C17} = I_{C13B} = 0.54 mA, I_{C20} = 138 μA。试计算 741 运放第二级电路的小信号电压增益。

7.3 图 7-18(b)所示的 5G14573 CMOS 运算放大器电路,直流偏置设计为 I_{REF} = I_{D2} = I_{D7} = 200 μA,晶体管的参数为 $|U_{GS(th)}|$ = 1.5 V（对所有晶体管）, λ_n = 0.005 V^{-1}, λ_p = 0.01 V^{-1}, $\mu_n C_{ox}/2$ = 20 μA/V^2, $\mu_p C_{ox}/2$ = 10 μA/V^2。假设晶体管 VT$_1$、VT$_2$ 和 VT$_7$ 的宽长比为 5,晶体管 VT$_3$ 和 VT$_4$ 的宽长比为 10,VT$_5$、VT$_6$ 和 VT$_8$ 的宽长比为 20。试计算输入级、增益级的小信号电压增益,以及电路总的电压增益。

7.4 假设图 7-21 所示电路参数和晶体管的参数为 I_{REF} = 50 μA, k'_n = $\mu_n C_{ox}$ = 80 μA/V^2, k'_p = $\mu_p C_{ox}$ =

$40\ \mu A/V^2$,所有晶体管的 $W/L=25$，$\lambda_n=\lambda_p=0.02\ V^{-1}$。计算图 7-21 所示折叠式共源-共栅差动放大电路的差模电压增益。

7.5　试用理想运放设计一个能实现 $u_o=3u_{i1}+0.5u_{i2}-4u_{i3}$ 运算的电路。

7.6　电路如图题 7.6 所示，运放性能可视做理想。试导出 u_o 与 u_i 的关系式，并讨论电路的特点。

7.7　电路如图题 7.7 所示。A_1、A_2 性能理想，且 $R_2=R_3$，$R_4=2R_1$。

（1）写出 $A_{uf}=u_o/u_i$ 的表达式；

（2）写出输入电阻 $R_i=u_i/i_i$ 的表达式，并讨论该电路能够稳定工作的条件；

（3）定性说明该电路能获得高输入电阻的原理。

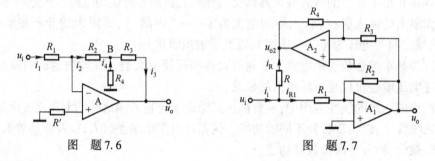

图　题 7.6　　　　　　　　　　图　题 7.7

7.8　电路如图题 7.8（a）和（b）所示。已知 $R_1=R_2=1\ k\Omega$，$R_3=R_4=25\ k\Omega$，$R_5=R_6=1\ k\Omega$，$R_7=R_9=24\ k\Omega$，$R_8=2\ k\Omega$，各集成运放均为理想运放。试求：

（1）两个电路的闭环差模电压放大倍数 A_{udf}，闭环共模电压放大倍数 A_{ucf}，共模抑制比 K_{CMR}；

（2）若因故 R_2 增大到 $R_2=1.04\ k\Omega$，其他元器件参数均不变，再求两个电路的 A_{udf}、A_{ucf}、K_{CMR}。

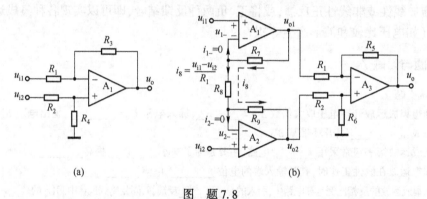

（a）　　　　　　　　　　　　　　（b）

图　题 7.8

7.9　如图题 7.9 所示电路，若 A_1、A_2 均为理想运放，当 $R_2R_4=R_1R_3$，$R_1/R_2=99$，$u_{i1}=-1\ mV$，$u_{i2}=1\ mV$ 时，求 u_o。

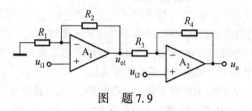

图　题 7.9

7.10　试求图题 7.10 所示电路 u_o 的表达式，并求 R' 的值。已知 $R_1=R_3=R_5=R_6=R_7=R_8=100\ k\Omega$，$R_2=20\ k\Omega$，$R_4=50\ k\Omega$，$C=20\ \mu F$。

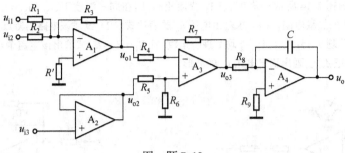

图 题 7.10

7.11 电路如图题 7.11 所示,设 A 为理想运放,试求各电路的增益函数的时域表达式。

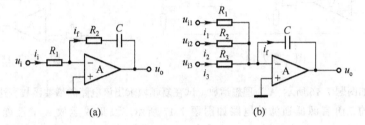

(a)   (b)

图 题 7.11

7.12 试分析图题 7.12 所示由对数和指数运算电路构成的电路的功能。

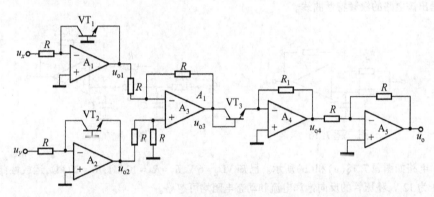

图 题 7.12

7.13 电路如图题 7.13 所示。设 VT_1、VT_2 特性相同,即在同一温度下,$I_{S1} = I_{S2} = I_S$,运放 A_1、A_2 性能理想。(1) 求输出电压 u_o 的表达式;(2) 试述该电路的特点。

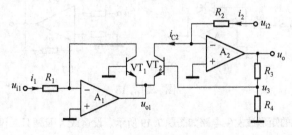

图 题 7.13

7.14 电路如图题 7.14 所示。设 VT_1、VT_2 特性相同,即在同一温度下,$I_{S1} = I_{S2} = I_S$,运放 A_1、A_2 性能理想,R_t 为正温度系数的热敏电阻。(1) 求输出电压 u_o 的表达式;(2) 试述该电路的特点。

7.15 电路如图题 7.15 所示,A_1、A_2 均为理想运放,且 $R_1 = R_2 = R$,试求出该电路输出电压 u_o 的表达式;如果输入信号 u_i 为正弦波,画出输出电压 u_o 的波形。

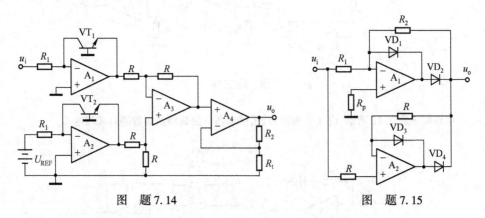

图 题 7.14　　　　　　　　　图 题 7.15

7.16 电路如图题 7.16 所示,A 为理想运放。试在复频域求出该电路的增益函数表达式。

7.17 简单的二阶有源低通滤波电路如图题 7.17 所示。设集成运放 A 的性能理想,$R_3 = R_4 = R$,$C_1 = C_2 = C$。

(1) 求出该电路的增益函数,写出其复频域和频域的表达式;

(2) 求出该电路通带的截止频率 f_H;

(3) 画出该电路的幅频特性曲线。

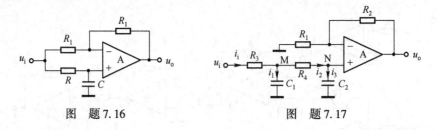

图 题 7.16　　　　　　　　　图 题 7.17

7.18 电路如图题 7.18(a) 和 (b) 所示。已知 $VD_Z = 6\,V$,$R_1 = R_2 = 10\,k\Omega$,$R_3 = 20\,k\Omega$,运放性能理想,其最大输入电压为 $12\,V$,稳压管的反向饱和电流和动态电阻均可忽略。

(1) 分析这两个电路的功能。

(2) 若是比较器,请画出其传输特性曲线。

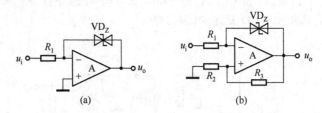

图 题 7.18

7.19 一占空比可调的矩形波发生电路如图题 7.19 所示。设运放 A 及两只二极管 VD_1、VD_2 的性能理想,已知 $R_1 = 5\,k\Omega$,$R_2 = 10\,k\Omega$,$R_3 = 1\,k\Omega$,$R_4 = 3\,k\Omega$,$R_W = 5\,k\Omega$,$C = 0.1\,\mu F$,硅稳压管 VD_Z 的稳定电压 $U_Z = 6\,V$。

(1) 定性画出 u_c 和 u_o 的波形;

（2）通过调节电位器 R_W 滑动端的上、下位置，可以改变输出波形的占空比，求该电路输出脉冲占空比的可调范围；

（3）试问改变占空比时，输出信号的周期是否也会随之而变。

7.20　在如图题7.20所示电路中，已知输入电压 u_i 为正弦波；运算放大电路为理想运放；两只三极管饱和管压降 $|U_{CES}| = 3\text{ V}$，集电极最大允许功率损耗 $P_{CM} = 3\text{ W}$。

（1）求负载上可能获得的最大输出功率 P_{om}；

（2）最大效率应该在什么值之间？

（3）若最大输入电压的有效值 $U_{imax} = 1\text{ V}$，求 R_2 的下限值。

7.21　由理想运放组成的反馈放大电路如图题7.21所示。试计算 $A_u = u_o/u_i$ 及 R_i 的大小。

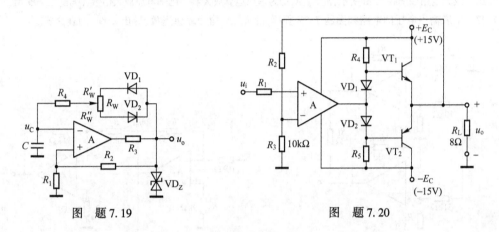

图　题7.19　　　　　　　　　　　图　题7.20

7.22　现有 $2\text{ k}\Omega,3\text{ k}\Omega$ 电阻若干，用运放设计一个同相加法器，使其输出为 $u_o = 6u_{i1} + 4u_{i2}$。画出电路并确定各电阻值。

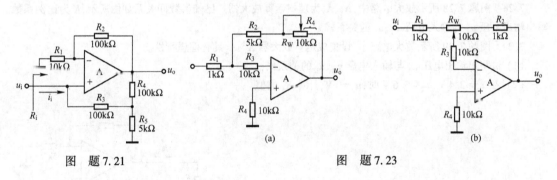

图　题7.21　　　　　　　　　　图　题7.23

7.23　增益可以调节的放大电路如图题7.23（a）和（b）所示，R_W 为增益调节电位器，A 为理想运算放大器。

（1）导出增益表达式 $A_u = u_o/u_i$，计算 R_W 的滑动端处在其中点位置时的电压放大倍数。

（2）计算电压放大倍数可调节的范围。

7.24　图题7.24所示电路中，A_1、A_2 都是理想运算放大器，已知硅稳压管的稳压值 $U_Z = 6\text{ V}$，正向导通压降为 0.7V。

（1）求输出电压 u_o 和 i_4；（2）若将稳压管反接，求 u_o 和 i_4。

7.25　图题7.25所示放大电路中，已知 A 为理想运算放大器，放大电路的输入电阻 $R_i = u_i/i_i = 2\text{ k}\Omega$，电压放大倍数 $A_u = u_o/u_i = -220$。求：（1）电阻 R_1、R_2；（2）直流偏置电阻 R_P；（3）流过 R_3 中的电流 i_3 的表达式。

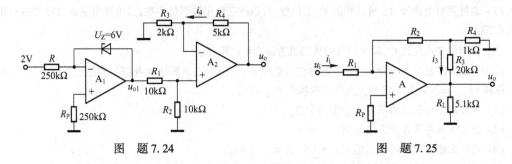

图 题 7.24   图 题 7.25

7.26 放大电路如图题7.26所示,设 A_1、A_2均为理想运算放大器。已知电压放大倍数 $A_u = u_o/u_i \approx 5.41$,求 R_4。

7.27 扩展输出电压的电路如图题7.27所示,设 A_1、A_2均为理想运放,导出 u_o/u_i 的表达式。

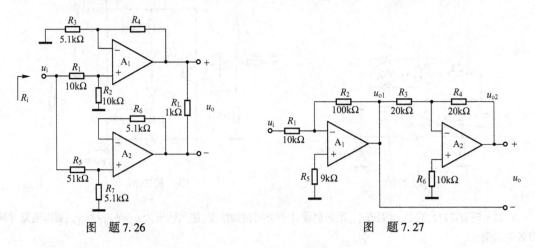

图 题 7.26   图 题 7.27

7.28 图题7.28所示放大电路中,A_1、A_2为理想运算放大器。已知参数间关系如图所示,K 为比例系数。写出输出电压 u_o 与输入电压 u_{i1}、u_{i2}的关系式。

7.29 图题7.29所示放大电路中,设集成运算放大器 A_1、A_2具有理想特性。

(1) 试写出输出电压 u_o 与输入电压 u_{i1}、u_{i2}的关系式;

(2) 若 $u_{i1} = 2.4 \text{ V}$,$u_{i2} = 3.6 \text{ V}$ 时,$u_o = 3 \text{ V}$,计算 R_5 的值。

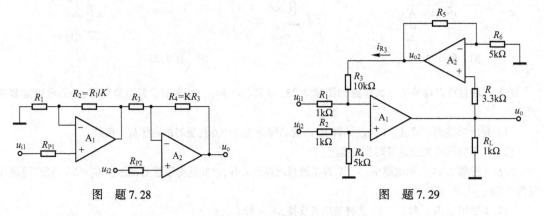

图 题 7.28   图 题 7.29

7.30 图题7.30所示放大电路中,已知 A_1、A_2都是理想运算放大器。

(1) 写出输出电压 u_o 的表达式。

(2) 已知输出电压 $u_o = -5.2 \text{ V}$,求 u_{i1}和电阻 R_6 中的电流 i。

7.31 如题图 7.31 所示放大电路中,已知 A_1、A_2 为理想运算放大器。

(1) 写出输出电压 u_o 的表达式;

(2) 若已知当 $u_{i1} = 0.5$ V、$u_{i2} = -0.6$ V、$u_{i3} = -0.3$ V 时,$u_o = -7.2$ V,求 R_4 和 R_7。

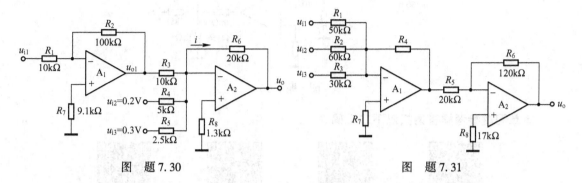

图 题 7.30　　　　　　　　　　　图 题 7.31

7.32 图题 7.32 所示放大电路中,已知 A_1、A_2 为理想集成运算放大器,其他参数如图中所示。

(1) 写出输出电压 u_o 的表达式。

(2) 若当 $u_{i1} = 0.5$ V,$u_{i2} = -0.6$ V,$u_{i3} = 0.8$ V 时,$u_o = -5$ V,求 R 和 R_P。

7.33 图题 7.33 所示放大电路中,已知 A_1、A_2 为理想运算放大器。

(1) 写出输出电压 u_o 的表达式。

(2) 若输入电压 $u_{i1} = \sin\omega t$ V、$u_{i2} = 2\sin\omega t$ V 时,$u_o = -7.5\sin\omega t$ V,求 u_{i3}。

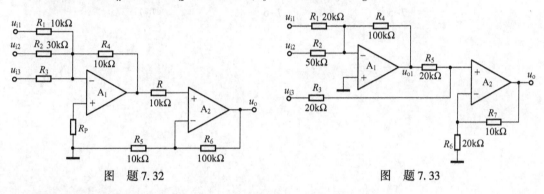

图 题 7.32　　　　　　　　　　　图 题 7.33

7.34 由理想集成运放 A_1、A_2 组成的放大电路如图题 7.34 所示。现要求 $A_u = u_o/u_i = 9.2$,已知电阻 $R_1 = 50$ kΩ,$R_2 = 80$ kΩ,$R_3 = 60$ kΩ,$R_4 = 40$ kΩ。试确定 R_5 的值。

7.35 电路如图题 7.35 所示,设运放是理想的,且 $\dfrac{R_1}{R_2} = \dfrac{R_4}{R_3}$,求输出电压与输入电压的关系,并说明电路功能。

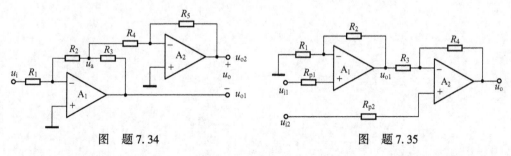

图 题 7.34　　　　　　　　　　　图 题 7.35

7.36 如图题 7.36 所示放大电路,已知集成运算放大器 A 具有理想特性,放大电路的输入电阻 $R_i = u_i/i_i = 10$ kΩ,电压放大倍数 $A_u = u_o/u_i = -100$。求:u_o,R_1,R_3 和 R_P,i_3。

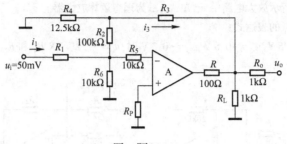

图 题 7.36

本章习题参考解答请扫以下二维码。

7-1　　　　　　7-2　　　　　　7-3　　　　　　7-4

7-5　　　　　　7-6　　　　　　7-7

第 8 章 直流稳压电源

电源是给电子设备提供能量的装置,直接关系到设备工作的稳定性和可靠性。大部分电子设备需要稳定的直流电源供电,其中除了一些便携式设备选用电池供电外,绝大多数电子设备都采用市电供电,将 220V、50Hz 交流电经整流、滤波、稳压后变换为所需的直流稳压电源。直流稳压电源有两大类:线性稳压电源和开关稳压电源。线性稳压电源结构简单、输出电压稳定、纹波小,但是效率低;开关稳压电源效率高,但是纹波电压比较大。

本章首先介绍小功率直流稳压电源中的整流、滤波电路,然后介绍线性稳压电路的工作原理以及集成三端稳压器的应用,最后介绍开关稳压电路的工作原理以及集成开关稳压器的应用。

8.1 直流稳压电源的组成

一般小功率(1 kW 以下)直流稳压电源的组成如图 8-1 所示,它由以下四个部分组成。

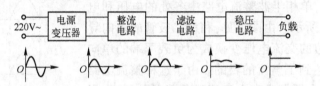

图 8-1 直流稳压电源的组成

电源变压器:电网提供 50 Hz,220 V(或 380 V)的交流电压。在一般情况下,电子设备所需的直流电压的数值与电网电压的有效值相差较大,因此需要通过电源变压器降压后,再对交流信号进行处理。

整流电路:整流电路将正负交替的正弦交流电压转换为单一方向的脉动电压,但是这种脉动的电压含有很大的交流分量,与稳定的直流电压相差还很远。

滤波电路:滤波电路利用储能元件滤掉单向脉动电压中的脉动成分,输出较为平滑的直流电压。对于稳定性要求不高的电子电路,整流、滤波后的直流电压可以直接作为供电电压源。但是当电网电压波动或者负载变化时,滤波器输出的直流电压的幅值也会随之变化,在要求稳定性较高的电子设备中,这种情况是不符合要求的。

稳压电路:稳压电路的作用是使输出的直流电压在电网电压波动或负载发生变化时能保持稳定,并具有足够高的稳定度。

8.2 整 流 电 路

整流电路的作用是将正弦交流电压转换为单向脉动电压。利用二极管的单向导电性可以实现这一功能,因此二极管是构成整流电路的关键元件。在小功率直流电源中,常用的整流电路有单相半波、单相桥式和倍压整流电路等。

以下在分析整流电路时,为了简化分析,一般均假设整流二极管具有理想的伏安特性,即:导通电阻为零,反向电阻无穷大;负载为纯阻性;变压器无损耗。

1. 单相半波整流电路

图 8-2 是一个最简单的单相半波整流电路,图中 Tr 为电源变压器,VD 为整流二极管,R_L 为负载电阻。设电源变压器次级绕组上的副边电压有效值为 U_2,则其瞬时值为

$$u_2 = \sqrt{2}\,U_2 \sin\omega t$$

在 u_2 的正半周,A 点为正,B 点为负,二极管正偏导通,$u_D = 0$,电流从 A 点流出,经二极管 VD 和负载电阻 R_L 流入 B 点,在 R_L 上得到一个上正下负的电压

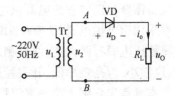

$$u_O = u_2 - u_D = \sqrt{2}\,U_2 \sin\omega t$$

$$i_O = \frac{u_2}{R_L} = \frac{\sqrt{2}\,U_2}{R_L}\sin\omega t$$

图 8-2　单相半波整流电路

在 u_2 的负半周,B 点为正,A 点为负,二极管截止,$i_O = 0$,R_L 两端的电压近似为零,二极管承受反向电压,其值等于变压器的副边电压 u_2,即 $u_O = 0$,$u_D = u_2 - u_O = \sqrt{2}\,U_2 \sin\omega t$。

综合以上分析,单相半波整流电路中各处的电压和电流的波形如图 8-3 所示。由图可见,利用二极管的单向导电性,使变压器副边的交流电压变换成为负载两端的单向脉动电流和电压,达到了整流的目的。由于这种整流电路只在交流电压的半个周期内有电流流过负载,所以称为半波整流电路。

单相半波整流电路结构简单,所用二极管数量最少。但是由于它只利用了交流电压的半个周期,输出直流电压低,输出波形脉动大,效率低,因此,这种电路只能用在输出电流较小,对脉动要求不高的场合。

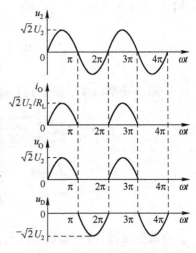

图 8-3　单相半波整流电路的波形

2. 单相桥式整流电路

为了克服半波整流电路的缺点,在实用电路中多采用如图 8-4(a)所示的单相桥式整流电路。电路采用了 4 只整流二极管 $VD_1 \sim VD_4$,并接成电桥的形式,所以有桥式整流电路之称。图 8-4(b)所示为简化画法。

设变压器副边电压的有效值为 U_2,则其瞬时值 $u_2 = \sqrt{2}\,U_2 \sin\omega t$。

在 u_2 的正半周内,A 点电位为正,B 点为负,二极管 VD_1、VD_3 导通,VD_2、VD_4 截止;电流从 A 点流出,经 VD_1、R_L、VD_3 流入 B 点,如图 8-4(a)中的实线箭头所示,因此负载 R_L 上的电压等于变压器副边电压,即 $u_O = u_2$,VD_2、VD_4 各自承受的反向电压均为 $-u_2$。

在 u_2 的负半周,B 点电位为正,A 点为负,二极管 VD_2、VD_4 导通,VD_1、VD_3 截止,电流从 B 点流出,经 VD_2、R_L、VD_4 流入 A 点,如图 8-4(a)中的虚线箭头所示,负载 R_L 两端的电压与 u_2 极性相反,即 $u_O = -u_2$,VD_1、VD_3 两管各自承受的反向电压为 u_2。

综上所述,**桥式整流电路巧妙地利用二极管的单向导电性,将 4 只二极管分为两组,根据**

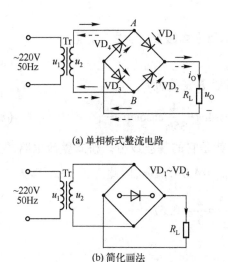

(a) 单相桥式整流电路

(b) 简化画法

图 8-4　单相桥式整流电路

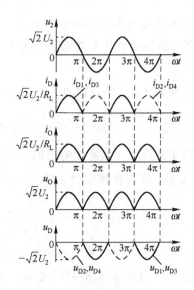

图 8-5　单相桥式整流电路的波形

变压器副边电压的极性交替导通,使负载上始终可以得到一个单方向的脉动电压,即 $u_O = |u_2| = |\sqrt{2}U_2\sin\omega t|$ 。桥式整流电路各处的电压和电流的波形见图 8-5。

由图 8-5 可见,桥式整流电路在变压器副边电压的整个周期内都有电流供给负载,电源变压器得到充分利用,效率高,而且输出电压的直流成分得到提高,脉动成分大大降低,因此这种电路在半导体整流电路中得到了广泛的应用。目前市场上有不同性能指标的集成整流电路,称为"整流桥堆",如 QL 系列、MB 系列、KBJ 系列等。

3. 整流电路的主要参数

下面以单相桥式整流电路为例,分析整流电路的各项主要参数。描述整流电路的性能指标主要有以下几项:

(1) 输出直流电压(输出电压平均值) $U_{O(AV)}$

$U_{O(AV)}$ 是整流电路的输出端电压瞬时值在一个周期内的平均值,即

$$U_{O(AV)} = \frac{1}{2\pi}\int_0^{2\pi} u_O \mathrm{d}\omega t \qquad (8-1)$$

根据图 8-5 中所示的波形可得

$$U_{O(AV)} = \frac{1}{\pi}\int_0^{\pi}\sqrt{2}U_2\sin\omega t\mathrm{d}\omega t = \frac{2\sqrt{2}U_2}{\pi} \approx 0.9U_2 \qquad (8-2)$$

式(8-2)说明,在理想情况下,桥式整流电路的直流输出电压约为变压器副边电压有效值的 90%。实际电路中,整流二极管的正向电阻和变压器内阻上的压降均不为零,所以输出直流电压的实际数值还要低一些。

(2) 二极管正向平均电流 $I_{D(AV)}$

桥式整流电路中,两组整流二极管 VD_1、VD_3 和 VD_2、VD_4 交替导通,由图 8-5 的波形图可以看出,流过每个二极管的平均电流等于输出电流的一半,即

$$I_{D(AV)} = \frac{1}{2}I_{O(AV)} = \frac{1}{2}\frac{U_{O(AV)}}{R_L} = \frac{\sqrt{2}U_2}{\pi R_L} \approx \frac{0.45U_2}{R_L} \qquad (8-3)$$

（3）整流输出电压的脉动系数 S

S 定义为整流输出电压基波峰值 U_{O1m} 与输出电压平均值 $U_{O(AV)}$ 之比，即

$$S = U_{O1m}/U_{O(AV)} \tag{8-4}$$

为了估算 U_{O1m}，单向脉动电压 u_O 可以用傅里叶级数表示如下

$$u_O = \sqrt{2}\,U_2\left(\frac{2}{\pi} - \frac{4}{3\pi}\cos 2\omega t - \frac{4}{15\pi}\cos 4\omega t - \frac{4}{35\pi}\cos 6\omega t - \cdots\right) \tag{8-5}$$

式（8-5）中的第一项为输出电压的平均值，第二项就是它的基波成分。桥式整流电路的基波角频率为 2ω，是 u_2 角频率的 2 倍，基波的峰值为 $U_{O1m} = 4\sqrt{2}\,U_2/3\pi$，因此

$$S = \frac{U_{O1m}}{U_{O(AV)}} = \frac{4\sqrt{2}\,U_2/3\pi}{2\sqrt{2}\,U_2/\pi} = \frac{2}{3} \approx 0.67 \tag{8-6}$$

（4）二极管承受的最大反向电压 U_{RM}

根据图 8-5 所示 u_D 的波形可知，二极管截止时两端承受的最大反向电压为

$$U_{RM} = \sqrt{2}\,U_2 \tag{8-7}$$

读者可以利用上述方法自行分析单相半波整流电路的主要参数。现将两种单相整流电路的主要参数列于表 8-1，以便读者进行比较。

表 8-1　单相整流电路的主要参数

主要参数 整流电路	$U_{O(AV)}$	$I_{D(AV)}$	S	U_{RM}
单相半波整流电路	$0.45U_2$	$0.45U_2/R_L$	157%	$\sqrt{2}\,U_2$
单相桥式整流电路	$0.9U_2$	$0.45U_2/R_L$	67%	$\sqrt{2}\,U_2$

【例 8-1】　单相桥式整流电路如图 8-4 所示，要求输出直流电压 $U_{O(AV)} = 24$ V，负载电阻 $R_L = 100\ \Omega$。若忽略二极管的正向压降和变压器内阻，试求：

（1）变压器副边电压的有效值 U_2；

（2）二极管的正向平均电流 $I_{D(AV)}$ 和二极管承受的最大反向电压 U_{RM}；

（3）若允许电网电压有 ±10% 的波动，试选择整流二极管。

解：（1）由式（8-2）可知，变压器副边电压的有效值为

$$U_2 \approx U_{O(AV)}/0.9 = 24/0.9 = 26.7\ \text{V}$$

（2）根据给定的条件，由式（8-3）可得二极管的正向平均电流为

$$I_{D(AV)} = \frac{1}{2}I_{O(AV)} = \frac{1}{2}\frac{U_{O(AV)}}{R_L} = \frac{1}{2} \times \frac{24}{100} = 0.12\ \text{A}$$

由式（8-7）得二极管承受的最大反向电压为

$$U_{RM} = \sqrt{2}\,U_2 = \sqrt{2} \times 26.7 = 37.8\ \text{V}$$

（3）一般情况下，允许电网电压有 ±10% 的波动，即电源变压器原边电压的有效值为 198～242 V，因此在选用二极管时，对于最大平均整流电流 I_F 和最高反向工作电压 U_R 应该至少留出 10% 的余地，以保证二极管安全工作，即选取

$$I_F > 1.1 I_{D(AV)} = 1.1 \times 0.12 = 0.132\ \text{A}$$

$$U_R > 1.1 U_{RM} = 1.1 \times 37.8 = 41.6\ \text{V}$$

8.3 滤波电路

整流电路的输出电压虽然是单方向的,但含有较大的脉动成分,通常不能直接作为电子电路的直流电源。因此在整流电路之后一般还要加上滤波电路,一方面尽可能地降低输出电压中的脉动成分,另一方面又要尽量保留直流成分,使输出电压变为平滑的直流电压。

滤波电路有多种结构形式,通常分为电容输入式(电容器 C 并接在整流电路的输出端)和电感输入式(电感器 L 串接在整流电路的输出端)。前一种滤波电路多用于小功率电源中,后一种则多用于较大功率电源中。本节重点分析电容滤波电路,对其他形式的滤波电路只做简单介绍。

8.3.1 电容滤波电路

在整流电路的输出端即负载电阻两端并联一个电容即可构成电容滤波电路,如图 8-6 所示。在分析电容滤波电路时,应当注意电容两端的电压 u_C 对整流二极管导通的影响,二极管只有在正向偏置时才导通,否则截止。

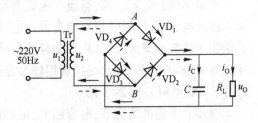

图 8-6 单相桥式整流、电容滤波电路

1. 滤波原理

设变压器副边电压的瞬时值 $u_2 = \sqrt{2}\,U_2\sin\omega t$。

电路没有接电容时,整流二极管 VD_1、VD_3 在 u_2 的正半周导通,VD_2、VD_4 在 u_2 的负半周导通,输出电压的波形如图 8-7(b)中虚线所示。

电路并联上滤波电容 C 后,在 u_2 的正半周,当 u_2 按正弦规律上升且数值大于电容电压 u_C 时,二极管 VD_1、VD_3 承受正向电压而导通,u_2 向电容 C 充电。在理想情况下(变压器副边无损耗、二极管导通压降为零),充电时间常数 $\tau = r_d C$ 很小,充电速度很快,电容两端电压 u_C(即输出电压 u_0)将跟随变压器副边电压 u_2 而变化,u_C 随着 u_2 升高逐渐接近峰值 $\sqrt{2}\,U_2$(90°),见图 8-7(b)中曲线的 ab 段。

当 u_2 到达峰值后开始按正弦规律下降,但电容 C 上的电压 u_C 则根据放电回路的时间常数按指数规律下降,此时二极管是否导通,取决于二极管承受的是正向电压还是反向电压。起初指数规律

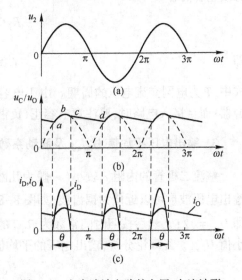

图 8-7 电容滤波电路的电压、电流波形

下降的速率快,而正弦波下降的速率慢,所以在 u_2 相位超过 90°以后的一段时间里二极管仍然承受正向电压,二极管导通,见图 8-7(b)中曲线的 bc 段。之后,随着 u_2 的下降,正弦波的下降速率越来越快,u_C 的下降速率越来越慢,所以在超过 90°后的某一点,二极管开始承受反向电压而变为截止,此后电容 C 将通过 R_L 放电,由于放电时间常数 $\tau = R_L C$ 很大($R_L \gg r_d$),

放电速度缓慢,所以 u_C 按指数规律缓慢下降,见图8-7(b)中曲线的 cd 段。

在 u_2 的负半周,当 u_2 的幅值大于 u_C 时,二极管 VD_2、VD_4 导通,u_2 再次向电容C充电,u_C 上升到 u_2 的90°峰值后又开始下降,VD_2、VD_4 截止,电容C又通过 R_L 缓慢放电,u_C 按指数规律下降。直到下一个正半周,当 $u_2>u_C$ 时,VD_1、VD_3 再次导通,电容充电……电容C周而复始地重复上述的充放电过程,负载上便得到了如图8-7(b)中实线所示的输出电压波形。

由波形可见,**加了滤波电容以后,输出电压的直流成分提高了,输出电压的脉动成分却大为降低,这是由于电容的储能作用造成的。**当二极管导通时,电容器被充电,将能量储存起来,当变压器副边电压降低时,电容器再逐渐放电,把能量传送给负载,因此输出波形比较平滑,达到了平波目的。**电容滤波的效果主要取决于放电的时间常数**,电容器的放电时间常数 $\tau=R_LC$ 越大,放电过程越慢,则输出电压越接近峰值 $\sqrt{2}U_2$,同时脉动成分越少,滤波的效果越好。

2. 整流管的导通角及滤波电容的选择

在未加滤波电容之前,整流二极管有半个周期处于导通状态,二极管的导通角 $\theta=\pi$。而接入滤波电容后,二极管只在电容器充电时才导通,导通角 $\theta<\pi$,如图8-7(c)所示。由于**滤波后输出平均电流增大,而二极管的导通角反而减小,所以流过二极管的瞬时电流很大**,这对管子的寿命极为不利。因此必须选用较大容量的整流二极管,通常应选择其最大平均整流电流 I_F 大于负载电流 i_0 的2~3倍。

在负载一定的情况下,电容越大,电容的放电时间常数 R_LC 越大,滤波效果越好,同时导通角 θ 越小,二极管的冲激电流越大。实际中为了获得较好的滤波效果,经常根据下式来选择滤波电容的容量

$$R_LC \geqslant (3\sim5)\frac{T}{2} \tag{8-8}$$

即

$$C \geqslant (3\sim5)\frac{T}{2R_L}$$

式中,T 为电网交流电压的周期。由于电容值比较大,约为几十到几千微法,一般选用电解电容器;而且接入电路时,要注意电容正、负极的正确连接。

3. 输出电压平均值 $U_{O(AV)}$ 及脉动系数 S

整流二极管的内阻 r_d 较小(一般为几欧姆),所以充电时间常数 $\tau=r_dC$ 很小,滤波电路的输出电压波形可以近似为锯齿波,如图8-8所示。假定电容每次充电 u_0 均可达到 u_2 的峰值,即 $U_{Om}=\sqrt{2}U_2$,然后按照时间常数为 R_LC 的放电速率放电,经过 $T/2$ 时间后输出电压下降到最小值 U_{Omin}。经理论分析,输出电压的平均值近似为

$$U_{O(AV)} \approx 1.2U_2 \tag{8-9}$$

脉动系数为

$$S=\frac{U_{O1m}}{U_{O(AV)}}=\frac{1}{\dfrac{4R_LC}{T}-1} \tag{8-10}$$

由式(8-10)可以计算出,当 $R_LC=(3\sim5)\dfrac{T}{2}$ 时,电容滤波电路的脉动系数 S 约为20%~10%。

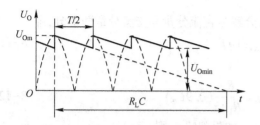

图 8-8　电容滤波电路输出电压的近似波形

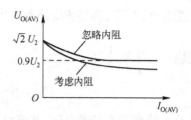

图 8-9　电容滤波电路的输出特性

4. 输出特性(外特性)

滤波电路的输出特性是指 $U_{O(AV)}$ 与 $I_{O(AV)}$ 之间的关系曲线。电容滤波电路的输出特性曲线如图 8-9 所示。如果忽略整流电路的内阻,C 值一定,当负载开路,即 $I_{O(AV)} = 0$ 时,电容充电到最大值后不再放电,$U_{O(AV)} = \sqrt{2} U_2$;当 $C=0$,即无电容时,$U_{O(AV)} = 0.9U_2$。因此 $U_{O(AV)}$ 的变化范围为 $\sqrt{2} U_2 \sim 0.9U_2$。由图可知,随着 $I_{O(AV)}$ 的增大,$U_{O(AV)}$ 下降较快,所以**电容滤波适用于负载电流变化不大的场合(外特性软)**。

【例 8-2】　单相桥式整流、电容滤波电路如图 8-6 所示,允许电网电压有 ±10% 的波动,要求 $U_{O(AV)} = 30$ V,$I_{O(AV)} = 50$ mA。若忽略整流电路的内阻,试求变压器副边电压的有效值 U_2 并选择合适的滤波电容。

解：(1) 根据式(8-9),变压器副边电压的有效值为

$$U_2 \approx U_{O(AV)}/1.2 = 30/1.2 = 25 \text{ V}$$

(2) 选择滤波电容。

$$R_L = U_{O(AV)}/I_{O(AV)} = 30/50 = 0.6 \text{ k}\Omega$$

根据式(8-8),C 的取值满足 $R_L C = (3 \sim 5)T/2$ 的条件,所以

$$C = \frac{(3 \sim 5)T/2}{R_L} = (3 \sim 5)\frac{1}{2R_L f} = (3 \sim 5)\frac{1}{2 \times 600 \times 50} \text{ F} = 50 \sim 83.3 \text{ μF}$$

考虑电网电压波动 ±10%,电容承受的最高电压为

$$U_{C\text{max}} \approx 1.1 \times \sqrt{2} U_2 = 1.1 \times 1.41 \times 25 = 38.9 \text{ V}$$

实际可以选择 68 μF/50 V 的电解电容器。

8.3.2　电感滤波电路

电容滤波电路具有结构简单、直流输出电压高、纹波小等优点。但是在大电流负载情况下,整流二极管的冲激电流很大,而且如果负载电阻 R_L 很小,则势必要求电容器的容量很大,这就使得整流管和电容器的选择很不经济,甚至难于实现。在这种情况下,可以考虑采用电感滤波。

如图 8-10 所示,在整流电路和负载电阻之间串联一个电感线圈 L 就构成了电感滤波电路。由于要求电感线圈的电感量较大,所以一般需要采用带铁心的线圈。

电感具有阻碍电流变化的作用,当流过它的电流变化时,电感线圈中将感应出一个反电动势,其方向将阻止电流变化。因此,经电感滤波后,负载电流 i_L 和输出电压 u_O 的脉动减小,波

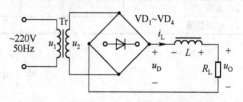

图 8-10　单相桥式整流、电感滤波电路

形变得平滑。

如图 8-10 所示,将整流电路的输出电压 u_D 分解为直流分量和交流分量两部分,即

$$u_D = U_{D(AV)} + u_d \tag{8-11}$$

电路的输出电压平均值

$$U_{O(AV)} = \frac{R_L}{R_L + r} U_{D(AV)} = \frac{R_L}{R_L + r}(0.9U_2) \tag{8-12}$$

式中,r 为电感线圈本身的电阻,其值很小(几欧)。如果忽略 r,则

$$U_{O(AV)} \approx 0.9U_2 \tag{8-13}$$

输出电压的交流分量

$$|u_o| = \frac{R_L}{\sqrt{(\omega L)^2 + R_L^2}}|u_d| \tag{8-14}$$

通常 $\omega L \gg R_L$,所以

$$|u_o| \approx \frac{R_L}{\omega L}|u_d| \tag{8-15}$$

电感滤波的优点是整流管的导通角大($\theta = \pi$),峰值电流小,输出电压受负载电流的影响较小(外特性硬)。 缺点是输出直流电压低,铁心线圈的体积大、笨重,容易引起电磁干扰。电感滤波一般适用于低电压、大电流的场合。

8.3.3 复式滤波电路

为了进一步改善滤波效果,可以采用复式滤波电路。复式滤波电路的基本元件仍然是电容和电感,利用它们对直流量和交流量呈现不同阻抗的特点,将之合理地接入电路就可以达到滤波的目的。常见的复式滤波电路有 LC 滤波电路、RC-π 型滤波电路、LC-π 型滤波电路等,如图 8-11 所示。利用上述方法可以分析它们的工作原理,此处不再赘述。

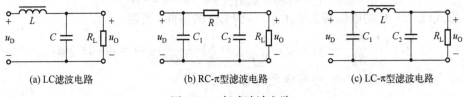

(a) LC滤波电路　　　　　(b) RC-π型滤波电路　　　　　(c) LC-π型滤波电路

图 8-11　复式滤波电路

不同的滤波电路具有不同的特点和适用场合,现将各种滤波电路的性能列于表 8-2 中,以便读者进行比较。

表 8-2　各种滤波电路的性能比较

电路类型 \ 性能	$U_{O(AV)}/U_2$	整流管的冲激电流	外 特 性	适 用 场 合
电容滤波	≈1.2	大	软	小电流负载
电感滤波	≈0.9	小	硬	大电流负载
RC-π 型滤波	≈1.2	大	更软	小电流负载
LC 滤波	≈0.9	小	硬	适应性强
LC-π 型滤波	≈1.2	大	软	小电流负载

8.4　倍压整流电路

利用电容的储能作用以及二极管的整流、引导作用,将较低的直流电压分别存储在多个电

容器上，从而获得几倍于变压器副边电压的输出电压，称为倍压整流电路。

1. 二倍压整流电路

图 8-12 所示为二倍压整流电路，变压器副边电压的有效值为 U_2。在 u_2 的正半周，二极管 VD_1 导通，VD_2 截止，电源电压经 VD_1 向 C_1 充电，电流如图中的实线箭头所示，C_1 上的电压 u_{C1} 的极性如图中所示。理想情况下，C_1 可以充电至 $\sqrt{2}U_2$。在 u_2 的负半周，VD_1 截止，VD_2 导通，u_{C1} 与 u_2 极性一致，它们叠加后给 C_2 充电，电流如图中虚线箭头所示，C_2 上的电压极性如图中所示。理想情况下，C_2 两端的电压即输出电压 u_0 的值可达到 $-2\sqrt{2}U_2$。可见，电路利用电容对电荷的存储作用，使输出电压为变压器副边电压峰值的 2 倍。

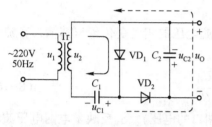
图 8-12　二倍压整流电路

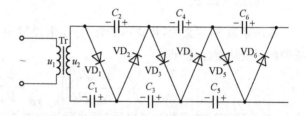
图 8-13　多倍压整流电路

2. 多倍压整流电路

根据相同的原理，利用更多的电容器，并安排相应的二极管分别给它们充电，就可以得到更多倍的直流输出电压。

在图 8-13 所示的多倍压整流电路中，在 u_2 的第一个正半周，只有 VD_1 导通，电源电压经 VD_1 将 C_1 充电至 $\sqrt{2}U_2$；然后在负半周时，VD_1 截止，VD_2 导通，C_1 上的电压 u_{C1} 与 u_2 的极性一致，它们共同将 C_2 充电至 $2\sqrt{2}U_2$。

到下一个周期的正半周时，VD_1、VD_2 截止，VD_3 导通，u_{C1}、u_{C2} 与 u_2 叠加后经 VD_3 给 C_3 充电，$u_{C3} = \sqrt{2}U_2 + u_{C2} - u_{C1} = 2\sqrt{2}U_2$；到负半周时，通过 VD_4 给 C_4 充电，$u_{C4} = \sqrt{2}U_2 + u_{C1} + u_{C3} - u_{C2} = 2\sqrt{2}U_2$。依此类推，$C_5$、$C_6$ 等也充电到 $2\sqrt{2}U_2$，它们的极性如图中所示。实际使用时，只需将负载接到有关电容器组的两端，就可以获得 $\sqrt{2}U_2$ 的 $1\sim6$ 倍压输出。

需要指出的是，以上分析都假定在理想的情况下，而实际上由于存在放电回路，以及二极管的导通压降不为零，所以电容上的电压根本不可能达到最大值。而且负载电阻 R_L 越小，电容放电速率越快，滤波效果越差，所以倍压整流电路适用于要求输出电压较高，但是负载电流较小（几毫安）的直流电源中。

8.5　线性稳压电路

仅仅经过整流、滤波得到的直流电压，受到电网电压波动、负载的变化，以及变压器和整流二极管本身电压降的影响，电压的稳定性和精度都不大好，严重时还会使电路或设备无法达到预期的性能要求。为了获得稳定性好的直流电源，必须采取稳压措施。

目前构成稳压电路的方法主要有两种：线性稳压电路和开关型稳压电路。此外还有一种是由稳压管构成的小电源。所谓**线性稳压电路**,是指调整管工作在线性放大区的稳压电路;而**开关型稳压电路中调整管工作在开、关两种状态。**线性稳压器具有稳定性好、输出电压纹波小、噪声低等优点,适合在稳定性要求较高或小功率的场合下使用,如无线电设备、测量仪器、医疗器械等。

8.5.1 稳压电路的质量指标

稳压电路的技术指标可以分为两类,一类是特性指标,包括输出电压、输出电流及电压调节范围等;另一类是质量指标,用来衡量输出直流电压的稳压性能,包括稳压系数、输出电阻、温度系数及纹波电压等。下面简单介绍这些质量指标的含义。

1. 稳压系数 S_V

稳压系数 S_V 定义为:负载不变时,稳压电路输出直流电压的相对变化量与其输入直流电压的相对变化量之比,即

$$S_V = \frac{\Delta U_O / U_O}{\Delta U_I / U_I}\bigg|_{R_L = 常数} = \frac{U_I}{U_O} \frac{\Delta U_O}{\Delta U_I}\bigg|_{R_L = 常数} \tag{8-16}$$

式中,U_I 为整流滤波后的直流电压(相当稳压电路输入端口的电压)。S_V 反映了电网电压波动对输出直流电压的影响,其值越小,稳压电路的稳压性能越好。

2. 输出电阻 R_o

输出电阻 R_o 定义为:输入的直流电压 U_I 不变时,稳压电路输出直流电压的变化量与输出直流电流的变化量之比,即

$$R_o = \frac{\Delta U_O}{\Delta I_O}\bigg|_{U_I = 常数} \tag{8-17}$$

R_o 反映了负载电阻变化对输出直流电压的影响,其值越小,稳压电路的稳压性能越好。

3. 温度系数 S_T

温度系数 S_T 反映了温度变化对稳压电路输出直流电压的影响,其定义式为

$$S_T = \frac{\Delta U_O}{\Delta T}\bigg|_{\substack{U_I = 常数 \\ R_L = 常数}} \quad (\text{mV}/\text{℃}) \tag{8-18}$$

4. 纹波电压

所谓纹波电压,是指稳压电路输出端交流分量的有效值,一般为毫伏数量级,它表示输出电压的微小波动。通常稳压系数较小的稳压电路,它的输出纹波电压也较小。

8.5.2 串联型线性稳压电路

线性稳压电路有串联型和并联型两种。**串联型线性稳压电路是在输入电压和负载之间串联一个调整管,所以叫做串联型稳压电路,**是目前使用最多的线性稳压电路。

1. 电路组成和工作原理

串联型线性稳压电路一般由调整管、基准电压电路、取样电路、误差电压放大电路四个基

本部分组成。实际的电路中通常还包括一些保护电路,启动电路等。图 8-14 是串联型线性稳压电路的原理电路,图中 U_I 是前级整流滤波电路的输出电压。

取样电路由电阻 R_1、R_3 和电位器 R_2 组成,电位器滑动端的电位 U_F 反映了输出电压 U_O 的变化量,并加到误差电压放大电路 A 的反相输入端。基准电压 U_{REF} 由稳压管 VD_Z 提供,接到 A 的同相输入端。U_F 与 U_{REF} 的差值经放大器放大之后反馈到调整管 VT 的基极。当输出电压发生波动时,其变化量经取样、比较、放大后送到调整管的基极,控制调整管 c-e 间的电压降,最终调整输出电压使之基本保持稳定。

在图 8-14 中,当 U_I 升高或 R_L 增大(负载电流 I_O 减小)而导致输出电压增大时,取样电压 $U_F = R_2'U_O/(R_1'+R_2')$ 随之增大,但 U_{REF} 基本保持不变,因此放大电路 A 的差模输入电压 $U_{Id} = U_{REF}-U_F$ 减小,放大电路的输出电压减小,VT 管基极电位下降,使 VT 管的 U_{BE} 减小,集电极电流 I_C 减小,c-e 间电压 U_{CE} 增大,结果使 $U_O = U_I - U_{CE}$ 保持基本不变。这个稳压过程可以简明地表示如下:

$$U_I \uparrow \text{ 或 } I_O \downarrow \rightarrow U_O \uparrow \rightarrow U_F \uparrow (U_{REF} \text{ 基本不变}) \rightarrow U_{Id} \downarrow \rightarrow U_B \downarrow \rightarrow U_{CE} \uparrow$$
$$U_O \downarrow \leftarrow$$

当 U_O 减小时,各物理量与上述过程相反。可见,串联型稳压电路的稳压过程,实质上是通过电压负反馈使输出电压基本保持稳定的过程。**调整管的管压降 U_{CE} 的变化总是与输出电压 U_O 的变化方向相反,起着调整的作用;而误差放大电路使电压负反馈加深,增加了调整管的控制灵敏度,从理论上讲,放大倍数越大,负反馈越深,输出电压的稳定性越好。**

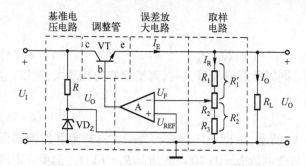

图 8-14 串联型线性稳压电路的原理电路

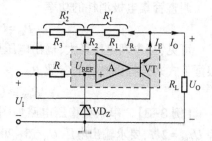

图 8-15 串联型稳压电路的等效画法

2. 输出电压的调节范围

图 8-15 给出了串联型稳压电路的等效画法。调整管 VT 组成射随器,整个电路可以等效为一个同相比例运算电路(图中虚线框部分),输入电压为基准电压 U_{REF}。假设运放 A 是理想运放,则输出电压为

$$U_O = \left(1 + \frac{R_1'}{R_2'}\right)U_{REF} = \frac{R_1'+R_2'}{R_2'}U_{REF} = \frac{R_1+R_2+R_3}{R_2'}U_{REF} \tag{8-19}$$

式(8-19)表明,U_O 与 U_{REF} 成正比,它是设计串联型稳压电路的基本关系式。改变 R_2 滑动端的位置,可以调节 U_O 的大小。当 R_2 的滑动端调到最右端时,$R_2' = R_2+R_3$,此时输出电压最小,即

$$U_{Omin} = \frac{R_1+R_2+R_3}{R_2+R_3}U_{REF} \tag{8-20}$$

当 R_2 的滑动端调到最左端时,$R_2' = R_3$,此时输出电压达到最大值,即

$$U_{Omax} = \frac{R_1 + R_2 + R_3}{R_3} U_{REF} \qquad (8-21)$$

选择合适的采样电阻和稳压管,即可得到所需的电压调节范围。由于串联型稳压电路能够输出较大电流,且输出电压连续可调,因此得到非常广泛的应用。

3. 调整管的选择

调整管是串联型稳压电路的核心元件,担负着"调整"的重任,它的安全工作是电路正常工作的保障。调整管通常采用大功率的三极管,选管时主要考虑它的三个极限参数。

(1) 集电极最大允许电流 I_{CM}

如图 8-15 所示,流过调整管集电极的电流等于流过采样电阻的电流和负载电流之和,$I_C \approx I_E = I_0 + I_R$。当负载电流 I_0 最大时,调整管的集电极电流达到最大。假设采样电阻电流的最大值为 $I_{Rmax} = U_{Omax}/(R_1 + R_2 + R_3)$,则选择调整管时,应使其集电极的最大允许电流

$$I_{CM} \geqslant I_{Omax} + I_{Rmax} \qquad (8-22)$$

(2) 集-射极间的反向击穿电压 BU_{CEO}

调整管的管压降 U_{CE} 等于输入电压 U_I 与输出电压 U_0 之差,即 $U_{CE} = U_I - U_0$。当电网电压最高(输入电压最高),同时负载短路时,输入电压全部加在调整管两端,此时管子承受的管压降最大。因此选择调整管时应该满足

$$BU_{CEO} \geqslant U_{Imax} \qquad (8-23)$$

(3) 集电极最大允许耗散功率 P_{CM}

调整管集电极消耗的功率

$$P_C = U_{CE} I_C = (U_I - U_0)(I_0 + I_R) \qquad (8-24)$$

可见,当电网电压最大,输出电压最小,同时负载电流最大时,调整管的功耗最大,所以,应根据下式来选择调整管的参数 P_{CM}

$$P_{CM} \geqslant (U_{Imax} - U_{Omin})(I_{Omax} + I_{Rmax}) \qquad (8-25)$$

【例 8-3】 串联型稳压电路如图 8-14 所示,电网电压的波动为 ±10%,调整管的饱和压降 $U_{CES} = 2 \text{ V}$,要求输出电压 $U_0 = 5 \sim 20 \text{ V}$,负载电流 $I_0 = 0 \sim 100 \text{ mA}$,$R_1 = R_3 = 1 \text{ k}\Omega$。初步确定调整管选用 3DD2C,其主要参数为 $I_{CM} = 0.5 \text{ A}$,$BU_{CEO} = 45 \text{ V}$,$P_{CM} = 3 \text{ W}$。试求:

(1) 稳压管的稳定电压 U_Z 和 R_2 的取值分别为多少?

(2) 为了使调整管正常工作,电路的输入电压 U_I 至少应为多少?

(3) 取稳压电路的输入电压为 28 V,验证调整管是否能安全工作?

解: (1) 根据式(8-20)和式(8-21),输出电压的调整范围为

$$\frac{R_1 + R_2 + R_3}{R_2 + R_3} U_{REF} \leqslant U_0 \leqslant \frac{R_1 + R_2 + R_3}{R_3} U_{REF}$$

可得

$$\begin{cases} \dfrac{R_1 + R_2 + R_3}{R_2 + R_3} U_{REF} = U_{Omin} = 5 \text{ V} \\[2mm] \dfrac{R_1 + R_2 + R_3}{R_3} U_{REF} = U_{Omax} = 20 \text{ V} \end{cases}$$

将 $U_{Omin} = 5 \text{ V}$,$U_{Omax} = 20 \text{ V}$,$R_1 = R_3 = 1 \text{ k}\Omega$,$U_{REF} = U_Z$ 代入上式,解二元一次方程组得 $R_2 = 3 \text{ k}\Omega$,$U_Z = 4 \text{ V}$。

（2）调整管正常工作，是指在输入电压波动或负载变化时，调整管应始终工作在放大状态。分析电路可知，在输入电压最小且输出电压最大时调整管的管压降最小，只要保证此时的管压降大于饱和压降，则在其他情况下，调整管一定工作在放大区。因此

$$U_{CEmin} = U_{Imin} - U_{Omax} > U_{CES} \quad 即 \quad U_{Imin} > U_{Omax} + U_{CES}$$

代入数据得 $\qquad 0.9U_I > 20 + 2 \quad 即 \quad U_I > 24.4 \text{ V}$

（3）根据稳压电路的各项参数，可知调整管的极限参数分别为

$$I_{CM} \geq I_{Omax} + \frac{U_{Omax}}{R_1 + R_2 + R_3} = 100 + \frac{20}{1 + 3 + 2} = 104 \text{ mA}$$

$$BU_{CEO} \geq U_{Imax} = 1.1U_I = 30.8 \text{ V}$$

$$P_{CM} \geq (U_{Imax} - U_{Omin})I_{Cmax} = (30.8 - 5) \times 104 \times 10^{-3} = 2.7 \text{ W}$$

调整管 3DD2C 的 $I_{CM} = 0.5 \text{ A}$, $BU_{CEO} = 45 \text{ V}$, $P_{CM} = 3 \text{ W}$, 各项极限参数均在允许范围内，且留有一定的余地，因此管子能安全工作。

8.5.3 集成线性稳压电路

随着 IC 技术的发展，集成稳压电路应运而生，品种应有尽有，用途极其广泛。特别是三端集成稳压器，芯片只有三个引出端，具有外接元件少，使用方便，性能稳定，价格低廉等优点，因而得到广泛应用。

三端集成稳压器按照性能和用途不同，可以分成两大类，一类输出电压是固定的，称为固定输出三端稳压器；另一类输出电压是可调的，称为可调输出三端稳压器。其基本原理相同，均采用串联型稳压电路。

1. 固定输出三端稳压器

（1）电路组成

固定三端稳压器的电路组成如图 8-16 所示。三个引出端分别为输入端、输出端和公共端（地）。

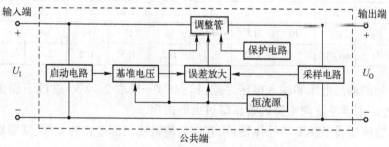

图 8-16 78 系列三端稳压器的电路组成

调整管串接在输入端和输出端之间，通过调整自身的集-射极压降使输出电压基本保持不变。调整管采用复合管结构，具有很大的电流放大系数，并且提高了调整管的输入电阻。

误差放大器中的放大管也是复合管，电路为共射接法，并采用有源负载来获得较高的电压增益。由两个分压电阻组成的采样电路将输出电压变化量的一部分送至误差放大器的输入端。

基准电压源采用能带间隙式基准电压源，这种源具有低噪声、低温漂的特点，其温度稳定性远远高于稳压管基准电压源，在单片式大电流集成稳压器中被广泛使用。

启动电路在输入电压 U_I 接通后,给恒流源电路提供基极电流,帮助调整管、误差放大电路和基准电压电源等建立起各自的工作电流;在稳压电路正常工作后自动切断,以免影响稳压电路的性能。

三端稳压器内部设置了完善的过流、安全区和过热三种保护电路。过流保护采用限流型保护电路。安全区保护采用减流式保护电路,保证调整管工作在安全区。过热保护在调整管芯片温度达到 125℃ 时动作,为调整管分流使芯片温度下降。

(2) 外形、符号和主要参数

78/79 系列是固定三端稳压器中最具代表性的系列,78 系列为正电压输出,79 系列为负电压输出。78/79 系列为通用系列,很多公司都在生产,如国产的 CW78/79 系列、美国国家半导体公司的 LM78/79 系列、摩托罗拉公司的 CM78/79 系列等。它们的输出电压由具体型号的后面两位数字代

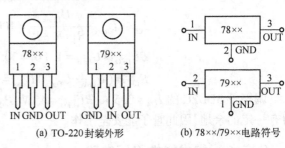

(a) TO-220 封装外形　　(b) 78××/79×× 电路符号

图 8-17　78/79 系列三端稳压器

表,有 5 V、6 V、7 V、8 V、12 V、15 V、18 V、24 V 等档次。78/79 系列三端稳压器最常用的封装是 TO-220,其封装外形和电路符号如图 8-17 所示,两者的引脚排列不同,使用时要注意区分。

78 系列三端稳压器的主要参数如表 8-3 所示。在使用三端稳压器时,需从产品手册中查到该型号对应的有关参数、性能指标和外形尺寸,并配上合适的散热器。

表8-3　78 系列三端稳压器的主要参数

参数名称	符号	单位	型　号							测试条件 $(T_A = 25℃)$
			7805	7806	7808	7812	7815	7818	7824	
输出电压	U_O	V	5	6	8	12	15	18	24	$I_O = 1$ A
电压调整率	S_U	mV	7.6	8.6	10	8.0	6.6	10	11	$I_O = 1$ A
电流调整率	S_I	%/V	40	43	45	52	52	55	60	$I_O = 5$ mA~1.5 A
最小压差	$U_I - U_O$	V	2	2	2	2	2	2	2	$I_O = 1$ A
峰值电流	I_{OM}	A	2.2	2.2	2.2	2.2	2.2	2.2	2.2	/
输出噪声	U_N	μV	10	10	10	10	10	10	10	$f = (10~100\,k)$ Hz
输出温漂	S_T	mV/℃	1.0	1.0	1.2	1.2	1.5	1.8	2.4	$I_O = 5$ mA

78/79 系列的输出电压和输入电压之差 $(U_I - U_O)$ 一般取 3~7 V,过低不能保证调整管工作在放大区,过高则容易使调整管因管压降过大而击穿。

三端集成稳压器属于功率半导体器件,它作为整机或局部电路的电源,需要输出一定的功率,特别是内部的调整管,供给的是全部负载电流,在使用过程中稳压器件要发热,使芯片温度升高,限制了它的最大功率。因此,通常要给稳压器配上合适的散热器,散热器的散热面积一般不应小于 100 mm²。

(3) 应用电路

① 基本应用电路

以 78×× 系列为例,固定三端稳压器最基本的应用电路如图 8-18 所示。整流滤波后的直流电压 U_I 接在

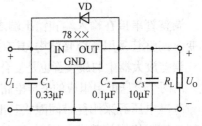

图 8-18　固定三端稳压器基本应用

输入端和公共端之间,在输出端可以获得稳定的输出电压 U_0。正常工作时,输入输出电压差为 $2\sim3$ V。C_1 用于抵消因长线传输引起的电感效应;C_2 的作用是改善负载的瞬态响应;C_3 是电解电容,用于减小输出端由输入电源引入的低频干扰。VD 是保护二极管,稳压器正常工作时处于截止状态;当输入端短路时才导通,使 C_3 通过 VD 放电,以便保护集成稳压器内部的调整管。

② 扩大输出电流的稳压电路

78×× 系列产品能提供的最大输出电流为 1.5 A,如果要求进一步扩大输出电流,可以通过外接大功率三极管来实现。图 8-19 的电路给出了扩大输出电流的方法。负载所需的最大电流由大功率三极管 VT 提供,设三端稳压器的最大输出电流为 I_{0max},则晶体管的最大基极电流 $I_{Bmax}=I_{0max}-I_R$,因而最大负载电流为

$$I_{Lmax}=I_{Emax}=(1+\beta)(I_{0max}-I_R)$$

式中,β 为 VT 的电流放大系数。

二极管 VD 用来补偿大功率三极管的发射结电压 U_{BE},使电路的输出电压 U_0 基本上等于三端稳压器的输出电压 U_0'。选择适当的二极管,并通过调整电阻 R 来改变二极管的电流,使 $U_D\approx U_{BE}$,则 $U_0=U_0'+U_D-U_{BE}\approx U_0'$。

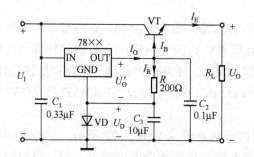

图 8-19　扩大输出电流的稳压电路

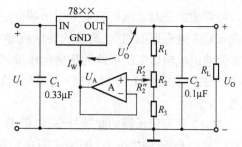

图 8-20　输出电压可调的稳压电路

③ 输出电压可调的稳压电路

图 8-20 所示是利用 78×× 构成的输出电压可调的稳压电路。R_1、R_2 和 R_3 组成取样电路,其中 R_2 为电位器。集成运放 A 接成电压跟随器形式,将三端稳压器和取样电路隔离开来,可以避免稳压器公共端电流 I_W 变化对输出电压的影响。运放的输出电压 U_A 等于同相端的输入电压,即

$$U_A=\frac{R_2''+R_3}{R_1+R_2+R_3}U_0$$

输出电压

$$U_0=U_A+U_0'=\frac{R_2''+R_3}{R_1+R_2+R_3}U_0+U_0'$$

U_0' 为三端稳压器的输出电压,整理后得

$$U_0=\left(1+\frac{R_2''+R_3}{R_1+R_2'}\right)U_0' \tag{8-26}$$

输出电压的调节范围为 $\qquad \dfrac{R_1+R_2+R_3}{R_1+R_2}U_0'\leqslant U_0\leqslant\dfrac{R_1+R_2+R_3}{R_1}U_0'$ (8-27)

④ 正、负输出的稳压电源

在电子设备中常常会遇到采用正、负电源供电的情况,如双电源供电的集成运放或功率放大器。图 8-21 所示电路是采用 CW7815 和 CW7915 两个集成稳压器芯片组成的稳压电源电路,它可以同时输出+15 V 和-15 V 的两路直流电压。

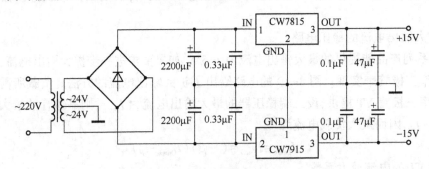

图 8-21 ±15 V 直流稳压电源电路

2. 可调输出三端稳压器

(1) 常用产品型号和内部电路组成

可调输出三端稳压器的三个引出端分别为输入端、输出端和调整端。这种稳压器的输出电流与输入电流近似相等,调整端的电流非常小(可忽略),因此只需配合少量的外部元件就能方便地组成输出电压可调的精密电压源,应用更为灵活。常用的产品型号有:正电压输出的 CW117/217/317、LM117/217/317 等系列;负电压输出的 CW137/237/337、LM137/237/337 等系列。

LM317 系列稳压器的封装外形、电路符号和内部电路组成如图 8-22 所示。它的内部电路有误差放大器、偏置电路(图中未画出)、恒流源电路和带隙基准电压源 U_{REF} 等。内部的基准电压接在误差放大器的同相端和调整端之间。当接上外部的调整电阻 R_1、R_2 后,输出电压为

$$U_O = U_{REF} + I_2 R_2 = U_{REF} + \left(\frac{U_{REF}}{R_1} + I_{adj}\right) R_2 = U_{REF}\left(1 + \frac{R_2}{R_1}\right) + I_{adj} R_2 \tag{8-28}$$

一般 LM317 调整端的电流 $I_{adj} = 50\mu A \ll I_1 = U_{REF}/R_1$,故可以忽略,式(8-28)可以简化为

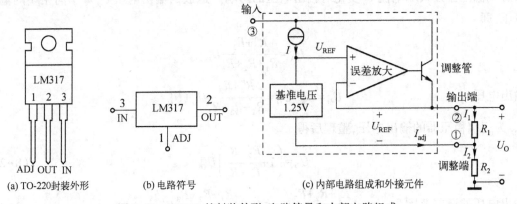

(a) TO-220封装外形   (b) 电路符号   (c) 内部电路组成和外接元件

图 8-22 LM317 的封装外形、电路符号和内部电路组成

$$U_0 = U_{REF}\left(1 + \frac{R_2}{R_1}\right) \qquad (8-29)$$

LM337 是与 LM317 对应的负压输出三端可调集成稳压器,它的工作原理和电路结构与 LM317 相似。

(2) 应用电路

① 1.25 V~37 V 可调电源

电路如图 8-23 所示,**输出端和调整端之间的电压等于基准电压,LM317 的基准电压为 1.2~1.3 V,取典型值 1.25 V。**忽略调整端的输出电流,则输出电压

$$U_0 = \left(1 + \frac{R_2}{R_1}\right) \times 1.25 \text{ V}$$

调节 R_2 可使输出电压在 1.25~37 V 之间连续变化。

C_1 用于输入整流滤波,C_2 用来提高稳压器的纹波抑制能力,C_3 用以改善稳压器的瞬态响应。当输入端或输出端发生短路时,电容 C_2 的放电将在 R_1 上产生冲激电压,会危及稳压器的基准电压电路,因此需在 R_1 两端并接二极管 VD_2 以保护稳压器。此外当输入端短路时,C_3 等元件上储存的电压会通过 VD_1 泄放,用于防止内部调整管反偏。

② 5 V 电子关断稳压器

电路如图 8-24 所示。电路在正常工作时外来的 TTL 控制信号为低电平,使 VT 截止,由式(8-29)可求出稳压器输出电压为 5 V。当外来的 TTL 控制信号为高电平时,VT 饱和导通,R_2 被短路,稳压器输出电压近似为 1.25 V。

同样,改变 R_2 可获得不同的电压输出。另外 VT 也可用 9013 等 NPN 管替换。

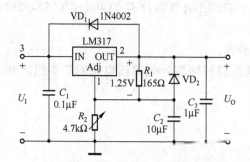

图 8-23 1.25~37 V 可调电源

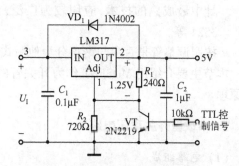

图 8-24 5 V 电子关断稳压器

8.6 开关型稳压电路

上一节讨论的线性稳压电路具有结构简单、输出电压稳定性高、纹波小、调节方便等优点。但是,其中的调整管必须工作在线性放大状态,在负载电流较大时,调整管自身的损耗功率($P_C \approx U_{CE}I_O$)相当大,导致电源效率低,一般效率不超过 50%。而且,为了解决调整管的散热问题,需要安装大面积的散热器,致使整个电源设备的体积、质量都比较大。为了克服以上缺点,可以采用开关型稳压电路。

1. 开关型稳压电路的特点和分类

开关型稳压电路采用功率半导体器件(如 BJT、MOSFET、SCR 等)作为开关调整管,通过

控制电路使调整管在导通(ON)状态和截止(OFF)状态之间不断切换,对输入电压进行脉冲调制,从而实现 DC-AC、DC-DC 电压变换,以及输出电压可调并自动稳压。

调整管处于导通状态时管压降很小,处于截止状态时电流很小,管子的功率损耗主要发生在状态切换过程中,所以电路效率明显提高,其效率可以达到 70%~95%。由于功耗小,调整管的散热装置也随之减小,而且电路的工作频率通常为几十至几百 kHz,滤波元件的容量可以大大减小,所以开关型稳压电路的体积小、质量轻。另外,开关型稳压电路对电网的适应能力很强,一般线性稳压电路允许电网波动±10%,而开关型稳压电路在电网电压从 110 V ~260 V 范围内变化时,都可以获得稳定的输出电压。

开关型稳压电路的主要缺点是存在较为严重的开关干扰,输出电压中的纹波和噪声成分较大,电路结构复杂,对元器件要求较高,调整比较麻烦。

总的来说,开关型稳压电路具有体积小、质量轻、功耗小、效率高、输入电压范围广等优点,在节能减耗方面具有长远优势,因而迅速成为现代供电设备的主流产品,应用日趋广泛。

开关型稳压电路的种类很多,可以按不同的方式进行分类。

- 按照调整管与负载的连接方式可以分为串联型和并联型。串联型电路中调整管与负载串联,输出电压总是小于输入电压,也称为降压(Buck)型稳压电路;并联型电路中调整管与负载并联,具有升压功能,也称为升压(Boost)型稳压电路。
- 按照脉冲调制方式分为三种:频率可变、脉冲宽度固定的调制方式,称为脉冲频率调制(PFM);频率固定、脉冲宽度可调的调制方式,称为脉冲宽度调制(PWM);频率、脉冲宽度都可调的调制方式,称为混合调制。前一种调制方式多用于 DC-AC 逆变电源或 DC-DC 电压变换;后两种调制方式多用于开关型稳压电源。其中 PWM 方式是开关电源设计中最成熟的技术,应用较为广泛,典型 PWM 控制器芯片有 TL494、CW1524/2524/3524 等。
- 按照调整管是否参与谐振分为他激式和自激式。

本节主要介绍用 MOSFET 作为开关管的串联型和并联型开关稳压电路的基本组成和工作原理。

2. 串联型开关稳压电路

(1) 电路组成

如图 8-25 所示为串联型开关稳压电路的原理图。U_1 是未经稳压的直流输入电压;MOS 场效应管 VT 作为开关调整管,通常选取饱和压降 U_{DS} 小且开关特性好的高频功率管;电感 L 和电容器 C 组成储能滤波电路;VD 为续流二极管,一般采用正向压降低、反向恢复时间短的肖特基二极管;R_L 为负载电阻,R_1、R_2 组成采样电路;电压比较器 A_2、三角波发生器、误差放大器 A_1 和基准电压源构成 PWM 控制器。

(2) PWM 控制器的工作原理

PWM 控制器如图 8-25 中虚线框内所示。基准电压源输出的基准电压 U_{REF} 接到误差放大器 A_1 的同相输入端,取样电压 U_{N1} 作用于 A_1 的反相输入端,U_{REF} 与 U_{N1} 之差经 A_1 放大后,作为 A_2 的门限电压 U_{th2}。三角波发生器输出固定频率的三角波电压 u_t,三角波的频率就是电源的工作频率。u_t 输入到 A_2 的反相端,与 U_{th2} 相比较,当 $u_t < U_{th2}$ 时,A_2 输出为高电平 U_H;当 $u_t > U_{th2}$ 时,A_2 输出为低电平 U_L,得到矩形波 u_G,u_G 控制 VT 的导通和截止。u_t 和 u_G 的波形如图 8-26 所示。

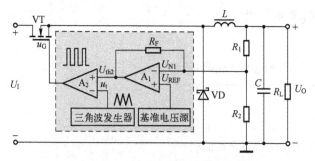

图 8-25 串联型开关稳压电路原理图

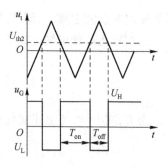

图 8-26 u_t 和 u_G 的波形

（3）换能电路的工作原理

如图 8-27 所示，**开关调整管 VT、LC 滤波电路和续流二极管 VD 组成换能电路**，它的作用是将输入的直流电压转换成脉冲电压，再将脉冲电压经 **LC 滤波转换成低纹波的直流电压提供给负载**。VT"导通"和"关断"的工作状态由 PWM 控制器的输出电压 u_G 来控制。

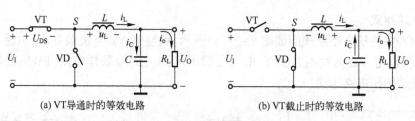

(a) VT导通时的等效电路　　　　　(b) VT截止时的等效电路

图 8-27　换能电路的等效电路

当 u_G 为高电平时，VT 导通（VT 进入可变电阻区，漏极电流很大，U_{DS} 很小），$u_S = U_I - U_{DS} \approx U_I$，VD 反偏截止，等效电路如图 8-27（a）所示，电流如图中所标注。在 U_I 作用下电感电流 i_L 逐渐增加，电感 L 储存能量；u_S 通过电感向负载提供电流，同时向电容器 C 充电。

当 u_G 为低电平时，VT 截止，i_L 不能突变，电感 L 产生自感电动势 u_L（左负右正），使 VD 导通，$u_S = -U_D \approx 0$，等效电路如图 8-27(b)所示。电感中储存的能量向负载释放，同时电容 C 放电，负载电流方向不变。

u_G、u_S、u_O 的波形如图 8-28 所示。在 u_G 的一个周期 T 内，调整管导通时间为 T_{on}，关断时间为 T_{off}，占空比 $q = T_{on}/T$。

只要 L、C 足够大，输出电压波形就是连续的，而且 L、C 越大，输出波形越平滑。若将 u_S 视为直流分量与交流分量之和，则输出电压的平均值等于 u_S 的直流分量，即

$$U_O = \frac{T_{on}}{T}(U_I - U_{DS}) + \frac{T_{off}}{T}(-U_D) \approx \frac{T_{on}}{T}U_I = qU_I \qquad (8\text{-}30)$$

改变占空比 q，可以改变输出电压的大小。

4. 稳压过程

当输出电压 U_O 增大时，取样电压 U_{N1} 会同时增大，使误差放大器 A_1 的输出电压 U_{th2} 减小，经电压比较器使 u_G 的占空比变小，

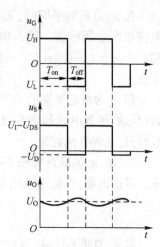

图 8-28　换能电路的波形

因此输出电压随之减小,调节结果使 U_O 基本不变。

上述变化过程可简述如下:

$$U_O \uparrow \rightarrow U_{N1} \uparrow \rightarrow U_{th2} \downarrow \rightarrow u_G 的 q \downarrow$$
$$U_O \downarrow \leftarrow$$

当 U_O 减小时,与上述变化相反。

$$U_O \downarrow \rightarrow U_{N1} \downarrow \rightarrow U_{th2} \uparrow \rightarrow u_G 的 q \uparrow$$
$$U_O \uparrow \leftarrow$$

由图 8-25 和图 8-26 可知,当 $U_{N1} < U_{REF}$ 时,$U_{th2} > 0$,u_G 的占空比大于 50%;当 $U_{N1} > U_{REF}$ 时,$U_{th2} < 0$,u_G 的占空比小于 50%;因而改变 R_1 与 R_2 的比值,即改变了 U_{N1} 的大小,由此可以改变输出电压 U_O 的数值。

5. 并联型开关稳压电路

(1) 电路组成

并联型开关稳压电路原理图如图 8-29(a)所示,调整管 VT 与负载并联,电感 L 和电容 C 组成 LC 滤波电路,VD 为续流二极管,R_L 为负载电阻,R_1、R_2 为采样电路,PWM 控制器的组成与串联型开关稳压电路相同。

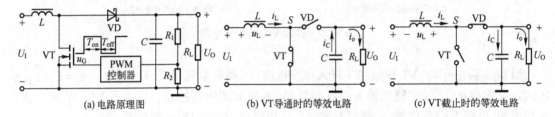

(a) 电路原理图　　　　　(b) VT导通时的等效电路　　　　　(c) VT截止时的等效电路

图 8-29　并联型开关稳压电路原理图及等效电路

(2) 工作原理

PWM 控制器输出的矩形波电压 u_G 控制 VT 的导通与截止。

在 u_G 为高电平期间,VT 导通,$u_S = U_{DS} \approx 0$,VD 反偏截止,等效电路如图 8-29(b)所示,电流如图中所标注。输入电压 U_I 直接加在电感 L 两端,电流 i_L 增大,电感存储能量,电感两端电压 $u_L = U_I - U_{DS} \approx U_I$。同时电容 C 放电,给负载提供输出电流 i_O,维持输出电压 U_O 基本不变。

在 u_G 为低电平期间,VT 截止,i_L 不能突变,L 感应反电动势 u_L(左负右正),$u_S = U_I + u_L$,使 VD 导通,等效电路如图 8-29(c)所示。$U_I + u_L$ 给负载提供输出电流 i_O,同时给电容 C 提供充电电流,电容存储能量。

u_G、u_S、u_O 的波形如图 8-30 所示。当 L、C 足够大时,可以实现升压并获得稳定的输出电压。可以证明,电路的输出电压为

$$U_O \approx \frac{T}{T - T_{on}} U_I = \frac{1}{1-q} U_I \tag{8-31}$$

当 u_G 周期不变时,占空比越大,输出电压越大。

6. 集成开关稳压器及其应用

集成开关稳压器可以简化电源电路,提高产品性能,因而获得了广泛应用。集成开关稳压器的种类很多,表8-4列出了几种典型的集成开关稳压器,它们的集成度高、使用方便,具有较高的性价比。下面简单介绍 LM2576、LM2577 的电路组成、外部引脚及其基本应用电路。

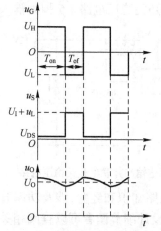

图 8-30　换能电路的波形分析

表 8-4　几种典型的集成开关稳压器

芯片型号	输入电压范围	基准电压	输出电压	最大输出电流	最高工作频率	拓扑结构
LM2576	3.5~40 V	1.23 V	3.3 V,5 V,12 V,15 V,ADJ(可调)	3A	52 kHz	Buck
LM2577	3.5~40 V	1.23 V	12 V,15 V,ADJ(可调)	3 A	52 kHz	Boost
MC34063	5~40 V	1.25 V	1.25~40 V	1.5 A	100 kHz	Buck、Boost
LMZ21701	3~17 V	0.803 V	0.9~6 V	1 A	2.5 MHz	Buck

(1) LM2576/2577 的电路组成及外部引脚

LM2576 系列是串联型集成开关稳压器,输出电压分为固定 3.3 V,5 V,12 V,15 V 和可调输出(ADJ)五种。LM2577 系列是并联型集成开关稳压器,输出电压分为固定 12 V,15 V 和可调输出(ADJ)三种。它们的内部结构基本相同,内含开关调整管、52 kHz 振荡器、1.23 V 带隙基准电压源、误差放大器、比较器、启动电路以及完善的保护电路。LM2576/2577 系列产品目前应用最多的是 TO-220 封装,仅有 5 只管脚,其封装外形和引脚排列如图 8-31 所示。

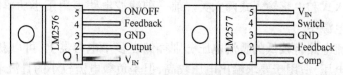

图 8-31　LM2576/2577 TO-220 封装外形及引脚排列

(2) LM2576-ADJ 可调输出串联型开关稳压电路

图 8-32 所示电路是由 LM2576-ADJ 芯片和外围器件构成的串联型开关稳压电路。1 脚为输入端,输入电压的最大值为 40 V,C_1 为输入滤波电容。3 脚为接地端。5 脚为工作模式控制端,正常工作时 5 脚接地,当 5 脚接高电平时,芯片处于低功耗待机状态。2 脚为输出端,L、C_2 为储能滤波电路,VD 为续流二极管。R_1、R_2 为取样电路,4 脚为反馈端,与取样电路相连接,

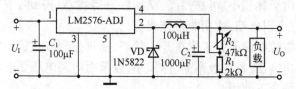

图 8-32　LM2576-ADJ 可调输出串联型开关稳压电路

该引脚提供 1.23 V 的基准电压。

该电路的输出电压为

$$U_0 = \left(1 + \frac{R_2}{R_1}\right) U_{REF} = \left(1 + \frac{0 \sim 47}{2}\right) \times 1.23 = 1.23 \text{ V} \sim 30.1 \text{ V}$$

(3) LM2577-12 固定输出并联型开关稳压电路

图 8-33 所示为由 LM2577-12 芯片和外围器件构成的并联型开关稳压电路。5 脚为输入端，输入电压 5 V，C_1 为输入滤波电容。3 脚为接地端。1 脚为补偿端，R、C_2 为频率补偿电路，防止电路产生自激振荡。2 脚为输出端，L、C_3 为储能滤波电路，VD 为续流二极管。4 脚为开关调整管的集电极。该电路的输出电压为 12 V。

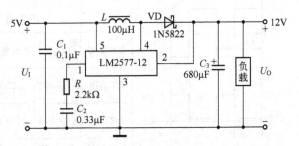

本节扼要地介绍了脉冲宽度调制式开关稳压电路的组成和工作原理，以及几

图 8-33　LM2577-12 固定输出并联型开关稳压电路

种典型集成开关稳压器的应用。开关电源设计需要丰富的模拟电路知识和经验，涉及功率管选取、电源滤波、控制环路、高频磁芯变压器、EMC 等多方面，具体设计细节读者可以查阅相关文献和书籍。

本 章 小 结

(1) 小功率直流稳压电源通常用整流、滤波和稳压等环节来实现。

(2) 整流电路利用二极管的单向导电特性将交流电压变为单向脉动电压，有半波整流和全波整流两种，最常用的是单相桥式全波整流电路。

(3) 滤波电路利用储能元件的平波作用将输出电压中的脉动成分滤掉，使输出电压平滑，通常分为电容输入式和电感输入式两大类。前一种滤波电路多用于小功率电源中，后一种则多用于较大功率电源中。

(4) 倍压整流电路将较低的直流电压分别存储在多个电容器上，可以获得几倍于变压器副边电压的输出电压，适用于要求输出电压较高，但是负载电流较小的直流电源中。

(5) 稳压电路的任务是在电网电压波动或负载变化时，使输出电压保持基本稳定。构成稳压电路的方法主要有两种：线性稳压电路和开关型稳压电路。

(6) 线性稳压电路中调整管工作在线性放大区，通过控制调整管的管压降来稳定输出电压。串联型稳压电路主要由调整管、基准源、取样电路、误差放大器四个基本部分组成，是一个带电压负反馈的闭环调节系统，具有稳定性好、纹波小、噪声低等优点，适合在稳定性要求较高或小功率的场合下使用。

(7) 集成稳压器由于体积小、可靠性高、稳压性好等优点，得到了广泛的应用。特别是三端集成稳压器，仅有三个引出端，使用非常方便。

(8) 开关型稳压电源中调整管工作在开关状态，通过控制调整管的"导通"时间与"关断"时间的比率来稳定输出电压，具有效率高、体积小，以及对电网电压要求不高等优点，适合在要求效率高或大功率的场合下使用。

自测题

一、选择题

1. 整流的作用是( )。

A. 将直流电压转换为交流电压　　　　　　B. 将交流电压转换为脉动的直流电压

C. 将正弦波转换为方波　　　　　　　　　D. 将高频电流转换为低频电流

2. 直流电源中滤波电路的作用是( )。

A. 将方波转换为三角波　　　　　　　　　B. 将交流电压转换为脉动的直流电压

C. 滤除直流成分,保留脉动成分　　　　　D. 滤除脉动成分,保留直流成分

3. 单相半波整流电路的输出电压平均值 $U_{O(AV)}$ 与输入电压有效值 U_2 的关系为( )。

A. $U_{O(AV)} = 0.45U_2$　　　B. $U_{O(AV)} = 0.9U_2$　　　C. $U_{O(AV)} = U_2$　　　D. $U_{O(AV)} = 1.2U_2$

4. 单相桥式整流电路的输入电压有效值 $U_2 = 10$ V,则其输出电压平均值 $U_{O(AV)} \approx ($)。

A. 20 V　　　　　　B. 14 V　　　　　　C. 9 V　　　　　　D. 5 V

5. 单相桥式整流电容滤波电路的输入电压有效值 $U_2 = 20$ V, $R_L C \geqslant 2T$(T 为电网电压的周期),其输出电压平均值 $U_{O(AV)} \approx ($)。

A. 28 V　　　　　　B. 24 V　　　　　　C. 20 V　　　　　　D. 18 V

6. 开关型稳压电路比线性稳压电路效率高的主要原因是( )。

A. 输出端有 LC 滤波器　　　　　　　　　B. 可以省去工频变压器

C. 调整管工作在开关状态　　　　　　　　D. 滤波电容的容量小

7. 与线性稳压电路相比,开关型稳压电路的主要缺点是( )。

A. 输出电压纹波较大　　B. 体积大　　　　C. 效率低　　　　D. 稳压范围小

二、填空题

1. 小功率直流稳压电源一般由( )、( )、( )、( )四个部分构成。

2. 电容滤波电路适用于( )负载,而电感滤波电路适用于( )负载。

3. 线性稳压电路中调整管工作在( )状态,转换效率( );
开关型稳压电路中调整管工作在( )状态,转换效率( )。

4. 在 PWM 控制式的串联型开关稳压电路中,为了增大输出的直流电压,应该( )调整管控制信号的占空比。

5. CW7812 的输出电压为( )V,最大输出电流为( )A。

思考题与习题 8

8.1　桥式整流电路如图题 8.1 所示,已知变压器副边电压 $u_2 = 20\sqrt{2}\sin(2\pi\times50)t$ V, $R_L = 100$ Ω,忽略二极管的正向压降和变压器内阻,试求:

(1) 输出电压平均值 $U_{O(AV)}$ 和输出电流平均值 $I_{O(AV)}$;

(2) 如果二极管 VD_1 虚焊,输出电压平均值 $U_{O(AV)}$ 为多少?

(3) 如果四个二极管全部接反,输出电压平均值 $U_{O(AV)}$ 为多少?

(4) 如果二极管 VD_1 极性接反,将会出现什么现象?

8.2　桥式整流、电容滤波电路如图题 8.2 所示,电网电压的波动为±10%,变压器副边电压的有效值 $U_2 = 15$ V, $R_L = 40$ Ω,忽略二极管的正向压降和变压器内阻。

(1) 正常工作时,输出电压平均值 $U_{O(AV)}$ 为多少?

(2) 选择滤波电容 C;

(3) 如果测得 $U_{O(AV)}$ 为下列数值,试分析电路可能出现了什么故障?

(a) $U_{O(AV)} \approx 13$ V; (b) $U_{O(AV)} \approx 6.5$ V; (c) $U_{O(AV)} \approx 21$ V。

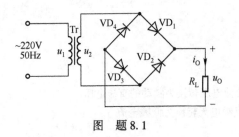

图 题 8.1

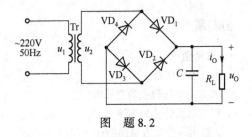

图 题 8.2

8.3　倍压整流电路如图题8.3所示,设变压器副边电压有效值均为U_2。试估算并标出各电容两端的电压极性和数值,并分析负载电阻上能获得几倍压的输出?

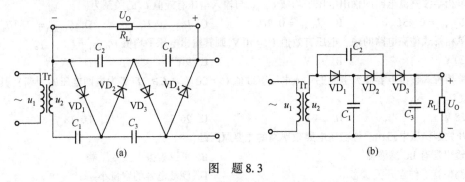

(a)　　　　　　(b)

图 题 8.3

8.4　串联型稳压电路如图题8.4所示,已知稳压管VD_Z的稳定电压$U_Z=3\,V$,$R_Z=1\,k\Omega$,$R_1=R_2=R_3=10\,k\Omega$。

(1) 请说明基准电压电路、采样电路和误差放大电路分别由哪些元器件构成。

(2) 输出电压的最小值和最大值各为多少?

(3) 要求电路工作时调整管 VT 的管压降U_{CE}任何时候都不低于 3 V,稳压管能够承受的最大电流为10 mA,则输入电压U_I的取值范围是多少?

8.5　电路如图题8.5所示,$R_1=R_2=R_W=300\,\Omega$,稳压管VD_Z的稳定电压$U_Z=6\,V$。

(1) 估算输出电压U_0的可调范围;

(2) 假设变压器副边电压的有效值$U_2=20\,V$,说明调整管 VT 是否能正常工作;

(3) 当调整管 VT 的发射极电流$I_E=60\,mA$ 时,其最大耗散功率P_{cmax}出现在R_W的滑动端处于什么位置处? 此时P_{cmax}的值为多少?

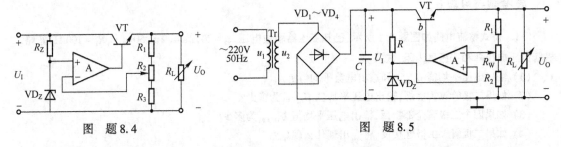

图 题 8.4　　　　　　图 题 8.5

8.6　为了获取$+24\,V$,2 A 以及$-12\,V$,500 mA 的两路直流稳压电源,某同学用三端集成稳压器设计了如图题8.6所示的两个电路,其中U_2为变压器副边电压的有效值。试分析该设计方案是否存在错误,如果有,请加以改正。

8.7　CW7805 组成的电路如图题8.7所示,R_L的取值范围是$100\sim300\,\Omega$,假设三端稳压器的电流I_W与 R、R_L的电流相比可以忽略。试求:

(1) 输出电流I_0,说明电路的功能;

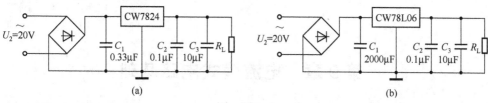

(a)   (b)

图　题 8.6

（2）输出电压 U_O 的范围。

8.8　电路如图题 8.8 所示,已知 LM317 输出端和调整端之间的电压 $U_{REF}=1.25\,V$,电流 I_W 可以忽略。要获得 1.25~25 V 的可调输出电压,试确定 R_W 的值。

8.9　电路如图题 8.9 所示。已知 CW317 的输出端和调整端之间的电压为 1.25 V,$U_I=10\,V$,$R_1=200\,\Omega$,$R_2=R_3=R_4=1\,k\Omega$。忽略 CW317 调整端的电流,求控制信号 U_C 分别为高、低电平时对应的 U_O 值。

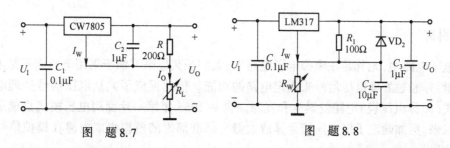

图　题 8.7   图　题 8.8

8.10　试说明开关型稳压电路的特点。在下列各种情况下,应分别采用线性稳压电路还是开关型稳压电路?

（1）要求输出功率大,效率高;

（2）要求输出电压的纹波小,噪声低;

（3）要求结构尽量简单,调试方便。

（4）要求输入电压波动较大时也能稳压。

8.11　电路如图题 8.10 所示。（1）请说明电路中各元件的作用;（2）求电路的输出电压 U_O。

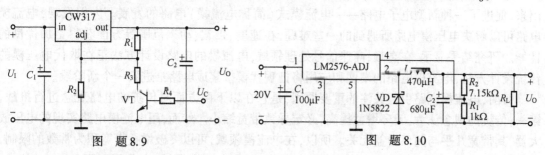

图　题 8.9   图　题 8.10

8.12　设计一个直流稳压电源,功能及指标要求如下:（1）输出电压:±15 V,5 V;（2）最大输出电流:1 A;（3）纹波电压:≤10 mV。

要求完成电路的方案设计、理论计算与分析、电路原理图;用 Multisim（或 SPICE）仿真软件进行仿真验证。

本章习题参考解答请扫以下二维码。

8-1   8-2

第9章 电流模式电路基础

本章将对电流模式(current Mode)电路的原理和发展做一个概述,并介绍一些学习电流模式电路的基础知识,对电流模式电路的特点,常用的电流模式单元电路进行讨论。也适当介绍一些电流模式的基本集成单元,即电流模式标准集成部件。

9.1 电流模式电路的一般概念

1. 引言

在电子电路中,尤其是在模拟电子电路中,人们长久以来习惯于采用电压而不是电流作为信号变量,并通过处理电压信号来决定电路的功能。依此促成了大量电压信号处理电路或称电压模式(简称电压模)电路的诞生和发展。自从 1965 年第一片商用电压模式集成运算放大器问世以来,更加确定了以电压模运算放大器为标准部件的模拟集成电路在模拟信号处理中的主宰地位。

但是,随着被处理信号的频率越来越高,电压模运算放大器的固有缺点开始阻碍它在高频、高速环境中的应用。电压模运算放大器的缺点:①它的 3 dB 闭环带宽与闭环增益的乘积是常数,当带宽向高频区域扩展时,增益成比例下降;②它在大信号下输出电压的最高转换速率很低,一般只有 0. 2~20 V/μs。

近 30 年来,以电流为信号变量的电路在信号处理中的巨大潜在优势逐渐被认识并被挖掘出来,促进了一种新型电子电路——电流模式(简称电流模)电路的发展。人们发现,电流模电路可以解决电压模电路所遇到的一些难题,在速度、带宽、动态范围等方面获得更加优良的性能。研究结果显示,在高频、高速信号处理领域,电流模的电路设计方法正在取代电压模的传统设计方法,电流模电路的发展和应用将把现代模拟集成电路推进到一个新阶段。

目前,电流模电路引起关注的重要原因,是它在以下两方面对传统的电路观念进行挑战。第一,传统的观念认为,闭环增益提高,必定导致带宽缩小。然而,用电流模电路实现的电压放大器,其带宽几乎与闭环增益无关。所以,在电流模领域,可以突破增益带宽积为常数的限制,而且使增益带宽积随闭环增益成线性增大。第二,在电流模领域,多采用匹配(match)技术,在电路结构上尽量对称,其结果是将非线性失真、线性失真以及温漂等绝大部分相互对消,使得输出信号与输入信号极大的逼近。用匹配技术所取得的保真度比用反馈还要高,这是迄今为止,对反馈技术的最大挑战。

2. 什么是电流模电路

迄今为止,对电流模电路这个术语还没有形成一个统一的、严格的定义。一般地讲,电流模电路就是能够有成效地传送、放大和处理电流信号的电路。在电流模电路中,以电流作为变量分析和标定电路。与此相对应的电压模电路,则偏重传送、放大和处理电压信号的电路,并以电压为变量来分析和标定电路。

电路中的电压信号和电流信号总是彼此关联、相互作用的,任何处理电流信号的电路必然会产生内部电压信号的摆幅。但是,作为电流模电路,电路的功能取决于电流信号的处理结果,而那些内部电压信号摆幅应尽量减小,因为它们对电路的功能不起决定性作用。相反,当选用电压而不是电流作为电路中的信号变量,并通过处理电压信号决定电路的功能时,称为电压模电路。电压模电路中同样存在一定摆幅的电流信号,但是电路的功能取决于电压信号而不是电流信号。

上面关于电流模电路和电压模电路的定义通常适用于通用性强的基本集成单元,或称标准集成部件,例如运算放大器、电流传送器等。

除此之外,"电流模"和"电压模"这两个术语还常用来划分具有不同类型增益函数的电子系统(或子系统),即把用电流增益函数描述的系统称为电流模系统,用电压增益函数描述的系统称为电压模系统。例如电流模滤波器、电流模运算器;电压模滤波器、电压模运算器等。应该指出,电子系统(或子系统)是由标准集成部件适当组合而成的。电流模系统可以用电流模标准部件构成,也可以用电压模标准部件构成。同理,电压模系统可以用电压模标准部件构成,也可以用电流模标准部件构成。但是,用不同模式的标准部件组成的同一模式的电子系统,在速度、带宽等性能上会有一些不同的特点,尽管它们具有完全相同的增益函数。

电流模的理论和技术,近年来发展得很快。它主要的特点是高速传输和具有非常小的失真。电流模技术已成为模拟集成电路的重要基础。

3. 电流模电路的特点

长期以来,人们已经习惯对电压信号的处理,然而却忽视了对电流信号的处理。在实际中,许多器件都具有电流传输的功能,如 BJT 和 FET 的输出信号就是一个电流量。所以在对信号处理时,不一定非要把它转换成电压不可,对于这些器件,采用电流模的处理方法,可能会更为简单方便。那么与电压模电路相比较,电流模电路主要有那些性能特点呢?

（1）阻抗水平有别

电流模与电压模电路的主要区别在于输入与输出阻抗上。首先回顾一下,一个理想的电压放大器,要求其输入阻抗为无穷大,其输出阻抗为零。这种要求有利于电压信号传输。对于理想的电流放大器,其输入阻抗为零,而输出阻抗为无穷大,只有这样,才有利于电流信号的传输。因此,在实践中,要求**电压模电路的关键节点具有高阻抗,在大摆幅电压信号下只有小摆幅电流;电流模电路的关键节点具有低阻抗,在大摆幅电流信号下只有小摆幅电压**。

（2）速度高,频带宽

在电流模电路中,影响速度和带宽的晶体管极间电容(结电容 $C_{b'e}$、$C_{b'c}$)工作在阻抗水平很低的节点上。一方面,这些低阻抗节点上的电压摆幅很小,另一方面,由于结电容处在低阻节点上,这些节点上的阻容时间常数很小,即使注入的电流在大范围变化,结电容两端的电压变化仍然很小,结电容从一个电平过渡到另一个电平所需时间很短,晶体管极间电容的充、放电过程可以很快地完成,从而提高了瞬态响应速度。因此,**电流模电路在大信号下的工作速度比电压模电路快得多**。同时,由于管子的极间电容处在低阻抗的节点上,这些电容和相应节点处的低电阻所确定的极点频率很高,从而使其上限频率非常高,工作频率可以接近晶体管的 f_T。第 3 章所述的共基电路就是一个明显的例子,它的输入阻抗很低,输出阻抗很高,非常接近电流放大器,其短路电流放大系数($\alpha \approx 1$)的上限频率可以达到 f_α。其原因非常明显,当输出端(C 极)短路时,两个结电容 $C_{b'e}$、$C_{b'c}$ 都处在低阻抗节点上,相应的时间常数很小,其上限频率就很高。

进一步的分析会看到,一个基本电流镜,其电流传输的上限频率约为$f_T/2$,而一个精度较高的 Wilson 电流镜,其传输的上限频率可达f_T。这些都充分显示了电流模电路在带宽方面的优势。

(3) 电源电压低,功耗小

为了提高集成电路的集成密度,减小功耗,降低电源电压将是一种必然趋势,一般要求将集成电路的电源电压降低到 3.3 V,甚至 1.5 V。对于电压模电路,降低电源电压将直接降低其信号电压的最大动态范围。同时,电源电压的降低,对于设计高速度的电压模电路也会更加困难。电流模电路则不然,它可以在 0.7~1.5 V 的低电源电压下正常工作,且保持电流信号在nA~mA(甚至 10 pA~mA)数量级内变化。**电流模电路中的最大电流和最大动态范围仅受晶体管允许电流的限制,而不受电源电压降低的限制。**

(4) 非线性失真小

在电流模电路中,因成功地采用了匹配(match)技术,在满足电流传输的基本要求下,尽量使电路对称。即使是大信号时,电路也有较高的匹配精度,使得晶体管的非线性互相对消,其结果使非线性失真大为减小。

(5) 采用跨导线性原理简化电路运算

跨导线性(Translinear)原理描写了:在一个电路中,一旦出现跨导线性环路,则环路中各晶体管的电流存在着一种约束关系。利用这种约束关系,可将复杂电路的计算变的很简单,而且这一原理将适用于线性或非线性电路,即小信号和大信号都可适用。

(6) 动态范围大

输入信号的最小值受噪声的限制,对于电压和电流都是如此。**输出信号的最大值,对于电压模电路受限于电源电压,而对电流模电路受限于管子或电源的容量。在这方面,电流模电路并未占优势。然而,在要求低电源电压供电时,电流模电路的最大输出电流,可以只受管子的限制,只要管子能给出大电流,其动态范围可以很宽,这就显示出很大的优势。**

9.2　跨导线性的基本概念

跨导线性原理是 B. Gilbert 在 1975 年提出的,这个原理可以简化非线性电路的计算,它既适用于小信号,又适用于大信号。尤其在一个较大规模的电路中,只要存在"跨导线性环",就会使电路计算大大简化。在电流模电路中,因为多采用"匹配"技术,几乎到处都可以找到"跨导线性环路"。

9.2.1　跨导线性环路

1. 跨导线性环路(Translinear Loop,TL)

由正偏的发射结或二极管 PN 结组成的闭合环路,当其中顺时针方向的正偏结数等于反时针方向的正偏结数时,这种环路称为跨导线性环路,如图 9-1 所示。其中图(a)是由双极型晶体管组成的跨导线性环路;图(b)是由二极管组成的简化跨导线性环路,它包含了 4 个 PN 结,每个 PN 结实际代表环路中每个 BJT 的发射结,每个结上的电流代表流过发射结的正向偏置电流,通常就是 BJT 的集电极电流。实际中,在由 TL 构成各种功能的线性或非线性电流模电路中,必须遵循两个基本原则:①在 **TL** 中必须有偶数个(至少两个)正偏发射结;②顺时针方向(**CW**)排列的正偏结数目与反时针方向(**CCW**)排列的正偏结数目必须相等。

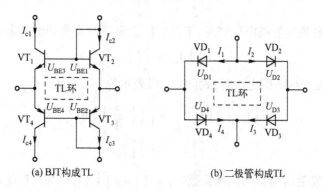

(a) BJT构成TL   (b) 二极管构成TL

图 9-1 跨导线性环

2. 跨导线性原理

利用图 9-1(a)可推导出跨导线性环路中各晶体管电流间的约束关系,因为跨导线性环路中的各 BJT 管必须处在正偏放大区,所以环路中第 j 个晶体管集电极电流的传输方程可表示为

$$I_{Cj} = I_{Sj}\exp\left(\frac{U_{BEj}}{U_T}\right) \tag{9-1}$$

式中,$U_T = kT/q$。上式也可写成

$$U_{BEj} = U_T\ln\frac{I_{Cj}}{I_{Sj}} \tag{9-2}$$

这是环路中第 j 个晶体管正偏发射结的电压表达式,那么沿环路一周各正偏发射结的电压之和应为零,即有

$$\sum_{j=1}^{n} U_{BEj} = 0 \tag{9-3}$$

将式(9-2)代入(9-3)可得

$$\sum_{j=1}^{n} U_T\ln\frac{I_{Cj}}{I_{Sj}} = 0 \tag{9-4}$$

因为在 TL 环路内,顺时针方向(cw)的正偏结数必定等于反时针方向(ccw)的正偏结数,则有

$$\sum_{cw} U_T\ln\frac{I_{Cj}}{I_{Sj}} = \sum_{ccw} U_T\ln\frac{I_{Cj}}{I_{Sj}} \tag{9-5}$$

利用对数的性质,式(9-5)可改写为

$$\prod_{cw}\frac{I_{Cj}}{I_{Sj}} = \prod_{ccw}\frac{I_{Cj}}{I_{Sj}} \tag{9-6}$$

由于在 TL 中发射结反向饱和电流 I_{Sj} 与发射结的面积 A_j 成正比,因此式(9-6)中的 I_{Sj} 可表示为

$$I_{Sj} = A_j J_{Sj}$$

或中,A_j 是第 j 个发射结的面积,J_{Sj} 是由几何尺寸决定的发射结反向饱和电流密度。引入 J_{Sj} 后,一般可认为式(9-6)中所有发射结的反向饱和电流密度 J_{Sj} 是相等的。因此,由式(9-6)可

导出有用的理论公式

$$\prod_{\mathrm{cw}} \frac{I_{Cj}}{A_j} = \prod_{\mathrm{ccw}} \frac{I_{Cj}}{A_j} \tag{9-7}$$

式中，$I_{Cj}/A_j = J_{Cj}$ 恰好是发射结电流密度，于是就能以最简明紧凑的形式来表达 TL 原理

$$\prod_{\mathrm{cw}} J_{Cj} = \prod_{\mathrm{ccw}} J_{Cj} \tag{9-8}$$

当考虑 TL 中发射结面积之比时，式(9-7)可表示为

$$\left(\prod \frac{1}{A_j} \prod I_{Cj} \right)_{\mathrm{cw}} = \left(\prod \frac{1}{A_j} \prod I_{Cj} \right)_{\mathrm{ccw}} \tag{9-9}$$

$$\prod_{\mathrm{cw}} I_{Cj} = \lambda \prod_{\mathrm{ccw}} I_{Cj} \tag{9-10}$$

式中，λ 为 TL 中各发射结面积的比例系数：$\lambda = \prod\limits_{\mathrm{cw}} A_j / \prod\limits_{\mathrm{ccw}} A_j$，称为发射结面积因子。在 TL 回路中，匹配的器件之间发射结面积之比是很重要的，应用发射结面积之比，可得到预期的电路性能和效果；能降低或消除由于结电阻所产生的误差；当电流密度相等时，发射结面积之比即为输出电流之比。

另外在 TL 的设计和制造工艺中，λ 应尽可能接近 1，但这并不要求所有发射结面积都相等。实际上各管的发射结面积可以为不同数值，但 $\lambda = \prod\limits_{\mathrm{cw}} A_j / \prod\limits_{\mathrm{ccw}} A_j$ 的值必须尽可能保证为 1，这样能减少因结电阻而引起的误差，能提高精度和温度稳定性能。

在设计和制造 TL 时，若 λ 不能保证为 1，则发射区面积之比的误差，就等效为结电压 U_{BE} 的失调。这会引起集成电路芯片内的热梯度，导致 U_{BE} 失调的温度漂移。分析指出，**在 TL 中，只有在使 λ 精确为 1 时，才能使所描述的电路具有高精度和高的温度稳定性。**显然当 $\lambda = 1$ 时，跨导线性原理可表示为

$$\prod_{\mathrm{cw}} I_{Cj} = \prod_{\mathrm{ccw}} I_{Cj} \tag{9-11}$$

最后陈述跨导线性原理如下：**在含有偶数个正偏发射结，且顺时针方向结的数目与反时针方向结的数目相等的闭环回路中，顺时针方向发射极电流密度之积等于反时针方向发射极电流密度之积。**

【例 9-1】 电路如图 9-2 所示，设各晶体管的参数相同，均处在放大区，且有 $I_a \gg I_{B1}$，$I_b \gg I_{B4}$，试利用跨导线性原理，推导出 $I_{\mathrm{out}}(t) / I_{\mathrm{in}}(t)$ 的关系式。

解：图中 $VT_1 \sim VT_4$ 的发射结构成一个跨导线性环路，其中顺时针方向的晶体管为 VT_3，VT_4；反时针方向的为 VT_1，VT_2。根据跨导线性原理有

$$I_{C1} I_{C2} = I_{C3} I_{C4} \qquad (注 I_C \approx I_E)$$

又因为 $I_{C2} \approx I_a$，$I_{C3} \approx I_b$，而 $I_{C1} = I_{\mathrm{in}}(t)$，$I_{C4} = I_{\mathrm{out}}(t)$，则有

$$\frac{I_{\mathrm{out}}(t)}{I_{\mathrm{in}}(t)} = \frac{I_{C2}}{I_{C3}} = \frac{I_a}{I_b}$$

即

$$I_{\mathrm{out}}(t) = \frac{I_{C2}}{I_{C3}} = \frac{I_a}{I_b} I_{\mathrm{in}}(t)$$

显然，这是一个增益可控的电流传输电路，其电流传输比为 I_a/I_b，调整 I_a 与 I_b 为不同的值，就可改变电流传输电路的增益。

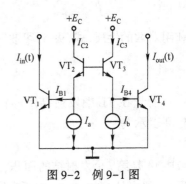

图 9-2　例 9-1 图

【例9-2】 电路如图9-3所示,假设全部管子匹配,且处在放大区,试利用跨导线性原理,列出 $I_{out}(t)$ 的表达式。

解: 图中4只晶体管的正偏发射结构成跨导线性环路,VT_3,VT_4 为顺时针方向;VT_1,VT_2 为反时针方向。观察电路可以看出

$$I_{C1} = I_{C2} = I_{in}(t), \quad I_{C3} = I_o, \quad I_{C4} = I_{out}(t)$$

根据跨导线性原理可得

$$I_{C1} I_{C2} = I_{C3} I_{C4}$$

所以有

$$I_{in}^2(t) = I_o I_{out}(t)$$

即

$$I_{out}(t) = I_{in}^2(t)/I_o$$

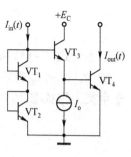

图9-3 例9-2图

可见,这是一个能实现平方运算的基本跨导线性环路。

9.2.2 由TL构成的电流模电路

目前应用TL环路原理构成的模拟集成电路占有相当大的比重。特别是在当代双极型工艺的高速、宽频带集成电路与系统中,其作用尤为突出。因此这里讨论几个应用TL环路构成的基本电流模单元电路。

1. 甲乙类互补推挽输出极电路

图9-4所示的电路,是许多运放甲乙类互补推挽输出极的典型电路。这里利用TL原理来分析它的特性。

设图9-4所示电路中,$VT_1 \sim VT_4$ 具有相同的发射区面积,相同的结温,并工作在同一条件下,则按TL原理可得

$$I_B^2 = i_{C1} i_{C2} \tag{9-12}$$

由式(9-12)可见,当输出端电流 $i_1 = 0$ 时(静态),VT_1,VT_2 的静态工作电流为

$$i_{C1} = i_{C2} = I_B \tag{9-13}$$

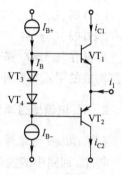

图9-4 甲乙类互补推挽电流模单元

式中,I_B 是 VT_3 和 VT_4 中的偏置电流。

在动态状况下,$i_1 \neq 0$,由图9-4可以看出,这时电路中的电流为

$$i_{C2} = i_{C1} + i_1 \quad \text{或} \quad i_{C1} = i_{C2} - i_1$$

利用式(9-12)可得

$$I_B^2 = i_{C1}(i_{C1} + i_1) \quad \text{或} \quad I_B^2 = i_{C2}(i_{C2} - i_1)$$

所以有

$$i_{C1}^2 + i_1 i_{C1} - I_B^2 = 0 \quad \text{或} \quad i_{C2}^2 - i_1 i_{C2} - I_B^2 = 0$$

于是可得

$$i_{C1} = -\frac{1}{2} i_1 \pm \frac{\sqrt{i_1^2 + 4I_B^2}}{2} = -\frac{1}{2} i_1 \pm I_B \sqrt{\left(\frac{i_1}{2I_B}\right)^2 + 1}$$

$$i_{C2} = \frac{1}{2} i_1 \pm I_B \sqrt{\left(\frac{i_1}{2I_B}\right)^2 + 1}$$

如果 $i_1 > 0$(i_{C1}、i_{C2} 和 i_1 沿图中箭头的方向为正),而上式结果中 $i_{C2} < 0$ 的结果是与物理概念不相符的,其结果为

$$i_{C1} = -\frac{1}{2} i_1 + I_B \sqrt{\left(\frac{i_1}{2I_B}\right)^2 + 1} \tag{9-14}$$

$$i_{C2} = \frac{1}{2}i_1 + I_B\sqrt{\left(\frac{i_1}{2I_B}\right)^2 + 1} \tag{9-15}$$

下面对式(9-14)和式(9-15)进行分析与讨论。

① 在 $|i_1| \ll I_B$ 的条件下,即交流分量的振幅 $|i_1| \ll$ 静态电流 I_B,则 $(i_1/2I_B)^2 \ll 1$,这显然属于甲类工作状态,可以看出

$$i_{C1} \approx I_B - \frac{1}{2}i_1 \tag{9-16}$$

$$i_{C2} \approx I_B + \frac{1}{2}i_1 \tag{9-17}$$

故在 $|i_1| \ll I_B$ 条件下,图9-4所示电路实际工作在甲类状态下。

② 在 $|i_1| \gg I_B$ 的条件下,即交流分量的振幅 $|i_1| \gg$ 静态电流 I_B,则 $(i_1/2I_B)^2 \gg 1$,这显然属于甲乙类工作状态,由式(9-14)和式(9-15)可得

$$I_B\sqrt{\left(\frac{i_1}{2I_B}\right)^2 + 1} \approx \frac{1}{2}|i_1| \tag{9-18}$$

将式(9-18)代入式(9-14)和式(9-15),可得:

$i_1 > 0$ 时,$i_{C1} \approx 0$,VT_1 截止;$i_{C2} \approx i_1$,VT_2 导通。

$i_1 < 0$ 时,$i_{C1} \approx -i_1$,VT_1 导通;$i_{C2} \approx 0$,VT_2 截止。

可见在 $|i_1| \gg I_B$ 条件下,图9-4所示电路工作在甲乙类状态,可见它其实就是一个由 TL 环路构成的甲乙类互补推挽输出极单元电路。

2. TL 电流增益单元及多级电流放大器

(1) Gilbert 电流增益单元

将 TL 回路中的发射结按图9-5所示的方式组合起来,其中 VT_4 和 VT_2 的发射结顺时针方向正偏置,VT_3 和 VT_1 的发射结反时针方向正偏置,并且 VT_1 和 VT_4、VT_2 和 VT_3 的集电极电流同相相加。这类 TL 环路,就是著名的吉尔伯特电流增益单元。

首先引入一个参量 x,并定义 $x = i_s/I$(或 $x = i_s/I_E$),即 x 表示交流信号电流 i_s 与偏置电流 I(或 I_E)的比值。那么根据图9-5可以看出,各晶体管集电极电流的分配关系为

$$i_{C1} \approx i_{E1} = I_E + i_s = I_E + \frac{i_s}{I_E}I_E = (1+x)I_E \tag{9-19}$$

$$i_{C2} \approx i_{E2} = I_E - i_s = (1-x)I_E \tag{9-20}$$

$$i_{C3} \approx i_{E3} = I - i_s = (1-x)I \tag{9-21}$$

$$i_{C4} \approx i_{E4} = I + i_s = (1+x)I \tag{9-22}$$

注意,在图9-5所示电路中,N_1 为主参考点,而 N_3 为局部参考点,所以有 $U_{BE3} + U_{BE1} = U_{BE4} + U_{BE2}$,因此如果设 $i_{C3} < i_{C4}$,则有 $U_{BE3} < U_{BE4}$,必然有 $U_{BE1} > U_{BE2}$,所以当 $i_{C3} = (1-x)I$ 时,必然有 $i_{C1} = (1+x)I_E$。又因为两对差动对管集电极交叉连接后,总电流同相相加,即有

$$i_{C3} + i_{C2} = (1-x)(I+I_E) \tag{9-23}$$

$$i_{C4} + i_{C1} = (1+x)(I+I_E) \tag{9-24}$$

所以可得差模输入电流为

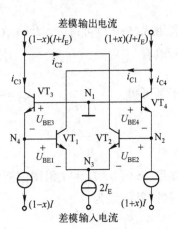

图 9-5　Gilbert 电流增益单元

$$i_{id} \approx i_{C3} - i_{C4} = (1-x)I - (1+x)I = -2xI \tag{9-25}$$

而差模输出电流为

$$i_{od} \approx (i_{C3} + i_{C2}) - (i_{C4} + i_{C1}) = (1-x)(I+I_E) - (1+x)(I+I_E) = -2x(I+I_E) \tag{9-26}$$

于是可得差模电流增益

$$A_{id} = \frac{i_{od}}{i_{id}} = \frac{-2x(I+I_E)}{-2xI} = 1 + \frac{I_E}{I} \tag{9-27}$$

式中,I 为外边对管 VT_3 和 VT_4 集电极的偏置电流,I_E 为里边对管 VT_1 和 VT_2 的集电极偏置电流。可见,设定 I 和 I_E 的值,即可确定 A_{id};改变 I 或 I_E,即可改变增益。每级增益 A_{id} 为 $1 \sim 10$。

(2)多级电流增益

图 9-5 所示的电流增益单元在超高速、超高频集成电路中具有很重要的作用。它们可以被级联成 n 级高增益电流放大器,而每级的偏置电压差仅有一个正向 PN 结压降(约 0.7 V)。图 9-6 所示是两级级联电流放大器,它的电流增益为

$$A_{id} = 1 + \frac{I_{E1}}{I} + \frac{I_{E2}}{I} \tag{9-28}$$

那么对于 n 级电流增益单元级联后的总电流增益为

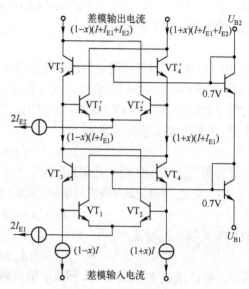

图 9-6 两级电流放大器

$$A_{id} = 1 + \sum_{j=1}^{n} \frac{I_{Ej}}{I} \tag{9-29}$$

3. TL 模拟乘法器单元

(1)一象限乘除法器

由 TL 环路构成的一象限乘除法器电路如图 9-7 所示,图中 VT_2,VT_4 发射结串接成顺时针方向,VT_3,VT_1 发射结串成反时针方向。在 $VT_1 \sim VT_4$ 理想匹配的条件下,根据 TL 环路原理可得

$$i_z i_y = i_x i_o \tag{9-30}$$

于是可得

$$i_o = i_y i_z / i_x \tag{9-31}$$

因图中 i_x、i_y、i_z 均不能为负(必须满足发射结正偏的条件),故称它为一象限乘除法器。

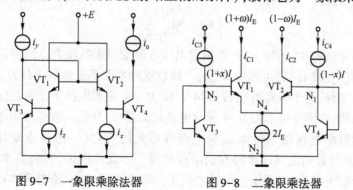

图 9-7 一象限乘除法器　　　图 9-8 二象限乘法器

（2）两象限乘除法器

与图 9-5 所示电流增益单元中 TL 环路发射结的排列方式不同，在图 9-8 所示的 TL 环路中，从节点 $N_1 \sim N_4$ 的顺序环绕一周，BJT 发射结正偏方向是按 CW→CCW→CW→CCW 排列的。根据 TL 原理，在 $VT_1 \sim VT_4$ 理想匹配条件下，由图 9-8 所示的电路不难看出

$$i_{C1}\ i_{C4} = i_{C2}\ i_{C3} \tag{9-32}$$

或
$$(1+\omega)I_E(1-x)I = (1-\omega)I_E(1+x)I \tag{9-33}$$

由上式可得，ω 恒等于 x，即

$$\omega \equiv x \tag{9-34}$$

式（9-34）表明，对于任何数值的偏置电流 I 和 I_E，在相同结温下，当输入信号电流的调制指数 $x = i_s/I$（或 $\omega = i_s/I_E$）从 -1 变到 +1 时，里边一对管子的电流总是能准确地、线性地重现外边一对管子的电流。如果 VT_1 和 VT_2 作为输出对管，VT_3 和 VT_4 作为输入对管，那么由图 9-8 所示电路，可求出差模输出电流为

$$i_{od} = (1+\omega)I_E - (1-\omega)I_E = 2\omega I_E = 2xI_E = 2i_s I_E/I \tag{9-35}$$

上式表明，i_{od} 与 $i_s I_E$ 成比例，比例系数为 2，由于 I_E 和 I 只能大于 0（单极性的信号），而 $i_s = xI$，x 可从 -1 到 +1 变化，所以 i_s 是双极性的信号，故属于二象限乘法器。同样可求出差模输入电流为

$$i_{id} = (1+x)I - (1-x)I = 2xI = 2i_s \tag{9-36}$$

故可得差模电流增益为

$$A_{id} = i_{od}/i_{id} = I_E/I \tag{9-37}$$

可见，电流增益 A_{id} 决定于 TL 回路中输出对管偏置电流 I_E 与输入对管偏置电流 I 之比。并且改变偏置电流 I 或 I_E，即可改变 A_{id}。因此图 9-8 所示电路也是一个可变电流增益单元。

对于图 9-8 所示的电路，如果配置合适的偏置电压和偏置电流，就能很方便地把它互连成 n 级电流放大器。图 9-9 所示为两级可变增益电流放大器。

与图 9-8 所示的电路比较，图 9-9 所示电路中，左边第一级 TL 的 $VT_1 \sim VT_4$ 和右边第二级 TL 的 $VT_1' \sim VT_4'$ 共同构成一个两级的可变增益电流放大器。图中六只 PNP 管为 TL 提供偏置电流 I_o，PNP 管发射区面积都相等；除 TL 外，其余四只 NPN 管为 TL 提供偏置电流 I_E 和 $2I_E$（对应发射区面积分别为 S_1 和 $2S_1$）。

分析图 9-9 所示电路可以看出，在每一级由 $VT_1 \sim VT_4$ 组成的 TL 中，VT_3、VT_4 的偏流为 $I = I_o - I_E$，而 VT_1 和 VT_2 的偏流为 I_E。所以可得每一级电流增益为

$$A_{idj} = \frac{I_E}{I_o - I_E} \tag{9-38}$$

而 n 级的总电流增益为

$$(A_{id})_n = \left(\frac{I_E}{I_o - I_E}\right)^n \tag{9-39}$$

在图 9-9 所示电路中，改变 PNP 管偏置电压可改变偏置电流 I_o；改变 NPN 管偏置电压可改变 I_E；只要改变 I_o（或 I_E）就可改变 $(A_{id})_n$。所以这种电路不仅级联十分方便，而且可以很方便地调节增益。此外，这个电路可在约 +1.4 V 和 -0.7 V 电源电压下正常工作。

最后强调说明，在图 9-6 和图 9-9 所示电流放大器中，从输入端到输出端，整个电路除 TL 环路中晶体管发射结电压随信号电流变化而有不大的变化（一般电流变化 10 倍，U_{EB} 变化 60 mV）外，再无其他影响电路传输特性的电压参量。因此可以说，它们基本上是无大电压摆幅的高速宽频带放大电路，在理论上可使电路工作频率达到 TL 回路中晶体管的特征频率 f_T。

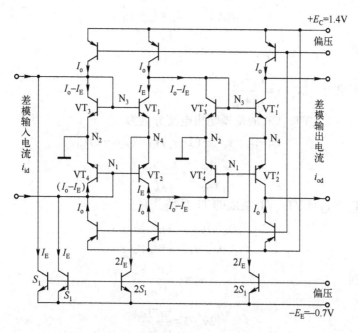

图 9-9 两级可变增益电流放大器

(3) 四象限 TL 乘法器

如果电流模乘法器的输入信号 i_x 和 i_y 都是双极性信号,则成为四象限乘法器。B. Gilbert 发明的六管电流模乘法器单元就是一种四象限乘法器电路,它是高精度、高速度的现代单片集成模拟乘法器的核心单元电路。

六管四象限电流模乘法器单元如图 9-10 所示。电路中有两个 TL,VT_1、VT_2 与 VT_3、VT_4 组成 TL 环路 I,其中 VT_2、VT_3 的发射结为顺时针,VT_1、VT_4 的发射结为反时针;VT_1、VT_2 与 VT_5、VT_6 组成 TL 环路 II,其中 VT_2、VT_6 的发射结为顺时针,VT_1、VT_5 的发射结为反时针。VT_1、VT_2 为二极管接法,其发射极(集电极)的瞬时电流分别为 i_{x1}、i_{x2}。VT_1、VT_2 的偏置电流之和为 I_A,而且有 $I_A = i_{x1} + i_{x2}$。VT_1、VT_2 的差模输入电流为 $i_x = i_{x1} - i_{x2}$。

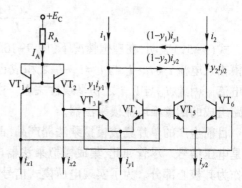

图 9-10 四象限 TL 电流模乘法器单元

VT_3 与 VT_4、VT_5 与 VT_6 接成两组共射差动对管形式,$VT_3 \sim VT_6$ 的偏置电流之和为 I_E,$I_E = i_{y1} + i_{y2}$(I_E 在电路中没有标出)。如果设 VT_3 与 VT_4 差动对管的信号电流调制系数为 y_1,VT_5 与 VT_6 差动对管的信号电流调制系数为 y_2,那么 VT_3 与 VT_4、VT_5 与 VT_6 两组差动对管的差模输入电流为 i_y,则 $i_y = i_{y1} - i_{y2}$。另外,$VT_3 \sim VT_6$ 的集电极交叉连接后的输出电流为 i_1、i_2,差模输出电流为 $i_{od} = i_1 - i_2$,其中 i_1、i_2 分别是 VT_3 与 VT_5、VT_4 与 VT_6 的集电极电流之和。

假设 $VT_1 \sim VT_6$ 是理想匹配的,发射区面积相等,β 值很大,基极电流引起的误差可以忽略。根据 TL 原理,由 VT_1、VT_2 与 VT_3、VT_4 组成的 TL 环路 I 有下列关系式成立

$$i_{C1} i_{C4} = i_{C2} i_{C3} \tag{9-40}$$

即有
$$i_{x1}(1-y_1)i_{y1}=i_{x2}y_1i_{y1} \tag{9-41}$$

由式(9-41)得到
$$y_1=\frac{i_{x1}}{i_{x1}+i_{x2}} \tag{9-42}$$

利用式(9-42)可求出
$$2y_1-1=\frac{i_{x1}-i_{x2}}{i_{x1}+i_{x2}} \tag{9-43}$$

由电路图知 $I_A=i_{x1}+i_{x2}$，VT_3、VT_4 的差模输出电流分量为
$$i_{C3}-i_{C4}=y_1i_{y1}-(1-y_1)i_{y1}=(2y_1-1)i_{y1}$$
$$=\frac{i_{x1}-i_{x2}}{i_{x1}+i_{x2}}i_{y1}=\frac{i_{x1}-i_{x2}}{I_A}i_{y1} \tag{9-44}$$

同理，由 VT_1、VT_2 与 VT_5、VT_6 组成的 TL 环路 Ⅱ 有
$$i_{C1}i_{C5}=i_{C2}i_{C6} \tag{9-45}$$
$$i_{x1}(1-y_2)i_{y2}=i_{x2}y_2i_{y2} \tag{9-46}$$

由式(9-46)得到
$$y_2=\frac{i_{x1}}{i_{x1}+i_{x2}} \tag{9-47}$$
$$2y_2-1=\frac{i_{x1}-i_{x2}}{i_{x1}+i_{x2}} \tag{9-48}$$

$$i_{C5}-i_{C6}=(1-y_2)i_{y2}-y_2i_{y2}=-(2y_2-1)i_{y2}=-\frac{i_{x1}-i_{x2}}{i_{x1}+i_{x2}}i_{y2}=-\frac{i_{x1}-i_{x2}}{I_A}i_{y2} \tag{9-49}$$

总差模输出电流为 i_1 与 i_2 之差，即
$$i_{od}=i_1-i_2=(i_{C3}+i_{C5})-(i_{C4}+i_{C6})=(i_{C3}-i_{C4})+(i_{C5}-i_{C6}) \tag{9-50}$$

将式(9-44)及式(9-49)代入式(9-50)，得到
$$i_{od}=\frac{i_{x1}-i_{x2}}{I_A}(i_{y1}-i_{y2})=\frac{i_xi_y}{I_A} \tag{9-51}$$

式(9-51)表明，在理想情况下，图9-10所示六管单元的差模输出电流 $i_{od}=i_1-i_2$ 和两个差模输入电流 $i_x=i_{x1}-i_{x2}$ 与 $i_y=i_{y1}-i_{y2}$ 之积成正比，比例系数（即乘积系数）为 $1/I_A$，I_A 为直流偏置电流。因此，i_{od} 与 i_x、i_y 之积呈线性关系。由于 i_x 与 i_y 均是双极性信号，所以该电路是由 TL 电路组成的四象限电流模乘法器。

目前生产的单片集成模拟乘法器产品，都是电压模电路，即它们的输入量和输出量都采用的是电压信号。尽管如此，集成模拟乘法器电路内部依然普遍采用了 TL 六管电流乘法器单元作为其核心部分。为了实现电压模式信号的处理，图9-10所示的 TL 六管电流乘法器单元还需要加入电压-电流变换电路。图9-11示出了基于 TL 六管乘法器单元的电压模四象限模拟乘法器的电路结构图。其中，输入信号分别为 x 方向的差模电压 $u_x=u_{x1}-u_{x2}$ 和 y 方向的差模电压 $u_y=u_{y1}-u_{y2}$，输出信号为单端输出电压 u_o。图9-11所示的电路结构图由四部分组成：

① 由 $VT_1 \sim VT_6$ 组成的 TL 六管电流模乘法器单元，它是整个电路的核心部分；

② x 方向和 y 方向的差模输入电压-电流变换器，将差模输入电压信号 u_{x1}、u_{x2} 和 u_{y1}、u_{y2} 变换成差模输入电流信号 i_{x1}、i_{x2} 和 i_{y1}、i_{i2}；

③ 差模输出电流-单端输出电压变换器，是由两个电阻 R_C 和电压放大器 A 组成，把差模输出电流 $i_{od}=i_1-i_2$ 变换为输出电压 u_o；

④ 偏置电路，为整个电路提供稳定的偏置电压和偏置电流 I_A，I_E。

这种以 TL 电流模乘法器为核心的单片集成四象限乘法器已经在现代集成模拟乘法器中

占据了主流地位。

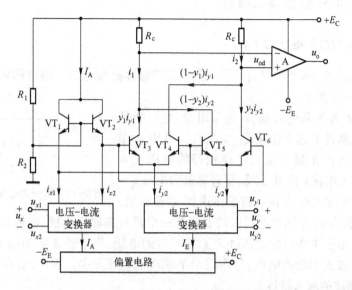

图 9-11　基于 TL 六管单元的电压模四象限模拟乘法器的电路结构图

9.3　电流传输器

1968 年,加拿大学者 K. C. Smith 和 A. Sedra 提出了一个新的模拟标准部件——电流传输器(Current Conveyer,CC)。电流传输器是四端(可能五端)集成器件,它是最早被提出的电流模式万用功能块。

电流传输器是一种功能很强的标准部件,将电流传输器与其他电子元件组合可以十分简便地构成各种特定的电路结构,实现多种模拟信号处理功能,在这一点上电流传输器与通用电压模运算放大器是相似的。

电流传输器是一种电流模电路,模拟电路的设计者们发现电流传输器能提供若干优于通用运算放大器的电路性能。模拟技术中的几种最基本的信号处理功能(加、减、比例、积分等)用电流传输器都可以方便地实现。而且,由于电流传输器具有电压输入端和电流输入端,因此,利用电流传输器既可以方便地实现电压模信号处理电路,也可以方便地实现电流模信号处理电路。电流传输器电路,无论信号大小,都能比相应的基于电压运算放大器的电路提供更大带宽下的更高电压增益,即更大的增益带宽积。电流传输器为性能较高的复杂电路设计提供了另一种方法,有助于开发一些新的电路。

在电流传输器刚被提出时,人们还不十分清楚它能提供优于通用运算放大器的哪些性能,加之当时的电子工业正致力于第一代单片集成通用电压运算放大器的开发和应用,因此,缺乏推动实现单片集成电流传输器的积极性。由于没有实用的集成器件,大大限制了电流传输器的应用。时至今日,经过近几十年集成电路设计者的努力,这种状况已经发生了极大的变化。随着很多单片集成电流传输器的出现,电流传输器的应用开发在一些领域获得了很大的成功。

本节将介绍电流传输器的多种型式,电流传输器的基本概念,以及其在各方面的基本应用。

9.3.1 电流传输器端口特性

1. 第一代电流传输器(CC I)

Smith 和 Sedra 在 1968 年提出的第一代电流传输器是接地的三端口网络,即四端器件,其电路符号如图 9-12 所示。

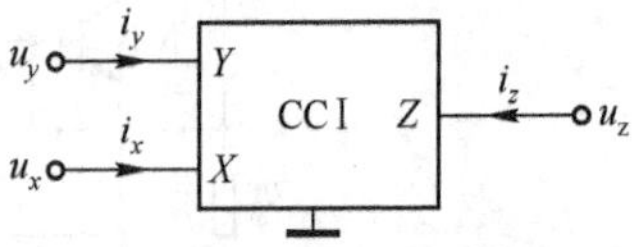

符号中的 X 和 Y 是输入端,Z 是输出端,另一端是公共接地端。该器件的基本作用是,如果有一电压 u_y 作用于 Y 输入端,则在 X 输入端会呈现相等的电压 $u_x = u_y$。如果有一输入电流 i_x 流进 X 端,则有等量的电流 $i_y = i_x$ 流进 Y 端。同时,X 端的电流 i_x 将被传送到 Z 输出端,

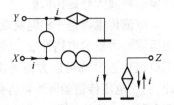

图 9-12 第一代电流传输器电路符号

即有 $i_z = i_x$。这样,使得 Z 输出端可以被看成是一个具有高输出阻抗、电流控制系数为 1 的电流控制电流源。由于 Y 端口的电压确定了 X 端口的电压,与流进 X 端的电流无关;而 X 端的流入电流确定了流入 Y 端的电流,与作用于 Y 端口的电压无关。因此,这种器件在 X 端相对于 Y 端具有"虚短"的输入特性。

根据以上的描述,CC I 的输入-输出特性可用如下混合矩阵方程来表示

$$\begin{bmatrix} i_y \\ u_x \\ i_z \end{bmatrix} = \begin{bmatrix} 0 & 1 & 0 \\ 1 & 0 & 0 \\ 0 & \pm 1 & 0 \end{bmatrix} \begin{bmatrix} u_y \\ i_x \\ u_z \end{bmatrix} \tag{9-52}$$

式中,各变量均表示总瞬时值。该方程表明,CC I 的 X 端口的电压跟随 Y 端口的电压,Y 端的电流跟随 X 端的电流,Z 端的电流也跟随 X 端的电流。方程中的"+"号表示电流在 CC I 的 X 输入端和 Z 输出端都是流入传输器的,两者极性相同,用 CC I$_+$ 表示;而"–"号则表示 X 端与 Z 端电流极性相反,以 CC I$_-$ 表示。为了更直观地了解上述矩阵方程所描述的端口电压与电流之间的相互关系,不妨用零子(Nullator)和极子(Norattor)来表示 CC I 的作用。

由零极子的特性及式(9-52)可得到 CC I 的零极子表示法,如图 9-13 所示。其中,在 Z 端,受控源的箭头向下表示 CC I$_+$,箭头向上表示 CC I$_-$。显然,零子元件是用来表示在 X 端口的电压跟随 Y 端口的电压,即 X 端和 Y 端之间呈现虚短路的特性。在图 9-13 所示的表示法中,还包含了两个受控电流源,它们用来表明 Y 端的电流跟随 X 端的电流,Z 端的电流也跟随 X 端的电流,即电路具有把 X 端的电流传输到 Y 端和 Z 端的功能。

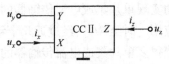

图 9-13 CC I 的零极子表示法

2. 第二代电流传输器(CC II)

为增加电流传输器的通用性,Smith 和 Sedra 在 1970 年对 CC I 的特性加以改进,提出了没有电流流入 Y 端口的第二代电流传输器,其电路符号如图 9-14 所示。

CC II 的端口特性可用下列矩阵方程描述。

图 9-14 第二代电流传输器
电路符号

$$\begin{bmatrix} i_y \\ u_x \\ i_z \end{bmatrix} = \begin{bmatrix} 0 & 0 & 0 \\ 1 & 0 & 0 \\ 0 & \pm 1 & 0 \end{bmatrix} \begin{bmatrix} u_y \\ i_x \\ u_z \end{bmatrix} \tag{9-53}$$

该方程表明,CCⅡ的 Y 端口电流为零,X 端口的电压跟随 Y 端口电压,Z 端口的电流跟随 X 端口的电流。显然,CCⅡ与 CCⅠ的区别是消除了 Y 端口的电流。由此可见,在 CCⅡ的电路中,Y 端是电压输入端,Y 端口呈现的输入阻抗为无穷大;X 端是电流输入端,而且 X 端口电压跟随 Y 端口的电压,因而 X 端相对 Y 端口具有"虚短"的输入特性;低阻抗 X 输入端的电流传输到高阻抗的 Z 输出端,即在 Z 输出端口相当一个可控输出电流,该电流的值仅取决于 X 端的输入电流,电流方向可相同也可相反,并以 CCⅡ$_+$ 或 CCⅡ$_-$ 区分。显然,传输到 Z 端的电流可以直接由 X 端注入,也可以由 Y 端的输入电压变换产生。第二代电流传输器(CCⅡ$_+$ 或 CCⅡ$_-$)端口的零极子表示如图 9-15(a)和(b)所示。

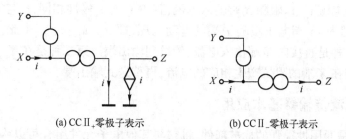

(a) CCⅡ$_+$零极子表示　　　　　(b) CCⅡ$_-$零极子表示

图 9-15　CCⅡ的零极子表示法

对于 CCⅡ$_-$,由于流入 X 端的电流必然流出 Z 端,因而无须受控电流源,使得 CCⅡ$_-$ 的等效电路可以只用零极子来表示,如图 9-15(b)所示。

3. 改进的第二代电流传输器

上述电流传输器(CCⅠ、CCⅡ)只有一个电流输出端,难以在实现电流反馈的同时又获得高阻抗的电流输出,因而不利于级联。另外 CCⅠ和 CCⅡ只有一个电压输入端,当需要用电流传输器对两个电压信号进行比较处理,即处理差动电压信号时,单输入端就难以胜任了。为此,近年来一些研究者提出了多种改进的第二代电流传输器。

(1) 双输出端 CCⅡ(DOCCⅡ)

双输出端 CCⅡ是一个接地四端口器件,即五端器件。其电路符号如图 9-16 所示,X、Y 分别是电流和电压输入端,Z 和 $\overline{Z}$ 是两个互补的电流输出端。DOCCⅡ的输入、输出端口特性可用下列混合矩阵方程描述

$$\begin{bmatrix} i_y \\ u_x \\ i_z \\ i_{\overline{z}} \end{bmatrix} = \begin{bmatrix} 0 & 0 & 0 & 0 \\ 1 & 0 & 0 & 0 \\ 0 & 1 & 0 & 0 \\ 0 & -1 & 0 & 0 \end{bmatrix} \begin{bmatrix} u_y \\ i_x \\ u_z \\ u_{\overline{z}} \end{bmatrix} \tag{9-54}$$

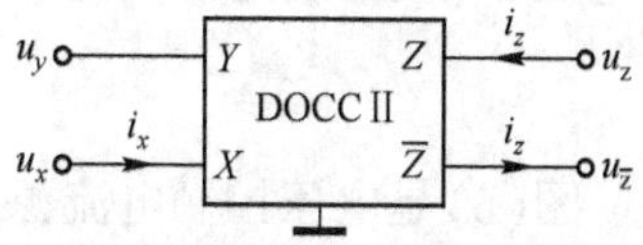

图 9-16　DOCCⅡ电路符号

方程表明,DOCCⅡ同时包含了 CCⅡ$_+$ 和 CCⅡ$_-$ 的作用,其中 X、Y、Z 三端组成 CCⅡ$_+$,Z 端输出电流与 X 端电流极性相同;X、Y、$\overline{Z}$ 组成 CCⅡ$_-$,$\overline{Z}$ 端输出电流与 X 端电流极性相反。

（2）差动电压输入 CC II（DVCC II）

差动电压输入 CC II 是一种接地的五端口器件，即六端器件，其电路符号如图 9-17 所示。DVCC II 符号中的 Y_1、Y_2 和 X 是三个输入端，其中 Y_1、Y_2 为两个差动电压输入端，具有高输入阻抗；X 端是电流输入端，具有低输入阻抗，电流可以流进或流出。Z_1、Z_2 是两个极性互补的电流输出端，都具有高输出阻抗。DVCC II 的端口特性可由下列矩阵方程定义

$$\begin{bmatrix} u_x \\ i_{y1} \\ i_{y2} \\ i_{z1} \\ i_{z2} \end{bmatrix} = \begin{bmatrix} 0 & 1 & -1 & 0 & 0 \\ 0 & 0 & 0 & 0 & 0 \\ 0 & 0 & 0 & 0 & 0 \\ 1 & 0 & 0 & 0 & 0 \\ -1 & 0 & 0 & 0 & 0 \end{bmatrix} \begin{bmatrix} i_x \\ u_{y1} \\ u_{y2} \\ u_{z1} \\ u_{z2} \end{bmatrix} \qquad (9-55)$$

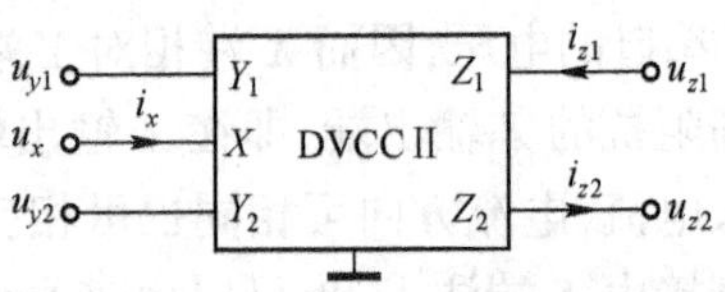

图 9-17　DVCC II 电路符号

该方程表明，输出电流 i_{z1}、i_{z2} 跟随 X 端输入电流，其中 i_{z1} 与 i_x 极性相同，i_{z2} 与 i_x 极性相反；三个输入端的关系特性是：X 端电压跟随 Y 端的差动电压，即 $u_x = u_{y1} - u_{y2}$。由此，产生的输出电流有两种方式，第一种是直接向 X 端输入电流，传送到输出端。第二种是在 Y_1、Y_2 端输入差动电压，此电压经外接在 X 端的阻抗产生相应的电流，再传送到输出端。

9.3.2　电流传输器基本应用

电流传输器是通用性很强的标准部件，将它与其他电子元件组合可以构成电流传输器的多种应用电路。其中，最基本的应用电路有两类，一类是有源网络元件模拟电路，另一类是模拟信号处理电路。

与电压型运算放大器的应用电路比较，电流传输器应用电路的主要优点是具有更大的增益带宽积，即更高增益下的更大带宽。此外，**由于电流传输器（CC II）具有高阻抗（电压）输入端口和低阻抗（电流）输入端口，所以用电流传输器既可以方便地构成电压模应用电路，也可以方便地构成电流模应用电路。**

由于第二代电流传输器（CC II）比第一代电流传输器（CCI）更具有通用性和灵活性，因此本节将重点以 CC II 电路为基础，介绍 CC II 电路的工作原理及基本应用电路。

1. 有源网络元件的模拟

（1）四种受控源的模拟

利用 CC II 构成的四种受控源电路如图 9-18 所。

图（a）是电压控制电压源，CC II$_+$ 的 Z 端接地，Y 端接输入电压 u_i（控制电压），从 X 端取输出电压 u_o（被控制电压），输出-输入的关系式为

$$u_o = u_i \qquad (9-56)$$

图（b）是电压控制电流源，CC II$_+$ 的 X 端经串联电阻 R 接地，Y 端接输入电压 u_i（控制电压），从 Z 端取输出电流 i_o（被控制电流），输出-输入关系式为

$$i_o = u_i / R \qquad (9-57)$$

图（c）是电流控制电流源，CC II$_+$ 的 Y 端接地，X 端接输入电流 i_i（控制电流），从 Z 端取输出电流 i_o（被控制电流），输出-输入关系式为

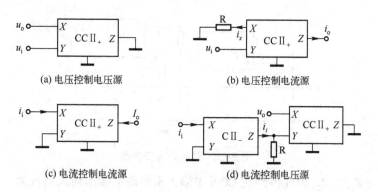

(a) 电压控制电压源　　　　　　　　(b) 电压控制电流源

(c) 电流控制电流源　　　　　　　　(d) 电流控制电压源

图 9-18　四种受控源

$$i_o = i_i \tag{9-58}$$

图 (d) 是电流控制电压源,由 CC II_ 和 CC II_+ 组成。CC II_ 的 Y 端和 CC II_+ 的 Z 端均接地,且 CC II_ 的 Z 端与 CC II_+ 的 Y 端经同一电阻 R 接地,CC II_ 的 X 端接输入电流 i_i(控制电流),从 CC II_+ 的 X 端取输出电压 u_o(被控制电压),输出-输入关系式为

$$u_o = i_i R \tag{9-59}$$

(2) 负阻抗变换器

由 CC II 构成的负阻抗变换器如图 9-19 所示。其中图 (a) 是接地式,图 (b) 是浮地式。

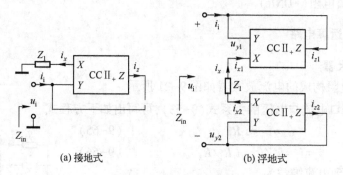

(a) 接地式　　　　　　　　　　(b) 浮地式

图 9-19　负阻抗变换器

在图 (a) 电路中,外阻抗 Z_1 接在 X 与地之间,由于 CC II_+ 的 X 端跟随 Y 端电压,X 端与 Z 端电流的极性相同,有即 $i_x = i_z = -i_i = u_i / Z_1$,所以在 Y 端与地之间呈现的输入阻抗为

$$Z_{in} = u_i/i_i = -Z_1 \tag{9-60}$$

显然,当取 Z_1 为一个电阻时,则可获得一个接地的负电阻。

图 (b) 所示的电路由两个 CC II_+ 组成,外阻抗 Z_1 跨接在两个 CC II_+ 的 X 端之间,输入端口的电压 $u_i = u_{y1} - u_{y2} = -i_x Z_1$(其中 $i_x = i_{x1} = i_{x2} = i_i$),所以,从两个 Y 输入端视入的输入阻抗为浮地的负阻抗

$$Z_{in} = u_i/i_i = -Z_1 \tag{9-61}$$

(3) 通用阻抗变换器

通用阻抗变换器可以实现多种形式的阻抗变换和阻抗倒置变换。由两个 CC II 构成的接地通用阻抗变换器如图 9-20 所示。其中第一个电流传输器是 CC II_,第二个是 CC II_+。

将输入电压加在 CC II_ 的 Y 输入端,经过 CC II_ 和 Z_1、Z_3 的变换,在 CC II_ 的 Y 输入端可获得电压 $-u_i Z_3/Z_1$,再经过 CC II_+ 的变换作用,从 CC II_+ 输出端反馈到 CC II_ 输入端的电

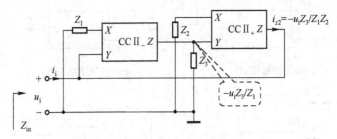

图 9-20　通用阻抗变换器

流为 $i_i = -i_{z2} = u_i Z_3/Z_1 Z_2$，因此得到在 $CC\,II\_Y$ 输入端出现的接地输入阻抗为

$$Z_{in} = u_i/i_i = Z_1 Z_2/Z_3 \tag{9-62}$$

若取 $Z_1 = R_1, Z_2 = R_2, Z_3 = 1/j\omega C_3$，则可得到接地模拟电感为

$$Z_{in} = j\omega R_1 R_2 C_3 = j\omega L_{eq} \tag{9-63}$$

式中，模拟电感 $L_{eq} = R_1 R_2 C_3$，。这时图 9-20 所示的通用阻抗变换器就成为接地回转器。

若取 $Z_1 = 1/j\omega C_1, Z_2 = 1/j\omega C_2, Z_3 = R_3$，这时的输入阻抗为

$$Z_{in} = \frac{-1}{\omega^2 C_1 C_2 R_3} \tag{9-64}$$

可见，输入阻抗为一个负实数，单位为 Ω，而且数值随角频率 ω 而变化。这时通用阻抗变换器就成为一个频变负电阻（FDNR）。

2. 模拟信号运算电路

（1）电流放大器

由 $CC\,II_+$ 及电阻构成的电流放大器如图 9-21 所示。

根据 $CC\,II$ 端口电流与电压的关系式（9-53），可写出如下方程式

$$u_x = u_y = i_i R_1 \tag{9-65}$$

$$i_o = i_x = u_x/R_2 = i_i R_1/R_2 \tag{9-66}$$

求解式（9-66）得到电流增益为

$$A_i = i_o/i_i = R_1/R_2 \tag{9-67}$$

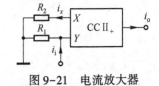

图 9-21　电流放大器

（2）电流微分器

由 $CC\,II_+$ 和 RC 构成的电流微分器如图 9-22 所示。

设 $t = 0$ 时，电容 C 两端的初始电压 $u_c = 0$。利用 $CC\,II$ 端口特性，可列出如下方程式

$$u_y = i_i R = u_x \tag{9-68}$$

$$i_x = C \frac{du_x}{dt} \tag{9-69}$$

$$i_o = i_x \tag{9-70}$$

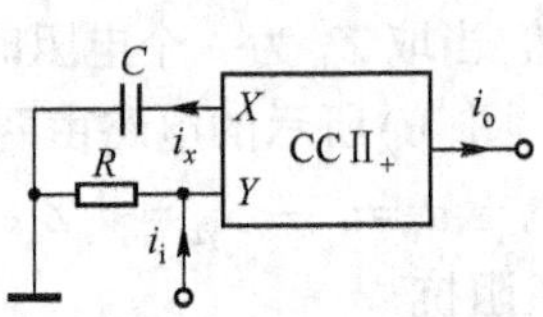

图 9-22　电流微分器

联立求解上面三个式子，得

$$i_o = RC \frac{di_i}{dt} \tag{9-71}$$

式（9-71）表明，输出电流正比于输入电流的微分。

（3）电流积分器

由 $CC\,II_+$ 和 RC 构成的电流积分器如图 9-23 所示。

假设电容 C 初始电压为零,则根据 CC Ⅱ 端口特性得到

$$i_o = i_R = \frac{u_c}{R} = \frac{\frac{1}{C}\int i_i dt}{R} = \frac{1}{CR}\int i_i dt \qquad (9-72)$$

式(9-72)表明,输出电流 i_o 为输入电流对时间的积分。

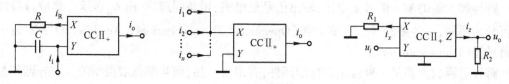

图 9-23 电流积分器   图 9-24 电流加法器   图 9-25 开环形式电压放大器

（4）电流加法器

如果要将若干个电流信号相加,可以利用图 9-24 所示的电路来实现,输出电流为

$$i_o = -\sum_{j=1}^{n} i_j \qquad (9-73)$$

（5）电压放大器

由 CC Ⅱ 及电阻 R 构成的开环形式的电压放大器如图 9-25 所示。

根据 CC Ⅱ 的端口特性,可得

$$u_o = i_z R_2 = \frac{u_x}{R_1} R_2 = \frac{R_2}{R_1} u_i \qquad (9-74)$$

电压增益为
$$A_u = u_o / u_i = R_2 / R_1 \qquad (9-75)$$

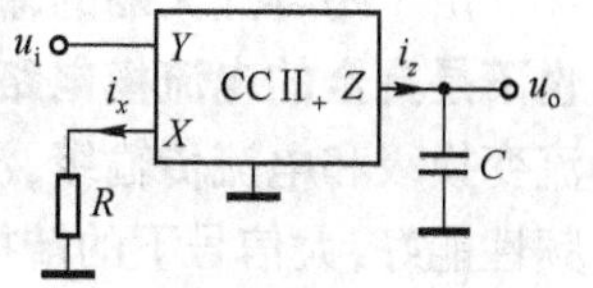

（6）电压积分器

电压积分器如图 9-26 所示。设电容两端初始电压为零,可得

图 9-26 电压积分器

$$u_o = \frac{1}{C}\int i_z dt = \frac{1}{C}\int \frac{u_i}{R} dt = \frac{1}{RC}\int u_i dt \qquad (9-76)$$

可见,输出电压 u_o 为输入电压对时间的积分。

（7）电压加法器

由 CC Ⅱ 及电阻 R 组成的电压加法器如图 9-27 所示。根据 CC Ⅱ₋ 端口电流与电压的关系得

$$u_o = u_y \qquad (9-77)$$

$$\sum_{j=1}^{n} \frac{u_{ij} - u_y}{R_j} = 0 \qquad (9-78)$$

设 $R_1 = R_2 = \cdots = R_n$,则由式(9-78)可得

$$u_o = \frac{1}{n}\sum_{j=1}^{n} u_{ij} \qquad (9-79)$$

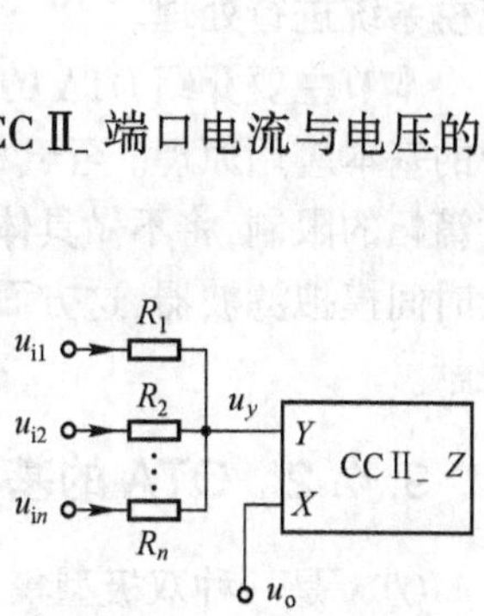

图 9-27 电压加法器

由以上讨论不难看出,利用电流传输器和阻容元件的组合,不仅能实现比例、求和、微分、积分等模拟信号运算功能,而且还可以完成电压模和电流模两种型式的信号处理。另外,电流传输器在有源滤波器、正弦波振荡器等电路中获得了广泛的应用,有兴趣的读者可参考有关文献。

9.4 跨导运算放大器

9.4.1 概述

跨导放大器的输入信号是电压,输出信号是电流,增益叫跨导,用 G_m 表示。集成跨导放大器可分为两种,一种是跨导运算放大器(Operational Transconductance Amplifier, OTA);另一种是跨导器(Transconductor)。

跨导运算放大器是一种通用型标准部件,有市售产品,而且都是双极型的。跨导器不是通用集成部件,没有市售产品,它是在集成系统中进行模拟信号处理的,跨导器几乎都是 CMOS 型的。

双极型 OTA 和 CMOS 跨导器的功能在本质上是相同的,都是线性电压控制电流源。但是,由于集成工艺和电路设计的不同,它们在性能上存在一些不同之处:**双极型 OTA 的跨导增益值较高,增益可调,而且可调范围也大(3~4 个数量级);CMOS 跨导器的增益值较低,增益可调范围较小,或者不要求进行增益调节,但它的输入阻抗高、功耗低,容易与其他电路结合实现 CMOS 集成系统。**

由于跨导放大器的输入信号是电压,输出信号是电流,所以**它既不是完全的电压模电路,也不是完全的电流模电路,而是一种电压-电流模混合电路。**由于跨导放大器内部有电压-电流变换级和电流传输级,没有电压增益级,因此没有大摆幅电压信号和密勒电容倍增效应,高频性能好,大信号下的转换速率也高,同时电路结构简单,电源电压和功耗都可以降低。这些高性能特点表明,在跨导放大器的电路中,电流模部分起决定作用。根据这一理由,跨导放大器被看做是一种电流模电路。

跨导放大器(包括双极型 OTA 和 CMOS 跨导器)的应用非常广泛,主要用途有两方面。一方面,在多种线性和非线性模拟电路和系统中进行信号运算和处理;另一方面,在电压信号变量和电流模信号处理系统之间作为接口电路,将待处理的电压信号变换为电流信号,再送入电流模系统进行处理。

本节主要介绍 OTA 的基本概念,双极型集成 OTA 的电路结构,以及 OTA 在模拟信号处理中的基本应用原理。至于 CMOS 跨导器,它是跨导放大器近年来研究和发展的主流,由于本教材篇幅的限制,将不做具体介绍。另外,OTA 和 CMOS 跨导放大器的一个重要应用领域是连续时间模拟滤波器,这方面的内容较多,已超出了本教材内容范围,感兴趣的读者可参考有关文献。

9.4.2 OTA 的基本概念

OTA 是一种双极型集成工艺制作的通用标准部件,其电路符号如图 9-28 所示,它有两个输入端,一个输出端,一个控制端。符号上的"+"号代表同相输入端,"−"号代表反相输入端,i_o 是输出电流,I_B 是偏置电流,即外部控制电流。

OTA 的传输特性可用下列方程描述

$$i_o = G_m(u_{i+} - u_{i-}) \tag{9-80}$$

式中,i_o 是输出电流;$u_{id} = u_{i+} - u_{i-}$,为差模输入电压;G_m 是开环跨导增益。

在输入小信号条件下,G_m 是 I_B 的线性函数,其关系式为

$$G_m = hI_B \tag{9-81}$$

$$h = \frac{q}{2kT} = \frac{1}{2U_T} \tag{9-82}$$

h 称为跨导增益因子，U_T 是热电压，在室温条件（$T = 300\ \mathrm{K}$）下，$U_T = 26\ \mathrm{mV}$，可以计算出 $h = 19.2\ \mathrm{V^{-1}}$，因此有

$$G_m = 19.2I_B \tag{9-83}$$

式中，I_B 的单位为 A，G_m 的单位为 S。

图 9-28　OTA 的电路符号　　　　图 9-29　OTA 的小信号理想模型

　　根据式（9-80）的传输特性方程，可画出 OTA 的小信号理想模型如图 9-29 所示。对这个理想模型，两个电压输入端之间开路，差模输入电阻为无穷大；输出端是一个受差模输入电压控制的电流源，输出电阻为无穷大。同时，理想跨导放大器的共模输入电阻、共模抑制比、频带宽度等参数均为无穷大，输入失调电压、输入失调电流等参数均为零。

　　以上通过对 OTA 基本概念的介绍可看出，与常规的电压型（电压输出/电压输入）运算放大器比较，**OTA 具有下列性能特点：①输入电压控制输出电流，开环增益是以 S 为单位的跨导；②增加了一个控制端，改变控制电流（即偏置电流 I_B）可对开环增益 G_m 进行连续调节；③它还具有电流模电路的特点，如频带宽，高频性能好等。**

9.4.3　双极型集成 OTA

1．双极型 OTA 结构框图

　　双极型集成 OTA 的结构框图如图 9-30 所示。图中 u_{i+} 是同相输入端，u_{i-} 是反相输入端。i_o 是输出端电流，I_B 是偏置电流输入端。VT_1、VT_2 组成差动式跨导输入级，将输入电压信号变换为电流信号，E_C、$-E_E$ 分别是正、负电源。

　　框图中的 M_x、M_y、M_z、M_w 均为镜像电流源，其中 M_w 将外加偏置电流 I_B 输送到由 VT_1、VT_2 组成的差动输入级作为射极静态电流；M_x 和 M_y 将 VT_1 的集电极电流 i_{c1} 输送到输出端；M_z 将 VT_2 的集电极电流 i_{c2} 输送到输出端。由于 M_y 与 M_z 是极性互补的电流镜，M_y 的输出电流为流进方向，M_z 的输出电流为流出方向，故将 i_{c2} 与 i_{c1} 的差值取作输出电流 i_o，形成单端推挽式输出。由框图可看出，双极型 OTA 的电路结构十分简单，它的基本单元电路只有共射差动放大级和若干个电流镜。

　　下面介绍一种基本型 OTA 电路，它是美国 RCA、NSC 等公司生产的 3080 系列 OTA 所采用的电路。

2．基本型 OTA 电路

（1）电路组成

基本型 OTA 的电路如图 9-31 所示。它由 11 个晶体管和 6 个二极管组成。注意，这里所

有的二极管实际上都是指集-基短接的晶体管。

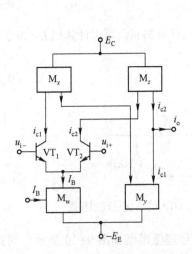

图 9-30　双极型集成 OTA 的结构框图

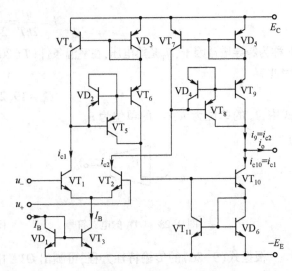

图 9-31　基本型 OTA 电路

在图 9-31 所示电路中，VT_1、VT_2 组成跨导输入级，它是共射差动放大电路，由于输入电压信号，输出电流信号，因此也称跨导放大级。VT_3 和 VD_1 组成一个基本镜像电流镜，相当于结构框图 9-30 中的 M_w，作用是将外加偏置电流 I_B 送到输入级，作为 VT_1、VT_2 的射极偏置电流。VT_7、VT_8、VT_9 和 VD_5 组成威尔逊电流镜，相当于图 9-30 中 M_z 的作用，其中 VT_8 与 VT_9 构成达林顿复合管，可提高电流镜的输出电阻，并联在 VT_8 发射结上的二极管 VD_4 用来加快电路的工作速度。同理，VT_4、VT_5、VT_6 与 VD_2、VD_3 也组成相同的威尔逊电流镜，相当于图 9-30 中 M_x 的作用。VT_{10}、VT_{11} 和 VD_6 组成第三个威尔逊电流镜，相当于图 9-30 中 M_y 的作用。输出端为 VT_9 和 VT_8 集电极与 VT_{10} 集电极的相交点，因此是高阻抗输出端，输出电流为 VT_9 和 VT_8 集电极电流与 VT_{10} 集电极电流之差。

如果上述电路中 4 个电流镜的电流传输比均等于 1，从而使得 $i_9 = i_{c2}$，$i_{c10} = i_{c1}$，$i_o = i_9 - i_{c10} = i_{c2} - i_{c1}$。因此，上述 OTA 电路的传输特性（即 i_o 与 u_{id} 的函数关系）将由差动输入级的传输特性来决定。

（2）传输特性分析

设 OTA 电路中的 4 个电流镜的电流传输比均等于 1，则 OTA 电路的传输特性由差动输入级的传输特性决定。根据式（4-71）可得共射差动输入级的输出电流为

$$i_o = i_{c2} - i_{c1} \approx I_B \mathrm{th}\left(\frac{u_{id}}{2U_T}\right) = I_B \mathrm{th}\left(\frac{u_{i+} - u_{i-}}{2U_T}\right) \tag{9-84}$$

显然 i_o 与 u_{id} 之间具有非线性函数关系。在输入电压信号很小，即 $u_{id} \ll 2U_T$ 条件下，利用双曲正切函数的特性（即当 $x \ll 1$ 时，$\mathrm{th}x \approx x$），由式（9-84）可得，i_o 与 u_{id} 之间具有的近似线性关系为

$$i_o = i_{c1} - i_{c2} \approx I_B \frac{u_{id}}{2U_T} = I_B \frac{u_{i+} - u_{i-}}{2U_T} \tag{9-85}$$

式（9-85）是传输特性的近似表达式，与式（9-80）比较不难看出

$$G_m = \frac{\mathrm{d}i_o}{\mathrm{d}u_{id}} = \frac{I_B}{2U_T} \tag{9-86}$$

常温下，$U_T = 26\ \mathrm{mV}$，可以算出

$$G_m = \frac{I_B}{2 \times 26 \text{ mV}} = 19.2 I_B(\text{S}) \tag{9-87}$$

所以有
$$i_o = G_m(u_{i+} - u_{i-}) = 19.2 I_B(u_{i+} - u_{i-}) \tag{9-88}$$

由以上分析结果看出,差动式跨导输入级及基本型 OTA 电路具有以下基本性能特点:G_m 与 I_B 之间具有线性关系,G_m 可借助 I_B 进行调节;电路内部没有大的摆幅电压,在 $\pm 2 \sim \pm 15$ V 电源电压范围内都可以正常工作。但是,这种 OTA 电路有两个缺点:**①传输特性的线性范围很窄,若要使其非线性误差小于 1%,差模输入电压的允许动态范围约为 ± 10 mV;②跨导增益与温度成反比($U_T = kT/q$),温度升高时,G_m 值下降。**

9.4.4　OTA 电路的应用原理

集成 OTA 和电压型运算放大器相似,都是通用性很强的标准部件,接少数外部元件后,即可呈现形形色色的信号处理功能。而且由于 OTA 自身的性能特点,还能够提供电压型运放不易获得的电路功能。例如,OTA 的输出量是电流,这一基本特性使它特别适合于构成加法器、积分器、回转器、滤波器等。因为在这些应用中,用电流量进行必要的信号处理比用电压量要简便得多。同时,OTA 的跨导增益与偏置电流成线性关系,若将一个控制电压变换为偏置电流,则可以构成各种压控电路,如增益可控放大器、压控振荡器、压控滤波器等。

OTA 的应用十分广泛,下面举例说明其应用原理。在讨论 OTA 应用电路的原理时,设 OTA 为理想器件,用图 9-29 所示的理想模型进行分析,对于一些非理想参数的影响,读者可参阅有关的参考文献。

1. 增益可控电压放大器

用 OTA 构成的反相及同相电压放大器如图 9-32(a) 和(b) 所示,图中 R_L 是负载电阻。

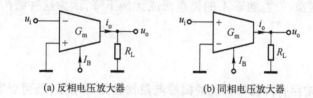

(a) 反相电压放大器　　　　　(b) 同相电压放大器

图 9-32　增益可控电压放大器

因为 OTA 的输出电流为 $i_o = G_m(u_{i+} - u_{i-})$,所以图 9-32 所示电压放大器的输出电压为
$$u_o = i_o R_L = G_m(u_{i+} - u_{i-}) R_L \tag{9-89}$$
对图(a)所示的反相放大器,$u_i = u_{i-}$,$u_{i+} = 0$,输出电压和电压增益分别为
$$u_o = -G_m u_i R_L \tag{9-90}$$
$$A_u = u_o / u_i = -G_m R_L \tag{9-91}$$
对图(b)所示的同相放大器,$u_i = u_{i+}$,$u_{i-} = 0$,输出电压和电压增益分别为
$$u_o = G_m u_i R_L \tag{9-92}$$
$$A_u = u_o / u_i = G_m R_L \tag{9-93}$$
式(9-93)表明,A_u 与 G_m 成正比,调节 I_B 可控制 A_u。此外,同相放大器与反相放大器的增益绝对值相等,仅"+"、"−"号不同,因此若在 OTA 的两个输入端输入两个电压信号,可以方便地实现差动电压放大。图 9-32 所示 OTA 电压放大器的缺点是:输出电压和电压增益都随负载电阻的变化而改变,说明其输出电阻很高,负载阻值对电路性能的影响(负载效应)较大。如果

在 OTA 电压放大级的后面串接一个由电压型运算放大器构成的输出缓冲级,就能克服电压增益随负载而变的缺点。

图 9-33 所示为带输出缓冲级的 OTA 反相放大器的两种电路结构。这里,输出缓冲级都用常规电压运算放大器(VOA)实现。

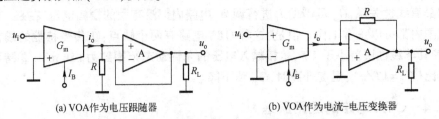

(a) VOA作为电压跟随器 (b) VOA作为电流-电压变换器

图 9-33 带输出缓冲级的 OTA 反相放大器

在图(a)中,运算放大器组成电压跟随器,而在图(b)电路中,运算放大器与电阻 R 组成电流-电压变换器,两种电路的输出电压和电压增益分别对应相等,即

$$u_o = -G_m u_i R \tag{9-94}$$

$$A_u = u_o / u_i = -G_m R \tag{9-95}$$

输出电压及电压增益均不随 R_L 而变化,输出电阻接近于零。

图 9-33 所示电路也可以称为电压放大器的 OTA-R-VOA 结构,它与传统的 VOA-R 结构的闭环电压放大器相比,除了具有电压增益连续可调的优点之外,还具有较宽的频带。其原因如下:设 VOA 的增益-带宽积(即 0 dB 带宽)为 GB,在图 9-33 (a) 和(b) 两种电路中,VOA 都工作在闭环单位增益情况,其闭环带宽都是 GB。一般情况下,OTA 的带宽远远高于 VOA,因此上述两种电压放大器的带宽由电压缓冲级决定,都可以达到 GB,而且与电压增益值 $G_m R$ 无关,即增益和带宽彼此独立。对于传统的 VOA-R 结构电压放大器,其带宽只能是 GB/A_u,这里的 A_u 是闭环电压增益,带宽随着 A_u 的提高而成比例下降,因为这种结构的电压放大器的增益-带宽积为常数。

2. 模拟电阻

在集成电路中,常用有源器件实现的模拟电阻代替无源电阻,既可以节省芯片面积,又可以改善电路性能。用 OTA 可以方便地设计一端接地或两端都浮地的模拟电阻,其优点是模拟电阻的值连续可调,高频性能好。

(1) 接地模拟电阻

用 OTA 实现的接地模拟电阻如图 9-34 所示。

设 OTA 为理想器件,两个输入端净流入的电流为零,则有

$$i_i = -i_o \tag{9-96}$$

$$i_o = -G_m u_i \tag{9-97}$$

从反相输入端视入的输入阻抗为

$$R_i = u_i / i_i = 1/G_m \tag{9-98}$$

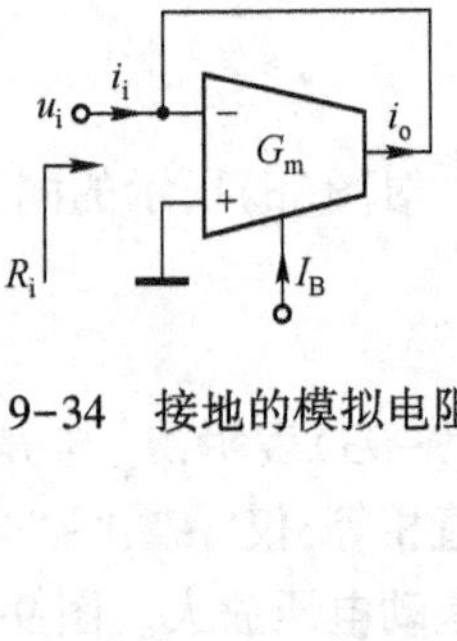

图 9-34 接地的模拟电阻

式(9-98)表明,输入电阻为一端接地的模拟电阻。调节 OTA 的偏置电流 I_B,模拟电阻值将得到调节。

(2) 浮地模拟电阻

利用两个 OTA 可以构成浮地模拟电阻,即两端都不接地的电阻,其电路如图 9-35 所示。

设两个 OTA 的跨导增益相等，即 $G_{m1} = G_{m2} = G_m$，且忽略 OTA 的输入端电流，对图 9-35 所示电路可写出关系式

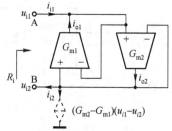

$$i_{i1} = -i_{o1} = G_m(u_{i1} - u_{i2}) \qquad (9-99)$$

$$i_{i2} = i_{o2} = G_m(u_{i1} - u_{i2}) = i_{i1} \qquad (9-100)$$

从两个输入端之间视入的输入阻抗为

$$R_i = (u_{i1} - u_{i2}) / i_{i1} = 1/G_m \qquad (9-101)$$

式(9-101)表明，R_i 是一个浮地电阻，其模拟电阻值可以经过同步调节 G_{m1}、G_{m2} 的值实现。需要指出的是，该电路要求 G_{m1} 与 G_{m2} 精确匹配，即满足条件 $G_{m1} = G_{m2} = G_m$。但如

图 9-35　浮地模拟电阻

果 $G_{m1} \neq G_{m2}$，则除了在 A、B 两输入端之间存在模拟电阻 $R_i = (u_{i1} - u_{i2}) / i_{i1} = 1/G_{m1}$ 之外，在 B 点处存在一个单独驱动的压控电流源，该压控电流源电流的大小等于 $(G_{m2} - G_{m1})(u_{i1} - u_{i2})$，如图 9-35 中用虚线表示的压控电流源。

3. 回转器

回转器的基本性能是实现阻抗倒置，即从其一端视入的阻抗等于另一端所接阻抗的倒数乘以常数。利用回转器的阻抗倒置作用，可以借助电容来实现模拟电感，这在集成电路的设计中很有实用价值。OTA 的电压－电流变换作用使其非常适宜构成回转器，要比使用常规电压型运算放大器构成回转器简便得多。

将两个 OTA 的输入端（其中一个 OTA 用同相输入端，另一个用反相输入端）与它们的输出端交叉相接，便可构成一个接地回转器，如图 9-36 所示，图中 Z_L 是输出端外接负载阻抗。

对图 9-36 所示电路，有下列关系式成立

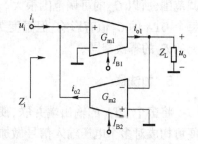

$$i_{o1} = G_{m1} u_i \qquad (9-102)$$

$$u_o = i_{o1} Z_L \qquad (9-103)$$

$$i_{o2} = -G_{m2} u_o \qquad (9-104)$$

$$i_i = -i_{o2} \qquad (9-105)$$

由式(9-102)~式(9-105)可求得该电路的输入阻抗为

$$Z_i = u_i / i_i = 1/G_{m1} G_{m2} Z_L \qquad (9-106)$$

若保持两个 OTA 精确匹配，使 $G_{m1} = G_{m2} = G_m$，则有

图 9-36　回转器

$$Z_i = \frac{1}{G_m^2 Z_L} \qquad (9-107)$$

式(9-107)表明，从输入端视入的阻抗等于输出端所接阻抗的倒数乘以变换系数 $1/G_m^2$。如果在输出端接入一个电容，则在输入端可获得一个接地模拟电感，同步调节两个 OTA 的 G_m 值，该模拟电感量连续可调，其工作频率也较高。

4. 模拟可变电容器

电容可以用集成工艺制作，但是集成可变电容仍然比较麻烦。目前普遍采用开关电容阵列方法，虽然具有控制容易，使用方便的优点，但所需元件数目多，电容值仍难实现连续调节。**利用 OTA 回转器的阻抗倒置作用和阻抗可调节特性，对一个已知电容进行两次回转，则可以实现电容值的连续调节。**

图 9-37 所示为一种接地模拟电容器，它由 4 个 OTA 组成 2 个接地回转器，对负载电容 C_L

作两次倒置变换,或称两次回转。

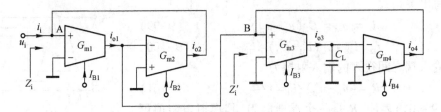

图 9-37 接地模拟电容器

由于图 9-37 中四个 OTA 的 G_{m1} 与 G_{m2}、G_{m3} 与 G_{m4} 分别组成两个接地回转器,所以根据式 (9-106),可求出节点 B、A 到公共端(地)之间的复频域输入阻抗表达式分别为

$$Z_i'(s) = \frac{sC_L}{G_{m3}G_{m4}} \tag{9-108}$$

$$Z_i(s) = \frac{1}{G_{m1}G_{m2}Z_i'} = \frac{1}{s\dfrac{G_{m1}G_{m2}}{G_{m3}G_{m4}}C_L} = \frac{1}{sC_{eq}} \tag{9-109}$$

式(9-109)表明,经过两次回转,从 A 点视入的输入阻抗仍为电容性阻抗,等效电容值为

$$C_{eq} = \frac{G_{m1}G_{m2}}{G_{m3}G_{m4}}C_L \tag{9-110}$$

通过改变 OTA 的偏置电流,可以改变 $G_{m1} \sim G_{m4}$ 的值,进而使等效电容的值得到连续调节。当 $G_{m1}G_{m2} > G_{m3}G_{m4}$ 时,C_{eq} 比 C_L 大,实现电容值提升。因为每个 OTA 的 G_m 有 2~3 个数量级的可调范围,所以 C_{eq} 的可调范围很大。此外,由式(9-81)和式(9-82)知道,环境温度 T 的变化对每个 OTA 的 G_m 值有影响,但温度 T 对 C_{eq} 的影响可以得到抑制,因为 C_{eq} 表达式的分子与分母上的 G_m 的幂次相同。

5. 加法器

将多个 OTA 的输出端并联,使它们的输出电流相加并在一个负载电阻上形成输出电压,便可构成对多个电压输入信号做加法运算的电路,如图 9-38(a)和(b)所示。这种电路的输入信号和输出信号都是电压,因此是应用 OTA 实现的电压模加法器。

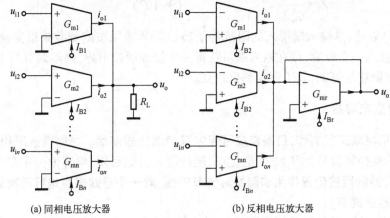

(a) 同相电压放大器   (b) 反相电压放大器

图 9-38 用 OTA 实现的电压模式加法器

在图(a)所示电路中,用无源电阻 R_L 作为负载,输出电压为

$$u_o = (i_{o1}+i_{o2}+\cdots+i_{on})R_L$$

$$= (G_{m1}u_{i1}+G_{m2}u_{i2}+\cdots+G_{mn}u_{in})R_L \qquad (9\text{-}111)$$

若满足 $G_{m1}=G_{m2}=\cdots=G_{mn}=1/R_L$,则输出电压为

$$u_o = u_{i1}+u_{i2}+\cdots+u_{in} \qquad (9\text{-}112)$$

在图(b)中,用图 9-34 所示的 OTA 接地模拟电阻 $1/G_{mr}$ 代替负载 R_L,输出电压为

$$u_o = (i_{o1}+i_{o2}+\cdots+i_{on})R_L$$

$$= -(G_{m1}u_{i1}+G_{m2}u_{i2}+\cdots+G_{mn}u_{in})\frac{1}{G_{mr}} \qquad (9\text{-}113)$$

若满足 $G_{ml}=G_{m2}=\cdots=G_{mn}=G_{mr}$,则输出电压为

$$u_o = -(u_{i1}+u_{i2}+\cdots+u_{in}) \qquad (9\text{-}114)$$

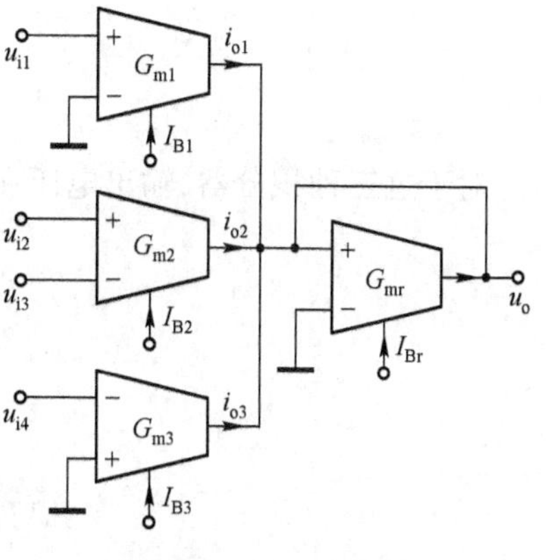

图 9-39　加-减法器

在图 9-38(a)所示的加法器中,输入信号都加在 OTA 的同相输入端,输出电压与输入电压同相。如果输入信号同时加到 OTA 的同相输入端和反相输入端,则可构成加-减法器,如图 9-39 所示,该电路取 $-1/G_{mr}$ 作为负载,输出电压为

$$u_o = (G_{m1}u_{i1}+G_{m2}u_{i2}-G_{m2}u_{i3}-G_{m3}u_{i4})\frac{1}{G_{mr}} \qquad (9\text{-}115)$$

若满足 $G_{m1}=G_{m2}=G_{m3}=G_{mr}$,则输出电压为

$$u_o = u_{i1}+u_{i2}-u_{i3}-u_{i4} \qquad (9\text{-}116)$$

在上述加法器和加-减法器中,可以通过调节相应 G_m 的值实现对某个信号增益系数的控制;如果调节模拟电阻 $1/G_{mi}$ 的值,则可同步地调节所有信号的增益系数。**用 OTA 模拟电阻作为负载的加法器,不包含无源元件,更适宜电路的单片集成。**

6. 积分器

（1）电压模积分器

在 OTA 的输出端并联一个电容 C 作为负载,输出电压是输入电压的积分值,即可构成理想积分器。选用不同的输入方式,可使积分器的输出与输入之间成同相、反相和差动关系,其电路结构分别如图 9-40（a）、（b）和（c）所示。

对图（a）所示电路,输出电压为

$$u_o(s) = i_o(s)\frac{1}{sC} = \frac{G_m}{sC}u_i(s) \qquad (9\text{-}117)$$

所以电压增益函数为　$A_{u(a)}(s) = \dfrac{u_o(s)}{u_i(s)} = \dfrac{G_m}{sC} \qquad (9\text{-}118)$

同理,对图（b）和图（c）所示电路,电压增益函数分别为

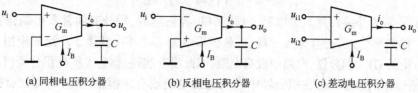

(a) 同相电压积分器　　　　(b) 反相电压积分器　　　　(c) 差动电压积分器

图 9-40　电压模积分器

$$A_{u(b)}(s) = \frac{u_o(s)}{u_i(s)} = -\frac{G_m}{sC} \tag{9-119}$$

$$A_{u(c)}(s) = \frac{u_o(s)}{u_{i11}(s) - u_{i12}(s)} = \frac{G_m}{sC} \tag{9-120}$$

对于这三种积分器,输出电压在时间域的表达式分别为

$$u_o(t) = \frac{G_m}{C} \int u_i(t) \, \mathrm{d}t \tag{9-121}$$

$$u_o(t) = -\frac{G_m}{C} \int u_i(t) \, \mathrm{d}t \tag{9-122}$$

$$u_o(t) = \frac{G_m}{C} \int [u_{i1}(t) - u_{i2}(t)] \, \mathrm{d}t \tag{9-123}$$

其积分时间常数为 C/G_m,改变 G_m 可以调节积分时间常数。

(2) 电流模积分器

上述积分器的输入信号和输出信号都是电压,称为电压模积分器。如果将输出端的负载电容 C 改接到 OTA 的输入端,则可构成电流模积分器,如图 9-41 (a)、(b) 和 (c) 所示,它们的输入信号和输出信号都是电流。

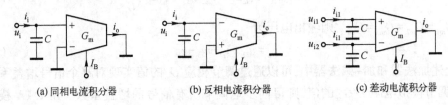

(a) 同相电流积分器　　　　(b) 反相电流积分器　　　　(c) 差动电流积分器

图 9-41　电流模式积分器

对图 (a) 所示电路,其输入电压和输出电流分别为

$$u_i(s) = \frac{1}{sC} i_i(s) \tag{9-124}$$

$$i_o(s) = G_m u_i(s) = \frac{G_m}{sC} i_i(s) \tag{9-125}$$

可得电流增益函数为

$$A_{i(a)} = \frac{i_o(s)}{i_i(s)} = \frac{G_m}{sC} \tag{9-126}$$

同理,对图 (b) 和图 (c) 所示电路,电流增益函数分别为

$$A_{i(b)} = \frac{i_o(s)}{i_i(s)} = -\frac{G_m}{sC} \tag{9-127}$$

$$A_{i(c)} = \frac{i_o(s)}{i_{i1}(s) - i_{i2}(s)} = \frac{G_m}{sC} \tag{9-128}$$

OTA 积分器的外接元件只需电容,电路简单,容易集成,积分时间常数可调,高频性能好,这些都是它的突出优点,在有源滤波器、正弦波振荡器等电路中获得了广泛的应用。

前面讨论的 OTA 积分器,电路中没有电阻,因此没有能耗,称为无损耗积分器(Lossless Integrator),也是理想积分器。若在积分器中加入无源电阻或有源模拟电阻,将构成有损耗积分器(Lossy Integrator)。有耗积分器也就是一阶低通滤波器,在 OTA-C 滤波器中获得了广泛的应用。

9.4.5 OTA 跨导控制电路

在前面讨论的多种 OTA 应用电路中,**改变 OTA 的跨导增益(G_m)可以调节应用电路的性能参数,如电压放大器的电压增益、模拟电阻的阻值、积分器的时间常数等,这是 OTA 应用电路的共同特点**,也是它的突出优点之一。

现在讨论 OTA 跨导增益的控制电路,在大多数实际应用中,通常要求用电压控制信号调节电路的参数,构成所谓压控电路。因此,**在 OTA 偏置电流输入端要有电压-电流变换电路,对这种变换电路的基本要求是:外控电压与偏置电流尽可能精确地维持线性关系。**

1. OTA 偏置电路及其模型

根据图 9-31 所示的基本型 OTA 电路可以看出,OTA 偏置电路的作用就是通过电流源 VD_1、VT_3 把外偏置电流 I_B 传送到跨导输入级作为静态电流。偏置电路一般用基本镜像电流源实现,其简化电路和电路模型分别如图 9-42(a) 和(b)所示。

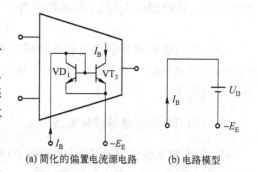

(a) 简化的偏置电流源电路　　(b) 电路模型

图 9-42　OTA 的偏置电流电路及模型

图(a)中的 VD_1 和 VT_3 组成基本电流镜,其中二极管 VD_1 代表集-基短接的晶体管,$-E_E$ 是 OTA 的负电源电压。图(b)所示为偏置电路输入端的模型,U_D 表示二极管 VD_1 的正向偏置电压。

2. 单 OTA 跨导控制电路

有三种常用跨导控制电路分别如图 9-43(a)、(b)和(c)所示,它们均可实现用外部电压信号控制 OTA 的偏置电流 I_B,进而控制其跨导增益 G_m,图中的 U_C 是外部控制电压。

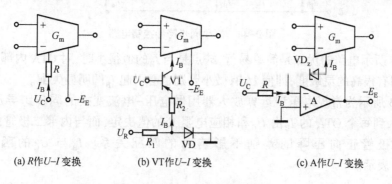

(a) R作U–I变换　　　(b) VT作U–I变换　　　(c) A作U–I变换

图 9-43　单 OTA 跨导控制电路

对图 9-43 (a)所示电路,结合图 9-42 (b)所示电路模型,可求出 I_B 与 U_C 的函数关系为

$$I_B = \frac{U_C + E_E - U_D}{R} \tag{9-129}$$

式中,$-E_E$ 为 OTA 的负电源电压,U_D 是偏置电流源电路模型中二极管的正向偏置电压。

这个电路的优点是简单,只需用一个串联电阻 R 。缺点是当 U_C 的值接近于 $(-E_E + U_D)$ 时,二极管 VD_1 可能反偏,I_B 对 U_C 的微小变化将十分敏感,使 I_B 微小数值的调节比较困难。

在图(b)所示电路中,VT、R_1、R_2 与恒定电压 U_R 构成电压-电流变换电路,并利用外接二极管 VD 的正向电压补偿 VT 发射结的正向电压,使 I_B 正比于 U_C,I_B 与 U_C 之间的函数式为

$$I_B = -U_C/R_2 \qquad (9\text{-}130)$$

该电路要求 VD 的正向电压与 VT 的发射结正向电压完全匹配,如果二者不能完全匹配,则当 U_C 的值接近或等于上述两个正向电压之差时,I_B 对 U_C 的微小变化也将十分敏感,而且 I_B 与 U_C 之间不能维持良好的线性关系。

在图(c)所示电路中,运算放大器 A 与电阻 R 构成电压-电流变换器,齐纳二极管 VD_Z 与图 9-42 所示 OTA 内部偏置电路中的二极管 VD_1 相串联,形成运算放大器负反馈电路,保持电流稳定。该电路中 I_B 与 U_C 的函数式为

$$I_B = U_C/R \qquad (9\text{-}131)$$

该电路可以消除补偿二极管或内部二极管正向压降的影响,即使在 I_B 的值很小时,I_B 与 U_C 仍维持精确的线性关系。另外,由于偏置电路是直流通路,U_C 的控制作用不受运算放大器有限带宽的影响。

3. 多 OTA 同步跨导控制电路

在 OTA 的某些应用电路中,例如在 OTA-C 滤波器中,有时要求同步调节多个 OTA 的跨导值,下面讨论实现这一要求的压控电路。

图 9-44 所示是一种串联电阻 R 的同步压控电路,精挑电阻 R_1,R_2,$\cdots$,R_n 的数值,可使 I_{B1},I_{B2},$\cdots$,I_{Bn},以及 G_{m1},G_{m2},$\cdots$,G_{mn} 得到同步协调控制。I_B 与 U_C 的函数关系可由式(9-129)表示。

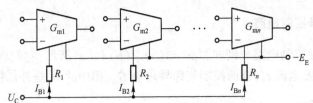

图 9-44　简单同步跨导控制电路

图 9-44 所示电路的优点是简单易行,缺点是当 I_B 的值很小时,对 OTA 内部二极管正向压降 U_D 的差别有很高的灵敏度,即使 U_D 有微小差别也会引起 I_B 的明显失配。

图 9-45 所示为常规电压型运算放大器用做电压-电流变换的同步跨导压控电路。该电路中,输入到每个 OTA 的 I_B 由 U_C 和相应电阻 R 的值决定,而与内部二极管的正向压降无关,因此,二极管正向压降的差别不影响 I_B 的匹配关系。I_B 与 U_C 的函数关系可由式(9-131) 表示。

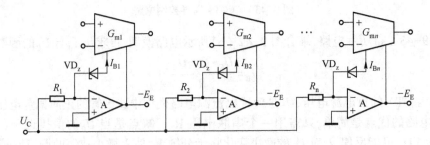

图 9-45　运算放大器用做电压-电流变换的同步跨导压控电路

图9-46 所示为 PNP 管电流镜用做同步跨导压控电路,在一个封装内,该电流镜可以提供多个输出电流,作为多个 OTA 的偏置电流。该电路中,电流镜的基准电流 I_B 由基准电压 U_R、控制电压 U_C 及电阻 R 的值决定,即 $I_B \approx (U_R - U_C)/R$。若要求多个 OTA 的偏置电流与 I_B 成一定比例关系,可通过设计电流镜输出管的发射极面积与参考管的发射极面积成相应的比例关系。

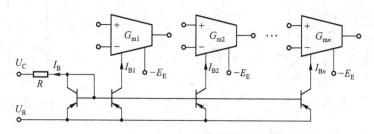

图9-46　利用 PNP 管电流镜作同步跨导压控电路

本 章 小 结

(1) 电流模的理论和技术,近年来发展的很快。它的主要特点是高速传输和具有非常小的失真。电流模技术已成为模拟集成电路的重要基础。

(2) TL 回路必须满足的两个基本条件:①在 TL 回路中必须有偶数个(至少两个)正偏发射结;②顺时针方向(CW)排列的正偏结数目与反时针方向(CCW)排列的正偏结数目必须相等。

(3) 跨导线性原理:在含有偶数个正偏发射结,且顺时针方向结的数目与反时针方向结的数目相等的闭环回路中,顺时针方向发射极电流密度之积等于反时针方向发射极电流密度之积。

(4) 电流传输器是一种功能很强的标准部件,将电流传输器与其他电子元件组合可以十分简便地构成各种特定的电路结构,实现多种模拟信号处理功能。本章介绍了电流传输器的多种型式,电流传输器的基本概念,阐明了其在各方面的基本应用。

(5) 跨导运算放大器是一种通用型标准部件,应用非常广泛。主要用途有两方面。一方面,在多种线性和非线性模拟电路和系统中进行信号运算和处理;另一方面,在电压信号变量和电流模式信号处理系统之间作为接口电路,将待处理的电压信号变换为电流信号。本章主要介绍了 OTA 的基本概念,双极型集成 OTA 的电路结构,以及 OTA 在模拟信号处理中的基本应用。

思考题与习题 9

9.1　电路如图题 9.1 所示,图中 I_x 是单向输入电流,I_y 是双向输入电流,I_o 是输出电流,e 代表单位发射区面积,$2e$ 代表 2 倍单位发射区面积。试分析该电路 I_o 与 I_x 和 I_y 的函数关系。

9.2　电路如图题 9.2 所示,它由 4 个晶体管组成,并被集成运算放大器广泛用做甲乙类互补输出级。试用 TL 原理分析其工作特性。

9.3　由 TL 环路组成的一象限乘除法器如图题 9.3 所示。假设 $VT_1 \sim VT_4$ 为理想匹配,发射区面积相等,从 T_1、T_2 发射极送入的输入信号电流为 I_z、I_x,从 T3 集电极送入的输入信号电流为 I_y,从 T4 集电极取出输出信

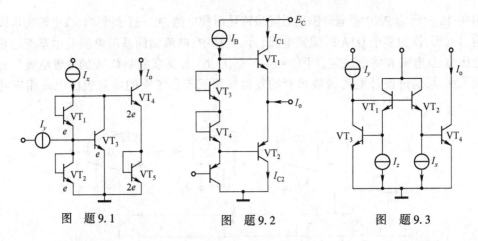

图 题9.1　　　　　图 题9.2　　　　　图 题9.3

号电流 I_o。试分析该电路 I_o 与 I_x、I_y 和 I_z 的函数关系。

9.4　六管四象限电流乘法器单元如图题9.4所示。VT_1、VT_2 接成二极管,其发射极的瞬时输入电流分别为 I_{x1}、I_{x2},VT_1、VT_2 的偏置电流之和为 I_A,VT_1、VT_2 的差模输入电流为 $I_x = I_{x1} - I_{x2}$。VT_3 与 VT_4、VT_5 与 VT_6 接成两组共射差动对管形式,VT_3 与 VT_4、VT_5 与 VT_6 两组对管的差模输入电流为 I_y,$I_y = I_{y1} - I_{y2}$。VT_3 与 VT_4 对管的信号电流调制系数为 y_1,VT_5 与 VT_6 对管的信号电流调制系数为 y_2。$VT_3 \sim VT_6$ 的集电极交叉连接后产生电流 I_1、I_2,差模输出电流为 $I_o = I_1 - I_2$,其中 I_1、I_2 分别是 VT_3 与 VT_5、VT_4 与 VT_6 的集电极电流之和。试分析该电路 I_o 与 I_x 和 I_y 的函数关系。

9.5　一种对称结构的二象限 TL 平方器如图题9.5所示。电路由互补对称的输入电流信号驱动,它们是 $(1+x)I$ 和 $(1-x)I$。信号电流调制系数为 x,在 $-1 < x < 1$ 的整个输入范围内,所有晶体管均有效工作。试分析该电路 I_o 与输入电流的函数关系。

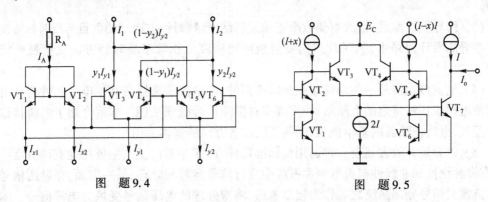

图 题9.4　　　　　　　　　　图 题9.5

9.6　图题9.6所示为具有完全对称形的 TL 矢量模电路,图中 I_x、I_y 是单极性输入电流,I_o 是输出电流。假设 $VT_1 \sim VT_7$ 具有相同的发射区面积,则应用 TL 原理写出该电路 I_o 与 I_x 和 I_y 的函数关系。

9.7　基于 CCⅡ$_+$ 的电压模二阶滤波器的通用结构如图题9.7所示。根据 CCⅡ端口特性,写出该电路电压增益函数的表达式。(式中 $Y_1 \sim Y_4$ 为导纳)

9.8　用 CCⅡ和电阻 R 组成闭环结构的电压放大器,其电路如图题9.8所示。写出该电路输出电压和电压增益的表达式。

9.9　图题9.9所示为用三个 OTA 构成的浮地回转器电路。设 $G_{m2} = G_{m3} = G_m$,试求两输入端之间的等效输入阻抗 Z_i 的表达式。

9.10　用 OTA 构成的接地 FDNR(频变负电阻)电路如图题9.10所示。试求两输入端之间的等效输入阻抗 Z_i 的表达式。

9.11　图题9.11所示为一阶低通 OTA-C 滤波器,试写出电路电压增益函数的表达式。

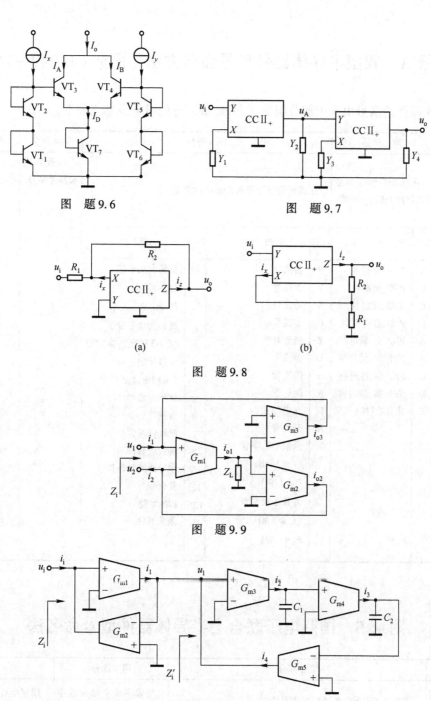

图 题9.6

图 题9.7

(a)

(b)

图 题9.8

图 题9.9

图 题9.10

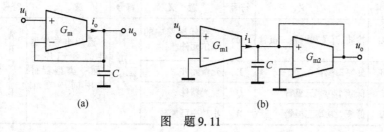

(a)

(b)

图 题9.11

附录 A 我国半导体器件型号命名方法（根据 GB 249—74）

半导体器件的型号由 5 个部分组成,型号组成部分的符号及意义如下。

第1部分		第2部分		第3部分				第4部分	第5部分
用数字表示器件的电极数目		用汉语拼音字母表示器件的材料和极性		用汉语拼音字母表示器件的类型				用数字表示器件序号	用汉语拼音字母表示格号
符号	意义	符号	意义	符号	意义	符号	意义		
2	二极管	A	N 型,锗材料	P	普通管	D	低频大功率管 (f_α<3M1b, P_C≥1 W)		
		B	P 型,锗材料	V	微波管				
		C	N 型,硅材料	W	稳压管				
		D	P 型,硅材料	C	参量管	A	高频大功率管 (f_α≥3 MHz,P_C≥1 W)		
3	三极管	A	PNP 型,锗材料	Z	整流管				
		B	NPN 型,锗材料	L	整流堆	T	半导体闸流管 (可控整流器)		
		C	PNP 型,硅材料	S	隧道管	Y	体效应器件		
		D	NPN 型,硅材料	N	阻尼管	B	雪崩管		
		E	化合物材料	U	光电器件	J	阶跃恢复管		
				K	开关管	CS	场效应器件		
				X	低频小功率管 (f_α<3 MHz, P_C<1 W)	BT	半导体特殊器件		
						FH	复合管		
				G	高频小功率管 (f_α≥3 MHz, P_C<1 W)	PIN	PIN 型管		
						JG	激光器件		

附录 B 国际电子联合会半导体器件型号命名法

第1部分		第2部分				第3部分		第4部分	
用字母表示器件的材料		用字母表示器件的类型及主要特性				用数字或字母加数字表示登记号		用字母对同一型号者分挡	
符号	意义	符号	意义	符号	意义	符号	意义	符号	意义
A	锗材料	A	检波、开关和混频二极管	M	封闭磁路中的霍尔元件	三位数字	通用半导体器件的登记序号（同一类型器件使用同一登记号）	A B C D E ⋮	同一型号器件按某一参数进行分挡的标志
		B	变容二极管	P	光敏元件				
B	硅材料	C	低频小功率三极管	Q	发光器件				
		D	低频大功率三极管	R	小功率可控硅				

第1部分		第2部分				第3部分		第4部分	
符号	意义	符号	意 义	符号	意 义	符号	意 义	符号	意 义
C	砷化镓	E	隧道二极管	S	小功率开关管	一个字母加两个数字	专用半导体器件的登记序号（同一类型器件使用同一登记号）		
		F	高频小功率三极管	T	大功率可控硅				
D	锑化铟	G	复合器件及其他器件	U	大功率开关管				
		H	磁敏二极管	X	倍增二极管				
R	复合材料	K	开放磁路中的霍尔元件	Y	整流二极管				
		L	高频大功率三极管	Z	稳压二极管即齐纳二极管				

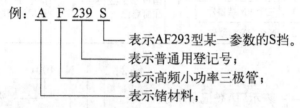

例：A F 239 S

- 表示AF293型某一参数的S挡。
- 表示普通用登记号；
- 表示高频小功率三极管；
- 表示锗材料；

国际电子联合会晶体管型号命名法的特点：

（1）这种命名法被欧洲许多国家采用。因此，凡型号以两个字母开头，并且第一个字母是 A、B、C、D 或 R 的晶体管，大都是欧洲制造的产品，或是按欧洲某一厂家专利生产的产品。

（2）第 1 个字母表示材料（A 表示锗管，B 表示硅管），但不表示极性（NPN 型或 PNP 型）。

（3）第 2 个字母表示器件的类别和主要特点。如 C 表示低频小功率管，D 表示低频大功率管，F 表示高频小功率管，L 表示高频大功率管，等等。若记住了这些字母的意义，不查手册也可以判断出类别。例如，BL49 型，一见便知是硅大功率专用三极管。

（4）第三部分表示登记顺序号。3 位数字者为通用品；一个字母加两位数字者为专用品，顺序号相邻的两个型号的特性可能相差很大。例如，AC184 为 PNP 型，而 AC185 则为 NPN 型。

（5）第 4 部分字母表示同一型号的某一参数（如 h_{fe}）进行分挡。

（6）型号中的符号均不反映器件的极性（指 NPN 或 PNP）。极性需查阅手册或测量确定。

附录 C   美国半导体器件型号命名法

美国晶体管或其他半导体器件的型号命名法较混乱。这里介绍的是美国晶体管标准型号命名法，即美国电子工业协会（EU）规定的晶体管分立器件型号的命名法。如下表所示。

美国晶体管型号命名法的特点。

（1）型号命名法规定较早，又未做过改进，型号内容很不完备。例如，对于材料、极性、主要特性和类型，在型号中不能反映出来。例如，2N 开头的既可能是一般晶体管，也可能是场效应管。因此，仍有一些厂家按自己规定的型号命名法命名。

（2）组成型号的第 1 部分是前缀,第 5 部分是后缀,中间的 3 个部分为型号的基本部分。

（3）除去前缀以外,凡型号以 1N、2N 或 3N…开头的晶体管分立器件,大都是美国制造的,或按美国专利在其他国家制造的产品。

美国电子工业协会半导体器件型号命名法

第 1 部分		第 2 部分		第 3 部分		第 4 部分		第 5 部分	
用符号表示用途的类型		用数字表示 PN 结的数目		美国电子工业协会(EIA)注册标志		美国电子工业协会(EIA)登记顺序号		用字母表示器件分挡	
符号	意义	符号	意义	符号	意义	符号	意义	符号	意义
JAN 或 J	军用品	1	二极管	N	该器件已在美国电子工业协会注册登记	多位数字	该器件已在美国电子工业协会登记的顺序号	A B C D · · ·	同一型号的不同挡别
		2	三极管						
无	非军用品	3	三个 PN 结器件						
		n	N 个 PN 结器件						

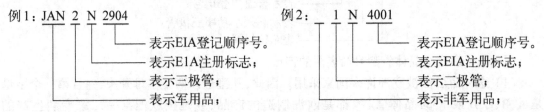

例1:JAN 2 N 2904
—— 表示EIA登记顺序号。
—— 表示E1A注册标志;
—— 表示三极管;
—— 表示军用品;

例2: 1 N 4001
—— 表示EIA登记顺序号。
—— 表示EIA注册标志;
—— 表示二极管;
—— 表示非军用品;

（4）第 4 部分数字只表示登记序号,而不含其他意义。因此,序号相邻的两个器件可能特性相差很大。例如,2N3464 为硅材料 NPN、高频大功率管,而 2N3465 为 N 沟道场效应管。

（5）不同厂家生产的性能基本一致的器件,都使用同一个登记号。同一型号中某些参数的差异常用后缀字母表示。因此,型号相同的器件可以通用。

（6）登记序号数大的通常是近期产品。

附录 D　日本半导体器件型号命名法

日本半导体分立器件(包括晶体管)或其他国家按日本专利生产的这类器件,都是按日本工业标准(JIS)规定的命名法(JIS—C—702)命名的。

日本半导体分立器件的型号,由 5~7 部分组成。通常只用到前 5 部分。前 5 部分符号及意义如下表所示。第 6、第 7 部分的符号及意义通常是各公司自行规定的。第 6 部分的符号表示特殊的用途及特性,其常用的符号有:

M——松下公司用来表示该器件符合日本防卫厅海上自卫队参谋部有关标准登记的产品;

N——松下公司用来表示该器件符合日本广播协会(NHK)有关标准登记的产品;

Z——松下公司用来表示专为通信用的可靠性高的器件;

H——日立公司用来表示专为通信用的可靠性高的器件;

K——日立公司用来表示专为通信用的塑料外壳的可靠性高的器件;

T——日立公司用来表示收发报机用的推荐产品;

G——东芝公司用来表示专为通信用的设备制造的器件;

S——三洋公司用来表示专为通信设备制造的器件。

第7部分的符号,常用来作为器件某个参数的分挡标志。例如,三菱公司常用 R、G、Y 等字母,日立公司常用 A、B、C、D 等字母,作为直流放大系数 h_{fe} 的分挡标志。

第1部分		第2部分		第3部分		第4部分		第5部分	
用数字表示类型或有效电极数		S表示日本电子工业协会(EIAJ)的注册产品		用字母表示器件的极性及类型		用数字表示在日本电子工业协会登记的顺序号		用字母表示对原来型号的改进产品	
符号	意 义	符号	意 义	符号	意 义	符号	意 义	符号	意 义
0	光电(即光敏)二极管、晶体管及其组合管	S	表示已在日本电子工业协会(EE-IAJ)注册登记的半导体分立器件	A	PNP 型高频管	四位以上数字	从 11 开始,表示在日本电子工业协会注册登记的顺序号,不同的公司性能相同的器件可以使用同一顺序号,其数字越大通常越是近期产品	A B C D · ·	用字母表示对原来型号的改进产品
				B	PNP 型低频管				
				C	NPN 型高频管				
				D	NPN 型低频管				
1	二极管			F	P 控制极可控硅				
				G	N 控制极可控硅				
				H	N 基极单结晶体管				
				J	P 沟道场效应管				
2	三极管、具有两个以上 PN 结的其他晶体管			K	N 沟道场效应管				
3	具有四个有效电极或具有三个 PN 结的晶体管			M	双向可控硅				
$n-1$	具有 n 个有效电极或具有 $n-1$ 个 PN 结的晶体管								

例 1:2SC502A(日本收音机中常用的中频放大管)

2 S C 520 A
—— 表示2SC502型的改进产品。
—— 表示日本电子工业协会登记顺序号;
—— 表示NPN型高频三极管;
—— 表示日本电子工业协会注册产品;
—— 表示三极管(两个PN结);

例 2:2SA495(日本夏普公司 GF— 9494 收录机用小功率管)

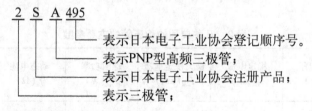

2 S A 495
—— 表示日本电子工业协会登记顺序号。
—— 表示PNP型高频三极管;
—— 表示日本电子工业协会注册产品;
—— 表示三极管;

日本半导体器件型号命名法有如下特点。

(1)型号中的第 1 部分是数字,表示器件的类型和有效电极数。例如,用"1"表示二极管,用"2"表示三极管。屏蔽用的接地电极不是有效电极。

(2)第 2 部分均为字母 S,表示为日本电子工业协会注册产品,而不表示材料和极性。

（3）第3部分表示极性和类型。例如用 A 表示 PNP 型高频管,用 J 表示 P 沟道场效应三极管。但是,第3部分既不表示材料,也不表示功率的大小。

（4）第4部分只表示在日本工业协会(EIAl)注册登记的顺序号,并不反映器件的性能,顺序号相邻的两个器件的某一性能可能相差很远。例如,2SC2680 型的最大额定耗散功率为200 mW,而 2SC2681 型的最大额定耗散功率为 100 W。登记的顺序号能反映产品时间的先后。登记顺序号的数字越大,越是近期产品。

（5）第6、第7两部分的符号和意义各公司不完全相同。

（6）日本有些半导体分立器件的外壳上标记的型号,常采用简化标记的方法,即把 2S 省略。例如,2SD764 简化为 D764,2SD502A 简化为 D502A。

（7）在低频管(2SB 和 2SD 型)中,也有工作频率很高的管子。例如,2SD355 的特征频率 $f_T = 100$ MHz,所以,它们也可用做高频管。

（8）日本通常把 $P_{CM} \geq 1$ W 的管子,称做大功率管。

附录 E 国产半导体二极管主要参数

表1 2API~7 检波二极管主要参数(点接触型锗管,在电子设备中用做检波和小电流整流)

参数　　型　号	最大整流电流	最高反向工作电压（峰值）	反向击穿电压（反向电流为400 μA）	正向电流（正向电压为 1 V）	反向电流（反向电压分别为 10,100 V）	最高工作频率	板间电容
	mA	V	V	mA	μA	MHz	pF
2APl	16	20	≥40	≥2.5	≤250	150	≤1
2AP7	12	100	≥150	≥5.0	≤250	150	≤1

表2 2CZ52—57 系列整流二极管主要参数(用于电子设备的整流电路中)

参数　　型号	最大整流电流(A)	最高反向工作电压(峰值)(V)	最高反向工作电压下的反向电流(125℃)(μA)	正向电压（平均值）(25℃)(V)	最高工作频率（MHz）
2CZ52	0.1	25, 50, 100, 200, 300, 400, 500, 600, 700, 800, 900, 1000, 1200, 1400, 1600, 1800, 2000, 2200, 2400, 2600,2800,3000	1000	≤0.8	3
2CZ54	0.5		1000	≤0.8	3
2CZ57	5		1000	≤0.8	3

表3 几种典型的稳压管的主要参数

型　号	稳定电压 U_Z(V)	稳定电流 I_Z(mA)	最大稳定电流 I_{ZM}(mA)	耗散功率 P_M(W)	动态电阻 r_z(Ω)	温度系数（k%/℃）
2CWll	3.2~4.5	10	55	0.25	< 70	−0.05~+0.03
2CWl5	7~8.5	5	0.25	0.25	≤10	+0.01~+0.08
2DW7A*	5.8~6.6	10	30	0.20	≤25	0.05

*2DW7A 为具有温度补偿的稳压管

表4 发光二极管的主要参数

颜色	波长 （nm）	基本材料	正向电压 （10 m 时）（V）	光强（10 mA 时，张角+45°） （med*）	光功率 （μW）
红外	900	砷化镓	1.3~1.5		100~500
红	655	磷砷化镓	1.6~1.8	0.4~1	1~2
鲜红	635	磷砷化镓	2.0~2.2	2~4	5~10
黄	583	磷砷化镓	2.0~2.2	1~3	3~8
绿	565	磷化镓	2.2~2.4	0.5~3	1.5~8

* cd（坎德拉）发光强度的单位。

附录 F　常用半导体三极管的主要参数

表1　3AX81 型 PNP 型锗低颗小功率三极管的参数

型　号		3AX81A	3AX81B	测 试 条 件
频限参数	P_{CM}/mW	200	200	
	I_{CM}/mA	200	200	
	T_M/℃	75	75	
	BU_{CBO}/V	−20	−30	I_C-4 mA
	BU_{CEO}/V	−10	−15	I_C = 4 mA
	BU_{EBO}/V	−7	−10	I_E = 4 mA
直流参数	I_{CBO}/μA	≤30	≤15	U_{CB} = −6 V
	I_{CEO}/μA	≤1 000	≤700	U_{CE} = −6 V
	I_{EBO}/μA	≤30	≤15	U_{EB} = −6 V
	U_{BES}/V	≤0.6	≤0.6	U_{CE} = −1V；I_C = 175 mA
	U_{CES}/V	≤0.65	≤0.65	U_{CE} = U_{BE}，U_{CB} = 0；I_C = 200 mA
	h_{FE}	40~270	40~270	U_{CE} = −1 V；I_C = 175 mA
交流参数	f_B/kHz	≥6	≥8	U_{CB} = −6 V；I_E = 10 mA
h_{fe}色标分档		（黄）40~55,（绿）55~80,（蓝）80~120 （紫）120~180,（灰）180~270,（白）270~400		
管　脚				

表2　3DG100(3DG6)型 NPN 型硅高频小功率三极管的参数

原　型　号		3DG4			测 试 条 件
新　型　号	3DG100A	3DG100B	3DG100C	3DG100D	
极限参数 P_{CM}/mW	100	100	100	100	
极限参数 I_{CM}/mA	20	20	20	20	
极限参数 BU_{CBO}/V	≥30	≥40	≥30	≥40	$I_C=100\,\mu A$
极限参数 BU_{CEO}/V	≥20	≥30	≥20	≥30	$I_C=100\,\mu A$
极限参数 BU_{EBO}/V	≥4	≥4	≥4	≥4	$I_E=100\,\mu A$
直流参数 I_{CBO}/μA	≤0.01	≤0.01	≤0.01	≤0.01	$U_{CB}=10\,V$
直流参数 I_{CEO}/μA	≤0.1	≤0.1	≤0.1	≤0.1	$U_{CE}=10\,V$
直流参数 I_{EBO}/μA	≤0.01	≤0.01	≤0.01	≤0.01	$U_{EB}=1.5\,V$
直流参数 U_{BES}/V	≤1	≤1	≤1	≤1	$I_C=10\,mA;I_B=1\,mA$
直流参数 U_{CES}/V	≤1	1≤	≤1	≤1	$I_C=10\,mA;I_B=1\,mA$
直流参数 h_{fe}	≥30	≥30	≥30	≥30	$U_{CE}=10\,V;I_C=3\,mA$
交流参数 f_t/MHz	≥150	≥150	≥300	≥300	$U_{CB}=10\,V;I_E=3\,mA;$ $f=100\,MHz;R_L=5\,\Omega$
交流参数 K_p/dB	≥7	≥7	≥7	≥7	$U_{CB}=-6\,V;I_E=3\,mA;$ $f=100\,MHz;$
交流参数 C_{cb}/pF	≤4	≤4	≤4	≤4	$U_{CB}=10\,V;I_E=0$
h_{fe} 色标分挡	（红）30~60；（绿）50~110；（蓝）90~160；（白）>150				
管　脚					

表3　3DG130(3DG12)型 NPN 型硅高频小功率三极管的参数

原　型　号		3DG12			测 试 条 件
新　型　号	3DG130A	3DG130B	3DG130C	3DG130D	
极限参数 P_{CM}/mW	700	700	700	700	
极限参数 I_{CM}/mA	300	300	300	300	
极限参数 BU_{CBO}/V	≥40	≥60	≥40	≥60	$I_C=100\,\mu A$
极限参数 BU_{CEO}/V	≥30	≥45	≥30	≥45	$I_C=100\,\mu A$
极限参数 BU_{EBO}/V	≥4	≥4	≥4	≥4	$I_E=100\,\mu A$
直流参数 I_{CBO}/μA	≤0.5	≤0.5	≤0.5	≤0.5	$U_{CB}=10\,V$
直流参数 I_{CEO}/μA	≤1	≤1	≤1	≤1	$U_{CE}=10\,V$
直流参数 I_{EBO}/μA	≤0.5	≤0.5	≤0.5	≤0.5	$U_{EB}=1.5\,V$
直流参数 U_{BES}/V	≤1	≤1	≤1	≤1	$I_C=100\,mA;I_B=10\,mA$
直流参数 U_{CES}/V	≤0.6	≤0.6	≤0.6	≤0.6	$I_C=100\,mA;I_B=10\,mA$
直流参数 h_{fe}	≥30	≥30	≥30	≥30	$U_{CE}=10\,V;I_C=50\,mA$

原 型 号		3DG12				测 试 条 件
新 型 号		3DG130A	3DG130B	3DG130C	3DG130D	
交流参数	f_t/MHz	≥150	≥150	≥300	≥300	$U_{CB}=10\,V;I_E=50\,mA;$ $f=100\,MHz;R_L=5\,\Omega$
	K_p/dB	≥6	≥6	≥6	≥6	$U_{CB}=-10\,V;I_E=50\,mA;$ $f=100\,MHz;$
	C_{cb}/pF	≤10	≤10	≤10	≤10	$U_{CB}=10\,V;I_E=0$
h_{fe}色标分挡		(红)30~60;(绿)50~110;(蓝)90~160;(白)>150				
管 脚						

表4 9011-9018塑封硅三极管的参数

型 号		(3DG)9011	(3CX)	(3DX)	(3DC)	(3CG)	(3DG)	(3DG)
极限参数	P_{CM}/mW	200	300	300	300	300	200	200
	I_{CM}/mA	20	300	300	100	100	25	20
	BU_{CBO}/V	20	20	20	25	25	25	30
	BU_{CEO}/V	18	18	18	20	20	20	20
	BU_{EBO}/V	5	5	5	4	4	4	4
直流参数	I_{CBO}/μA	0.01	0.5	0.5	0.05	0.05	0.05	0.05
	I_{CEO}/μA	0.1	1	1	0.5	0.5	0.5	0.5
	I_{EBO}/μA	0.01	0.5	0.5	0.05	0.05	0.05	0.05
	U_{CES}/V	0.5	0.5	0.5	0.5	0.5	0.5	0.35
	U_{BES}/V		1	1	1	1	1	1
	h_{fe}	30	30	30	30	30	30	30
交流参数	f_t/MHz	100		80	80	500	600	
	C_{cb}/pF	3.5		2.5	4	1.6	4	
	K_p/dB						10	
h_{fe}色标分挡		(红)30~60;(绿)50~110;(蓝)90~160;(白)>150						
管 脚								

表 5　常用的场效应管的参数

参数名称	N 沟道结型				MOS 型 N 沟道耗尽型		
	3DJ2	3DJ4	3DJ6	3DJ7	3D01	3D02	3D04
	D~H	D~H	D~H	D~H	D~H	D~H	D~H
饱和漏源电流 I_{DSS}/mA	0.3~10	0.3~10	0.3~10	0.35~1.8	0.35~10	0.35~25	0.35~10.5
夹断电压 $\vert U_{GS}\vert$/V	<1~9	<1~9	<1~9	<1~9	≤1~9	≤1~9	≤1~9
正向跨导 g_m/μS	>2000	>2000	>1000	>3000	≥1000	≥4000	≥2000
最大漏源电压 BU_{DS}/V	>20	>20	>20	>20	>20	>12~20	>20
最大耗散功率 P_{DM}/mW	100	100	100	100	100	25~100	100
栅源绝缘电阻 r_{GS}/Ω	≥10^8	≥10^8	≥10^8	≥10^8	≥10^8	≥10^8~10^9	≥100
管脚							

附录 G　国产半导体集成电路的命名方法

第1部分		第2部分		第3部分	第4部分		第5部分	
用字母表示器件符合国家标准		用字母表示器件的类型		用阿拉伯数字表示器件的系列和品种代号	用字母表示器件的工作温度范围/℃		用字母表示器件的封装	
符号	意　义	符号	意　义		符号	意　义	符号	意　义
C	中国制造	T	TTL		C	0~70	W	陶瓷扁平
		H	HTL		E	−40~85	B	塑料扁平
		E	ECL		R	−55~85	F	全封闭扁平
		C	CMOS		M	−55~125 ⋮	D	陶瓷直插
		F	线性放大器				P	塑料直插
		D	音响、电视电路				J	黑陶瓷直插
		W	稳压器				K	金属菱形
		J	接口电路				T	金属圆形

例 1:运算放大器 CF741CT

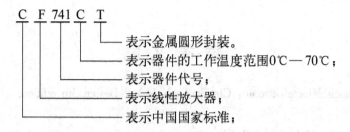

C　F　741　C　T

└── 表示金属圆形封装。

└── 表示器件的工作温度范围0℃—70℃；

└── 表示器件代号；

└── 表示线性放大器；

└── 表示中国国家标准；

参 考 文 献

1　Donald A. Neamen. Microelectronic: Circuit Analysis and Design. 3th edition. New York: McGraw-Hill, 2007

2　Ricard R. Spencer, Mohammed S. Ghausi. Introduction Electronic Circuit Design. NY: Prentice Hall, 2003

3　P. R. Gray, P. J. Hurst, S. H. Lewis and R. G. Meyer. Analysis and Design of Analog Introduction Circuit. 4E. New York: John Wiley & Sons, 2001

4　Donald A. Neamen. Electronic Circuit Analysis and Design. second edition. New York: McGraw-Hill, 1999

5　Stanley G. Burns Paul R. Bond. Principles of Electronic Circuit. second edition. Boston: PWS Publishing Co., 1997

6　C. Toumazou, F. J. Lidgey&D. G. Haigh. Analogue IC Design. The Currents-Mode Approach. London, 1996

7　张凤言. 电子电路基础——高性能模拟电路和电流模技术. 北京: 高等教育出版社, 1995

8　刘光祜. 模拟电路基础. 成都: 电子科技大学出版社, 2001

9　傅丰林. 模拟电子技术基础. 西安: 西安电子科技大学出版社, 2001

10　华成英. 模拟电子技术基础(第4版). 北京: 高等教育出版社, 2006

11　王卫东. 模拟电子电路基础. 西安: 西安电子科大出版社, 2003

12　王卫东. 现代模拟集成电路原理及应用. 北京: 电子工业出版社, 2008

13　杨素行. 模拟电子技术基础简明教程(第3版). 北京: 高等教育出版社, 2006

14　康华光. 电子技术基础——模拟部分(第4版). 北京: 高等教育出版社, 2000

15　(英)Toumazou C 等编. 模拟集成电路设计——电流模法. 姚玉洁等译. 北京: 高等教育出版社, 1996

16　赵玉山. 电流模式电子电路. 天津: 天津大学出版社, 2001

17　吴运昌. 模拟集成电路原理与应用. 广州: 华南理工大学出版社, 1995

18　席德勋. 现代电子技术. 北京: 高等教育出版社, 1999

19　秦世才. 模拟电路基础. 天津: 南开大学出版社, 1998

20　童诗白. 模拟电子技术基础(第2版). 北京: 高等教育出版社, 1988

21　马积勋. 模拟电子技术——重点难点及典型题精解. 西安: 西安交通大学出版社, 2001

22　陈大钦等. 模拟电子技术基础学习与解题指南. 武汉: 华中科技大学出版社, 2003

23　户川治朗. 实用电源电路设计. 北京: 科学出版社, 2006

24　候振义等. 直流开关电源技术及应用. 北京: 电子工业出版社, 2006

25　钱恭斌等. Electronics Workbench 实用通信与电子线路的计算机仿真. 北京: 电子工业出版社, 2001

26　赵世强等. 电子电路 EDA 技术. 西安: 西安电子科技大学出版社, 2000